Mikrosystementwurf

Springer

Berlin
Heidelberg
New York
Barcelona
Hongkong
London
Mailand
Paris
Singapur
Tokio

Manfred Kasper

Mikrosystementwurf

Entwurf und Simulation von Mikrosystemen

Mit 182 Abbildungen und 44 Tabellen

Springer

PROF. DR.-ING. MANFRED KASPER
Technische Universität Hamburg-Harburg
Eißendorfer Straße 42
21073 Hamburg

ISBN 3-540-66497-1 Springer-Verlag Berlin Heidelberg New York

Die Deutsche Bibliothek – CIP-Einheitsaufnahme
Kasper, Manfred: Mikrosystementwurf und Simulation von Mikrosystemen / Manfred Kasper. - Berlin ; Heidelberg ; New York ; Barcelona ; Hongkong ; London ; Mailand ; Paris ; Singapur ; Tokio : Springer, 2000
ISBN 3-540-66497-1

Einbandgestaltung: Fridhelm Steinen, Estudio Calamar, Spanien
Satz: Reproduktionsfertige Vorlagen vom Autor
SPIN: 10667870 68/3020 – 5 4 3 2 1 0 – Gedruckt auf säurefreiem Papier

Vorwort

Die Mikrosystemtechnik gilt als wichtige Zukunftstechnologie, sie wurde daher in das Lehrangebot fast aller technischen Hochschulen aufgenommen. An einigen Universitäten und zahlreichen Fachhochschulen gibt es bereits eigenständige Studiengänge. Da die Mikrosystemtechnik auf in der Mikroelektronik entwickelten Technologien zur Herstellung von integrierten Schaltungen aufbaut, verfolgen die meisten Lehr- und Fachbücher den Technologieaspekt.

Ziel des vorliegenden Buchs ist es, an die Denkweise heranzuführen, die für den erfolgreichen Entwurf von Mikrosystemen erforderlich ist. Ein zentraler Punkt betrifft die beim Entwurf von Mikrosystemen nutzbaren Folgen der Miniaturisierung, denn die Eigenschaften einer Komponente bleiben bei einer Maßstabänderung nicht unverändert. Gerade hierin liegt das eigentliche Potential der Mikrosystemtechnik, kleine Systeme können wesentlich schneller und leistungsfähiger sein als konventionell aufgebaute Systeme. Den Kern der Darstellung bilden die Simulations-, Modellierungs- und Entwurfsverfahren. Daneben werden auch die grundlegenden Technologien und die für die Mikrosystemtechnik wichtigsten Materialeigenschaften und einige bedeutende Anwendungsfelder jeweils unter dem Entwurfsaspekt behandelt.

Mikrosysteme umfassen elektrische, mechanische, thermische, fluidische und optische Funktionselemente. Diese Komplexität über mehrere physikalische Ebenen erfordert fachübergreifendes Wissen, das selbst Fachleute nur selten in gleichem Maße haben. Daher liegt ein zentrales Anliegen in der Vermittlung von Analogien zwischen diesen Bereichen, um so bekanntes Wissen aus den Teilbereichen übertragbar zu machen.

Mein Dank gilt Dr. Andreas Feustel, Dr. Gerhard Fotheringham, Jürgen Franz, Prof. Kay Hameyer, Arne Krämer, Fabian Kraus, Uwe Lehmann, Laurent Mex, Prof. Jörg Müller, Dr. Carsten Recke, Dr. Dietmar Sander und Ralph Schacht, die durch Korrekturvorschläge und kritische Anmerkungen wesentlich zur Verbesserung des Manuskripts beigetragen haben. Bedanken möchte ich mich ebenfalls bei den Studenten an der TU Hamburg-Harburg und der TU Berlin, die durch ihre kritischen Fragen, aber auch durch ganz konkrete Hinweise die Beseitigung der einen oder anderen Unzulänglichkeit ermöglicht haben. Mein besonderer Dank gilt Mark Bludszuweit, der mit viel Engagement den Abschnitt über die Kantenelemente verfaßt hat.

Buxtehude, Juli 1999 Manfred Kasper

Inhaltsverzeichnis

Formelzeichen

Zeichen	Bedeutung	Einheit
a	Beschleunigung	m / s^2
A	Fläche	m^2
$\mathbf{A}_j$	Inzidenzmatrix	1
b	Breite	m
B	magnetische Flußdichte	$V s / m^2$
c	Konzentration	$1 / m^3$
c	Ausbreitungsgeschwindigkeit	m / s
c	Federkonstante	N / m
C	Kapazität	A s / V
C	Essonsche-Leistungsziffer	$W s / m^3$
c , c_p	spezifische Wärmekapazität	W s / kg K
c_0	Lichtgeschwindigkeit	$2{,}997925 \cdot 10^8$ m / s
c_e	Anzahl der äußeren Anschlüsse	1
c_i	Anzahl interner Anschlüsse	1
c_{ijkl}	Koeffizienten des Elastizitätstensors	N / m^2
C_{th}	Wärmekapazität	Ws / K
Ca	Cauchy-Zahl	1
d	Dicke, Durchmesser	m
D	elektrische Flußdichte	$A s / m^2$
D	Diffusionskoeffizient	m^2 / s
D	Dämpfungskonstante	N s / m
D	Defektdichte	$1 / m^2$
D_0	Diffusionskoeffizient ($T \to \infty$)	m^2 / s
d_{ijk}	piezoelektrischer Koeffizient, Tensor	m / V
E	Energie	Ws
E	Elastizitätsmodul	N / m^2
E	elektrische Feldstärke	V / m

E_a	Aktivierungsenergie	e V
e_{ijk}	Piezomagnetischer Koeffizient, Tensor	m / A
Ec	Eckert-Zahl	1
f	Frequenz	1 / s
F	Kraft	N
F	Faradaykonstante	96485 As / mol
Fo	Fourier-Zahl	1
Fr	Froude-Zahl	1
g	Erdbeschleunigung	9,80665 m / s^2
G	Gleitmodul	N / m^2
G	Leitwert	1 / Ω
h	Höhe, Dicke	m
h	Konvektionskoeffizient	W / m^2 K
H	magnetische Feldstärke	A / m
H	Aktivierungsenergie	W s / mol
i	Strom	A
I	Strom	A
I	Kraftstoß	kg m / s
I	Flächenträgheitsmoment, Flächenmoment 2. Grades	m^4
I_0	Intensität	W / m^3
j	Diffusionsstrom	1 / m^2 s
J	Trägheitsmoment	kg m^2
J	elektrische Stromdichte	A / m^2
k	Wellenzahl	1 / m
K'	Kanalleitwert	A / V^2
k_B	Boltzmann-Konstante	1,38066 · 10^{-23} Ws / K
k_p	Koppelfaktor	1
ℓ, L	Länge, Dicke	m
L	Induktivität	V s / A
L	Drehimpuls	Kg m^2 / s
m	Masse	kg
M	molare Masse	kg / mol
M	Drehmoment	N m
n	Brechungsindex	1
n_i	Teilchendichte	mol / m^3

Ne	Newton-Zahl	1
N_f	Zyklenanzahl bis zum Ausfall	1
p	Druck	N / m^2
p	Rentexponent	1
p	Leistungsdichte	W / m^3
p	Polpaarzahl	1
P	Leistung	W
P	Polariartion	$A s / m^2$
p_i	pyroelektrischer Koeffizient, elektrokalorischer Koeffizient	$A s / m^2 K$
Pr	Prandtl-Zahl	1
q	Ladung	As
Q	Wärmemenge	Ws
q_e	Elementarladung	$1{,}6022 \cdot 10^{-19}$ As
q_i	pyromagnetischer Koeffizient, magnetokalorischer Koeffizient	$V s / m^2 K$
$\mathbf{q}_{th}$	Wärmestromdichte	W / m^2
r	Reaktionsrate/Ätzrate	m / s
r	Reflexionsfaktor	1
R	Widerstand	Ω
$\overline{R}$	mittlere Leitungslänge	1
R	Boltzmann-Konstante	8,3145 Ws/ mol K
R_{th} , R_ϑ	thermischer Widerstand	K / W
Re	Reynolds-Zahl	1
S	Entropiedichte	$W s / K m^3$
S	Empfindlichkeit	1
$\dot{S}$	Entropiefluß	W / K
s_{ijkl}	Nachgiebigkeitstensor	m^2 / N
So	Sommerfeld-Zahl	1
t	Zeit	s
T	Temperatur	K
T_0	Umgebungstemperatur	K
T_C	Curie-Temperatur	K
t_d	Laufzeit	s
t_R	Anstiegszeit	s
T_S	Schmelzpunkt	K

TK	Temperaturkoeffizient der elektrischen Leitfähigkeit	1 / K
u	elektrische Spannung	V
u	Verschiebung	m
U	Spannung	V
U_T	Temperaturspannung	V
v	Geschwindigkeit	m / s
V	Volumen	m^3
V	elektrisches Potential	V
V	magnetische Spannung (Potential)	A
v_s	Schallgeschwindigkeit	m / s
w	Energiedichte	Ws/m^3
W	Energie, Arbeit	Ws
W_c	Verdrahtungskapazität	1 / m
W_d	Verdrahtungsbedarf	1 / m
We	Weber-Zahl	1
Y	Ausbeute, Yield	1
Z	Impedanz, Wellenwiderstand	Ω
α	Absorptionskoeffizient, Dämpfungskonstante	1 / m
α	thermischer Längenausdehnungskoeffizient	1 / K
α_{ij}	thermischer Ausdehnungskoeffizient, piezokalorischer Koeffizient, Tensor	1 / K
β	Phasenkonstante	1 / m
γ	Ausbreitungskonstante	1 / m
γ_{ijkl}	elektrostriktiver Koeffizient, Tensor	m^2 / V^2
δ	Wärmediffusionslänge	m
δ	Dämpfungsfaktor	1 / s
δ	Eindringtiefe elektromagnetisches Feld	m
$\tan\delta_\varepsilon$	dielektrischer Verlustfaktor	1
ε	Dehnung	1
ε	Dielektrizitätszahl, Permittivität $\varepsilon = \varepsilon_r\,\varepsilon_0$	As / Vm
ε_0	Permittivität des Vakuums	$8{,}8542 \cdot 10^{-12}$ As / Vm
ε_{ij}	Dielektrizitätszahlstensor (Permittivität)	As / Vm
ε_r	relative dielektrische Permittivität	1
η	Abscheiderate	m / s
η	Wirkungsgrad	1
η	dynamische Viskosität $\eta = \rho\,\nu$	kg / ms

κ	elektrische Leitfähigkeit	A / V m
λ	Wärmeleitfähigkeit	W / K m
λ	Wellenlänge	m
λ_i	Eigenwert	1
λ_k	Dreieckskoordinate	1
μ	Permeabilität $\mu = \mu_r \, \mu_0$	V s / A m
μ	Reibungskoeffizient	1
μ	Ladungsträgerbeweglichkeit (Mobilität)	m^2 / V s
μ_0	Permeabilität des Vakuums	$4\pi \cdot 10^{-7}$ V s / A m
μ_i	chemisches Potential	W s / mol
μ_r	relative Permeabilität	1
ν	Poisson-Zahl, Querkontraktionszahl	1
ν	kinematische Viskosität	m^2 / s
π_{ijkl}	Piezoresistiver Koeffizient	m^2 / N
ρ	Dichte	kg / m^3
ρ	Ladungsdichte	A s / m^3
ρ	spezifischer elektrischer Widerstand	Ω m
σ	mechanische Spannung	N / m^2
σ_S	Oberflächenspannung	N / m
τ	Zeitkonstante	s
τ_e	Stoßzeit	s
τ_r	Anstiegszeit	s
φ	Winkel	rad
ϕ	elektrisches Skalarpotential	V
Φ	thermodynamisches Potential	W s / m^3
Φ	magnetischer Fluß	V s
Φ_{th}	Wärmestrom	W
χ_{ij}	Elektromagnetischer (Chiral) Koeffizient	s / m
ω	Kreisfrequenz	1 / s

Vektoren, Matrizen und Tensoren erscheinen im Fettdruck

1 Einführung

Die Mikrosystemtechnik ist eine junge Disziplin, von der erwartet wird, daß sie ähnlich der Mikroelektronik neue technische Anwendungsmöglichkeiten eröffnet und damit wesentliche Bereiche des täglichen Lebens beeinflussen wird.

Mikrosysteme sind miniaturisierte System, die neben elektronischen Komponenten auch Sensoren, Aktoren oder optische Subsysteme umfassen. Einige mikrosystemtechnische Produkte sind schon zur alltäglichen Realität geworden, hierzu gehören: Airbag-Sensoren, Drucksensoren, Hörhilfen, Schreib/ Leseköpfe für Festlatten, Druckköpfe von Tintenstrahldruckern, Mikrospiegel für Scanner und Projektoren, miniaturisierte Endoskope und Operationswerkzeuge usw.

Tatsächlich werden der Mikrosystemtechnik rosige Zeiten vorausgesagt [16, 20]. Das jährliche Wachstum beträgt ungefähr 10-15% (bei einigen Sensoranwendungen sind sogar deutlich höhere Zuwächse zu beobachten). Einer Marktstudie zufolge verdoppelt sich der Weltmarkt etwa alle 5 Jahre. Im Vergleich hierzu betrug das durchschnittliche Wachstum der Mikroelektronik in der 80er Jahren etwa 15%. Das Volumen der Informations- und Kommunikationstechnik hat 1999 in Deutschland das des bisher wirtschaftsstärksten Bereichs, der Automobilindustrie, überschritten. Die derzeit wichtigsten Märkte der Mikrosystemtechnik sind der Maschinenbau, die Informationstechnik, die Automobilindustrie und die Medizintechnik.

Durch Nachahmung des Erfolgsrezepts der Mikroelektronik wird versucht, mit der Mikrosystemtechnik einen ähnlichen Innovationsschub und damit wirtschaftlichen Erfolg zu erreichen. Um dies nachzuvollziehen, ist es nützlich, die Erfolgsgeschichte der Mikroelektronik und die auslösenden Faktoren Revue passieren zu lassen. Im Anschluß wird in diesem Kapitel das durch Miniaturisierung in der Mikrosystemtechnik nutzbare Potential zur Steigerung der Leistungsfähigkeit und zur Kostenreduktion auf der Basis von Ähnlichkeitsbeziehungen untersucht. Das Kapitel schließt mit einigen Thesen zum Mikrosystementwurf ab.

1.1 Entwicklung der Mikroelektronik

Die Grundlagen der Halbleiterelektronik sind schon seit langem bekannt. Der MOS-Transistor wurde 1926 von Lilienfeld patentiert, jedoch waren die notwendigen Materialien und Technologien zur Herstellung nicht verfügbar [24]. Festkörperdioden und auch ein Bipolartransistor (auf der Basis von KBr-Kristallen) wurden in den 30er Jahren von Hilsch und Pohl in Göttingen untersucht. Die Verstärkung war mit einem Wert von ausreichend, allerdings war die Arbeitsgeschwindigkeit zu gering, um diesen Labormustern eine praktische Bedeutung zukommen zu lassen [9].

Der erste brauchbare Bipolartransistor auf der Basis moderner Halbleiter, dessen Aussehen aber kaum noch an einen modernen Transistor erinnert, wurde 1947 in den Bell Laboratories hergestellt. Jedoch war seine Zuverlässigkeit (Lebensdauer) und Funktion (Verstärkung, Geschwindigkeit) den damals verfügbaren Elektronenröhren noch deutlich unterlegen. Insbesondere konnte er sich aufgrund seines hohen Preises nicht zum Massenartikel entwickeln und wurde allein im militärischen Bereich eingesetzt. Dies änderte sich erst Anfang der 60er Jahre, als durch neue Technologien (Planarprozeß) und die allmähliche Substitution von Germanium durch Silizium Kosten und Zuverlässigkeit erheblich verbessert wurden.

Zu dieser Zeit wurden einzelne elektronische und passive Bauelemente wie Widerstände auf einer Leiterplatte zusammengefaßt. Bedingt durch die hohen Fertigungstoleranzen sortierte man die Bauelemente in Klassen. Oftmals wurden die Komponenten auch „handverlesen" zu Paaren kombiniert, so daß sie gegenseitig ihre Abweichungen kompensieren. Abstimmelemente (Trimmwiderstände, -kondensatoren) dienten dazu, jede Stufe der Schaltung Schritt für Schritt meßtechnisch abzugleichen. Der hohe Anteil menschlicher Arbeit und geringe Rationalisierungsmöglichkeiten bestimmten die Kosten.

In dieser Ausgangssituation entwickelte sich Mitte der 60er Jahre die IC-Technologie (Integrated Circuit). Erstmals wurden mehrere Bauteile gleichzeitig auf

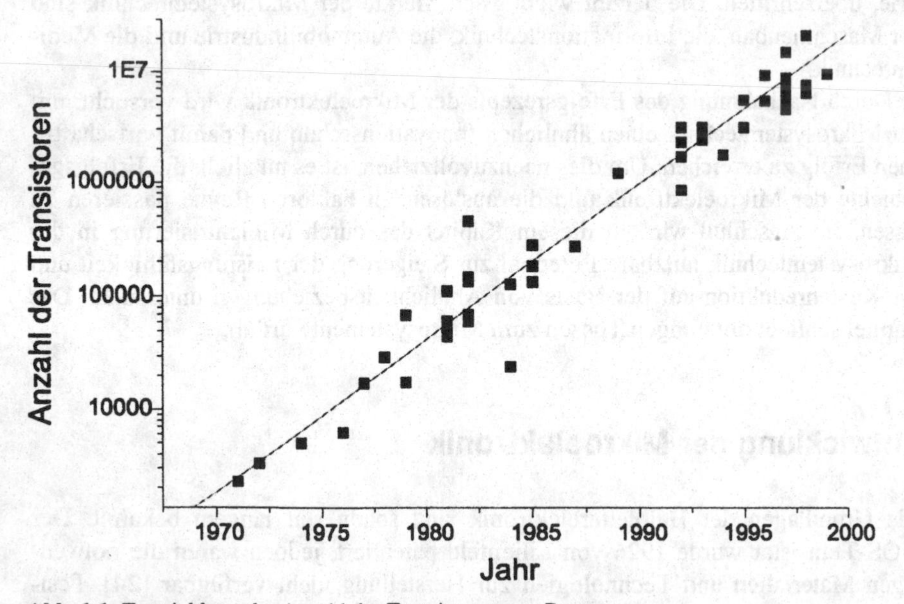

Abb. 1.1. Entwicklung der Anzahl der Transistoren von Prozessoren.

einem Chip integriert. Dies wurde durch den Planarprozeß und die Entwicklung der optischen Strukturübertragung ermöglicht. Besondere Bedeutung hatte die Integration passiver Bauelement (Widerstände) im selben Herstellungsprozeß [24]. Optisch lassen sich beliebig komplexe Geometrien (Pattern) in nahezu beliebiger Anzahl in einem Schritt von der Maske auf den Wafer übertragen. Die Kosten werden durch die prozessierte Fläche und nur wenig von der Komplexität bestimmt. Die Strukturauflösung wird allein begrenzt durch Abbildungsfehler (Maske, Lichtquelle) und die Beugung des Lichts. Auch die weiteren Verfahrensschritte (Schichtabscheidung, Ätzen, Implantation) lassen sich für alle Bauteile auf einem Wafer parallel ausführen. Diese gleichzeitige, parallele Prozessierung von Bauteilen oder Wafern ohne zusätzliche sequentielle Prozeßschritte bezeichnet man als Batchprozeß. Natürlich wird ein Produkt um so kostengünstiger je mehr Komponenten in einem Arbeitsgang hergestellt werden können. In der Mikroelektronik wird dieses Prinzip seit der Einführung integrierter Schaltungen exzessiv genutzt.

Neben der mit der Steigerung der Integrationsdichte gekoppelten Weiterentwicklung der Prozeß- und Reinraumtechnik, hat sich auch der Schaltkreisentwurf in nicht geringerem Umfang verändert. Wurden zunächst die Masken noch von Hand gezeichnet (bzw. gerubbelt), so wurden schon bald CAD Software und Plotter eingesetzt, um die Arbeit zu erleichtern und zu beschleunigen. Mit der Zunahme der Integrationsdichte wurde auch die CAD unterstützte Zeichnungserstellung zu umfangreich und fehlerträchtig. Daher mußten Programme entwickelt werden, die den Designer von den zunehmend komplexeren Aufgaben der Schaltungssynthese entlasten. Mit der Steigerung der Komplexität werden für Standardaufgaben

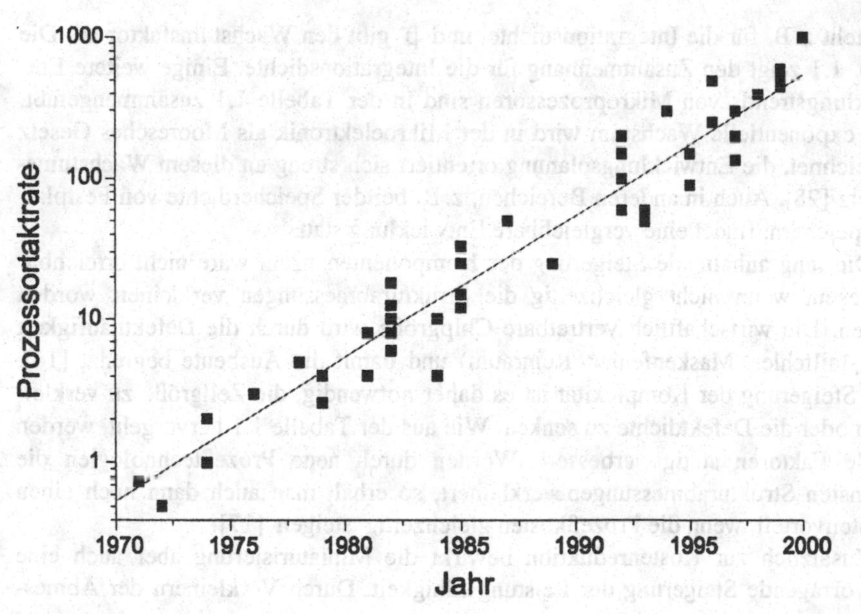

Abb. 1.2. Entwicklung der Taktrate von Prozessoren.

Tabelle 1.1. Entwicklungstrends von Mikroprozessoren [4, 13, 28, 31].

Größe	Zeitraum für die Veränderung um den Faktor 10 in Jahren	Maß im Jahr 1995
Transistoren pro Chip	7	$5\ 10^8$
Chipfläche	20	$1{,}5\ cm^2$
Preis pro Bit	6	10^{-4} Cent p. Bit
Zellgröße (Transistorfläche)	11	$3\ \mu m^2$
kleinste Strukturabmessungen	21	$0{,}35\ \mu m$
Taktfrequenz	15	200 MHz
Defektdichte	9	
Verlustleistung pro Chip	15	15 W
Anschlußzahl	20	300

heute weitgehend vollautomatische Layoutwerkzeuge verwendet (Flurplanung, Plazierung, Verdrahtung).

In den letzten 30 Jahre hat sich die Anzahl der auf einem Chip integrierten Transistoren bei Speicherchips alle vier Jahre um den Faktor zehn erhöht. Gleichzeitig fällt etwa alle sechs Jahre der Preis pro Bit um den Faktor zehn. Es wird erwartet, daß sich dieser Trend über das Jahr 2010 hinaus fortsetzt [4, 32, 35]. Dieses exponentielle Wachstum folgt dem Gesetz:

$$y = \alpha\ e^{\beta(t-t_0)} \tag{1.1}$$

y steht z. B. für die Integrationsdichte, und β gibt den Wachstumsfaktor an. Die Abb. 1.1 zeigt den Zusammenhang für die Integrationsdichte. Einige weitere Entwicklungstrends von Mikroprozessoren sind in der Tabelle 1.1 zusammengefaßt. Das exponentielle Wachstum wird in der Mikroelektronik als Mooresches Gesetz bezeichnet, die Entwicklungsplanung orientiert sich streng an diesem Wachstumsgesetz [28]. Auch in anderen Bereichen, z. B. bei der Speicherdichte von Festplattenspeichern, findet eine vergleichbare Entwicklung statt.

Die lang anhaltende Steigerung der Komponentenanzahl wäre nicht erreichbar gewesen, wenn nicht gleichzeitig die Strukturabmessungen verkleinert worden wären. Die wirtschaftlich vertretbare Chipgröße wird durch die Defekthäufigkeit (Kristallfehler, Maskenfehler, Reinraum) und damit die Ausbeute begrenzt [14]. Zur Steigerung der Komplexität ist es daher notwendig, die Zellgröße zu verkleinern oder die Defektdichte zu senken. Wie aus der Tabelle 1.1 hervorgeht, werden beide Faktoren stetig verbessert. Werden durch neue Prozeßtechnologien die kleinsten Strukturabmessungen verkleinert, so erhält man auch dann noch einen Kostenvorteil, wenn die Prozeßkosten gleichzeitig steigen [17].

Zusätzlich zur Kostenreduktion bewirkt die Miniaturisierung aber auch eine hervorragende Steigerung der Leistungsfähigkeit. Durch Verkleinern der Abmessungen werden parasitäre Kapazitäten und Widerstände verringert, wodurch sich die Schaltzeit verringert und die Grenzfrequenz erhöht (Abb. 1.2). Die Steigerung der Leistungsfähigkeit, trägt in gleichem Maß zum anhaltenden Erfolg der Miniaturisierung bei, wie die Kostenreduktion. Das Kostenargument ist maßgeblich für eine Erstanschaffung, bei Ersatzbeschaffungen ist jedoch die Verbesserung der Leistungsfähigkeit in der Regel wichtiger.

Die Mikroelektronik ist inzwischen in vielen Bereichen des täglichen Lebens zur Selbstverständlichkeit geworden, ihr Erfolg kann als Quantensprung der technischen und kulturellen Entwicklung bezeichnet werden.

Zusammenfassend besteht das Erfolgsrezept der Mikroelektronik, an dem sich auch die Mikrosystemtechnik orientieren kann, auf den folgenden Prinzipien:

- Produktion in Batchprozessen,
- kleiner ist kostengünstiger,
- kleiner ist leistungsfähiger.

1.2 Mikrosystemtechnik und Nanotechnologie

Um die Übertragbarkeit der Entwicklung der Mikroelektronik und die damit verbundenen Zukunftsaussichten der Mikrosystemtechnik genauer einzugrenzen, soll zunächst der Begriff der Mikrosystemtechnik explizit definiert werden. Der Gegenstand der Mikrosystemtechnik ist zum Teil etwas unklar oder wird manchmal auch unnötig weit gefaßt [25]. Wir verwenden die recht klare Definition:

„Ein Mikrosystem ist die miniaturisierte Gesamtheit integrierter Sensor-, Signalverarbeitungs- (oder Informationsverarbeitungs-) und Aktorkomponenten mit charakteristischen Abmessungen im Mikrometerbereich. Mikrosystemtechnik ist die Gesamtheit von Verfahren zum Entwurf und zur Herstellung von Mikrosystemen."

Es handelt sich also insbesondere um miniaturisierte Systeme mit typischen Abmessungen im Mikrometerbereich, die nicht nur aus Elektronik bestehen. Ein Größenvergleich verschiedener technischer und nicht-technischer Objekte wird in der Abb. 1.3 gegeben. Entsprechend der Definition wird im folgenden der Schwerpunkt auf nicht-elektronische Komponenten, d. h. Komponenten wie Sensoren und Aktoren sowie die zugehörigen Beschreibungs- und Entwurfsverfahren, Technologien, Materialien und Integrationstechniken gelegt.

Der Begriff Mikrosystemtechnik ist eine deutsche Wortschöpfung. Obwohl eine Übertragung in andere Sprachen leicht möglich ist, werden international, insbesondere in den USA, unter 'micro systems' häufig auch rein elektronische Komponenten (Mikroelektronik) verstanden. Statt dessen wird die Abkürzung MEMS, für Micro Electro Mechanical Systems häufig für integrierte mikromechanische Komponenten, wie Druck oder Beschleunigungssensoren, verwendet, gelegentlich aber auch für Komponenten, denen eine elektrische oder mechanische Funktion ganz fehlt. Einen guten Überblick über die Entwicklung bis zum Jahr 1990 gibt der

Sammelband von Trimmer [33]. Unter Nanotechnologie kann die Technologie zur Herstellung miniaturisierter Strukturen mit kleinsten Abmessungen unterhalb von einem Mikrometer verstanden werden.

Zum Ende des Jahrs 1959 hielt der Physiker Richard P. Feynman eine visionäre Rede vor der American Physical Society mit dem Titel „There's plenty of room at the bottom" [10, 11]. Feynman appellierte an den Spieltrieb seiner Kollegen, machte aber auch deutlich, daß miniaturisierte Geräte eine hohe wirtschaftliche Bedeutung erhalten können. In seinem Vortrag entwickelte er eine Reihe wichtiger Ideen über Änderungen im Verhalten von verkleinerten Geräten, das Potential der Miniaturisierung und deren Grenzen, sie stellen eine Triebfeder der Mikrosystem- und Nanotechnologie dar. Feynman setzte zwei Preise aus, jeweils im Wert von 1000 Dollar. Zum einen für die Realisierung eines Verfahrens, das die übliche Auflösung von Schrift- und Bilddarstellungen um den Faktor 25000 verbessert. Damit wäre es möglich, den kompletten Inhalt der 24 bändigen Enyclopaedia Britannica auf einem Stecknadelkopf abzubilden. Für den zweiten Preis war ein funktionsfähiger Elektromotor mit einer Abmessung von höchsten 0,4 mm herzustellen. Die zweite Aufgabe war offenbar zu einfach, denn der Elektromotor wurde innerhalb eines Jahrs von Hand hergestellt. Die erste Aufgabe wurde hingegen in

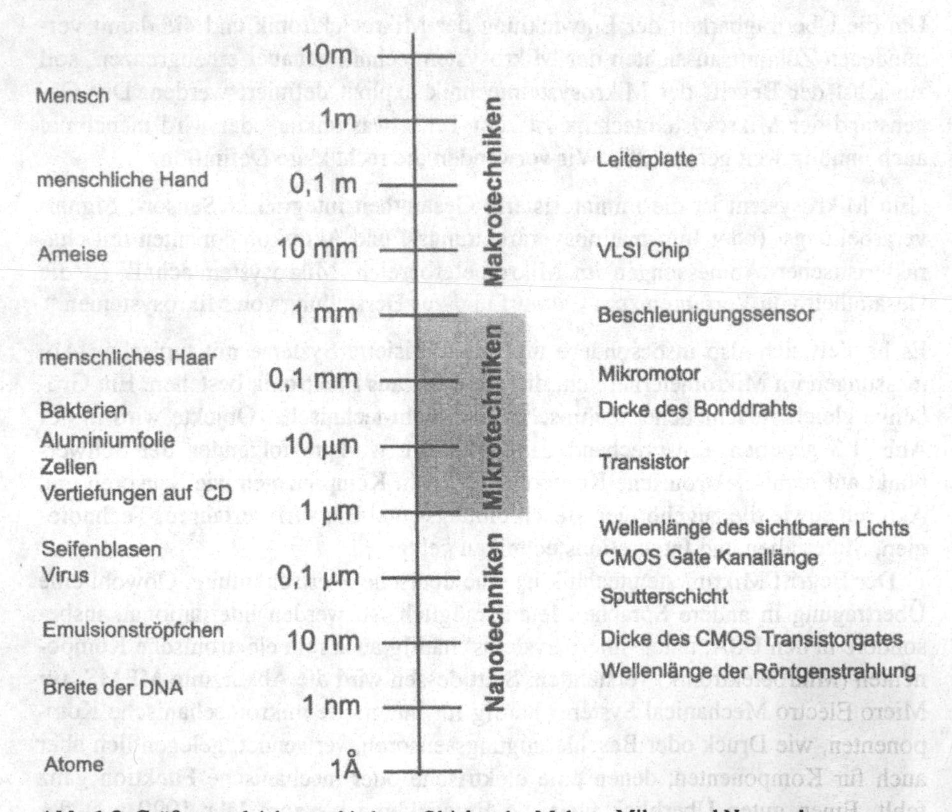

Abb. 1.3. Größenvergleich verschiedener Objekte der Makro-, Mikro- und Nanowelt.

ihrer Schwierigkeit unterschätzt und erst 1986 gelöst.

Auf dem Weg zur Herstellung miniaturisierter Gräte haben sich zwei Vorgehensweisen entwickelt; zum eine die stete Verbesserung der im wesentlichen in der Halbleitertechnologie entstandenen Prozesse und zum anderen das Ziel des atomweise Zusammenbaus komplexer Strukturen.

Die erste Vorgehensweise wird zumeist in der Mikrosystemtechnik verwendet, während die Nanotechnologie auch als Synonym für die Molekulartechniken steht. Die Nanotechnologie ist geprägt durch die sehr vollmundigen Ankündigungen ihrer Protagonisten. Durch die Nanotechnologie soll eine ganz neue Welt entstehen; intelligente Nanoroboter befreien uns von materiellen und gesundheitlichen Problemen, sie basteln atomweise Fahrräder, künstliche Diamant-Zähne und andere Wunderwerke, wie von Zauberhand, aus Abfall zusammen und erledigen so nebenbei auch noch das Recyclingproblem. Dies soll sich alles innerhalb eines Entwicklungshorizonts von weniger als dreißig Jahren vollziehen [7, 8]. Aus der Geschichte der bisherigen technischen Entwicklung gibt es keine Ansatzpunkte, die es wahrscheinlich erscheinen lassen, daß einen derartige technische Revolution innerhalb weniger Jahren erreicht werden kann.

Wesentlich solider sind hier die Vorstellungen des Förderprogramms zur Nanotechnologie, das Technologien zur Aufklärung und gezielten Beeinflussung von Bauplänen der belebten und unbelebten Materie als prinzipiell realisierbar einschätzt und durch das Verständnis und die Übertragung auf technische Fragestellungen Nutzen zu ziehen hofft [27].

Erst wenn es gelingt die atomaren und molekularen Bausteine sicher zu handhaben, ist die elementare Voraussetzung für die Entstehung von Nanomaschinen gegeben. Diese werden, wenn sich eine Entwicklung als technisch, gesellschaftlich und ökonomisch sinnvoll erweist, sicher nach völlig anderen Prinzipien arbeiten als die uns aus der Makrotechnik bekannten Maschinen. Miniaturisierte Systeme unterliegen den gleichen Gesetzen wie Makrosysteme, aber die Relevanz einzelner physikalische Effekte ist abhängig von den Abmessungen. Aus diesem Grund weisen auch kleine Lebewesen einen von großen Lebewesen abweichenden Bauplan auf. In dieser Abhängigkeit ist der Nutzen der Miniaturisierung zu suchen.

1.3 Chancen der Miniaturisierung

Ein typisches Merkmal der Entwicklung neuer Techniken ist der zeitliche Verlauf ihrer Leistungsfähigkeit entsprechend einer S-Kurve, wie sie in Abb. 1.4 dargestellt ist. Im Anschluß an die Entstehungsphase folgen das stärkste Wachstum und die allmähliche Markteinführung. Die Mikrosystemtechnik ist heute im Stadium der Entwicklung von Schlüsseltechnologien und ersten Produkten. In dieser Phase ist die Zunahme der Leistungsfähigkeit (Steigung) am größten. Die CMOS-Technologie befindet sich bereits im „Alter", die Steigerung der Leistungsfähigkeit nimmt ab.

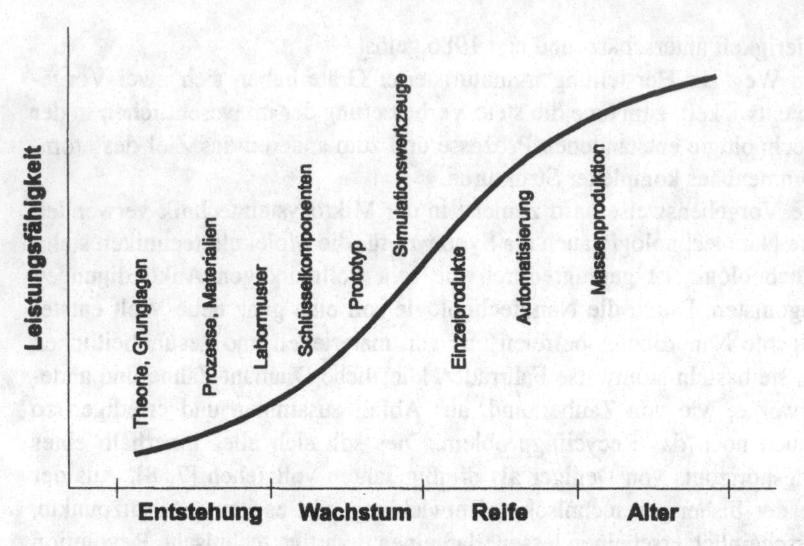

Abb. 1.4. Zeitliche Entwicklung der Leistungsfähigkeit neuer, innovativer Techniken [18].

Typischerweise tritt das Marktvolumen wie in Abb. 1.5 dargestellt, im Alter in eine Sättigungsphase ein, in der die Technik durch neue Innovationen abgelöst wird. Ein Beispiel hierfür ist die Ablösung der Röhrentechnik durch die Transistortechnik.

Natürlich gilt für die Mikrosystemtechnik das Gleiche wie in der Mikroelektronik: Das Kleine erfordert, wenn geeigneten Technologien zur Verfügung stehen, einen geringeren Herstellungsaufwand und kann daher kostengünstiger sein. Darüber hinaus kann die Miniaturisierung auch genutzt werden, um eine Steigerung der Leistungsfähigkeit zu erreichen. Dies kann und muß als eine Voraussetzung für das Wachstum angesehen werden. Würde beispielsweise die Miniaturisierung eine Verschlechterung oder auch nur einen Stillstand der Leistungsfähigkeit bewirken, so wäre ein dauerhaftes Wachstum kaum denkbar.

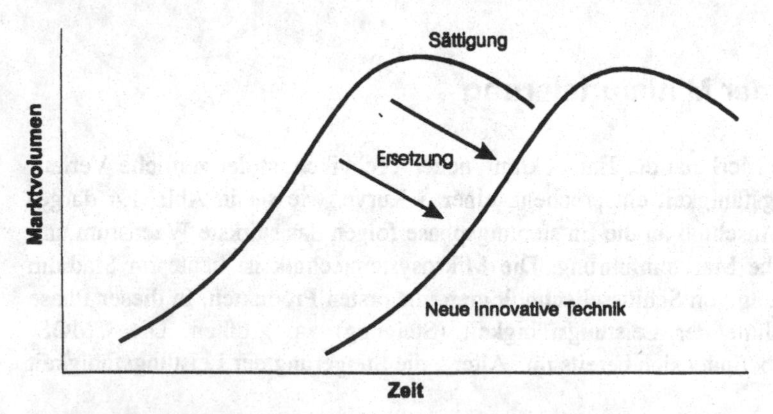

Abb. 1.5. Wachstumsfunktion neuer, innovativer Techniken.

1.4 Größenänderung, Skalierung

Verkleinert man alle Abmessungen eines Systems, so ändert sich in der Regel auch die Funktion. In der Antike wurde die Konstanz der Eigenschaften auch bei Änderung der Abmessungen vorausgesetzt, und auch Leonardo da Vinci versuchte bei seinen erfolglosen Konstruktionen den Vogelflug nachzuahmen, ohne zu bedenken, daß die Flügeloberfläche überproportional vergrößert werden müßte, wenn man eine Übertragung auf die Größe eines Menschen vornimmt. Für die Funktion ist das Verhältnis von Oberfläche zu Volumen ausschlaggebend.

Daß die gleichmäßige Veränderung aller Abmessungen auch die Funktion verändert, wurde in seiner vollen Tragweite zuerst von Galileo Galilei [12] erkannt. Aus seiner „Unterredung und mathematische Demonstrationen über zwei neue Wissenszweige die Mechanik und die Fallgesetze betreffend“ aus dem Jahr 1638 stammt der folgende Abschnitt. Die die Unterredung führenden Personen sind auf dem in Abb. 1.6 wiedergegebenen Titelbild der Dialogo dargestellt.

Abb. 1.6. Titelbild zu Galileis „Dialogo“ von 1632 (Quelle: *Unterredung und mathematische Demonstrationen über zwei neue Wissenszweige die Mechanik und die Fallgesetze betreffen* von Galileo Galilei, mit freundlicher Genehmigung durch Rütten & Loening [12], Frontispiz).

...

„Sagredo: Deshalb und besonders aus Ihrem letzten Argument, welches das gewöhnliche Volk falsch auffaßt, habe ich nun eingesehen, daß in diesen und anderen Fällen man nicht ohne weiters vom kleinen Maßstab auf den großen schließen dürfe; manche Maschinen gelingen im kleinen, die im großen nicht bestehen könnten. Indes alle Begründung der Mechanik basiert auf Geometrie. In dieser aber gelten die Sätze von der Proportion aller Körper. Wenn nun eine große Maschine in allen Teilen ähnlich der kleinen gebaut wird und die letztere als fest und widerstandsfähig erwiesen ist, so sehe ich doch nicht ein, warum dennoch eine Gefahr gefürchtet wird.

Salvati: Die gängige Meinung ist hier völlig irrig und sogar so falsch, daß man das Gegenteil behaupten kann, ich meine, daß viele Maschinen weit vollkommener in großem Maßstabe ausgeführt werden können. Zum Beispiel eine Uhr mit Zifferblatt und Schlagwerk wird leichter in einem gewissen größeren Maßstabe gefertigt werden. Mit Recht wird jener Satz von Intelligenteren vertreten, indem sie aus dem leichteren Gelingen größerer Maschinen dazu geführt werden, von den abstrakten Sätzen der Geometrie abzusehen und den wahren Grund einer Abweichung in der Beschaffenheit der Materie, ihrer Veränderlichkeit und Unvollkommenheit zu suchen. Indes hoffe ich in diesem Falle, ohne arrogant zu erscheinen, versichern zu dürfen, daß die Unvollkommenheit der Materie, die ja allerdings die schärfsten mathematischen Beweise zuschanden machen kann, nicht genüge, den Ungehorsam der wirklichen Maschinen gegen ideale zu erklären. Denn ich will von aller Unvollkommenheit absehen und will die Materie als ideal vollkommen annehmen und als unveränderlich und will zeigen, daß bloß, weil es eben Materie ist, die größere Maschine, wenn sie aus demselben Material und in gleichen Proportionen hergestellt ist, in allen Dingen der kleinen entsprechen wird, außer in Hinsicht auf Festigkeit und Widerstand gegen äußere Angriffe: je größer, um so schwächer wird sie sein. Und da ich die Unveränderlichkeit der Materie voraussetze, kann man völlig klare, mathematische Betrachtungen darauf bauen. Geben Sie daher, Herr Sagredo, Ihre von vielen anderen Mechanikern geteilte Meinung auf, als könnten Maschinen aus gleichem Material, in genauester Proportion hergestellt, genau gleiche Widerstandsfähigkeit haben. Denn man kann geometrisch beweisen, daß die größeren Maschinen weniger widerstandsfähig sind als die kleineren: so daß schließlich nicht bloß für Maschinen und für alle Kunstprodukte, sondern auch für Objekte der Natur eine notwendige Grenze besteht, über welche weder Kunst noch Natur hinausgehen kann: wohlverstanden, wenn stets das Material dasselbe und völlige Proportionalität besteht."

...

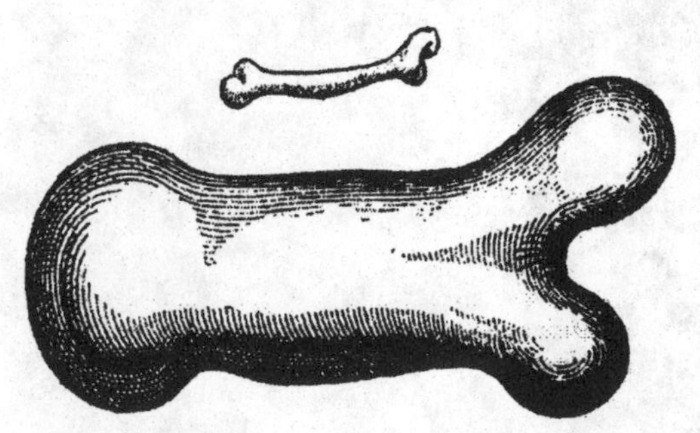

Abb. 1.7. Knochen eines Riesen im Vergleich zu normalen Proportionen nach Galilei (Quelle: *Unterredung und mathematische Demonstrationen über zwei neue Wissenszweige die Mechanik und die Fallgesetze betreffen* von Galileo Galilei, mit freundlicher Genehmigung durch Rütten & Loening [12], S. 369).

Galilei kämpft hier gegen die zu seiner Zeit vorherrschende Meinung an, daß ein System unabhängig von seiner Größe immer die gleichen Eigenschaften besitzt. Galilei bezieht sich hauptsächlich auf die von der Größe unabhängige Elastizitäts- bzw. Festigkeitsgrenze der Materialien und zeigt auch die Auswirkungen auf den Knochenbau von Lebewesen unterschiedlicher Größe (Abb. 1.7). Was Galilei in seinem Werk für die Mechanik zeigt, gilt auch in vielen anderen Zweigen der Physik und auch für reale Materialbeziehungen. Die wesentlichen Annahmen, die Galilei bei der Skalierung zugrunde legt, sind die völlige Proportionalität sowie von der Größe unabhängige Materialbeziehungen.

Als Einstieg in die quantitative Behandlung der Skalierungsgesetze soll die Temperatur und Wärmeabgabe für einen Menschen in Ruhe dienen. Als einfaches Modell verwenden wir einen Quader mit den Abmessungen (175 cm x 30 cm x 15 cm). Das Volumen beträgt:

$$V = 175 \cdot 30 \cdot 15 \text{cm}^3 \approx 0{,}08 \text{ m}^3 \tag{1.2}$$

Die im Körper erzeugte Wärme beträgt bei leichter bis mittelschwerer Tätigkeit etwa $p_v = 2 \cdot 10^3 \text{ W / m}^3$ also insgesamt:

$$P = p_v V = 160 \text{ W} \tag{1.3}$$

Die Wärme wird über die Oberfläche abgegeben, wobei der Wärmefluß von den Umgebungsbedingungen abhängt (Kleidung, Umgebungstemperatur). Wir gehen davon aus, daß der Wärmetransport allein durch Strahlung und Konvektion stattfindet, daß also die Verdampfungswärme (Schweiß) keine Rolle spielt. Als typisch kann ein Konvektionskoeffizient h von

$$h = 6 \frac{\text{W}}{\text{m}^2 \text{K}} \tag{1.4}$$

angesehen werde. Mit der Körperoberfläche

$$A = 2 \cdot (30 \cdot 15 + 30 \cdot 175 + 15 \cdot 175) \text{ cm}^2 = 1{,}67 \text{ m}^2 \tag{1.5}$$

ergibt sich der thermische Widerstand R_ϑ zu:

$$R_\vartheta = \frac{1}{hA} \approx 0{,}1 \frac{\text{K}}{\text{W}} \tag{1.6}$$

Die Temperaturüberhöhung gegenüber der Umgebungstemperatur T_0 ergibt sich mit dem „Ohmschen Gesetz“ der Wärmelehre:

$$T - T_0 = \Delta T = R_\vartheta P = 0{,}1 \frac{\text{K}}{\text{W}} \cdot 160 \text{ W} = 16 \text{ K} \tag{1.7}$$

Wenn wir die gleiche Rechnung für einen 'Riesen' durchführen, bei dem die Abmessungen um einen Faktor zehn vergrößert sind, so erhalten wir unter den gleichen Annahmen (Leistungsdichte, Konvektionskoeffizient):

$$V = 80 \text{ m}^3 \qquad P = 160 \cdot 10^3 \text{ W} \qquad A = 167 \text{ m}^2 \tag{1.8}$$

$$R_\vartheta = 10^{-3} \frac{\text{K}}{\text{W}} \qquad \Delta T = 160 \text{ K} \tag{1.9}$$

Die Temperatur erhöht sich um den Faktor zehn, der Faktor entspricht der Veränderung der Abmessungen, d. h. der Riese wäre bei sonst gleichen Lebensumständen nicht überlebensfähig. Durch Einsetzen der Formeln folgt, daß die Temperaturüberhöhung mit dem Verhältnis von Volumen zur Oberfläche zunimmt.

$$\Delta T = R_\vartheta P = \frac{1}{h A} p_v V = \frac{p_v}{h} \frac{V}{A} \tag{1.10}$$

Es ist anzumerken, daß sich unter realen Bedingungen der Konvektionskoeffizient erhöhen würde, da die Wärmeübertragung durch Strahlung einem nichtlinearen Gesetz folgt, so daß die Temperaturüberhöhung unter Berücksichtigung dieses Zusammenhangs geringer wäre. Daß große Tiere nicht 'kochen' liegt jedoch vor allem auch daran, daß bei ihnen die Oberfläche zur besseren Kühlung vergrößert ist (Ohren der Elefanten) oder sie den Konvektionskoeffizienten erhöhen, indem sie sich in der Regel im Wasser aufhalten (Wale) sowie an einem geringeren Leistungsumsatz. Andererseits müssen sich kleine Tiere durch erhöhten Leistungsumsatz (hohe Futteraufnahme) oder Verringerung des Konvektionskoeffizienten (Federkleid, Pelz) vor Unterkühlung bewahren. Noch kleinere Tiere sind nicht in der Lage, eine konstante Körpertemperatur aufrecht zu erhalten.

Bei geometrisch ähnlichen Verhältnissen ist die Temperatur im obigen Beispiel zum Skalierungsfaktor proportional. Ein solcher Zusammenhang wird Modellgesetz oder Ähnlichkeitsrelation genannt. Modellgesetze dienen neben der Berechnung konkreter Werte dazu, transparent zu machen, welche physikalischen Eigenschaften sich ändern, wenn eine Größe, z. B. Länge, Kraft oder Materialeigenschaften vergrößert oder verkleinert wird. Betrachten wir zwei ähnliche Realisierungen mit der Längenskalierung λ (Längenverhältnis)

$$\lambda = \frac{\ell_1}{\ell_2}, \qquad \frac{A_1}{A_2} = \lambda^2, \qquad \frac{V_1}{V_2} = \lambda^3, \tag{1.11}$$

dem Verhältnis der Temperaturen

$$\vartheta = \frac{\Delta T_1}{\Delta T_2}, \tag{1.12}$$

der Konvektionskoeffizienten

$$\eta = \frac{h_1}{h_2}, \tag{1.13}$$

bei gleicher spezifischer Verlustleistung

$$\frac{p_1}{p_2} = 1\,, \tag{1.14}$$

so ergibt sich der Zusammenhang

$$\vartheta = \frac{1}{\eta}\lambda\,. \tag{1.15}$$

Diese Gleichung besagt, daß sich die Temperatur proportional zur Längenskalierung und umgekehrt proportional zum Verhältnis der Konvektionskoeffizienten verhält. Der Riese müßte, um die gleiche Temperatur zu erhalten ($\vartheta = 1$), die Wärmeabfuhr zusammen mit dem Skalierungsfaktor λ erhöhen:

$$\eta = \lambda \quad \text{für} \quad \vartheta = 1\,. \tag{1.16}$$

1.5 Skalierung, Ähnlichkeit und Kennzahlen

Wir betrachten zunächst das Newtonsche Gesetz, um den für die Mikromechanik bedeutenden Einfluß der Skalierung bei dynamischen Vorgängen durch eine Ähnlichkeitsrelation zu untersuchen. Für die Kraft F beschleunigter Systeme gilt:

$$F = m\,a \tag{1.17}$$

Wir bezeichnen das Kräfteverhältnis mit:

$$\kappa = \frac{F_1}{F_2}\,. \tag{1.18}$$

Für die Beschleunigung a gilt:

$$a = \frac{dv}{dt} = \frac{d}{dt}\frac{ds}{dt} \qquad \text{und damit} \qquad \frac{a_1}{a_2} = \frac{\lambda}{\tau^2} \tag{1.19}$$

wenn τ das Verhältnis der Zeitmaßstäbe (Dauer eines Vorgangs) und λ das Verhältnis der Längen angibt. Für die Masse m folgt aus dem Volumen V und der Dichte ρ :

$$\frac{m_1}{m_2} = \frac{\rho_1}{\rho_2}\frac{V_1}{V_2} = \frac{\rho_1}{\rho_2}\lambda^3 \tag{1.20}$$

Damit erhalten wir die Ähnlichkeitsrelation:

$$\kappa = \frac{\lambda^4}{\tau^2} \qquad (\text{für } \rho_1 = \rho_2\,) \tag{1.21}$$

Die Beziehung sagt aus, daß sich die notwendigen Kräfte für einen dynamischen Vorgang um den Faktor 10^4 verkleinern, wenn man alle Abmessungen um den

Faktor 10 verkleinert oder sich der Vorgang um den Faktor 100 schneller vollzieht, wenn die Kräfte gleich bleiben. Für ähnliche dynamische Vorgänge muß das Verhältnis der angreifenden Kräfte zur Trägheitskraft übereinstimmen. Dieses Verhältnis ergibt sich aus den obigen Zusammenhängen:

$$Ne = \frac{F}{\rho}\frac{t^2}{L^4} \tag{1.22}$$

Hierbei ist t die Dauer des Vorgangs und L eine charakteristische Länge. Die betrachtete Größe Ne wird Newton-Zahl genannt. Allgemein bezeichnet man eine derartige Größe als Kennzahl.

Unter einer Kennzahl versteht man eine einheitenlose Größe, die für zwei ähnliche Vorgänge den gleichen Wert annimmt. Zwei Felder (z. B. Temperaturfeld, Geschwindigkeitsfeld), die in dimensionslosen Koordinaten übereinstimmen bezeichnet man als ähnlich. Sie lassen sich durch Maßstabänderung (Skalierung) ineinander überführen. Die sich aus der Feldverteilung ergebenden Eigenschaften stimmen nur überein, wenn auch die Kennzahlen gleich sind.

Physikalische Zusammenhänge lassen sich durch alleinige Verwendung von Kennzahlen beschreiben. Hierin drückt sich das allgemeine Prinzip aus, daß eine physikalische Gesetzmäßigkeit unabhängig vom gewählten Maßsystem ist und sich daher auch durch einheitenlose Variablen darstellen lassen muß. Die Kennzahlen werden aus geometrischen und physikalischen Größen sowie Materialkonstanten gebildet.

Eine allgemeine Methode zur Ableitung von Kennzahlen ist die Dimensionsanalyse, sie wird ausführlich in [21] behandelt. Wird ein physikalischer Sachverhalt durch die Einflußgrößen $p_1, p_2, \ldots, p_n$ beschrieben, so bildet das Potenzprodukt

$$\Pi = p_1^{\,k1} \cdot p_2^{\,k2} \cdots p_n^{\,kn} \tag{1.23}$$

eine Kennzahl, wenn die Exponenten $k_1, k_2, \ldots, k_n$ geeignet gewählt werden. Die Einheit des Potenzprodukts läßt sich durch die Basiseinheiten eines Einheitensystems ausdrücken, für die SI-Einheiten sind dies: m, kg, s, A, K, cd, mol. Da die Kennzahl eine einheitenlose Größe sein soll, muß das Potenzprodukt aller Basiseinheiten verschwinden. Also muß die Bedingung $k_1 + k_2 + \ldots + k_n = 0$ erfüllt sein. Aus dieser Bedingung ergibt sich für jede Basiseinheit eine Gleichung. Diese Gleichungen liefern einen linearen Zusammenhang für die möglichen Exponenten. Wenn in den n Einflußgrößen m der Basiseinheiten auftreten, so kann man folglich $n-m$ voneinander unabhängige Kennzahlen bilden. Man erhält diese, indem man jeweils $n-m$ der Exponenten $k_1, k_2, \ldots, k_{n-m}$ vorgibt. Dies ist natürlich auf vielfältige Art möglich. In der Regel versucht man die Exponenten so zu wählen, daß sich möglichst übersichtliche Ausdrücke ergeben, bzw. einige der Exponenten zu Null werden. Neben dieser systematischen Ableitung werden Kennzahlen häufig aus dem Verhältnis verschiedener Energieformen oder dem Verhältnis der einwirkenden Kräfte gewonnen.

Kennzahlen werden besonders häufig in der Thermik und Strömungsmechanik verwendet, um die Ähnlichkeit auszudrücken. In der Mechanik sind nur einige Kennzahlen gebräuchlich, und in der Elektrodynamik werden sie nicht verwendet.

1.5.1 Die Ableitung der Kennzahlen der Thermik

Die Ableitung von Kenngrößen soll zunächst am Beispiel der konvektiven Wärmeübertragung demonstriert werden [3]. Die Einflußgrößen für die Wärmeleitung und Wärmeübertragung sind die isobare Wärmekapazität c_p, Temperatur ΔT, Strömungsgeschwindigkeit v, dynamische Viskosität $\eta = \rho v$ und Dichte ρ des die Wärme abführenden Mediums, die Wärmeleitfähigkeit λ und eine Bezugslänge L.

Es handelt sich um sieben Einflußgroßen, welche die vier Basiseinheiten kg, K, m und s enthalten. Es lassen sich daher drei einheitenlose, unabhängige Kennzahlen ableiten. Um die Exponenten der Einflußgrößen $k_1, k_2, \ldots, k_7$ zu bestimmen, fassen wir das Auftreten der Einheiten der Einflußgrößen in der Tabelle 1.2 zusammen, aus der sich dann leicht die Bestimmungsgleichungen ablesen lassen. Für die Einheit W ist die Ersetzung durch SI-Einheiten zu verwenden: $1\,\mathrm{W} = 1\,\mathrm{kg\,m^2/s^3}$. Damit ergibt sich das Gleichungssystem:

$$\begin{aligned} k_5 + k_6 + k_7 &= 0 \\ -k_1 + k_3 - k_6 &= 0 \\ -2k_1 - k_4 - k_5 - 3k_6 &= 0 \\ 2k_1 + k_2 + k_4 - k_5 + k_6 - 3k_7 &= 0 \end{aligned} \tag{1.24}$$

Zur Bestimmung der Kennzahlen können drei der Exponenten vorgegeben werden, woraus sich die anderen durch Einsetzen in die Gleichungen ergeben.

Aus $k_1 = 0; k_2 = 1; k_3 = 0$ ergibt sich $k_4 = 1; k_5 = -1; k_6 = 0; k_7 = 1$. Damit erhält man die Reynolds-Zahl, die die Strömungsart charakterisiert:

Tabelle 1.2. Einflußgrößen der konvektiven Wärmeübertragung und deren Basiseinheiten. Wärmekapazität c_p, Bezugslänge L, Temperatur ΔT, Strömungsgeschwindigkeit des wärmeabführenden Mediums v, dynamische Viskosität $\eta = \rho v$, Wärmeleitfähigkeit λ und Dichte ρ.

		c_p	L	ΔT	v	η	λ	ρ
		$\frac{\mathrm{m^2}}{\mathrm{Ks^2}}$	m	K	$\frac{\mathrm{m}}{\mathrm{s}}$	$\frac{\mathrm{kg}}{\mathrm{ms}}$	$\frac{\mathrm{kg\,m}}{\mathrm{Ks^3}}$	$\frac{\mathrm{kg}}{\mathrm{m^3}}$
m	Kg	-	-	-	-	1	1	1
T	K	-1	-	1	-	-	-1	-
t	s	-2	-	-	-1	-1	-3	-
L	m	2	1	-	1	-1	1	-3

$$Re = \frac{L v \rho}{\eta} \tag{1.25}$$

Aus $k_1 = 1; k_2 = 0; k_3 = 0$ ergibt sich $k_4 = 0; k_5 = 1; k_6 = -1; k_7 = 0$. Es handelt sich um die Prandtl-Zahl, die allein von Stoffwerten abhängig ist.

$$Pr = \frac{c_p \eta}{\lambda} \tag{1.26}$$

Aus $k_1 = 1;\ k_2 = 0;\ k_3 = -1$ ergibt sich $k_4 = 2;\ k_5 = 0;\ k_6 = 0;\ k_7 = 0$. Die Eckert-Zahl charakterisiert die durch Reibung verursachte Erwärmung des Fluids.

$$Ec = \frac{v^2}{c_p \lambda} \tag{1.27}$$

1.5.2 Kennzahlen der Elektrodynamik

In der Elektrodynamik sind Kennzahlen nicht verbreitet, jedoch läßt sich der obige Prozeß in gleicher Weise auf diesen Bereich anwenden. Elektromagnetische Vorgänge werden durch die Maxwellschen Gleichungen beschreiben, die für den ladungsfreien Raum die folgende Form haben:

$$\begin{aligned} &rot\,\mathbf{H} = \mathbf{J} + \frac{\partial \mathbf{D}}{\partial t} \qquad div\,\mathbf{B} = 0 \qquad \mathbf{J} = \kappa\mathbf{E} \qquad \mathbf{B} = \mu\mathbf{H} \\ &rot\,\mathbf{E} = -\frac{\partial \mathbf{B}}{\partial t} \qquad div\,\mathbf{D} = 0 \qquad \mathbf{D} = \varepsilon\mathbf{E} \end{aligned} \tag{1.28}$$

Die Gleichungen enthalten die folgenden sieben voneinander unabhängigen Einflußgrößen: elektrische Feldstärke E, magnetische Feldstärke H, Permeabilität μ, Dielektrizitätszahl ε, Leitfähigkeit κ, Frequenz ω und eine Länge L. An Stelle der Frequenz kann auch eine charakteristische Zeit verwendet werden. Da hier nur die Skalierung betrachtet wird, gibt es nur einen geometrischen Längenmaßstab L. Die in diesen physikalischen Größen enthaltenen Basiseinheiten sind: V, A, m, s. Die SI-Einheit für die Masse wurde hier durch die Einheit der Spannung ersetzt. Dies ist aufgrund der Beziehung $1\,\text{kg m}^2 = 1\,\text{VA s}^3$ bzw. $1\,\text{Ws} = 1\,\text{N m}$ möglich. Es können demnach drei unabhängige Kennzahlen gefunden werden ($n = 7$ Einflußgrößen - $m = 4$ Basiseinheiten).

Aus der Tabelle 1.3 ergibt sich für die Exponenten k_i das folgende Gleichungssystem:

$$\begin{aligned} &k_1 + k_3 - k_4 - k_5 = 0 \\ &k_2 - k_3 + k_4 + k_5 = 0 \\ &k_3 + k_4 - k_6 = 0 \\ &-k_1 - k_2 - k_3 - k_4 - k_5 + k_7 = 0 \end{aligned} \tag{1.29}$$

Tabelle 1.3. Einflußgrößen elektromagnetischer Vorgänge und deren Basiseinheiten. Elektrische Feldstärke E, magnetische Feldstärke H, Permeabilität μ, Dielektrizitätszahl ε, Leitfähigkeit κ, Frequenz ω und Bezugslänge L.

		E	H	μ	ε	κ	ω	L
		$\frac{\mathrm{V}}{\mathrm{m}}$	$\frac{\mathrm{A}}{\mathrm{m}}$	$\frac{\mathrm{Vs}}{\mathrm{Am}}$	$\frac{\mathrm{As}}{\mathrm{Vm}}$	$\frac{\mathrm{A}}{\mathrm{Vm}}$	$\frac{1}{\mathrm{s}}$	m
U	V	1	-	1	-1	-1	-	-
I	A		1	-1	1	1	-	-
t	s	-	-	1	1	-	-1	-
L	m	-1	-1	-1	-1	-1	-	1

Dies läßt sich durch lineare Umformungen in das einfachere System überführen:

$$
\begin{aligned}
k_1 + k_2 &= 0 \\
k_5 + k_6 - k_7 &= 0 \\
k_3 + k_4 - k_6 &= 0 \\
k_2 - 2k_3 + k_7 &= 0
\end{aligned}
\tag{1.30}
$$

Es sind nun drei unabhängige Lösungen auszuwählen.

1. Mit $k_1 = 1; k_4 = -1; k_6 = -1$ ergibt sich die Kennzahl:

$$\Pi_1 = \frac{\kappa}{\varepsilon\,\omega} \tag{1.31}$$

Diese Kennzahl gibt das Verhältnis des Leitungsstroms zum Verschiebungsstrom an. Sie kann auch als das Produkt von Relaxationszeit und Frequenz interpretiert werden. Für $\Pi_1 \ll 1$ überwiegt der Leitungsstrom wodurch der Wellencharakter einer Lösung verschwindet, statt dessen gehen die Maxwellschen Gleichungen in eine Diffusionstyp über (Skin-Gleichung). Für $\Pi_1 \gg 1$ kann der Leitungsstrom vernachlässigt werden, und die Feldlösungen erhalten den Charakter der Wellenausbreitung.

2. Mit $k_3 = 1; k_5 = 1; k_6 = 1; k_7 = 2$ ergibt sich die Kennzahl:

$$\Pi_2 = L^2\,(\omega\,\kappa\,\mu) \tag{1.32}$$

Diese Kennzahl enthält den Term $\omega\kappa\mu$, der in der Eindringtiefe $\delta = \sqrt{2/(\omega\,\kappa\,\mu)}$ vorkommt. Es handelt sich also um das Verhältnis der Abmessungen zur Eindringtiefe. Für $\Pi_2 \ll 1$ ist das Feld im Körper nahezu homogen. Die Bedeutung der Kennzahl ist dem Kehrwert der Fourier-Zahl der Wärmelehre äquivalent.

3. Mit $k_1 = 1; k_2 = -1; k_3 = -1/2; k_4 = 1/2$ ergibt sich die Kennzahl:

$$\Pi_3 = \frac{E}{H}\sqrt{\frac{\varepsilon}{\mu}} \tag{1.33}$$

Diese Kennzahl erlaubt zwei Interpretationen. Zum einen kann sie als das Verhältnis aus der Wurzel der elektrischen und magnetischen Feldenergie interpretiert werden und ergibt damit eine Aussage über die Relevanz der beiden Feldanteile. Zum anderen entspricht der Größe E/H die Impedanz einer Welle und $\sqrt{\varepsilon/\mu}$ der Impedanz des homogenen Raums.

Natürlich ergibt eine beliebige multiplikative Kombination der Kennzahlen wieder eine Kennzahl, die für spezielle Probleme hilfreich sein kann.

Nehmen wir in den Maxwellschen Gleichungen auch die Raumladungsdichte ρ hinzu, so erhalten wir jetzt das erweiterte Schema aus Tabelle 1.4 zur Bestimmung der Kennzahlen. Da jetzt acht Einflußgrößen auftreten, lassen sich nun vier voneinander unabhängige Kenngrößen bestimmen.

$$\begin{array}{llll} \mathit{rot}\,\mathbf{H} = \mathbf{J} + \dfrac{\partial \mathbf{D}}{\partial t} & \mathit{div}\,\mathbf{B} = 0 & \mathbf{J} = \kappa\mathbf{E} & \mathbf{B} = \mu\mathbf{H} \\ \mathit{rot}\,\mathbf{E} = -\dfrac{\partial \mathbf{B}}{\partial t} & \mathit{div}\,\mathbf{D} = \rho & & \mathbf{D} = \varepsilon\mathbf{E} \end{array} \tag{1.34}$$

Die Gleichungen zur Bestimmung der Exponenten lauten:

$$\begin{aligned} k_1 + k_3 - k_4 - k_5 &= 0 \\ k_2 - k_3 + k_4 + k_5 + k_8 &= 0 \\ k_3 + k_4 - k_6 + k_8 &= 0 \\ -k_1 - k_2 - k_3 - k_4 - k_5 + k_7 - 3k_8 &= 0 \end{aligned} \tag{1.35}$$

Für den erweiterten Fall bleiben die bisher ermittelten Kennzahlen gültig, denn im neuen Gleichungssatz kann man $k_8 = 0$ setzen, wodurch sich die Bestimmungsgleichungen für den raumladungsfreien Fall ergeben. Man sieht daraus, daß im

Tabelle 1.4. Einflußgrößen elektromagnetischer Vorgänge mit Raumladung und deren Basiseinheiten. Elektrische Feldstärke E, magnetische Feldstärke H, Permeabilität μ, Dielektrizitätszahl ε, Leitfähigkeit κ, Frequenz ω, Bezugslänge L und Raumladungsdichte ρ.

		E	H	μ	ε	κ	ω	L	ρ
		$\frac{V}{m}$	$\frac{A}{m}$	$\frac{Vs}{Am}$	$\frac{As}{Vm}$	$\frac{A}{Vm}$	$\frac{1}{s}$	m	$\frac{As}{m^3}$
U	V	1	-	1	-1	-1	-	-	-
I	A	-	1	-1	1	1	-	-	1
t	s	-	-	1	1	-	-1	-	1
L	m	-1	-1	-1	-1	-1	-	1	-3

allgemeinen bei Erweiterung der Anzahl der Einflußgrößen die Kennzahlen für Spezialfälle erhalten bleiben.

4. Wir erhalten nun die neue Kennzahl mit $k_1 = -1; k_4 = -1; k_7 = 1; k_8 = 1$. Es ergibt sich:

$$\Pi_4 = \frac{\rho L}{\varepsilon E} \tag{1.36}$$

Diese Kennzahl setzt die Wirkung der Ladung ins Verhältnis zur elektrischen Feldstärke. Durch Kombination mit den übrigen Kennzahlen erhält man den Ausdruck $\Pi_{4a} = \rho\,\omega\,L^2/H$, der die Wirkung sich zeitlich ändernder Ladungsverteilungen auf das magnetische Feld beschreibt.

1.5.3 Anwendung der Kennzahlen

Als Beispiel dient die Bestimmung der Laufgeschwindigkeit eines Dinosauriers [2, 23]. Dynamische Vorgänge im Schwerefeld werden durch die Froude-Zahl charakterisiert.

$$Fr = \frac{2\,E_{kin}}{E_{pot}} = \frac{v^2}{g\,L} \tag{1.37}$$

Hierin ist v die Geschwindigkeit, g die Erdbeschleunigung und L eine charakteristische Länge. Die Froude-Zahl beschreibt das Verhältnis der Trägheitskraft zur

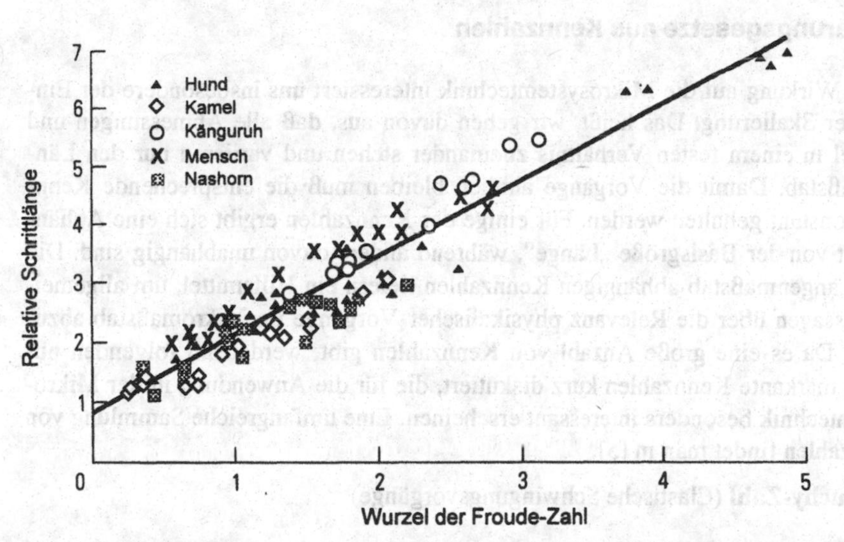

Abb. 1.8. Abhängigkeit der relativen Schrittlänge von der Froude-Zahl bei Bewegungsvorgängen (Quelle: *Exploring biomechanics: Animals in motion* von Alexander © 1992 Scientific American Library, mit freundlicher Genehmigung durch W. H. Freeman and Company [2], S. 39).

Schwerkraft. Es stellt sich heraus, daß die relative Schrittlänge ℓ_r von Lebewesen mit der Froude-Zahl und damit mit der Laufgeschwindigkeit im Zusammenhang steht.

$$\ell_r = \frac{s}{L} \tag{1.38}$$

Hierbei ist s die Schrittlänge und L die Hüfthöhe. Für unterschiedlichste Lebewesen ergeben sich bei der gleichen relativen Schrittlänge und gleicher Gangart nahezu gleiche Froude-Zahlen. Für eine relative Schrittlänge $\ell_r < 2$ findet die Fortbewegung durch Gehen, für $2 < \ell_r < 2{,}9$ durch Traben und für größere Werte durch Rennen statt. Die Schrittweite von Dinosauriern kann aus versteinerten Fußabdrücken ermittelt werden und die Höhe des Hüftgelenks aus Knochenfunden. Beispielsweise ergibt sich bei einer Hüfthöhe von 1,2 m und einer Schrittlänge von 2 m eine relative Schrittlänge von:

$$\ell_r = \frac{2\,\mathrm{m}}{1{,}2\,\mathrm{m}} = 1{,}66 \tag{1.39}$$

Aus dem Diagramm in Abb. 1.8 erhält man eine Froude-Zahl von 0,5 und damit für die Laufgeschwindigkeit:

$$v = \sqrt{Fr\,L\,g} = \sqrt{0{,}5 \cdot 1{,}2 \cdot 9{,}81}\,\frac{\mathrm{m}}{\mathrm{s}} = 2{,}4\,\frac{\mathrm{m}}{\mathrm{s}}\,. \tag{1.40}$$

Die erhaltenen Fußspuren belegen, daß sich Dinosaurier eher behäbig fortbewegt haben.

1.5.4 Skalierungsgesetze aus Kennzahlen

In der Wirkung auf die Mikrosystemtechnik interessiert uns insbesondere der Einfluß der Skalierung. Das heißt, wir gehen davon aus, daß alle Abmessungen und Winkel in einem festen Verhältnis zueinander stehen und variieren nur den Längenmaßstab. Damit die Vorgänge ähnlich bleiben muß die entsprechende Kennzahl konstant gehalten werden. Für einige der Kennzahlen ergibt sich eine Abhängigkeit von der Basisgröße „Länge", während andere davon unabhängig sind. Die vom Längenmaßstab abhängigen Kennzahlen liefern ein Hilfsmittel, um allgemeine Aussagen über die Relevanz physikalischer Vorgänge im Mikromaßstab abzuleiten. Da es eine große Anzahl von Kennzahlen gibt, werden im folgenden nur einige markante Kennzahlen kurz diskutiert, die für die Anwendung in der Mikrosystemtechnik besonders interessant erscheinen. Eine umfangreiche Sammlung von Kennzahlen findet man in [5].

- **Cauchy-Zahl** (Elastische Schwingungsvorgänge)

$$Ca = \frac{\rho}{E}\omega^2 L^2 \tag{1.41}$$

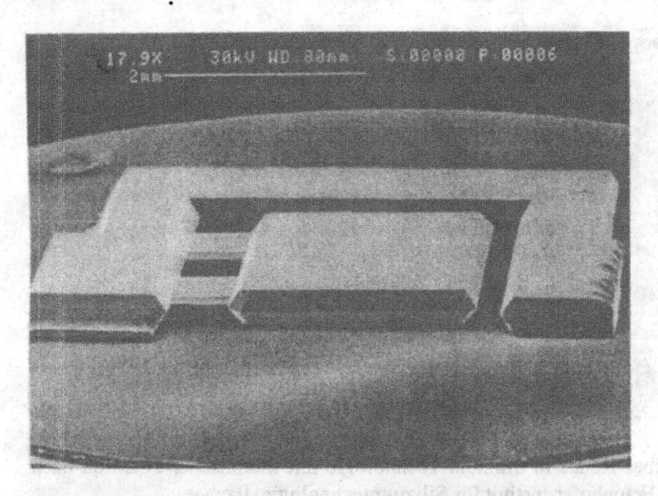

Abb. 1.9. Mikromechanischer Beschleunigungssensor in Bulk-Siliziumtechnologie (Quelle: *Dossier: Mikrosystemtechnik*, mit freundlicher Genehmigung des Lehrstuhls Mikrotechnologie der TU Chemnitz-Zwickau, Th. Geßner [29], S. 21).

Die Cauchy-Zahl gibt das Verhältnis der Trägheitskräfte zu den elastischen Kräften in festen Körpern an. Sie charakterisiert Bewegungs- oder Schwingungsvorgänge unter Beteiligung von Trägheitskräften (Massen) und elastischen Kräften (Federn). Man sieht, daß die Cauchy-Zahl außer von den Materialwerten (Dichte ρ, Elastizitätsmodul E) nur vom Quadrat der Länge L und der Schwingungsfrequenz ω abhängig ist. Für elastische Schwingungsvorgänge gilt daher, daß die Schwingungsfrequenz umgekehrt proportional zum Längenmaßstab skaliert $\omega \sim 1/L$. Mechanisch Mikrosysteme besitzen daher sehr hohe Eigenfrequenzen und da diese in der Regel den nutzbaren dynamischen Bereich begrenzen, eine sehr hohe Dynamik. Ein Anwendungsbeispiel ist der mikromechanische Beschleunigungssensor (Abb. 1.9), bei dem eine seismische Masse an als Federn wirkenden Stegen aufgehängt ist.

– **Weber-Zahl** (Trägheit, Oberflächenspannung)

$$We = \frac{\rho v^2 L}{\sigma_S} \tag{1.42}$$

Die Weber-Zahl entsteht aus dem Verhältnis der Trägheitskräfte zur Oberflächenspannung. v bezeichnet eine Geschwindigkeit, ρ die Dichte und σ_S die Oberflächenspannung, sie hat für Wasser den Wert $\sigma_S = 0{,}073\,\mathrm{N/m}$. Für große Weber-Zahlen dominieren die Trägheitskräfte, bei kleinen Weber-Zahlen sind die Oberflächenkräfte $F = \sigma_S L$ von Bedeutung. Die Weber-Zahl spielt bei der Ausbildung von Wellen auf freien Oberflächen und bei Strömungen in Kapillaren und Kanälen eine Rolle. Die Weber-Zahl setzt eine Oberflächenkraft ins Verhältnis zu einer Volumenkraft. Mit kleineren Abmessungen gewinnen natürlich die Oberflächenkräfte an Bedeutung.

Abb. 1.10. Mikromechanisches Relais in Silizium-Technologie mit thermischer Funktion nach dem Bimetalleffekt (Quelle: Fraunhofer Institut für Siliziumtechnologie, Itzehoe).

– **Fourier-Zahl** (instationäre Wärmeleitung)

$$Fo = \frac{\lambda}{c_p \rho} \frac{t}{L^2} \tag{1.43}$$

Die Fourier-Zahl gibt das Verhältnis von gespeicherter Energie zur geleiteten thermischen Energie an. Instationäre Probleme der Wärmeleitung sind ähnlich, wenn die Fourier-Zahl übereinstimmt. Die Fourier-Zahl kennzeichnet das Eindringen und die Ausbreitung der Wärme transienter thermischer Vorgänge in Abhängigkeit der thermischen Leitfähigkeit λ, der spezifischen Wärmekapazität c_p und der Dichte ρ. Die Fourier-Zahl ist umgekehrt proportional zum Quadrat des Längenmaßstabs L und proportional zum Zeitmaßstab t. Für $Fo > 1$ befindet sich der Körper auf einer homogenen Temperatur, und transiente Effekte sind nicht von Bedeutung. Verkleinert man die Abmessungen um den Faktor 10, so wird demnach bei konstanter Fourier-Zahl der thermisch transiente Vorgang um den Faktor 100 beschleunigt. In der Mikrosystemtechnik sind thermische Aktoren genügend schnell, um eine mechanische Funktion auszuüben, in der Makrotechnik werden diese Aktoren aufgrund ihrer thermischen Trägheit nicht verwendet. Der Effekt wird bei thermischen Bimetallaktor in Abb. 1.10 ausgenutzt. Andererseits dient der Zusammenhang dazu, um mit $Fo = 1$ eine Wärmediffusionslänge $L^2 = \lambda\, t\, /\, (c_p\, \rho)$ zu bestimmen, innerhalb der die Temperatur als homogen angenommen werden kann.

– **Froude-Zahl** (Mechanik, Konvektion, Strömungsmechanik)

$$Fr = \frac{v^2}{gL} \tag{1.44}$$

Die Froude-Zahl hat Bedeutung für alle dynamischen Bewegungsvorgänge im Schwerefeld. Sie charakterisiert das Verhältnis von Trägheitskräften zur

Abb. 1.11. Guilliver im Land der Liliputaner. (Quelle: *Guillivers Reisen, mit Bildern von Horst Lemke*, mit freundlicher Genehmigung des © Atrium Verlags [15], S.9).

Schwerkraft (Gewichtskraft), in Abhängigkeit der Geschwindigkeit v, der Erdbeschleunigung g und des Längenmaßstabs L. Bei größeren Froude-Zahlen ist der Einfluß der Schwerkraft vernachlässigbar, während bei kleinen Froude-Zahlen die Trägheitskräfte zu vernachlässigen sind. Da die Froude-Zahl umgekehrt proportional zum Längenmaßstab ist, wird bei kleinen Abmessungen der Einfluß der Gravitation geringer. Die sich ergebende Konsequenz ist, daß sich die Liliputaner in Guillivers Reisen (Abb. 1.11), oder miniaturisierte Menschen in einigen Horror und Fantasy-Filmen völlig anders bewegen müßten. In der Tat benutzen Kleinstlebewesen und Mikroorganismen eine höhere Schrittfrequenz als wir Menschen oder große Tiere.

- **Reynolds-Zahl** (Strömungsmechanik)

$$Re = \frac{vL}{\nu} \tag{1.45}$$

Die Reynolds-Zahl ist vermutlich die bekannteste und am häufigsten verwendete Kennzahl. Sie gibt das Verhältnis der Trägheitskräfte zu den Reibungs- oder Zähigkeitskräften in Strömungen an. Hauptsächlich wird, wie in Abb. 1.12, die Reynolds-Zahl zur Charakterisierung der Strömungsart verwendet. Eine laminare Strömung stellt sich unterhalb einer kritischen Reynolds-Zahl ein. Oberhalb erhält man turbulente Strömungen, deren Geschwindigkeit und Druck stochastisch um einen Mittelwert schwanken. Häufig wird eine vom Ort abhängige Reynolds-Zahl benutzt (Plattenströmung, Grenzschichtgleichungen), um zu kennzeichnen, daß sich nach einer bestimmten Lauflänge ein Umschlag von laminarer in turbulente Strömung ergibt. Aus der Gleichung der laminaren Grenzschichttheorie folgt, daß die Dicke der Strömungsgrenzschicht umgekehrt pro-

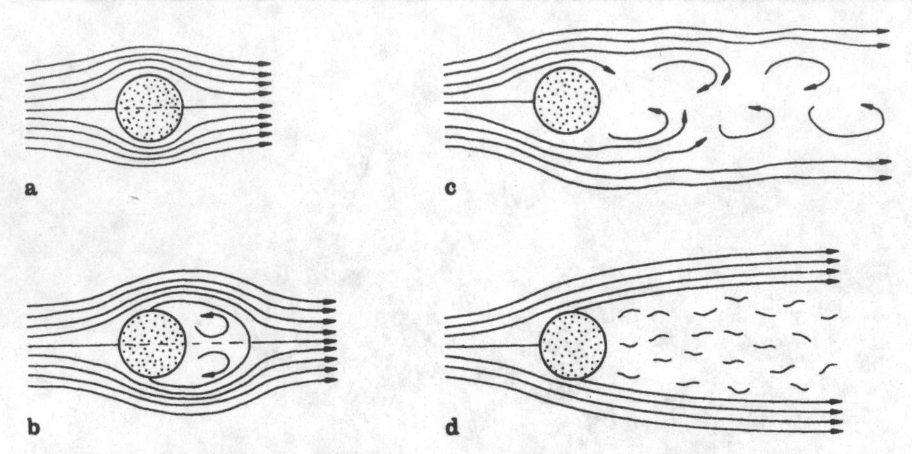

Abb. 1.12. Abhängigkeit des Strömungsprofils von der Reynolds-Zahl. **(a)** laminare Potentialströmung $Re < 4$ **(b)** Ausbildung der Nachlaufströmung $4 < Re < 40$ (Grenzschichtablösung) **(c)** Periodische Nachlaufströmung $40 < Re < 300$ (Kármásche Wirbelstraße) **(d)** Unregelmäßige Nachlaufströmung $5 \cdot 10^3 < Re < 2 \cdot 10^5$ (laminare Grenzschichtablösung) (Quelle: *Fluidmechanik* von E. Truckenbrodt, mit freundlicher Genehmigung des Springer Verlags [34], S. 356).

portional zur Wurzel der Reynolds-Zahl ist. Wenn die Reynolds-Zahl sehr groß oder sehr klein wird, ergeben sich Vereinfachungen der Navier-Stokes-Gleichungen. Wenn die kinematische Viskosität $\nu = \eta / \rho$ gegen Null strebt, geht die Reynolds-Zahl gegen Unendlich $Re \to \infty$. Die Annahme einer reibungsfreien Strömung (Euler-Gleichung) ist daher nur gerechtfertigt, wenn die Reynolds-Zahl sehr groß ist. $Re \to 0$ erhält man für sehr zähe Flüssigkeiten (Schmierströmung $\eta \to \infty$), Strömung von Gasen in evakuierten Leitungen ($\rho \to 0$), bei der Umströmung kleiner Körper ($L \to 0$) und natürlich für geringe Strömungsgeschwindigkeiten $v \to 0$. In diesen Fällen können die Trägheitskräfte vernachlässigt werden, wodurch der nichtlineare Term der Navier-Stokes-Gleichungen entfällt und sich deren Lösung wesentlich vereinfacht.

1.6 Lernen aus der Natur – Bionik

Die Natur kann als Vorbild für technische Prinzipien genutzt werden. Da man annehmen darf, daß sich die Lebewesen im Lauf der Evolution an die jeweiligen Lebensbedingungen und damit schließlich an die physikalischen Gegebenheiten angepaßt haben, können natürliche Vorbilder als bereits optimierte Systeme betrachtet werden. Die Bionik beschäftigt sich mit der Verknüpfung von biologischen und technischen Systeme und sucht nach Prinzipien, die erfolgreich aus der Natur übernommen werden könnten. Für die Mikrosystemtechnik sind natürlich die Prinzipien von besonderem Interesse, denen sich die Kleinstlebewesen und Mikroorganismen angepaßt haben.

Abb. 1.13. Die Fliege ist durch die Evolution in ihren Fähigkeiten an ihre Körpergröße angepaßt.

Auch die Zusammenhänge, die sich eigentlich relativ leicht aus den physikalischen Gesetzen ableiten lassen, können uns verborgen bleiben, da wir kein Gefühl für kleine Dinge haben. Der Mensch unterscheidet sich von den größten Lebewesen nur um etwa eine Zehnerpotenz, während die kleinsten Lebewesen um ca. 7 Zehnerpotenzen kleiner sind. Unsere Lebensgewohnheiten und unser Gefühl für das physikalische Verhalten von Objekten und Vorgängen orientiert sich am Makromaßstab, uns fehlt daher die Intuition für das Verhalten im Mikromaßstab. Ein Beispiel hierfür ist unsere Verwunderung darüber, daß sich ein Pferd bei einem Fall aus der Höhe von 1 m ernsthaft verletzen kann, während eine Katze leicht einen Sprung aus 10 m Höhe verkraftet und Lebewesen mit einem Gewicht im Bereich einiger Gramm einen Sturz aus beliebiger Höhe unbeschadet überstehen. Gravitation ist überall und permanent vorhanden, ihre Auswirkung auf die Lebewesen ist jedoch stark von deren Größe abhängig. Ein weiteres Beispiel ist die Sprunghöhe, die nahezu unabhängig von der Körpergröße ist. Kleine Lebewesen erreichen fast die gleiche Sprunghöhe wie große. Ein Floh erreicht eine Sprunghöhe die, übertragen auf unsere Größe, der Höhe des Eifelturms entspricht. Diese und andere Tatsachen lassen sich leicht aus den physikalischen Gesetzen erklären [36]. Das Aussehen der Lebewesen und das relative Verhältnis ihrer Organe ist an ihre Größe angepaßt. Die Fliege in Abb. 1.13 unterscheidet sich in ihrem Körperbau und Verhalten von einem Vogel aufgrund ihrer Größe.

Die Organe, Eigenschaften oder Abmessungen verschiedener Tiere variieren mit deren Größe nach dem allgemeinen Zusammenhang (Allometrie):

$$y = a\,x^b \tag{1.46}$$

In der Tabelle 1.5 sind die Exponenten b der Beziehung für einige Eigenschaften von Säugetiere aufgenommen. Die allometrischen Abhängigkeiten ergeben sich als

Folge der Anpassung der Organismen an die durch ihre Größe oder Körpermasse bedingten Lebensumstände. Das eigentliche Ziel der Bionik ist es, besondere, an die jeweiligen Lebensbedingungen evolutionär angepaßte, Eigenschaften als Konstruktionsprinzip in der Technik nutzbar zu machen. Dies sind diejenigen Beziehungen die nicht augenscheinlich aus den physikalischen Gesetzen folgen.

Verblüffend ist die Tatsache, daß rotierende Maschine in der Makrotechnik weit verbreitet sind, während Organe die eine rotatorische Bewegung ausführen, in der Natur nicht vorkommen, zumindest nicht bei den höher entwickelten Lebewesen. Dies wird damit erklärt, daß zum einen die Lagerung und deren Dichtheit Probleme bereitet und zum anderen Energie von der Statorseite auf die Rotorseite übertragen werden muß. Im Mikromaßstab verdreht sich dieser Sachverhalt; die technischen Mittel zur Herstellung von Lagern sind sehr begrenzt, was zusammen mit hohen Drehzahlen zu einem schnellen Verschleiß der Lagerung führt.

Geißeltierchen verfügen jedoch über einen rotierenden Motor an dem sich eine lange fadenförmige Struktur, das Flagellum befindet (Abb. 1.14). Diese Organelle dient dem Bakterium zur Fortbewegung, da das Flagellum zusammen mit der Rotationsbewegung als Propeller wirkt. Der Motor kann sich in beide Richtungen bewegen und erreicht ca. 200 Umdrehungen pro Sekunde. Die typische Bewegungsgeschwindigkeit beträgt 20-60µm/s. Dies entspricht ca. 10-30 Körperlängen

Tabelle 1.5 Skalierung verschiedener Eigenschaften von Säugetieren mit der Körpergröße bzw. Körpermasse [26, 36].

	Exponent Länge	Exponent Masse
Oberfläche	1,95	0,65
Skelettgewicht (auf dem Land lebend)	3,25	1,08
Skelettgewicht (Walfische)	3,07	1,02
Muskelmasse	3,00	1,00
Stoffwechselrate	2,25	0,75
Lungenvolumen	3,09	1,02
Atemfrequenz	-0,78	-0.26
Herzmasse	2,94	0.98
Herzschlagfrequenz	-0,75	-0.25
Leber (Gewicht)	2,55	0.85
Niere (Gewicht)	2,61	0,87
Hirnmasse (außer Primaten)	1,98	0,66
Augen (Gewicht)	1,80	0,60
Lebensdauer (Alter)	0,60	0,20
Sauerstoffumsatz	2,25	0,75
Blutvolumen	2,97	0,99

pro Sekunde. Das Flagellum besitzt einen Durchmesser von ca. 10 nm und eine Länge von 5 bis 10 µm. Der Haken (engl. Hook) ist eine elastische Verbindung zwischen Motor und Flagellum. Die Basis verfügt über mehrere Ringe, bei den Gram-negativen Bakterien sind es vier. P- und L-Ring haben die Funktion eines Lagers, S- und M-Ring bilden den Motor.

Aus der Tatsache, daß vor allem die primitiveren Bakterien (Prokaryoten ohne Zellkern) über ein rotierendes Flagellum verfügen, kann nicht gefolgert werden, daß sich diese Entwicklung aufgrund ihrer energetischen Ineffizienz in der Evolution als Sackgasse erwiesen hat. Der Motor ist mit einem Wirkungsgrad von rund 25% sogar hoch effizient. Man kann annehmen, daß diese Form der Fortbewegung insbesondere für kleine Bakterien vorteilhaft ist und sich daher nur bei dieser Art von Bakterien evolutionär ausgebildet hat. Die größeren und komplexer aufgebauten Eukaryoten verfügen über fadenförmige Cilia, die über den gesamten Körper verteilt sind und durch eine kollektive Wellenbewegung der vielen Fäden eine Fortbewegung ermöglichen. Cilia sind ca. 0,25 µm dick und 10 bis 200 µm lang.

Das Flagellum bewegt sich schraubenförmige wie ein Korkenzieher durch das Medium. Dieser Vergleich ist durchaus zulässig, da für die kleinen Zellen und die geringe Geschwindigkeit sich die Reynolds-Zahl in Wasser mit $\nu = 10^{-3}\ m^2 / s$ im Bereich von $Re \approx 10^{-6}$ befindet. Das Medium ist daher als hoch viskos anzusehen; in Analogie würden Menschen in einem Medium mit der Viskosität von Honig

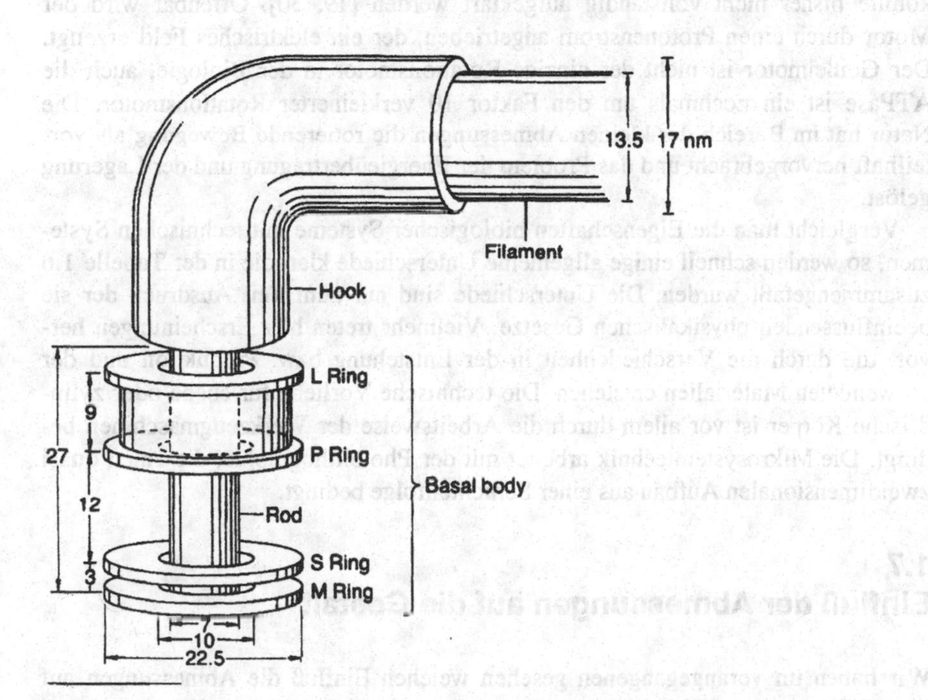

Abb. 1.14. Aufbau des Flagellum-Motors von Gram-negativen Bakterien (Quelle: *General Microbiology* von Stanier, Ingraham, Wheelis Painter, mit freundlicher Genehmigung durch Macmillan [30], S. 168).

Tabelle 1.6. Unterschiede zwischen biologischen und technischen Systemen [36].

	Biologische Systeme	Technische Systeme
Form	kugelförmig, zylindrisch, eiförmig	zylindrisch, eben, rechteckig
Winkel	stumpfe Winkel	rechte Winkel
Materialien	weich, kleiner Elastizitätsmodul, nicht metallisch	fest, spröde, hoher Elastizitätsmodul, metallisch
Dichte	$\rho \approx 1$	$\rho > 1$
Temperatur	geringe Temperaturgradienten, geringe thermische Leitfähigkeit	hohe Temperaturgradienten, hohe thermische Leitfähigkeit
Diffusion	hohe Konzentrationsgradienten	geringe Diffusion
Oberfläche	groß, strukturiert	glatt
Energieform	chemisch	elektrisch

schwimmen. Bei diesen kleinen Reynolds-Zahlen ist beispielsweise eine Flügelbewegung ineffizient, da eine Wirbelablösung nicht möglich ist, das Medium haftet gewissermaßen an den Flügeln.

Der chemische Mechanismus, der zur Bewegung des Flagellum-Motors führt, konnte bisher nicht vollständig aufgeklärt werden [19, 30]. Offenbar wird der Motor durch einen Protonenstrom angetrieben, der ein elektrisches Feld erzeugt. Der Geißelmotor ist nicht der einzige Rotationsmotor in der Biologie, auch die ATPase ist ein nochmals um den Faktor 10 verkleinerter Rotationsmotor. Die Natur hat im Bereich der kleinen Abmessungen die rotierende Bewegung als vorteilhaft hervorgebracht und das Problem der Energieübertragung und der Lagerung gelöst.

Vergleicht man die Eigenschaften biologischer Systeme mit technischen Systemen, so werden schnell einige allgemeine Unterschiede klar, die in der Tabelle 1.6 zusammengefaßt wurden. Die Unterschiede sind nur zum Teil Ausdruck der sie beeinflussenden physikalischen Gesetze. Vielmehr treten hier Erscheinungen hervor, die durch die Verschiedenheit in der Entstehung bzw. Produktion und der verwendeten Materialien entstehen. Die technische Vorliebe für ebene oder zylindrische Körper ist vor allem durch die Arbeitsweise der Werkzeugmaschinen bedingt. Die Mikrosystemtechnik arbeitet mit der Photolithographie, die einen quasi zweidimensionalen Aufbau aus einer Schichtenfolge bedingt.

1.7 Einfluß der Abmessungen auf die Gestalt

Wir haben im vorangegangenen gesehen welchen Einfluß die Abmessungen auf die Funktion haben. Eine wesentliche Rolle spielt dabei das Verhältnis von Oberfläche zum Volumen. Die Konsequenz ist, daß einige Prinzipien, die im Großen

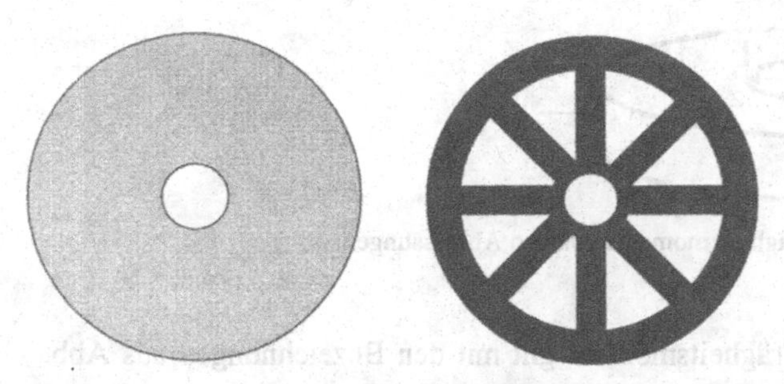

Abb. 1.15. Ausführungsform von Transmissionsrädern in der Feinwerktechnik und im Großmaschinenbau.

erfolgreich sind, im Kleinen keine befriedigende Funktion liefern oder im umgekehrten Fall die Miniaturisierung neue Möglichkeiten eröffnet. Die Folgerung hieraus ist, daß miniaturisierte Geräte nach anderen Prinzipien zu konstruieren sind.

Aus der Biologie sind uns vielfältige Beispiele bekannt, die dies klar machen. Es ist auffällig, daß es zahlreiche kleine Lebewesen gibt, die fliegen können, in der Regel sind dies Insekten. Dies kann man mit dem Verhältnis von Oberfläche zum Volumen verdeutlichen, denn die Flügelfläche muß mit dem Volumen zunehmen ($\sim \lambda^3$), um ähnliche Umstände zu erreichen. Ein großer Vogel muß daher im Verhältnis größere Flügel besitzen.

Während uns die Gravitation genügt, um bei der Fortbewegung genügend Haftung zu haben, sind kleine Tiere mit Greifern ausgestattet, um sich den Halt zu verschaffen. Kleine Tiere überwinden leicht senkrechte Flächen und können ein mehrfaches ihres eigenen Körpergewichts tragen, während wir bereits mit einer unserem eigenen Körpergewicht entsprechenden Last unsere Mühe haben.

Skelette und Gelenke von Insekten sind völlig anders aufgebaut, als bei Säugetieren. Knochen und Muskulatur nehmen einen kleineren Teil des Körpervolumens ein. Während unsere Muskulatur außen auf dem Skelett liegt, verfügen Insekten und Spinnen über eine im Inneren des Skeletts liegende Muskulatur (Exoskelett). Spinnen benutzen ein hydraulisches Krafttransmissionsprinzip zur Streckung der Beine, wobei der Druck der Körperflüssigkeit über veränderliche Kapillarquerschnitte die Extremitätenbewegungen ausführt.

Überlegungen dieser Art werden in der Bionik genutzt, um Ähnlichkeitsbetrachtungen anzustellen und in der Vielfalt der in der Natur realisierten Prinzipien solche zu suchen, die auch in der Technik Anwendung finden können. Die wenigen Beispiele zeigen, daß in der Mikrowelt zum Teil völlig andersartige Prinzipien an Bedeutung gewinnen.

Aber auch in der technischen Anwendung gibt es zahlreiche Beispiele. Stellvertretend sollen Antriebs- oder Transmissionsräder dienen. Diese werden, wie in der Abb. 1.15 dargestellt, im Großmaschinenbau bei großen Abmessungen in unterbrochener Form (Speichenrad) ausgeführt, während man, aufgrund des geringeren Trägheitsmoments, in der Feinwerktechnik häufig die einfachere massive Ausfüh-

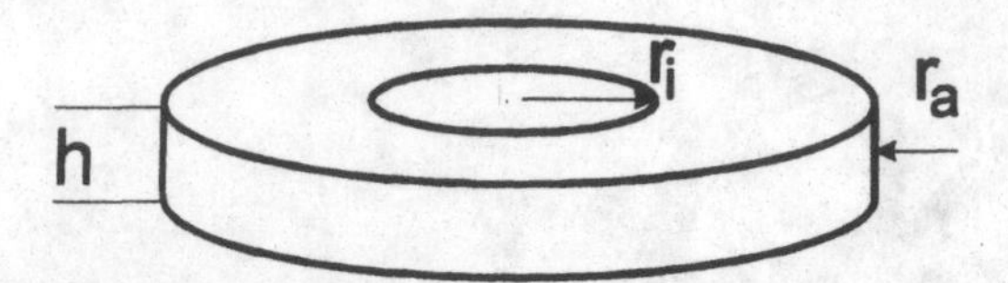

Abb. 1.16. Abhängigkeit des Trägheitsmoments von den Abmessungen.

rung findet [23]. Für das Trägheitsmoment gilt mit den Bezeichnungen aus Abb. 1.16:

$$J = \rho\pi\frac{r^4 h}{2} \qquad (1.47)$$

$$J = \rho\pi\frac{h}{2}\left(r_a^4 - r_i^4\right) \qquad (1.48)$$

Das Trägheitsmoment wächst also mit der vierten Potenz des Radius. Daher sind bei dynamischen Vorgängen für große Abmessungen, aber sonst gleicher Bauweise ungleich höhere Drehmoment M erforderlich.

$$M = J\,\dot{\omega} \approx J\,\frac{\Delta\omega}{\Delta t} \qquad (1.49)$$

Skaliert sich das Drehmoment mit dem Volumen, so wächst die Dauer des Beschleunigungsvorgangs quadratisch an. Die Beschleunigung kleiner Objekte wird nur unwesentlich durch das Trägheitsmoment begrenzt. Im Großmaschinenbau muß aber ein möglichst geringes Trägheitsmoment angestrebt werden. Indem mit zunehmendem Radius Masse eingespart wird entsteht das Speichenrad, das eine Verringerung des Drehmoments für dynamische Vorgänge ermöglicht.

Unterschiede in der Ausführung in Abhängigkeit der Abmessungen sind auch aus anderen Anwendungen bekannt. Beispiele sind Lager, Aufhängungen, Befestigungen usw., wie ein Vergleich der Konstruktion in der Feinwerktechnik und im Maschinenbau verdeutlicht. Unterschiede gibt es auch bei Behältern. Bei gleicher Wandstärke sind kleine Teile steifer. Dies wird z. T. durch Profilierung, zur Erhöhung der Tragfestigkeit ausgenutzt [23].

1.8 Thesen zum Mikrosystementwurf

Da der Entwurf in nahezu allen Phasen rechnergestützt verläuft, stehen Methoden, Algorithmen, Beschreibungs- und Simulationsverfahren für den computerunterstützten Entwurf im Vordergrund, die oftmals unter dem Begriff „C-Techniken" zusammengefaßt werden (CAD). Die besonderen Charakteristika und Unterschiede zwischen Entwurf, Herstellung und Einsatzbereich von Mikrosystemen gegenüber herkömmlichen (Makro-) Realisierungen ergeben sich aus den kleinsten Strukturabmessungen.

Der Mikrosystementwurf soll durch einige Thesen charakterisiert werden:

1. Für die Herstellung von Mikrosystemen werden hauptsächlich Batchprozesse eingesetzt, die parallel eine große Anzahl von Bauelementen bearbeiten und nur wenige oder gar keine manuellen Eingriffe erfordern. Beispiele sind Schichtabscheidung, Photolithographie, Galvanik, Ätzen. Viele der Prozesse sind in der Halbleitertechnologie entstanden.
2. Häufig verwendete Materialien sind Silizium, Metalle (Nickel, Gold, Kupfer, Aluminium), Keramiken (Al_2O_3, AlN) und Kunststoffe (Polyimid, PMMA). Für diese Materialien liegen umfangreiche Erfahrungen aus der Halbleiterfertigung vor. Außerdem hat beispielsweise Silizium hervorragende mechanische Eigenschaften im Mikrobereich.
3. Die Materialkosten sind gering. Da Mikrosysteme klein sind, ist auch der Materialaufwand relativ gering, wenngleich, durch die erforderliche Reinheit der Materialien, besondere Anforderungen gestellt werden.
4. Die Kosten der Produktionsanlagen sind hoch. Die Produktionsgräte erfordern höchste Genauigkeit (z. B. Positionieren im µm Bereich) und Reinheit (Reinraum, Galvanik...). Zudem sind hohe Kosten für die Instandhaltung, Wartung und Überwachung erforderlich (z. B. Prozeßkontrolle, Überwachung der Galvanik).
5. Mikrosysteme können in hohen Stückzahlen kostengünstig produziert werden. Als einfaches Modell lassen sich die Produktionskosten in variable Kosten K_V und in fixe Kosten K_F (Gestehungskosten) aufteilen. Damit ergibt sich das Gesetz der Massenproduktion für die Stückkosten.

$$K = \frac{K_F}{m} + K_V \tag{1.50}$$

Der Zusammenhang ist in der Abb. 1.17 dargestellt. Zu den fixen Kosten ge-

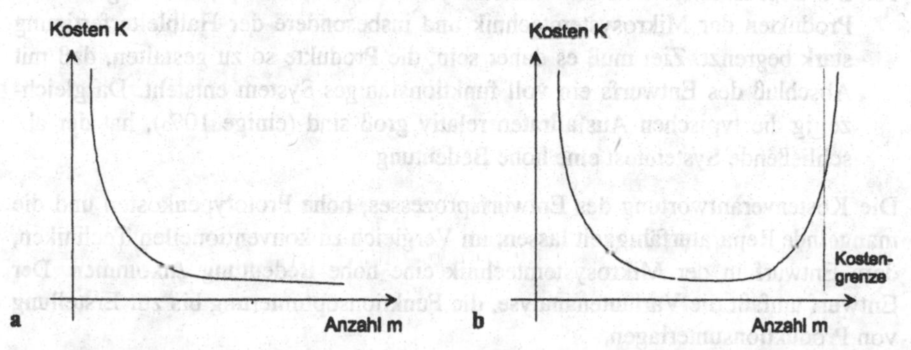

Abb. 1.17. Abhängigkeit zwischen Stückkosten und Anzahl nach dem Gesetz der Massenproduktion. (a) Unbegrenzte Anlagenkapazität (b) Anstieg der Stückkosten durch Überschreiten der Kapazitätsgrenze.

hören neben den Produktionsmitteln auch die Kosten für den Entwurf. Da die Einmalkosten relativ hoch, die Material- und Prozeßkosten aber relativ gering sind, lassen sich geringe Stückkosten durch große Stückzahlen in möglichst großen Chargen (Batchprozesse) erreichen. Bei Erreichen der Kapazitätsgrenze einer Anlage wächst der Aufwand überproportional, wodurch auch die Stückkosten ansteigen.

6. Die Mikrosystemtechnik eignet sich nur wenig für die Prototypenfertigung. Immer, wenn das Produktionsmuster der Massenfertigung durch Batchprozesse durchbrochen wird, entstehen zusätzliche Kosten. Daher sollte die Prototypenfertigung so weit wie möglich vermieden werden.
7. Neben hohen Kosten für die Prototypenfertigung ist auch der hohe Zeitbedarf eines Produktionsdurchlaufs von Bedeutung. Je nach Komplexität dauert ein Durchlauf einige Tage, Wochen oder auch ein halbes Jahr. In der gleichen Zeit läßt sich eine große Zahl von Designvarianten mit Simulationsmethoden untersuchen.
8. Der Entwurf hat eine hohe Kostenverantwortung für alle nachfolgenden Schritte. Im typischen Produktzyklus:
   - Projektplanung
   - Entwurf
   - Produktion
   - Vertrieb
   - Gebrauch
   - Recycling

   beeinflußt der Entwurf im hohen Maß die Kosten in den folgenden Schritten, während die direkten Kosten des Entwurfs relativ gering sind. Typischerweise verursacht der Entwurf 10% der Kosten und trägt die Verantwortung für 70 bis 80% der Kosten.
9. Hohe Prototypenkosten und die häufige Komplexität über mehrere physikalische Ebenen der Mikrosysteme erfordern den möglichst weitgehenden Einsatz von Simulationswerkzeugen, um zuverlässige Aussagen über die Funktion des Systems zu einem frühen Zeitpunkt zu erhalten.
10. Im Gegensatz zu konventionellen Systemen ist die Reparaturfähigkeit von Produkten der Mikrosystemtechnik und insbesondere der Halbleiterfertigung stark begrenzt. Ziel muß es daher sein, die Produkte so zu gestalten, daß mit Abschluß des Entwurfs ein voll funktionsfähiges System entsteht. Da gleichzeitig die typischen Ausfallraten relativ groß sind (einige 10%), hat der abschließende Systemtest eine hohe Bedeutung.

Die Kostenverantwortung des Entwurfsprozesses, hohe Prototypenkosten und die mangelnde Reparaturfähigkeit lassen, im Vergleich zu konventionellen Techniken, dem Entwurf in der Mikrosystemtechnik eine hohe Bedeutung zukommen. Der Entwurf umfaßt die Variantenanalyse, die Funktionsoptimierung bis zur Erstellung von Produktionsunterlagen.

Heutige Mikrosysteme bestehen aus einzelnen Komponenten wie Sensoren und Aktoren, die zusammen mit der Auswerte- und Ansteuerungselektronik zumeist

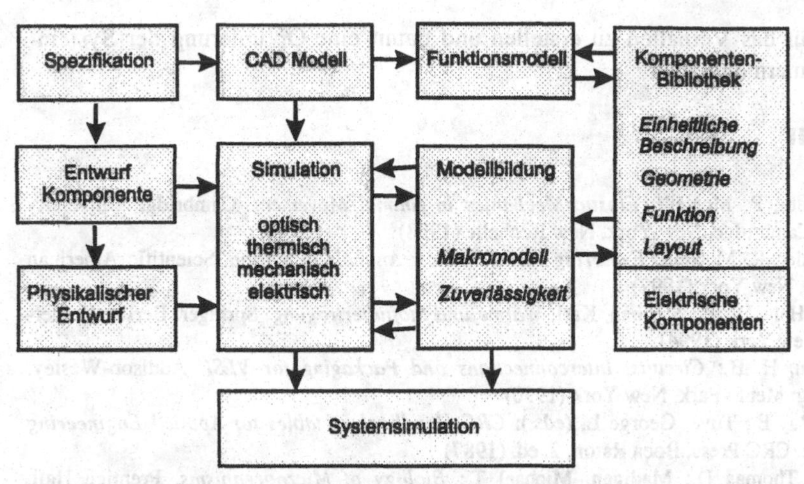

Abb. 1.18. Kopplung von Entwurfs-, Modellbildungs- und Simulationsaufgaben in der Entwurfsumgebung.

hybrid oder im Falle einer VLSI-kompatiblen Prozeßfolge auch monolithisch aufgebaut werden. Zukünftige Multisensoranwendungen und komplexe Mikrosysteme ermöglichen durch die parallele Erfassung einer Vielzahl von Signalen eine örtliche Auflösung oder die Identifikation und Verarbeitung komplexer Merkmalsmuster (künstliches Auge, künstliche Nase).

Die Entwicklung der Mikrosystemtechnik wird bestimmt durch ein hohes Potential bei der Reduktion der Kosten (Materialaufwand, Anzahl der Prozeßschritte) und der Verbesserung der Funktion (Genauigkeit, Leistungsbereich, Selektivität von Sensoren) bei gleichzeitiger Erhöhung der Zuverlässigkeit. Der Kostenvorteil wird besonders deutlich, wenn eine weitgehende Automatisierung der Fertigung (Batchprozeß) bei hohen Stückzahlen eingesetzt werden kann. Vom Entwurf ist daher zu verlangen, daß er zu optimierten, funktionstüchtigen Systemen unter Berücksichtigung der Querempfindlichkeiten und der Integrationsumgebung führt.

Mit der Steigerung der Komplexität und Integrationsdichte ist zu erwarten, daß der Mikrosystementwurf eine ähnliche Bedeutung erlangt, wie dies heute im VLSI-Entwurf der Fall ist. Mikrosysteme zeichnen sich jedoch im Gegensatz zu rein elektronischen, insbesondere digitalen Schaltungen durch ihre hohe Variationsbreite der Anwendungen aus. Für die Entwurfsunterstützung stellt sich daher die Frage, in welchem Maß die einzelnen Entwurfsschritte standardisiert und automatisiert werden können. Die Verknüpfung der Entwurfs- und Simulationsaufgaben ist in der Abb. 1.18 dargestellt. Nicht alle Schritte lassen sich gleichermaßen automatisieren. Insbesondere die Ideenfindung und die Erstellung des Wirkprinzips beruhen auf der Kreativität des Entwicklers und können daher nicht standardisiert und nur in eingeschränktem Umfang durch eine Entwurfsumgebung unterstützt werden.

Die Modellbildung und Simulation erweist sich für den durchgängigen Entwurf von Mikrosystemen als zentrales Ziel, um parallel zur Entwicklung zuverlässige

Modelle für das Verhalten zu erstellen und damit eine Optimierung der Systemfunktion zu ermöglichen.

Literatur

[1] Alexander, R. McNeill: *Elastic Mechanics in Animal Movement*. Cambridge University Press, Cambridge, New York, New Rochelle (1988)

[2] Alexander, R. McNeill: *Exploring biomechanics: Animals in motion*. Scientific American Library, New York (1992)

[3] Baehr, Hans Dieter; Stephan, Karl: *Wärme und Stoffübertragung*. Springer, Berlin, Heidelberg, New York (1994)

[4] Bakoglu, H. B.: *Circuits, Interconnections and Packaging for VLSI*. Addison-Wesley, Reading; Menlo Park, New York (1990)

[5] Bolz, Ray E.; Tuve, George L. (eds.): *CRC Handbook of tables for Applied Engineering Science*. CRC Press, Boca Raton, 2. ed. (1987)

[6] Brock, Thomas D.; Madigan, Michael T.: *Biology of Microorganisms*. Prentice Hall, Englewood Cliffs, 2. ed. (1988)

[7] Crandall, B. C. (ed.): *Nanotechnology: Molecular Speculations on Global Abundance*. MIT Press, Cambridge, London (1996)

[8] Drexler, K. Eric; Peterson, Chris; Pergamit, Gayle: *Experiment Zukunft: die Nanotechnologische Revolution*. Addison-Wesley, Bonn, Paris, Reading (1994)

[9] Eckert, Michael; Schubert, Helmut: *Kristalle, Elektronen, Transistoren. Von der Gelehrtenstube zur Industrieforschung*. Rowohlt, Reinbeck. (1986)

[10] Feynman, Richard: There's Plenty of Room at the Bottom. *Journal of Microelectromechanical Systems*, Vol. 1 (1992) p. 60-66

[11] Feynman, Richard: Infinitesimal Machinery. *Journal of Microelectromechanical Systems*, Vol. 2 (1993) p. 4-14

[12] Galileo Galilei (1638): *Unterredung und mathematische Demonstrationen über zwei neue Wissenszweige die Mechanik und die Fallgesetze betreffen*. In: Mudry, Anna (Hrsg.): *Galileio Galilei, Schriften, Briefe, Dokumente*. Bd. 1, Rütten & Loening, Berlin (1987)

[13] Hicks, Donald E.: Evolving complexity and cost dynamics. *IEEE Transaction on Semiconductor Manufacturing*, Vol. 9 (1996), p. 294-302

[14] Kamoshida, Mototaka; Inui, Hirotomo; Ohta, Toshiyuki; Kasama, Kunihiko.: Size and Number of Particles being capable of causing defects in semiconductor device manufacturing. *IEICE Transaction on Electronics*, Vol. E79-C (1996) p. 264-270

[15] Kästner, Erich: *Guillivers Reisen, mit Bildern von Horst Lemke*. Atrium, Zürich (1961)

[16] Knieling, Michael: Technologies and Market Developments for Microsystem Technologies. In: Reichl, Herbert; Kahn, Rudolf (Hrsg.): *Micro System Technologies 91*, 2nd int. Conference, vde Verlag, Berlin, Offenbach (1991)

[17] Menz, Wolfgang; Mohr, Jürgen: *Mikrosystemtechnik für Ingenieure*. VCH, Weinheim, New York, Basel, 2. Aufl. (1997)

[18] *Mikrosystemtechnik, Förderschwerpunkt im Rahmen des Zukunftkonzeptes Informationstechnik*. Bundesministerium für Forschung und Technologie, 2. Aufl. (1992)

[19] Neidhardt, Frederick C.; Ingraham, John L.; Schaechter, Moselio: *Physiology of bacterial cell: a molecular approach*. Sinauer Associates, Sunderland (1990)

[20] Nexus: *Market analysis for microsystems 1996-2002*, http://www.nexus-emsto.com/ market-analysis/

[21] Pawlowski, Juri: *Die Ähnlichkeitstheorie in der physikalisch-technischen Forschung, Grundlagen und Anwendungen*. Springer, Berlin, Heidelberg, New York (1971)

[22] Penzlin, Heinz: *Lehrbuch der Tierphysiologie*. Gustav Fischer, Jena, 5. Aufl. (1991)

[23] Roth, Karlheinz: *Konstruieren mit Konstruktionskatalogen*. Bd. 1 u. 2, Springer, Berlin, Heidelberg, New York, 2. Aufl. (1994)

[24] Sah, Chih-Tang: Evolution of the MOS Transistor – From Conception to VLSI. *Proceedings of the IEE*, Vol. 76 (1988) p. 1280-1326

[25] Schaudel, Diether: Mikrosystemtechnik: Hoffnungsträger oder Totengräber für die Sensorindustrie?. *atp Automatisierungstechnische Praxis*, Bd. 38 (1996) S. 9-17

[26] Schmidt-Nielsen, Knut: *Animal physiology: adaptation and environment*. Cambridge University Press, Cambridge, New York, Melbourne, 5. ed. (1997)

[27] Schulenburg, Mathias: *Nanotechnologie: Innovationsschub aus dem Nanokosmus.*. Bundesministerium für Bildung, Wissenschaft, Forschung und Technologie, (1998)

[28] Semiconductor Industry Association: *The National Technology Roadmap for Semiconductors*. http://www.sematech.org/public/roadmap.

[29] *Spektrum der Wissenschaft, Dossier: Mikrosystemtechnik*. 2. Aufl. (1996)

[30] Stanier, Roger Y.; Ingraham, John L.; Wheelis, Mark L.; Painter, Page R.: *General Microbiology*. Macmillan, Houndmills, London, 5. ed. (1988)

[31] Stapper, Charles H.; Rosner, Raymond J.: Integrated circuit yield management analysis: Development and Implementation. *IEEE Transaction on Semiconductor Manufacturing*, Vol. 8 (1995) p. 95-102

[32] Sze, S. M.: *Semiconductors devices, physics and technology*. John Wiley Sons, New York, Chichester, Brisbane (1985)

[33] Trimmer, William (ed.): *Micromechanics and MEMS: classical and seminal papers to 1990*. IEEE Press, New York (1996)

[34] Truckenbrodt, Erich: *Fluidmechanik*. Bd. 2, Springer, Berlin, Heidelberg, New York, 4. Aufl. (1997)

[35] Tummala, Rao R.; Pettit, Joseph M.: Multichip Integration for Revolutionary Electronics in the 21th Century. In: Reichl, Herbert; Heuberger, Anton (Hrsg.): *Micro System Technologies 94*, 4th int. Conference, vde Verlag, Berlin, Offenbach (1994)

[36] Vogel, Steven: *Life's Devices: the physical world of animals and plants*. Princeton University Press, Princeton (1988)

2 Technologien der Mikrosystemtechnik

Technologien und Materialien sind für die Realisierungsmöglichkeiten der Mikrosystemtechnik von ausschlaggebender Bedeutung, da sie eine Vielzahl charakteristischer Eigenschaften, besonders aber die Kosten, Formgestaltung und damit schließlich die Konkurrenzfähigkeit mikrosystemtechnischer Produkte bestimmen. Die in der Mikrosystemtechnik verwendeten Technologien gehen in der Regel aus Prozessen hervor, die für die Herstellung mikroelektronischer Schaltungen entwickelt wurden. In der überwiegenden Anzahl sind dies Planarprozesse, die auf der Oberfläche eines Substrats angreifen. Diese Prozesse lassen sich in drei wesentlichen Schritte gliedern:

- Schichtabscheidung,
- Strukturübertragung,
- (partielle) Schichtablösung.

Da eine selektive, d. h. auf bestimmte Bereiche beschränkte Abscheidung (additive Strukturerzeugung) für die meisten Prozesse nicht möglich ist, wird in der Regel zunächst eine durchgehende Funktionsschicht abgeschieden, die in einem Folgeschritt photolithographisch mit einer Maske versehen wird und dann partiell herausgelöst werden kann (subtraktive Strukturerzeugung). Mechanische, aber auch thermische und elektronische Eigenschaften dieser Schichtsysteme werden durch Haftvermittler, nicht haftende Zwischenschichten und Vorgänge an der Oberfläche bestimmt.

Die durch die Prozesse bedingten eingeschränkten Möglichkeiten zur Formgestaltung und Materialauswahl sowie die sich durch die Prozeßbedingungen ergebenden Eigenschaften der realisierten Strukturen wirken sich direkt auf die Entwurfsaufgabe aus. Daher ist es für den Entwickler wichtig, einen Überblick über die wichtigsten Fertigungsprozesse zu haben. Nach einer kurzen Darstellung der in der Mikrosystemtechnik anwendbaren feinwerktechnischen Verfahren werden die zur Strukturübertragung dienenden Lithographieverfahren charakterisiert. Im Anschluß werden die Verfahren der Schichtabscheidung und der Strukturierung beschrieben. Der Schwerpunkt liegt auf den grundlegenden Prozessen, der apparativen Ausstattung und typischer Prozeßparameter, wie Prozeßzeiten und Prozeßtemperaturen und weniger auf einer erschöpfenden Darstellung der Verfahrensabläufe. Das Kapitel schließt mit der Zusammenstellung einiger Prozeßabläufe ab. Für eine umfassende Darstellung muß auf die vielfältige Fachliteratur verwiesen werden [2, 7, 10, 12, 15].

2.1 Feinwerktechnik

Konventionellen Bearbeitungsmethoden besitzen nur ein begrenztes Potential zur Herstellung miniaturisierter Strukturen, jedoch lassen sich einige der feinwerktechnischen Bearbeitungstechniken auch in der Mikrosystemtechnik verwenden. So lassen sich mit Spritzgußtechniken Toleranzen im µm -Bereich erzielen, wobei Kunststoffe, Metalle und auch Keramiken verarbeitet werden können. Durch Schleifen, Läppen und Polieren lassen sich, allerdings nur für eine Bearbeitungsebene, Toleranzen sogar unterhalb von 1 µm erreichen. Ebenfalls geeignet für die erforderlichen Auflösungen der Mikrosystemtechnik ist die Erosion (Funken-, Hochfrequenzerosion), mit der sich nicht nur Massivkörper bearbeiten lassen, sondern auch die Strukturierung möglich ist.

Im allgemeinen ist jedoch anzumerken, daß die Feinwerktechnik bei mikrosystemtechnischen Aufgaben aufgrund der Komplexität und der Abmessungen an ihre Grenzen stößt. Die bekannten Techniken des Materialabtrags, wie Drehen, Fräsen sind kaum geeignet, um Auflösungen im µm -Bereich zu erreichen. Zudem sind diese Technologien auf die Einzelstückfertigung ausgelegt, wodurch die für die Kostenreduktion notwendige Produktion im Batchprozeß nicht mehr möglich ist. Dies stellt aber ein zentrales Anliegen der Mikrosystemtechnik dar.

2.2 Lithographie

Bei der Lithographie werden Strukturen auf einer Maske mittels Belichtung auf ein präpariertes Substrat übertragen [3, 20]. Die Lithographie ist nicht nur einer der wichtigsten, sondern auch einer der teuersten Einzelschritte (hohe Reinraumanforderungen, Anschaffungskosten, Maskensatz, Belichtungszeit). Die Belichtung kann parallel mit Hilfe der Maskenprojektion oder seriell mit einem fokusierten Stahl erfolgen (schreibendes Verfahren). In der Regel wird das schreibende Verfahren nur zur Maskenherstellung mit einem Elektronenstrahlschreiber verwendet, da die Zeitdauer für die Belichtung sehr groß ist.

Die Maske, die aus einer auf einem Glasträger aufgebrachten Absorberstruktur besteht (Glas/ Chrom), wird optisch auf das Substrat abgebildet. Hierzu wird die zu strukturierende Fläche mit einem photoempfindlichen Lack überzogen. Man unterscheidet Postitiv- und Negativresiste. Beim Positivresist wird der belichtete, bei Negativresist der unbelichtete Bereich beim Entwickeln gelöst. Negativresiste weisen schlechteren Kontrast (Strukturtreue) auf und neigt zum Quellen. Aus diesem Grund wird bei der Herstellung hochintegrierter mikroelektronischer Schaltungen hauptsächlich Positiv-Photolack verwendet. Ein Vorteil der Negativresiste ist ihre höhere Beständigkeit.

Als Belichtungsverfahren stehen die Abb. 2.1 dargestellten Verfahren zur Verfügung

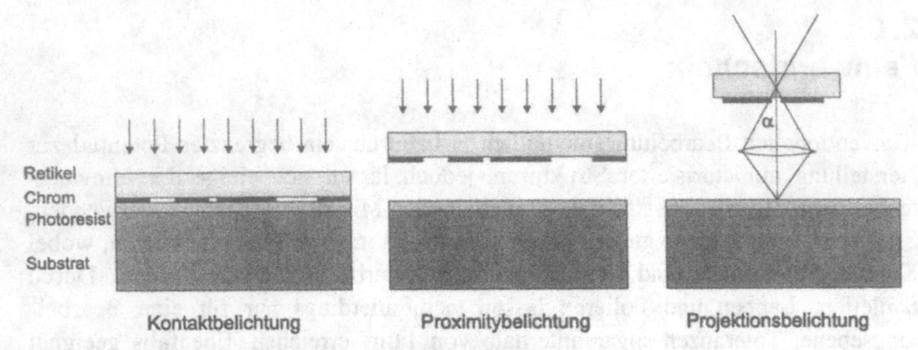

Abb. 2.1. Schematische Darstellung der Belichtungsarten.

- Kontaktbelichtung,
- Proximitybelichtung,
- Projektionsbelichtung.

Bei den ersten beiden Verfahren weist die Maske die gleiche Strukturgröße, wie die zu erzeugende Struktur auf, man spricht dann auch von Schattenprojektion.

Bei der Kontaktbelichtung liegt die Maske direkt auf dem Substrat. Der Nachteil ist, daß die Maske sich aufgrund der mechanischen Belastung schnell abnutzt und Defekte sowohl am Photolack, als auch auf der Maske auftreten können. Daher werden bei der Proximitybelichtung Maske und Substrat durch einen Zwischenraum ($s = 5 - 100\,\mu\text{m}$) getrennt. Hierdurch wird neben der mechanischen Belastung vermieden, daß sich Partikeln einer Größe $p < s$ vom Wafer auf die Maske übertragen und dort haften bleiben, wodurch die Maske unbrauchbar würde. Aufgrund des Abstands zwischen Maske und Photolack treten jetzt jedoch Beugungserscheinungen auf, welche die Auflösung begrenzen. Die minimal erreichbare Strukturbreite $b_{\min}$ wird durch den Proximityabstand s, die Dicke t_R der Lackschicht und die Wellenlänge λ des Lichtes bestimmt.

$$b_{\min} = \sqrt{\lambda\left(s + \frac{t_R}{2}\right)} \tag{2.1}$$

Als Beispiel ergibt sich für: $\lambda = 365\,\text{nm}$, $s = 20\,\mu\text{m}$, $t_R = 1\,\mu\text{m}$ eine minimale Strukturbreite von $b_{\min} \approx 2{,}7\,\mu\text{m}$. Das Auflösungsvermögen der Proximitybelichtung ist also auf einige µm beschränkt und damit für viele mikrosystemtechnische Anwendungen noch befriedigend, aber für moderne VLSI-Schaltungen nicht mehr ausreichend. Wie man sieht bestimmt die Wellenlänge der verwendeten optischen Quelle das Auflösungsvermögen. Aus diesem Grund werden zunehmend kürzere Wellenlängen eingesetzt.

Aus der Tabelle 2.1 geht hervor, daß sich durch die Verwendung von Röntgenstrahlung mit 0,1 nm Wellenlänge die Auflösung um den Faktor 60 steigern läßt, bzw. bei gleicher Auflösung die Dicke des Photoresists um den gleichen Faktor erhöht werden kann, was bei der LIGA-Technologie und genutzt wird.

Tabelle 2.1. Wellenlängenbereiche verschiedener elektromagnetischer Strahlungsarten.

λ	Bezeichnung	λ	Bezeichnung
> 1 mm	Mikrowellen	404 nm	h-Linie
1 mm-780 nm	Infrarot	380 nm	Violett
780 nm	Rot	365 nm	i-Linie
580 nm	Gelb	380 nm - 10 nm	Ultraviolett
510 nm	Grün	248 nm	Deep-UV
480 nm	Blau	193 nm	Far-UV
436 nm	g-Linie	< 10 nm	Röntgenstrahlung

Bei der Projektionsbelichtung sind Maske und Substrat räumlich getrennt. Hierbei benutzt man Abbildungssysteme, die nur in einem Teilfeld gut korrigiert sind. Es ist also nicht mehr möglich, den gesamten Wafer gleichzeitig zu belichten. Statt dessen werden Teilfelder des Wafers nacheinander belichtet, beispielsweise jeweils ein Chip. Maske oder Wafer befinden sich auf einer verschiebbaren Vorrichtung, wobei im „Step and Repeat" Verfahren die einzelnen Felder sequentiell belichtet werden. Auf der Maske liegen üblicherweise nur die Strukturen für einen Chip in 4-, 5- oder 10-facher Vergrößerung vor. Durch die geringere Auflösung der Maske lassen sich Defekte der Maske leichter kontrollieren.

Das Auflösungsvermögen b_{min} des projektierenden Verfahrens wird ebenfalls durch Beugung begrenzt.

$$b_{min} \approx \lambda \frac{1}{\sin\alpha} \qquad \sin\alpha : \text{Numerische Apertur} \qquad (2.2)$$

Die Numerische Apertur wird begrenzt durch die notwendige Tiefenschärfe, die aufgrund der unterschiedlichen Projektionslängen zum Rand hin abnimmt. Es wird erwartet, daß die lichtoptische Projektion (Far-UV) bis zu Strukturabmessungen von 0,1 µm einsetzbar ist [13].

2.3 Schichtabscheidung

Dünne Schichten werden in der Mikrosystemtechnik häufig verwendet, z. B. als Passivierung, Dielektrikum, Metallisierung, Maskierung oder zur Herstellung frei tragender Strukturen. Die Schichtdicke kann je nach Anwendung zwischen einigen nm bis zu mehreren hundert µm betragen.

Wesentliche Eigenschaften der Schichten bzw. Schichtabscheideverfahren betreffen die Haftfestigkeit, Abscheiderate, Planarität (Oberflächengüte), den Planarisierungsgrad, Gehalt an Fremdatomen, intrinsische Spannungen sowie die Verträglichkeit mit anderen Prozessen (Prozeßkompatibilität). Der Vergleich in Ta-

Tabelle 2.2. Vergleich einiger Eigenschaften verschiedener Methoden der Schichtabscheidung.

Verfahren	Materialien	Abscheide-rate	Temperatur	Haftfest-igkeit	Schicht-güte	Anlagen-kosten
th. Oxidation	SiO2 auf Si	10-100 nm/h	850-1200 °C	++	++	0
CVD	div. chem. Verbindungen	1-50 nm/s	300-1000 °C	0	+	0
LPCVD	div. chem. Verbindungen	1-50 nm/s	300-1000 °C	+	++	-
Sputtern	div. chem. Verbindungen	1-20 nm/s	< 400 °C	++	+	--
Aufdampfen	Metalle	1-100 nm/s	150-300 °C	-	+	-
Galvanik	Metalle	3-15 nm/s	20-50 °C	0	+	+
stromlose Elektrochem.	Ni, Cu, Au, Sn, Ag	0,1-5 nm/s	50-90 °C	0	0	++

belle 2.2 zeigt, daß sich für die gebräuchlichen Verfahren zur Schichtabscheidung spezifische Anwendungsfelder ergeben.

2.3.1 Thermische Oxidation

Speziell in der Siliziumtechnik zur Erzeugung von Isolationsschichten, dielektrischen Schichten, Diffusionsmasken, Ätzmasken oder zur Passivierung wird die thermische Oxidation häufig eingesetzt [15]. Siliziumdioxid (SiO_2) besitzt hervorragende elektrische (Isolation), mechanische (Härte) und gute optische (Transparenz) Eigenschaften.

Zur Prozessierung können gleichzeitig mehrere Wafer in einem Ofen bei einer typischen Prozeßtemperatur von 850-1200 °C behandelt werden. Die Oxidation ist ein Hochtemperaturprozeß und beeinflußt durch die Diffusion von Störstellen die Konzentration von Dotierstoffen und somit die elektronischen Eigenschaften. Für eine Oxidschichtdicke von 100 nm werden 44 nm Silizium oxidiert, was sich aus dem Verhältnis der Molekulargewichte der beiden Stoffe ergibt (Abb. 2.2).

Da der Sauerstoff durch die wachsende Oxidschicht diffundieren muß, bevor es

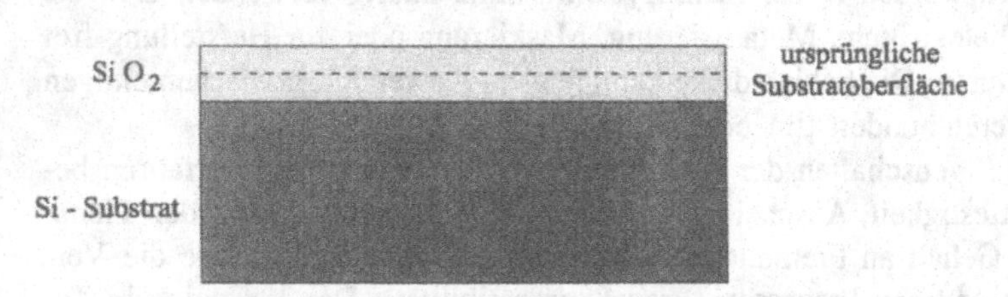

Abb. 2.2. Schichtwachstum bei der thermischen Oxidation von Silizium.

Abb. 2.3. Aufwölben der Oxidmaskierung (Dicke $3{,}5\,\mu m$) aufgrund intrinsischer Spannungen nach Unterätzung in einem Plasmaprozeß [4].

zur Reaktion mit dem Silizium kommt, nimmt die Wachstumsrate mit der Dicke der Oxidschicht ab. Für dünne Schichten (< 50 nm) tritt keine wesentliche Begrenzung des Schichtwachstums durch Diffusion auf, so daß die Schichtdicke mit der Prozeßdauer zunächst nahezu linear zunimmt. Für größere Schichtdicken (> 200 nm) wird der Einfluß jedoch merklich, und es ergibt sich ein der Wurzelfunktion folgendes Schichtdickenwachstum $d \sim \sqrt{t}$.

Bei der Oxidation unter Abwesenheit von Wasserdampf spricht man von „trockener“ Oxidation. Solche Schichten haben sehr gute dielektrische Eigenschaften (Durchbruchfeldstärke) und sind frei von Defekten, jedoch ist das Schichtwachstum recht gering. Für eine Schichtdicke von 100 nm ergibt sich eine Prozeßdauer von rund 10 Stunden bei 900 °C. Durch Anreicherung mit Wasserdampf erreicht man bei der „feuchten“ Oxidation höhere Wachstumsraten (ca. 100 nm pro Stunde), jedoch haben diese Schichten eine geringere Qualität.

Aufgrund der unterschiedlichen thermischen Ausdehnungskoeffizienten von Siliziumoxid $0{,}4 \cdot 10^{-6}\,/\,K$ und Silizium $3{,}5 \cdot 10^{-6}\,/\,K$ entstehen beim Abkühlen von der Prozeßtemperatur mechanische Spannungen im Materialverbund. Dies führt zu Druckspannungen im Oxid und Zugspannungen im Silizium, die sich besonders beim Freiätzen der Schicht unangenehm bemerkbar machen (Abb. 2.3). Die Spannungen können durch langsames Abkühlen (Ausheilen) zum Teil abgebaut werden.

2.3.2 CVD-Verfahren

Unter CVD (Chemical Vapor Deposition) versteht man die Abscheidung aus der Gasphase, wenn das abzuscheidende Medium durch eine chemische Reaktion auf oder in der Nähe des Substrats erzeugt wird [3, 15]. Der reaktive, gasförmige Ausgangsstoff wird auch Precursor genannt. Der Precursor wird in einem inerten (d. h. nicht reaktionsfähigen) Trägergas in den Reaktor gebracht. Zur Reaktion und damit zur Abscheidung muß Energie zugeführt werden, zum Beispiel in Form von Wärme (Pyrolyse), mit Hilfe eines Plasmas (PECVD: Plasma enhanced CVD) oder durch Laserlicht (photolytisch, LECVD: Laser enhanced CVD).

Bei der Deposition unter Atmosphärendruck ($\approx 10^5\,Pa$) erreicht man nur eine ungenügende Nachbildung von Kanten und Gräben. Durch Verminderung des Gasdrucks (10-100 Pa) bewirkt man eine Vergrößerung der freien Weglänge der Gasatome und damit gleichmäßig dicke, geschlossene Schichten, dies wird als LPCVD (Low pressure CVD) bezeichnet. Die Prozeßtemperatur liegt zwischen 400 °C und 900 °C und bei 300 °C für das PECVD Verfahren. Beispiele einiger Reaktionen sind:

$$SiCl_4 + 2H_2 \xrightarrow{1150°C} Si + 4HCl \qquad \text{Silizium-Epitaxie} \qquad (2.3)$$

$$WF_6 \xrightarrow{400°C} W + 3F_2 \qquad \text{Wolfram} \qquad (2.4)$$

$$2TiCl_5 + 5H_2 \xrightarrow{700°C} 2Ti + 10HCl \qquad \text{Titan} \qquad (2.5)$$

Unter Epitaxie versteht man das kristalline Aufwachsen unter Kontrolle der Dotierung und Kristallorientierung. Bei der Silizium-Epitaxie wird die Dotierung zumeist über die Gase PH_3 (n-Dotierung) bzw. B_2H_6 (p-Dotierung) eingestellt, die sich bei hohen Temperaturen zersetzen und im Kristall eingelagert werden. Für die Herstellung von Oxidschichten kann auch die Reaktion mit Silan (SiH_4) verwendet werden. Die Prozeßtemperatur liegt bei 450 °C, woraus sich die Bezeichnung Low Temperature Oxid (LTO) ableitet. Die Schichtgüte ist nicht so hoch wie bei der thermischen Oxidation, jedoch sind die niedrigere Temperatur und die Flexibilität des CVD Prozesses von Vorteil.

$$SiH_4 + O_2 \xrightarrow{450°C} SiO_2 + 2H_2 \qquad \text{Siliziumdioxid} \qquad (2.6)$$

Die Abscheiderate beträgt $1-10\,\mu m/\text{Stunde}$ und ist stark von den Prozeßbedingungen abhängig. Die Oberflächengüte und Reinheit der mit CVD abgeschiedenen Schichten ist im allgemeinen gut. Es existiert eine Fülle von Reaktionsmustern und Prozessen, die die Abscheidung von nahezu allen Metallen, vielen Oxiden, Nitriden und Karbiden umfassen [2].

2.3.3 PVD-Verfahren

Zu den PVD-Verfahren (Physical Vapor Deposition) zählen als wichtigste Vertreter das Hochvakuumbedampfen und das Sputtern [17, 18]. PVD-Prozesse werden im Vakuum bei Drücken von ca. 1 Pa für das Sputtern und $10^{-2} - 10^{-5}\,Pa$ beim Hochvakuumbedampfen durchgeführt. Der geringe Druck vergrößert die freie Weglänge und erhöht die Anzahl der verdampfenden Teilchen. Da mit dem aufzudampfenden Material auch eine gewisse Anzahl von Atomen des Restgases abgeschieden wird, ist der Druck für die Güte und vor allem die Reinheit der Schicht entscheidend. Aus diesem Grund werden für hochreine Schichten Drücke auch unterhalb von 10^{-5} Pa verwendet. Andererseits können über die chemischen Eigenschaften des Restgases und deren Konzentration auch die Eigenschaften der abgeschiedenen Schicht beeinflußt werden. Beim reaktiven Sputtern wird eine Reaktion mit einem aktiven Gas durchgeführt, um relevante Komponenten wie Oxide, Nitride, Sulfide usw. aus dem Targetmaterial zu erzeugen, die dann auf dem Substrat niedergeschlagen werden.

Beim Aufdampfen wird der in der Regel metallische Stoff durch Widerstandsheizen in einem Tiegel auf eine Temperatur erhitzt, bei der er verdampft. Eine höhere Reinheit erreicht man durch einen auf das Material gerichteten Elektronenstrahl, der zum verdampfen angeregt. Das verdampfte Material kondensiert auf Flächen von niedrigerer Temperatur. Die Abscheiderate liegt üblicherweise zwischen 1 und 100 nm/s. Da das Substrat selbst nicht beheizt wird oder auf einer deutlich tieferen Temperatur (150 bis 300 °C) gehalten wird, ist die thermische Belastung relativ gering.

Für Anwendungen, die hoher mechanischer Belastung standhalten, liefert das Sputtern oder Kathodenzerstäuben bessere Ergebnisse. Beim Sputtern wird das feste, abzuscheidende Material (Target) durch Edelgasionen, in der Regel Argon-Ionen, beschossen. Die Edelgasionen (Ar^+) werden durch Plasmaentladung erzeugt und in einem elektrischen Feld zur Kathode hin beschleunigt, wo sich das Target befindet. Durch ihre hohe kinetische Energie schlagen die Ionen Atome oder Moleküle aus der Targetoberfläche heraus (Zerstäuben), die auf die Anode zufliegen, an der sich das Substrat befindet und sich dort ablagern. Um eine gleichmäßige Verteilung zu erreichen, kann das Substrat während des Sputterns kreisförmig oder linear bewegt werden. Die Haftung von Aluminium, Titan und Wolfram auf Siliziumoxid ist sehr gut, die von Gold und Platin schlecht.

Die Abscheiderate ist von der Effektivität der Zerstäubung und damit von der Bindungsenergie des Materials abhängig. Daher ist die Abscheiderate für die meisten Materialien gering (< 5 nm/s). Für Aluminium werden Abscheideraten von 20 nm/s erreicht. Ein Vorteil des Sputterns ist, daß auch hochschmelzende Materialien wie Wolfram, Tantal sowie Legierungen mit unterschiedlichen Schmelzpunkten der Komponenten oder Keramiken abgeschieden werden können. Gegenüber dem Aufdampfen ergibt sich auch der Vorteil, daß keine Gefahr der Verunreinigung durch verdampfende Partikel des Trägers (Keramiktiegel) besteht.

Da der Ionenstrom proportional zum Druck ist, muß beim Sputtern mit relativ hohen Drücken (ca. 1 Pa) gearbeitet werden. Dadurch besteht wiederum die Gefahr, daß auch Gasmoleküle abgeschieden werden. Wird das Substrat auf ein negatives Potential gelegt (-100 V), so findet eine kontinuierliche Reinigung der Oberfläche statt. Ähnlich wird beim Rücksputtern die Spannung umgepolt, um die Reinigung einer kontaminierten (verunreinigten) Oberfläche zu erreichen. Auch bei der normalen Beschichtung läuft der Prozeß des Rücksputterns in Konkurrenz zum Aufwachen ab. Dadurch werden schlecht haftende Atome und Gasmoleküle, die sich laufend anlagern, wieder von der Oberfläche entfernt. Im stationären Fall stellt sich ein Gleichgewicht zwischen Adsorptions- und Desorptionsrate ein.

Sputteranlagen verfügen in der Regel über mehrere Targets, so daß in einem Arbeitsgang, ohne Verlassen der Reaktionskammer und der damit verbundenen Gefahr der Oberflächenkontamination, eine Folge von Schichten abgeschieden werden kann.

Während der Schichtabscheidung kann beim Aufdampfen das Schichtdickenwachstum mit Hilfe eines Schwingquarzes kontrolliert werden, der ebenfalls beschichtet wird und durch die Massenzunahme seine Resonanzfrequenz ändert. Beim Sputtern liefert auch der Kathodenstrom eine Aussage über die Abscheiderate.

2.3.4 Galvanische und stromlose Metallabscheidung

Metalle können elektrochemisch aus Lösungen auf metallischen oder nichtmetallischen Substraten abgeschieden werden. Die galvanische Erzeugung von Metallschichten beruht auf der kathodischen Reduktion. Das zu beschichtende Substrat wird als Kathode in die Elektrolytlösung gebracht, die Anode besteht aus dem Metall, das abzuscheiden ist. Es laufen die folgenden elektrochemischen Vorgänge ab (Kupfer):

$$\text{Anode:}\quad Cu \rightarrow Cu^{2+} + 2e^- \tag{2.7}$$

$$\text{Kathode:}\quad Cu^{2+} + 2e^- \rightarrow Cu \tag{2.8}$$

An der Anode geht Kupfer in Form von Ionen in Lösung, während die gleiche Anzahl von Kupferionen an der Kathode aus der Lösung abgeschieden wird. Für das kristalline Wachstum sind die Überwindung einer Energiebarriere (Nukleation)

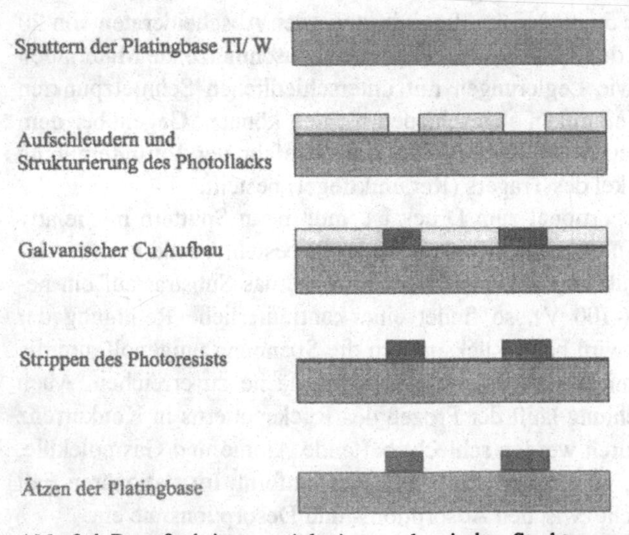

Abb. 2.4. Prozeßschritte zur einlagigen, galvanischen Strukturerzeugung.

und die Einnahme einer energetisch günstigen Position im Kristallgitter ausschlaggebend.

Die Ionen werden entlang der elektrischen Feldlinien von der Anode zur Kathode transportiert. Da die Feldliniendichte besonders in schmalen Hohlräumen (z. B. Durchkontaktierungen) deutlich abnimmt, erhält man dort eine verringerte Abscheidung. Um eine möglichst gleichmäßige Abscheiderate zu erhalten, wird das Bad bewegt. Außerdem wird durch sogenannte Netzmittel und andere Badzusätze die Oberflächenspannung der Elektrolyte reduziert.

Eine elementare Voraussetzung der galvanischen Abscheidung ist eine elektrisch leitende Verbindung zu der zu beschichtenden Oberfläche. Auf Teilflächen, die nicht leitend mit der Kathode verbunden sind, findet keine Abscheidung statt. Dies wird häufig genutzt, um komplizierte geometrische Strukturen aufwachsen zu lassen. Dabei wird, wie in Abb. 2.4 dargestellt, auf einer durchgehenden, z. B. durch Sputtern hergestellten, Basismetallisierung (Plating Base) Photolack aufgebracht und strukturiert. In den freiliegenden Metallflächen wird anschließend das Metall galvanisch abgeschieden. Die Abscheiderate bestimmt sich aus dem Faradayschen Gesetz.

$$m = \frac{I\,t\,M}{F\,z} \tag{2.9}$$

Hierin sind I der Strom, F die Faradaykonstante (96487 As/mol), t Dauer, z Wertigkeit des Metallions, M molare Masse und m die Masse des abgeschiedenen Materials. Die Abscheiderate η, also das Schichtdickenwachstum pro Zeiteinheit, wird hauptsächlich durch die Stromdichte $J = I/A$ bestimmt.

$$\eta = \frac{m}{\rho\,A\,t} = J\frac{1}{F\,z}\frac{M}{\rho} \tag{2.10}$$

Beispielsweise ergibt sich für Kupfer mit der Dichte $\rho = 8{,}9\ \text{kg}/\text{dm}^3$ und $M = 63{,}5\ \text{g}/\text{mol}$, $z = 2$ für eine mittlere Stromdichte von $1\ \text{A}/\text{dm}^2$ eine Abscheiderate von $\eta \approx 3{,}7\ \text{nm}/\text{s}$. Übliche galvanische Abscheideraten liegen im Bereich von 3-15 nm/s. Die Abscheidung ist isotrop, d. h. das Schichtwachstum ist in allen Richtungen gleich groß.

Die (außen)stromlose Metallabscheidung hat sich in der Oberflächentechnik etabliert. Eine hohe Bedeutung besitzt die Nickel-, Kupfer- und Goldabscheidung. Weiterhin werden auch Silber und Zinn abgeschieden. Grundlage bildet die Spannungsreihe der Metalle. Unedles Metall geht in Lösung, edles Metall scheidet sich ab.

Beim autokatalytischen Verfahren wird die Abscheidung durch Elektronenlieferung eines Reduktionsmittels ermöglicht. Die Reaktion erfolgt auf einer metallischen Oberfläche (Startschicht). Das Redoxpotential (Spannungsreihe) des zu reduzierenden Partners muß niedriger sein als das des abzuscheidenden Materials. Die Reaktionsgleichung für Nickel lautet:

$$Ni^{2+} + 2e^- \rightarrow Ni \tag{2.11}$$

Tabelle 2.3. Abscheideraten, Prozeßtemperatur und pH-Wert außenstromloser Bäder.

	Abscheiderate [nm/s]	Prozeßtemperatur [°C]	pH-Wert
Ni (Phosphor)	1,7-5,5	80-90	4-9
Ni (Bor)	1,7-2,2	65	6,5
Cu	0,3-1,7	45-60	13
Au	0,05-0,3	60-95	2-13

Außenstromlose Bäder basieren auf einer Metallsalzlösung, einem Reduktionsmittel als Lieferant der Elektronen und einer Reihe von Zusätzen, die das Ausfällen schwerlöslicher Reaktionsprodukte verhindern (Komplexbildner), zur Einstellung des pH-Wertes dienen oder die Stabilität und Benetzung verbessern.

Einige Charakteristika stromloser Bäder sind in der Tabelle 2.3 zusammengefaßt. Vorteilhaft sind moderate Arbeitstemperaturen (< 95 °C) und eine sehr einfache apparative Ausstattung sowie die selektive Abscheidung auf der Startschicht. Nachteilig sind die im Vergleich zu galvanischen Bädern relativ geringen Abscheideraten und die sich daraus ergebende lange Expositionszeit im Bad. Alkalische Bäder (pH-Wert > 7) sind zudem nicht mit dem Positiv-Photolack verträglich. Da stromlose Kupferbäder einen hohen pH-Wert besitzen, führt dies u. U. zu Prozeßinkompatibilitäten. Im Gegensatz dazu sind galvanische Bäder sauer (pH-Wert ca. 1). Nachteilig ist auch der hohe Aufwand für die Badüberwachung und Zudosierung sowie die Gefahr der Selbstzerstörung der Bäder und dadurch geringe Standzeiten. Aufgrund der hohen Abscheideraten, des günstigen pH-Wertes und der guten Verfügbarkeit werden hauptsächlich Nickel Bäder verwendet,

Zum Teil werden mit dem Metall auch Teile des Reduktionsmittels abgeschieden, beispielsweise Phosphor des Ni/ P Bades, die die Materialeigenschaften wesentlich beeinträchtigen können (elektrische Leitfähigkeit, Permeabilität).

2.4 Strukturierung

2.4.1 Naßchemisches Ätzen

Durch Ätzen wird das in einem Maskierungsschritt (Photolack, Photolithographie) erzeugte Muster durch teilweise Ablösung in ein Substrat oder eine Schicht übertragen [3, 6, 7, 21]. Als Selektivität bezeichnet man das Verhältnis der Ätzraten verschiedener Materialien. Vorteil der naßchemischen Verfahren ist ihre gute Selektivität, die damit die maximal mögliche Verweilzeit im Ätzbad bestimmt (Tabelle 2.4). Die meisten naßchemischen Verfahren sind isotrop, d. h. die Ätzrate ist in verschiedenen Raumrichtungen gleich. Hierdurch entsteht ein Strukturver-

Tabelle 2.4. Charakteristische Eigenschaften einiger häufig verwendeter Ätzlösungen [2, 10, 21].

Stoff	Ätze	Temperatur [°C]	Ätzrate [nm / min]	Selektivität, Ätzrate [Å/ min]
SiO_2	49% HF	20-25	2000	Si : 3; Si_3N_4 :100
SiO_2	33% NH_4F; 8,3% HF	20-25	100	Si : 5 Si_3N_4 :4
Si_3N_4	85% H_3PO_4	160-180	10	Si :7; SiO_2 0,8
Si	70% HNO_3 ; 1% HF	20-25	100-300	SiO_2 :80; Si_3N_4 : 3
Al	80% H_3PO_4 ; 5% HNO_3	40-50	600	Si : 10
Ti	5% H_2O_2 ; 5% HF	25	900	Si :10; SiO_2 :100
Photoresist	Aceton	20-25	4400	

lust, da an den Seitenwänden auch Material unter dem Resist abgetragen wird (Unterätzen).

Das naßchemische Ätzen erfolgt durch Eintauchen in ein Ätzbad oder durch Besprühen mit der Ätzlösung. Beim Ätzvorgang wird ein fester, unlöslicher Stoff in eine lösliche Form durch eine Reihe chemischer Reaktionen überführt. Es findet eine oxidierende und eine reduzierende Reaktion statt. Das Ätzmittel ist eine oxidierende Chemikalie, die bei der Ätzreaktion reduziert wird. Die Ätzreaktion erfolgt meist in wässeriger Lösung.

Beispiele:

Ätzen von Silizium mit Salpetersäure HNO_3. Das Reaktionsprodukt Stickstoffmonoxid NO ist gasförmig und nicht wasserlöslich.

$$3\,Si + 4\,HNO_3 \rightarrow 3\,SiO_2 + 4\,NO + 2\,H_2O \tag{2.12}$$

Ätzen von Siliziumoxid mit Flußsäure HF. Hexafluorbiselsäure H_2SiF_6 ist wasserlöslich, Silziumflurid SiF_4 gasförmig.

$$SiO_2 + 6\,HF \rightarrow H_2SiF_6 + 2\,H_2O \tag{2.13}$$

$$\text{bzw.} \quad SiO_2 + 4\,HF \rightarrow SiF_4 + 2\,H_2O \tag{2.14}$$

Die Ätzraten hängen von der Reaktionsfreudigkeit der beteiligten Stoffe (Redoxpotential), dem Mischungsverhältnis und der Temperatur ab. Höhere Temperaturen bewirken eine höhere Ätzrate. Die Temperaturabhängigkeit der Ätzrate folgt der Arrhenius-Beziehung.

$$r = A\,e^{-\frac{E_a}{k_B T}} \tag{2.15}$$

Bei höheren Temperaturen nimmt die Ätzrate langsamer zu, als dies durch die Arrhenius-Beziehung vorgegeben wird, sie wird durch den Abtransport der Ätzprodukte und die Zuführung der Ätzlösung begrenzt (diffusionsbegrenzte Reaktion). Die üblichen Prozeßtemperaturen der Ätzprozesse sind relativ niedrig (z. B. 160°C für Siliziumnitrid) oder liegen bei Zimmertemperatur. Für die meisten Metalle liegen die Ätzraten im Bereich von einigen 100 nm/ min.

Durch die isotrope Wirkung der naßchemischen Verfahren ist ihr Anwendungsbereich stark eingeschränkt. Die Verrundung der Kanten und die Unterätzung der Maskierung erlauben nur geringe Aspektverhältnisse. Da gerade bei mikromechanischen Komponenten hohe Aspektverhältnisse gefordert werden, sind diese Verfahren zur Strukturerzeugung nur selten im Gebrauch. Hauptsächlich werden sie zur teilweisen oder vollständigen Ablösung von Deckschichten oder Maskierungen eingesetzt.

2.4.2
Anisotropes Ätzen von Silizium

Die anisotrope Ätztechnik stellt eine der wichtigsten Technologien der Silizium-Mikromechanik dar. Durch sie lassen sich auf einfache Art und mit geringer apparativer Ausstattung dreidimensionale Strukturen herstellen. Beim anisotropen Ätzen macht man von der Tatsache Gebrauch, daß die Ätzraten in unterschiedlichen Kristallrichtungen unterschiedlich groß ist [3, 7, 12, 16, 21].

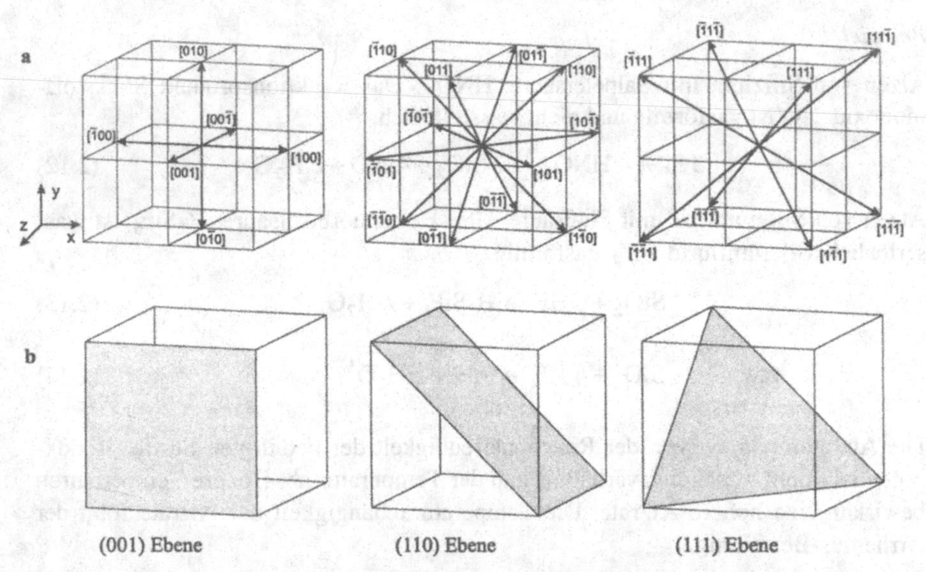

Abb. 2.5. (a) Orientierung der Kristallrichtungen und deren Miller-Indizes, von links nach rechts Richtungen vom Typ $\langle 100 \rangle$, $\langle 110 \rangle$ und $\langle 111 \rangle$, **(b)** Orientierung der Kristallebenen im kubischen Kristallgitter.

Die Kristallachsen werden durch die Miller-Indizes charakterisiert. Für das kubische Kristallgitter ergeben sich relativ zu einer Elementarzelle die in der Abb. 2.5 eingezeichneten Achsen. Es gilt die folgende Notation:

(h,k,ℓ) Mit runden Klammern werden die Kristallebenen bezeichnet.

$[h,k,\ell]$ Mit eckigen Klammern werden die Kristallrichtungen, senkrecht zu den Kristallebenen bezeichnet.

$\{h,k,\ell\}$ Mit geschweiften Klammern werden alle Kristallebenen vom gleichen Typ bezeichnet. Die Ebenen $(1,1,0)$, $(1,0,1)$, $(0,1,1)$ sind alle vom Typ $\{1,1,0\}$.

$\langle h,k,\ell\rangle$ Mit spitzen Klammern werden alle Kristallrichtungen vom gleichen Typ bezeichnet.

Die Winkel zwischen den Kristallrichtungen und damit auch zwischen den Kristallebenen lassen sich leicht mit Hilfe des Kosinussatzes berechnen.

$$\cos\alpha = \frac{\mathbf{a}\cdot\mathbf{b}}{|\mathbf{a}|\,|\mathbf{b}|} \tag{2.16}$$

Hierbei sind **a** und **b** Richtungsvektoren der Kristallachsen. Damit ergeben sich im Siliziumkristall die in Tabelle der 2.5 angegebenen Möglichkeiten für den zwischen den Ebenen eingeschlossenen Winkel.

Die Ätzrate in den $\langle 1\,1\,1\rangle$-Richtungen ist um den Faktor 50-500 geringer als in den $\langle 1\,0\,0\rangle$ und $\langle 1\,1\,0\rangle$-Richtungen des Kristalls ($0{,}4\ \mu m/h$ bzw. $20-30\ \mu m/h$), je nach Ätzlösung, Konzentration und Prozeßtemperatur. Daher schreitet der Ätzvorgang praktisch parallel zu den $\langle 1\,1\,1\rangle$-Richtungen und senkrecht zu den $\{1\,1\,1\}$-Ebenen fort, so daß sich Flächen parallel zu den $\{1\,1\,1\}$-Ebenen ausbilden.

Auf $(1\,0\,0)$-orientierten Wafern lassen sich V-Gräben mit einem Winkel der Seitenwände von 54,74° herstellen (Abb. 2.6 a und b). Es lassen sich jedoch keine Gräben mit parallelen oder zur Oberfläche senkrechten Seitenwänden erzeugen.

Verwendet man einen Wafer mit $(1\,1\,0)$-Orientierung, so lassen sich auch senkrechte, parallelflankige Gräben herstellen. In diesem Fall gibt es zu jeder $[1\,1\,0]$-Richtung zwei (bzw. vier wenn man die Gegenrichtungen mitzählt) Richtungen vom Typ $\langle 1\,1\,1\rangle$, die Winkel von 90° aufweisen und daher senkrechte Ätzebenen

Tabelle 2.5. Winkel zwischen den Kristallebenen im kubischen Gitter.

$\{h,k,\ell\}$	$\{h',k',\ell'\}$	mögliche Winkel		
100	100	0°	90°	
100	110	45°	90°	
100	111	54,74°		
110	110	0°	60°	90°
110	111	35,26°	90°	
111	111	0°	70,53°	

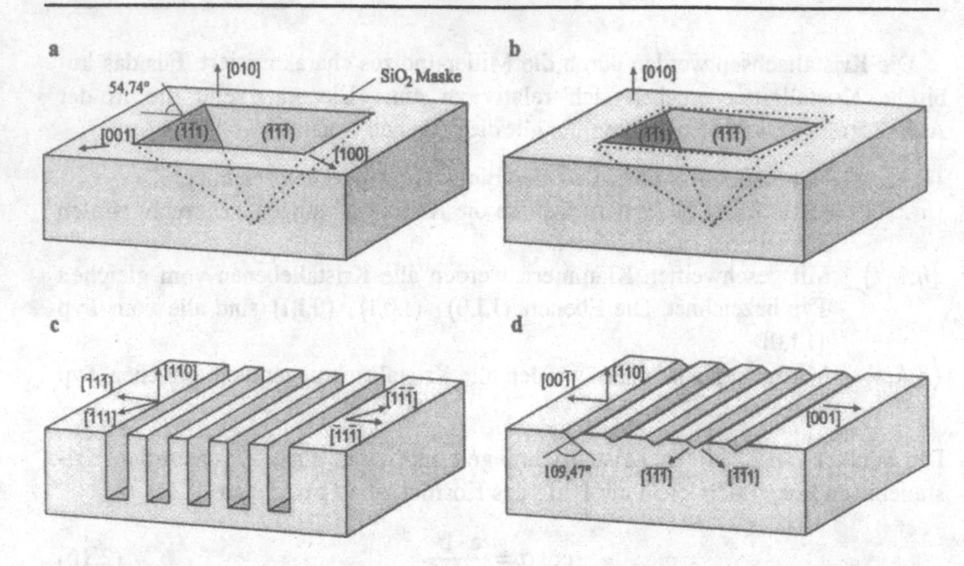

Abb. 2.6. Kristallachsen und Strukturen beim anisotropen (KOH-)Ätzen von Silizium mit verschiedenen Masken. (**a**) Ätzen einer Vertiefung mit Rechteckmaske auf einem Wafer mit (100) Orientierung, (**b**) wie zuvor jedoch Unterätzung der Maske durch fehlerhafte Ausrichtung, (**c**) Ätzen von Rechteckkanälen auf einem (110) Wafer, (**d**) Orientierung der Kristallachsen auf einem (110) Wafer zur Herstellung von flach verlaufenden V-Gräben.

bilden (Abb. 2.6 c). Zwei weitere Richtungen bilden einen Winkel von 35,26° mit der (1 1 0) -Ebene und führen daher zu flach verlaufenden Kanten (Rampe) (Abb. 2.6 d). Für eine rechteckige Öffnung der Maske ergibt sich eine sechseckige Struktur. Langgezogene enge Gräben erhalten je nach Orientierung ihrer Längsachse eine sechseckige Form mit flachen Wänden oder eine Trapezform mit zwei parallelen senkrechten Seitenwänden.

Für Strukturen mit konvexen Ecken sind besondere Vorkehrungen zu treffen, da das Ätzen nicht automatisch an konvexen Ecken stoppt (Eckenkompensation). Durch Anwendung mehrerer Masken- und Ätzschritte lassen sich auch komplizierte dreidimensionale Strukturen durch anisotropes Ätzen bilden.

Von besonderer Bedeutung ist die Wirkung hoch p-dotierter Schichten, die als Ätzstop fungieren. Bei einer Dotierung mit Bor-Atomen oberhalb von 10^{19} $1/cm^3$ nimmt die Ätzgeschwindigkeit drastisch ab. Durch Ausnutzung dieses Effektes lassen sich dünne Membranen oder Stege, z. B. für Drucksensoren, herstellen. Als weitere Möglichkeit werden auch elektrochemische Ätzstops verwendet. Hierbei wird ein pn-Übergang hergestellt, an den während des Ätzvorgangs eine Spannung von 0,5-0,6 V angelegt wird. Der Ätzvorgang wird dadurch am pn-Übergang gestoppt [3, 16].

Als Ätzmittel werden Basen verwendet. Die wichtigsten sind eine Mischung aus Ethylandiamin $NH_2(CH_2)_2NH_2$ und Benzkatechin (EDP-Lösung) sowie die Alkalilauge KOH . Wesentliche Unterschiede bestehen in der Ätzrate, der Selektivität und der Oberflächenrauhigkeit. Nachteilig bei KOH ist die relativ geringe

Ätzselektivität gegenüber Siliziumdioxid SiO_2 (bis zu einigen µm / h), das als Maskierung verwendet wird. Jedoch weist KOH die höchste Anisotropie auf (1:400 bis 1:500). EDP hat eine höhere Selektivität gegenüber SiO_2 (1 µm / h bis 5,5 nm / h), jedoch auch eine geringere Anisotropie (1:40) und ist giftig. Die Ätzrate ist von der Temperatur abhängig und folgt der Arrhenius-Beziehung nach Gl. (2.15). Zur Erzielung hoher Ätzraten wird üblicherweise mit Temperaturen von 50-115°C gearbeitet. Die Ätzrate beträgt beispielsweise 20 – 30 µm / h für EDP bei 80°C. Während des Ätzvorgangs wird das Ätzgut bewegt, um Abbauprodukte abzutransportieren und Gasbläschen, die sich absetzen können und so das Weiterätzen verhindern, zu entfernen.

Siliziumnitrid wird weder von EDP noch von KOH angegriffen. Daher wird es z. T. als Maskierung für die Herstellung tiefer Gräben eingesetzt. Die meisten Ätzlösungen greifen Metallisierungen an, wodurch sich Prozeßinkompatibilitäten ergeben können. EDP greift Aluminium jedoch nicht Kupfer, Chrom, Silber und Gold an. Bei der Kompatibilität zu CMOS Prozeß tritt weiterhin das Problem auf, daß nur hoch dotierte p-leitende Schichten als Ätzstop wirken.

2.4.3 Trockenätzverfahren

Bei Trockenätzverfahren benutzt man anstelle eines flüssigen Mittels (naßchemisch) ein Plasma für den Ätzprozeß. Man nennt das Verfahren daher auch Plasmaätzen [3, 7, 12].

Ein Plasma ist ein ionisiertes Gas, bestehend aus Ionen, Elektronen und Neutronen. Es wird durch Anlegen eines elektrischen Hochfrequenzfelds aus der Gasphase erzeugt. Die Ionisation wird durch die bei Stößen übertragene kinetische Energie von Elektronen ausgelöst.

Es ist möglich, auch allein aufgrund einer physikalischen Wirkung (Herausschlagen durch Teilchenbeschuß), einen Schichtabtrag zu erzielen. Dieser Vorgang entspricht dann dem Abtrag des Targets beim Sputtern und wird daher als Sputterätzen oder Rücksputtern bezeichnet.

Eine chemische Wirkung kommt durch die Reaktion der Oberfläche mit dem Prozeßgas zustande. Zum Ätzen von Silizium werden Fluorgase (SF_6 , CF_4) oder Chlorgase (CCl_4 , $SiCl_4$) eingesetzt, da die Reaktionsprodukte wieder gasförmig sind und somit abgesaugt werden können. Übliche Prozeßdrücke liegen bei 10 bis 100 Pa. Es existieren eine Reihe von Verfahren, die in Tabelle 2.6 zusammengefaßt sind, sie unterscheiden sich hauptsächlich im Anteil der physikalischen bzw. chemischen Ätzwirkung. Typische Ätzraten der Trockenätzverfahren liegen im Bereich von 1-35 nm/s.

Durch die chemische Reaktion kann die Selektivität über die Auswahl des Prozeßgases gut beeinflußt werden. Diese ist bei der rein physikalischen Wirkung des Rücksputterns wesentlich geringer. Ferner wird durch Gasadditive die Selektivität beeinflußt.

Die Ätzrate ist von der Richtung des Beschusses abhängig, daher kann beim Sputterätzen eine relativ hohe Anisotropie der Ätzrate erreicht werden, während sie bei der rein chemischen Wirkung gering ist. Da durch den Beschuß auch die Maskierung abgetragen wird, ist bei der Nutzung des Anisotropieeffektes eine Maskierung mit guter Selektivität und ausreichender Dicke zu verwenden. Es existieren eine Reihe von Verfahren, welche die Verbesserung der Selektivität oder der Anisotropie zum Ziel haben.

Hauptsächlicher Vor- und Nachteile der Trockenätzverfahren gegenüber alternativen Ätzverfahren sind:

- Sie sind unabhängig von der Kristallrichtung, wodurch sich eine größere Formenvielfalt realisieren läßt und Materialien ohne Kristallstruktur bearbeitet werden können.
- Die Prozeßtemperaturen sind gering, wodurch sich intrinsische Spannungen gering halten lassen und eine geringe Materialbelastung erreicht wird. Außerdem wird durch Niedertemperaturprozesse die Kompatibilität zur Schaltkreisherstellung (CMOS Prozeß) gewahrt.
- Die Selektivität gegenüber Maskierungen wie Fotolack und Siliziumoxid ist nur gering (schlechter als 1:100). Aluminium- und Kupfermaskierungen erreichen eine bessere Selektivität bei Fluorgasen, da sie von diesen nicht angegriffen werden.

Schließlich sei noch erwähnt, daß das anisotrope Trockenätzen auch bei der Herstellung moderner Speicherbausteine für die Herstellung von Trenchkondensatoren verwendet wird.

Tabelle 2.6. Vergleich physikalischer und chemischer Trockenätzverfahren [3, 7, 10].

Ätzprozeß	Ätzmechanismus	ätzende Teilchen	Druckbereich [Pa]	Ionenenergie [eV]	Selektivität	Ätzprofil
Barrel-Ätzen	chemisch	reaktive Radikale	10-100	0	++	isotrop
Plasmaätzen	physikalisch/ chemisch	reaktive Radikale schwach ionenunterstützt	10-100	10-100	+	isotrop mit anisotroper Komponente
Reaktives Ionenätzen	physikalisch/ chemisch	reaktive Radikale stark ionenunterstützt	1-100	100-1000	+	anisotrop mit isotroper Komponente
Reaktives Ionenstrahlätzen	physikalisch/ chemisch	reaktive Ionen	0,1-10	300-1500	+	anisotrop mit isotroper Komponente
Sputterätzen	physikalisch	inerte Ionen	1-10	300-1500	-	anisotrop
Ionenstrahlätzen	physikalisch	inerte Ionen	< 0,01	300-1500	-	anisotrop

2.4.4 Laserbearbeitung

Laserlicht ist kohärentes, d. h. räumlich phasengleiches und monochromatisches Licht. Diese Eigenschaften erlauben eine extreme Fokussierung, aus der sich eine hohe Energiedichte ergibt. Die hohe Energiedichte und Fokussierbarkeit machen das Laserlicht für die Materialbearbeitung interessant [1]. Mögliche Anwendungen sind:

1. Physikalische Materialbearbeitung, Bohren, Trennen, Abtragen
2. Löten, Schweißen
3. Lithographie
4. Ätzen (laserunterstütztes Trockenätzen)
5. Laserinduzierte Abscheidung aus der Gasphase (LECVD), Flüssigphase oder festen Phase
6. Rekristallisation

Je nach der Anregungsart und des aktiven Mediums des Lasers unterscheidet man verschiedene Lasertypen, die entweder kontinuierlich oder im gepulsten Betrieb arbeiten. Molekulare Gaslaser mit Wellenlängen im UV-Bereich werden im allgemeinen als Excimerlaser bezeichnet (*Excit*ed di*mer*). Die Eigenschaften verschiedener Laser sind in Tabelle 2.7 zusammengefaßt.

Die Pulsdauer ist abhängig vom Typ und der Leistung des Lasers. Für Excimerlaser beträgt sie 5-30 ns und ca. 10-100 ns für Nd-YAG. Die Wiederholrate für einen Laser mittlerer Leistung liegt bei 100-1000 Hz und die Pulsenergie beträgt bis zu einigen Ws.

Wesentlich für die Effektivität der Wechselwirkung des Laserlichts mit dem Werkstoff ist das Absorptionsvermögen des Materials, das von der Wellenlänge und der Intensität des Laserlichts abhängt. Oberhalb einer kritischen Intensitätsschwelle zeigen die meisten Materialien stark ansteigende Absorption. Daher wird häufig mit einem Startimpuls mit hoher Impulsdauer zur Erhöhung der Absorption gearbeitet, dem der eigentliche Arbeitsimpuls folgt.

Zum Löten, Schweißen sowie für die Lithographie werden Laser geringerer Leistungsdichte eingesetzt, da hierbei die Gasphase des zu bearbeitenden Materials

Tabelle 2.7. Laser für die Mikrobearbeitung, Betriebsart, Wellenlänge.

Typ	Betrieb	Wellenlänge [nm]	Photonenenergie [eV]
Excimer ArF	Puls	193	6,42
Excimer KrF	Puls	248	5,00
Excimer XeCl	Puls	308	4,03
Excimer XeF	Puls	351	3,53
Neodym YAG	Puls/ kontinuierlich	1064	1,16
CO_2	Puls/ kontinuierlich	10600	0,12

vermieden werden muß. Beim Bohren, Trennen usw. besteht die Wirkung der Laserstrahlung bei der physikalischen Materialbearbeitung aus dem Aufschmelzen und Verdampfen des Materials. Im erhitzten Volumen entsteht kurzzeitig ein hoher Druck (10^8 Pa), der zum explosionsartigen Herausschleudern des geschmolzenen Materials führt. Die starke Fokussierbarkeit ermöglicht das Bohren kleinster Löcher (1-10 µm).

Der Abtragprozeß (Ablation) mit Lasern setzt sich aus den Einzelvorgängen Energieeinkopplung, Erwärmung, Schmelzbildung und Verdampfung zusammen. Der jeweilige Anteil am Gesamtprozeß wird durch die eingestrahlte Lichtenergie, die Reflexion und Absorption bestimmt. Die Lichteinkopplung ist zuerst ein elektronischer, d. h. nicht thermischer Prozeß, wobei die Photonen ihre Energie an die Elektronen des Werkstücks abgeben. Aus der Leistungsdichte $p(x)$ an der Stelle x läßt sich mit der Wärmeleitungsgleichung die Temperaturverteilung berechnen [11].

$$p(x) = I_0 (1 - R)\, \alpha\, e^{-\alpha x} \tag{2.17}$$

Reflexionsfaktor R und Absorptionskoeffizient α lassen sich nach dem Modell von Drude theoretisch aus dem komplexen Brechungsindex n bestimmen, der von der mittleren Stoßzeit τ_e und der Plasmafrequenz ω_p des Elektronengas abhängt.

$$\omega_p = \sqrt{\frac{N_a f_e q_e^2}{\varepsilon_0 m_e}} \tag{2.18}$$

Tabelle 2.8. Absorptionskoeffizient α und Reflexionsfaktor R für einige Materialien bei verschiedenen Lichtwellenlängen nach [1].

	$\lambda = 193$nm		$\lambda = 248$nm		$\lambda = 308$nm	
Material	α in [µm^{-1}]	R in [%]	α in [µm^{-1}]	R in [%]	α in [µm^{-1}]	R in [%]
Ag	78,1	22,8	68,5	25,7	28,8	11,8
Al	144,9	92,6	149,3	92,4	151,5	92,5
Cr	107,5	45,0	101,0	54,4	112,4	65,1
Cu	90,9	33,6	90,1	36,6	69,9	36,0
Mo	153,8	63,8	185,2	69,5	142,9	58,2
Ta	151,5	50,2	111,1	41,6	87,0	40,4
Ti	73,0	22,7	61,3	23,5	64,9	38,0
W	196,1	63,8	144,9	50,5	98,0	44,9
Si_3N_4	15,82	20,9	0,25	15,2	0,004	13,2
SiC	92,46	41,1	13,12	27,2	7,1	23,2

$$n = n_1 + jn_2 = 1 - \left(\frac{\omega_p}{\omega}\right)^2 \frac{\tau_e^2\,\omega^2 - j\,\tau_e\,\omega}{1+\tau_e^2\,\omega^2} \tag{2.19}$$

Hierin ist $N_a f_e$ die Anzahl der Elektronen pro Volumeneinheit im Leitungsband, q_e die Elementarladung und m_e die effektive Elektronenmasse. Die Parameter des Modells von Drude sind in [8] tabelliert. Für den Reflexionsfaktor der Intensität gilt bei (fast) senkrechtem Einfall des Lichtes und geringer Dämpfung:

$$R = \left|\frac{n_1 - 1}{n_1 + 1}\right|^2 \tag{2.20}$$

Die Dämpfung folgt aus dem Imaginärteil des Brechungsindex.

$$\alpha = \frac{4\pi}{\lambda} n_2 \tag{2.21}$$

Für eine gute Einkopplung sind ein kleiner Reflexionsgrad und eine hohe Absorption (geringe Transparenz) erforderlich. Für Isolatoren und Halbleiter ist die Erzeugung von freien Ladungsträgern für deren optische Eigenschaft von Bedeutung. Diese werden thermisch oder durch Stoßionisation hervorgerufen. Die Absorption in nicht homogenen Werkstoffen wie z. B. Keramiken hängt von dem Vorhandensein von Streuzentren (Korngrenzen, Einschlüsse) ab. Für einige Materialien sind die Materialwerte für die Anregungsfrequenzen von Excimer Lasern in der Tabelle 2.8 und in Abhängigkeit der Frequenz in der Abb. 2.7 angegeben.

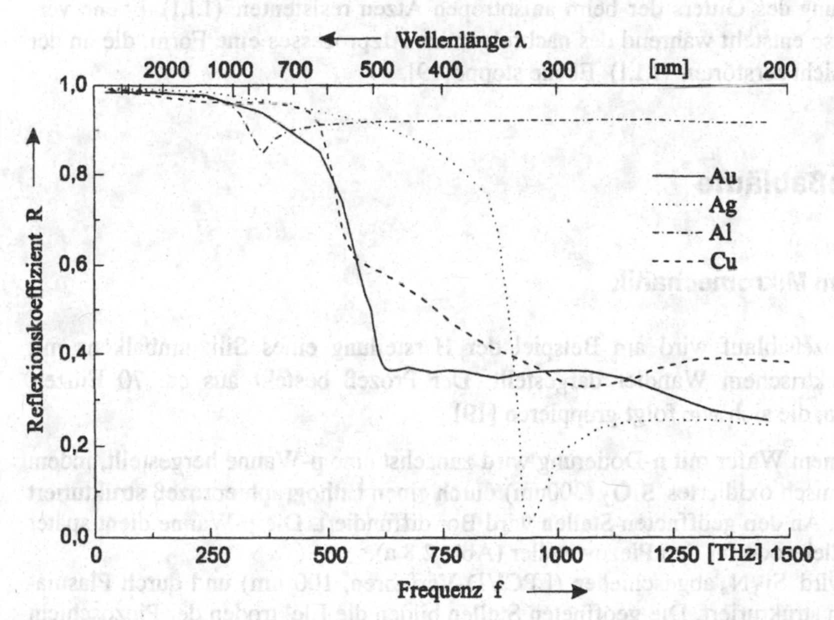

Abb. 2.7. Reflexionskoeffizient einiger Metalle im optischen Bereich in Abhängigkeit der Frequenz [8].

Die Verteilung der eingekoppelten Energie wird durch die Wärmeleitfähigkeit λ und die Wärmekapazität $c_p\,\rho$ des Materials bestimmt. Ist die Wärmediffusionslänge δ klein gegenüber dem Laserdurchmesser, so kann vom lateralen Wärmefluß während der Dauer Δt der Einstrahlung abgesehen werden.

$$\delta = 2\sqrt{\frac{\lambda}{c_p\,\rho}\Delta t} \tag{2.22}$$

Für Metalle und gut wärmeleitende Keramiken ergibt sich bei einer Pulsdauer bis 30 ns eine Wärmediffusionslänge von $1-4\,\mu\text{m}$. Damit kann bei einem Spotdurchmesser von $5-10\,\mu\text{m}$ für die Dauer des Laserimpulses angenommen werden, daß keine Wärmediffusion stattfindet. Beispielsweise ergibt sich für Silizium:

$$\delta = 2\sqrt{\frac{150\,\text{W/K m}}{0{,}71\,\text{W s/kg}\;\;2{,}3\,\text{kg/dm}^3}30\text{ns}} \approx 3{,}3\mu\text{m} \tag{2.23}$$

Um eine hohe geometrische Auflösung zu erreichen, wird mit kurzen und energiereichen Laserimpulsen bis in den Bereich unterhalb von 1 ps gearbeitet. Bei diesen kurzen Zeiten spielen zusätzlich auch die in Kap. 6.3 behandelten Wärmetransportphänomene eine Rolle. Neben der Wärmediffusion bestimmt auch die Wellenlänge der Strahlung die mögliche Auflösung.

Bei der Bearbeitung mit Laserlicht kann es aufgrund der thermisch-mechanischen Belastung auch zur Ausbildung von Rissen oder zur Zerstörung der Kristallordnung kommen. Dieser Effekt kann ebenfalls gezielt zur Herstellung von mikromechanischen Strukturen genutzt werden. Wird die Kristallstruktur durch Zerstörung des Gitters der beim anisotropen Ätzen resistenten (1,1,1) -Ebene verändert, so entsteht während des nachfolgenden Ätzprozesses eine Form, die an der ersten nicht zerstörten (1,1,1) -Ebene stoppt [19].

2.5 Prozeßabläufe

2.5.1 Silizium Mikromechanik

Der Prozeßablauf wird am Beispiel der Herstellung eines Siliziumbalkens mit piezoelektrischem Wandler dargestellt. Der Prozeß besteht aus ca. 70 Einzelschritten, die sich wie folgt gruppieren [19].

1. In einem Wafer mit n-Dotierung wird zunächst eine p-Wanne hergestellt, indem thermisch oxidiertes SiO_2 (300nm) durch einen Lithographieprozeß strukturiert wird. An den geöffneten Stellen wird Bor diffundiert. Die p-Wanne dient später als Elektrode für den Piezowandler (Abb. 2.8 a).
2. Es wird Si_3N_4 abgeschieden (LPCVD-Verfahren, 100 nm) und durch Plasmaätzen strukturiert. Die geöffneten Stellen bilden die Elektroden der Piezoschicht (Abb. 2.8 b).

3. Die Piezoschicht aus Zinkoxid (ZnO) wird abgeschieden (2,5-3 µm, Sputterrate ca. 3 µm/h) und naßchemisch strukturiert (Abb. 2.8 c).
4. Das Siliziumnitrid wird durch Plasmaätzen an den Stellen geöffnet, an denen später die Metallkontakte hergestellt werden sollen (Abb. 2.8 d).
5. Aluminium wird aufgesputtert (1 µm) und die elektrische Verbindung zur p-Wanne hergestellt sowie die Gegenelektrode strukturiert (Abb. 2.8 d).
6. SiO_2 wird durch einen Niedertemperaturprozeß (LTO) LPCVD (400nm) und Si_3N_4 durch PECVD (1,2 µm) abgeschieden. Die Schicht dient als Passivierung und Maskierung für die folgenden Schritte. Die Passivierung wird für Kontakte (Bondpads) auf der Vorderseite geöffnet (Abb. 2.8 e, f).
7. Auf der Rückseite wird die Schicht durch Plasmaätzen geöffnet und anisotrop geätzt. Die Membran wird bis auf 20-25 µm heruntergeätzt (Abb. 2.8 g).
8. Zum Freilegen des Balkens wird auf der Vorderseite strukturiert und der Balken durch Plasmaätzen freigelegt (Abb. 2.8 h).

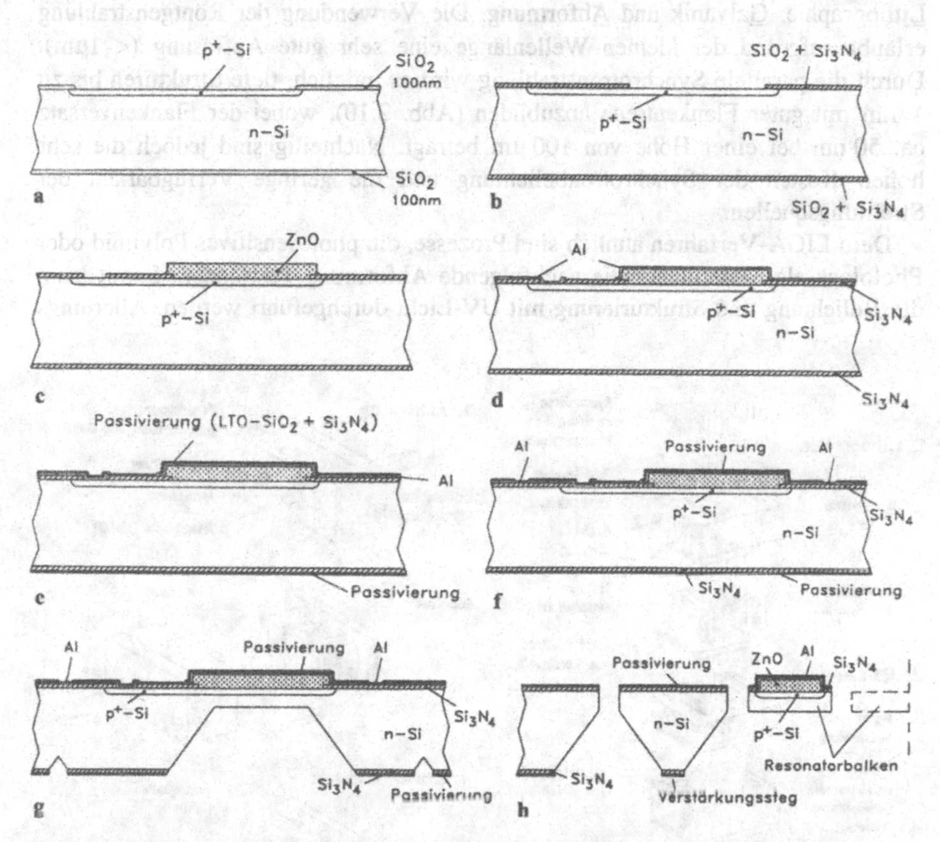

Abb. 2.8. Schritte zur Herstellung eines freitragenden Balkens in Silizium-Bulk-Mikromechanik mit piezoelektrischer Anregung zur Verwendung als Resonanzsensor. **(a)-(g)** Seitenansicht, **(h)** Frontalansicht (Quelle: *Entwicklung von Technologien zur Herstellung von piezoelektrisch angeregten mikromechanischen Resonatorstrukturen in Silizium und Quarz* von H.-J. Wagner, mit freundlicher Genehmigung des Shaker Verlags [19], S.212-215).

2.5.2 LIGA-Verfahren

Beim LIGA-Verfahren [12] ist das Ausgangsmaterial eine mehrere hundert Mikrometer dicke Kunststoffschicht, die auf einem Substrat (zumeist metallisch), aufgebracht wird. Die Übertragung der Struktur von der Maske auf den photoempfindlichen Kunststoff erfolgt mit parallelem und energiereichem Röntgenlicht ($\lambda = 0{,}2 - 0{,}6\text{nm}$) einer Synchrotronstrahlungsquelle (Abb. 2.9).

Der röntgenempfindliche Photoresist besteht aus PMMA (Polymethylmethacrylat). Nach Herauslösen der bestrahlten Bereiche wird durch galvanische Verfahren mit Kupfer, Nickel oder Gold eine Komplementärstruktur aufgebaut. Von der so hergestellten Mikrostruktur können durch Spritzguß- oder Prägeverfahren Kopien aus Kunststoff hergestellt werden. Die Kunststofform kann ihrerseits wieder galvanisch mit Metall gefüllt werden.

Die wesentlichen Prozeßschritte geben dem LIGA-Verfahren seinen Namen: Lithographie, Galvanik und Abformung. Die Verwendung der Röntgenstrahlung erlaubt aufgrund der kleinen Wellenlänge eine sehr gute Auflösung (< 1µm). Durch die parallele Synchrotronstrahlung wird es möglich, tiefe Strukturen bis zu 1 mm mit guter Flankentreue abzubilden (Abb. 2.10), wobei der Flankenversatz ca. 50 nm bei einer Höhe von 100 µm beträgt. Nachteilig sind jedoch die sehr hohen Kosten der Synchrotronbelichtung und die geringe Verfügbarkeit der Strahlungsquellen.

Dem LIGA-Verfahren ähnlich sind Prozesse, die photosensitives Polyimid oder Photolack als Material für die nachfolgende Abformung verwenden. Somit kann die Belichtung und Strukturierung mit UV-Licht durchgeführt werden. Allerdings

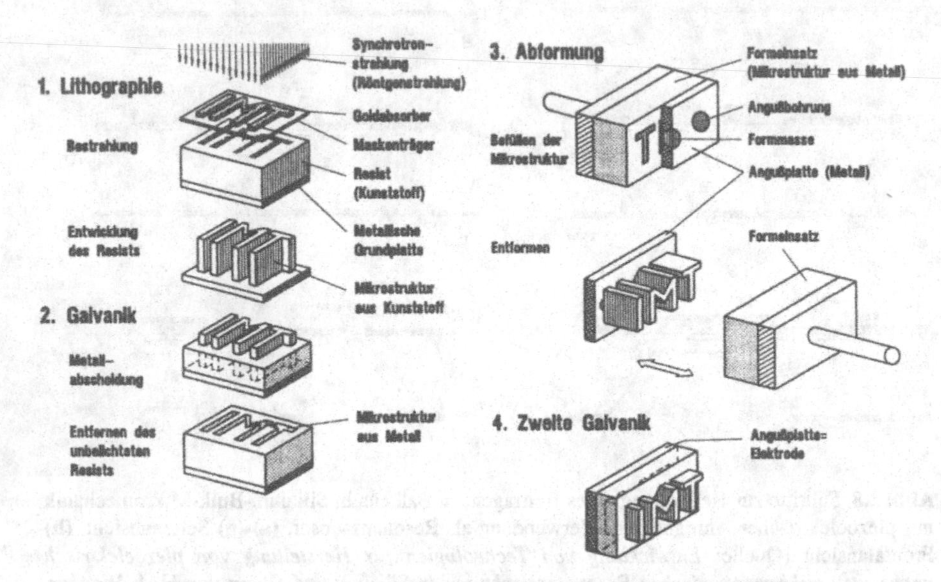

Abb. 2.9. Herstellungsprozeß der LIGA-Technologie (Quelle *Mikrosystemtechnik für Ingenieure* von W. Menz und J. Mohr, mit freundlicher Genehmigung des VCH Verlags [12], S. 232).

Abb. 2.10. Getriebeanordnung in Nickel hergestellt mit der LIGA-Technologie (Quelle: Wisconsin Center for Applied Microelectronics and Micromechanics, University of Wisconsin, mit freundlicher Genehmigung von Prof. Henry Guckel)

lassen sich nur geringere Schichtdicken (< 250 µm) erreichen und die Auflösung und Flankensteilheit ist bedingt durch die größere Wellenlänge geringer als beim LIGA-Verfahren (höchstens 3µm auf 50 µm Höhe).

2.5.3 Herstellung frei beweglicher Strukturen

Die aus der Mikroelektronik bekannten Prozesse der (ganzflächigen) Schichtabscheidung und der Strukturierung sind nur bedingt dazu geeignet, beliebige frei bewegliche dreidimensionale Strukturen herzustellen. Gerade für Aktoren, aber auch für physikalische Sensoren, wie Druck- oder Beschleunigungssensoren, sind jedoch zumindest in einer Ebenen bewegliche Strukturen notwendig. Dazu müssen aus dem Verbund der Schichtenfolge einzelne Schichten herausgelöst werden, oder die Systeme müssen aus formschlüssig hergestellten Einzelteilen in einem getrennten Arbeitsgang zusammengesetzt werden. Die Montage ist ein Einzelschritt, bei dem sequentiell die einzelnen Komponenten verbunden werden und widerspricht dem Produktionsmuster in Batchprozessen. Sie sollte daher, wenn möglich vermieden werden.

Freitragende Strukturen sind auch dann von Bedeutung, wenn aufgrund der Funktion des Bauelements geringe Massen, Wärmekapazitäten oder hohe elektrische und thermische Übergangswiderstände erreicht werden müssen. Man spricht dann von Oberflächenmikromechanik, im Gegensatz zur Herstellung von freitragenden Strukturen durch Ätzen des Substrats (Bulk-Mikromechanik).
Das Herauslösen einer Schicht durch Ätzen wird als Opferschichttechnik bezeichnet (Sacrifical Layer). Die Verwendung von Opferschichten ist möglich, wenn die folgenden Bedingungen erfüllt werden:

1. Es muß ein selektives Herauslösen des Materials möglich sein. D. h. die Selektivität des Ätzmittels muß gut bis hoch gegenüber anderen, der Ätzlösung ausgesetzten Materialien sein.
2. Die Schicht muß zugänglich sein, d. h. durch Öffnungen in Form von Löchern oder Kanälen muß ein Zugang der Ätzlösung hergestellt werden.
3. Es darf im Ätzprozeß nicht gleichzeitig Zugang zu Schichten aus dem Material der Opferschicht bestehen, da diese sonst ebenfalls herausgelöst würden.

Aus den genannten Gründen wird häufig das über Niedertemperaturprozesse abgeschiedene SiO_2 als Opferschicht benutzt (LTO: Low Temperature Oxide), da es mit 49% Flußsäure mit hoher Selektivität gegenüber Polysilizium ($S \approx 10^5$) bzw.

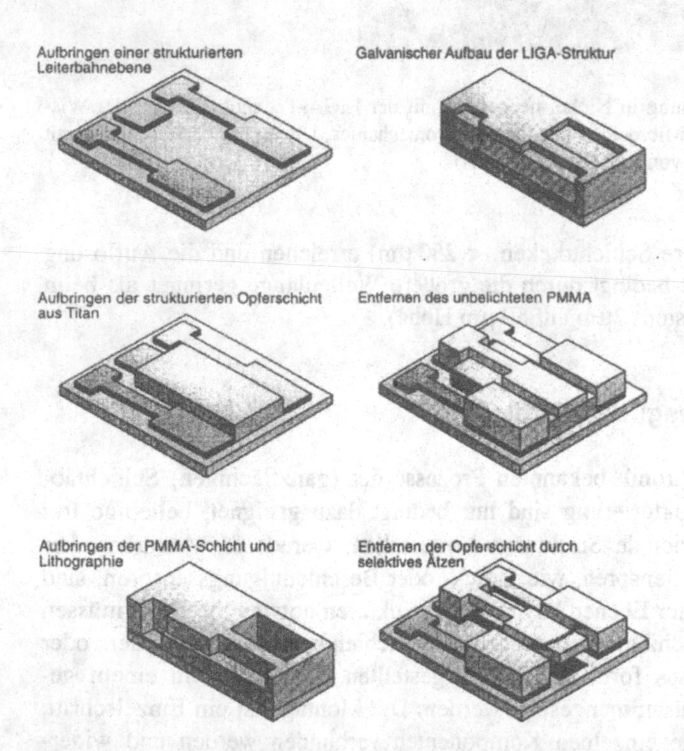

Abb. 2.11. Opferschichttechnik zur Herstellung frei beweglicher Strukturen mit der LIGA-Technologie (Quelle: *Dossier: Mikrosystemtechnik*, mit freundlicher Genehmigung des Forschungszentrums Karlsruhe, J. Mohr [14], S. 42).

Siliziumnitrid geätzt werden kann.

Auch Kunststoffe wie Photoresist, Polyimid oder PMMA lassen sich als Opferschicht verwenden, da sie sich leicht durch Lösungsmittel (Aceton) oder Veraschen im Sauerstoffplasma entfernen lassen. Jedoch müssen bei der Verwendung organischer Schichten die nachfolgend abgeschiedenen Schichten bei niedriger Temperatur prozessiert werden.

Schließlich wird wie in Abb. 2.11 auch Titan als Opferschicht verwendet, da es mit Flußsäure geätzt werden kann, diese jedoch andere Metalle wie Chrom, Silber, Nickel, Kupfer nicht angreift.

2.5.4 Prozeßfolge zur Herstellung integrierter Schaltungen

Für die Entwicklung der Mikroelektronik war die Realisierung der Planartechnologie von entscheidender Bedeutung. Heutige integrierte Schaltungen werden ausschließlich in Planartechnologie realisiert. Bei dieser werden die zur Herstellung erforderlichen Strukturen schichtweise, von der Oberfläche des Wafers ausgehend, hergestellt.

Für die Mikrosystemtechnik hat das Herstellungsverfahren integrierter Schaltungen eine hohe Bedeutung. Zum einen sind die Prozesse der Mikroelektronik gut beherrscht und können daher auch vorteilhaft bei der Herstellung mikrosystemtechnischer Komponenten angewendet werden. Zum anderen ist bei der monolithischen Herstellung mikroelektronischer und mikrosystemtechnischer Komponenten auf einem Wafer die Kompatibilität der Herstellungsprozesse zu beachten. Gelingt

Tabelle 2.9. Prozeßschritte zur Herstellung integrierter Schaltungen und ihre thermische Belastung.

Prozeßschritt	Prozesse	Temperatur
Lithographie		-
Oxidation	thermische Oxidation	800-1100 °C
	LPCVD – LTO	450 °C
	$Si(OC_2H_5)_2 \rightarrow SiO_2 + \ldots$	900 °C
Dotierung	Diffusion	800-1200 °C
	Ionenimplantation	700-900 °C (Ausheilen)
	Epitaxie (Dichlorsilan $SiH_2Cl_2 \rightarrow Si + 2HCl$)	1000-1150 °C
Metallisierung	Al-Aufdampfen	150-300 °C
	Sputtern	< 450 °C
Ätzen	naßchemisches Ätzen	50-150 °C
	Trockenätzen	-
	anisotropes Ätzen	50-120 °C

es durch einen Herstellungsprozeß für das Gesamtsystem, alle Komponenten monolithisch zu integrieren, so können die höchsten Packungsdichten und sehr leistungsfähige Systeme realisiert werden.

Da beispielsweise durch Mindestdicken der Epitaxieschicht die erreichbare Dicke einer Membran festgelegt wird, kann auch aus funktionellen Gründen nicht immer eine monolithische Integration erreicht werden. In diesem Fall wird die hybride Integration verwendet, bei der fertig prozessierte Komponenten aus unterschiedlichen Herstellungsverfahren auf einem gemeinsamen Substrat kontaktiert und elektrisch verbunden werden. Insbesondere aber können auch Wirtschaftlichkeitsüberlegungen zur Hybridintegration führen. Die Anlagenkosten und die Prozeßentwicklungskosten der monolithischen Integration sind im Vergleich zur hybriden Integration recht hoch, daher wird sie nur dann eingesetzt, wenn hohe Stückzahlen erwartet werden können.

Besondere Limitierungen ergeben sich bei der monolithischen Integration bei der Auswahl der Materialien. Funktionsmaterialien wie Gold, Silber, Zinkoxid und andere sind nicht IC-kompatibel, da diese Stoffe bei Diffusion ins Halbleitermaterial die elektrischen Eigenschaften entscheidend beeinflussen.

Aufgrund ihrer Komplexität werden die Herstellungsprozesse integrierter Schaltungen in der Regel unverändert belassen und durch einige Prozeßschritte für die Herstellung der Mikrosystemkomponenten ergänzt. Die Prozeßschritte zur Integration mikrosystemtechnischer Komponenten dürfen keine Beeinträchtigung des IC-Prozesses bewirken. Die Neuentwicklung eines Prozesses ist nur bei der Aussicht auf hohe Stückzahlen gerechtfertigt.

Die wichtigsten Einzelschritte zur Herstellung integrierter Schaltungen sind in Tabelle 2.9 angegeben. In Abb. 2.12 ist ein einfacher Bipolarprozeß dargestellt.

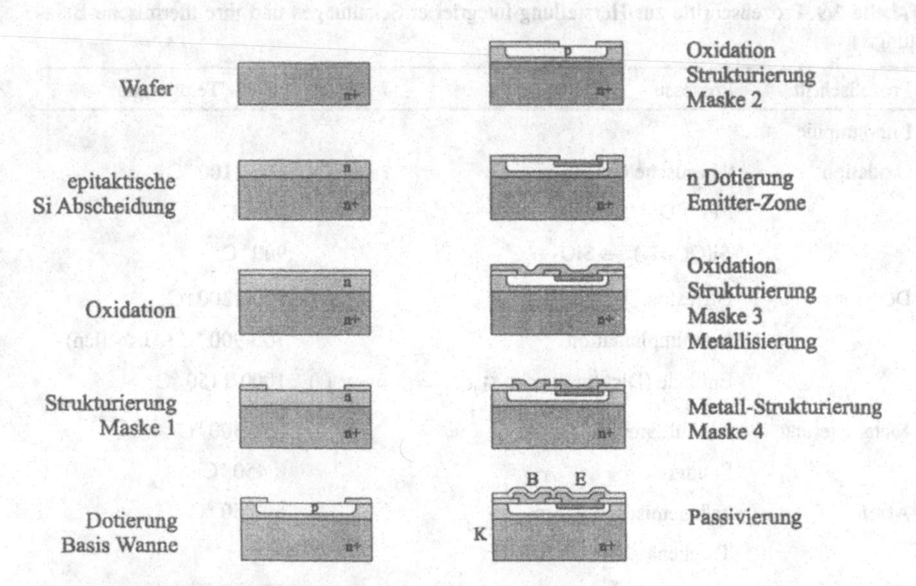

Abb. 2.12. Einfacher Bipolarprozeß mit vier Maskenschritten nach [9].

Man startet mit einem vordotierten Wafer, die Dotierung dient als „Burried Layer". Hierauf wird epitaktisch leicht n-dotiertes monokristallines Silizium abgeschieden. Dieses wird oxidiert und durch Photolithographie geöffnet. Die Struktur dient als Maskierung für die folgende Basis-Dotierung (Implantation). Eine zweite Oxidation und Strukturierung dient zur Herstellung der Emitterzone. Durch die dritte Oxidation und Strukturierung wird die Basiskontaktfläche freigelegt. Nach der Strukturierung der Metallisierung wird der fertige Wafer passiviert.

Literatur

[1] Arnold, Johannes Michael: *Abtragen metallischer und keramischer Werkstoffe mit Excimerlasern.* Teubner, Stuttgart (1994)

[2] Brodie, Ivor; Murray, Julius J.: *The Physics of Micro/ Nano-Fabrication.* Plenum, New York, London (1992)

[3] Büttgenbach, Stephanus: *Mikromechanik, Einführung in Technologie und Anwendungen.* Teubner, Stuttgart (1991)

[4] Feustel, Andreas: *Plasmagestütztes Tiefenstrukturiere von Silizium am Beispiel einer piezogetriebenen Mikromembranpumpe.* Shaker, Aachen (1999)

[5] Göpel, Wolfgang; Hesse, J.; Zemel, J. N. (Hrsg.): *Sensors: a comprehensive survey, Vol. 6 Optical Sensors.* VCH, Weinheim, New York, Basel (1992)

[6] Hilleringmann, Ulrich: *Mikrosystemtechnik auf Silizium.* Teubner, Stuttgart (1995)

[7] Köhler, Michael: *Ätzverfahren für die Mikrotechnik.* Wiley-VCH, Weinheim, New York, Chichester (1998)

[8] *Landolt-Börnstein Neue Serie Gruppe III: Kristall- und Festkörperphysik, Bd. 15b, Metalle: elektronische Transportphänomene.* Springer, Berlin, Heidelberg, New York (1985)

[9] Obermeier, Ernst: *Halbleitertechnologie für die Sensorik.* In: Technologietrends in der Sensorik, VDI/VDE, Berlin (1988)

[10] Madou, Marc: *Fundamentals of Microfabrication.* CRC Press, Boca Raton (1997)

[11] Matev, Simeon M.; Veiko, Vadim P.: *Laser-Assisted Microtechnology.* Springer, Berlin, Heidelberg, New York (1994)

[12] Menz, Wolfgang; Mohr, Jürgen: *Mikrosystemtechnik für Ingenieure.* VCH, Weinheim, New York, Basel, 2. Aufl. (1997)

[13] Semiconductor Industry Association: *The National Technology Roadmap for Semiconductors.* http://www.sematech.org/public/roadmap.

[14] *Spektrum der Wissenschaft, Dossier: Mikrosystemtechnik.* 2. Aufl. (1996)

[15] Sze, S. M.: *Semiconductors devices, physics and technology.* John Wiley Sons, New York, Chichester, Brisbane (1985)

[16] Sze, S. M. (ed.): *Semiconductor Sensors.* John Wiley Sons, New York, Chichester, Brisbane (1994)

[17] Vossen, John L.; Kern, Werner (eds.): *Thin film processes.* Academic Press, Orlando, San Diego, New York (1978)

[18] Vossen, John L; Kern, Werner (eds.): *Thin film processes II.* Academic Press, San Diego (1991)

[19] Wagner, Hans-Joachim: *Entwicklung von Technologien zur Herstellung von piezoelektrisch angeregten mikromechanischen Resonatorstrukturen in Silizium und Quarz.* Shaker, Aachen (1995)

[20] Widmann, Dietrich; Mader, Hermann; Friedrich, Hans: *Technologie hochintegrierter Schaltungen.* Halbleiter-Elektronik Bd. 19, Springer, Berlin, Heidelberg, New York (1996)

[21] Williams, Kirt R.; Muller, Richard S.: Etch Rates for Micromachining Processing. *Journal of Microelectromechanical Systems*, Vol. 5 (1996) p. 256-269

3 Werkstoffe der Mikrosystemtechnik

Entsprechend der Anwendungsbreite der Mikrosystemtechnik sind die verwendeten Materialien sehr vielfältig. Neben Silizium und seinen Verbindungen werden auch andere Halbleiter, Dielektrika und Metalle verwendet. Daß Silizium in der Mikrosystemtechnik häufig eingesetzt wird, gründet sich einerseits auf die aus der Mikroelektronik übernommenen ausgereiften Prozesse aber auch auf die sehr guten mechanischen und thermischen Eigenschaften sowie auf die für die monolithische Integration erforderliche Kompatibilität zur Schaltkreisherstellung. Der Elastizitätsmodul von Silizium liegt mit 150 GPa im Bereich von Stählen, und die thermische Leitfähigkeit liegt im Bereich der Metalle und hochwärmeleitfähigen Keramiken. Siliziumverbindungen werden als Passivierung, Maskierung oder als Funktionsmaterialien eingesetzt. Von besonderer Bedeutung ist für viele Prozesse die Verfügbarkeit und relativ leichte Herstellbarkeit von Siliziumoxid SiO_2 und Siliziumnitrid Si_3N_4. Siliziumoxid ist ein hervorragendes Dielektrikum. Siliziumnitrid (Si_3N_4) weist zudem eine hohe Festigkeit bei guten dielektrischen Eigenschaften auf.

Wenngleich Silizium und seine Verbindungen eine hohe Bedeutung haben, gehen die Materialanforderungen, aufgrund der Vielzahl der eingesetzten Effekte, weit über die der Mikroelektronik hinaus. Eine Klassifizierung der Materialien kann nach unterschiedlichen Ordnungsschemata erfolgen. Je nach Sichtweise kann eine strukturelle (Atom, Molekül, Polymer, ...), funktionale (elektrisch, thermisch, optisch, ...) oder durch Effekte (piezoelektrisch, piezoresistiv, elastooptisch, ...) gegliederte Zuordnung sinnvoll sein.

Die Tabellen 3.1 bis 3.4 enthalten Materialwerte einiger in der Mikrosystemtechnik häufig verwendeter Materialien, sie wurden aus verschiedenen Quellen zusammengestellt. Die Tabellen geben nur einen kleinen Ausschnitt der Materialdaten, die in mikrosystemtechnischen Anwendungen von Bedeutung sein können. Wir werden im folgenden sehen, daß es über 100 Effekte gibt, die zum Teil als Tensoren höherer Stufe eine große Anzahl von Materialparametern aufweisen. Die Angaben beziehen sich auf isotrope Materialien oder bei anisotropen Materialien auf Mittelwerte über die Kristallrichtungen. Literaturwerte, insbesondere für die mechanischen Parameter, weichen zum Teil erheblich voneinander ab. Im Fall der Belastungsgrenze ist dies damit zu erklären, daß sie auch stark von der Vorbehandlung und der Oberflächenrauhigkeit abhängig ist. Bei spröden Materialien fällt die Elastizitätsgrenze mit der Bruchgrenze zusammen.

Tabelle 3.1. Thermische Eigenschaften von Materialien der Mikrosystemtechnik bei Raumtemperatur. λ thermische Leitfähigkeit, α thermischer Längenausdehnungskoeffizient, c spezifische Wärmekapazität und T_S Schmelzpunkt, [a]: Erweichungspunkt, [b]: Glastemperatur, [c]: Übergangstemperatur.

	$\lambda \left[\frac{W}{m\,K}\right]$	$\alpha \left[\frac{1}{K}\right]$	$c \left[\frac{Ws}{kg\,K}\right]$	T_S [°C]
Silizium	150	$2{,}6-4{,}2\cdot10^{-6}$	$0{,}71\cdot10^{3}$	1412
Siliziumdioxid	1,5	$0{,}3-0{,}5\cdot10^{-6}$	$0{,}74\cdot10^{3}$	1705
Siliziumnitrid	18	$2{,}7\cdot10^{-6}$	$0{,}75\cdot10^{3}$	1902
Siliziumkarbid	270	$3{,}7\cdot10^{-6}$	$1{,}3\cdot10^{3}$	2797
Gallium-Arsenid	45	$6{,}9\cdot10^{-6}$	$0{,}35\cdot10^{3}$	1238
Diamant	1200-2000	$1{,}2-2{,}3\cdot10^{-6}$	$0{,}47\cdot10^{3}$	707 [c]
Aluminiumnitrid	150-270	$3{,}4-4{,}0\cdot10^{-6}$	$0{,}81\cdot10^{3}$	2227
Aluminiumoxid (96%)	22-35	$4{,}4-7{,}1\cdot10^{-6}$	$0{,}84\cdot10^{3}$	2050
Glas Keramik	1,0-5,0	$2{,}5-6{,}5\cdot10^{-6}$	$0{,}82\cdot10^{3}$	
Pyrex 7740 Glas	1,1-2,5	$3{,}3\cdot10^{-6}$	$0{,}77\cdot10^{3}$	780 [a]
Epoxy	0,67-2	$30-50\cdot10^{-6}$	$1{,}0\cdot10^{3}$	125 [b]
Leiterplatte FR4	0,2-0,3	$15-20\cdot10^{-6}$	$1{,}5\cdot10^{3}$	
Polyimid	0,24	$20-50\cdot10^{-6}$	$1{,}2\cdot10^{3}$	332 [b]
Benzocyclobuten	0,2	$35-60\cdot10^{-6}$		
Aluminium	230	$23{,}0\cdot10^{-6}$	$0{,}90\cdot10^{3}$	660
Gold	315	$14{,}3\cdot10^{-6}$	$0{,}13\cdot10^{3}$	1063
Kupfer	392	$16{,}6\cdot10^{-6}$	$0{,}38\cdot10^{3}$	1083
Nickel	90,7	$13{,}3\cdot10^{-6}$	$0{,}44\cdot10^{3}$	1455
Platin	70	$9\cdot10^{-6}$	$0{,}13\cdot10^{3}$	1770
Titan	20	$8{,}5\cdot10^{-6}$	$0{,}53\cdot10^{3}$	1670
Wolfram	177	$4{,}3\cdot10^{-6}$	$0{,}13\cdot10^{3}$	3370
Lot 62Sn/ 36Pb /2Ag	63	$25\cdot10^{-6}$	$0{,}13\cdot10^{3}$	183
Lot 80Au/ 20Sn	57	$15{,}9\cdot10^{-6}$	$0{,}16\cdot10^{3}$	280
Lot 96Sn/ 4Ag	63	$24{,}1\cdot10^{-6}$	$0{,}22\cdot10^{3}$	221

Tabelle 3.2. Mechanische Eigenschaften von Materialien der Mikrosystemtechnik bei Raumtemperatur. ρ Dichte, E Elastizitätsmodul, ν Poissonzahl, σ_{max} Elastizitätsgrenze bei 0,2% bleibender Dehnung und σ_{zug} Zugfestigkeit, maximale Belastung.

	$E\left[\frac{N}{m^2}\right]$	ν	$\rho\left[\frac{kg}{m^3}\right]$	$\sigma_{max}\left[\frac{N}{m^2}\right]$	$\sigma_{zug}\left[\frac{N}{m^2}\right]$
Silizium	$150 \cdot 10^9$	0,28	$2{,}33 \cdot 10^3$	$400 \cdot 10^6$	
Siliziumdioxid	$70 \cdot 10^9$	0,14	$2{,}2 \cdot 10^3$	$67 \cdot 10^6$	
Siliziumnitrid	$300 \cdot 10^9$	0,26	$3{,}1 \cdot 10^3$	$600 \cdot 10^6$	
Siliziumkarbid	$440 \cdot 10^9$	0,16	$3{,}2 \cdot 10^3$	$2{,}1 \cdot 10^9$	
Gallium-Arsenid	$85 \cdot 10^9$	0,31	$5{,}32 \cdot 10^3$		
Diamant	$1000 \cdot 10^9$	0,17	$3{,}5 \cdot 10^3$	$12 \cdot 10^9$	
Aluminiumnitrid	$310 \cdot 10^9$		$3{,}3 \cdot 10^3$	$300 \cdot 10^6$	
Aluminiumoxid (96%)	$350 \cdot 10^9$	0,23	$3{,}7 \cdot 10^3$	$300-420 \cdot 10^6$	
Glas Keramik	$40-90 \cdot 10^9$		$2{,}24 \cdot 10^3$	$150-240 \cdot 10^6$	
Pyrex 7740 Glas	$63 \cdot 10^9$	0,21	$2{,}2 \cdot 10^3$		
Epoxy	$2{,}7 \cdot 10^9$		$1{,}3 \cdot 10^3$	$60 \cdot 10^6$	$70 \cdot 10^6$
Leiterplatte FR4	$4 \cdot 10^9$		$1{,}7 \cdot 10^3$	$1 \cdot 10^6$	$1{,}1 \cdot 10^9$
Polyimid	$3-5 \cdot 10^9$	0,41	$1{,}4 \cdot 10^3$	$2{,}5 \cdot 10^6$	$96 \cdot 10^6$
Benzocyclobuten	$2 \cdot 10^9$		$3{,}24 \cdot 10^3$		
Aluminium	$70 \cdot 10^9$	0,33	$2{,}70 \cdot 10^3$	$34-42 \cdot 10^6$	$90-130 \cdot 10^6$
Gold	$74{,}4 \cdot 10^9$	0,42	$19{,}32 \cdot 10^3$		$120 \cdot 10^6$
Kupfer	$117 \cdot 10^9$	0,36	$8{,}96 \cdot 10^3$	$69 \cdot 10^6$	$220 \cdot 10^6$
Nickel	$210 \cdot 10^9$	0,31	$8{,}90 \cdot 10^3$	$172 \cdot 10^6$	$320 \cdot 10^6$
Platin	$147 \cdot 10^9$	0,39	$21{,}37 \cdot 10^3$		$145 \cdot 10^6$
Titan	$116 \cdot 10^9$	0,3	$4{,}5 \cdot 10^3$	$140 \cdot 10^6$	$220 \cdot 10^6$
Wolfram	$340 \cdot 10^9$	0,28	$19{,}3 \cdot 10^3$	$750 \cdot 10^6$	$980 \cdot 10^6$
Lot 62Sn/ 36Pb /2Ag	$13 \cdot 10^9$		$11 \cdot 10^3$	$30 \cdot 10^6$	$45 \cdot 10^6$
Lot 80Au/ 20Sn	$59 \cdot 10^9$				$275 \cdot 10^6$
Lot 96Sn/ 4Ag	$41 \cdot 10^9$	0,33			

3.1 Phänomenologische Beschreibung

Die Materialeigenschaften sind äußerst vielfältig, lassen sich aber durch thermodynamische Betrachtungen in ein allgemein anwendbares Schema bringen. Thermodynamische Eigenschaften sind immer makroskopische Eigenschaften, die sich auf Mittelwerte von Viel-Teilchensystemen beziehen. Die Energie eines Systems läßt sich über die konjugierten Feldgrößen beschreiben. Sie werden konjugiert genannt, da ihr Produkt stets eine Energie darstellt. Wir betrachten ein System im thermodynamischen Gleichgewicht und verwenden hier ein thermodynamisches Potential Φ, das neben der inneren Energie Φ_i die mechanische, thermische, elektrische, magnetische und die chemische Energie mehrerer Komponenten enthält [2, 16, 19, 24].

$$\Phi = \Phi_i - \sum_{j=1}^{3}\sum_{i=1}^{3} \varepsilon_{ij}\,\sigma_{ij} - S\,T - \sum_{i=1}^{3} D_i\,E_i - \sum_{i=1}^{3} B_i\,H_i - \mu_1\,n_1 - \mu_2\,n_2 - \ldots \quad (3.1)$$

Die mechanische Dehnung $\boldsymbol{\varepsilon}$ und Spannung $\boldsymbol{\sigma}$ sind Tensoren zweiter Stufe, die elektrische Feldstärke $\mathbf{E}$ und Flußdichte $\mathbf{D}$ sowie die magnetische Feldstärke $\mathbf{H}$ und Flußdichte $\mathbf{B}$ sind Vektoren bzw. Tensoren erster Stufe. Die Entropiedichte S, die Temperatur T, die chemischen Potentiale μ_i und die Teilchendichte n_i sind skalare Größen. Bei Tensoren und Vektoren muß über alle Anteile summiert werden. Um die folgenden Beziehungen möglichst kompakt zu halten, verwenden wir die Einsteinsche Summenkonvention, nach der über doppelt vorhandene Indizes in Produkten automatisch zu summieren ist ($\Sigma_i\, a_i\, b_i \rightarrow a_i\, b_i$). Damit erhalten wir für die Beziehung (3.1) die kompakte Darstellung.

$$\Phi = \Phi_i - \varepsilon_{ij}\,\sigma_{ij} - S\,T - D_i\,E_i - B_i\,H_i - \mu_1\,n_1 - \mu_2\,n_2 - \ldots \quad (3.2)$$

Auch beschränken wir uns auf lediglich eine chemische Substanz. Sollen mehrere Substanzen berücksichtigt werden, so sind einfach weitere Summanden anzufügen.

Tabelle 3.3. Leitfähigkeit und Temperaturkoeffizient von Materialien der Mikrosystemtechnik bei Raumtemperatur. κ elektrische Leitfähigkeit, *TK* Temperaturkoeffizient der Leitfähigkeit.

	$\kappa \left[\frac{1}{\Omega\,\mathrm{m}}\right]$	$TK \left[\frac{1}{\mathrm{K}}\right]$		$\kappa \left[\frac{1}{\Omega\,\mathrm{m}}\right]$	$TK \left[\frac{1}{\mathrm{K}}\right]$
Aluminium	$34\cdot10^6$	$4\cdot10^{-3}$	Titan	$2{,}3\cdot10^6$	$3{,}5\cdot10^{-3}$
Gold	$42\cdot10^6$	$3{,}5\cdot10^{-3}$	Wolfram	$18\cdot10^6$	$4{,}5\cdot10^{-3}$
Kupfer	$56\cdot10^6$	$4{,}3\cdot10^{-3}$	Lot 62Sn/ 36Pb /2Ag	$6{,}3\cdot10^6$	
Nickel	$16\cdot10^6$	$5{,}4\cdot10^{-3}$	Lot 80Au/ 20Sn	$6{,}1\cdot10^6$	
Platin	$9{,}5\cdot10^6$	$3{,}9\cdot10^{-3}$	Lot 96Sn/ 4Ag	$8\cdot10^6$	

Eine Änderung des thermodynamischen Potentials hat seine Ursache in der Änderung der Feldgrößen.

$$d\Phi = -\varepsilon_{ij}\, d\sigma_{ij} - S\, dT - D_i\, dE_i - B_i\, dH_i - \mu\, dn \tag{3.3}$$

Andererseits läßt sich die Änderung durch das totale Differential ausdrücken.

$$d\Phi = \frac{\partial \Phi}{\partial \sigma_{ij}} d\sigma_{ij} + \frac{\partial \Phi}{\partial T} dT + \frac{\partial \Phi}{\partial E_i} dE_i + \frac{\partial \Phi}{\partial H_i} dH_i + \frac{\partial \Phi}{\partial n} dn \tag{3.4}$$

Natürlich sind bei der partiellen Differentiation die weiteren Variablen als Konstanten zu betrachten. Durch Vergleich der beiden Gln. (3.3) und (3.4) ergibt sich:

$$\frac{\partial \Phi}{\partial \sigma_{ij}} = -\varepsilon_{ij} \quad \frac{\partial \Phi}{\partial T} = -S \quad \frac{\partial \Phi}{\partial E_i} = -D_i \quad \frac{\partial \Phi}{\partial H_i} = -B_i \quad \frac{\partial \Phi}{\partial n} = -\mu \tag{3.5}$$

Wir können die Materialkonstanten jetzt über die zweiten Ableitungen des thermodynamischen Potentials einführen. Sie sind also die Änderungen der durch (3.5) beschrieben Feldgrößen in Abhängigkeit der konjugierten Größen. Diese sind in

Tabelle 3.4. Dielektrische Eigenschaften einiger Materialien bei Raumtemperatur. κ elektrische Leitfähigkeit, ε_r elektrische Dielektrizitätskonstante, $\tan\delta_\varepsilon$ Verlustfaktor, E_{max} Durchschlagfestigkeit.

	$\kappa \left[\frac{1}{\Omega\, \text{m}}\right]$	ε_r	$\tan\delta_\varepsilon$	$E_{max} \left[\frac{\text{V}}{\text{m}}\right]$
Silizium	$10^{-4} \ldots 10^{4}$	11,9		$10 \cdot 10^6$
Siliziumdioxid	10^{-14}	3,9	$1{,}5 \cdot 10^{-3}$	$500 \cdot 10^6$
Siliziumnitrid	10^{-14}	6,5-7,5		10^9
Siliziumkarbid		42		
Gallium-Arsenid		13,2		
Diamant		5,5	$2 \cdot 10^{-4}$	10^9
Aluminiumnitrid	10^{-14}	9	$0{,}1 \cdot 10^{-3}$	$14 \cdot 10^6$
Aluminiumoxid (96%)	10^{-14}	9,5	$0{,}2 - 1 \cdot 10^{-3}$	$1{,}7 - 25 \cdot 10^6$
Glaskeramik	10^{-13}	4,5-6,5		$1{,}5 \cdot 10^6$
Pyrex 7740 Glas	$1 \cdot 10^{-8}$	4,28	0,011	
Epoxy	$5 \cdot 10^{-7}$	4	$5 - 50 \cdot 10^{-3}$	$20 \cdot 10^6$
Leiterplatte FR4	10^{-12}	5,5	$20 - 35 \cdot 10^{-3}$	$30 \cdot 10^6$
Polyimid	$10^{-14} - 10^{-16}$	2,7-3,9	$3 - 15 \cdot 10^{-3}$	$16 - 30 \cdot 10^6$
Benzocyclobuten		2,7	$0{,}1 - 1 \cdot 10^{-3}$	$30 \cdot 10^6$

der Tabelle 3.5 zusammengestellt. Da wir hauptsächlich an den physikalischen Eigenschaften von Festkörpern interessiert sind, wurden die chemischen Effekte in der Tabelle nicht berücksichtigt. Da bei zweifachen Ableitungen die Reihenfolge vertauscht werden kann, ergibt sich die Konsequenz, daß die Materialkonstanten der zugehörigen Effekte gleich sind (Maxwell-Reziprozität). Zum Beispiel besitzen der piezokalorische Effekt und die thermische Längenausdehnung gleiche Materialkonstanten.

$$-\frac{\partial^2 \Phi}{\partial T \, \partial \sigma_{ij}} = \frac{\partial \varepsilon_{ij}}{\partial T} = \frac{\partial S}{\partial \sigma_{ij}} = -\frac{\partial^2 \Phi}{\partial \sigma_{ij} \, \partial T} = \alpha_{ij} \tag{3.6}$$

Da die Differentiation nach einem Skalar und einem Tensor zweiter Stufe erfolgt, ist der Ausdehnungskoeffizient ein Tensor zweiter Stufe, was auch durch die doppelte Indizierung verdeutlicht wird. Der piezoelektrische Effekt wird durch einen Tensor dritter Stufe beschrieben, da er aus der Differentiation nach einem Vektor und einem Tensor entsteht. Die tatsächliche Besetzungsstruktur der Tensoren ist von der Symmetrieklasse des entsprechenden Kristalls abhängig [19]. Faßt man alle in der Tabelle 3.5 enthaltenen Effekte zusammen, so ergibt sich der folgende

Tabelle 3.5. Effekte der Wechselwirkungen zwischen den mechanischen, thermischen, elektrischen und magnetischen Feldgrößen und deren Materialbeziehung [19, 24].

	ε	S	D	B
σ	Hooksches Gesetz $-\frac{\partial^2 \Phi}{\partial \sigma_{ij} \, \partial \sigma_{kl}} = s_{ijkl}$ $\varepsilon_{ij} = s_{ijkl} \, \sigma_{kl}$	Piezokalorischer Effekt $-\frac{\partial^2 \Phi}{\partial \sigma_{ij} \, \partial T} = \alpha_{ij}$ $S = \alpha_{ij} \, \sigma_{ij}$	primärer Piezoelektrischer Effekt $-\frac{\partial^2 \Phi}{\partial \sigma_{ij} \, \partial E_k} = d_{ijk}$ $D_k = d_{ijk} \, \sigma_{ij}$	prim. Piezomagnetischer Effekt $-\frac{\partial^2 \Phi}{\partial \sigma_{ij} \, \partial H_k} = e_{ijk}$ $B_k = e_{ijk} \, \sigma_{ij}$
T	thermische Ausdehnung $-\frac{\partial^2 \Phi}{\partial \sigma_{ij} \, \partial T} = \alpha_{ij}$ $\varepsilon_{ij} = \alpha_{ij} \, T$	Wärmekapazität $-\frac{\partial^2 \Phi}{\partial T \, \partial T} = \frac{\rho c}{T}$ $\Delta S = \frac{\rho c}{T} \, \Delta T$	Pyroelektrischer Effekt $-\frac{\partial^2 \Phi}{\partial T \, \partial E_i} = p_i$ $D_i = p_i \, T$	Pyromagnetischer Effekt $-\frac{\partial^2 \Phi}{\partial T \, \partial H_i} = q_i$ $B_i = q_i \, T$
E	reziproker Piezoelektrischer Effekt $-\frac{\partial^2 \Phi}{\partial \sigma_{ij} \, \partial E_k} = d_{ijk}$ $\varepsilon_{ij} = d_{ijk} \, E_k$	Elektrokalorischer Effekt $-\frac{\partial^2 \Phi}{\partial T \, \partial E_i} = p_i$ $S = p_i \, E_i$	Dielektrizitätskonstante $-\frac{\partial^2 \Phi}{\partial E_i \, \partial E_j} = \varepsilon_{ij}$ $D_i = \varepsilon_{ij} \, E_j$	Elektromagnetischer Effekt $-\frac{\partial^2 \Phi}{\partial E_i \, \partial H_j} = \chi_{ij}$ $B_i = \chi_{ij} \, E_j$
H	Piezomagnetischer Effekt $-\frac{\partial^2 \Phi}{\partial \sigma_{ij} \, \partial H_k} = e_{ijk}$ $\varepsilon_{ij} = e_{ijk} \, H_k$	Magnetokalorischer Effekt $-\frac{\partial^2 \Phi}{\partial T \, \partial H_i} = q_i$ $S = q_i \, H_i$	Magnetoelektrischer Effekt $-\frac{\partial^2 \Phi}{\partial E_i \, \partial H_j} = \chi_{ij}$ $D_i = \chi_{ij} \, H_j$	Permeabilität $-\frac{\partial^2 \Phi}{\partial H_i \, \partial H_j} = \mu_{ij}$ $B_i = \mu_{ij} \, H_j$

Zusammenhang.

$$\begin{aligned} d\,\varepsilon_{ij} &= s_{ijkl}\,d\sigma_{kl} + \alpha_{ij}\,dT + d^T_{kij}\,dE_k + e^T_{kij}\,dH_k \\ dS &= \alpha_{ij}\,d\sigma_{ij} + \frac{\rho c}{T}\,dT + p_i\,dE_i + q_i\,dH_i \\ dD_i &= d_{ijk}\,d\sigma_{jk} + p_i\,dT + \varepsilon_{ij}\,dE_j + \chi_{ij}\,dH_j \\ dB_i &= e_{ijk}\,d\sigma_{jk} + q_i\,dT + \chi_{ij}\,dE_j + \mu_{ij}\,dH_j \end{aligned} \tag{3.7}$$

Die der Gl. (3.7) zugrunde liegende Definition der Materialwerte als Differentiale stimmt allerdings häufig nicht mit der Definition in Tabellenwerken überein, in denen die Materialwerte als Steigung ausgehen von Nullpunkt angegeben werden. Beispielsweise wird für die Permeabilität die Definition $\mu = B / H \neq \partial B / \partial H$ verwendet. Handelt es sich um einen linearen Verlauf, so besteht zwischen den beiden Definitionen kein Unterschied, allein für ein stark nichtlineares Materialverhalten kann eine erhebliche Differenz entstehen. Die Definition der Materialkonstanten über die partiellen Differentialquotienten legt auch die genaueren Bedingungen fest, denen das Material ausgesetzt ist, da die weiteren Variablen bei der Differentiation als Konstanten zu betrachten sind. Die Gl. (3.7) liefert nur die Effekte erster Ordnung, nichtlineare Effekte sind hierin noch nicht enthalten. Effekte zweiter Ordnung folgen aus den dritten Ableitungen des thermodynamischen Potentials. Ein Beispiel hierfür ist die Elektrostriktion, die durch einen Tensor vierter Stufe beschrieben wird.

$$-\frac{\partial^3 \Phi}{\partial \sigma_{ij}\,\partial E_k\,\partial E_l} = \gamma_{ijkl} \tag{3.8}$$

Offenbar sind hier verschiedene Interpretationen möglich, man kann γ_{ijkl} als die Abhängigkeit des Piezoeffektes von der elektrischen Feldstärke auffassen $\partial d / \partial E$ oder als Abhängigkeit der Dielektrizitätskonstante von der mechanischen Spannung $\partial \varepsilon / \partial \sigma$. Man muß allerdings mit dieser Interpretation und der mehrfachen Differentiation sehr vorsichtig umgehen. Aus dem Verschwinden der Piezokoeffizienten $d_{ijk} = -\partial^2\Phi / (\partial\sigma_{ij}\,\partial E_k) = 0$ darf nicht gefolgert werden, daß die Elektrostriktion $\gamma_{ijkl} = -\partial^3\Phi / (\partial\sigma_{ij}\,\partial E_k\,\partial E_l) = \partial d_{ijk} / \partial E_l$ ebenfalls Null ist. Dies wird deutlich, wenn man einen isotropen Kristall betrachtet, für den der Piezoeffekt d_{ijk} aufgrund der Kristallsymmetrie verschwindet, der elektrostriktive Effekt γ_{ijkl} tritt jedoch auch für isotrope Materialien auf.

Bei Ausnutzung der Symmetrieeigenschaft sind in der Tabelle 3.5 zehn Effekte enthalten, die im allgemeinsten Fall durch 91 Materialparameter beschrieben werden. Selbst für isotrope Materialien sind es immerhin noch 6 Materialparameter. Aus den dritten Ableitungen folgen insgesamt 20 weitere Effekte, die durch Tensoren von nullter bis sechster Stufe beschrieben werden. Die Zahl der Materialparameter nimmt mit der Ordnung der Ableitung und der Tensorstufe stark zu.

Für die Einträge in der Diagonalen der Tabelle 3.5 sind die dritten und höheren Ableitungen mit nichtlinearen Materialeigenschaften verknüpft. Beispiele hierfür sind der Kerr-Effekt oder der nichtlineare Zusammenhang zwischen Spannung und Dehnung.

$$-\frac{\partial^3 \Phi}{\partial \sigma_{ij}\, \partial \sigma_{kl}\, \partial \sigma_{mn}} = s^{(6)}{}_{ijklmn} \tag{3.9}$$

Allgemeiner kann man die Nichtlinearität durch eine Taylor-Entwicklung darstellen. Am Beispiel der Spannungs-Dehnungs-Beziehung ergibt sich:

$$\varepsilon_{ij} = s^{(4)}_{ijkl}\, \sigma_{kl} + s^{(6)}_{ijklmn}\, \sigma_{kl}\, \sigma_{mn} + s^{(8)}_{ijklmnop}\, \sigma_{kl}\, \sigma_{mn}\, \sigma_{op} + \ldots \tag{3.10}$$

Der lineare Zusammenhang mit dem Tensor vierter Stufe hat im allgemeinsten Fall 21 unabhängige Komponenten, bei Isotropie sind es zwei. Die quadratische und kubische Abhängigkeit wird durch einen Tensor sechster $\mathbf{s}^{(6)}$ bzw. achter $\mathbf{s}^{(8)}$ Stufe gebildet, der im allgemeinen Fall 56 bzw. 126 unabhängige Komponenten enthält; im isotropen Fall sind es drei bzw. vier Materialwerte. Die Besetzungsstruktur und die Anzahl der unabhängigen Parameter der Tensoren sind von der Symmetrie (Kristallklassen) abhängig [12, 19]. Durch die Berücksichtigung der Nichtlinearität oder anderer Effekte zweiter oder höherer Ordnung steigt die Anzahl der erforderlichen Materialkennwerte rasch an und spätesten für kubische Terme treten erhebliche Schwierigkeiten bei der Beschaffung der Materialdaten auf. Hinzu kommen meßtechnische Schwierigkeiten, die zu Ungenauigkeiten bei der experimentellen Bestimmung führen. Auch umfangreiche Datensammlungen sind daher nicht in der Lage, erschöpfende Auskunft zu liefern [12, 13, 14]. Infolgedessen ist man bei den Materialdaten häufig auf Schätzungen oder die Ersetzung durch isotrope Materialdaten angewiesen. Für den Entwurfsprozeß ist diese Tatsache natürlich von besonderer Bedeutung, da die Forderung abzuleiten ist, daß der Entwurf, auch mit nicht in allen Einzelheiten bekannten Materialdaten, erfolgreich sein muß.

Wir haben uns im vorangegangenen auf die aus reversiblen thermodynamischen Prozessen folgenden Eigenschaften beschränkt. Im thermodynamischen Ungleichgewicht treten Transportphänomene auf, die mit Verlusten, d. h. der Umwandlung in Wärme verbunden sind. Zu ihrer Behandlung muß die Gl. (3.3) um einen zusätzlichen Term erweitert werden [7].

$$d\Phi = -\varepsilon_{ij}\, d\sigma_{ij} - S\, dT - D_i\, dE_i - B_i\, dH_i - \mu\, dn - dA_{irr} \tag{3.11}$$

Die Transportprozesse verknüpfen einen Feldgradienten (verallgemeinerte Kräfte) mit einer Flußdichte. Beispiele sind die Wärmeleitung, Elektrizitätsleitung, Massentransport, Diffusion, Stressdiffusion, thermomechanische Effekte und eine Vielzahl weiterer Effekte. Auch hier können natürlich wieder Effekte zweiter und höherer Ordnung auftreten. Schließlich sind noch die Wechselwirkungseffekte zwischen den Feldgrößen und den verallgemeinerten Kräften zu nennen, dies sind z. B. die galvano- und thermomagnetischen Effekte [24].

3.2 Darstellung und Transformation tensorieller Materialdaten

Für die Anwendung innerhalb von Simulationswerkzeugen ist der Umgang mit Tensoren von Bedeutung. Tensorielle Materialdaten werden in einem Referenzkoordinatensystem angegeben, das sich auf die Kristallachsen bezieht. Um die Materialdaten in einem beliebigen Koordinatensystem zu benutzen, müssen sie auf das Benutzerkoordinatensystem transformiert werden. Ein Vektor $\mathbf{x} = (x_1, x_2, x_3)$ im Referenzkoordinatensystem wird durch eine lineare Transformation in die Darstellung im Benutzerkoordinatensystem $\mathbf{x}' = (x_1', x_2', x_3')$ überführt.

$$\begin{pmatrix} x_1' \\ x_2' \\ x_3' \end{pmatrix} = \begin{pmatrix} \alpha_{11} & \alpha_{12} & \alpha_{13} \\ \alpha_{21} & \alpha_{22} & \alpha_{23} \\ \alpha_{31} & \alpha_{32} & \alpha_{33} \end{pmatrix} \begin{pmatrix} x_1 \\ x_2 \\ x_3 \end{pmatrix} \quad ; \qquad \mathbf{x}' = \mathbf{A}\mathbf{x} \tag{3.12}$$

Die Einheitsvektoren $\mathbf{e}_1, \mathbf{e}_2, \mathbf{e}_3$ bzw. $\mathbf{e}_1', \mathbf{e}_2', \mathbf{e}_3'$ bilden ein rechtwinkliges Koordinatensystem. Die Koeffizienten der Transformationsmatrix $\mathbf{A}$ heißen Richtungskosinus, da sie durch Skalarprodukte aus der Beziehung

$$\alpha_{ij} = \langle \mathbf{e}_i', \mathbf{e}_j \rangle = \cos(\mathbf{e}_i', \mathbf{e}_j) \tag{3.13}$$

ermittelt werden. In gleicher Weise erhält man für die Rücktransformation $\mathbf{x} = \mathbf{B}\,\mathbf{x}'$:

$$\beta_{ij} = \langle \mathbf{e}_i, \mathbf{e}_j' \rangle = \cos(\mathbf{e}_i, \mathbf{e}_j') \tag{3.14}$$

Damit ergibt sich aufgrund der Symmetrie des Skalarprodukts die Beziehung.

$$\beta_{ij} = \langle \mathbf{e}_i, \mathbf{e}_j' \rangle = \langle \mathbf{e}_j', \mathbf{e}_i \rangle = \alpha_{ji} \tag{3.15}$$

Also sind die Transformationsmatrizen $\mathbf{A}, \mathbf{B}$ orthogonale Matrizen.

$$\mathbf{A} = \mathbf{B}^{-1} = \mathbf{B}^{\mathrm{T}} \quad ; \qquad \mathbf{B} = \mathbf{A}^{-1} = \mathbf{A}^{\mathrm{T}} \tag{3.16}$$

Ein Tensor zweiter Stufe $\mathbf{U}$ liefert einen linearen Zusammenhang zwischen zwei Vektoren, er kann als Matrix geschrieben werden. Für die Komponenten des Tensors gilt:

$$u_{ij} = \mathbf{e}_i\,\mathbf{U}\,\mathbf{e}_j \tag{3.17}$$

Hieraus ergibt sich die Transformation:

$$u_{ij}' = \mathbf{e}_i'\,\mathbf{U}\,\mathbf{e}_j' = \sum_{k=1}^{3} \alpha_{ik}\,\mathbf{e}_k\;\mathbf{U} \sum_{l=1}^{3} \alpha_{jl}\,\mathbf{e}_l = \sum_{k=1}^{3}\sum_{l=1}^{3} \alpha_{ik}\,\alpha_{jl}\;\mathbf{e}_k\,\mathbf{U}\,\mathbf{e}_l \tag{3.18}$$

und damit

$$u'_{ij} = \sum_{k=1}^{3} \sum_{l=1}^{3} \alpha_{ik} \alpha_{jl} \; u_{kl} \tag{3.19}$$

In der gleichen Art transformieren sich auch Tensoren höherer Stufe.

$$u'_{i_1, i_2, \ldots, i_n} = \sum_{j_1=1}^{3} \sum_{j_2=1}^{3} \cdots \sum_{j_n=1}^{3} \alpha_{i_1 j_1} \alpha_{i_2 j_2} \ldots \alpha_{i_n j_n} \; u_{j_1, j_2, \ldots, j_n} \tag{3.20}$$

Häufig wird die Transformationsregel (3.20) auch als Definitionsgleichung eines Tensors benutzt.

Die Materialtensoren und die Spannungs- und Dehnungstensoren weisen eine Symmetrie auf. Mit den Koeffizienten c_{ijkl} des Elastizitätstensors gilt:

$$\sigma_{ij} = c_{ij11} \varepsilon_{11} + c_{ij22} \varepsilon_{22} + c_{ij33} \varepsilon_{33} + c_{ij23} 2\varepsilon_{23} + c_{ij13} 2\varepsilon_{13} + c_{ij12} 2\varepsilon_{12} \tag{3.21}$$

In den Ingenieurwissenschaften und Tabellenwerken ist es üblich, die Symmetrie zur Verkürzung der Schreibweise auszunutzen. Hierzu werden die Tensoren zweiter Stufe als Vektoren und die Tensoren dritter und vierter Stufe als Matrizen geschrieben. Symmetrische Tensoren zweiter Stufe besitzen 6 von einander unabhängige Komponenten. Damit ist verbunden, daß die Koeffizienten der Tensoren zweiter Stufe als einfach indizierte Größen formuliert werden und Tensoren vierter Stufe dann doppelt indiziert werden, wobei der Index von 1 bis 6 läuft. Für die Spannungs- und Dehnungstensoren verwendet man die Ersetzung

$$\begin{pmatrix} \sigma_1 \\ \sigma_2 \\ \sigma_3 \\ \sigma_4 \\ \sigma_5 \\ \sigma_6 \end{pmatrix} = \begin{pmatrix} \sigma_{11} \\ \sigma_{22} \\ \sigma_{33} \\ \sigma_{23} \\ \sigma_{13} \\ \sigma_{12} \end{pmatrix} \quad \text{und} \quad \begin{pmatrix} \varepsilon_1 \\ \varepsilon_2 \\ \varepsilon_3 \\ \varepsilon_4 \\ \varepsilon_5 \\ \varepsilon_6 \end{pmatrix} = \begin{pmatrix} \varepsilon_{11} \\ \varepsilon_{22} \\ \varepsilon_{33} \\ 2\,\varepsilon_{23} \\ 2\,\varepsilon_{13} \\ 2\,\varepsilon_{12} \end{pmatrix} \tag{3.22}$$

Damit ergibt sich die folgende Beziehung mit den Indexersetzungen $11 \to 1$, $22 \to 2$, $33 \to 3$, $23 \to 4$, $13 \to 5$, $12 \to 6$, für die Einträge der Elastizitätsmatrix $\mathbf{C}$:

$$\begin{pmatrix} \sigma_1 \\ \sigma_2 \\ \sigma_3 \\ \sigma_4 \\ \sigma_5 \\ \sigma_6 \end{pmatrix} = \begin{pmatrix} c_{11} & c_{12} & c_{13} & c_{14} & c_{15} & c_{16} \\ c_{21} & c_{22} & c_{23} & c_{24} & c_{25} & c_{26} \\ c_{31} & c_{32} & c_{33} & c_{34} & c_{35} & c_{36} \\ c_{41} & c_{42} & c_{43} & c_{44} & c_{45} & c_{46} \\ c_{51} & c_{52} & c_{53} & c_{54} & c_{55} & c_{56} \\ c_{61} & c_{62} & c_{63} & c_{64} & c_{65} & c_{66} \end{pmatrix} \begin{pmatrix} \varepsilon_1 \\ \varepsilon_2 \\ \varepsilon_3 \\ \varepsilon_4 \\ \varepsilon_5 \\ \varepsilon_6 \end{pmatrix} \quad ; \quad \boldsymbol{\sigma} = \mathbf{C}\,\boldsymbol{\varepsilon} \tag{3.23}$$

Natürlich möchten wir auch die Matrix für die Nachgiebigkeit $\mathbf{S}$ in der gleichen Form schreiben.

$$\begin{pmatrix}\varepsilon_1\\\varepsilon_2\\\varepsilon_3\\\varepsilon_4\\\varepsilon_5\\\varepsilon_6\end{pmatrix}=\begin{pmatrix}s_{11}&s_{12}&s_{13}&s_{14}&s_{15}&s_{16}\\s_{21}&s_{22}&s_{23}&s_{24}&s_{25}&s_{26}\\s_{31}&s_{32}&s_{33}&s_{34}&s_{35}&s_{36}\\s_{41}&s_{42}&s_{43}&s_{44}&s_{45}&s_{46}\\s_{51}&s_{52}&s_{53}&s_{54}&s_{55}&s_{56}\\s_{61}&s_{62}&s_{63}&s_{64}&s_{65}&s_{66}\end{pmatrix}\begin{pmatrix}\sigma_1\\\sigma_2\\\sigma_3\\\sigma_4\\\sigma_5\\\sigma_6\end{pmatrix};\quad \boldsymbol{\varepsilon}=\mathbf{S}\,\boldsymbol{\sigma} \tag{3.24}$$

Beim Übergang vom Nachgiebigkeitstensor zur Nachgiebigkeitsmatrix müssen jetzt allerdings Faktoren 2 bzw. 4 eingeführt werden, damit der Zusammenhang wieder als Matrizengleichung geschrieben werden kann. Es gilt:

$$\begin{pmatrix}s_{11}&s_{12}&s_{13}&s_{14}&s_{15}&s_{16}\\s_{21}&s_{22}&s_{23}&s_{24}&s_{25}&s_{26}\\s_{31}&s_{32}&s_{33}&s_{34}&s_{35}&s_{36}\\s_{41}&s_{42}&s_{43}&s_{44}&s_{45}&s_{46}\\s_{51}&s_{52}&s_{53}&s_{54}&s_{55}&s_{56}\\s_{61}&s_{62}&s_{63}&s_{64}&s_{65}&s_{66}\end{pmatrix}=\begin{pmatrix}s_{1111}&s_{1122}&s_{1133}&2s_{1123}&2s_{1113}&2s_{1112}\\s_{2211}&s_{2222}&s_{2233}&2s_{2223}&2s_{2213}&2s_{2212}\\s_{3311}&s_{3322}&s_{3333}&2s_{3323}&2s_{3313}&2s_{3312}\\2s_{2311}&2s_{2322}&2s_{2333}&4s_{2323}&4s_{2313}&4s_{2312}\\2s_{1311}&2s_{1322}&2s_{1333}&4s_{1323}&4s_{1313}&4s_{1312}\\2s_{1211}&2s_{1222}&2s_{1233}&4s_{1223}&4s_{1213}&4s_{1212}\end{pmatrix} \tag{3.25}$$

Daß Elastizitäts- und Nachgiebigkeitstensor bei der Übertragung auf die Matrizenschreibweise unterschiedlich zu behandeln sind, ist zumindest unschön. Die zusätzlichen Faktoren bereiten gelegentlich aber auch erhebliche Verwirrung. Dies gilt besonders für weniger gebräuchliche Materialtensoren zweiter und vierter Ordnung, zumal wenn durch eine abweichende Definition lediglich Faktoren 2 auftreten, wie im Fall des photoelastischen Effektes. Bei der Nutzung von Daten aus Tabellenwerken sollte man sich stets genau über die zugrunde liegende Definition informieren.

Die Nachgiebigkeitsmatrix **S** von Silizium und anderen kubischen Kristallen besitzt die folgende Besetzungsstruktur:

$$\mathbf{S}=\begin{pmatrix}s_{11}&s_{12}&s_{12}&0&0&0\\s_{12}&s_{11}&s_{12}&0&0&0\\s_{12}&s_{12}&s_{11}&0&0&0\\0&0&0&s_{44}&0&0\\0&0&0&0&s_{44}&0\\0&0&0&0&0&s_{44}\end{pmatrix}=\frac{1}{E}\begin{pmatrix}1&-\nu&-\nu&0&0&0\\-\nu&1&-\nu&0&0&0\\-\nu&-\nu&1&0&0&0\\0&0&0&E/G&0&0\\0&0&0&0&E/G&0\\0&0&0&0&0&E/G\end{pmatrix} \tag{3.26}$$

Für isotrope Materialien gilt zusätzlich noch $s_{44}=2(s_{11}-s_{12})$. Für Silizium sind die drei voneinander unabhängigen Einträge der Nachgiebigkeitsmatrix: $s_{11}=7{,}681\cdot10^{-12}\,\mathrm{m}^2/\mathrm{N}$, $s_{12}=-2.138\cdot10^{-12}\,\mathrm{m}^2/\mathrm{N}$, $s_{44}=12.56\cdot10^{-12}\,\mathrm{m}^2/\mathrm{N}$. Die Invertierung der Tensoren liefert den Zusammenhang:

$$c_{11}=\frac{s_{11}+s_{12}}{s_{11}^2+s_{11}\,s_{12}-2s_{12}^2};\quad c_{12}=-\frac{s_{12}}{s_{11}^2+s_{11}\,s_{12}-2s_{12}^2};\quad c_{44}=\frac{1}{s_{44}} \tag{3.27}$$

In der Mechanik ist es üblich, für die drei Variablen den Elastizitätsmodul E, die Poisson- oder Querkontraktionszahl ν und das Gleitmodul G zu verwenden [1, 9]. Bei Drehung des Kristalls nimmt der Elastizitätsmodul für Silizium Werte zwischen 130 GPa und 187 GPa an. Die Poisson-Zahl variiert zwischen 0,064 und 0,384.

3.3 Diffusion in Festkörpern

Die Diffusion ist während der Herstellung und im Betrieb eine wesentliche Ursache für zeitliche Änderungen der Materialeigenschaften und eine häufige Ursache für alterungsbedingte Ausfälle. Besteht in einem Medium ein Konzentrationsgefälle, so stellt sich ein Teilchenstrom ein, der bestrebt ist, die Konzentrationsunterschiede auszugleichen. Dieser Vorgang wird Diffusion genannt.

Die Diffusion findet sowohl in gasförmigen und flüssigen wie festen Stoffen statt, wobei der Ausgleichsvorgang in gasförmigen Stoffen am schnellsten, in festen Körpern am langsamsten verläuft. In Gasen und Flüssigkeiten läßt sich die Diffusion als Folge der Brownschen Molekularbewegung interpretieren. Die Diffusionsstromdichte in Gasen ist proportional zur freien Weglänge und der Molekülzahl. Da die freie Weglänge reziprok zum Gasdruck ist, während die Molekülzahl mit ihr wächst, ist die Diffusionsstromdichte in erster Näherung vom Gasdruck unabhängig. In Festkörpern treten Konzentrationsunterschiede an Materialgrenzen oder im Schichtverbund auf.

Nach dem ersten Fickschen Gesetz ist der Diffusionsstrom j proportional zum Gefälle der Konzentration c:

$$\mathrm{j} = -D \,\mathrm{grad}\, c \tag{3.28}$$

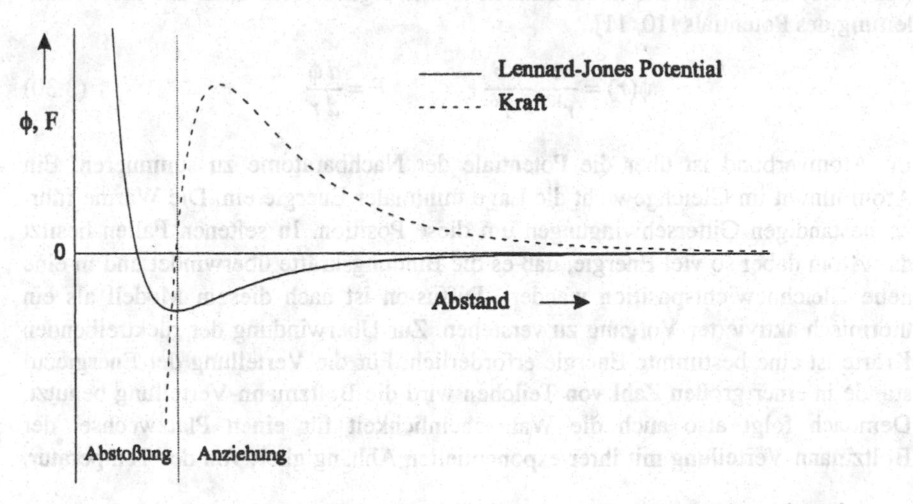

Abb. 3.1. Lennard-Jones-Potential und interatomare Kräfte als Funktion des Atomabstands.

3.6. Diffusionskoeffizient D_0 in $[\mathrm{cm}^2/\mathrm{s}]$ für einige Materialien. Die Angaben beziehen sich auf eine geringe Konzentration eines Stoffs A in einem Material B [6, 15].

A / in B	Al	Au	Cu	Fe	Ni	Pb	Pt	Si	Ti
Al	0,1	0,13	0,65	53	4,4	50	-	2,0	-
Au	0,052	0,031	0,105	0,19	0,25	-	0,095	-	-
Cu	0,071	0,54	0,1	1,4	0,76	0,86	0,56	0,07	0,693
Fe	1,8	31	1,8	3,6	1,3	-	2,7	1,7	-
Ni	1,1	2	0,61	0,8	1,9	-	2,5	10,6	0,86
Pb	-	0,0041	0,0079	-	0,0094	0,28	0,011	-	-
Pt	0,0013	0,13	0,048	0,025	$7{,}8 \cdot 10^{-4}$	-	0,22	-	-
Si	1,38	0,0011	0,0047	$6{,}3 \cdot 10^{-4}$	0,1	-	0,1	5400	$2 \cdot 10^{-5}$
Ti	$7{,}4 \cdot 10^{-7}$	-	-	0,0047	0,056	-	-	$4{,}4 \cdot 10^{-7}$	$6{,}4 \cdot 10^{-8}$

Der Proportionalitätsfaktor D heißt Diffusionskoeffizient. Das zweite Ficksche Gesetz beschreibt die zeitliche Änderung der Konzentration, sie folgt aus der Kontinuitätsgleichung (Massenerhaltung).

$$\frac{\partial c}{\partial t} = -\operatorname{div} \mathbf{j} = \operatorname{div} D \operatorname{grad} c \qquad (3.29)$$

Im Festkörper werden die Atome durch zwischen ihnen wirkende Kräfte in einer Gleichgewichtsposition gehalten. Als einfaches Modell für die Abhängigkeit der Wechselwirkungsenergie zweier Atome wird das Lennard-Jones-Potential (Abb. 3.1) verwendet, die interatomaren Kräfte ergeben sich dann aus der Ortsableitung des Potentials [10, 11].

$$\phi(r) = \frac{a}{r^{12}} - \frac{b}{r^6} \qquad F = \frac{d\phi}{dr} \qquad (3.30)$$

Im Atomverbund ist über die Potentiale der Nachbaratome zu summieren. Ein Atom nimmt im Gleichgewicht die Lage minimaler Energie ein. Die Wärme führt zu beständigen Gitterschwingungen um diese Position. In seltenen Fällen besitzt das Atom dabei so viel Energie, daß es die Bindungskräfte überwindet und in eine neue Gleichgewichtsposition wandert. Diffusion ist nach diesem Modell als ein thermisch aktivierter Vorgang zu verstehen. Zur Überwindung der rücktreibenden Kräfte ist eine bestimmte Energie erforderlich. Für die Verteilung der Energiezustände in einer großen Zahl von Teilchen wird die Boltzmann-Verteilung benutzt. Demnach folgt also auch die Wahrscheinlichkeit für einen Platzwechsel der Boltzmann-Verteilung mit ihrer exponentiellen Abhängigkeit von der Temperatur.

Tabelle 3.7. Aktivierungsenergie H in [kJ / mol] für einige Materialien. Die Angaben beziehen sich auf eine geringe Konzentration eines Stoffs A in einem Material B [6, 15].

A / in B	Al	Au	Cu	Fe	Ni	Pb	Pt	Si	Ti
Al	128	116	136	183	146	146	-	136	-
Au	144	165	170	173	188	-	201	-	-
Cu	164	206	197	217	225	182	233	171	196
Fe	228	261	295	298	234	-	296	229	-
Ni	249	272	255	255	285	-	287	271	257
Pb	-	39,1	33,5	-	44,4	102	42	-	-
Pt	193	252	233	243	181	-	276	-	-
Si	329	106	41,5	56	181	-	183	483	145
Ti	156	-	-	112	137	-	-	105	123

Die sich ergebende Beziehung für den Diffusionskoeffizient wird auch Arrhenius-Gesetz genannt.

$$D = D_0 \exp(-H / RT) \tag{3.31}$$

Die Größe H wird Aktivierungsenergie genannt, $R = 8{,}314\ \mathrm{J/(mol\,K)}$ ist die Gaskonstante und T die absolute Temperatur. Messungen der Diffusionskoeffizienten D_0 zeigen, daß diese temperatur- und konzentrationsabhängig sind, d. h. die aus der Arrhenius-Beziehung folgende Abhängigkeit gilt nur in erster Näherung, und die Koeffizienten D_0 weisen selbst eine Temperaturabhängigkeit auf. Außerdem sind die Daten auch von der Meßmethode abhängig. Daher haben die Angaben für die Diffusionskoeffizienten, die sich aus der Beziehung (3.31) mit den Werten der Tabellen 3.6 und 3.7 ergeben nur eine geringe Genauigkeit.

Die Tabellenwerte zeigen, daß die Diffusionskoeffizienten auch bei Zimmertemperatur schon erhebliche Werte annehmen können und so innerhalb einer relativ kurzen Zeitspanne zu einer Materialwanderung über Strecken im Mikrometerbereich führen. Besonders hohe Diffusionsgeschwindigkeiten weisen Fremdmetalle in Blei auf ($D \approx 10^{-10}\mathrm{cm}^2 / \mathrm{s} = 0{,}3\ \mathrm{mm}^2 / \mathrm{Jahr}$), was für die Zuverlässigkeit von Lötverbindungen von hoher Bedeutung ist [23]. Mit zunehmender Temperatur steigt der Diffusionskoeffizient stark an, und bei Temperaturen von 400 bis 600°C zeigen die meisten Materialkombinationen eine erhebliche Beeinträchtigung durch diffusionsbedingte Änderungen. Diese Temperaturen werden bei der Herstellung, zum Teil aber auch im Betrieb erreicht.

3.4 Eigenschaften dünner Schichten

Dünne Schichten (10nm bis 10µm) werden als Passivierung, Maskierung, Diffusionsbarriere oder Oberflächenveredelung eingesetzt. Ihr Einfluß auf das funktionale Verhalten wird häufig als weniger bedeutend eingestuft und die Materialwerte des Schichtverbunds durch die des Substrates oder Kernmaterial ersetzt. Entgegen dieser Annahme können aber die mechanischen, elektrischen und thermischen Eigenschaften durch dünne Schichten wesentlich beeinflußt werden. Zunächst betrachten wir die Beeinflussung des ohmschen Widerstands. Da aufgrund des Skineffektes sich das elektromagnetische Feld mit zunehmender Frequenz auf der Oberfläche konzentriert, ist anzunehmen, daß eine Oberflächenbeschichtung von Bedeutung sein kann. In der Regel wird angenommen, daß dieser Einfluß vernachlässigt werden kann, wenn die Eindringtiefe $\delta = \sqrt{2/(\omega\kappa\mu)}$ größer ist als die Schichtdicke. Je nach Materialkombination können aber schon wesentlich dünnere Schichten die Leitfähigkeit herabsetzen. In der Abb. 3.2 ist eine Schichtfolge dargestellt und der Widerstand berechnet. Das verblüffende Ergebnis ist, daß es für einen Kupferkern und eine Diffusionsbarriere aus ferromagnetischem Nickel einen Frequenzbereich gibt, in dem der Widerstand durch eine abschließende Goldlage erhöht wird [4].

Es ist nützlich, eine geschlossene Beschreibung zur Erklärung zu entwickeln. Die Schichten werden in einer, verglichen mit den sonstigen Abmessungen von Leitern, dünnen Schicht aufgebracht, so daß es gerechtfertigt erscheint, eine eindimensionale Näherung zu benutzen. Die elektrischen und magnetischen Feldgrößen werden im eingeschwungenen Zustand dann durch die folgende Gleichung

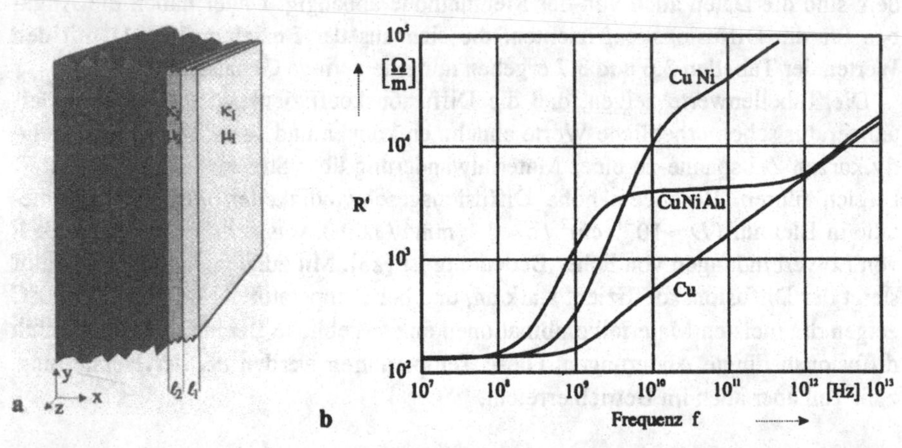

Abb. 3.2. (**a**) Schichtenfolge mit dem Kernmaterial κ_L, μ_L und den beiden Schichten der Dicke ℓ_2 und ℓ_1, die Struktur ist zur Achse $x = 0$ symmetrisch. (**b**) Frequenzabhängiger Verlauf des Widerstands für einen Kupferkern $\kappa_L = 57 \cdot 10^6$, Nickel $\kappa_2 = 14 \cdot 10^6$ als Diffusionsbarriere und einer abschließenden Goldschicht $\kappa_1 = 44 \cdot 10^6$, jeweils mit einer Dicke von 100 nm. Kupfer und Gold sind nicht permeabel, für Nickel wurde eine Permeabilität von $\mu_r = 160$ verwendet.

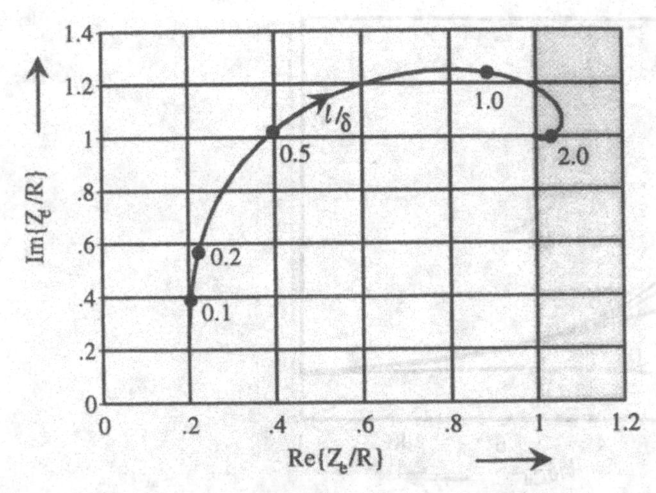

Abb. 3.3. Ortskurve der Oberflächenimpedanz Z_e/R nach Gl. (3.35) für $\sqrt{(\kappa_2\mu_L)/(\kappa_L\mu_2)} = 5$.

verknüpft.

$$\operatorname{rot}\mathbf{H} = \mathbf{J} \quad \Rightarrow \quad \frac{\partial H_y}{\partial x} = J_z \qquad \operatorname{rot}\mathbf{E} = -j\omega\mathbf{B} \quad \Rightarrow \quad \frac{\partial E_z}{\partial x} = -j\omega\mu H_y \tag{3.32}$$

Die Kombination der beiden Gleichungen liefert eine Wellengleichung mit der elektrischen oder magnetischen Feldstärke.

$$\frac{\partial^2}{\partial x^2}\begin{Bmatrix} E_z \\ H_y \end{Bmatrix} = \alpha^2 \begin{Bmatrix} E_z \\ H_y \end{Bmatrix}, \qquad \alpha = \frac{1+j}{\delta}, \qquad \beta = \frac{\kappa\delta}{1-j} \tag{3.33}$$

Die Lösung der Maxwellschen Gleichungen erfüllt einen hyperbolischen Feldverlauf in jeder der Lagen.

$$\begin{aligned} E_z &= A\cosh(\alpha x) + B\sinh(\alpha x) \\ H_y &= \beta[A\sinh(\alpha x) + B\cosh(\alpha x)] \end{aligned} \tag{3.34}$$

Die verbleibenden Konstanten werden durch Erfüllung der Stetigkeit der tangentialen Felder bestimmt, was zu einem linearen Gleichungssystem führt.

Dieses einfache Modell erfüllt alle Anforderungen und stimmt mit FEM-Simulationen gut überein [4]. Die Gleichung zeigt, daß der Skineffekt als eine von der Oberfläche in das Material sich ausbreitende Welle interpretiert werden kann. Diese stark gedämpfte und in der Phase gedrehte Welle wird an den Zwischenschichten reflektiert. Die Reflexion verursacht Resonanzeffekte für eine Schichtdicke von $\ell = (\pi/2)\,\delta$. In dieser Interpretation entsprechen dem Widerstand und der inneren Induktivität die Eingangsimpedanz Z_e. Diese Größe wird auch als effektive Oberflächenimpedanz bezeichnet. Für eine einlagige Beschichtung eines

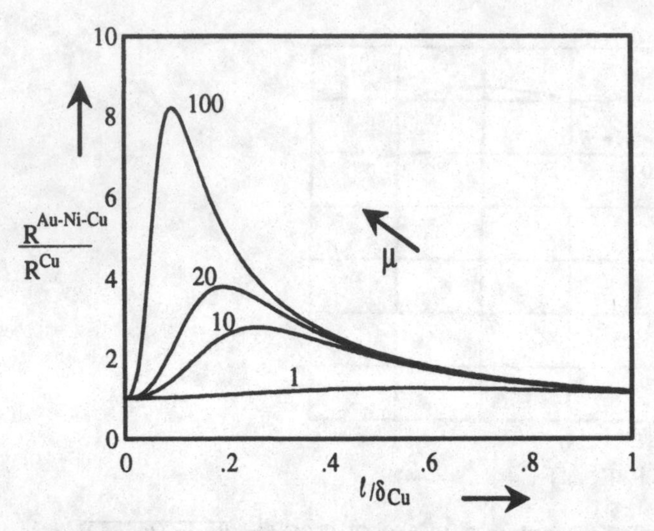

Abb. 3.4. Widerstand des Schichtsystems Au-Ni-Cu im Vergleich zu einem unbeschichteten Leiter, berechnet nach Gl. (3.36), für verschiedene Werte der Permeabilität des Nickels.

(Kern-) Basismaterials $\mu_{L,}\kappa_L$ erhält man für die Schichtdicke ℓ den folgenden Ausdruck:

$$\frac{Z_e}{R} = (1+j)\frac{\frac{\beta_2}{\beta_L} + \tanh(\alpha_2 \ell)}{1 + \frac{\beta_L}{\beta_2}\tanh(\alpha_2 \ell)} \tag{3.35}$$

Hierbei ist R der Realteil der Oberflächenimpedanz des Schichtmaterials. Die Beziehung setzt voraus, daß das Kernmaterial dick im Verhältnis zur Eindringtiefe ist. Die Abb. 3.3 verdeutlicht mit $\ell / \delta \sim \sqrt{\omega}$ die Frequenzabhängigkeit dieser Gleichung. Man erkennt, daß der Widerstand des geschichteten Materials (z. B. Kupfer mit Nickel beschichtet) in einem gewissen Frequenzbereich höher sein kann als der Widerstand der Beschichtung.

Für den Fall einer zweilagigen Beschichtung läßt sich in ähnlicher Weise ein geschlossener Ausdruck ableiten, allerdings wird die Abhängigkeit kompliziert.

$$\frac{Z_e}{Z_L} = \frac{1 + \frac{\beta_2}{\beta_1}\tanh(\alpha_1 \ell_1)\tanh(\alpha_2 \ell_2) + \frac{\beta_L}{\beta_2}\tanh(\alpha_2 \ell_2) + \frac{\beta_L}{\beta_1}\tanh(\alpha_1 \ell_1)}{1 + \frac{\beta_1}{\beta_2}\tanh(\alpha_1 \ell_1)\tanh(\alpha_2 \ell_2) + \frac{\beta_2}{\beta_L}\tanh(\alpha_2 \ell_2) + \frac{\beta_1}{\beta_L}\tanh(\alpha_1 \ell_1)} \tag{3.36}$$

Abbildung 3.4 zeigt den frequenzabhängigen Widerstand von Au-Ni-Cu bezogen auf den Widerstand eines Leiters ohne Beschichtung. Die Nickel und Gold Schichten haben jeweils eine Dicke von $\ell = 100\text{nm}$. Dargestellt sind Kurven für unterschiedliche Permeabilitäten des ferromagnetischen Nickels. Die höchste Widerstandserhöhung wird für relativ kleine Schichtdicken im Vergleich zur Eindringtiefe erreicht. Der Effekt ist stärker ausgeprägt für eine hohe Permeabilität, aber auch für eine relative Permeabilität von 20 steigt der Widerstand schon um einen Faktor 4.

Für die Zuverlässigkeit sind mechanische Spannungen von höherer Relevanz. Mechanische Spannungen können zum Bruch führen oder durch die Ausbildung von Rissen das Eindringen von Feuchtigkeit ermöglichen und so über Korrosion zum Versagen eines Bauteils führen. Spannungen entstehen hauptsächlich durch unterschiedliche thermische Ausdehnungskoeffizienten der beteiligten Materialien. Für die Eigenschaften von Schichtsystemen sind die „eingefrorenen" intrinsischen Spannungen von großer Bedeutung.

Zwei oder mehrere fest miteinander verbundene Materialien befinden sich bei der Temperatur T_0 im spannungsfreien Zustand. Bei der Änderung der Temperatur auf den Wert $T = T_0 + \Delta T$ ergibt sich bei freier Ausdehnung eine Längenänderung von

$$\varepsilon = \frac{\Delta L}{L} = \alpha \Delta T \tag{3.37}$$

Wenn die Materialien fest miteinander verbunden sind, müssen die Unterschiede in der Längenausdehnung durch eine Verformung kompensiert werden. Die Verformung entspricht nach dem Hookschen Gesetz einer mechanischen Spannung σ. Durch Superposition der Dehnungen aus dem Hookschen Gesetz und der thermischen Längenausdehnung ergibt sich:

$$\varepsilon = \alpha \Delta T + \sigma \frac{1-\nu}{E} \tag{3.38}$$

Vereinfachend wurde hierbei Axialsymmetrie angenommen, Spannung und Dehnung sind also in allen Richtungen parallel zur Oberfläche gleich. Streng genommen ist dies nur für runde Strukturen erfüllt. Natürlich müssen die Dehnungen ε zwischen den Schichten stetig ineinander übergehen. Die Spannung σ kann aufgrund unterschiedlicher Materialwerte ν, E springen. Bei mehreren Schichten mit unterschiedlicher Ausdehnung wölbt sich der Schichtverbund mit konstanter Krümmung ρ, so daß die Spannung senkrecht zur Oberfläche verschwindet. Die Dehnung nimmt dann zwischen Unterseite ε_B und Oberseite ε_T über die Dicke h linear mit der Koordinate z zu.

$$\varepsilon = \varepsilon_B + \frac{z}{h}(\varepsilon_T - \varepsilon_B) \tag{3.39}$$

Zur vollständigen Bestimmung der Dehnung an einer beliebigen Stelle des Schichtverbunds ist daher lediglich die Bestimmung der beiden Unbekannten ε_B und ε_T notwendig. Die zugehörige Spannung ermittelt man aus der Gl. (3.38). Die Differenz der Dehnungen bestimmt den Krümmungsradius ρ.

$$\frac{1}{\rho} = \frac{\varepsilon_T - \varepsilon_B}{h} \tag{3.40}$$

Die Bedingungen, die zur Lösung notwendig sind, folgen aus der Kräfte- und Drehmomentenfreiheit des Schichtverbunds [17]. Mit z_i bezeichnen wir die Koordinate der Schichten, $z_0 = 0$ liegt auf der Unterseite und $z_n = h$ auf der Oberseite des Schichtverbunds. Mit den Abkürzungen:

$$P_k = \sum_{i=1}^{n} \frac{E_i}{1-\nu_i}(z_i^k - z_{i-1}^k) \qquad Q_k = \sum_{i=1}^{n} \frac{E_i \alpha_i}{1-\nu_i}(z_i^k - z_{i-1}^k) \tag{3.41}$$

ergibt sich:

$$\frac{1}{\rho} = 6\Delta T \frac{Q_2 P_1 - Q_1 P_2}{4P_3 P_1 - 3P_2^2} \tag{3.42}$$

$$\varepsilon_B = \Delta T \frac{4Q_1 P_3 - 3Q_2 P_2}{4P_1 P_3 - 3P_2^2} \tag{3.43}$$

Beispiel:

Siliziumdioxid wächst durch thermische Oxidation bei 1000°C spannungsfrei auf. Nach dem Abkühlen auf Normaltemperatur treten hohe mechanische Spannungen im Verbund auf, die im Material „eingefroren“ werden.

$$\alpha_{Si} = 3{,}3 \cdot 10^{-6}\,\mathrm{K}^{-1} \qquad E_{Si} = 170 \cdot 10^9 \frac{\mathrm{N}}{\mathrm{m}^2} \qquad \nu_{Si} = 0{,}28$$

$$\alpha_{SiO_2} = 0{,}3 \cdot 10^{-6}\,\mathrm{K}^{-1} \qquad E_{SiO_2} = 70 \cdot 10^9 \frac{\mathrm{N}}{\mathrm{m}^2} \qquad \nu_{SiO_2} = 0{,}14$$

Bei der thermischen Oxidation wächst das Oxid symmetrisch beidseitig auf. Für eine Waferdicke von 500 µm und ein Oxiddicke von 5 µm ergeben sich aus den angegebenen Beziehungen die folgenden Werte:

im Oxid: $\varepsilon_{SiO_2} = \Delta T \cdot 0{,}328 \cdot 10^{-5}\,\mathrm{K}^{-1}$ $\quad \sigma_{SiO_2} = \Delta T \cdot 2{,}42 \cdot 10^5 \frac{\mathrm{N}}{\mathrm{m}^2\,\mathrm{K}}$

und im Silizium: $\varepsilon_{Si} = \Delta T \cdot 0{,}328 \cdot 10^{-5}\,\mathrm{K}^{-1}$ $\quad \sigma_{Si} = -\Delta T \cdot 4{,}85 \cdot 10^3 \frac{\mathrm{N}}{\mathrm{m}^2\,\mathrm{K}}$

Aufgrund des symmetrischen Schichtaufbaus resultiert keine Verwölbung und die Dehnung ist überall gleich. Die Spannungen schichtweise konstant.

Wird das Oxid auf einer Seite entfernt, so ergeben sich die folgenden Maximalwerte von Spannung und Dehnung. Das Maximum der Spannungen tritt am Interface der Schichten, das der Dehnungen auf der Ober- bzw. Unterseite auf.

$$\varepsilon_{SiO_2} = \Delta T \cdot 0{,}325 \cdot 10^{-5}\,\mathrm{K}^{-1} \qquad \sigma_{SiO_2} = \Delta T \cdot 2{,}40 \cdot 10^5 \frac{\mathrm{N}}{\mathrm{m}^2\,\mathrm{K}}$$

$$\varepsilon_{Si} = \Delta T \cdot 0{,}332 \cdot 10^{-5}\,\mathrm{K}^{-1} \qquad \sigma_{Si} = -\Delta T \cdot 9{,}69 \cdot 10^3 \frac{\mathrm{N}}{\mathrm{m}^2\,\mathrm{K}}$$

Der Krümmungsradius des Wafers ergibt sich zu:

$$\rho = \frac{7{,}15 \cdot 10^3}{\Delta T}\,\mathrm{m} \cdot \mathrm{K}$$

Die Entlastung durch die Krümmung ist nur unwesentlich, aufgrund der im Verhältnis zum Silizium geringen Schichtdicke des Oxids sind die Spannung im Siliziumoxid in beiden Fällen nahezu gleich groß. Bei einer Temperaturänderung um $\Delta T = 1000\,\mathrm{K}$ folgt eine Spannung, die bereits die Festigkeitsgrenze des Siliziumdioxids überschreitet. Wird das Abkühlen langsam durchgeführt, so findet ein thermisch aktivierter Abbau der mechanischen Spannungen dadurch statt, daß Atome oder Moleküle im Gitter durch Platzwechsel möglichst energetisch günstige Zustände suchen (Ausheilen). Bei duktilen Materialien findet auch eine Entlastung durch plastische Verformung (Fließen, Kriechen) statt, wodurch jedoch in der Regel auch eine Materialschädigung hervorgerufen wird.

Die vorangegangenen Betrachtungen verdeutlichen, daß die Materialeigenschaften von den Herstellungsbedingungen abhängig sind. Für die Mikrosystemtechnik, insbesondere für die Mikromechanik, sind die intrinsischen Spannungen, neben den Zuverlässigkeitsaspekten, auch für das funktionale Verhalten von großer Bedeutung.

Thermisch induzierte mechanische Spannungen sind vermutlich die wichtigste und häufigste Form intrinsischer Spannungen. Als weitere Quellen in Schichtsystemen sind zu nennen:

- Spannungen infolge ungleicher Gitterkonstanten,
- Spannungen infolge ungleicher Gitterstruktur,
- durch den Herstellungsprozeß (Vorzugsrichtung der Schichtabscheidung) bedingte Spannungen.

Die Schichtdicken sind in der Regel deutlich verschieden von der Ausdehnung der Schichten. Man kann daher von einem quasi eindimensionalen Schichtverbund ausgehen.

3.5 Oberflächeneigenschaften

Allein aus der Tatsache, daß bei Verkleinerung der Abmessungen das Verhältnis der Oberfläche im Vergleich zunimmt folgt, daß im Mikrometer- und Submikrometerbereich die Oberflächen- und Grenzflächeneigenschaften an Bedeutung gewinnen. Für einen Festkörper mit kubischer Anordnung der Atome ergeben sich die in der Abb. 3.5 dargestellten Verhältnisse. Man sieht, daß bei ca. 10^6 Atomen, was bei einem Atomabstand von 3 Å einer Kantenlänge von 30 nm entspricht, noch 5% auf der Oberfläche liegen. Oberflächenatome besitzen aber grundsätzlich andere Eigenschaften als Volumenatome, da dort die Regelmäßigkeit des Kristallgitters gestört ist, und die Nachbarn fehlen [3, 8]. Die Oberflächenatome ordnen sich in einer vom sonstigen Gitter abweichenden Struktur an, d. h. Atomabstand und Gitterstruktur unterscheiden sich von der des Festkörpers. Aus diesem Grund unterscheiden sich kleine Partikel und dünne Schichten in ihren physikalischen Eigenschaften von den Volumeneigenschaften. Beispiele hierfür sind die Bandverbiegung von Halbleitern und die wesentlich geringere Aktivierungsenergie der Oberflächendiffusion [20].

Eine Reihe wichtiger Materialeigenschaften resultieren aus den Oberflächeneigenschaften des Festkörpers. Dies sind beispielsweise die Benetzbarkeit, Korrosion, Reibung, Farbe, elektrischer Kontakt, Austrittsarbeit, Lötbarkeit, Adsorption und Desorption. An diesen Materialeigenschaften sind in der Regel nur die obersten 1-10 Atomlagen beteiligt [3, 8].

Ein weiterer in der Mikrosystemtechnik bedeutender Materialaspekt ergibt sich aus der Mikrostruktur der Materialien. Die polykristallinen Materialien setzen sich aus einzelnen monokristallinen Körnern zusammen. Die Korngröße ist stark vom Herstellungsprozeß abhängig. Als Anhaltspunkt kann man von einem Korndurchmesser im Bereich von 1 µm ausgehen. Die Korngröße liegt also im Bereich der typischen Abmessungen von Mikrosystemen. Bei allen polykristallinen Werkstoffen wird das makroskopische Materialverhalten wesentlich durch die Korngrenzen und Korngröße bestimmt. Die Korngröße wird jedoch von den Herstellungsbedingungen, dem Ausheilen und auch von alterungsbedingten Vorgängen beeinflußt.

Das makroskopische Materialverhalten ergibt sich durch Mittelwertbildung über die Körner und Korngrenzen. Wenn die Strukturabmessungen kleiner werden und in die Nähe der Korndurchmesser gelangen, ist die Mittelwertbildung nicht mehr zulässig. Statt dessen bestimmen die Eigenschaften der Körner bzw. der Korngrenzen das Materialverhalten.

Die aus den zuvor genannten Aspekten resultierenden Unterschiede zwischen mikroskopischem und makroskopischem Materialverhalten werden besonders in der Nanotechnologie untersucht und gezüchtet, um Materialien mit neuartigen Eigenschaften zu entwickeln.

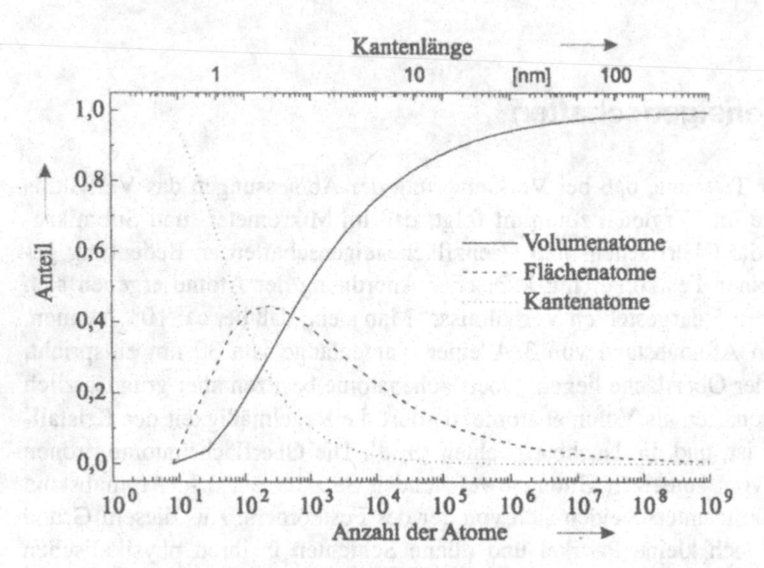

Abb. 3.5. Anteil der Volumen-, Oberflächen- und Kantenatome eines Würfels mit kubischer Anordnung der Atome (Atomabstand 3 Å).

3.6 Monte-Carlo- und Ab-initio-Simulation

In den letzten Jahren hat die Berechnung von strukturellen, chemischen, mechanischen optischen, elektrischen und magnetischen Materialeigenschaften wesentliche Fortschritte erzielt [21]. Es kann erwartet werden, daß die Weiterentwicklung zu Vorhersagen über die Materialwerte führen, welche die Genauigkeit von Meßwerten erreichen. Daher wird diese Simulationstechnik an Bedeutung gewinnen und die Materialdatenbasis erweitern oder zur Überprüfung von Meßwerten dienen.

Es existieren im wesentlich zwei Methoden der atomistischen Simulation von Materialdaten. Zum einen sind dies Verfahren auf der Basis von empirischen Potentialen (Kräfte-Ansatz), die die Wechselwirkung zwischen Atomen beschreiben. Zum anderen die quantenmechanischen Methoden, welche die Bewegung und Interaktion der Elektronen umfassen. Als ab-initio bezeichnet man Verfahren, die ohne weitere Annahmen allein auf fundamentalen physikalischen Gesetzen und Konstanten beruhen. Ab-initio-Methoden sind genauer in der Nachbildung der Wechselwirkung als empirische Potentiale, aber auch um Größenordnungen rechenaufwendiger. Daher müssen die ab-initio-Methoden auf die Behandlung weniger Atome (ca. 100) begrenzt werden, während mit einfachen Potentialfunktionen einige 10^6 Atome behandelt werden können. In ihrer einfachsten Form beinhalten die empirischen Potentiale nur paarweise Wechselwirkungen [22], z.B. in der Form des Lennard-Jones-Potentials $\phi(r)$ (Abb. 3.1).

Um die Lage der Atome im thermodynamischen Gleichgewicht zu bestimmen, wird eine Monte-Carlo-Simulation durchgeführt. Dabei wird die Position der Atome zufallsgesteuert geändert, um so die Gesamtenergie Φ des Systems zu minimieren.

$$\Phi = \sum_{i,j}^{N} \phi_{ij} = \sum_{i,j}^{N} \frac{a}{r_{ij}^{12}} - \frac{b}{r_{ij}^{6}} \rightarrow \min \qquad r_{ij} = |\mathbf{x}_i - \mathbf{x}_j| \tag{3.44}$$

Die zufällige Änderung der Position bildet die thermische Bewegung nach, entsprechend werden die Zustandsänderungen nur dann als neue Lage akzeptiert, wenn sie zu einer Verminderung der Energie führen oder die Energie nach dem Metropolis-Kriterium um eine größte, von der Temperatur abhängige, Schranke erhöht wird [5, 18]. In Kap. 11 wird dieses Prinzip genutzt, um das allgemein anwendbare Optimierungsverfahren, das Simulated Annealing, zu entwickeln. Die Wahrscheinlichkeit p für einen Wechsel in einen energetisch ungünstigeren Zustand ist von der Aktivierungsenergie $\Delta E = E_1 - E_2$ abhängig.

$$p_{1\rightarrow 2} = e^{-\frac{E_1 - E_2}{k_B T}} \tag{3.45}$$

Aus der Anordnung der Atome im thermodynamischen Gleichgewicht läßt sich auf verschiedene mechanische, elektrische, magnetische, thermische und optische Materialparameter schließen [21]. Um die Materialkennwerte von Transportvorgängen (z. B. Diffusion) zu bestimmen, wird eine transiente Simulation ausgehend von einer gegebenen Anordnung durchgeführt. Beispielsweise beginnt man mit der durch die Monte-Carlo-Methode ermittelten Gleichgewichtslage. Die Atome werden nun zufällig mit einer Anfangsgeschwindigkeit behaftet und die zeitliche Entwicklung anhand der mechanischen Bewegungsgleichungen berechnet. Aus dieser Simulation, eventuell gemittelt über mehrere Durchgänge, lassen sich aus den Zeitmittelwerten die Materialdaten von Transportvorgängen bestimmen [5].

Grundsätzlich ist es möglich, mit den genannten Methoden Daten verschiedenster Materialien simulatorisch zu ermitteln. Die derzeit erreichbare Genauigkeit liegt jedoch auch in günstigen Fällen noch deutlich unterhalb der Genauigkeit von Meßdaten. Dies ist vor allem auf die außerordentlich hohe Komplexität der Simulation zurückzuführen, denn statistisch signifikante Daten erfordern die Berücksichtigung einer großen Anzahl von Teilchen und die Bestimmung ihres thermodynamischen Gleichgewichts. Die dazu notwendige Rechenkapazität, insbesondere für die ab-initio-Methoden, liegt derzeit noch außerhalb des Machbaren. Zum zweiten befinden sich reale Festkörper in der Regel nicht im thermodynamischen Gleichgewicht. Vielmehr wird, bedingt durch den Herstellungsprozeß, ein thermodynamisches Ungleichgewicht eingefroren. Als Beispiel sei erwähnt, daß Diamant bei Raumtemperatur und Normaldruck keine stabile Phase bildet, sich theoretisch also in Graphit umwandeln müßte (Diamonds are forever?). Offenbar ist die Umwandlungsgeschwindigkeit aber extrem gering. Um die Materialkennwerte realer Materialien zu ermitteln, wäre es daher notwendig den gesamten Herstellungsvorgang mit in die Simulation einzubeziehen. Dies ist allein aus Gründen der Komplexität schon unmöglich, wird aber selbst für einfache Vorgänge noch dadurch erschwert, daß derzeit keine genügend zuverlässige Modellbildung der Herstellungsverfahren in der Mikrosystemtechnik existiert. Aus den genannten Gründen können Monte-Carlo- und ab-initio-Simulation derzeit lediglich als beachtenswerte Ergänzung zu Meßdaten betrachtet werden.

Literatur

[1] Altenbach, Johannes; Altenbach, Holm: *Einführung in die Kontinuumsmechanik*. Teubner, Stuttgart (1994)

[2] Atkins, Peter K.: *Physikalische Chemie*. VCH, Weinheim, Basel, Cambridge (1990)

[3] Desjonquères, M.C.; Spanjaard, D.: *Concepts in Surface Physics*. Springer, Berlin, Heidelberg, New York, 2. ed. (1996)

[4] Fotheringham, Gerhard; Kasper, Manfred; Klockau, Jörg: Layered transmission lines consiting of normal and superconducting materials, *Proceedings 10th European Microelectronics Conference*, Copenhagen, May 14-17 (1995), S. 116-122

[5] Frenkel, Daan; Smit, Berend: *Understanding molecular simulation: from algorithms to applications*. Academic Press, San Diego, London, Boston (1996)

[6] Grigoriev, Igor S.; Meilikov, Evgenii Z. (eds.): *Handbook of Physical Quantities*. CRC Press, Boca Raton, New York, London (1995)

[7] Haase, Rolf: *Thermodynamik der irreversiblen Prozesse*. Dr. Dietrich Steinkopff Verlag, Darmstadt (1963)

[8] Henzler, Martin; Göpel, Wolfgang: *Oberflächenphysik des Festkörpers*. Teubner, Stuttgart (1991)

[9] Heuberger, Anton (Hrsg.): *Mikromechanik: Mikrofertigung mit Methoden der Halbleitertechnologie*. Springer, Berlin, Heidelberg, New York (1989)

[10] Howe, James M.: *Interfaces in Materials*. John Wiley Sons, New York, Chichester, Weinheim (1997)

[11] Kittel, Charles: *Introduction to Solid State Physics*. John Wiley Sons, New York, Chichester, Brisbane, 7. ed. (1996)

[12] *Landolt-Börnstein Neue Serie Gruppe III: Kristall- und Festkörperphysik, Bd. 11, Elastische, piezoelektrische, pyroelektrische, piezooptische, elektrooptische Konstanten und nichtlineare dielektrische Suszeptibilitäten von Kristallen*. Springer, Berlin, Heidelberg, New York (1979)

[13] *Landolt-Börnstein Neue Serie Gruppe III: Kristall- und Festkörperphysik, Bd. 16a, Ferroelectrics and related Substances, Subvol. a*: Oxides. Springer, Berlin, Heidelberg, New York (1981)

[14] *Landolt-Börnstein Neue Serie Gruppe III: Kristall- und Festkörperphysik, Bd. 18, Elastische, piezoelektrische, pyroelektrische, piezooptische, elektrooptische Konstanten und nichtlineare dielektrische Suszeptibilitäten von Kristallen*. Springer, Berlin, Heidelberg, New York (1984)

[15] *Landolt-Börnstein New Series Group III: Crystal and Solid State Physics, Vol. 26, Diffusion in Solids Metals an Alloys*. Springer, Berlin, Heidelberg, New York (1990)

[16] Langbein, Werner: *Thermodynamik: Grundlagen und Anwendungen*. Harri Deutsch, Thun, Frankfurt am Main (1997)

[17] Lau, John H. (ed.): *Thermal Stress and Strain in Microelectronics packaging*. Van Nostrand Reinhold, New York (1993)

[18] Neumaier, Arnold: Molecular modeling of proteins and mathematical prediction of protein structure. *SIAM Review*, Vol. 39 (1997) p.407-460

[19] Nye, J. F.: *Physical properties of crystals: Their Representation by Tensors and Matrices*. Clarendon Press, Oxford, Reprint (1995)

[20] Prutton, Martin: *Introduction to Surface Physics*. Clarendon Press, Oxford (1994)

[21] Raabe, Dierk: *Computational material science: the simulation of materials, microstructures and properties*. Wiley-VCH, Weinheim, New York, Chichester (1998)

[22] Ragué Schleyer, Paul von (ed.): *Encyclopedia of Computational Chemistry*. John Wiley Sons, New York, Chichester, Brisbane (1998)

[23] Seraphim, Donald P.; Lasky, Ronald C.; Li, Che-Yu (eds.): *Principles of electronic packaging*. McGraw Hill, New York, St. Louis, San Francisco (1989)

[24] Stierstadt, Klaus: *Physik der Materie*. VCH, Weinheim, Basel, Cambridge (1989)

4 Allgemeine Entwurfsmethoden

Die Mikrosystemtechnik befindet sich in einer stürmischen Weiterentwicklung, sie erfordert daher permanente Innovation, eine zugehörige Innovationskultur und ein Innovationsmanagement. Die Ideenfindung ist ein kreativer Prozeß, der zu einer technischen Innovation führt. Es existieren mehrere Modelle des Ideenfindungsprozesses und eine Vielzahl hierauf aufbauender Methoden zur Kreativitätsförderung [1, 8, 9, 12, 13]. Wir beschränken uns im folgenden auf die Darstellung einiger weniger Grundprinzipien. Voraussetzung für jede Innovation ist Offenheit und ein innovationsfreundliches Umfeld. Die Schaffung dieser Bedingungen und der Abbau von Innovationshemmern wie Bürokratismus, Demotivation, Eigenbrötelei, Karriereängste und Egoismus sind zuerst Managementaufgaben. Die Mikrosystemtechnik bedingt das Arbeiten im Team, da sie von ihren Technologien, Materialien und Anwendungen äußerst vielfältig ist und mehrere Personen über einen reicheren Satz an Erfahrungen, Interessen und Spezialkenntnissen verfügen. Das Arbeiten im Team erfordert vom einzelnen auch das Eingeständnis, nicht allwissend zu sein. Es ist selten, daß eine einzelne Person über alle notwendigen Fähigkeiten zur Entwicklung komplexer Systeme verfügt [13].

Der Mikrosystementwurf ist natürlich ein Systementwurf, d. h. er zeichnet sich durch eine hohe Komplexität der miteinander wechselwirkenden Komponenten aus. Ein Entwurf hat vielfältige Anforderungen im Spannungskreis zwischen Kosten, Realisierungsbedingungen, Terminplan und Systemleistungsfähigkeit zu erfüllen. Hamming charakterisiert die Schwierigkeit des Systementwurfs durch die folgende allgemeine Aussage [5]:

If you optimize the components you will probably ruin the system performance.

Die Leistungsfähigkeit eines Systems resultiert aus dem Zusammenwirken seiner Bestandteile, es genügt daher nicht einzelne Komponenten zu optimieren. In der Praxis ist es nicht selten, daß das System um eine zentrale Komponente herum entworfen wird. Bei diesem Bottom-up-Vorgehen geht der Systemgedanke völlig verloren. Das Systemdenken wird durch den Top-down-Entwurf gefördert, beinhaltet dann aber die Schwierigkeit, daß zu Beginn des Entwurfs nicht genügend Informationen über die Komponenten und ihre Realisierung vorliegen. Es ist daher ratsam, zwischen Top-down und Bottom-up wiederholt mit zunehmender Konkretisierung zu wechseln (Meet-in-the-middle-Strategie) [14].

Entwurfsaufgaben sind häufig schwer lösbar, da der Raum möglicher Realisierungen (Suchraum) sehr groß ist, d. h. es müssen sehr viele Varianten untersucht werden, um eine brauchbare Lösung zu finden. Das Hauptinteresse der Entwurfstechniken besteht darin, entweder den Lösungsraum effizient abzusuchen oder ihn einzuschränken, indem Regionen mit interessanten Lösungsvarianten ausfindig gemacht werden. Die Entwickler bewegen sich zumeist in Gebieten des Suchraums, die ihnen vertraut sind, da sie bereits an vergleichbaren Problemen gearbeitet haben oder ihnen die anderen Fachgebiete fremd sind. Aus der Angst eine lächerliche Idee zu entwickeln oder der Angst in ein fremdes Gebiet hervorzustoßen, wird nur ein Teil aller möglichen Varianten durchleuchtet. Diese Angst drückt sich in einer gewissen psychologischen Trägheit gegenüber neuen Ideen aus anderen Gebieten aus. Zur Überwindung dieser Barriere wird z. B. das Brainstorming eingesetzt. Diese Technik unterteilt den Entwicklungsprozeß in zwei Stufen. Die erste Stufe dient der Ideenproduktion, die zweite der Bewertung der Lösungsgüte.

In diesem Kapitel werden die allgemeinen Entwurfstechniken behandelten. In erster Linie betreffen sie die frühen Phasen eines Entwicklungsprojektes. Zunächst wird der Entwurf in einzelne Schritte gegliedert, die sich als Ablauf bewährt haben. Für die am Anfang des Entwurfs stehende Spezifikation, Systemstudie und Konzeptphase werden einige Durchführungshinweise angegeben. Die mit zunehmender Konkretisierung umfangreicheren Modellierungs- und Simulationstechniken und die Techniken der Layouterstellung werden ausführlicher in den späteren Kapiteln dargestellt.

4.1 Entwurfsablauf

Der Entwurfsablauf sollte als Hilfe in der Form einer Modellstruktur eines bewährten Vorgehens angesehen werden, das die Wahrscheinlichkeit einer erfolgreichen Lösungsfindung erhöht, der Designablauf ist nicht als „Paradigma" aufzufassen. In der Literatur zur Konstruktionslehre findet man eine Reihe verschiedener Ablaufpläne, die als Ausgangsbasis auch für den Mikrosystementwurf dienen können. Ein typischer Ablauf, wie er in der VDI-Richtlinie 2221 angegeben wird, ist in Abb. 4.1 dargestellt [9].

Ein systematischer Entwurfsablauf muß flexibel genug sein, die Kreativität des Entwicklers zu fördern. Jeder Schritt sollte abgeschlossen sein, bevor der nächste beginnt, jedoch können sich die Aufgaben auch überlappen. Während des Entwurfsprozesses wird das technische System durch eine Anzahl von Transformationen verändert und durch „Design-Charakteristiken" beschrieben (z. B. Zeichnungen, mathematische Beschreibungen, Funktionsbeschreibungen). Der systematische Entwurf beruht auf der Erzeugung und Variation von „Design-Charakteristiken". Der Designer formuliert zu Beginn die Eigenschaften des Systems und welche Anforderungen an ein optimales System gestellt werden (im Sinne eines besten Kompromisses). Häufig steht am Anfang nur eine unscharfe Beschreibung, die keine alleinige, einzig richtige Antwort zuläßt.

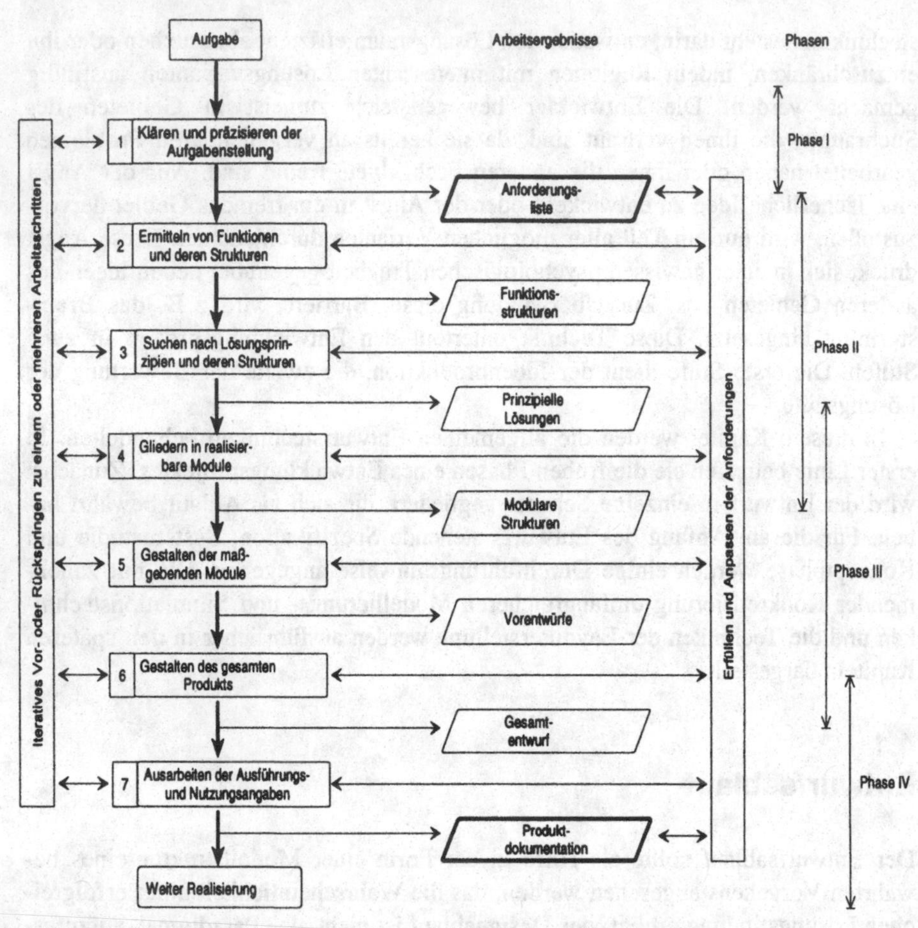

Abb. 4.1. Vorgehen beim Entwickeln und Konstruieren im Maschinenbau nach der VDI-Richtlinie 2221 (Quelle: *Konstruktionslehre, Methoden und Anwendung* von G. Pahl und W. Beitz, mit freundlicher Genehmigung des Springer Verlags [9], S. 28)

Mit zunehmender Konkretisierung kann genauer geprüft werden, ob die Anforderungen erfüllt werden. Ebenso ist mit zunehmender Konkretisierung die Zielsetzung zu überprüfen und eventuell anzupassen.

Ähnliche Entwurfsabläufe werden auch von anderen Autoren angegeben [2, 6, 7, 9, 11]. Den verschiedenen Vorschlägen gemeinsam sind die vier grundlegenden Phasen:

- Konkretisierung der Aufgabenstellung.
- Erstellen von Prinziplösungen.
- Konstruktive Gestaltung.
- Ausarbeitung / Verifikation.

Alle Vorschläge, die in der Konstruktion von mechanischen Systemen Verwendung finden, orientieren sich jedoch an klassischen Entwurfsaufgaben des Maschi-

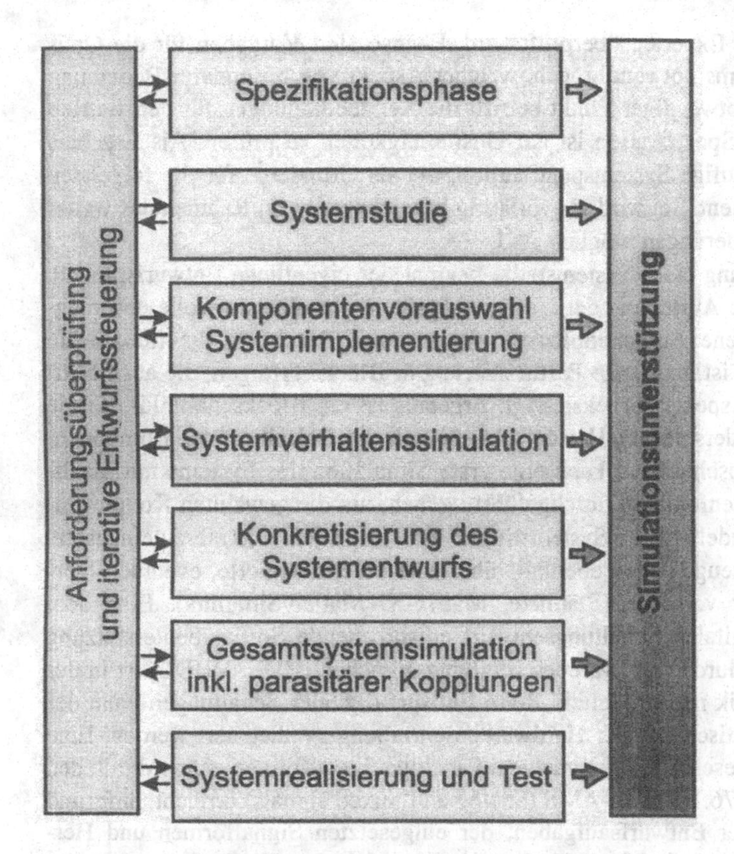

Abb. 4.2. Entwurfsablauf für die Mikrosystemtechnik[15].

nenbaus mit weitgehend manueller Erstellung („Zeichentisch"). Für die Mikrosystemtechnik sind alle Phasen möglichst weitgehend rechnerunterstützt durchzuführen. Dabei wird die Modellerstellung und Simulation mit zunehmender Konkretisierung präzisiert.

Ein zweiter wichtiger Unterschied zwischen Maschinenbau und Mikrosystemtechnik ergibt sich aus der Tatsache, daß im Maschinenbau natürlich hauptsächlich mechanisch arbeitende Systeme entwickelt werden, dies drückt sich auch in der häufig zu findenden Einteilung in Stoff-, Energie- und Informationsfluß aus. In Mikrosystemen kommen im Gegensatz hierzu viele unterschiedliche physikalische Größen zum Einsatz. Alle Größen sind möglichst durchgängig und gleichberechtigt im Entwurf zu berücksichtigen.

Aus diesen Gründen wird der in Abb. 4.2 dargestellte Entwurfsablauf vorgeschlagen, der in allen Stufen die Entwicklung zunehmend detaillierte Simulationsmodelle vorsieht.

Die Grundvoraussetzungen, um den Entwurf eines Mikrosystems zu initiieren, ist eine (möglicherweise noch nicht vollständige) Spezifikation des geforderten Systems, die zusammen von Auftraggeber und Auftragnehmer zu erstellen ist und im weiteren durch Experten überprüft wird. Ebenso sind Vorgaben für die Optimierung des Systems notwendig, d.h. welcher Aspekt von besonderer Bedeutung ist. Ein weiterer notwendiger Punkt betrifft die Randbedingungen für den Betrieb des Systems. Die Spezifikation ist auf Unstimmigkeiten zu prüfen. Als Ergebnis entsteht eine vorläufige Systemspezifikation, die als Grundlage für die folgenden Entwurfsschritte dient. Sie wird als vorläufig bezeichnet, da im Rahmen des weiteren Vorgehens Änderungen möglich sind.

Mit der Erstellung einer Systemstudie beginnt der eigentliche Entwurfsprozeß. Zunächst wird eine Aufteilung der Gesamtaufgabe in einzelne sinnvolle und möglichst abgeschlossene Aufgabenblöcke vorgenommen. Nachdem die funktionale Struktur festgelegt ist, muß eine Partitionierung in Blöcke erfolgen, die auch fertigungstechnische Aspekte berücksichtigt. Ergebnis ist ein Blockschaltbild, das die Systemstruktur widerspiegelt. Hieran schließt sich die Definition der Komponentenfunktion an. Abschließend kann eine erste Simulation des Systems mit idealisierter Komponentenfunktion durchgeführt werden, um die gewählten Komponenten und die zugrundeliegende Systemstruktur zu überprüfen. Die hierzu eingesetzten Softwarewerkzeuge sollen ebenfalls über eine blockorientierte, eventuell hierarchische Struktur verfügen (Statmate, Matrix-X, Matlab/Simulink). Eine dem Komfort beim digitalen Schaltungsentwurf entsprechende Softwareunterstützung der Systemstudie durch Hardwarebeschreibungssprachen (HDL, VHDL) ist in der Mikrosystemtechnik nicht möglich. Beim Entwurf digitaler Schaltungen kann der Schaltplan automatisch aus der Hardwarebeschreibung synthetisiert werden. Eine Erweiterung der Beschreibungssprache auf analoge Signalformen wurde durch den IEEE-Standard 1076.1 VHDL-AMS (analog and mixed signals) erreicht, aufgrund der Variabilität der Entwurfsaufgaben, der eingesetzten Signalformen und Herstellungsprozesse sind die Möglichkeiten der automatischen Hardwaresynthese für die Mikrosystemtechnik jedoch sehr begrenzt.

Zur Komponentenvorauswahl werden aktuelle Daten der Komponenten aus einer Datenbank ermittelt. Diese umfassen auch Angaben zu Störeinflüssen, Querempfindlichkeit, Driften usw. Liegen die entsprechenden Daten nicht vor oder sind nicht alle benötigten Komponenten verfügbar, so ist zunächst eine vollständige Spezifikation der Komponenten zu erstellen und deren Realisierbarkeit zu prüfen. Liegen verschiedene Vorschläge für Komponentenkombinationen vor, die die Systemfunktion erfüllen, so kann eine Bewertung unter Berücksichtigung der gemeinsamen technologischen Realisierung erfolgen. Die Liste der möglichen Systemrealisierungen wird einer Bewertung unterzogen, aus der eine Rangliste ausgewählter Systemimplementierungen hervorgeht.

Nach dem Vorliegen der Komponenten läßt sich eine Systemsimulation durchführen. Dabei werden die Daten der schon vorhandenen Komponenten und die idealisierten Funktionen der noch zu entwerfenden Komponenten verwendet. Mit den Erkenntnissen der Verhaltenssimulation erfolgt eine erneute Variantenbewertung.

Zur Konkretisierung des Systementwurfs sind die Komponenten zu entwerfen, die Aufbau- und Verbindungstechnik und der physikalische Entwurf (Layout) festzulegen. Die für die Einbindung der Systemintegration und der neuen Komponenten in den Systementwurf notwendige Charakterisierung kann durch Simulation oder Messung an den Einzelkomponenten erfolgen. Für die Modellerstellung werden intensiv Simulationsverfahren eingesetzt, welche die Funktion möglichst genau wiedergeben, in der Regel sind dies Feldsimulatoren auf der Basis von Finite-Elemente-Methoden. Mit Hilfe dieser Daten kann ein für die Mehrebenen-Analogsimulation des Systems geeignetes Komponentenmodell (Makromodell) generiert werden.

Mit der Kenntnis der Modelle aller Komponenten läßt sich eine Gesamtsystemsimulation durchführen, die zu einer neuen Variantenbewertung führt. Nach Fertigstellung der Topologie und des Layouts sind auch für alle quantitativ bekannten parasitären Kopplungen (thermisch, mechanisch, EMC, ...) Modelle zu erstellen und in die Systemsimulation einzubeziehen. Anhand realistischer Betriebsszenarien läßt sich eine abschließende Variantenbewertung durchführen. Als Simulatoren kommen vor allem Analogsimulatoren in Betracht, da die Komplexität des Gesamtsystems nicht mehr die Simulation auf der Feldebene erlaubt (z. B. Eldo, Saber, Matlab/Simulink, Spice).

Entsprechend dem Entwurf wird ein Prototyp hergestellt. Parallel dazu ist eine Testumgebung für das System zu entwickeln, um die Erfüllung der Spezifikation zu prüfen. Die Auswertung der Testergebnisse bildet die Grundlage zum Redesign oder zum Start einer Nullserie.

Qualitätsmanagementsysteme in Design, Entwicklung, Produktion, Montage und Wartung (ISO 9001) schreiben die Dokumentation, Definition und Prüfung der Designvorgaben (Spezifikation), der Designergebnisse und die Designprüfung vor. Hiernach werden die wesentlichen Qualitätsaspekte wie Sicherheit, Leistung und Zuverlässigkeit eines Produktes während der Design- und Entwicklungsphase festgelegt. Wird eine Zertifizierung nach ISO 9000 angestrebt, so ist die Erstellung von Handlungsabläufen, deren Dokumentation und Überprüfung notwendig. Dies kann in geeigneter Weise durch Pläne in Papierform erfolgen oder direkt in einem entwurfsbegleitenden Softwaresystem [4].

4.2 Spezifikation

Ziel der Spezifikation ist es, durch Konkretisierung der Aufgabe eine Erleichterung bei der Lösungsfindung herbeizuführen und eine Vervollständigung der Zielsetzung zu erreichen. Für die Konkretisierung der Aufgabenstellung gibt es nur wenige allgemein einsetzbare Methoden und Hilfsmittel.

Häufig sind die Aufgaben anfänglich nur ungenau beschrieben und die Ziele nur vage definiert. Häufig sind auch nicht ausgesprochene Erwartungen zu klären, die dem Auftraggeber zunächst nebensächlich erscheinen. Da die Spezifikation oft über einen längeren Zeitraum entsteht oder an ihrer Erstellung unterschiedliche Gruppen beteiligt sind, besteht eine wichtige Aufgabe bei der Zusammenstellung der Anforderung in der Feststellung von Wechselbeziehungen, Schnittstellen und

Verantwortungen sowie in der Bereinigung von widersprüchlichen Anforderungen. Für die Erstellung der Spezifikation ist eine umfangreiche Erfahrung erforderlich, die sich aus bereits bestehenden Entwürfen oder Vorgängermodellen ableitet. Die Softwareunterstützung beschränkt sich daher zumeist auf einfache Hilfsmittel zur geordneten Darstellung der Anforderungen (Listen mit Objekthierarchie) oder verwendet genormte Gliederungsvorschläge (ANSI / IEEE Standard 830-1984). Zur Darstellung von Zusammenhängen und Abhängigkeiten können graphische Methoden z. B. auf der Basis von Petri-Netzen oder Zustandsgraphen eingesetzt werden. Für spezialisierte, wiederkehrende Aufgaben mit nur geringer Variabilität sind auch wissensbasierte Softwaresysteme (Expertensysteme) erstellt worden.

Im Prinzip ist es wünschenswert, formale Methoden der Spezifikation einzuführen, die in nachprüfbarer, klarer und zweifelsfreier Form die Anforderungen festlegen. Für die Mikrosystemtechnik stehen derzeit keine formalen Methoden und Definitionssprachen zur Verfügung. Orientiert man sich am Signalfluß, so könnte eine Spezifikation auf der Basis der Hardwarebeschreibungssprache VHDL-AMS erfolgen. Zu bedenken ist aber, daß der Aufwand für die formale Beschreibung groß ist und das Ergebnis nur für den Spezialisten nachvollziehbar ist.

Eine wesentliche Schwierigkeit bei der Erstellung einer Spezifikation besteht in der Frage, wann eine genügende Konkretisierung vorliegt und die Spezifikation abgeschlossen werden kann. Sowohl die Unter- wie auch eine Überspezifikation sind zu vermeiden. Nicht selten wird aus vermeintlich wirtschaftlichen Überlegungen, zum Teil aber auch aus Trägheit die Spezifikation verknappt, was in späteren Entwicklungsphasen dazu führen kann, daß das Hauptproblem oder wesentliche Zusammenhänge nicht erkannt werden oder sich konkurrierende Problemauffassungen herausbilden [13]. Dies sollte immer als Warnsignal registriert werden. Wird die Spezifikationserstellung als integraler Bestandteil des gesamten Entwicklungsvorgangs aufgefaßt, so kann die genannte Problematik entschärft werden. Allerdings darf die Hoffnung auf eine spätere Nachbesserung nicht dazu verleiten, die Spezifikationserstellung auf die lange Bank zu schieben. Erkannte Probleme und Eigenschaften sollten so früh wie möglich festgelegt, aber im weiteren Entwurf nicht als unumstößlich angesehen werden, sondern in Abständen immer wieder überprüft werden.

Sowohl die Unter- wie auch die Überspezifikation können die erfolgreiche Durchführung eines Entwicklungsprojektes bedrohen. Eine Unterspezifikation führt häufig dazu, daß zwar ein technisch brauchbares Ergebnis gefunden wird, dieses allerdings keine Lösung der eigentlichen Fragestellung darstellt. Eine Gefahr besteht auch in der Überspezifikation, die verhindern kann, daß überhaupt eine Lösung gefunden wird.

Wichtigstes Ergebnis der Spezifikation ist die verbale und schriftliche Erstellung der Anforderungsliste in der Form des Pflichtenheftes, das in geordneter Art auch konkrete Aussagen über die Wichtigkeit (Gewichtung und Bewertung) einzelner Kriterien macht. Soweit wie dies möglich ist, sollte das Pflichtenheft quantitative Angaben über die Designvorgaben machen. Als Hilfsmittel zur Erstellung des Pflichtenheftes und auch als gewisser Schutz vor Unter- oder Überspezifikation kann eine Checkliste dienen, die allgemeine Ziele (Beschaffung, Ergonomie, Funktion, Betriebsbedingungen, Qualitätssicherung, Materialien, Wartung, Lebensdauer, Lagerung, Produktionsmittel, Marketing, Umweltverträglichkeit) überprüft [11].

Das Pflichtenheft ist zusammen vom Auftraggeber und vom Auftragnehmer zu erarbeiten. Da dies eine lästige, eventuell zeitaufwendige Aufgabe ist und das Ergebnis nicht sofort greifbar ist, wird der Erstellung häufig nicht die notwendige Sorgfalt gewidmet. Dem steht entgegen, daß die wesentlichen Eigenschaften (Aufwand und Leistungsfähigkeit) in der Spezifikation festgelegt werden und eine spätere Änderung nur mit deutlich höherem Aufwand möglich ist. Nach ISO 9001 dient das Pflichtenheft als Referenzdokument, anhand dessen auch das Designergebnis zu bewerten ist [4]. Der Nutzen des Pflichtenheftes ist in der Definition der Designaufgabe, der Eingrenzung des Lösungsraums für die folgenden Schritte und der klaren Vorgabe eines Entwicklungsziels zu sehen. Es besteht jedoch auch die Gefahr, daß das Pflichtenheft unnötigerweise die möglichen Realisierungen eingrenzt, so daß attraktive Lösungen ausgeschlossen werden.

Während der weiteren Entwurfsschritte ist die Spezifikation regelmäßig zu überarbeiten und zu aktualisieren, wenn sich mit zunehmender Konkretisierung Änderungen der Anforderungen, Widersprüche oder neue Erkenntnisse über die Realisierbarkeit ergeben.

4.3 Lösungsmethoden für die Systemstudie, Konzeptphase

Die allgemeine Formulierung der Lösungsfindung besteht in der Überführung eines Anfangszustands (Spezifikation) in einen Zielzustand (Lösung). Die Denkpsychologie erforscht die Strategien, die wir Menschen beim Lösen von Problemen anwenden [8, 12]. Allgemeine Lösungsmethoden sind:

- Deduktion
- Induktion
- Suche

Bei der Deduktion werden bereits bekannte Regeln und Transformationen durchgeführt, um eine Lösung herbeizuführen oder um das Problem zu vereinfachen. Analogien (z. B. Bionik) liefern Anlaß zur Übertragung bereits existierender Lösungen. Der Inferenzprozeß, also das logische Schlußfolgern, ist ebenso ein, durch Anwendung logischer Regeln zustandekommender, Deduktionsprozeß. Bei der Induktion werden aus vorliegenden partiellen Lösungen (ähnlicher Probleme) Regeln für eine allgemeine Klasse von Problemen aufgestellt. Bekannt ist die vollständige Induktion in der Mathematik.

Liegen übergeordnete Lösungen nicht vor, so muß der Problemraum nach günstigen Lösungen abgesucht werden. Die Schwierigkeit einer Aufgabe wird durch die Größe des Suchraums bestimmt. Die Suche folgt dem Prinzip des Generieren und Testen von Hypothesen, z. B. in Form einer „Try and Error" Prozedur. Für das

Generieren von Hypothesen werden häufig Heuristiken, d. h. unvollständige Regeln, verwendet. Um die Komplexität zu reduzieren, wird das Problem zumeist in Teilprobleme aufgeteilt. Stichworte hierzu sind Partitionierung und „Devide and Conquer".

Für die effiziente Lösung von Problemen ist es besonders wichtig, den Suchraum effizient abzusuchen. Wenn der Suchraum n Dimensionen (Merkmale) mit jeweils m Zuständen (Varianten) aufweist, so sind für die vollständige Suche m^n Schritte notwendig, also ein mit der Anzahl der Merkmale exponentiell ansteigender Aufwand. Auch bei einer geringen Anzahl von Merkmalen und Varianten führt die vollständige Suche schon zu einer nicht mehr handhabbaren Komplexität.

Aus diesem Grund wird die vollständige oder rein zufällige Suche (Random-Search) durch verfeinerte Methoden ersetzt. In der Regel wird dabei versucht, besonders günstige Regionen im Suchraum ausfindig zu machen und diese genauer zu analysieren (Simulated Annealing) oder den Suchraum zu verkleinern, indem man Regionen ausschließt (Tabu-Search), die nahe bei bekannten Lösungen liegen.

Die Darstellung des Problems der Lösungsfindung als ein Suchproblem liefert schnell einige grundsätzliche Lösungsverfahren, die mit den entsprechenden, in Kap. 11 behandelten, Verfahren der mathematischen Optimierung im Einklang stehen. Am Beginn der Lösungssuche besteht die Hauptschwierigkeit jedoch zumeist darin, daß uns der Raum möglicher Lösungen (Suchraum) gar nicht bekannt ist. Zusätzlich wird die Anwendung der allgemeinen Lösungsmethoden noch dadurch erschwert, daß wir unser Wissen nicht immer parat haben, durch unsere Vorerfahrung ähnliche Lösungen bevorzugen (funktionale Fixierung) und auch die Qualität verschiedener Varianten nicht genau beurteilen können. Der letzte Punkt spiegelt ein Dilemma jedes Entwurfsprozesses wider. Am Anfang stehen noch keine Detailinformationen zur Verfügung, die aber notwendig wären, um die Kosten und Leistungsfähigkeit zu ermitteln. Daher ist die für den Ausschluß von Varianten notwendige Beurteilung in frühen Phasen des Entwurfs immer sehr ungenau und kann günstige Varianten zu früh aussondern.

Bei der Suche nach Möglichkeiten zur Verbesserung der Ideenproduktion und Lösungsfindung ist es nützlich, zuerst die Art und Weise des menschlichen Problemlösens zu analysieren, um hieraus mögliche Hilfen für den Ideenfindungsprozeß abzuleiten. Nach Wallas verläuft das menschliche Problemlösen in den Stufen [12]:

1. Vorbereitung (Sammeln von Informationen, Neuorganisation),
2. Inkubation (Problem weglegen),
3. Erkenntnis („Aha-Erlebnis"),
4. Verifikation.

Es existieren tatsächlich zahlreiche Hinweise, daß sich Probleme nach einer gründlichen Vorbereitung plötzlich durch Geistesblitze lösen. Dies veranschaulicht sehr schön der folgende Bericht aus einem Brief von C. F. Gauß (Abb. 4.3) an den Astronomen Olbers von 1805 [3].

Abb. 4.3. Porträt von Gauß im Jahr 1803 (Quelle: *Gauss. Eine biographische Studie* von W. K. Bühler, mit freundlicher Genehmigung des Springer Verlags [3], Frontispiz).

„Was da ... steht, ist streng dort bewiesen, aber was fehlt, die Bestimmung des Wurzelzeichens, ist es gerade, was mich immer wieder gequält hat. Dieser Mangel hat mir alles Übrige, was ich fand, verleidet, und seit vier Jahren wird selten eine Woche hingegangen sein, wo ich nicht einen oder den anderen vergeblichen Versuch, diesen Knoten zu lösen, gemacht hätte besonders lebhaft nun auch wieder in der letzten Zeit. Aber alles Brüten, alles Suchen ist umsonst gewesen, traurig habe ich jedesmal wieder die Feder niederlegen müssen. Endlich vor ein paar Tagen ist es mir gelungen – aber nicht meinem mühsamen Suchen sondern bloß durch die Gnade Gottes möchte ich sagen. Wie der Blitz einschlägt, hat sich das Räthsel gelöst; ich selbst wäre nicht im Stande, den leitenden Faden zwischen dem, was ich vorher wußte, dem, womit ich die letzten Versuche gemacht hatte – und dem, wodurch es gelang nachzuweisen ...“

Dieses und ähnliche Beispiele zeigen, daß das Problem im Unterbewußten weiterverarbeitet wird. Die Erkenntnis nach der Inkubation stellt sich jedoch nur ein, wenn zuvor eine intensive Auseinandersetzung mit dem Problem stattgefunden hat und die grundsätzliche Fähigkeit und Vorerfahrung zur Lösung des Problems gegeben ist. Das Warten auf das Aha-Erlebnis stellt allerdings kein praktikables Vorgehen zum gezielten Herbeiführen einer Lösung dar. Polya [10] unterteilt etwas nüchterner in die vier Stufen:

1. Verstehen des Problems,
2. Aufstellen eines Plans,
3. Ausführen des Plans,
4. Rückblick.

Die vier elementaren Lösungsschritte stimmen im wesentlichen mit den vier grundlegenden Phasen des Entwurfablaufs in Abb. 4.1 überein.

Wichtigstes Mittel, um unserem Gehirn Ideen zu entlocken, sind Assoziationen und Analogien. Es wurden verschiedene Methoden vorgeschlagen, um die Intuition (Gedankenblitz) zu fördern und durch Gedankenassoziation neue Lösungswege anzuregen. Die bekannteste Methode zur Erhöhung der Suchaktivität ist das Brainstorming.

Aufgabe des Brainstormings ist es, neue Ideen zu produzieren, ohne sie sogleich einer Bewertung zu unterziehen. Es wird eine gemischte Gruppe aus fünf bis acht Mitglieder zusammengestellt, die über einen unterschiedlichen Erfahrungsbereich verfügen. Auch die Hinzuziehung fachfremder Personen kann nützlich sein, da sie nicht in den Betriebs- oder Produktionsabläufen verhaftet sind und so in ihrer Unbekümmertheit originelle Anregungen liefern können. Während des Brainstormings gilt als Grundregel, daß negative Kritik in der Form von Killerphrasen („Geht sowieso nicht" oder „Haben wir noch nie gemacht") nicht zugelassen ist. Da Kritik, auch non-verbale Kritik, verboten ist, kann von den Teilnehmen leichter die Hemmschwelle überwunden werden, eine noch nicht ausgegorene, vielleicht aber innovative Idee zu artikulieren, zugleich setzt das Brainstorming auf die durch Beiträge anderer ausgelösten Assoziationen. Zu Beginn der Sitzung macht der Moderator die Teilnehmer mit der möglichst präzise formulierten Problemstellung vertraut. Es ist ratsam, die Teilnehmer schon vor der Sitzung über deren Inhalt zu informieren, damit sie die Problematik schon einmal überdenken können. Die Aufgabe der Teilnehmer ist es, eigene Ideen zu artikulieren, die Ideen anderer aufzunehmen und weiterzuentwickeln. Die Teilnehmer sollen ihrer Phantasie freien Lauf lassen. Alle Ideen werden vom Moderator protokolliert, um sie später einer eingehenden Prüfung zu unterziehen. Außerdem ist es die Aufgabe des Sitzungsleiters, für eine entspannte Atmosphäre zu sorgen. Der Moderator lenkt die Diskussion, schaltet sich aber in den Gedankenfluß nur ein, wenn dieser ins Stocken gerät. Er sollte dann Fragen stellen oder Denkanstöße liefern, ohne selbst den Gedankenfluß in eine bestimmte Richtung zu lenken. Schweift die Gruppe zu weit von der Problemstellung ab, ist es die Aufgabe des Moderators, sie behutsam wieder auf den Weg zu führen.

Die Dauer des Brainstormings orientiert sich am Gedankenfluß, in der Regel wird sie auf 20 bis 40 Minuten begrenzt, da erfahrungsgemäß nach dieser Zeit die Produktivität an neuen Ideen abnimmt.

Das eigentliche Brainstorming liefert selten fertige Lösungen. Nach Abschluß der Sitzung wird das Protokoll zunächst den Teilnehmern vorgelegt, um Unstimmigkeiten abzugleichen und dann an mehrere Experten verteilt, die die einzelnen Ideen einer Prüfung und Bewertung unterziehen und sie nach Möglichkeit vervollständigen.

Das Brainstorming verringert bewußt die Ordnung des Denkens, wodurch Assoziationen ausgelöst werden sollen und auch außergewöhnliche oder zunächst absurd erscheinende Ideen zugelassen werden. Natürlich stellt sich bei der nachfolgenden genaueren Prüfung der Ideen oft heraus, daß sie aus verschiedenen

Gründen nicht realisierbar sind. Das Brainstorming zielt vielmehr darauf ab, einige neue Ideen aus der Ideensammlung zu erhalten, die es wert sind, weiter verfolgt zu werden. Insofern steht vor der Qualität die Quantität. Das Brainstorming ist nützlich, wenn noch kein realisierbares Lösungsprinzip vorliegt, eine unkonventionelle Lösung gesucht wird oder existierende Vorschläge nicht zum Ziel führen. Für den Erfolg ist es von ausschlaggebender Bedeutung, daß der Moderator in der Technik des Brainstormings geübt ist und von den Teilnehmern akzeptiert wird.

Das Brainstorming ist in der Vorgehensweise unstrukturiert, nicht an technische Fragestellungen gebunden und besser auf die Lösung organisatorischer Probleme adaptiert. Die von Altschuller entwickelte Methodik TRIS ist speziell auf technische Fragestellungen zugeschnitten [1]. Durch die Analyse einer großen Zahl von Patentanmeldungen wurden einige grundlegende Transformationen der Problemstellung erarbeitet, die es erlauben, die Fragestellung mit einem Katalog von physikalischen Effekten zu lösen. Altschuller erweckt den Anschein, als sei das Erfinden damit auf die ausschließliche Anwendung eines Algorithmus reduziert [1]. Die Software TechOptimizer basiert auf dem TRIS Schema von Altschuller, sie verwendet eine umfangreiche Sammlung von Effekten und Beispielen und bietet die Möglichkeit, alle Ideen einer Arbeitssitzung zu dokumentieren. Die dokumentierten Ideen liegen auf unterschiedlich abstraktem Niveau und erfordern eine weiterführende Informationssuche, die nicht von der Software unterstützt wird. Diese Software und ähnlich aufgebaute Kataloge von Effekten [7, 11] liefern eine Reihe von Anregungen zu unkonventionellen Problemlösungen. Es darf jedoch nicht erwartet werden, daß eine erschöpfende Liste der Lösungsmöglichkeiten gefunden wird oder eine der Lösungsideen schon das fertige Konzept als Ergebnis liefert. Vielmehr werden Lösungsideen generiert, deren Qualität auch stark vom jeweiligen Anwender abhängt.

Für eine systematisierte Lösungssuche kann es nützlich sein, sich anhand des „Wirkungsfelds" einen Überblick über grundsätzliche Möglichkeiten zu verschaffen. Dabei wird eine Kette von Effekten und Signaltransformationen gesucht, die eine Verknüpfung zwischen der Eingangsgröße und der Zielgröße bewirkt.

Beispiel: Entwicklung eines elektrischen Temperatursensors.

Es ist ein Wirkungspfad zu finden, der die physikalische Größe Temperatur in eine elektrische Größe (Strom oder Spannung) wandelt. Beispiele sind:

- Temperaturabhängigkeit des ohmschen Widerstands, Spannungsabfall am Widerstand.
- Temperaturabhängigkeit des optischen Brechungsindex, Änderung der Laufzeit beim Durchgang, Zeitmessung.
- Wärmestrahlung, Infrarot-Detektor.
- Änderung der Viskosität einer Flüssigkeit, Messung des Druckabfalls beim Pumpen einer Flüssigkeit über die aufgenommene elektrische Leistung.
- Temperaturabhängigkeit der Anzahl freier Ladungsträger in Halbleitern, Spannungsabfall am pn-Übergang.

- Thermische Längenausdehnung, induktive oder kapazitive Messung der Wegänderung oder Bimetalleffekt.
- Änderung des Gasdrucks, Druckmessung.
- Temperaturabhängigkeit des Widerstandsrauschens, Messung der Rauschspannung.

4.4 Ergebnisse der Konzeptphase

Es empfiehlt sich die Ergebnisse der Konzeptphase in übersichtlicher Form aufzubereiten. Diese dient dann auch als Grundlage für die spätere Bewertung von Designvarianten.

Ein Mittel zur weiteren Ausarbeitung und für die Aufbereitung der Ergebnisse ist der Morphologische Kasten, dessen Prinzip in der Abb. 4.4 dargestellt ist. Man belegt das Lösungsfeld mit einem Ordnungsschema, das als gedankliche Koordinaten die Lösungsrichtungen bestimmen. Der Entwickler der Methode Zwicky verbindet mit dem Morphologischen Kasten den hohen Anspruch, für ein Problem alle Lösungsmöglichkeiten in geordneter Form zu erhalten. Der Morphologische Kasten beruht auf der

- Zerlegung komplexer Sachverhalte in abgegrenzte Teile,
- Gestaltvariation der Einzelelemente,
- Kombination von Einzelelementen zur Ganzheit.

Nach der Analyse werden die Parameter des Problems bestimmt, sie sollen wie-

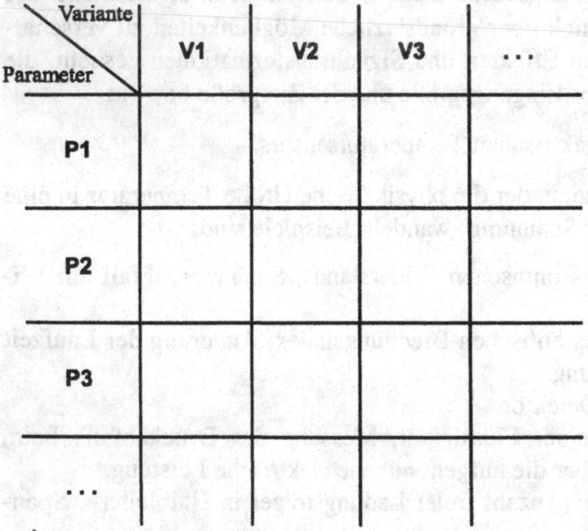

Variante / Parameter	V1	V2	V3	...
P1				
P2				
P3				
...				

Abb. 4.4. Aufbau des Morphologischen Kastens mit den Zeilen für die Parameter (Teilfunktionen) und den Spalten für die Varianten (Gestaltungsalternativen).

derholt auftretende Merkmale sein, die unabhängig von der konkreten Gestalt und Ausführung das Problem logisch und vollständig zerlegen. Die Parameter sind sozusagen die Koordinatenachsen des Problems. Die Parameter werden als Zeilen in eine Matrix eingetragen. In den Spalten werden nun alternative und möglichst konkrete Gestaltungsmöglichkeiten eingetragen und so die Matrix gefüllt. Es hat sich in der Praxis als günstig erwiesen, jeweils ca. 3 Varianten zu den Teilfunktionen aufzunehmen. Zur Lösungsfindung werden verschiedene günstige Kombinationen der Realisierungen untersucht und bewertet.

Der kritische Punkt beim Arbeiten mit dem Morphologischen Kasten ist das Auffinden der Parameter, da es hierfür keine allgemein anwendbare, problemunabhängige und sicher zum Ziel führende Vorgehensweise gibt. Zumeist wird nach einer Grobstrukturierung eine Einteilung in Funktionsblöcke vorgenommen (Blockschaltbild) und die so gefundenen Teilfunktionen als Parameter verwenden. Hierdurch wird auf natürliche Art gewährleistet, daß die Parameter weitgehend logisch unabhängig sind, ähnliche Relevanz besitzen und das Problem vollständig beschreiben. Auf jeden Fall muß bei der Auswahl der Parameter vermieden werden, daß dadurch schon eine bestimmte Struktur festgelegt wird, denn sonst wäre die Lösungsvielfalt zu stark eingeschränkt und der Anspruch der systematischen Absuche des Lösungsraums zunichte gemacht.

Der Morphologischen Kasten birgt auch die Gefahr, daß durch die Untergliederung in Parameter oder Teilfunktionen der Systemaspekt verlorengeht. Daher sollte der Morphologische Kasten nicht zu früh im Entwurfsprozeß eingesetzt werden. Sinnvoll ist der Einsatz nach gründlicher Analyse des Problems, wenn sich bereits eine natürlich erscheinende Struktur herausgebildet hat. Dann besitzt der Morphologische Kasten den Vorteil, daß er die systematische Zergliederung des Problems in seine Teilaspekte fördert, wodurch auch eine neue Sichtweise der Problemstruktur entstehen kann.

Der Morphologische Kasten ist aus verschiedenen Gründen sehr gut zur computerunterstützten Bearbeitung geeignet. Zum einen handelt es sich um eine weitgehend graphische Methode, die für verschiedene Probleme durch ein einheitliches Schema repräsentiert wird. Zum anderen unterstützt die Einteilung der Parameter eine hierarchische, blockorientierte Darstellung des Problems. Schließlich kann auch eine Bewertung der Varianten mit dem Schema des Morphologischen Kastens durchgeführt werden. Das so aufbereitete Ergebnis erleichtert das Design Review. In der ISO 9001 wird ein Design Review vorgesehen, wobei für bestimmte Produktarten eine Prüfung durch eine autorisierte externe Organisation gesetzlich gefordert sein kann. Das Design Review kann nicht durch das die Designarbeit leistende Personal allein durchgeführt werden, es sind in jedem Fall weitere Personen einzubeziehen.

Zur Vorbereitung der Bewertung werden die verschiedenen Teillösungen des Morphologischen Kastens durch eine Liste von Eigenschaften ergänzt:

- das Wirkprinzip,
- Prinzipskizzen,
- eingesetzte Berechnungsverfahren, Annahmen und Software,

- besondere Anforderungen,
- Sicherheitsgesichtspunkte,
- Toleranzen,
- Normung,
- Materialien/ Materialkompatibilität,
- Herstellbarkeit,
- Kosten,
- ...

Die Liste kann beliebig erweitert werden. Einige bedeutende Punkte werden in der ISO 9001 genannt [4] oder können den Katalogen in [11] entnommen werden.

Literatur

[1] Altschuller, Genrich Saulowitsch: *Erfinden, Wege zur Lösung technischer Probleme*. Verlag Technik, Berlin (1984)

[2] Baumann, Hans Günter: *Systematisches Projektieren und Konstruieren*. Springer, Berlin, Heidelberg, New York (1982)

[3] Bühler, Walter K.: *Gauss. Eine biographische Studie*. Springer, Berlin, Heidelberg, New York (1986)

[4] EN ISO 9001 Qualitätsmanagementsysteme Modelle zur Qualitätssicherung/ QM-Darlegung in Design, Entwicklung, Produktion, Montage und Wartung. *Deutsches Institut für Normung*, Beuth, Berlin (1994)

[5] Hamming, Richard W.: *The art of doing science and engineering: learning to learn*. Gordon and Breach, Amsterdam (1997)

[6] Hubka, V.; Andreasen, M. M.; Eder, W. E.: *Practical Studies in Systematic Design*. Butterworth (1988)

[7] Koller, Rudolf: *Konstruktionslehre für den Maschinenbau, Grundlagen zur Neu- und Weiterentwicklung technischer Produkte*. Springer, Berlin, Heidelberg, New York, 3. Aufl. (1994)

[8] Mayer, Richard E.: *Denken und Problemlösen*. Springer, Berlin, Heidelberg, New York (1979)

[9] Pahl, Gerhard; Beitz, Wolfgang: *Konstruktionslehre, Methoden und Anwendung*. Springer, Berlin, Heidelberg, New York, 4. Aufl. (1997)

[10] Polya, G.: *Schule des Denkens*. Francke, Bern (1949)

[11] Roth, Karlheinz: *Konstruieren mit Konstruktionskatalogen*. Bd. 1 u. 2, Springer, Berlin, Heidelberg, New York, 2. Aufl. (1994)

[12] Schaefer, Ralf E.: *Denken, Informationsverarbeitung, mathematische Modelle und Computersimulation*. Springer Verlag, Berlin, Heidelberg, New York (1985)

[13] Schlicksupp, Helmut: *Innovation, Kreativität und Ideenfindung*. Vogel Verlag, Würzburg, 3. Aufl. (1989)

[14] Tanurhan, Y.; Schmerler, S.; Pihulak, B.; Bortolazzi, J.; Müller-Glaser, K.-D.: System Level Specification and Simulation for Microsystem Design in the METEOR Project. In: Reichl, Herbert; Heuberger, Anton (Hrsg.): *Micro System Technologies 94*, 4th int. Conference, vde Verlag, Berlin, Offenbach (1994)

[15] *Untersuchung zum Entwurf von Mikrosystemen*. Innovationen in der Mikrosystemtechnik Bd. 19, VDI-VDE, Teltow (1994)

5 Systemsimulation

Die Modellbildung und Simulation wurden im Entwurfsablauf für Mikrosysteme als zentrales Ziel herausgestellt, um parallel zum Entwurf zuverlässige Modelle für das Verhalten zu erstellen und damit eine Optimierung der Systemfunktion mit einer möglichst geringen Anzahl von Prototypenfertigung zu erreichen. Die Modellbildung und Simulation kann auf unterschiedlichen Detaillierungsstufen erfolgen. Im folgenden werden zunächst die Eigenschaften dieser Detaillierungsstufen dargestellt und auf ihre Eignung für die Systemsimulation geprüft. Anschließend wird, orientiert an dem weit verbreiteten Netzwerksimulator SPICE, die Arbeitsweise eines Analogsimulators dargestellt [7, 9]. Die eingeführten Techniken können auf die meisten Analogsimulatoren übertragen werden.

5.1 Simulationsebenen

Die Modellierung und Simulation müssen sich in ihrer Detailliertheit, Genauigkeit und Komplexität den Anforderungen der Entwurfsaufgabe anpassen. Einige Charakteristika der verschiedenen Modellierungsebenen sind in der Tabelle 5.1 zusammengefaßt. Die detaillierteste Beschreibung ist auf atomarer Ebene anzusetzen. Hierbei werden Eigenschaften einzelner Atome beschrieben, z. B. mit Mitteln der Quantentheorie oder den in Kap. 3.6 kurz behandelten ab-initio-Methoden. Jedoch wird schon die Kopplung weniger Elementarbausteine numerisch aufwendig. Der typische Atomradius beträgt ca. $1\text{Å} = 10^{-10}\,\text{m}$. Ein Kubikmillimeter ($\text{mm}^3$) Silizium enthält $5 \cdot 10^{19}$ Atome. Da die Modellierung auf wenige Atome begrenzt ist, kann das Verhalten kompletter Subkomponenten nicht auf dieser Ebene simuliert werden.

Für den Festkörper oder Atomverbund werden aus den Eigenschaften und der Wechselwirkung der Atome Charakteristika abgeleitet. Beispielsweise spielt die Besetzungswahrscheinlichkeit in der Halbleiter- und Festkörperphysik eine wesentliche Rolle. Sie leitet sich aus den Energiezuständen der Atome und ihrer Wechselwirkung ab. In der Halbleiterphysik werden jedoch in der Regel nur die Bandkanten benutzt und von den Zuständen der einzelnen Atome abstrahiert. In ähnlicher Weise wird in der Wärmelehre die Wärmeübertragung auf atomare Prozesse zurückgeführt, ein Beispiel aus der Mechanik ist die Versetzungstheorie. Von Bedeutung sind nicht die Zustände aller zum System gehörenden Teilchen, sondern nur gewisse Mittelwerte von charakteristischen Größen, wie Temperatur,

Wärmekapazität, Leitfähigkeit usw. Ein solcher Zugang wird Makrotheorie genannt. Die Festkörperphysik beschreibt die Vorgänge und Wechselwirkung benachbarter Atome im Verbund, sie ist daher in der Größenordnung einiger Atomlagen anzusiedeln z. B. bei 1 nm. Natürlich können auf der Grundlage dieser Abmessungen keine Modellbeschreibungen für Komponenten im mm- oder µm-Maßstab durchgeführt werden, wenngleich sich einige Phänomene nur auf quantenmechanischer Ebene beschreiben lassen.

Tabelle 5.1. Modellierungs- und Simulationsebenen am Beispiel elektronischer Komponenten.

	Ebene	Maß	Simulation
	Atom	0.1 nm	
	Festkörper Atomverbund	1nm	
	Device	0,1 mm	Feld
	Transistor Subkomponente	1 mm	Analogmodell
	Gatter Komponente	10 mm	Verhaltensmodell

Betrachtet man den Festkörper als Kontinuum, so lassen sich aus den Aussagen der Festkörperphysik die Materialgesetze herleiten, welche die Vorgänge im so abstrahierten gleichmäßigen gefüllten Raum beschreiben. Beispielsweise werden in Halbleitern die Besetzung einzelner Anregungszustände sowie die Besetzungswahrscheinlichkeit durch ortsabhängige Ladungsträgerdichten ersetzt. Hieraus folgt als geeignetes Konzept zur Beschreibung die Formulierung durch Feldtheorien, z. B. die Kontinuumsmechanik, Strömungsfeld, Temperaturfeld und andere. Typische kleinste Abmessungen bewegen sich über viele Atomlagen (z. B. 1 µm) und über Bereiche, in denen die Ortsabhängigkeit der Feldgrößen von Bedeutung ist.

Für eine schwache oder homogene Ortsabhängigkeit (zumindest in einer Raumdimension) kann der felderfüllte Raum durch konzentrierte Bauelemente ersetzt werden. Dadurch können die Differentialgleichungen der Feldtheorie durch gewöhnliche ersetzt werden. Die gewöhnlichen Differentialgleichungen enthalten nur noch die Ableitung nach der Zeit, jedoch keine Ableitungen nach dem Ort. Eine solche Nachbildung wird daher auch Analogmodell genannt. Die in der Elektrotechnik verbreitete und geeignete Beschreibungsform stellt die Netzwerkanalyse dar. Während mit Methoden der Feldtheorie nur wenige Bauelemente simuliert werden können, lassen sich mit den Methoden der Netzwerktheorie einige hundert oder tausend konzentrierte Bauelemente behandeln.

In der nächst höheren Abstraktionsstufe wird auch vom detaillierten Zeitverhalten abstrahiert. Die Beschreibungsform ist die Gatter- oder Registerebene. Das Zeitverhalten wird ersetzt durch diskrete Zeitverläufe (high / low) und Verzögerungszeiten der Gatter. Mit Hilfe dieser Vereinfachungen lassen sich sehr komplexe logische Schaltungen bis zu einigen 10.000 Elementen simulieren, sie ist jedoch nur für zeit- und wertdiskrete Signale geeignet.

5.2 Netzwerkanalyse, Analogsimulation

Als Einstieg in die Simulationstechnik soll die Netzwerkanalyse betrachtet werden. Die Netzwerkanalyse ist ein in der Elektrotechnik weitverbreitetes Verfahren und vermutlich das am häufigsten verwendete Werkzeug zur Schaltungsanalyse. Alle Analogsimulatoren basieren auf den numerischen Techniken, wie sie hier für die Netzwerkanalyse beispielhaft wiedergegeben werden. Die in der Netzwerkanalyse verwendeten Techniken werden zum Teil auch bei der komplizierteren Feldanalyse verwendet.

Netzwerke, die aus konzentrierten Elementen bestehen lassen sich durch eine

- Maschenwiderstands-,
- Schnittmengen- oder
- Knotenleitwertmatrix

vollständig beschreiben. Mathematisch sind die verschiedenen Beschreibungsformen äquivalent. Für die praktische Berechnung auf Digitalrechnern erweist sich

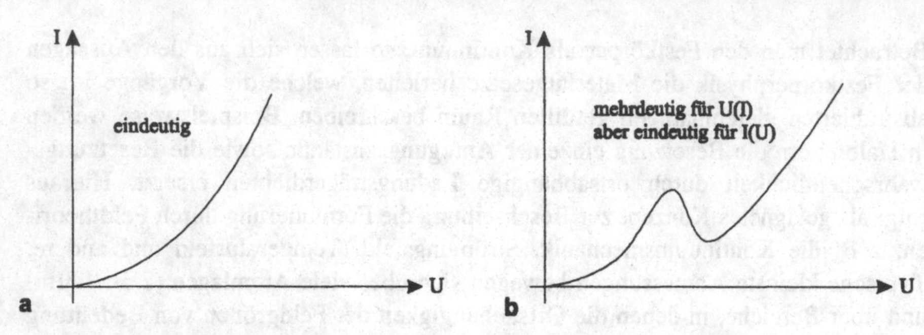

Abb. 5.1. Beispiele nichtlinearer Widerstände mit (a) eindeutigem und (b) mehrdeutigem Zusammenhang zwischen Strom und Spannung.

die Knotenanalyse als besonders geeignet. Sie wird daher im folgenden ausführlicher dargestellt.

Die Aufgabe der Netzwerkanalyse ist die Bestimmung aller Ströme und Spannungen in einem Netzwerk. Besteht ein eindeutiger Zusammenhang zwischen Strom und Spannung (Abb. 5.1), so genügt es, alle Spannungen oder äquivalent alle Potentiale (bezüglich eines Bezugspunktes) zu bestimmen.

Die Anzahl der zu bestimmenden Potentiale in einem Netzwerk (Unbekannte) ist gleich der Anzahl der Knoten minus eins, für einen beliebigen Knoten kann das Potential frei gewählt werden. Dieses Potential dient als Bezugspotential. Im folgenden setzen wir jeweils für den Knoten „0“ das Bezugspotential zu Null. Dieser Knoten taucht dann nicht explizit in den Rechnungen auf.

Beispiel:

Abbildung 5.2 zeigt eine Schaltung mit einer Stromquelle und fünf Widerständen. Zur Bestimmung aller Ströme und Spannung genügt die Bestimmung der Potentiale der Knoten 1-3, die Spannungen und Ströme ergeben sich aus der Potentialdifferenz und über das Ohmsche Gesetz.

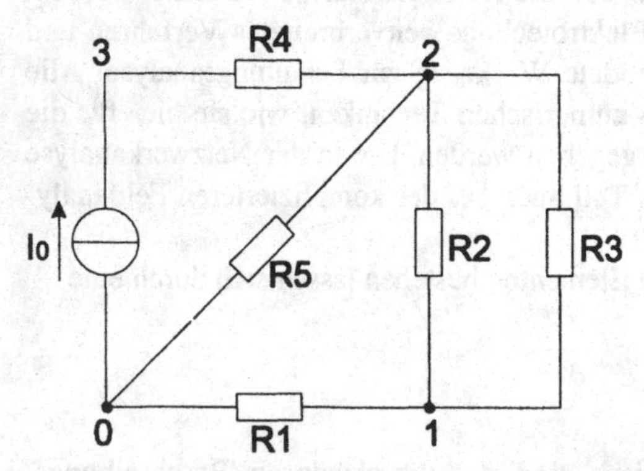

Abb. 5.2. Netzwerk aus Stromquelle und Widerständen mit 4 Knoten und 3 unbekannten Potentialen.

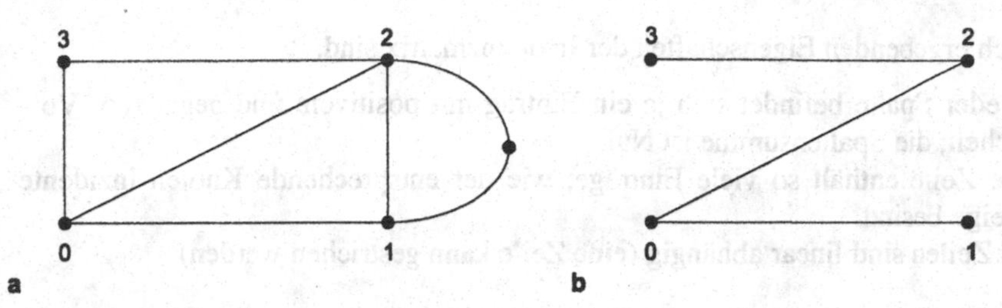

Abb. 5.3. (a) Graph des behandelten Netzwerks und **(b)** eine mögliche Realisierung des spannenden Baums.

Bei der Maschenanalyse werden die Ströme in $k-1$ Zweigen bestimmt. Hierzu wird ein Baum des Verbindungsnetzwerks festgelegt. Der Baum enthält gerade

$$z_{\text{Baum}} = k - 1 \tag{5.1}$$

Zweige[1] (Abb. 5.3). Man erkennt hieraus, daß in jedem Netzwerk die Anzahl der Zweige mindestens so groß ist wie die um Eins reduzierte Anzahl der Knoten.

Für die praktische Berechnung auf Digitalrechnern ist die Knotenanalyse vorteilhaft, da die Systemmatrix besonders einfach aufzustellen ist, und die Suche nach einem Baum entfällt.

Die Struktur eines Netzwerkes läßt sich in Form eines Graphen oder durch Konnektivitätsmatrizen darstellen. Die Bauelemente sind in den Knoten des Netzwerkes miteinander verbunden. Verbindungen zwischen den Knoten werden Zweige genannt. Als adjazent bezeichnet man die Zweige, die in einen gemeinsamen Knoten münden. Pfeile im gerichteten Graphen kennzeichnen die Zählrichtung für Strom und Spannung. Die Topologie des Netzwerkes läßt sich vollständig durch die inzidenten, d. h. durch die über einen Zweig miteinander verbundenen, Knoten beschreiben. Die Darstellung des Netzwerkes erfolgt mit Hilfe der Inzidenzmatrix. Die Zeilen der Inzidenzmatrix werden durch die Knotennummern und die Spalten durch die Zweignummern gekennzeichnet.

$$\mathbf{A}_j = \overset{\rightarrow \text{Zweige}}{\begin{pmatrix} a_{11} & \cdots & a_{11} \\ \vdots & \ddots & \vdots \\ a_{11} & \cdots & a_{11} \end{pmatrix}} \downarrow \text{Knoten} \tag{5.2}$$

Die Elemente a_{ij} der Inzidenzmatrix werden entsprechend der folgenden Vorschrift bestimmt:

$$a_{ij} = \begin{cases} -1: & \text{falls der Zweig } j \text{ vom Knoten } i \text{ wegführt} \\ +1: & \text{falls der Zweig } j \text{ zum Knoten } i \text{ hinführt} \\ 0: & \text{falls der Zweig } j \text{ nicht mit dem Knoten } i \text{ inzident ist} \end{cases}$$

[1] Ein Baum verbindet alle Knoten des Graphen und enthält keine geschlossenen Umläufe.

Die sich ergebenden Eigenschaften der Inzidenzmatrix sind:

- In jeder Spalte befindet sich je ein Eintrag mit positivem und negativem Vorzeichen; die Spaltensumme ist Null.
- Jede Zeile enthält so viele Einträge, wie der entsprechende Knoten inzidente Zweige besitzt.
- Die Zeilen sind linear abhängig (eine Zeile kann gestrichen werden).

Beispiel:

Abbildung 5.4 zeigt den gerichteten Netzwerkgraphen zur Schaltung aus Abb. 5.2. Die Inzidenzmatrix besitzt $k = 4$ Zeilen und $z = 6$ Spalten.

$$\begin{array}{ccc} & & \begin{array}{cccccc} 1 & 2 & 3 & 4 & 5 & 6 \end{array} \text{ Zweige} \\ & \begin{array}{c} 0 \\ 1 \\ 2 \\ 3 \end{array} & \begin{pmatrix} -1 & 0 & 0 & 0 & -1 & -1 \\ 1 & -1 & -1 & 0 & 0 & 0 \\ 0 & 1 & 1 & 1 & 1 & 0 \\ 0 & 0 & 0 & -1 & 0 & 1 \end{pmatrix} \end{array} \quad \text{Knoten} \tag{5.3}$$

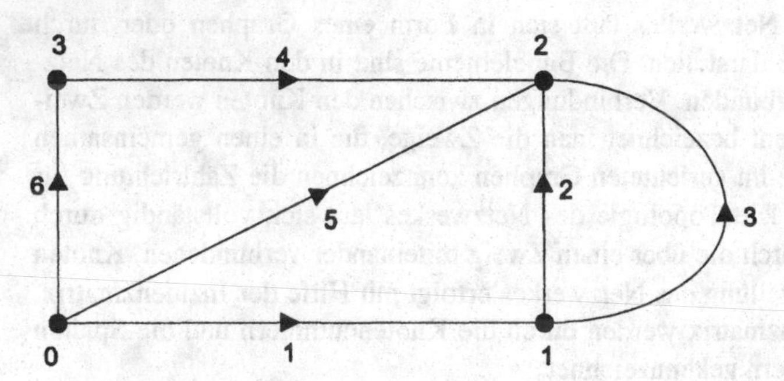

Abb. 5.4. Gerichteter Netzwerkgraph.

Bezeichnet man mit $\mathbf{I} = (I_1, I_2, \ldots, I_z)$ den Vektor der Zweigströme, so folgt mit Hilfe der Kirchhoffschen Knotengleichung

$$\sum I_\nu = 0 \qquad \text{für alle Knoten} \tag{5.4}$$

$$\mathbf{A}_j \, \mathbf{I} = 0 \tag{5.5}$$

Bezeichnet man mit $\mathbf{V} = (V_1, V_2, \ldots, V_z)$ den Vektor der Knotenpotentiale und mit $\mathbf{U} = (U_1, U_2, \ldots, U_z)$ den Vektor der Zweigspannungen, so ergibt sich mit der transponierten Inzidenzmatrix $\mathbf{A}_j^T$:

$$\mathbf{A}_j^T \, \mathbf{V} = \mathbf{U} \tag{5.6}$$

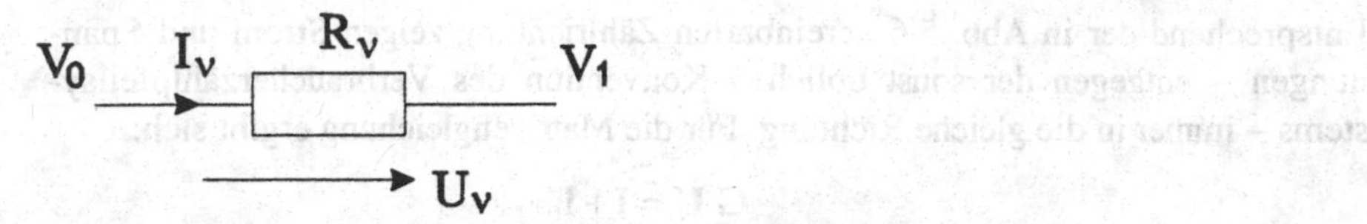

Abb. 5.5. Widerstandselement mit Zählpfeilen für Strom und Spannung.

Für einen Widerstand folgt mit dem Ohmschen Gesetz und der Definition der Zählpfeile entsprechend Abb. 5.5:

$$U_\nu = V_1 - V_0 = R_\nu\, I_\nu \quad \text{für alle Zweige} \tag{5.7}$$

Zusammen mit den Gl. (5.5) und (5.6) ergibt sich nun die folgende Matrizengleichung:

$$\begin{aligned} &\mathbf{A}_j^T\,\mathbf{V} = \mathbf{R}\,\mathbf{I} \\ &\mathbf{G}\,\mathbf{A}_j^T\,\mathbf{V} = \mathbf{I} \qquad \text{mit} \quad \mathbf{G} = \mathbf{R}^{-1} \\ &\mathbf{A}_j\,\mathbf{G}\,\mathbf{A}_j^T\,\mathbf{V} = \mathbf{A}_j\,\mathbf{I} = 0 \end{aligned} \tag{5.8}$$

Für die Matrizenschreibweise werden die Leitwerte G_ν in einer Diagonalmatrix zusammengefaßt.

$$\mathbf{G} = \begin{pmatrix} G_1 & 0 & \cdots & 0 \\ 0 & G_2 & \cdots & 0 \\ \vdots & \vdots & \ddots & \vdots \\ 0 & 0 & \cdots & G_n \end{pmatrix} \tag{5.9}$$

Wir erweitern die Betrachtung jetzt auf Stromquellen mit Innenwiderstand, für diese gilt:

$$\begin{aligned} U_\nu &= G_\nu^{-1}\,(I_\nu + I_{0\nu}) \\ G_\nu\, U_\nu &= I_\nu + I_{0\nu} \end{aligned} \tag{5.10}$$

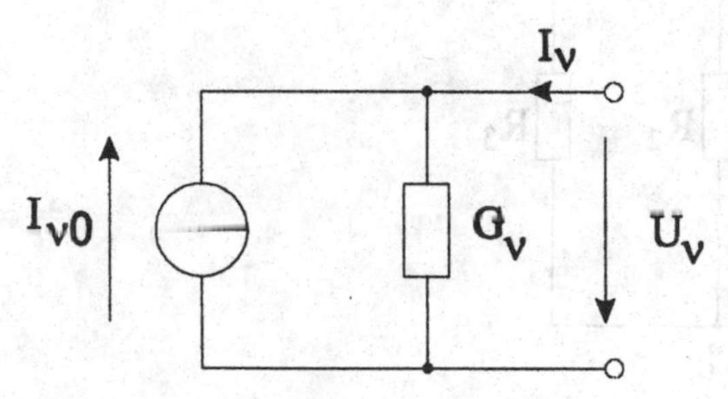

Abb. 5.6. Stromquelle mit Innenwiderstand.

Entsprechend der in Abb. 5.6 vereinbarten Zählrichtung zeigen Strom und Spannungen – entgegen der sonst üblichen Konvention des Verbraucherzählpfeilsystems – immer in die gleiche Richtung. Für die Matrizengleichung ergibt sich:

$$\begin{aligned} \mathbf{G\,U} &= \mathbf{I}+\mathbf{I}_0 \\ \mathbf{G\,A}_j^T\,\mathbf{V} &= \mathbf{I}+\mathbf{I}_0 \\ \mathbf{A}_j\,\mathbf{G\,A}_j^T\,\mathbf{V} &= \mathbf{A}_j\,\mathbf{I}+\mathbf{A}_j\,\mathbf{I}_0 \\ \mathbf{A}_j\,\mathbf{G\,A}_j^T\,\mathbf{V} &= \mathbf{A}_j\,\mathbf{I}_0 \end{aligned} \tag{5.11}$$

Zur Vereinfachung der Schreibweise wird

$$\mathbf{A}_j\,\mathbf{G\,A}_j^T = \mathbf{S} \tag{5.12}$$

gesetzt. Die Matrizenschreibweise ist vom mathematischen Standpunkt klar und eindeutig, jedoch nicht immer instruktiv, daher soll eine äquivalente Formulierung gesucht werden. Jede Zeile der Matrix entspricht der Auswertung der Kirchhoffschen Knotenregel für einen Knoten.

Beispiel:

Für die Schaltung aus Abb. 5.7 lassen sich, ausgehend von den Kirchhoffschen Knotengleichungen und mit Hilfe des Ohmschen Gesetzes leicht die Gleichungen für die Knotenpotentiale aufstellen.

Knoten 1:

$$\begin{aligned} I_1 - I_2 - I_3 &= 0 \\ G_1(V_1 - V_0) - G_2(V_2 - V_1) - G_3(V_2 - V_1) &= 0 \\ -G_1\,V_0 + (G_1 + G_2 + G_3)V_1 - (G_2 + G_3)V_2 &= 0 \end{aligned} \tag{5.13}$$

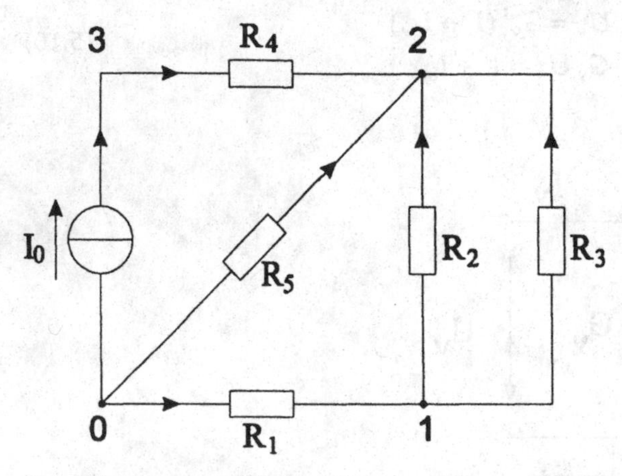

Abb. 5.7. Netzwerk mit Zählpfeilen.

Knoten 2:

$$
\begin{aligned}
I_2 + I_3 + I_4 + I_5 &= 0 \\
G_2(V_2 - V_1) + G_3(V_2 - V_1) + G_4(V_2 - V_3) + G_5(V_2 - V_0) &= 0 \\
-G_5 V_0 - (G_2 + G_3)V_1 + (G_2 + G_3 + G_4 + G_5)V_2 - G_4 V_3 &= 0
\end{aligned}
\tag{5.14}
$$

Knoten 3:

$$
\begin{aligned}
I_0 - I_4 &= 0 \\
I_0 - G_4(V_2 - V_3) &= 0 \\
-G_4 V_2 + G_4 V_3 &= -I_0
\end{aligned}
\tag{5.15}
$$

Eliminiert man den Knoten „0“ als frei wählbares Potential, so ergibt sich das Gleichungssystem:

$$
\begin{pmatrix} G_1 + G_2 + G_3 & -G_2 - G_3 & 0 \\ -G_2 - G_3 & G_2 + G_3 + G_4 + G_5 & -G_4 \\ 0 & -G_4 & G_4 \end{pmatrix} \begin{pmatrix} V_1 \\ V_2 \\ V_3 \end{pmatrix} = \begin{pmatrix} 0 \\ 0 \\ -I_0 \end{pmatrix} \tag{5.16}
$$

Man erkennt folgende Eigenschaften der Matrix:

- Die Matrix ist symmetrisch.
- Diagonalelemente sind positiv, Nichtdiagonalelemente negativ.
- Die Summe der Einträge in den Nebendiagonalen ist gleich dem Eintrag an der Hauptdiagonale, wenn man alle Knoten (auch „0“) berücksichtigt.

Jetzt wird auch das recht einfache Bildungsgesetz der Matrix klar. Jeder Leitwert (Zweipol) zwischen den Knoten *i, j* ergibt vier Einträge in der Matrix, jeweils positiv in der Hauptdiagonale an den Stellen *ii, jj* und negativ an den Stellen *ij, ji*. Die Einträge der einzelnen Zweipole werden in der Systemmatrix aufaddiert (assembliert). Stromquellen liefern jeweils zwei Einträge auf der rechten Seite (Quellenvektor). Mit negativem Vorzeichen, wenn die Zählrichtung der Stromquelle zum Knoten hinzeigt und positiv, wenn die Zählrichtung der Quelle vom Knoten wegzeigt. Beim Aufstellen der Matrix (Assemblieren) geht man so vor, daß man nacheinander alle Einträge der Zweige in der Matrix und der rechten Seite aufaddiert.

Es ist zweckmäßig, diese Tatsache zu nutzen und für die Zweige ein lokales Gleichungssystem zu erstellen. Wir betrachten einen allgemeinen Zweig aus Abb. 5.8 und legen als lokale Knoten nun die Knoten 1 und 2 fest. Die Zählrichtung soll stets von Knoten 1 nach 2 festgelegt sein. Wir erhalten damit das lokale Gleichungssystem

$$
G\,U = G(V_2 - V_1) = I_0 + G\,U_0 + I = I_S + I \tag{5.17}
$$

$$
\mathbf{S}_l \cdot \mathbf{V} = \begin{pmatrix} G & -G \\ -G & G \end{pmatrix} \begin{pmatrix} V_1 \\ V_2 \end{pmatrix} = \begin{pmatrix} -I_0 - G U_0 \\ I_0 + G U_0 \end{pmatrix} + \begin{pmatrix} -I \\ I \end{pmatrix} = \mathbf{I}_S + \mathbf{I}_l \tag{5.18}
$$

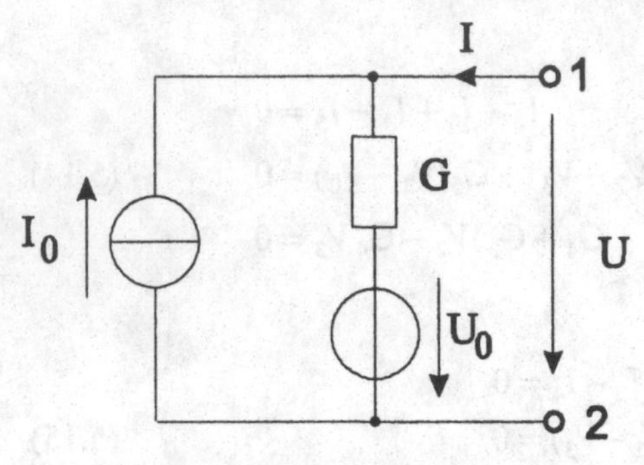

Abb. 5.8. Allgemeiner Zweig, bestehend aus idealer Strom-, Spannungsquelle und Leitwert.

Bei der Erstellung des Gleichungssystems ist die Summe der Stromvektoren $\mathbf{I}_l$ aufgrund der Kirchhoffschen Knotenregel Null. Daraus folgt, daß sich das globale Gleichungssystem durch Summation der lokalen Gleichungssysteme über alle Zweige ergibt, wobei die lokalen Knotennummern auf die globalen Knotennummern des Netzwerks zu übertragen sind.

$$\mathbf{S}\,\mathbf{V} = \mathbf{I}_S = \sum_{l=1}^{z} \mathbf{S}_l\,\mathbf{V} = \sum_{l=1}^{z} \mathbf{I}_S \tag{5.19}$$

Die Matrix $\mathbf{S}$ ist positiv definit, d. h. alle Eigenwerte haben positives Vorzeichen. Diese für die numerische Behandlung wichtige Eigenschaft resultiert auf einer Energieüberlegung. Die im Netzwerk umgesetzte Verlustleistung P ist immer positiv und ergibt sich für eine beliebige Potentialverteilung aus dem Produkt von Strom und Spannung der Widerstände.

$$\begin{aligned} P &= \mathbf{U}^T(\mathbf{I}+\mathbf{I}_0) = \mathbf{U}^T\,\mathbf{G}\,\mathbf{U} \\ &= \left(\mathbf{A}_j{}^T\mathbf{V}\right)^T \mathbf{G}\cdot\mathbf{A}_j^T\,\mathbf{V} \\ &= \mathbf{V}^T\,\mathbf{A}_j\,\mathbf{G}\cdot\mathbf{A}_j^T\,\mathbf{V} \\ &= \mathbf{V}^T\,\mathbf{S}\,\mathbf{V} \geq 0 \end{aligned} \tag{5.20}$$

Für beliebige Knotenpotentiale liefert die Leistung und damit die quadratische Form $\mathbf{V}^T\,\mathbf{S}\,\mathbf{V}$ immer einen positiven Wert. Wobei der Wert Null nur dann angenommen wird, wenn alle Knoten auf dem gleichen Potential liegen und somit alle Spannungen den Wert Null haben. Die Eigenwertgleichung formen wir ebenfalls in eine quadratische Form um.

$$\begin{aligned} \mathbf{0} &= (\mathbf{S}-\lambda\mathbf{E})\,\mathbf{V} \\ \mathbf{0} &= \mathbf{V}^T\,\mathbf{S}\mathbf{V} - \mathbf{V}^T\,\lambda\,\mathbf{V} \end{aligned} \tag{5.21}$$

Damit folgt schließlich für die Eigenwerte λ :

$$\mathbf{V}^T\,\mathbf{S}\mathbf{V} = \lambda|\mathbf{V}|^2 \geq 0 \Rightarrow \lambda \geq 0 \tag{5.22}$$

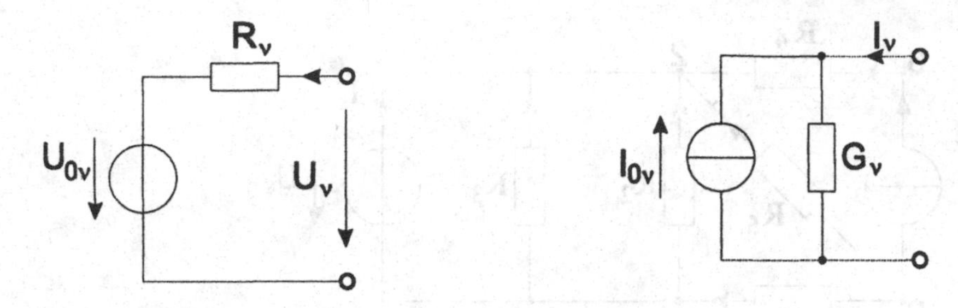

Abb. 5.9. Umformung von Spannungsquellen in Stromquellen.

Die positive Definitheit ist also eine Folge aus der Verknüpfung der Matrix **S** mit einer Energie. Diese Matrixeigenschaft ist deshalb von Bedeutung, weil besonders effiziente Lösungsverfahren für lineare Gleichungssysteme nur für positiv definite Matrizen anwendbar sind.

Als weitere wichtige Eigenschaft, die für eine effiziente Lösung des Matrizenproblems große Bedeutung hat, ist die Matrix nur dünn besetzt. Die Matrix hat nur Einträge an den Stellen s_{ij}, an denen die Knoten i, j durch einen Zweig verbunden sind. In großen Netzen bestehen derartige Verbindungen nur zwischen wenigen Punkten, so daß die meisten Einträge (in großen Matrizen) Null sind.

Bisher haben wir nur Widerstände und verallgemeinerte Stromquellen betrachtet. Spannungsquellen mit einem Innenwiderstand können mit $G_\nu = 1/R_\nu$ und $I_{0\nu} = U_{0\nu}/R_\nu$ in äquivalente Stromquellen überführt werden (Abb.5.9). Für ideale Spannungsquellen (Abb. 5.10) mit $R \to 0$ versagt die Umformung, da dann der Kehrwert nicht mehr gebildet werden kann.

In SPICE wird aus diesem Grund eine modifizierte Knotenanalyse verwendet (MNA: Modified Nodal Analysis). Hierbei wird der Strom durch Spannungsquellen getrennt behandelt und für jede Spannungsquelle eine Gleichung (eine Zeile und eine Spalte) ergänzt, die die Potentialdifferenz festlegt [8, 9].

Betrachten wir die Schaltung in Abb. 5.11, die aus dem obigen Beispiel mit einer zusätzlichen Spannungsquelle parallel zum Zweig 3 hervorgeht, so ergibt sich nun das folgende Gleichungssystem:

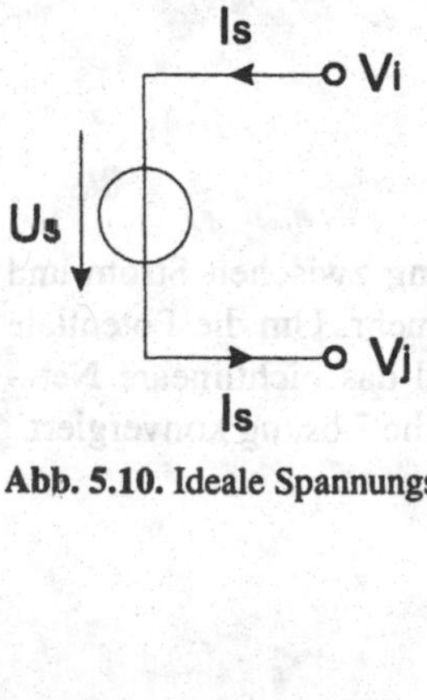

Is
Vi
Us
Vj
Is

$$U_s = V_j - V_i$$

$$I_s = \text{Quellenstrom}$$

Abb. 5.10. Ideale Spannungsquelle.

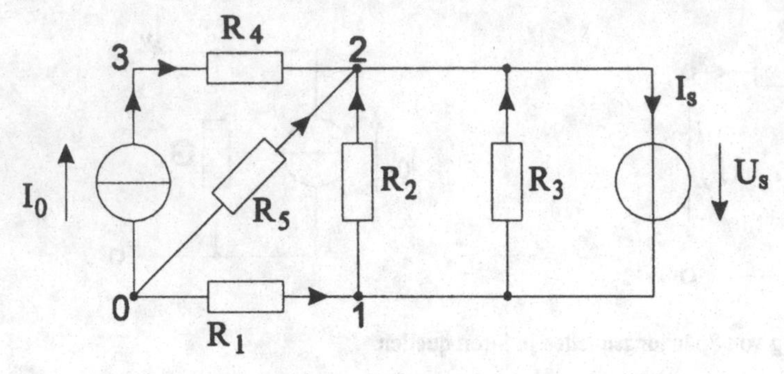

Abb. 5.11. Netzwerk mit Strom- und Spannungsquelle.

$$\begin{pmatrix} G_1+G_2+G_3 & -G_2-G_3 & 0 & 1 \\ -G_2-G_3 & G_2+G_3+G_4+G_5 & -G_4 & -1 \\ 0 & -G_4 & G_4 & 0 \\ 1 & -1 & 0 & 0 \end{pmatrix} \begin{pmatrix} V_1 \\ V_2 \\ V_3 \\ I_s \end{pmatrix} = \begin{pmatrix} 0 \\ 0 \\ -I_0 \\ U_s \end{pmatrix} \tag{5.23}$$

Die Matrix bleibt symmetrisch. Der Block in der rechten unteren Ecke enthält immer Nullen. Die Anzahl der Gleichungen ergibt sich jetzt aus der Anzahl der Knoten - 1 = ($k-1$), zuzüglich der Anzahl der Spannungsquellen n_v

$$n = (k-1) + n_v \tag{5.24}$$

Ähnlich ist der Spannungsabfall an einer Induktivität im Gleichstromfall $U_L = 0$, so daß für jede Induktivität eine weitere Gleichung eingeführt werden muß. Die Matrix erhält damit die folgende Struktur:

$$\begin{pmatrix} \mathbf{S} & \mathbf{T} \\ \mathbf{T}^T & \mathbf{0} \end{pmatrix} \begin{pmatrix} \mathbf{V} \\ \mathbf{I} \end{pmatrix} = \begin{pmatrix} \mathbf{I}_0 \\ \mathbf{U}_s \end{pmatrix} \quad \Rightarrow \quad \mathbf{A}\,\mathbf{x} = \mathbf{b} \tag{5.25}$$

Leider verliert das Gleichungssystem einige günstige Eigenschaften. Da in der Hauptdiagonale Nullen stehen und beim Eliminationsprozeß immer durch die Diagonaleinträge dividiert wird, muß die Matrix zur Lösung mit einem Gauß-Verfahren erst so sortiert werden, daß in der Diagonalen keine Nullen mehr auftreten.

5.3 Nichtlineare Netzwerke

Für viele elektronische Bauelemente ist der Zusammenhang zwischen Strom und Spannung nichtlinear und das Ohmsche Gesetz gilt nicht mehr. Um die Potentiale mit den zuvor behandelten Methoden zu bestimmen, wird das nichtlineare Netzwerk in eine Folge linearer Probleme überführt, die gegen die Lösung konvergiert.

Beispiel:
Für die Diode ergibt sich der Zusammenhang

$$I = I_s \left(e^{\frac{U}{U_T}} - 1 \right) \tag{5.26}$$

I_S ist der Sättigungssperrstrom und $U_T = k_B\, T\,/\,e$ die Temperaturspannung. Zur Behandlung in Analogie mit Widerständen bzw. Leitwerten setzen wir:

$$G(U) = \frac{I(U)}{U} = \frac{I_s \left(e^{\frac{U}{U_T}} - 1 \right)}{U} \tag{5.27}$$

$$G\left(V_i, V_j\right) = \frac{e^{\frac{V_j - V_i}{U_T}} - 1}{V_j - V_i}\, I_s \tag{5.28}$$

i j

Aufgrund der Exponentialfunktion kann der numerische Wert des Widerstands sehr groß oder sehr klein werden und dann zu einem Überlauf oder, bedingt durch die endliche Zahlendarstellung, zu Rundungsfehlern führen. Für die numerische Behandlung ist es daher immer notwendig, den Wertebereich zu begrenzen, z. B. durch einen zusätzlichen festen Widerstand (Restwiderstand).

Durch die Nichtlinearität werden nun die Matrixeinträge vom Lösungsvektor $\mathbf{x}$ abhängig:

$$\mathbf{A}(\mathbf{x})\,\mathbf{x} = \mathbf{b} \tag{5.29}$$

Zur Lösung des nichtlinearen Gleichungssystems wird häufig das Newton-Verfahren angewendet. Ziel der Lösung ist es, den Vektor $\mathbf{x}$ so zu bestimmen, daß das Residuum, also die Größe $\mathbf{r}(\mathbf{x}) = \mathbf{A}(\mathbf{x})\,\mathbf{x} - \mathbf{b}$, Null wird. Dies wird durch eine Iteration ausgehend von einem Startwert $\mathbf{x}^{(0)}$ erreicht.

Betrachten wir zunächst nur eine (die erste) Zeile des Gleichungssystems:

$$\sum_i a_{1i}(\mathbf{x})\, x_i - b_1 = r_1(\mathbf{x}) \overset{!}{=} 0 \tag{5.30}$$

Eine Taylor-Entwicklung liefert an der Stelle $\mathbf{x}^{(0)}$

$$\begin{aligned} r_1(\mathbf{x}) = r_1(\mathbf{x}^{(0)}) &+ \underbrace{\left(x_1 - x_1^{(0)}\right)}_{\Delta x_1} \left.\frac{\partial r_1}{\partial x_1}\right|_{\mathbf{x}^{(0)}} + \underbrace{\left(x_2 - x_2^{(0)}\right)}_{\Delta x_2} \left.\frac{\partial r_1}{\partial x_2}\right|_{\mathbf{x}^{(0)}} + \cdots \\ &+ \frac{\left(x_1 - x_1^{(0)}\right)^2}{2!} \cdots \end{aligned} \tag{5.31}$$

Man kann also hoffen, daß man ausgehend von einem Punkt $\mathbf{x}^{(0)}$ eine Verbesserung der Lösung $\mathbf{x}^{(1)}$ erhält (Verkleinerung des Residuums), wenn man die nach dem ersten Glied abgebrochene Taylor-Reihe nach $\mathbf{x} = \mathbf{x}^{(1)}$ auflöst. Wir erzeugen damit eine Folge von Iterationslösungen $\mathbf{x}^{(0)}, \mathbf{x}^{(1)}, \mathbf{x}^{(2)} \ldots$.

$$
\begin{aligned}
& r_1\left(\mathbf{x}^{(1)}\right) \overset{!}{=} 0 \\
& \Rightarrow \Delta x_1 \left.\frac{\partial r_1}{\partial x_1}\right|_{x^{(0)}} + \Delta x_2 \left.\frac{\partial r_1}{\partial x_2}\right|_{x^{(0)}} + \cdots = -r_1\left(\mathbf{x}^{(0)}\right) \\
& x_1^{(1)} = x_1^{(0)} + \Delta x_1
\end{aligned} \tag{5.32}
$$

Schreibt man die Gleichung für alle Zeilen untereinander, so erhält man:

$$
\mathbf{J}(\mathbf{x}^{(0)})\, \Delta\mathbf{x}^{(1)} = \begin{pmatrix} \frac{\partial r_1}{\partial x_1} & \frac{\partial r_1}{\partial x_2} & \cdots & \frac{\partial r_1}{\partial x_n} \\ \frac{\partial r_2}{\partial x_1} & \frac{\partial r_2}{\partial x_2} & \ddots & \\ \vdots & & & \\ \frac{\partial r_n}{\partial x_1} & & & \frac{\partial r_n}{\partial x_n} \end{pmatrix} \begin{pmatrix} \Delta x_1 \\ \Delta x_2 \\ \vdots \\ \Delta x_n \end{pmatrix} = - \begin{pmatrix} r_1\left(\mathbf{x}^{(0)}\right) \\ r_2\left(\mathbf{x}^{(0)}\right) \\ \vdots \\ r_n\left(\mathbf{x}^{(0)}\right) \end{pmatrix} \tag{5.33}
$$

Die Matrix mit den Differentialen $\partial r_i / \partial x_j$ heißt Jacobi-Matrix und wird mit $\mathbf{J}$ abgekürzt. Man erhält damit die Iterationsvorschrift des Newton-Verfahrens:

<u>wähle</u> $\mathbf{x}^{(0)}$

$$\mathbf{r}^{(0)} = \mathbf{A}\left(\mathbf{x}^{(0)}\right)\mathbf{x}^{(0)} - \mathbf{b}^{(0)}$$

<u>für $k = 1$ bis $n_{\max}$</u>

wenn $\left\|\mathbf{r}^{(k-1)}\right\| < \varepsilon \;\rightarrow$ Ende

löse $\mathbf{J}\left(\mathbf{x}^{(k-1)}\right) \Delta\mathbf{x}^{(k)} = -\mathbf{r}^{(k-1)}$

$\mathbf{x}^{(k)} = \mathbf{x}^{(k-1)} + \Delta\mathbf{x}^{(k)}$; $\left\|\Delta\mathbf{x}^{(k)}\right\| < \delta \Rightarrow$ prüfe auf Konvergenz

$\mathbf{r}^{(k)} = \mathbf{A}\left(\mathbf{x}^{(k)}\right)\mathbf{x}^{(k)} - \mathbf{b}^{(k)}$

Die Einträge j_{ij} der Jacobi-Matrix sind (Zeile i , Spalte j):

$$
j_{ij} = \frac{\partial r_i}{\partial x_j} = \frac{\partial}{\partial x_j}\left[\sum_k a_{ik} x_k - b_i\right] = \sum_k \frac{\partial a_{ik}}{\partial x_j} x_k + a_{ij} - \frac{\partial b_i}{\partial x_j} \tag{5.34}
$$

Die Jacobi-Matrix enthält also die ursprüngliche Matrix wieder als Summand. Die weiteren Summanden sind von den Differentialen

$$
\frac{\partial a_{ik}}{\partial x_j} \text{ bzw. } \frac{\partial b_i}{\partial x_j} \tag{5.35}
$$

abhängig. Die Differentiale verschwinden, wenn die Matrixeinträge a_{ik} nicht von den Potentialen x_j abhängig sind. Hieraus folgt, daß die Jacobi-Matrix **J** nur an den Stellen Einträge aufweist, an denen auch die Systemmatrix **A** besetzt ist.

Wir hatten oben gesehen, daß die Einträge der Matrix sich aus Einträgen für die einzelnen Zweige mit Hilfe eines lokalen Gleichungssystems ergeben und sich aus diesen Summanden zusammensetzen. Zum Aufstellen des lokalen Gleichungssystems der Jacobi-Matrix für:

$$\begin{pmatrix} G & -G \\ -G & G \end{pmatrix}\begin{pmatrix} V_1 \\ V_2 \end{pmatrix} = \begin{pmatrix} -I_0 \\ I_0 \end{pmatrix} \tag{5.36}$$

sind also die Differentiale

$$\frac{\partial G}{\partial V_1};\ \frac{\partial G}{\partial V_2};\ \frac{\partial I_0}{\partial V_1};\ \frac{\partial I_0}{\partial V_2} \tag{5.37}$$

auszuwerten.

Beispiel:

Für die Jacobi-Matrix der Diode ergibt sich:

$$G(V_1,V_2) = I_s \frac{e^{\frac{(V_2-V_1)}{U_T}} - 1}{V_2 - V_1} \tag{5.38}$$

1 2

$$\frac{\partial G}{\partial V_1} = \frac{I_s}{(V_2-V_1)^2}\left[\frac{-(V_2-V_1)}{U_T} e^{\frac{V_2-V_1}{U_T}} + \left(e^{\frac{V_2-V_1}{U_T}} - 1\right)\right] \tag{5.39}$$

$$\frac{\partial G}{\partial V_2} = -\frac{\partial G}{\partial V_1} \tag{5.40}$$

damit für den Eintrag 1,1 der Jacobi-Matrix

$$\begin{aligned} j_{11} &= \frac{\partial r_1}{\partial x_1} = \sum_{k=1}^{2} \frac{\partial a_{1k}}{\partial x_1} x_k + a_{11} = \sum_{i=1}^{2} \frac{\partial G}{\partial V_i} V_i + G \\ &= \frac{I_s}{V_2-V_1}\left[\frac{V_2-V_1}{U_T} e^{\frac{V_2-V_1}{U_T}} - e^{\frac{V_2-V_1}{U_T}} + 1\right] + \frac{I_s}{V_2-V_1}\left(e^{\frac{(V_2-V_1)}{U_T}} - 1\right) \\ &= \frac{I_s}{U_T} e^{\frac{V_2-V_1}{U_T}} \end{aligned} \tag{5.41}$$

Damit das lokale Gleichungssystem der Jacobi-Matrix

$$\mathbf{J}_l = \frac{I_s}{U_T} e^{\frac{V_2-V_1}{U_T}} \begin{pmatrix} 1 & -1 \\ -1 & 1 \end{pmatrix} \tag{5.42}$$

Wie man aus der Betrachtung der lokalen Jacobi-Matrix erkennt, ist die globale Jacobi-Matrix wieder nur an den Stellen besetzt, an denen Knoten durch Zweige miteinander verbunden sind. Sie besitzt also die gleiche Besetzungsstruktur wie die Systemmatrix $\mathbf{A}$.

Das Newton-Verfahren hat im Prinzip sehr günstige Konvergenzeigenschaften. Die Konvergenzordnung ist quadratisch, d. h. in jedem Iterationsschritt halbiert sich der Fehler (das Residuum). Jedoch gilt dies nur in der Nähe der Lösung, das Newton-Verfahren kann auch divergieren. Aus diesem Grund wird in der Regel eine Implementierung bevorzugt, bei der die Schrittweite $\Delta\mathbf{x}$ im Fall der Divergenz so lange verkleinert wird, bis wieder Konvergenz eintritt. Das gedämpfte Newton-Verfahren sieht dann wie folgt aus:

<u>wähle</u> $\mathbf{x}^{(0)}$

$$\mathbf{r}^{(0)} = \mathbf{A}\left(\mathbf{x}^{(0)}\right) \mathbf{x}^{(0)} - \mathbf{b}^{(0)}$$

<u>für $k = 1$ bis $n_{\max}$</u>

wenn $\left\|\mathbf{r}^{(k-1)}\right\| < \varepsilon \rightarrow$ Ende

löse $\mathbf{J}\left(\mathbf{x}^{(k-1)}\right) \Delta\mathbf{x}^{(k)} = -\mathbf{r}^{(k-1)}$

$\left\|\Delta\mathbf{x}^{(k)}\right\| < \delta \Rightarrow$ prüfe auf Konvergenz

$\alpha = 1$

update $\mathbf{x}^{(k)} = \mathbf{x}^{(k-1)} + \alpha\,\Delta\mathbf{x}^{(k)}$

$\mathbf{r}^{(k)} = \mathbf{A}\left(\mathbf{x}^{(k)}\right) \mathbf{x}^{(k)} - \mathbf{b}^{(k)}$

wenn $\left\|\mathbf{r}^{(k)}\right\| > \left\|\mathbf{r}^{(k-1)}\right\| \rightarrow$ setze $\alpha = \dfrac{\alpha}{2}$ und fahre bei update fort

Durch diese Änderung des Verfahrens erreicht man eine globale Konvergenz, da eine Verringerung des Residuums garantiert ist. In der Nähe der Lösung verwendet das Verfahren immer die optimale Schrittweite mit $\alpha = 1$ und ist dann quadratisch konvergent. Aufgrund der sehr günstigen Eigenschaften ist diese Methode das am häufigsten verwendete Verfahren [6, 7].

Eine weitere verbreitete Methode zur Lösung nichtlinearer Gleichungssysteme ist die Continuation-Method. Anschaulich entsprechen diese Verfahren bei Netzwerken dem langsamen „hochdrehen" der Strom- und Spannungsquellen. In sukzessiven Schritten wird dabei wiederholt die folgende Gleichung

$$\mathbf{x}^{(k+1)} = \mathbf{A}^{-1}\left(\mathbf{x}^{(k)}\right)\left(\beta\,\mathbf{b}(\mathbf{x}^{(k)})\right) \quad \text{mit} \quad \beta \in [0,1] \quad \text{aufsteigend} \tag{5.43}$$

gelöst.

5.4 Netzwerkanalyse zeitabhängiger Signale, transiente Analyse

Wir betrachten im folgenden zunächst nur Netzwerke, bestehend aus Widerständen, Kapazitäten und Stromquellen. Um auch Induktivitäten und ideale Spannungsquellen zu behandeln, ist wieder eine Modifikation in der Art notwendig, wie sie bereits in Kap. 5.2 besprochen wurde (Modified Nodal Analysis).

Um das Vorgehen zu verdeutlichen, betrachten wir die einfache Schaltung aus Abb. 5.12 mit zwei Kapazitäten und stellen die Netzwerkgleichungen auf.

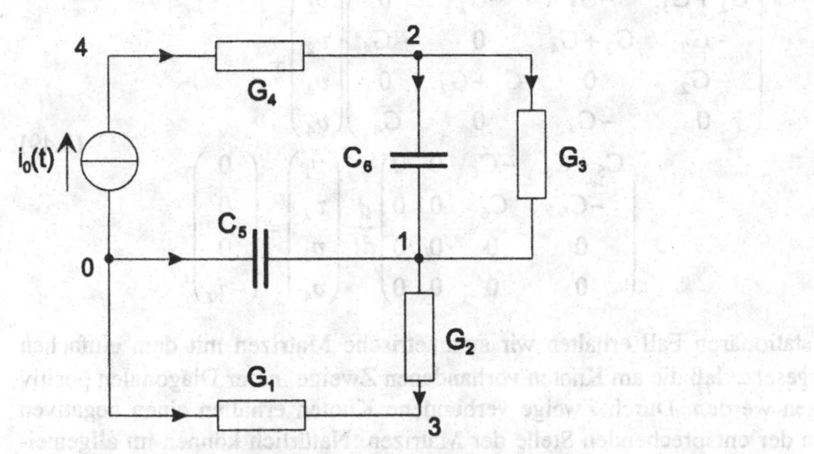

Abb. 5.12. Netzwerk aus Stromquelle und Kapazitäten.

Knoten 0:

$$-i_0 - i_1 - i_5 = 0$$
$$-G_1(v_3 - v_0) - C_5 \frac{d}{dt}(v_1 - v_0) = i_0 \tag{5.44}$$

Knoten 1:

$$-i_2 + i_3 + i_5 + i_6 = 0$$
$$-G_2(v_3 - v_1) + G_3(v_1 - v_2) + C_5 \frac{d}{dt}(v_1 - v_0) + C_6 \frac{d}{dt}(v_1 - v_2) = 0 \tag{5.45}$$

Knoten 2:

$$-i_3 + i_4 - i_6 = 0$$
$$-G_3(v_1 - v_2) + G_4(v_2 - v_4) - C_6 \frac{d}{dt}(v_1 - v_2) = 0 \tag{5.46}$$

Knoten 3:

$$\begin{aligned} i_1 + i_2 &= 0 \\ G_1(v_3 - v_0) + G_2(v_3 - v_1) &= 0 \end{aligned} \tag{5.47}$$

Knoten 4:

$$\begin{aligned} i_0 - i_4 &= 0 \\ -G_4(v_2 - v_4) &= -i_0 \end{aligned} \tag{5.48}$$

Wie im statischen Fall streichen wir die Gleichung, die dem Knoten „0" zugeordnet ist. Dann ergibt sich das folgende Differentialgleichungssystem.

$$\begin{pmatrix} G_2 + G_3 & -G_3 & -G_2 & 0 \\ -G_3 & G_3 + G_4 & 0 & -G_4 \\ -G_2 & 0 & G_1 + G_2 & 0 \\ 0 & -G_4 & 0 & G_4 \end{pmatrix} \begin{pmatrix} v_1 \\ v_2 \\ v_3 \\ v_4 \end{pmatrix} + \begin{pmatrix} C_5 + C_6 & -C_6 & 0 & 0 \\ -C_6 & C_6 & 0 & 0 \\ 0 & 0 & 0 & 0 \\ 0 & 0 & 0 & 0 \end{pmatrix} \frac{d}{dt} \begin{pmatrix} v_1 \\ v_2 \\ v_3 \\ v_4 \end{pmatrix} = \begin{pmatrix} 0 \\ 0 \\ 0 \\ -i_0 \end{pmatrix} \tag{5.49}$$

Wie im stationären Fall erhalten wir symmetrische Matrizen mit dem einfachen Bildungsgesetz, daß die am Knoten vorhandenen Zweige in der Diagonalen positiv eingetragen werden. Durch Zweige verbundene Knoten erhalten einen negativen Betrag an der entsprechenden Stelle der Matrizen. Natürlich können im allgemeinen Fall auch die Matrixelemente selbst nichtlinear und zeitabhängig sein. In der Matrizenschreibweise ergibt sich:

$$\mathbf{A}\,\mathbf{x} + \mathbf{B}\,\dot{\mathbf{x}} = \mathbf{b} \tag{5.50}$$

Durch Invertieren erhalten wir die Standardform für Systeme gewöhnlicher Differentialgleichungen:

$$\dot{\mathbf{x}} = -\mathbf{B}^{-1}\mathbf{A}\,\mathbf{x} + \mathbf{B}^{-1}\mathbf{b}(t) = \mathbf{T}\,\mathbf{x} + \mathbf{g}(t) \tag{5.51}$$

Wie man aus dem Beispiel sieht, ist die Matrix $\mathbf{B}$ im allgemeinen jedoch nicht invertierbar, da Knoten an denen nur Widerstände und keine Kapazitäten vorhanden sind, in diesen Zeilen der Kapazitätsmatrix keine Einträge erhalten. Für diesen Fall kann man die Matrizen blockweise zerlegen. Die Knoten müssen dabei so numeriert (sortiert) werden, daß im Vektor der Potentiale zuerst diejenigen Knoten $\mathbf{x}_C$ stehen, die mit Kapazitäten verbunden sind.

$$\begin{pmatrix} \mathbf{A}_{11} & \mathbf{A}_{12} \\ \mathbf{A}_{12}^T & \mathbf{A}_{22} \end{pmatrix} \begin{pmatrix} \mathbf{x}_C \\ \mathbf{x}_G \end{pmatrix} + \begin{pmatrix} \mathbf{B}_{11} & \mathbf{0} \\ \mathbf{0} & \mathbf{0} \end{pmatrix} \begin{pmatrix} \dot{\mathbf{x}}_C \\ \dot{\mathbf{x}}_G \end{pmatrix} = \begin{pmatrix} \mathbf{b}_C \\ \mathbf{b}_G \end{pmatrix} \tag{5.52}$$

Die zweite Matrizenblockgleichung kann nun nach $\mathbf{x}_G$ aufgelöst werden:

$$\mathbf{x}_G = \mathbf{A}_{22}^{-1}\left(\mathbf{b}_G - \mathbf{A}_{12}^T \mathbf{x}_C\right) = \mathbf{A}_{22}^{-1}\mathbf{b}_G - \mathbf{A}_{22}^{-1}\mathbf{A}_{12}^T \mathbf{x}_C \tag{5.53}$$

Durch Einsetzen in die zweite Matrizenblockgleichung ergibt sich:

$$\begin{aligned}
&\mathbf{A}_{11}\mathbf{x}_C + \mathbf{A}_{12}\mathbf{x}_G + \mathbf{B}_{11}\dot{\mathbf{x}}_C = \mathbf{b}_C \\
&\mathbf{A}_{11}\mathbf{x}_C + \mathbf{A}_{12}\left(\mathbf{A}_{22}^{-1}\mathbf{b}_G - \mathbf{A}_{22}^{-1}\mathbf{A}_{12}^T\mathbf{x}_C\right)\mathbf{x}_C + \mathbf{B}_{11}\dot{\mathbf{x}}_C = \mathbf{b}_C \\
&(\mathbf{A}_{11} - \mathbf{A}_{12}\mathbf{A}_{22}^{-1}\mathbf{A}_{12}^T)\mathbf{x}_C + \mathbf{B}_{11}\dot{\mathbf{x}}_C = \mathbf{b}_C - \mathbf{A}_{12}\mathbf{A}_{22}^{-1}\mathbf{b}_G
\end{aligned} \tag{5.54}$$

Damit läßt sich das Gleichungssystem auf die Standardform $\dot{\mathbf{x}} = \mathbf{T}\mathbf{x} + \mathbf{g}(t)$ reduzieren. Das Gleichungssystem für die transiente Analyse enthält nur noch diejenigen Knoten $\mathbf{x}_C$, an denen Kapazitäten angeschlossen sind. Allerdings ist hierzu die Inverse der Blockmatrix $\mathbf{B}_{11}$ zu bilden. Dies ist nur möglich, wenn sie keine linear abhängigen Matrixzeilen enthält. Aus diesem Grund muß immer ein mit einer Kapazität verbundener Knoten auf das Bezugspotential gesetzt werden, dessen zugehörige Gleichung eliminiert wird. Die Potentiale in den übrigen Knoten $\mathbf{x}_G$ müssen durch die Matrizengleichung (5.53) ermittelt werden. Zur Lösung des transienten Problems ist natürlich noch die Angabe von Anfangswerten (Kondensatorspannungen) zum Zeitnullpunkt nötig.

Die in der Gleichung (5.54) auftretenden Matrizeninversionen werden bei der numerischen Analyse umfangreicher Netzwerke in der Regel in jedem Zeitschritt durch das Lösen eines Gleichungssystems ersetzt, da die Inverse einer dünn besetzten Matrix i. a. voll besetzt ist und die numerische Inversion kostspielig (zeitaufwendig) ist und numerisch nicht stabil verläuft.

Das Gleichungssystem (5.52) besteht aus Differentialgleichungen für die Knotenpotentiale der Kapazitäten und algebraischen Gleichungen für die restlichen Knotenpotentiale. Derartige Gleichungssysteme werden Algebro-Differentialgleichungen genannt. Die Anzahl der für den transienten Fall zu bestimmenden Unbekannten stimmt in unserem Fall mit der Anzahl der im Netzwerk vorhandenen Kapazitäten überein. Die übrigen Potentiale ergeben sich aus diesen durch eine Matrizengleichung. Die für die eindeutige Bestimmung notwendigen Größen werden allgemein Zustandsvariablen genannt. Zustandsvariablen sind diejenigen Größen, die eindeutig den Zustand oder die Anfangsbedingungen eines Netzwerks festlegen. Für allgemeine technische Systeme ergibt sich die Anzahl der Zustandsvariablen aus der Anzahl der im System vorhanden Energiespeicher. Die Komplexitätsordnung kann noch durch zusätzliche Abhängigkeiten der Zustandsgrößen (Zwangsbedingungen) reduziert werden, z. B. durch Schleifen aus idealen Spannungsquellen und Kapazitäten. Statt durch Kondensatorspannungen hätten wir den Zustand auch mit Hilfe der Ladungen der Kondensatoren beschreiben können. Welche der beiden Formen verwendet wird, ist für lineare Netzwerke gleichgültig und hängt bei nichtlinearen Bauelementen davon ab, ob es einen eindeutigen Zusammenhang $q = f_u(u)$ bzw. $u = f_q(q)$ gibt [1, 8].

Auch im Falle nichtelektrischer Größen wird die Anzahl der Zustandsgrößen durch die Anzahl der Energiespeicher bestimmt. In Tabelle 5.2 sind einige der

Tabelle 5.2. Energiespeicher und deren Zustandsgrößen verschiedener physikalischer Größen.

Energieform	Energie	Speicher	Zustandsgröße 1.Form	Zustandsgröße 2.Form	Beziehung
magnetisches Feld	$\frac{1}{2}Li^2$	Induktivität	i	$\Phi = Li$	$u = L\frac{di}{dt}$
elektrisches Feld	$\frac{1}{2}Cu^2$	Kapazität	u	$q = Cu$	$i = C\frac{du}{dt}$
kinetische Energie	$\frac{1}{2}mv^2$	Masse	v	$I = mv$	$F = m\frac{dv}{dt}$
mechanisches Spannungsfeld	$\frac{1}{2}\frac{1}{c}F^2$	Feder	F	$x = \frac{1}{c}F$	$v = \frac{1}{c}\frac{dF}{dt}$
Rotationsenergie	$\frac{1}{2}J\omega^2$	Trägheitsmoment	ω	$L = J\omega$	$M = L\frac{d\omega}{dt}$
thermisches Feld	$C_{th}\,\Delta T$	Wärmekapazität	ΔT	$Q = C_{th}\,\Delta T$	$\Phi_{th} = C_{th}\frac{dT}{dt}$

Energieformen, Energiespeicher und die Zustandsgrößen für verschiedene physikalische Felder aufgelistet.

Die verwendete Formulierung der Netzwerkgleichungen mit Hilfe der Knotenpotentialmethode hat uns einen einfachen Formalismus zur Aufstellung des Gleichungssystems geliefert. Nachteilig hierbei ist, daß Induktivitäten und ideale Spannungsquellen eine Sonderbehandlung erfordern und zu zusätzlichen Gleichungen führen. Auch stören diese zusätzlichen Gleichungen die „schöne" Struktur des Gleichungssystems. Ein weiterer Nachteil der hier gewählten Herleitung der Zustandsgleichungen ergibt sich aus der Notwendigkeit der Bildung von Inversen in Gl. (5.54). Allerdings kann man, wie wir im nächsten Abschnitt sehen werden, für viele Lösungsverfahren auch direkt mit dem differentiell-algebraischen System (5.50) arbeiten. Es existieren auch Verfahren, die direkt die Gleichungen der Zustandsvariablen liefern [1, 8]. Diese Verfahren liefern immer eine Formulierung mit der minimalen Anzahl von Unbekannten. Häufig sind diese Verfahren für Netzwerke mit nichtlinearen und zeitabhängigen Bauteilparametern besser geeignet.

5.5 Lösung des transienten Problems

Zur Lösung (auch Integration genannt) des transienten Problems gehen wir zunächst von der Standardform eines Differentialgleichungssystems $\dot{\mathbf{x}} = \mathbf{T}\mathbf{x} + \mathbf{g}(t)$ mit einer gleichmäßigen Zeitdiskretisierung mit der Weite Δt aus. Wir bezeichnen dann den $n-$ten Zeitschnitt mit:

$$\mathbf{x}_n := \mathbf{x}(n \cdot \Delta t) \tag{5.55}$$

Um ein iteratives Lösungsverfahren zu entwickeln, verwenden wir die Taylor-Entwicklung:

$$\mathbf{x}_n = \mathbf{x}_{n-1} + \Delta t\ \dot{\mathbf{x}}_{n-1} + \frac{\Delta t^2}{2}\ \ddot{\mathbf{x}}_{n-1} + \ldots = \mathbf{x}_{n-1} + \Delta t\ \dot{\mathbf{x}}_{n-1} + O(\Delta t^2) \tag{5.56}$$

Wenn man nach dem ersten Glied abbricht und die Matrizengleichung $\dot{\mathbf{x}} = \mathbf{T}\,\mathbf{x} + \mathbf{g}$ einsetzt, ergibt sich mit der Einheitsmatrix $\mathbf{E}$:

$$\begin{aligned} \mathbf{x}_n &\approx \mathbf{x}_{n-1} + \Delta t\ \dot{\mathbf{x}}_{n-1} = \mathbf{x}_{n-1} + \Delta t\ (\mathbf{T}\,\mathbf{x}_{n-1} + \mathbf{g}_{n-1}) \\ &= (\mathbf{E} + \Delta t\,\mathbf{T})\,\mathbf{x}_{n-1} + \Delta t\,\mathbf{g}_{n-1} \end{aligned} \tag{5.57}$$

Diese Integrationsformel wird Euler-Vorwärts oder explizites Euler-Verfahren genannt. Ein Verfahren heißt allgemein explizit, wenn sich der Lösungsvektor zum Zeitpunkt t_n ohne weitere Lösung eines Gleichungssystems aus den Werten zu früheren Zeitpunkten ergibt.

Die Taylor-Entwicklung in Rückwärtsrichtung ergibt:

$$\mathbf{x}_n = \mathbf{x}_{n+1} - \Delta t\,\dot{\mathbf{x}}_{n+1} + \frac{\Delta t^2}{2}\ddot{\mathbf{x}}_{n+1} + \ldots \tag{5.58}$$

oder

$$\mathbf{x}_{n-1} = \mathbf{x}_n - \Delta t\,\dot{\mathbf{x}}_n + \frac{\Delta t^2}{2}\ddot{\mathbf{x}}_n + \ldots \tag{5.59}$$

Abbruch der Taylor-Reihe nach dem ersten Glied und Einsetzen liefert:

$$\begin{aligned} \dot{\mathbf{x}}_n &= \frac{-1}{\Delta t}(\mathbf{x}_{n-1} - \mathbf{x}_n) + O(\Delta t) \\ \mathbf{x}_{n-1} &\approx \mathbf{x}_n - \Delta t\,(\mathbf{T}\,\mathbf{x}_n + \mathbf{g}_n) = (\mathbf{E} - \Delta t\,\mathbf{T})\,\mathbf{x}_n - \Delta t\,\mathbf{g}_n \end{aligned} \tag{5.60}$$

Zur Auflösung nach $\mathbf{x}_n$ ist die Lösung einer Matrizengleichung notwendig. Daher heißt diese Variante implizites Euler-Verfahren oder Euler-Rückwärts-Verfahren. Sowohl das explizite, wie das implizite Euler-Verfahren sind Verfahren der Ordnung $p = 1$, da der Fehlerterm von der Ordnung $O(\Delta t)$ ist. Der Fehler des Verfahrens ist natürlich vom Grad des Restglieds der Taylor-Entwicklung abhängig. Daher erscheint es attraktiv, durch Benutzung mehrerer Stützstellen, die Restglieder bis zu einem möglichst hohen Grad zu eliminieren (Mehrschritt- oder Multistep-Verfahren). Das quadratische Glied läßt sich durch Subtraktion von Vorwärts- und Rückwärtsformel leicht eliminieren.

$$\mathbf{x}_n = \mathbf{x}_{n-1} + \Delta t\,\dot{\mathbf{x}}_{n-1} + \frac{\Delta t^2}{2}\ddot{\mathbf{x}}_{n-1} + \frac{\Delta t^3}{6}\dddot{\mathbf{x}}_{n-1} + \ldots$$

$$\mathbf{x}_{n-2} = \mathbf{x}_{n-1} - \Delta t\,\dot{\mathbf{x}}_{n-1} + \frac{\Delta t^2}{2}\ddot{\mathbf{x}}_{n-1} - \frac{\Delta t^3}{6}\dddot{\mathbf{x}}_{n-1} + \ldots \tag{5.61}$$

$$\mathbf{x}_n - \mathbf{x}_{n-2} = 2\Delta t\,\dot{\mathbf{x}}_{n-1} + \frac{2}{6}\Delta t^3\dddot{\mathbf{x}}_{n-1}\ldots$$

der Fehlerterm in der Ableitung ist von zweiter Ordnung $O(\Delta t^2)$

$$\dot{\mathbf{x}}_{n-1} = (\mathbf{x}_n - \mathbf{x}_{n-2})\frac{1}{2\Delta t} + O(\Delta t^2) \tag{5.62}$$

Der Term $\dot{\mathbf{x}}_{n-1}$ kann dabei durch den Mittelwert aus Vorgänger und Nachfolger ersetzt werden, wie man aus der Taylor-Entwicklung erkennt.

$$\dot{\mathbf{x}}_n + \dot{\mathbf{x}}_{n-2} = 2\,\dot{\mathbf{x}}_{n-1} + \Delta t^2\,\dddot{\mathbf{x}}_{n-1} + \ldots \tag{5.63}$$

Durch Einsetzen von (5.62) erhält man den gewünschten Zusammenhang.

$$\mathbf{x}_n - \mathbf{x}_{n-2} = \Delta t\,(\dot{\mathbf{x}}_n + \dot{\mathbf{x}}_{n-2}) - \frac{2}{3}\Delta t^3\,\dddot{\mathbf{x}}_{n-1} - \ldots \tag{5.64}$$

Mit der Substitution $\Delta t \to \Delta t/2$ und der Korrektur der Indizes ergibt sich damit die folgende Integrationsformel:

$$\mathbf{x}_n - \mathbf{x}_{n-1} = \frac{\Delta t}{2}(\dot{\mathbf{x}}_n + \dot{\mathbf{x}}_{n-1}) + O(\Delta t^3)$$

$$\mathbf{x}_n \approx \mathbf{x}_{n-1} + \frac{\Delta t}{2}(\mathbf{T}\,\mathbf{x}_n + \mathbf{g}_n + \mathbf{T}\,\mathbf{x}_{n-1} + \mathbf{g}_{n-1}) \tag{5.65}$$

$$\left(\mathbf{E} - \frac{\Delta t}{2}\mathbf{T}\right)\mathbf{x}_n \approx \left(\mathbf{E} + \frac{\Delta t}{2}\mathbf{T}\right)\mathbf{x}_{n-1} + \frac{\Delta t}{2}(\mathbf{g}_n + \mathbf{g}_{n-1})$$

Dieses Schema wird Trapezregel oder Mittelpunktsregel genannt, es ist das Standardverfahren vieler Simulatoren. Bevor wir Verfahren höherer Ordnung betrachten, soll noch gezeigt werden wie differentiell-algebraische Systeme der Form $\mathbf{A}\,\mathbf{x} + \mathbf{B}\,\dot{\mathbf{x}} = \mathbf{b}$ mit der Trapezregel gelöste werden können. Hierzu multiplizieren wir die Trapezregel von links mit der Matrix $\mathbf{B}$.

$$\mathbf{x}_n \approx \mathbf{x}_{n-1} + \frac{\Delta t}{2}(\dot{\mathbf{x}}_n + \dot{\mathbf{x}}_{n-1})$$

$$\mathbf{B}\,\mathbf{x}_n \approx \mathbf{B}\,\mathbf{x}_{n-1} + \frac{\Delta t}{2}\mathbf{B}\,\dot{\mathbf{x}}_n + \frac{\Delta t}{2}\mathbf{B}\,\dot{\mathbf{x}}_{n-1} \tag{5.66}$$

Die Differentiale lassen sich jetzt mit Hilfe der Matrizengleichung $\mathbf{A}\,\mathbf{x} + \mathbf{B}\,\dot{\mathbf{x}} = \mathbf{b}$ ersetzen.

$$
\begin{aligned}
&\mathbf{B}\,\mathbf{x}_n \approx \mathbf{B}\,\mathbf{x}_{n-1} + \frac{\Delta t}{2}\left(\mathbf{b}(t_n) - \mathbf{A}\,\mathbf{x}_n\right) + \frac{\Delta t}{2}\left(\mathbf{b}(t_{n-1}) - \mathbf{A}\,\mathbf{x}_{n-1}\right) \\
&\left(\mathbf{B} + \frac{\Delta t}{2}\mathbf{A}\right)\mathbf{x}_n \approx \left(\mathbf{B} - \frac{\Delta t}{2}\mathbf{A}\right)\mathbf{x}_{n-1} + \frac{\Delta t}{2}\left(\mathbf{b}(t_n) + \mathbf{b}(t_{n-1})\right)
\end{aligned} \tag{5.67}
$$

Der wesentliche Unterschied gegenüber Gl. (5.65) besteht in der Ersetzung der Einheitsmatrix $\mathbf{E}$ durch die Matrix $\mathbf{B}$. Für die Lösbarkeit ist natürlich notwendig, daß die Matrix $\mathbf{B} + \Delta t/2\,\mathbf{A}$ nicht singulär ist [4]. Verglichen mit der Aufspaltung in Gl. (5.52)-(5.54) ist es vorteilhaft, daß sich die Umformung in eine Formulierung allein mit Zustandsvariablen vermeiden läßt. Das Gleichungssystem umfaßt jetzt jedoch nicht nur die den Energiespeichern zugeordneten Zustandsgrößen, sondern auch die algebraischen Gleichungen. Je nach Problemstellung kann sich dadurch das Gleichungssystem wesentlich vergrößern.

Allgemein lassen sich mit Hilfe von p äquidistanten Stützstellen Schemata der Ordnung p herleiten (Mehrschrittverfahren). Zur Ableitung konstruiert man mit Hilfe der Stützstellenwerte Interpolationspolynome, die auf dem Intervall bis zur Ordnung p exakt integriert werden. Da das Interpolationspolynom die vorangegangenen Stützstellen verwendet, ist in jedem Schritt nur eine Funktionsauswertung, bzw. im Falle der impliziten Verfahren die Lösung eines Gleichungssystems notwendig [2, 5]. Das Schema hat dann für ein explizites Verfahren die Form:

$$
\begin{aligned}
\mathbf{x}_n &= \sum_{i=1}^{p} \alpha_i\,\mathbf{x}_{n-i} + \beta_i\,\Delta t\,\dot{\mathbf{x}}_{n-i} + O(\Delta t^{p+1}) \\
&\approx \sum_{i=1}^{p} \alpha_i\,\mathbf{x}_{n-i} + \beta_i\,\Delta t\,(\mathbf{T}\,\mathbf{x}_{n-i} + \mathbf{g}_{n-i})
\end{aligned} \tag{5.68}
$$

und entsprechend für ein implizites Verfahren:

$$
\begin{aligned}
\mathbf{x}_n &= \sum_{i=1}^{p} \alpha_i\,\mathbf{x}_{n-i} + \beta_i\,\Delta t\,\dot{\mathbf{x}}_{n-i} + \beta_0\,\Delta t\,\dot{\mathbf{x}}_n + O(\Delta t^{p+1}) \\
&\approx \sum_{i=1}^{p} \alpha_i\,\mathbf{x}_{n-i} + \beta_i\,\Delta t\,(\mathbf{T}\,\mathbf{x}_{n-i} + \mathbf{g}_{n-i}) + \beta_0\,\Delta t\,(\mathbf{T}\,\mathbf{x}_n + \mathbf{g}_n)
\end{aligned} \tag{5.69}
$$

Bekannte Verfahren dieser Art sind die Adams-Bashforth-, Adams-Moulton- und Gear-Verfahren. Es zeigt sich jedoch, daß nicht alle Mehrschrittverfahren über eine ausreichende Stabilität verfügen. Dies drückt sich in einer Neigung zu Oszillationen des Lösungsverlaufs aus, die auch durch eine Verkleinerung der Schrittweite nicht unterdrückt werden kann. Ein Verfahren heißt stabil, wenn es bei hinreichend kleiner Schrittweite keine Oszillation oder exponentielles Aufklingen zeigt.

Des weiteren ist der Integrationsfehler für Mehrschrittverfahren der Ordnung p nur dann von der Ordnung $O(\Delta t^p)$, wenn die Lösung $\mathbf{x}(t)$ mindestens $p+1$ mal differenzierbar ist. Dies ist bei schaltenden Netzwerken in der Regel nicht erfüllt.

Die Lösung der homogenen linearen Differentialgleichungen $\dot{\mathbf{x}} = \mathbf{T}\,\mathbf{x}$ läßt sich im Prinzip durch einen Exponentialansatz bestimmen.

$$\mathbf{x}(t) = \mathbf{x}_1\, e^{\lambda_1 t} + \mathbf{x}_2\, e^{\lambda_2 t} + \ldots \tag{5.70}$$

Hierbei sind λ_i die Eigenwerte der Matrix **T**. Für die Eigenvektoren gilt daher:

$$\dot{\mathbf{x}}_i = \mathbf{T}\,\mathbf{x}_i = \lambda_i\, \mathbf{x}_i \tag{5.71}$$

Probleme, bei denen das Verhältnis von betragsmäßig größten λ_{max} zum kleinstem λ_{min} Eigenwert groß ist, werden steife Differentialgleichungen genannt. Die typischen Problemstellungen der Netzwerkanalyse und der Systemsimulation sind steif.

$$\frac{\lambda_{max}}{\lambda_{min}} \gg 1 \tag{5.72}$$

Steife Differentialgleichungen entstehen in physikalischen Systemen durch Anwesenheit stark unterschiedlicher Zeitkonstanten. Die Zeitkonstanten beschreiben das exponentielle Abklingverhalten, sie können z. B. den *RC*- oder *RL*-Gliedern in Netzwerken entsprechen. Die Zeitkonstanten ergeben sich aus dem Realteil der Eigenwerte der Systemmatrix **T**. Bei numerischen Integrationsverfahren, die nicht für steife Differentialgleichungen geeignet sind, hat die Schrittweite Δt immer der kleinsten im System vorhandenen Zeitkonstante zu folgen, auch dann, wenn die Änderung des Signalverlaufs wesentlich langsamer erfolgt. Die kleine Schrittweite führt dann zu einem hohen numerischen Aufwand und eventuell auch zur Akkumulation von Rundungsfehlern.

Abklingende Lösungen erhält man nach Gl. (5.70) für Eigenwerte mit negativem Realteil. Allgemein sind Netzwerke die lediglich passive Elemente und unabhängige Quellen enthalten (keine Verstärker, spannungsgesteuerte Spannungsquellen) immer stabil, d. h. die Eigenwerte der Systemmatrix haben einen negativen Realteil. Damit eine numerische Lösung $\mathbf{x}(t)$ ebenfalls abklingenden Charakter hat, ist aufgrund der Diskretisierung zu fordern, daß die Wurzeln μ der zugehörigen diskretisierten Form (Differenzengleichungen) für die negativen Eigenwerte betragsmäßig kleiner 1 sind. Anderenfalls würde eine im kontinuierlichen abklingende Lösungskomponente im diskreten Problem zu einem aufklingenden Verhalten führen und so das qualitative Lösungsverhalten zerstören. Von Verfahren zur Behandlung steifer Differentialgleichungen ist zu verlangen, daß diese die Stabilität auf das diskretisierte Problem übertragen (vererben) [2].

Für die von uns behandelten Verfahren ergeben sich aus den entsprechenden Differenzengleichungen die folgenden Einschränkungen für die Schrittweite:

– explizites Euler-Verfahren:

$$|\mu| = |1 + \lambda\,\Delta t| < 1 \quad \Rightarrow \quad \Delta t < -\frac{2}{\lambda_i} \quad \forall_i \text{ mit } \operatorname{Re}\{\lambda_i\} < 0 \tag{5.73}$$

– impliziertes Euler-Verfahren:

$$|\mu| = \left|\frac{1}{1-\lambda\,\Delta t}\right| \overset{!}{<} 1 \quad \Rightarrow \quad \Delta t \text{ beliebig} \tag{5.74}$$

– Trapez-Verfahren:

$$|\mu| = \left|\frac{1+\dfrac{\lambda\,\Delta t}{2}}{1-\dfrac{\lambda\,\Delta t}{2}}\right| \overset{!}{<} 1 \quad \Rightarrow \quad \Delta t \text{ beliebig} \tag{5.75}$$

Verfahren, die für beliebige Schrittweiten die Stabilitätsforderung erfüllen, heißen absolut stabil oder A-stabil [5].

Es läßt sich zeigen, daß es keine A-stabilen expliziten Verfahren gibt und A-stabile implizite Mehrschrittverfahren höchstens die Konvergenzordnung $p=2$ besitzen [2]. Demnach besitzt die Trapezregel die höchste Konvergenzordnung, die für ein absolut stabiles Verfahren erreichbar ist.

Typische Differentialgleichungssysteme für Netzwerke oder die im Zusammenhang mit der Lösung partieller Differentialgleichungen auftauchenden Gleichungen, sind steif. Das Verhältnis der Eigenwerte nimmt im allgemeinen mit der Größe des Gleichungssystems zu. Einschrittverfahren, z. B. die bekannten (expliziten) Runge-Kutta-Verfahren, eignen sich daher nicht zur Lösung von Differentialgleichungen dieses Typs.

Mehrschrittverfahren von höherer als zweiter Ordnung sind nicht für alle Eigenwerte mit negativem Realteil, d. h. in der linken Halbebene, stabil. Die von Gear konstruierten Verfahren weisen ein möglichst großes Stabilitätsgebiet in der linken Halbebene auf und werden nur in der Nähe der imaginären Achse instabil [3]. Da damit das mögliche Aufklingen begrenzt ist, sind sie für steife Differentialgleichungen geeignet. Allerdings wird für höhere Ordnungen das Stabilitätsgebiet zu klein. Im Programm SPICE sind Gear-Verfahren der Ordnung 2 bis 6 implementiert, PSPICE benutzt ausschließlich die Gear-Verfahren [9]. Die Verfahren der Ordnung 2 bis 4 lauten:

$$\begin{aligned}
x_n &= \frac{4}{3}x_{n-1} - \frac{1}{3}x_{n-2} + \frac{2\Delta t}{3}\dot{x}_n + O(\Delta t^3) \\
x_n &= \frac{18}{11}x_{n-1} - \frac{9}{11}x_{n-2} + \frac{2}{11}x_{n-3} - \frac{6\Delta t}{11}\dot{x}_n + O(\Delta t^4) \\
x_n &= \frac{48}{25}x_{n-1} - \frac{36}{25}x_{n-2} + \frac{16}{25}x_{n-3} - \frac{3}{25}x_{n-4} + \frac{12\Delta t}{25}\dot{x}_n + O(\Delta t^5)
\end{aligned} \tag{5.76}$$

Fur die praktische Durchführung ist die adaptive Anpassung der Schrittwerte und Ordnung von großer Bedeutung. Die Taylor-Entwicklung zeigt, daß zur Fehlerabschätzung die Schätzung des Restglieds verwendet werden kann. Hierzu muß bei einem Verfahren der Ordnung p die $p+1$ Ableitung abgeschätzt werden, was z. B. durch die Auswertung der letzten $p+2$ Stützstellenwerte erfolgen kann. Um von einem äquidistanten Gitter der Zeitschritte auf eine neue Schrittweite zu wechseln, ist eine Interpolation der Funktionswerte auf das neue Zeitraster notwendig. Eine detaillierte Darstellung zur Ordnungs- und Schrittweitensteuerung findet man in [2].

Literatur

[1] Chua, Leon O.; Lin, Pen-Min: *Computer-Aided Analysis of Electronic Circuits.* Prentice Hall, Englewood Cliffs, (1975)

[2] Deuflhard, Peter; Boremann, Folkmar: *Numerische Mathematik II, Integration gewöhnlicher Differentialgleichungen.* Walter de Gruyter, Berlin, New York (1994)

[3] Gear, C. William: *Numerical Initial Value Problems in Ordinary Differential Equations.* Prentice Hall, Englewood Cliffs, (1971)

[4] Gear, C. William, Petzold, L. R.: ODE Methods for the Solution of Differential/ Algebraic Systems. *SIAM Journal on Numerical Analysis*, Vol. 21 (1984) p. 716-728

[5] Grigorieff, Rolf Dieter: *Numerik gewöhnlicher Differentialgleichungen, 2 Mehrschrittverfahren.* Teubner, Stuttgart (1977)

[6] Kosmol, Peter: *Methoden zur numerischen Behandlung nichtlinearer Gleichungen und Optimierungsaufgaben.* Teubner, Stuttgart (1993)

[7] Litovski, V.; Zwolinski, M.: *VLSI Circuit Simulation and Optimization.* Chapman and Hall, London, Weinheim, New York (1997)

[8] Vlach, Jiri; Singhal, Kishore: *Computer methods for circuit analysis and design.* Van Nostrand Reinhold, New York, Cincinnati, Toronto (1983)

[9] Vladimirescu, Andrei: *The Spice Book.* John Wiley Sons, New York, Chichester, Brisbane (1994)

6 Beschreibung physikalischer Vorgänge durch Netzwerkmodelle

Der Vorgang der Modellbildung besteht in der Umsetzung eines realen Vorgangs in eine mathematische Beschreibung, die schließlich zu einem in einem Simulator beschreibbaren Computermodell führt. Es ist die Aufgabe und Hauptschwierigkeit der Modellierung den realen Vorgang so zu vereinfachen, daß das Modell zu einer im Rahmen des Entwurfsprozesses genügend genauen Nachbildung führt und die Komplexität des Modells möglichst gering bleibt. Die Notwendigkeit zur Vereinfachung ergibt sich einerseits aus der Tatsache, daß ein Computermodell – im Gegensatz zur Realität – nur eine endliche Anzahl von Freiheitsgraden aufweisen darf, andererseits dadurch, daß uns die exakten Zusammenhänge nicht immer bekannt sind und schließlich auch aus der ökonomischen Notwendigkeit schnell zu umsetzbaren Lösungen zu gelangen.

Vereinfachungen stellen also einen notwendigen Bestandteil des Modellbildungsprozesses dar. Da das Gesamtmodell in der Regel nicht besser ist als die gröbste Vereinfachung seiner Bestandteile, ist es für den Entwickler eher hilfreich sich über den Umfang der Vereinfachungen und den Gültigkeitsbereich der Modellgleichungen bewußt zu sein, als nach übertriebener Perfektion zu suchen.

Üblicherweise ist die Genauigkeit eines Modells von seiner Komplexität, d. h. von der Anzahl der darin enthaltenen Freiheitsgrade, abhängig. Allerdings ist es leider nicht möglich, allgemeine Aussagen über den Zusammenhang zwischen Genauigkeit und Komplexität zu machen. Dies wird auch durch die Abhängigkeit der Genauigkeit vom Gesamtzusammenhang, in dem das Modell benutzt wird, bedingt. Beispielsweise hängt bei einer dynamischen Simulation die Güte der Nachbildung vom Frequenzspektrum der auftretenden Signale ab. Ein rein statisches Modell stellt andere Anforderungen als ein dynamisches Modell.

Die Vereinfachungen können in der Regel einem der drei folgenden Prinzipien zugeordnet werden [7]:

- Separation von Zeitkonstanten (Segregation),
- Zusammenfassung von Zustandsvariablen (Aggregation),
- Annäherung durch Vernachlässigung kleiner Effekte.

Von den genannten Prinzipien zur Vereinfachung läßt sich für die Vernachlässigung kleiner Effekte am wenigsten eine allgemein anwendbare Vorgehensweise entwickeln. Der Entwickler muß sich von seiner Einsicht und Intuition leiten lassen. Ob ein Effekt dominant oder vernachlässigbar ist, hängt von den Umständen ab, in denen er wirkt. Eine Richtschnur für die relative Bedeutung eines physikalischen Effektes kann mit Hilfe der in Kap. 1 betrachteten Skalierungs- und Ähnlichkeitsbeziehungen gewonnen werden.

Im folgenden werden die Prinzipien genauer betrachtet, um Klarheit über deren Voraussetzungen, die Vernachlässigungen und die zu erwartenden Einschränkungen in der Modellgenauigkeit zu erlangen. Zunächst werden wir die Ableitung von Netzwerkbeziehungen aus den Feldgrößen behandeln und die zur Nachbildung zu treffenden Voraussetzungen betrachten. Die Herleitung über die Bilanzgleichung zeigt, daß viele der für uns wichtigen Vorgänge durch Gleichungen mit einer einheitlichen Struktur beschrieben werden und somit auch in einheitlicher Weise in Netzwerke umgesetzt werden können. Es ergeben sich einige Anforderungen, die im folgenden in bezug auf ihre Auswirkungen genauer diskutiert werden. Insbesondere wird die Genauigkeit untersucht, mit der ein physikalischer Vorgang durch konzentrierte Bauelemente beschrieben wird, wenn eine örtliche Änderung der Feldgrößen vorhanden ist. Anhand der Wärmeleitung in einem Stab werden, repräsentativ für eine große Klasse physikalischer Vorgänge die Aggregation, Segregation und die Vernachlässigung kleiner Effekte beispielhaft betrachtet. Abschließend werden Bonddiagramme eingeführt, sie sind ein Mittel zur einheitlichen Beschreibung von Analogmodellen über mehrere physikalische Ebenen.

6.1 Beschreibung durch Netzwerkgleichungen

Die Netzwerkbeschreibung basiert immer auf der Zurückführung auf Fluß- und Potentialgrößen. Unter der Potentialgröße wird eine skalare Größe verstanden, die in den Knoten angegeben wird. Unter einer Flußgröße wird eine gerichtete Größe verstanden, die auf den Zweigen angegeben wird. Diese beiden Größen sind durch ein Materialgesetz verknüpft. Die Grundlage vieler Materialbeziehung bilden Transportvorgänge, bei denen Materie, Energie, Ladungen, Impuls oder eine andere Größe von einem Ort zu einem anderen bewegt wird. Die experimentelle Beobachtung zeigt, daß der Fluß in der Regel einem Konzentrationsgefälle folgt und daher zum Gradienten einer Potentialgröße proportional ist. Diese Tatsache findet ihre tiefgreifende Begründung in der thermodynamischen Beschreibung der Transportvorgänge [4]. Einige Beispiele für die Materialbeziehungen sind in Tabelle 6.1 zusammengefaßt.

Betrachten wir nun ein Volumen V und formulieren die Bilanzgleichung für eine extensive Größe[1] Q und deren Dichte oder Konzentration q (Abb. 6.1). Die zeitliche Änderung der im Volumen gespeicherten Menge ergibt sich zu:

[1] Der Begriff der extensiven Größe stammt aus der Thermodynamik, man versteht hierunter eine physikalische Größe, die ihren Wert vervielfacht, wenn mehrere Teilsysteme zu einem Gesamtsystem vereinigt werden. Im Gegensatz hierzu ist bei einer intensiven Größe der Wert von der Masse unabhängig.

$$\frac{d}{dt}Q = \frac{d}{dt}Q_a + \frac{d}{dt}Q_i = -\oiint_A \mathbf{J}\, d\mathbf{A} + \int_V g\, dV \tag{6.1}$$

Der erste Summand wirkt über einen Strom (Fluß) durch die Oberfläche A, der zweite enthält die im Inneren vorhandenen Quellen mit der Generationsrate g. Durch Anwendung des Gaußschen Satzes erhalten wir

$$\frac{dQ}{dt} = \frac{d}{dt}\int_V q\, dV = \int_V -div\, \mathbf{J}\, dV + \int_V g\, dV \tag{6.2}$$

und durch den Übergang zu einem infinitesimalen Volumen:

$$\frac{\partial q}{\partial t} + div\, \mathbf{J} - g = 0 \tag{6.3}$$

Diese Gleichung wird Bilanz- oder Kontinuitätsgleichung genannt, sie drückt die Tatsache aus, daß, aufgrund der Erhaltung, eine Änderung der Größe Q nur durch einen Fluß über die Oberfläche oder durch Generation im Inneren stattfinden kann. Die Beziehung enthält noch keine Annahmen über den Zusammenhang zwischen den auftretenden Größen und gilt daher völlig allgemein, unabhängig von der physikalischen Bedeutung der auftretenden Größen. Beispiele für Erhaltungsgrößen sind Energie, Ladung, Masse, Impuls oder Leistung.

Für eine Reihe bedeutender physikalischer Felder sind die Größen q und $\mathbf{J}$ durch ein Materialgesetz der Form $\mathbf{J} = \kappa\, grad\, q$ verknüpft (vgl. Tabelle 6.1). Auch Kopplungen zwischen Potential- und Flußgrößen unterschiedlicher physikalischer Ebenen werden durch diese Art der Materialbeziehung beschrieben. Die Materialbeziehungen solcher gekoppelter Phänomene sind nicht unabhängig voneinander, sie sind über die Reziprozitätsrelation von Onsager verknüpft. Beispiele hierfür sind die thermoelektrischen und thermoelastischen Effekte [1, 8, 11, 14].

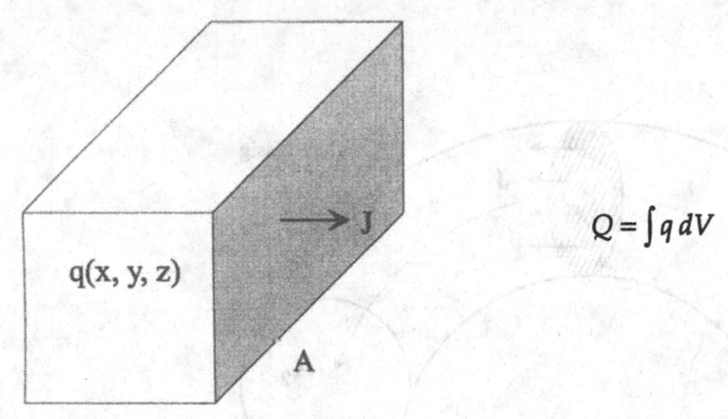

Abb. 6.1. Im Volumen gespeicherte Menge einer extensiven Größe und Fluß durch die Oberfläche.

Tabelle 6.1. Potential-, Flußgrößen und Materialbeziehung einiger physikalischer Vorgänge.

	Potentialgröße	Flußgröße	Materialgesetz	Bemerkung
Elektrische Netzwerke	Potential V	Strom I	Ohmsches Gesetz $V_2 - V_1 = R\,I$	
Thermisches Netzwerk	Temperatur T	Wärmefluß Φ_{th}	Fouriersches Gesetz $T_2 - T_1 = R_{th}\,\Phi_{th}$	
Flüssigkeits-transport	Druck p	Fluß Φ	Hagen-Poiseulle $p_2 - p_1 = R_{fl}\,\Phi$	Inkompressible Flüssigkeit
Magnetischer Kreis	magn. Spannung V	magn. Fluß Φ	Magnetisierungskurve $V_2 - V_1 = R_m\,\Phi$	
Stabnetz-werke	Verschiebung u	Kraft F	Hooksches Gesetz $u_2 - u_1 \sim 1/c\,F$	keine Drehmomente
Diffusion	Konzentration C_n	Diffusions-strom j_n	Ficksches Gesetz $j_n = D\,(C_{n,2} - C_{n,1})$	

Durch Einsetzen der Materialbeziehung in die Kontinuitätsgleichung erhalten wir die Differentialgleichung:

$$\frac{\partial q}{\partial t} + div\,\kappa\,grad\;q - g = 0 \tag{6.4}$$

Um ein Netzwerkelement einzuführen, nehmen wir an, daß die Oberfläche in einem Teil „undurchlässig" ist und zwei durchlässige Öffnungen A_1, A_2 besitzt (Abb. 6.2).

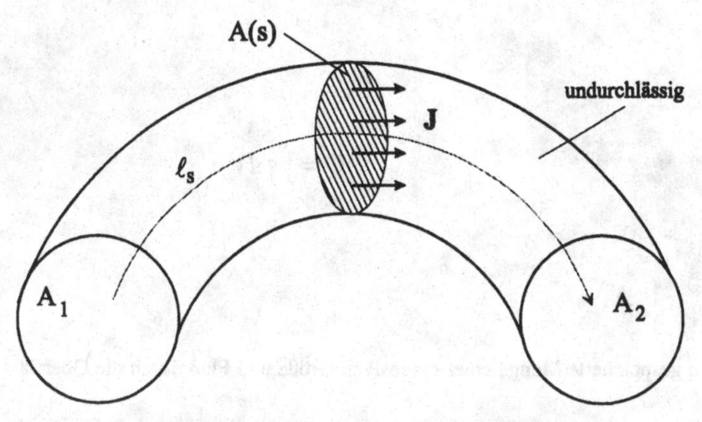

Abb. 6.2. Fluß durch einen Körper mit undurchlässiger Hüllfläche.

Durch die durchlässigen Flächen erhalten wir jeweils den Fluß:

$$I_1 = \int_{A_1} \mathbf{J}\,\mathbf{dA} \qquad I_2 = \int_{A_2} \mathbf{J}\,\mathbf{dA} \tag{6.5}$$

Dies ist äquivalent zu einer homogenen Flußdichte $\bar{J}$, die senkrecht zu den Flächen gerichtet ist. Sie kann auch als mittlere Flußdichte aufgefaßt werden.

$$\bar{J} = \frac{I}{A} \tag{6.6}$$

Aus der Bilanzgleichung (6.2) folgt nun

$$\frac{d}{dt}\int q\,dV = -I_1 - I_2 + \int g\,dV \tag{6.7}$$

Wenn die zeitliche Änderung verschwindet oder die Speicherfähigkeit des Volumens Null ist $\int q\,dV = 0$ und keine Generation vorhanden ist folgt:

$$I_1 = -I_2 \tag{6.8}$$

Um nun eine dem Ohmschen Gesetz entsprechende Beziehung zwischen Potential- und Flußgröße abzuleiten, verwenden wir die Materialbeziehung und integrieren zwischen den Flächen A_1, A_2 entlang des Weges.

$$\int_1^2 \mathbf{J}\,\mathbf{ds} = \int_1^2 \kappa\, grad\, q\,\mathbf{ds} = \kappa \int_1^2 grad\, q\,\mathbf{ds} = \kappa(q_2 - q_1) \tag{6.9}$$

Ersetzt man die Flußdichte durch ihren Mittelwert so folgt:

$$\int_1^2 \mathbf{J}\,\mathbf{ds} = \int_1^2 \bar{J}(s)\,ds = \int_1^2 \frac{I}{A(s)}\,ds = I\int_1^2 \frac{ds}{A(s)} = \kappa(q_2 - q_1) \tag{6.10}$$

$$I\frac{\ell}{A_{eff}} = \kappa(q_2 - q_1) \quad \text{mit} \quad \frac{\ell}{A_{eff}} = \int_1^2 \frac{ds}{A(s)} \tag{6.11}$$

Die letzte Gleichung entspricht dem Typ des Ohmschen Gesetzes. Sie verbindet die Flußgröße I mit den Potentialgrößen q_i.

Bei der Herleitung haben wir zusammenfassend folgende Voraussetzungen eingeführt.

- Die Flußgröße **J** folgt aus einem Potentialfeld ($\kappa\, grad\, q$), sie ist also wirbelfrei.
- Im Volumen ist die Generationsrate g der extensiven Größe Q Null.
- Das Material zwischen den Ports 1, 2 ist (zumindest stückweise) homogen.
- Die Flußdichte kann durch einen Mittelwert senkrecht zu den Flächen ersetzt werden.
- In den Verbindungspunkten kann keine Ladung gespeichert werden.

Wenn ein physikalischer Sachverhalt die obigen Bedingungen erfüllt, ist es also immer möglich diesen Sachverhalt durch ein Netzwerk mit Potential- und Flußgrößen nachzubilden. Die Herleitung zeigt, daß physikalische Vorgänge, die durch eine partielle Differentialgleichung der Form

$$\frac{\partial q}{\partial t} + div\ \kappa\ grad\ q - g = 0 \qquad (6.12)$$

beschrieben werden, sich immer durch ein Netzwerk beschreiben lassen. Die Herleitung für eine Kapazität erfolgt in ähnlicher Weise, wobei sich eine Proportionalität zwischen der im Volumen gespeicherten Menge $\int q\, dV = Q$ und der Potentialgröße ergibt. Als wesentliche Voraussetzung ist wiederum anzunehmen, daß sich die Feldgrößen über den Flächen genügend genau durch ihre Mittelwerte nähern lassen. Die Gl. (6.12) beinhaltet nicht die für ein induktives Verhalten typischen zweifachen zeitlichen Ableitungen der extensiven Größe. Wir werden sie erst in Kap. 6.3 hinzunehmen und dort auch zeigen, wie sie durch Netzwerkelemente zu repräsentieren sind.

6.2 Separation von Zeitkonstanten und Aggregation

Wie die in Tabelle 6.1 zusammengefaßten Beziehungen zeigen, besteht eine vollkommene Ähnlichkeit zwischen verschiedenen physikalischen Disziplinen. Wir können also alle Beziehungen, die wir für einen der Bereich herleiten, auf die anderen in der Tabelle genannten Bereiche übertragen, indem wir lediglich die Korrespondenz über die Potential- und Flußgrößen und die Materialbeziehungen herstellen. Wir betrachten als repräsentatives Beispiel für einen Zusammenhang nach Gl. (6.12) die eindimensionale Wärmeausbreitung in einer Platte oder einem Stab der Länge L mit der thermischen Leitfähigkeit λ, der spezifischen Wärmekapazität c_p und der Dichte ρ (Abb. 6.3).

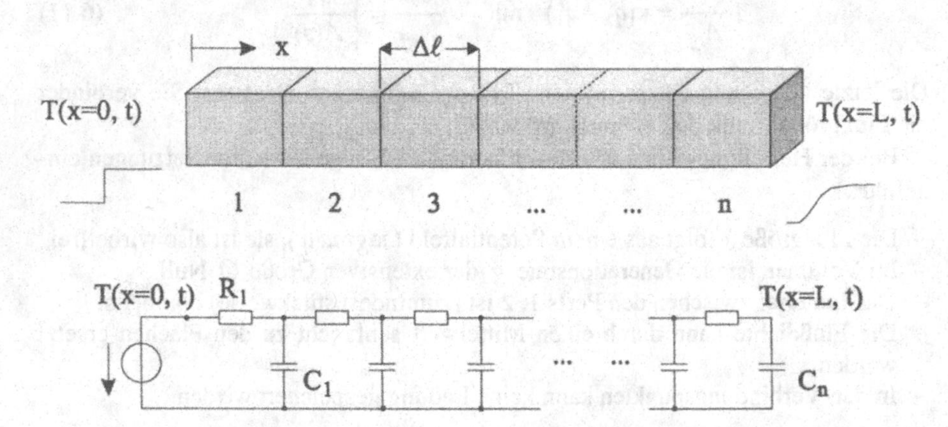

Abb. 6.3. Modell eines Stabs der Länge L und dessen Diskretisierung mit Hilfe konzentrierter Bauelemente für die Berechnung der Temperaturverteilung.

Die Bilanz der Wärmemenge ergibt für die Wärmestromdichte $\mathbf{q}_{th}$:

$$div\, \mathbf{q}_{th} + \rho\, c_p \frac{\partial T}{\partial t} = p(t) \tag{6.13}$$

Zusammen mit dem Fourierschen Gesetz der Wärmeleitung

$$\mathbf{q}_{th} = -\lambda\, grad\, T \tag{6.14}$$

erhält man für den Wärmetransport in einem Festkörper die Wärmeleitungsgleichung.

$$div\, \lambda\, grad\, T - \rho\, c_p \frac{\partial T}{\partial t} = -p(t) \tag{6.15}$$

Wobei wir annehmen, daß die Wärmequellendichte $p(t)$ eine Zeitfunktion ist und die Stoffwerte ρ, c_p und λ konstant, d. h. von der Temperatur unabhängig sein sollen. Da wir nur den eindimensionalen Fall betrachten, wird die Wärmeleitungsgleichung nun zu:

$$\frac{\partial^2 T}{\partial x^2} - \frac{\rho\, c_p}{\lambda} \frac{\partial T}{\partial t} = -\frac{p}{\lambda} \tag{6.16}$$

Nimmt man an, daß die Temperatur am Ort $x = 0$ zum Zeitnullpunkt $t = 0$ von $T = 0$ auf den Wert $T = T_s$ springt, so ergibt Gl. (6.16) am Ort $x = L$ die in Abb. 6.4 dargestellte Lösung [2]:

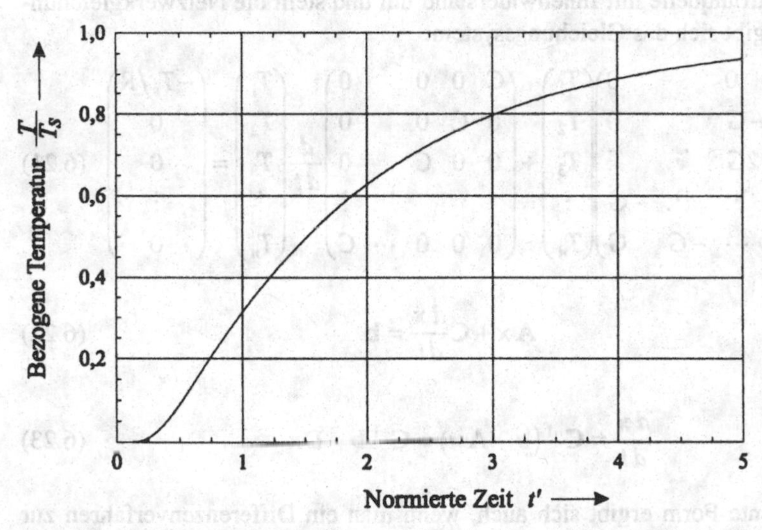

Abb. 6.4. Normierte Temperatur T/T_s am Ende eines Stabs nach Gl. (6.17) in Abhängigkeit von der normierten Zeit $t' = \frac{\lambda}{\rho c_p} \frac{4\,t}{L^2}$.

$$\frac{T(x=L,t)}{T_s} = 2(\operatorname{erfc}\xi - \operatorname{erfc}3\xi + \operatorname{erfc}5\xi - \ldots) \qquad \xi = \frac{L}{2}\sqrt{\frac{\rho\, c_p}{\lambda\, t}} \tag{6.17}$$

Hierin bezeichnet die Funktion $\operatorname{erfc}\xi$ die komplementäre Fehlerfunktion $\operatorname{erfc}\xi = 1 - \operatorname{erf}\xi$. Für den langen Stab $L \to \infty$ erhält man in Abhängigkeit vom Ort und der Zeit den Temperaturverlauf:

$$\frac{T(x,t)}{T_s} = 1 - \operatorname{erf}\left(\frac{x}{2}\sqrt{\frac{\rho c_p}{\lambda t}}\right) \tag{6.18}$$

Um eine Lösung auch mit Hilfe konzentrierter Bauelemente für die Temperatur und den Wärmefluß Φ_{th} zu erhalten, teilen wir den Stab in n Segmente der Länge $\Delta\ell$ ein, denen jeweils eine Wärmekapazität C und ein thermischen Widerstand R zugeordnet wird (Abb. 6.3). R' bzw. C' sind der Widerstands- bzw. Kapazitätsbelag.

$$R = \frac{1}{\lambda}\frac{\Delta\ell}{A} = R'\,\Delta\ell\,; \qquad T_{j+1} - T_j = R\,\Phi_{th} \tag{6.19}$$

$$C = \rho\, c_p\, A\,\Delta\ell = C'\,\Delta\ell \qquad \Phi_{th} = C\frac{dT}{dt} \quad \text{mit} \quad \Delta\ell = \frac{L}{n} \tag{6.20}$$

Wir ersetzen also die über dem Stab kontinuierliche Temperaturverteilung durch die Temperatur in einzelnen Punkten $x = j\,\Delta\ell$ (Stützstellen). Dieser Temperaturwert läßt sich auch als der Mittelwert des Segmentes interpretieren.

Formt man die Spannungsquelle zusammen mit dem Widerstand R_1 in eine äquivalente Stromquelle mit Innenwiderstand um und stellt die Netzwerkgleichungen auf, so ergibt sich das Gleichungssystem:

$$\begin{pmatrix} 2G & -G & 0 & & 0 \\ -G & 2G & -G & & 0 \\ 0 & -G & 2G & \ddots & \vdots \\ & \ddots & & \ddots & -G \\ 0 & 0 & \cdots & -G & G \end{pmatrix}\begin{pmatrix} T_1 \\ T_2 \\ T_3 \\ \vdots \\ T_n \end{pmatrix} + \begin{pmatrix} C & 0 & 0 & & 0 \\ 0 & C & 0 & & 0 \\ 0 & 0 & C & & 0 \\ & & & \ddots & \vdots \\ 0 & 0 & 0 & \cdots & C \end{pmatrix}\frac{d}{dt}\begin{pmatrix} T_1 \\ T_2 \\ T_3 \\ \vdots \\ T_n \end{pmatrix} = \begin{pmatrix} -T_s/R \\ 0 \\ 0 \\ \vdots \\ 0 \end{pmatrix} \tag{6.21}$$

$$\mathbf{A\,x} + \mathbf{C}\frac{d\,\mathbf{x}}{dt} = \mathbf{b} \tag{6.22}$$

$$\frac{d\,\mathbf{x}}{dt} = \mathbf{C}^{-1}(\mathbf{b} - \mathbf{A\,x}) = \mathbf{C}^{-1}\,\mathbf{b} - \mathbf{D x} \tag{6.23}$$

Eine äquivalente Form ergibt sich auch, wenn man ein Differenzenverfahren zur Lösung von Gl. (6.16) anwendet. Daher kann das Gleichungssystem auch als diskretisierte Form der partiellen Differentialgleichung angesehen werden. Um die Abhängigkeit der transienten Lösung von der Diskretisierung, d. h. von der Anzahl der Segmente zu studieren, berechnen wir die Eigenwerte des Matrizensystems. Die Eigenwertgleichung hat die Form:

$$(\mathbf{D} - \lambda\,\mathbf{E})\mathbf{x} = 0 \tag{6.24}$$

mit

$$\mathbf{D} = \frac{1}{RC}\begin{pmatrix} 2 & -1 & 0 & & 0 \\ -1 & 2 & -1 & & 0 \\ 0 & -1 & 2 & \ddots & 0 \\ & & \ddots & \ddots & -1 \\ 0 & 0 & 0 & -1 & 1 \end{pmatrix} \tag{6.25}$$

Die Eigenwertgleichung läßt sich in geschlossener Form lösen [15]. Die Eigenwerte liegen im Bereich $[0\,,4\,/\,RC]$.

$$\lambda_i = \frac{2}{RC}\left(1 - \cos\frac{2i-1}{2n+1}\pi\right) \qquad i = 1,n \tag{6.26}$$

Für die Eigenvektoren ergibt sich

$$T_{ij} = \frac{2}{\sqrt{2n+1}}\,\sin\left(j\,\frac{2i-1}{2n+1}\pi\right) \tag{6.27}$$

Hierbei bezieht sich i auf den Index des Eigenwertes und j auf die Nummer des Segmentes, entsprechend dem Ort $x = j\,\Delta\ell$. Die Eigenvektoren sind paarweise orthogonal und normiert.

$$\sum_{j=1}^{n} T_{ij}\,T_{kj} = \begin{cases} 0 & \text{für } i \neq k \\ 1 & \text{für } i = k \end{cases} \tag{6.28}$$

Die Lösung des Differentialgleichungssystems (6.21) für den Fall der sprunghaften Temperaturänderung am Ort $x = 0$ ergibt sich aus dem Exponentialansatz durch Summation über die Eigenlösungen.

$$T(j\,\Delta\ell, t) = T_s\left(1 - \sum_{i=1}^{n}\alpha_i T_{ij}\,e^{-\lambda_i t}\right), \quad \text{mit} \quad \alpha_i = \sum_{j=1}^{n} T_{ij} \tag{6.29}$$

Die Lösung nach Gl. (6.29) ist in Abb. 6.5 über der Zeit und für verschiedene Diskretisierungsstufen dargestellt. Mit zunehmender Anzahl n der Segmente wird die Nachbildung des zeitlichen Verlaufs verbessert und konvergiert gegen die Lösung des kontinuierlichen Problems. Allerdings ist die Konvergenz nur linear, d. h. der Fehler nimmt linear mit der Anzahl der Segmente ab und beträgt auch für n=10 noch etwa 5%. Aus den Ergebnissen ist zu folgern, daß das physikalisch anschauliche Simulationsmodell nach Abb. 6.3 für eine ausreichende Genauigkeit eine hohe Anzahl von Schaltungselementen benötigt. Hiermit ist ein relativ hoher Simulationsaufwand verbunden. Diese Möglichkeit der Modellbildung sollte daher

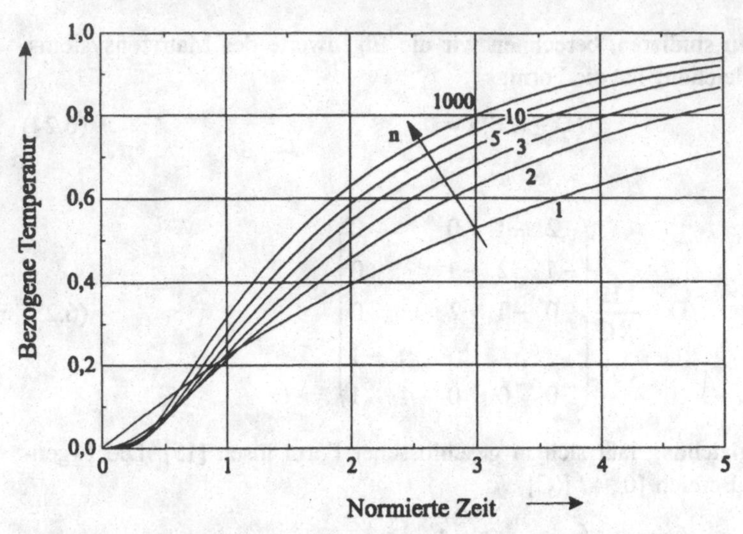

Abb. 6.5. Normierte Temperatur am Ende eines Stabs nach Gl. (6.29) in Abhängigkeit von der Anzahl n der Segmente zur Diskretisierung des Wärmeleiters.

nur benutzt werden, wenn keine hohen Ansprüche an die Genauigkeit gestellt werden.

Für das transiente Verhalten ist allein der im Exponenten enthaltene Faktor $\lambda_i t$ von Bedeutung. Wie man schon aus der Summendarstellung erkennt, klingen die Beiträge der Summanden, die großen Eigenwerten zugeordnet sind, sehr schnell ab. Sie sind daher für große Zeiten $\lambda_i t >> 1$ ohne Bedeutung. Dies ist immer für $t >> RC/4$ erfüllt. Diese Beobachtung legt es nahe, statt der vollständigen Summe nur die Summanden mit den kleinsten Eigenwerten zu verwenden. In Abb. 6.6 sind die Partialsummen

$$T(x=L,t) = T_s\left(1-\sum_{i=1}^{m}\alpha_i T_{ij}\, e^{-\lambda_i t}\right), \quad m<n \tag{6.30}$$

in Abhängigkeit von der Anzahl der Summanden m und für $n = 1000$ dargestellt. Wie man aus der Darstellung erkennt, konvergiert die Summe sehr schnell, und Abweichungen sind auch für wenige Summenglieder nur im ersten Zeitabschnitt zu erkennen. Allerdings ergibt sich erwartungsgemäß zum Zeitnullpunkt ein Fehler, der zu einem Sprungverhalten führt und für größere Summenindizes m nur noch langsam abnimmt.

Wenn wir einfach einige der Eigenwerte und Eigenvektoren abspalten und unberücksichtigt lassen, so bekommen wir eine für große Zeiten befriedigende Annäherung. Für kleine Zeiten ergibt sich ein mit dieser Methode nicht vermeidbarer Fehler. Unser Ad-hoc-Vorgehen besitzt auch den Nachteil, daß es nicht wieder zu einer systembeschreibenden Matrizen- oder Netzwerkdarstellung führt. In [6] wird ein Verfahren mit einem größeren Anwendungsbereich beschrieben, das diesen

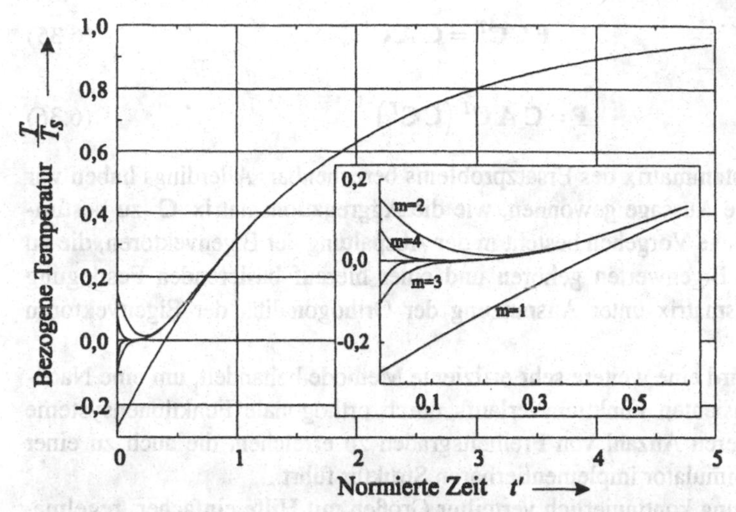

Abb. 6.6. Partialsummen für das eindimensionale Wärmeleitungsproblem am Ende des Stabs nach Gl. (6.30) in Abhängigkeit von der Anzahl m der Summenterme.

Nachteil vermeidet. Die Idee besteht in der Zusammenfassung von Zustandsgrößen (Aggregation).

Ein Systemverhalten wird beschrieben durch den Vektor der Zustandsvariablen $\mathbf{x}$ und der Eingangsvariablen $\mathbf{u}$, aus diesen bestimmen sich dann die Ausgangsgrößen $\mathbf{y}$. $\mathbf{A}$, $\mathbf{B}$, und $\mathbf{D}$ sind Matrizen der Größe $n \times n$, $n \times s$ bzw. $r \times n$:

$$\dot{\mathbf{x}}(t) = \mathbf{A}\,\mathbf{x}(t) + \mathbf{B}\,\mathbf{u}(t) \quad , \quad \mathbf{y}(t) = \mathbf{D}\,\mathbf{x}(t) \tag{6.31}$$

Wir wollen das System durch eine Ersatzbeschreibung mit einer reduzierten Anzahl $m < n$ von Zustandsgrößen vereinfachen.

$$\dot{\mathbf{z}}(t) = \mathbf{F}\,\mathbf{z}(t) + \mathbf{G}\,\mathbf{u}(t) \quad , \quad \tilde{\mathbf{y}}(t) = \mathbf{K}\,\mathbf{z}(t) \approx \mathbf{y}(t) \tag{6.32}$$

Der Zusammenhang zwischen den Zustandsgrößen $\mathbf{x}$ des Originalproblems und denen des reduzierten Problems wird durch eine Matrizenbeziehung definiert. Die Aggregationsmatrix $\mathbf{C}$ hat die Größe $m \times n$.

$$\mathbf{z}(t) = \mathbf{C}\,\mathbf{x}(t) \tag{6.33}$$

Die Beziehung kann auch als eine Abbildung der Größen $\mathbf{x}$ auf $\mathbf{z}$ angesehen werden. Offenbar würden wir eine exakte Übereinstimmung der Ausgangsvektoren erhalten, wenn

$$\mathbf{F\,C} = \mathbf{C\,A} \quad \text{sowie} \quad \mathbf{G} = \mathbf{C\,B}\,, \qquad \mathbf{K\,C} = \mathbf{D} \tag{6.34}$$

erfüllt wäre. Da die Umkehrabbildung von Gl. (6.33) nicht eindeutig ist, ersetzen wir die Beziehung (6.34) zur Bestimmung der Matrix $\mathbf{F}$ durch eine Näherung im Sinne der kleinsten Fehlerquadrate. Dies entspricht der Bildung der Pseudoinversen.

$$\mathbf{F}\,\mathbf{C}\,\mathbf{C}^T = \mathbf{C}\,\mathbf{A}\,\mathbf{C}^T \tag{6.35}$$

$$\mathbf{F} = \mathbf{C}\,\mathbf{A}\,\mathbf{C}^T \left(\mathbf{C}\,\mathbf{C}^T\right)^{-1} \tag{6.36}$$

Somit ist die Systemmatrix des Ersatzproblems berechenbar. Allerdings haben wir bisher noch keine Aussage gewonnen, wie die Aggregationsmatrix $\mathbf{C}$ zu bestimmen ist. Das übliche Vorgehen besteht in der Abspaltung der Eigenvektoren, die zu den dominanten Eigenwerten gehören und einer hierauf basierenden Festlegung der Aggregationsmatrix unter Ausnutzung der Orthogonalität der Eigenvektoren [6].

In Kap. 7.6 wird eine weitere sehr effiziente Methode behandelt, um eine Nachbildung des transienten Funktionsverlaufs durch orthogonale Funktionensysteme mit einer geringeren Anzahl von Freiheitsgraden zu erreichen, die auch zu einer leicht in einem Simulator implementierbaren Struktur führt.

Die Nachbildung kontinuierlich verteilter Größen mit Hilfe einfacher, regelmäßig strukturierter Ersatzanordnungen wie z. B. in Abb. 6.3 ist auch im zwei und dreidimensionalen Fall möglich (Abb. 6.7). Wie wir gesehen hatten, erreichen wir hierdurch die Überführung einer partiellen Differentialgleichung oder eines Systems partieller Differentialgleichungen in ein System von gewöhnlichen Differentialgleichungen. Mathematisch entspricht diese Form der Modellbildung der Struktur eines Differenzenverfahrens, indem die Wechselwirkung benachbarter Knoten beschrieben wird. Allerdings hatten wir auch bemerkt, daß die hieraus resultierenden Simulationsmodelle schnell sehr umfangreich werden oder bei grober Unterteilung nur eine ungenügende Genauigkeit aufweisen. Dies ist in besonderem Maß für den mehrdimensionalen Fall von Bedeutung. Es ist daher ungeschickt, den Versuch zu unternehmen, allgemein partielle Differentialgleichungen mit Hilfe gleichförmiger Diskretisierungen in einem Netzwerksimulator lösen zu wollen. Vielmehr sollte man dann auf die hierauf spezialisierten und leistungsfähigeren Methoden der Feldsimulation zurückgreifen, die in Kap. 8 behandelt werden.

Auch besteht bei der Modellbildung von Systemen in der Regel kein Interesse

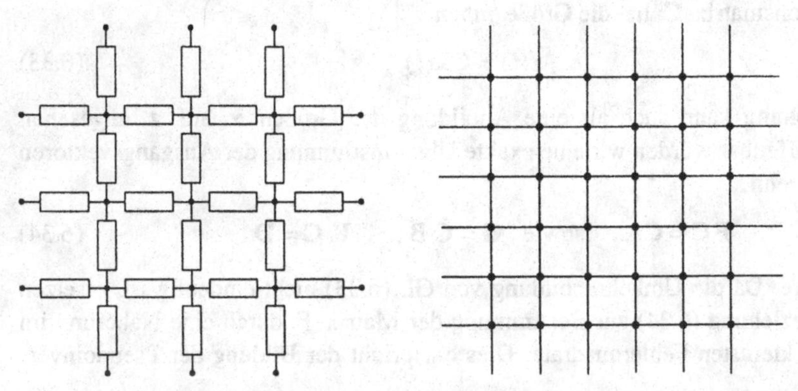

Abb. 6.7. Diskretisierung mit einer gleichförmigen Aufteilung in einem Netzwerkmodell.

am detaillierten örtlichen Verlauf der Feldgrößen, vielmehr genügt deren Kenntnis in einzelnen, ausgewählten und ortsfesten Punkten, die dann als Netzwerkknoten dienen. Beispielsweise wird bei einer thermischen Berechnung nur die Temperatur am Ort der Bauelemente benötigt, die eine Temperaturabhängigkeit aufweisen; die im Inneren des Aufbaus vorhandene Temperaturverteilung ist nicht von Interesse. Die Bestimmung der Potential- und Flußgrößen in einigen wenigen Punkten und mit wenigen Freiheitsgraden ist dann für die Modellierung ausreichend. Aus diesem Grund wird man in der Regel versuchen, die Wechselwirkung der Größen durch angepaßte Netzwerkmodelle zu beschreiben. Beispielsweise wird bei einer thermischen Problemstellung nur zwischen den Punkten des Modells ein thermischer Widerstand eingefügt, zwischen denen ein relevanter Wärmestrom vorhanden ist. Jedoch setzt dieses Vorgehen eigentlich bereits die Kenntnis der Temperaturverteilung voraus, da nur dann entschieden werden kann, welche Flüsse von Bedeutung sind oder vernachlässigt werden können. Häufig wird die detaillierte Kenntnis bei der Modellbildung durch die Intuition des Entwicklers und Kenntnissen aus Vorgängermodellen ersetzt, was zu Fehlern führen kann.

Die Problematik läßt sich anhand von Abb. 6.8 verdeutlichen. Sie gibt die Temperaturverteilung und den Wärmefluß auf einem Substrat mit inhomogener Wärmeleitfähigkeit wieder. Entsprechend der Herleitung in Kap. 6.1 setzt die Nachbildung mit konzentrierten Bauelementen (thermischen Widerständen) voraus, daß diese so zwischen einzelnen Punkten eingeführt werden, daß der Wärmefluß parallel zur Hüllfläche verläuft. Daher wird bei einer Änderung der Geometrie, der Verteilung der Wärmeleitfähigkeit oder der Wärmequelle eine erneute Berechnung der Temperaturverteilung und eine hierauf basierende neue Netzwerkbeschreibung notwendig.

Hieraus ergibt sich die Problematik, daß zur Ableitung eines angepaßten Widerstandsnetzwerkes zunächst die Temperaturverteilung und der Wärmefluß bekannt

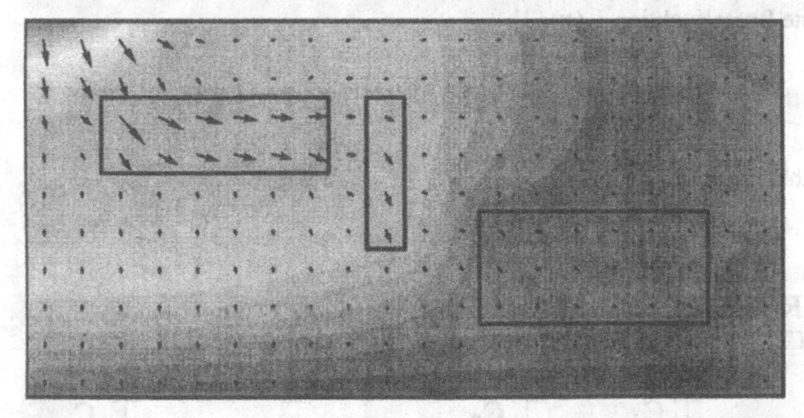

Abb. 6.8. Temperaturverteilung und Wärmefluß auf einem Substrat mit inhomogener Wärmeleitfähigkeit. Auf dem Keramiksubstrat befinden sich einzelne Chips mit höherer Wärmeleitfähigkeit.

sein muß, und das so erstellte Netzwerkmodell streng genommen nur für diese Wärmeflußverteilung Gültigkeit behält.

6.3 Vollständigkeit und Vernachlässigung kleiner Effekte

Um nun die Vollständigkeit und Konsistenz und schließlich auch die Vernachlässigung kleiner Effekte für die Lösung des Wärmeleitungsproblems und verwandter Probleme zu diskutieren, betrachten wir die Ausbreitungsgeschwindigkeit der Wärme. Die zeitliche Änderung der Temperatur am Ort x ist nach Gl. (6.18):

$$\frac{T(x,t)}{T_s} = 1 - \operatorname{erf}\left(\frac{x}{2}\sqrt{\frac{\rho c_p}{\lambda t}}\right) \tag{6.37}$$

Zum Zeitnullpunkt befindet sich die gesamte Wärmemenge am Ort $x = 0$, aber bereits nach beliebig kurzer Zeit nimmt die Temperatur einen von Null verschiedenen Wert an. Nach unserer Lösung ist daher die Ausbreitungsgeschwindigkeit der Wärme nicht endlich [10]. Dies widerspricht offenbar der durch die Relativitätstheorie postulierten Geschwindigkeitsgrenze. Gleiches gilt natürlich für alle physikalischen Vorgänge, die durch eine Beziehung von ähnlicher Struktur beschrieben werden, wie sie in Tabelle 6.1 zusammengefaßten sind. Eine Abhilfe erreicht man, wenn man die Differentialgleichung (6.15) zunächst formal zu einer Wellengleichung erweitert

$$div\, \lambda\, grad\, T - \rho\, c_p \frac{\partial T}{\partial t} - \xi \frac{\partial^2 T}{\partial t^2} = -p(t) \tag{6.38}$$

und wie in Abb. 6.9 das Ersatzschaltbild um eine „thermische Induktivität" ergänzt. Für eine sprungförmige Änderung der Temperatur am Ort $x = 0$ folgt die Lösung des Ausbreitungsproblems nun aus einem komplizierten Integral über die modifizierte Besselfunktion $I_1(x)$ [3].

$$T(x,t) = \left[e^{-D} + D \int_{\tau}^{t} \frac{e^{-\delta t}}{\sqrt{t^2 - \tau^2}} I_1\left(\sqrt{\delta\left(t^2 - \tau^2\right)} \right) dt \right] T(x = 0, t - \tau) \tag{6.39}$$

Mit den Abkürzungen:

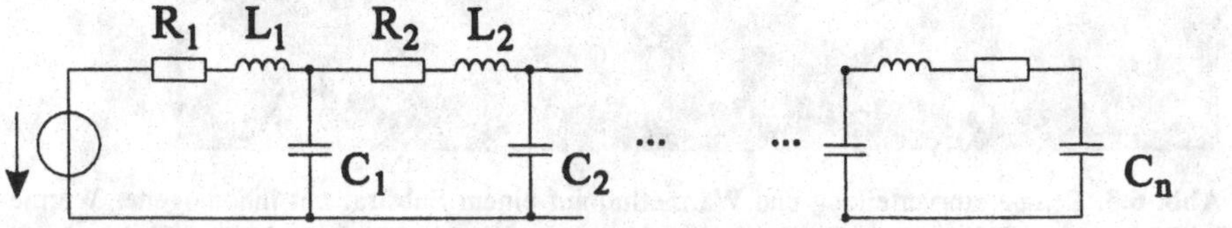

R1 L1 R2 L2 C1 C2 ... ... Cn

Abb. 6.9. Wärmeleitungsmodell mit thermischer Induktivität.

$$D = x\frac{R'}{2}\sqrt{\frac{C'}{L'}} \qquad \delta = \frac{R'}{2L'} \qquad \tau = x\sqrt{L'C'} \tag{6.40}$$

Hierdurch wird die Ausbreitungsgeschwindigkeit endlich, wie dies aus der Theorie elektrischer Leitungen bekannt ist. Als obere Grenze für die Ausbreitungsgeschwindigkeit ergibt sich die Lichtgeschwindigkeit c_0 des freien Raumes:

$$v(t \to 0) = v(\omega \to \infty) = \frac{1}{\sqrt{L'C'}} \leq c_0 = 3 \cdot 10^8 \frac{\text{m}}{\text{s}} \tag{6.41}$$

Aus diesem Zusammenhang ergibt sich unmittelbar eine berechenbare untere Grenze für die Größe der thermischen Induktivität

$$L' \geq \frac{1}{C'c_0^2} \tag{6.42}$$

Wie sofort aus der Ersatzschaltung (Abb. 6.9) klar wird, hat die Induktivität nur dann eine praktische Bedeutung, wenn $\omega L' \approx R'$ gilt. Offenbar ist die unendliche Ausbreitungsgeschwindigkeit für langsame thermisch transiente Vorgänge nicht von Bedeutung. Im Fall $\omega L' << R'$ kann die thermische Induktivität stets gegenüber dem Widerstand vernachlässigt werden. Hieraus ergibt sich eine Grenzfrequenz $\omega = 2\pi f$. In diesem Fall gilt zusammen mit (6.19) und (6.20)

$$\omega << \frac{R'}{L'} < R'C'c_0^2 = \frac{\rho c_p}{\lambda} c_0^2 \qquad f << \frac{1}{2\pi}\frac{\rho c_p}{\lambda} c_0^2 \tag{6.43}$$

Diese Größe läßt sich leicht für einige in der Mikrosystemtechnik bedeutenden Materialien auswerten. Die sich nach Tabelle 6.2 ergebenden Frequenzen sind für typische Materialien sehr groß. Hierzu ist jedoch anzumerken, daß die hier verwendete Abschätzung nicht sehr gut ist; schließlich haben wir als Grenze für die

Tabelle 6.2. Werte der Grenzfrequenz nach Gl. (6.43) und (6.44) sowie der Schallgeschwindigkeit für einige Materialien.

	$\frac{\rho c_p}{\lambda}$	$\frac{1}{2\pi}\frac{\rho c_p}{\lambda}c_0^2$	v_s	$\frac{1}{2\pi}\frac{\rho c_p}{\lambda}\frac{v_s^2}{3}$
	$\left[\frac{\text{s}}{\text{m}^2}\right]$	$\left[\frac{1}{\text{s}}\right]$	$\left[\frac{\text{m}}{\text{s}}\right]$	$\left[\frac{1}{\text{s}}\right]$
Kupfer	$8{,}69 \cdot 10^3$	$124 \cdot 10^{18}$	$4{,}58 \cdot 10^3$	$9{,}66 \cdot 10^9$
Silizium	$11{,}0 \cdot 10^3$	$158 \cdot 10^{18}$	$9{,}07 \cdot 10^3$	$48{,}15 \cdot 10^9$
Diamant	$0{,}46 \cdot 10^3$	$6{,}6 \cdot 10^{18}$	$18{,}1 \cdot 10^3$	$8{,}06 \cdot 10^9$
Siliziumdioxid	$1085 \cdot 10^3$	$15{,}5 \cdot 10^{21}$	$5{,}77 \cdot 10^3$	$1{,}92 \cdot 10^{12}$
Aluminiumoxid	$117 \cdot 10^3$	$1{,}68 \cdot 10^{21}$	$10{,}2 \cdot 10^3$	$6{,}57 \cdot 10^{11}$

Ausbreitungsgeschwindigkeit die Lichtgeschwindigkeit c_0 des freien Raumes eingesetzt. Die tatsächliche Ausbreitungsgeschwindigkeit für das Wärmeleitungsproblem

$$c_{th} = \frac{v_s}{\sqrt{3}} \tag{6.44}$$

ergibt sich jedoch aus der Schallgeschwindigkeit v_s und ist daher deutlich geringer [13]. Die hiermit berechneten Werte wurden ebenfalls in Tabelle 6.2 eingetragen.

Wir können nun lediglich den Schluß ziehen, daß dieser Effekt für uns in der Regel nicht von Bedeutung ist, keinesfalls jedoch, daß es so etwas wie eine thermische Induktivität nicht gibt.

Ein scheinbarer Widerspruch ergibt sich zwischen der thermischen Induktivität und dem zweiten Hauptsatz der Thermodynamik, der bekanntlich ausdrückt, daß die Entropie stets zunimmt. Hieraus kann man folgern, daß ein Wärmefluß Φ_{th} nur in Richtung des Temperaturgradienten stattfinden kann. Aufgrund von

$$\Delta T = L_{th} \frac{d\,\Phi_{th}}{d\,t} \tag{6.45}$$

kann sich für die thermische Induktivität jedoch auch dann ein konstanter Wärmefluß einstellen, wenn die Temperaturdifferenz verschwindet, was scheinbar der Aussage des zweiten Hauptsatzes widerspricht. Die obige Betrachtung zeigt, daß das Phänomen der thermischen Induktivität immer von Bedeutung werden kann, wenn wir es mit sehr kurzen Vorgängen zu tun haben, beispielsweise für Aufheizvorgänge durch Laserpulse. Die klassische Thermodynamik geht von langsamen Veränderungen aus, so daß sich das System in einem quasi stationären Zustand befindet. Durch Hinzunahme zusätzlicher Zustandsvariablen in die Betrachtungsweise ist es möglich, wieder eine dem zweiten Hauptsatz gerecht werdende Definition der Entropie einzuführen [13], wodurch der Widerspruch beseitigt wird.

Moderne Erklärungen der Wärmeleitung beschreiben die endliche Ausbreitungsgeschwindigkeit mit Hilfe der gegenseitigen Wechselwirkung der am Wärmetransport beteiligten Phononen, deren freier Weglänge und dem zeitlichen Abstand zwischen Phononenzusammenstößen (Stoßzeit). Als Folge ergibt sich eine Erweiterung des Fourierschen Gesetzes Gl. (6.14) in der Form

$$\mathbf{q}_{th} + \tau_P \frac{\partial \mathbf{q}_{th}}{\partial t} = -\lambda\, grad\, T \tag{6.46}$$

Hierin ist τ_P die Stoßzeit der Phononen, die typischerweise im Bereich einiger ps liegt. Durch Einsetzen in die Wärmebilanzgleichung (6.13) ergibt sich dann eine Differentialgleichung vom Typ der Wellengleichung. Die mittlere freie Weglänge liegt in der Größenordnung von 100 nm. Daher erlangen die hiermit zusammenhängenden Ausbreitungsvorgänge auch für dünne Schichten Bedeutung.

6.4 Feldänderung bei der Wellenausbreitung

Im letzten Abschnitt haben wir gesehen, daß physikalische Vorgänge aufgrund des Relativitätsprinzips grundsätzlich durch Wellengleichungen in einer der Gl. (6.38) entsprechenden Form zu beschreiben sind. Aus der vorangegangenen Ableitung in Kap. 6.2 folgt, daß konzentrierte Bauelemente nur zur Beschreibung eines physikalischen Vorgangs adäquat sind, wenn die relative örtliche Änderung der Feldgrößen im Raum gering ist. Im Fall der Wellenausbreitung ist dies erfüllt, wenn die Wellenlänge λ groß gegenüber der Ausdehnung d des Netzwerkelementes ist. Daher kann für eine große Wellenlänge oder mit der Ausbreitungsgeschwindigkeit c aufgrund von

$$\lambda = \frac{c}{f} \tag{6.47}$$

bei kleiner Frequenz f stets eine ausreichend genaue Repräsentation durch konzentrierte Bauelemente gefunden werden. Wellen treten hauptsächlich bei elektromagnetischen, mechanischen, fluidischen oder akustischen Ausbreitungsphänomen auf.

Häufig wird ein transienter Vorgang durch seine Anstiegszeit τ_r charakterisiert. Als eine einfache Faustregel gilt, daß die relevanten Frequenzanteile f_g zumindest die dritte Harmonische umfassen:

$$\tau_r \approx \frac{1}{3 f_g} \tag{6.48}$$

Eine obere Grenze für die Abmessung d, die noch als klein gegenüber der Wellenlänge bezeichnet werden kann, ist:

$$d < \frac{1}{10} \tau_r \, c \tag{6.49}$$

Kombiniert man diesen Ausdruck mit der Ausbreitungsgeschwindigkeit, so ergibt sich:

$$\frac{d}{\lambda} < \frac{1}{30} \tag{6.50}$$

Ein tieferes Verständnis erhält man durch Betrachtung der Wellengleichung für eine Feldgröße Φ mit der Anregung ρ.

$$\Delta\Phi - \frac{1}{c^2} \frac{\partial^2 \Phi}{\partial t^2} = -\rho \tag{6.51}$$

Für zeitharmonische Felder erhält man die Lösung in einem homogenen Medium mit Hilfe retardierter Potentiale:

$$\Phi(\mathbf{x},t)=\frac{1}{4\pi}\int_V \frac{\rho(\mathbf{x}')}{r}e^{j(kr-\omega t)}\,dV\ ; \qquad k=\frac{\omega}{c}=\frac{2\pi}{\lambda} \tag{6.52}$$

Dabei bezeichnet $r=|\mathbf{x}-\mathbf{x}'|$ den Abstand zwischen dem Aufpunkt $\mathbf{x}$ und dem Integrationspunkt $\mathbf{x}'$. Entwickelt man den Raumanteil der Exponentialfunktion nun in eine Taylor-Reihe

$$e^{jkr}=\sum_{n=0}^{\infty}\frac{1}{n!}(jkr)^n \tag{6.53}$$

und spaltet den zeitabhängigen Faktor ab, so folgt für die komplexe Amplitude:

$$\Phi(\mathbf{x})=\frac{1}{4\pi}\sum_{n=0}^{\infty}\left[\frac{1}{n!}\int_V \frac{\rho(\mathbf{x}')}{r}(jkr)^n dV\right]=\sum_{n=0}^{\infty}\Phi_n \tag{6.54}$$

Der Term Φ_0 stellt die statische Lösung dar. Die einzelnen Glieder der Reihe lassen sich wie folgt abschätzen

$$\left|\frac{1}{n!}\int_V \frac{\rho(\mathbf{x}')}{r}(jkr)^n\,dV\right|\le\left|\frac{1}{n!}\left(2\pi\frac{d}{\lambda}\right)^n\int_V \frac{\rho(\mathbf{x}')}{r}dV\right| \quad \text{für } r\le d \tag{6.55}$$

Der relative Fehler durch die Verwendung konzentrierter Bauelemente ergibt sich aus der Differenz zwischen der Lösung der Wellengleichung und der statischen Lösung $\varepsilon=(\Phi-\Phi_0)/\Phi_0$. Dies führt zu:

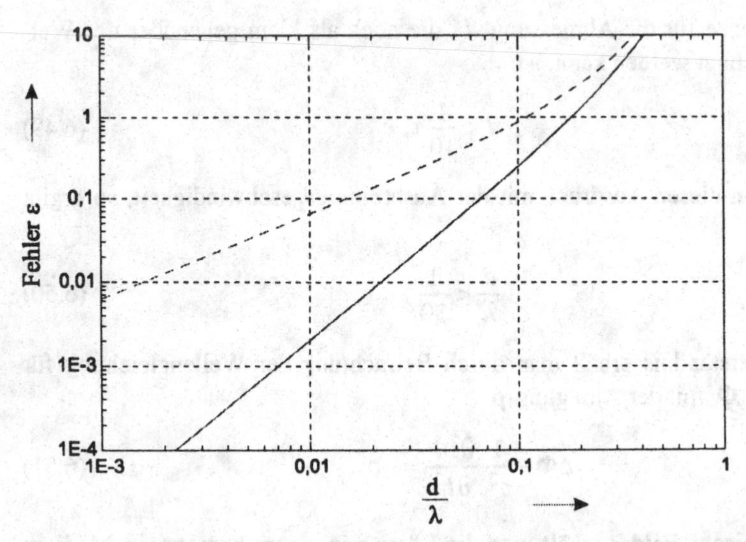

Abb. 6.10. Fehler durch Verwendung konzentrierter Bauelemente für Wellenphänomene in Abhängigkeit des Verhältnisses von Bauteilgröße zu Wellenlänge, unterbrochene Kurve nach Gl. (6.56) und durchgezogene Kurve nach Gl. (6.57).

$$\varepsilon\left(\frac{d}{\lambda}\right)=\left|\frac{\sum_{n=1}^{\infty}\left[\frac{1}{n!}\int_V \frac{\rho(x')}{r}(jkr)^n\,dV\right]}{\int_V \frac{\rho(x')}{r}dV}\right|\leq\sum_{n=1}^{\infty}\left[\frac{1}{n!}\left(2\pi\frac{d}{\lambda}\right)^n\right]=e^{\frac{2\pi d}{\lambda}}-1 \tag{6.56}$$

In der Regel ist auch der Term Φ_1 nicht von Bedeutung, da er eine Konstante ergibt, die als ein frei wählbares Bezugspotential aufgefaßt werden kann oder dadurch, daß das Raumintegral über die Anregung $\int\rho\,dV=0$ verschwindet (Ladungsneutralität). In diesem Fall wird:

$$\varepsilon\left(\frac{d}{\lambda}\right)=\left|\frac{\sum_{n=2}^{\infty}\left[\frac{1}{n!}\int_V \frac{\rho(x')}{r}(jkr)^n\,dV\right]}{\int_V \frac{\rho(x')}{r}dV}\right|\leq\sum_{n=2}^{\infty}\left[\frac{1}{n!}\left(2\pi\frac{d}{\lambda}\right)^n\right]\approx\frac{1}{2}\left(2\pi\frac{d}{\lambda}\right)^2 \tag{6.57}$$

Das Ergebnis ist in Abhängigkeit der auf die Wellenlänge bezogenen Abmessung in Abb. 6.10 dargestellt. Die oben angegebene Faustregel (6.50) führt unter den Annahmen auf einen Fehler im Prozentbereich.

6.5 Bondgraphen

Bondgraphen oder Bonddiagramme sind eine Darstellungsform zur Behandlung von multi-disziplinären Modellierungs- und Simulationsaufgaben. Bonddiagramme sind im Prinzip lediglich eine alternative graphische Darstellungsform, die äquivalent zur Netzwerkdarstellung ist, sie beinhalten keine neuen physikalischen Tatsachen oder Zusammenhänge. Der Nutzen der Bonddiagramme ist vielmehr in einem einheitlichen, auf mehrere Disziplinen in gleicher Art anwendbaren, Formalismus zu sehen.

Bondgraphen leisten für mechanische, elektrische, fluidische und thermische Systeme das Gleiche, was Netzwerke für rein elektrische Systeme erfüllen. Grundlage für die gemeinsame Behandlung der genannten Bereiche ist die konsequente Darstellung der Zusammenhänge mit Hilfe von Flußgrößen f und Potentialgrößen e und deren Definition in der Art, daß ihr Produkt $e \cdot f$ stets eine Leistung ergibt[2]. Weiterhin wird das Zeitintegral des Potentials als Moment und das des Flusses als Verschiebung bezeichnet.

Wir hatten schon in Kap. 5.4 und 6.1 auf Analogien zwischen den physikalischen Größen verschiedener Bereiche hingewiesen, die sich durch eine einheitliche thermodynamische Grundlage begründen läßt. In der Tabelle 6.3 sind die innerhalb von Bondgraphen benutzten Analogien zusammengestellt [5, 12]. Für thermische

[2] In der englischsprachigen Literatur werden die Größen als *Flow* und *Effort* bezeichnet. In der deutschprachigen Literatur findet man häufig die Bezeichnung *verallgemeinerte Kraft* statt des hier bevorzugten Ausdruck der *Potentialgröße*.

Tabelle 6.3. Analogien zwischen Potential- und Flußgrößen für verschieden physikalische Größen.

	Potential e	Fluß f	Moment $\int e dt$	Verschiebung $\int f dt$	Leistung ef
Elektrisch	Spannung u	Strom i	magn. Fluß Φ	Ladung Q	$P = ui$
Mechanisch Translation	Kraft F	Geschwindigkeit $\dot{x}$	Kraftstoß I	Position x	$P = F\dot{x}$
Mechanisch Rotation	Drehmoment M	Drehzahl ω	Drehimpuls L	Winkel φ	$P = M\omega$
Hydraulisch	Druck p	Volumenstrom $\dot{V}$		Volumen V	$P = p\dot{V}$
Akustisch	Schalldruck p	Schallfluß q		Volumen V	$P = pq$
Thermisch	Temperatur T	Entropiefluß $\dot{S}$		Entropie S	$P = T\dot{S}$
Chemisch	chem. Potential μ	molarer Fluß $\dot{n}$		molare Masse n	$P = \mu\dot{n}$

Felder wird die Temperatur als Potentialgröße und der Entropiefluß $\dot{S}$ als Flußgröße verwendet, um zu gewährleisten, daß das Produkt eine Leistung ist. Es ist jedoch auch üblich, wie wir es in den vorangegangenen Abschnitten getan haben, den Wärmefluß Φ_{th} zu verwenden. Allerdings ist dies bei der Beschreibung von Kopplungen weniger günstig, da dann nicht mehr für alle physikalischen Ebenen das Produkt von Potential- und Flußgrößen einheitlich eine Leistung darstellt.

Die in Bonddiagrammen verwendeten einfachen Schaltungselemente entsprechen den Widerständen, Kapazitäten und Induktivitäten elektrischer Netzwerke. Die Grundelemente werden R-Element, C-Element und I-Element genannt. R-Elemente liefern einen linearen oder nichtlinearen Zusammenhang zwischen der Fluß- und der Potentialgröße, sie führen zu einem Leistungsumsatz und produzieren einen irreversiblen thermischen Leistungsfluß oder genauer Entropiefluß. C- und I-Element sind Energiespeicher, sie können Energie aufnehmen und wieder abgeben, der Energiefluß ist reversibel. Die Grundelemente sind in der Tabelle 6.4 zusammengestellt.

In Verallgemeinerung zu den Strom- und Spannungsquellen elektrischer Netzwerke werden Flußquellen (SF-Elemente) und Potentialquellen (SE-Elemente) eingeführt. Ein weiteres wichtiges Grundelement sind die Leistungstransformatoren, welche die Analogie zu elektrischen Transformatoren liefern. Für diese gilt die Beziehung $e_1 = n\, e_2$ und $f_2 = n\, f_1$ zwischen den primär- und sekundärseitigen Potential- und Flußgrößen, mit einer Konstante n, die das Übersetzungsverhältnis der Größen angibt.

Tabelle 6.4. Grundelemente und Beziehungen der Bonddiagramme.

	R-Element	I-Element	C-Element	TF-Element
Elektrisch	Widerstand $u = Ri$	Induktivität $u = L\frac{di}{dt}$	Kapazität $i = C\frac{du}{dt}$	Transformator
Mechanisch Translation	Reibung $F = b\dot{x}$	Masse $F = m\frac{d\dot{x}}{dt}$	Feder $F = cx$	Hebel
Mechanisch Rotation	Reibung $M = b\omega$	Trägheitsmoment $M = J\frac{d\dot{\omega}}{dt}$	Torsionsfeder $M = c_t\,\varphi$	Getriebe
Hydraulisch	Strömungswiderst. $\Delta p = R_{fl}\dot{V}$	Massenträgheit $p = I\frac{d\dot{V}}{dt}$	Speicher $V = Cp$	hydr. Widder
Akustisch	akust. Resistenz $\Delta p = R_a\, q$	akust. Masse $p = M_a\frac{dq}{dt}$	ak. Nachgiebigkeit $\Delta p = \frac{1}{C_a}\int q\, dt$	
Thermisch	therm. Widerstand $\Delta T = T R_{th}\dot{S}$	(therm. Induktivität)	Wärmekapazität $\Delta T = T C_{th}\int \dot{S} dt$	

Die Schaltungselemente können in Parallel- oder Serienschaltung angeordnet werden, wobei für die Potentiale und Flüsse der Elemente Zusammenhänge entsprechend der Kirchhoffschen Maschen- und Knotenregel gelten. Die Begriffe Parallel- und Serienschaltung beziehen sich nicht auf die geometrische Anordnung der Komponenten, vielmehr ist hiermit eine Definition für die Beziehung der Potential- und Flußgrößen an miteinander verbunden Schaltungselementen gemeint.

Für eine Serienschaltung gilt:

- gleicher Fluß in den Elementen,
- Summe der Potentiale ist Null.

s

Für die Parallelschaltung gilt entsprechend:

- gleiche Potentiale der Elemente,
- Summe der Flüsse ist Null.

p

Ein einfaches Beispiel für einen Bondgraphen stellt das in Kap. 6.2 behandelte Problem der eindimensionalen Wärmeleitung in einem Stab dar, das in Abb. 6.11 wiedergegeben ist. Es besteht aus einer Folge von Reihen- und Parallelschaltungen von Widerständen bzw. Kapazitäten. In ähnlicher Weise lassen sich die Bonddia-

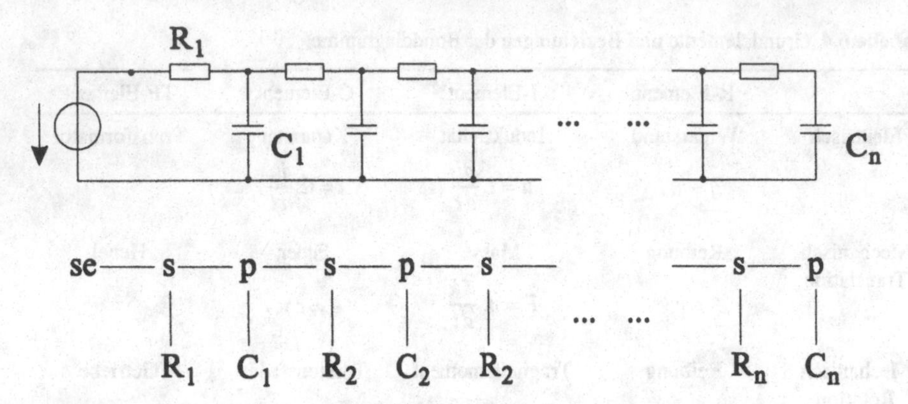

Abb. 6.11. Netzwerkmodell und Bonddiagramm für die eindimensionale Wärmeleitung in einem Stab.

gramme für einfache mechanische oder fluidische Systeme leicht ableiten [5]. In der Regel werden die Bonddiagramme an den Verbindungselementen durch Einfügung von Halbpfeilen ergänzt, die die Zählrichtung der Variablen angeben.

Ein weiteres Beispiel, das auch mehrere physikalische Ebenen enthält, ist das Modell des in Abb. 6.12 dargestellten elektrostatischen Lautsprechers [5, 9, 12]. Natürlich kann der elektrostatische Lautsprecher auch als Kondensatormikrofon betrieben werden. Die Grundfunktion besteht aus einer plattenförmigen Membran, die als Elektrode dient und so durch ein elektrisches Feld ausgelenkt werden kann. Elektrische Verluste werden im Widerstand R_{el} zusammengefaßt. Die Membran ist an federnden Elemente aufgehängt oder wird durch ihre eigene Steifigkeit in die Ruhelage zurückgetrieben. Dies wird im Bonddiagramm durch ein C-Element beschrieben, das über zwei Tore verfügt, da Spannung und Ladung sowie Kraft und Verschiebung miteinander wechselwirken. C-, I- und R-Elemente mit zwei oder mehreren Toren werden im Zusammenhang mit Bondgraphen C-, I- bzw. R-Felder genannt. Die Größen werden durch eine Matrixbeziehung miteinander verknüpft, wobei die Matrizen aufgrund der Onsager- und Maxwell-Reziprozität symmetrisch sein müssen [5].

$$u = f_1(Q, x) \tag{6.58}$$

$$F = f_2(Q, x) \tag{6.59}$$

Die beiden Funktionen sind nicht unabhängig voneinander, da für die gesamte im elektrischen und mechanischen Feld gespeicherte Energie die Energieerhaltung erfüllt sein muß. Für die gespeicherte Energie W ergibt sich der Ausdruck:

$$W = \int_0^t P\,dt = W_{el} + W_{mech} \tag{6.60}$$

elektrische Energie *mechanische Energie* *akustische Energie*

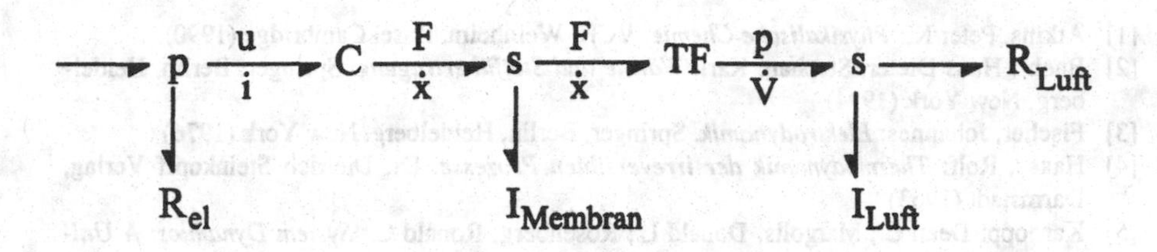

elektrische Verluste **el. Membran-auslenkung** **Membran-masse** **mechanisch akustische Wandlung** **Masse der Luftschicht** **abgegebene Schallenergie**

Abb. 6.12. Bonddiagramm eines elektrostatischen Lautsprechers.

$$W = \int_0^t ui + F\dot{x}dt = \int_0^Q u(Q,x)dQ + \int_0^x F(Q,x)dx \tag{6.61}$$

Durch Differenzieren erhält man den Ausdruck für die Spannung und die Kraft.

$$u = \frac{\partial W}{\partial Q} \qquad F = \frac{\partial W}{\partial x} \tag{6.62}$$

Für die zweifache Ableitung folgt damit der wichtige Zusammenhang für die Wechselwirkung (Reziprozität):

$$\frac{\partial u}{\partial x} = \frac{\partial^2 W}{\partial x \partial Q} = \frac{\partial F}{\partial Q} \tag{6.63}$$

Wird insbesondere das Differential $\partial u / \partial x$ zu Null, da an den Kondensatorplatten eine feste, von der Lage unabhängige Spannung vorhanden ist, so muß die Kraft unabhängig von der Ladung sein.

Die an die Membran übertragene mechanische Energie wird zum Teil in Form von Bewegungsenergie gespeichert, sie ist zur Masse der Membran proportional. Im Schaltbild wird dies durch das I-Element wiedergegeben. Andererseits überträgt die Membran die Bewegung an die angrenzende Luftschicht, wobei eine Wandlung der mechanischen Energie in die akustische Energie stattfindet (TF-Element). Die in die Umgebung abgegebene Schallenergie wird durch ein R-Element repräsentiert. Die mit der Membran bewegten Luftschichten führen weiterhin zu einer induktiven Belastung. Die Induktivität I_{Luft} und der Abstrahlungswiderstand R_{Luft} hängen von der Bewegungsform der Membran ab, die im wesentlichen von der Schallwellenlänge und den Membranabmessungen bestimmt werden.

Literatur

[1] Atkins, Peter K.: *Physikalische Chemie*. VCH, Weinheim, Basel Cambridge (1990)
[2] Baehr, Hans Dieter; Stephan, Karl: *Wärme und Stoffübertragung*. Springer, Berlin, Heidelberg, New York (1994)
[3] Fischer, Johannes: *Elektrodynamik*. Springer, Berlin, Heidelberg, New York (1976)
[4] Haase, Rolf: *Thermodynamik der irreversiblen Prozesse*. Dr. Dietrich Steinkopff Verlag, Darmstadt (1963)
[5] Karnopp; Dean C.; Margolis, Donald L.; Rosenberg; Ronald C.: *System Dynamics: A Unified Approach*. John Wiley Sons, New York, Chichester, Brisbane, 2. ed. (1990)
[6] Kheir, Naim A. (ed.): *System Modeling and Computer Simulation*. Marcel Dekker, New York, Basel, Hong Kong, 2. ed. (1996)
[7] Ljung, Lennart; Glad, Torkel: *Modeling of dynamic systems*. Prentice Hall, Englewood Cliffs, (1994)
[8] Nye, J. F.: *Physical properties of crystals: Their Representation by Tensors and Matrices*. Clarendon Press, Oxford, Reprint (1995)
[9] Pederson, Michael: *A Polymer Condenser Microphone Realised on Silicon Containing Preprocessed Integrated Circuits*. Diss. Universität Twente (1997)
[10] Sommerfeld, Arnold: *Partielle Differentialgleichungen der Physik*. Harri Deutsch, Thun, Frankfurt am Main (1978)
[11] Stierstadt, Klaus: *Physik der Materie*. VCH, Weinheim, Basel, Cambridge (1989)
[12] Thoma, Jean U.: *Simulation by Bondgraphs, Introduction to a Graphical Method*. Springer, Berlin, Heidelberg, New York, (1990)
[13] Tzou, D. Y.: *Macro- to Microscale Heat Transfer: The Lagging Behavior*. Taylor & Francis. Bristol (1996)
[14] Wachutka, Gerhard: Tailored modeling: a way to the 'virtual microtransducer fab?'. *Sensors and Actuators*, A46-47 (1995) p. 603-612
[15] Zurmühl, Rudolf; Falk, Sigurd: *Matrizen und ihre Anwendungen 1*, Springer, Berlin, Heidelberg. New York, 6. Aufl. (1992)

7 Makromodelle

Aufgrund der Komplexität lassen sich Systeme weder komplett auf der feldbeschreibenden Ebene modellieren noch als Ganzes in ein analoges Simulationsmodell überführen. Daher müssen Gesamtsysteme in modellierbare Subsysteme mit definierten Systemgrenzen unterteilt werden. Bei Mikrosystemen entsprechen den Subsystemen die einzelnen Komponenten, z. B. Sensoren, Aktoren oder elektronische Komponenten. Durch Makromodelle, die das funktionale Verhalten der jeweiligen Mikrosystemkomponente unter Berücksichtigung signifikanter Störgrößen wiedergeben, kann die Beschreibung des Zusammenhangs der unterschiedlichen physikalischen Größen auf einheitliche Größen der Simulationsumgebung übertragen werden. Derartige Makromodelle stellen eine wesentliche Basiskomponente für eine Mikrosystem-Entwurfsumgebung dar.

Im folgenden wird zunächst auf grundlegende Eigenschaften der Modellierung mit Makromodellen und deren Umsetzung in einem Analogsimulator eingegangen. Exemplarisch wird das Modell eines Beschleunigungssensors entwickelt und der Anwendungsbereich, die Methoden zur Erstellung und die Leistungsfähigkeit aufgezeigt. Wir betrachten dann allgemein anwendbare Methoden für die Generierung dynamischer Black-Box-Modellen für zeitdiskrete oder zeitkontinuierliche Ein-/ Ausgangssignale. Schließlich werden Verfahren zur Modellerstellung aus Frequenzgangsdaten und die Schwierigkeiten bei der Identifikation von nichtlinearen Systemen erläutert.

7.1 Konzept der Makromodelle

Die Vorgehensweise bei der Generierung von Makromodellen basiert auf der in den Ingenieurwissenschaften vorherrschenden Methode, komplexe Zusammenhänge in mehrere abgeschlossene und durch eine eingeschränkte Anzahl von Ein- und Ausgangsgrößen beschriebene Teilfunktionen zu zerlegen. Hierbei können durchaus mehrere Hierarchieebenen durchlaufen werden.

Bei der Erstellung der Modellgrundstruktur muß im Falle einer komplexen Gesamtfunktion sowohl die Partitionierung in Teil- und Grundfunktionen (Top-Down), als auch deren Integration zur Gesamtfunktion (Bottom-Up) festgelegt werden. Hierbei bietet sich die in der Praxis weit verbreitete blockorientierte Strukturierung an (Abb. 7.1). Zunächst wird lediglich der rein funktionale Zusammenhang abgebildet. Die Struktur kann dann zur Berücksichtigung von Störgrößen sukzessive, eventuell mit hierarchischer Konkretisierung, verfeinert werden.

Die Partitionierung muß so lange angewendet werden, bis aus den dabei erhaltenen Subfunktionen mit Hilfe der Black- oder Glass-Box-Methode Grundfunktionsmodelle generiert werden können. Dies betrifft das Problem der Beobachtbarkeit und Identifizierbarkeit der Modellparameter, die Bestimmung der Ein- und Ausgangsgrößen durch Messung oder Simulation sowie die Verfügbarkeit von Methoden und Softwarewerkzeugen zur Identifikation der Modellparameter.

Dieses Konzept erlaubt eine weitgehende Flexibilität der Modellerstellung von Funktionsblöcken und der hierzu eingesetzten Werkzeuge. Die Anwendung dieses Konzeptes setzt jedoch voraus, daß die zu modellierende komplexe Gesamtfunktion so partitioniert werden kann, daß die dabei entstandenen Grundfunktionen in Form von Funktionsblöcken zu einer die Gesamtfunktion widerspiegelnden Blockstruktur zusammengesetzt werden können. Die Partitionierung wird dabei zweckmäßig so getroffen, daß die Grundfunktionen eine möglichst geringe Anzahl von Ein- und Ausgangsgrößen aufweisen. Wechselwirkungen physikalischer Effekte auf der Feldebene lassen sich nur durch die örtliche Verteilung einer großen Anzahl von Freiheitsgraden auf der Ebene der Grundfunktion berücksichtigen und sind daher weniger geeignet als integrale Größen. Die Blockstruktur legt einen unidirektionalen Signalfluß nahe, so daß eine Rückwirkung von Eingängen auf Ausgangsgroßen nicht besteht, i. a. ist jedoch auch ein bidirektionaler Signalfluß möglich.

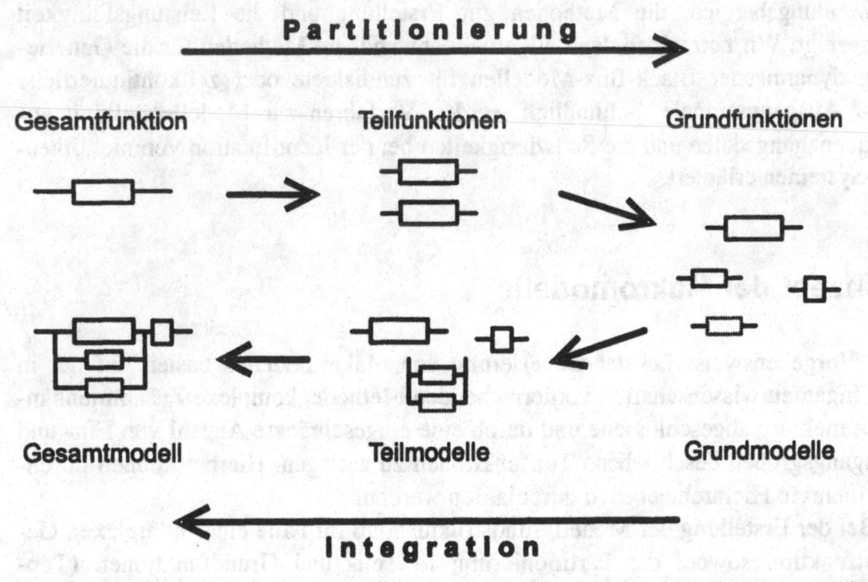

Abb. 7.1. Vorgehensweise der blockorientierten Modellerstellung durch Funktionspartitionierung und Modellintegration.

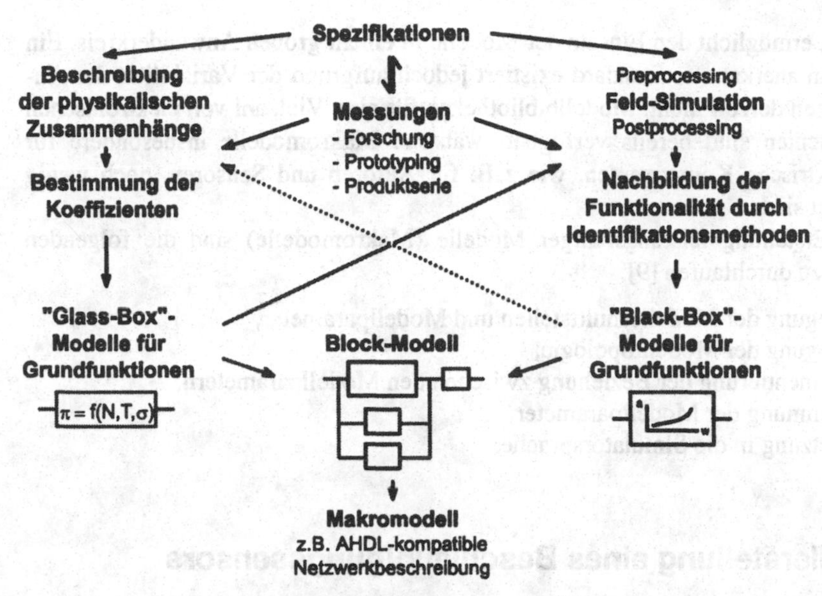

Abb. 7.2. Makromodellerstellung durch Back-Box- und Glass-Box-Modelle.

Bestehen tiefgreifende Kenntnisse der physikalischen Zusammenhänge und deren Beschreibung, führt die Bestimmung der physikalischen Koeffizienten zu einem Glass-Box-Modell. Ein Beispiel hierfür ist das Diodenmodell, das die Parameter Temperatur, Zenerspannung und Sättigungssperrstrom enthält. Kann auf derart fundierte Kenntnisse nicht zurückgegriffen werden, erhält man durch Feldsimulation des Verhaltens oder aus Meßwerten und anschließender Nachbildung der Funktionalität mit Methoden der Systemidentifikation ein Black-Box-Modell. Beispicle hierfür sind die Ermittlung einer Übertragungsfunktion oder die Nachbildung durch eine Kennlinienschar. Die bei der Modellbildung angewendeten Verfahren sollen dabei vielseitig einsetzbar und leicht durchführbar sein. Die beiden alternative Wege zur Modellerstellung sind in der Abb. 7.2 dargestellt. In der Literatur werden zum Teil auch Mischformen beschrieben, die als Gray-Box-Modelle bezeichnet werden [4].

Die generierten Grundfunktionsmodelle werden in die darüberliegende Modellstruktur eingebunden. Das durch Integration erzeugte Modell einer Teilfunktion kann eventuell schon anhand von Meßergebnissen überprüft und bei Bedarf verfeinert werden. Der Integrationsprozeß der Teilfunktionsmodelle in die jeweils übergeordnete Modellstruktur führt zum eigentlichen, die Gesamtfunktion beschreibenden Modell der Komponente. Aus dem Modell wird schließlich das Makromodell in Form einer standardisierten Netzwerkbeschreibung, z. B. in AHDL (Analog Hardware Description Language) oder für einen speziellen Simulator wie SPICE, erzeugt.

Die Beschreibung der Modelle in einer möglichst weit verbreiteten, standardisierten und für die Analogsimulation geeigneten Form, wie z. B. AHDL, SPICE,

SABER, ermöglicht den Einsatz der Modelle in einem großen Anwenderkreis. Ein allgemein anerkannter Standard existiert jedoch aufgrund der Variabilität der Anwendungen derzeit nicht. Modellbibliotheken für eine Vielzahl von elektronischen Komponenten sind bereits verfügbar, während Makromodelle insbesondere für nichtelektrische Komponenten, wie z. B. für Aktoren und Sensoren, noch wenig verbreitet sind.

Zur Erstellung leistungsfähiger Modelle (Makromodelle) sind die folgenden Schritte zu durchlaufen [9]:

- Festlegung der Modellschnittstellen und Modellparameter,
- Festlegung der Modelltopologie,
- Implementierung der Beziehung zwischen den Modellparametern,
- Bestimmung der Modellparameter,
- Umsetzung in die Simulatorsprache.

7.2 Modellerstellung eines Beschleunigungssensors

Im folgenden wird exemplarisch ein Modell für einen Beschleunigungssensor schrittweise entwickelt [16, 17]. Der Sensor besteht aus monokristallinem Silizium, das durch anisotropes Ätzen strukturiert wird (Abb. 7.3). Eine auf den Sensor einwirkende Beschleunigung verursacht aufgrund der Massenträgheit eine Kraft, die eine Auslenkung der an Federelementen aufgehängten seismischen Masse bewirkt. Dadurch werden in den Verbindungsstegen mechanische Dehnungen und Spannungen hervorgerufen. Zur Wandlung der mechanischen Spannung in den Brückenstegen in ein elektrisches Signal wird der piezoresistive Effekt verwendet. Der Vorteil des piezoresistiven Effektes gegenüber z. B. einem kapazitiven Meßprinzip besteht in der weitgehenden Unempfindlichkeit gegenüber elektrischen Feldern.

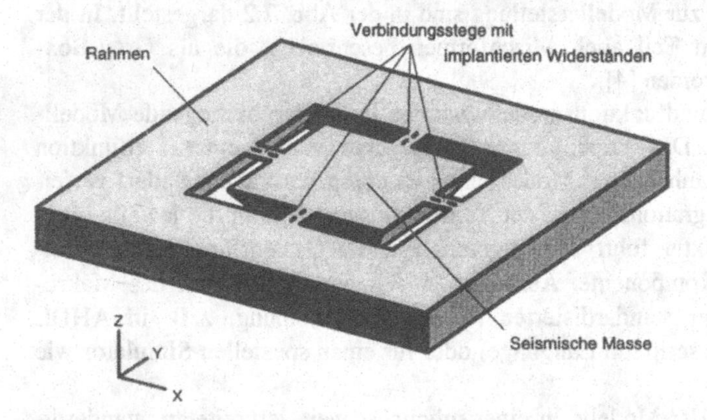

Abb. 7.3. Vierseitig aufgehängter piezoresistiver Beschleunigungssensor in anisotroper Siliziumätztechnologie.

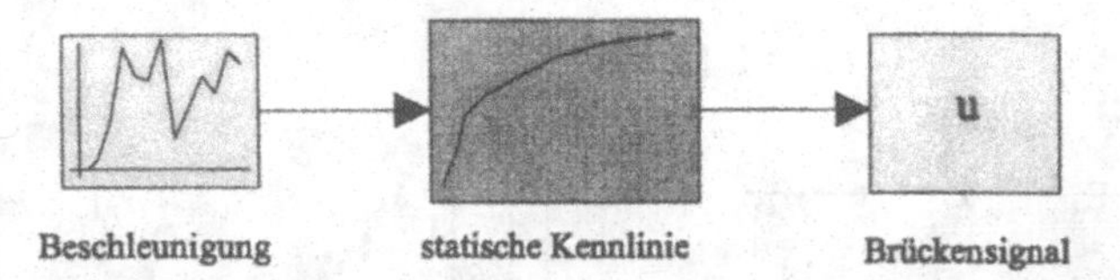

Abb. 7.4. Statisches Modell des Beschleunigungssensors für die Abhängigkeit des Brückensignals von der Beschleunigung.

Der piezoresistive Effekt bewirkt eine verformungsabhängige Änderung der implantierten Widerstände. Die acht piezoresistiven Widerstände sind derart zu einer Vollbrücke zusammengeschaltet, daß nur Beschleunigungsanteile in z-Richtung zur Änderung des elektrischen Brückensignals beitragen können, worin der Vorteil dieser Anordnung gegenüber anderen möglichen Aufhängungen besteht.

Die statische Kennlinie des Sensors, d. h. die Änderung des elektrischen Brükkensignals in Abhängigkeit der in z-Richtung wirkenden Beschleunigung, dient als Modellgrundstruktur. Sie ist in Abb. 7.4 als Blockschaltbild wiedergegeben. Zunächst bietet es sich an, den mechanischen Vorgang analytisch näherungsweise anhand der Biegebalkentheorie für kleine Auslenkungen zu beschreiben [11]. Der Sensor wird durch einen beidseitig starr eingespannten Balken der Länge $2L$ repräsentiert. Die seismische Masse m wird zusammen mit der Beschleunigung a durch eine in der Balkenmitte punktförmig in z-Richtung angreifende Einzelkraft $F = m\,a$ ersetzt (Abb. 7.5).

Die beschleunigungsbedingte Kraft entspricht dem Produkt aus seismischer Masse und der Beschleunigung, dividiert durch die Anzahl der Stege n, an denen die seismische Masse im Rahmen aufgehängt ist. Das Verhältnis von Biegemoment $M_y(x)$ zu Flächenträgheitsmoment I_y des Stegquerschnitts bestimmt im wesentlichen die Biegespannung $\sigma_{xx}(x)$ an der Stegoberfläche.

$$\sigma_{xx}(x) = \frac{M_y(x)}{I_y}\frac{h}{2} = \frac{m\,a\,3L}{n\,b\,h^2}\left(1 - 2\frac{x}{L}\right) \tag{7.1}$$

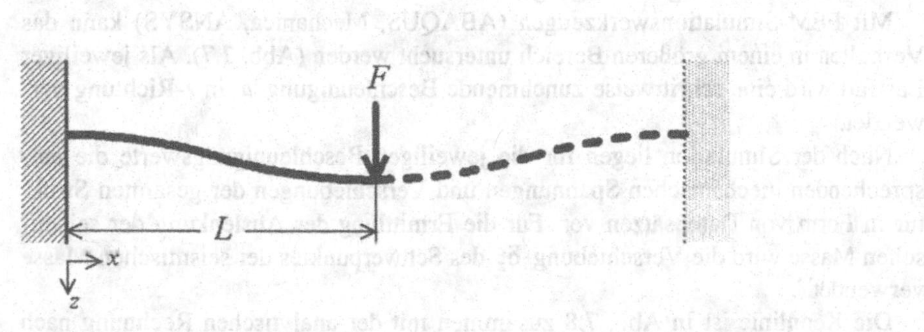

Abb. 7.5. Biegebalkenmodell für die Auslenkung in Abhängigkeit von der aufgebrachten Kraft.

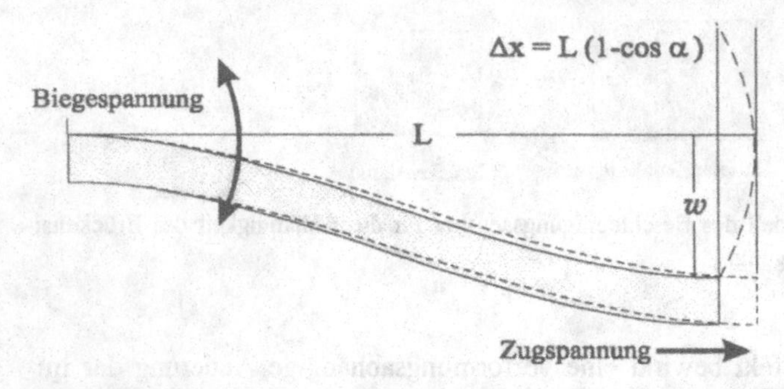

Abb. 7.6. Aufgrund der Auslenkung entsteht eine Verkürzung Δx der Stege, die bei symmetrisch aufgehängter seismischer Masse zu einer Überlagerung von Biege- und Zugspannung führt ($\tan\alpha = w/L$).

Die Stegbreite b bewirkt nur eine lineare, die Stegdicke h jedoch eine quadratische Reduktion der Biegespannung $\sigma_{xx}(x)$. Der Verlauf der Biegelinie wird mit dem Elastizitätsmodul E durch die Funktion $w(x)$ beschrieben.

$$w(x) = \frac{m\,a}{n\,E}\,\frac{L^3}{b\,h^3}\left(3\left(\frac{x}{L}\right)^2 - 2\left(\frac{x}{L}\right)^3\right) \tag{7.2}$$

Die Gleichungen liefern einen linearen Zusammenhang zwischen Beschleunigung und mechanischer Spannung bzw. Biegelinie. Sie sind daher nur für eine Maximalauslenkung gültig, die kleiner ist als die kleinsten geometrischen Abmessungen. Im Falle des Beschleunigungssensors sind jedoch Auslenkungen bis zur Größenordnung der Stegdicke zu erwarten. Dabei wird die Biegespannung, wie in Abb. 7.6 dargestellt, mit einer nicht mehr zu vernachlässigende Zugspannung überlagert. Dies führt zu einer Strukturversteifung. Da die Längenänderung nichtlinear mit der Auslenkung verknüpft ist, ergibt sich auch ein nichtlinearer Zusammenhang zwischen Auslenkung und mechanischer Spannung im Bereich der piezoresistiven Widerstände. Bei einer einseitigen Aufhängung der seismischen Masse wird diese Schwierigkeit umgangen.

Mit FEM-Simulationswerkzeugen (ABAQUS, Mechanica, ANSYS) kann das Verhalten in einem größeren Bereich untersucht werden (Abb. 7.7). Als jeweiliger Lastfall wird eine schrittweise zunehmende Beschleunigung a in z-Richtung verwendet.

Nach der Simulation liegen für die jeweiligen Beschleunigungswerte die entsprechenden mechanischen Spannungen und Verschiebungen der gesamten Struktur in Form von Datensätzen vor. Für die Ermittlung der Auslenkung der seismischen Masse wird die Verschiebung δ_z des Schwerpunktes der seismischen Masse verwendet.

Die Kennlinie ist in Abb. 7.8 zusammen mit der analytischen Rechnung nach Gl. (7.2) dargestellt, wobei die folgenden Abmessungen verwendet wurden: Stegdicke $h = 9\,\mu\text{m}$, Steglänge $L = 200\,\mu\text{m}$, Stegbreite $b = 160\,\mu\text{m}$, Kantenlänge der seismischen Masse jeweils $w = 1200\,\mu\text{m}$ und Sensordicke $t = 300\,\mu\text{m}$. Die Ge-

genüberstellung der analytisch berechneten und der simulierten Auslenkung u_z verdeutlicht das nichtlineare Verhalten. Für Beschleunigungen bis zu 5000 g ist die simulierte Auslenkung um ca. 6% kleiner als der analytisch abgeschätzte Wert. Derart hohe Auslenkungen und Beschleunigungen treten statisch nicht auf, sehr wohl aber bei der dynamischen Belastung in der Nähe der Resonanz.

Für die Berechnung des elektrischen Brückensignals werden nur die Werte der mechanischen Spannungen σ_{xx} und σ_{yy} benötigt, die entlang der Symmetrieachse der implantierten Widerstände in Längsrichtung σ_L und Querrichtung σ_T an der Oberfläche der Widerstände auftreten. Die auf dem piezoresistiven Effekt beruhende Widerstandsänderung ist zu den in den Widerständen auftretenden mechanischen Spannungen proportional. Unter Berücksichtigung des piezoresistiven Effektes erhält man aus den simulierten mechanischen Spannungen die in Abb. 7.9 dargestellte statische Kennlinie des Brückensignals in Abhängigkeit von der Beschleunigung mit den Piezokoeffizienten in longitudinaler π_L und transversaler Richtung π_T. Der piezoresistive Effekt wird ausführlich in Kap. 13.2 behandelt.

$$\frac{\Delta R}{R} = \pi_L \cdot \sigma_L + \pi_T \cdot \sigma_T \tag{7.3}$$

Aus der Kennlinie wird, z. B. durch Polynomapproximation, ein Funktionsmodell generiert und als Funktionsblock in die Blockstruktur des statischen Verhaltens eingebunden. Dieses Blockmodell repräsentiert das statische Verhalten des Sensors.

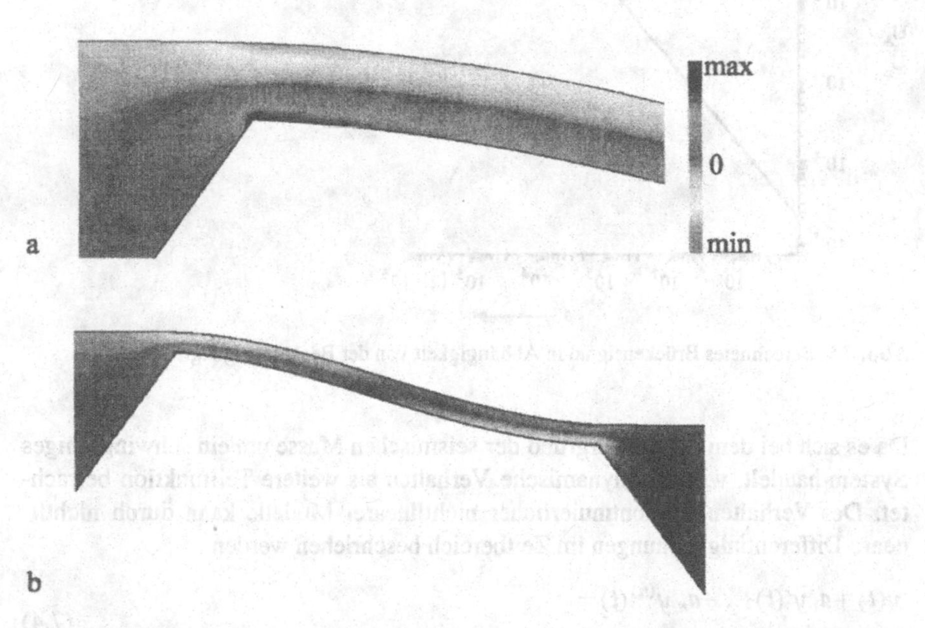

Abb. 7.7. Feldsimulation der mechanischen Spannung σ_{xx} in x-Richtung (a) Spannungsverteilung im Bereich der Aufhängung und (b) Biegelinie des Stegs zwischen Rahmen und seismischer Masse.

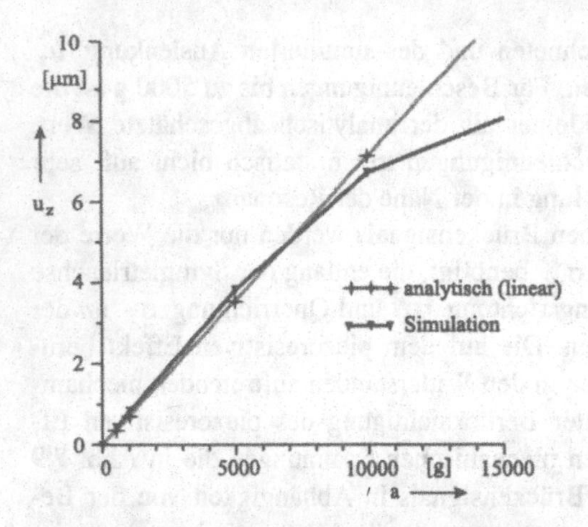

Abb. 7.8. Auslenkung als Funktion der Beschleunigung in vielfachen der Erdbeschleunigung, aus Feldsimulation und analytisch nach Gl. (7.2).

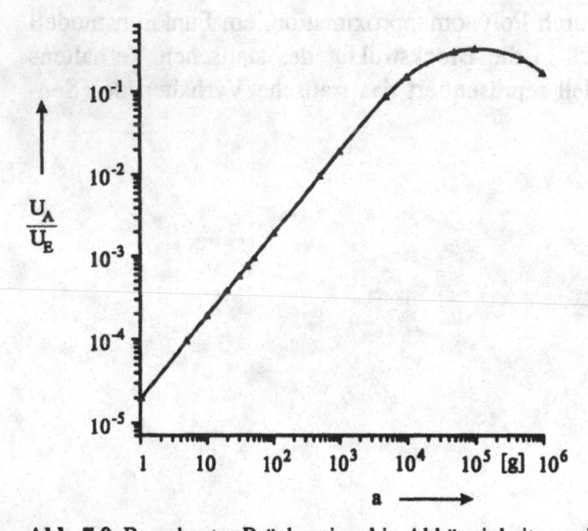

Abb. 7.9. Berechnetes Brückensignal in Abhängigkeit von der Beschleunigung.

Da es sich bei dem Sensor aufgrund der seismischen Masse um ein schwingfähiges System handelt, wird das dynamische Verhalten als weitere Teilfunktion betrachtet. Das Verhalten zeitkontinuierlicher nichtlinearer Modelle kann durch nichtlineare Differentialgleichungen im Zeitbereich beschrieben werden.

$$y(t) + a_1\, y'(t) + \ldots + a_n\, y^{(n)}(t) = \\ b_0\, x(t) + b_1\, x'(t) + \ldots + b_m\, x^{(m)}(t) - f_s(y, y', \ldots, x) \tag{7.4}$$

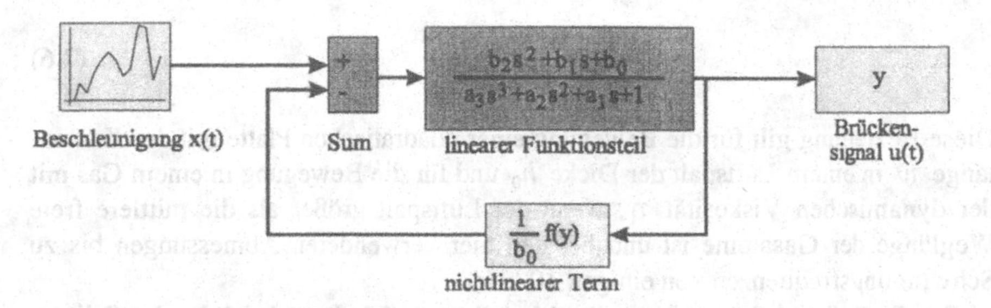

Abb. 7.10. Dynamisches Modell, bestehend aus linearem Funktionsblock für das dynamische Verhalten und statisch nichtlinearem Funktionsblock im Rückführungszweig.

Der Anteil, der einer gewöhnlichen linearen Differentialgleichung entspricht, kann als linearer Funktionsteil beschrieben werden, z. B. in Form einer Übertragungsfunktion eines linearen Systems. Der nichtlineare Anteil der Differentialgleichung kann als Teil der rechten Seite angesehen werden. Das Verhalten kann somit durch das nichtlineare Rückkopplungssystem in Abb. 7.10 beschrieben werden. Da im konkreten Fall lediglich eine statische Nichtlinearität auftritt, ergibt sich für den Block im Rückkopplungszweig $f_s(y) = 1/b_0\, f(y)$, wobei $f(y)$ die Umkehrfunktion der statischen Kennlinie aus Abb. 7.9 ist. Die Berücksichtigung von Nichtlinearitäten auch in den Ableitungen, wie sie z. B. bei der Reibung entstehen, werden in [17] behandelt.

Liegen keine Meß- oder Simulationswerte zur Identifikation der Parameter des dynamischen Funktionsblocks vor, so kann vereinfachend von einem Masse-Feder-Dämpfer-System ausgegangen werden, wozu lediglich die Resonanzfrequenz und die Dämpfung bestimmt werden muß [21]. Der Wert der ersten ungedämpften Eigenfrequenz ω_0 folgt aus der Masse m und der Federkonstanten c, die aus Beziehung (7.2) mit $c = m\,a/w$ und $x = L$ folgt.

$$\omega_0 = \sqrt{\frac{c}{m}} = \sqrt{\frac{n\,E}{m}\,\frac{b\,h^3}{L^3}} \tag{7.5}$$

Zum Schutz vor Zerstörung durch Fremdeinwirkung sowie durch Eigenresonanz ist der Beschleunigungssensor gekapselt. Der hermetisch dichte Raum, in dem die seismische Masse oszillieren kann, ist zu Zwecken der Dämpfung mit einem gasförmigen Fluid, im Normalfall Luft, gefüllt. Der Dämpfungsgrad läßt sich über den Kammerdruck einstellen. Die seismische Masse eines Beschleunigungssensors kann als dicke Platte betrachtet werden, die zwischen zwei starr angeordneten Platten, der oberen und der unteren Sensorabdeckung, beweglich angebracht ist. Diese zu den Abdeckungen planparallele Platte kann aufgrund ihrer Aufhängung maßgeblich nur in Richtung der Plattennormale bewegt werden. Die Dämpfung der Schwingung der seismischen Masse durch das umgebende Gas (Luft) kann mit Hilfe der Squeeze-Film-Theorie beschrieben werden, woraus sich die Dämpfungskonstante D wie folgt ergibt [3, 5].

$$D = \frac{384}{\pi^6} \eta \frac{w^4}{h_0^3} \tag{7.6}$$

Diese Beziehung gilt für die Bewegung einer quadratischen Platte mit der Kantenlänge w in einem Luftspalt der Dicke h_0 und für die Bewegung in einem Gas mit der dynamischen Viskosität η, wenn der Luftspalt größer als die mittlere freie Weglänge der Gasatome ist und bei den hier verwendeten Abmessungen bis zu Schwingungsfrequenzen von einigen 10 kHz.

Der Einfluß von Störgrößen ist im Modell noch nicht berücksichtigt. Im Fall des Beschleunigungssensors müssen temperaturbedingte Querempfindlichkeiten erfaßt werden. Schwankungen in der Umgebungstemperatur wirken sich z. B. aufgrund der Temperaturabhängigkeit des piezoresistiven Effektes auf die Empfindlichkeit aus. Deren Temperaturkoeffizient T_k liegt in erster Näherung für eine typische Dotierung N von $3 \cdot 10^{18}\,\mathrm{cm}^3$ bei -0,19 % K^{-1}. Dies führt zur Temperaturabhängigkeit des Brückensignals U_A / U_E, wie sie in Abb. 7.11 wiedergegeben ist.

$$\frac{U_A(T)}{U_E} = \frac{U_A(T_0)}{U_E} + \frac{T_k\,(T - T_0)}{100} \cdot \left(\frac{U_A(T_0)}{U_E} - \frac{U_0(T_0)}{U_E} \right) \tag{7.7}$$

Die Spannung $U_0(T_0)$ ist die Brückenspannung die in Ruhe und bei der Temperatur T_0 vorhanden ist. Diese Temperaturabhängigkeit wird in Form eines Temperaturdriftblocks der obigen Blockstruktur nachgeschaltet (Abb. 7.12). Das thermisch transiente Verhalten wird durch einen getrennten Block nachgebildet. Der durch eine Summe von Exponentialfunktionen mit unterschiedlichen Zeitkonstanten nachgebildete thermische Aufheizvorgang wird in den Temperatureingangspfad integriert. Damit liegt ein vollständiges Makromodell vor, das die statische und dynamische Funktion sowie die parasitäre Temperaturabhängigkeit berücksichtigt.

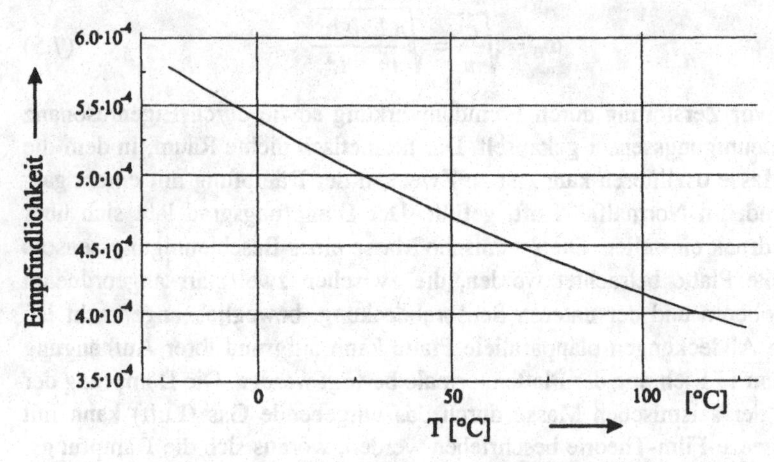

Abb. 7.11. Temperaturabhängigkeit der piezoresistiven Widerstände.

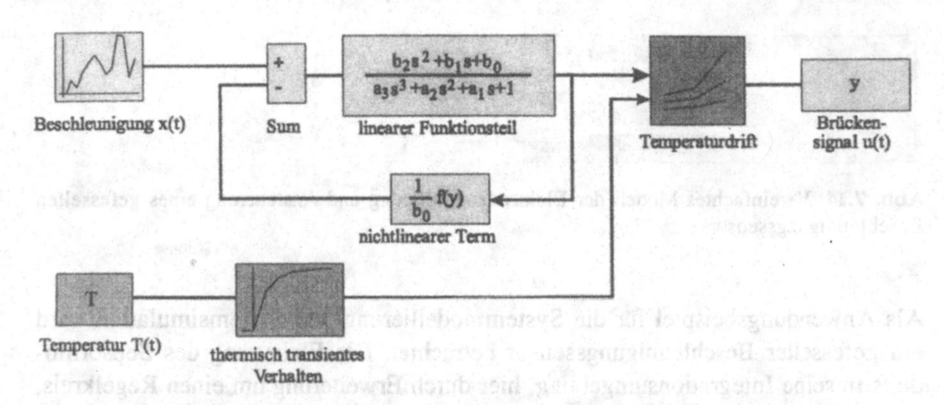

Abb. 7.12. Dynamisches Modell mit parasitären Kopplungen, Temperaturdrift und thermisch transientem Verhalten.

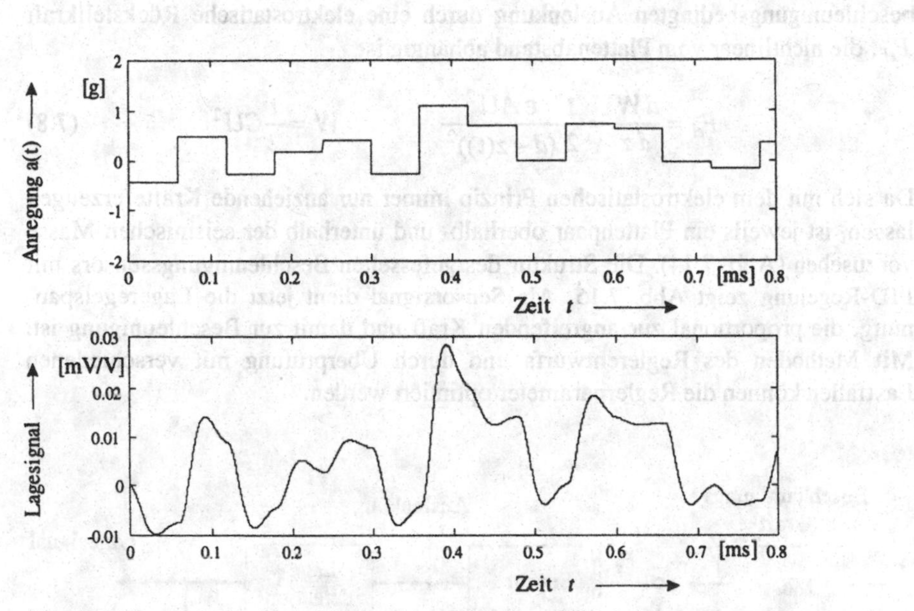

Abb. 7.13. Dynamisches Verhalten des Sensors für ein zufälliges Anregungsmuster.

In der Systemsimulation können Modelle unterschiedlicher Herkunft und mit unterschiedlichem Detaillierungsgrad verwendet werden. Daher zeigt sich in der Systemsimulation die Tauglichkeit eines Komponentenmodells. Die Simulation gibt das dynamische Verhalten des Sensors für ein zufälliges Anregungsprofil wieder. Die Simulation aus Abb. 7.13 zeigt, daß das dynamische Verhalten durch die Trägheit begrenzt wird (Grenzfrequenz).

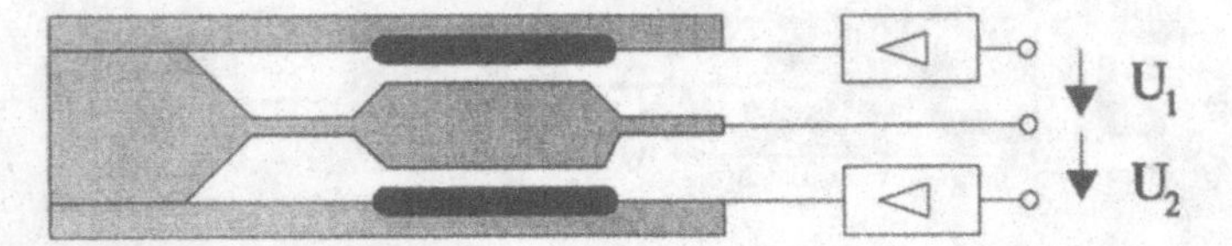

Abb. 7.14. Vereinfachtes Modell der Elektrodenanordnung und Ansteuerung eines gefesselten Beschleunigungssensors.

Als Anwendungsbeispiel für die Systemmodellierung und Systemsimulation wird ein gefesselter Beschleunigungssensor betrachtet. Die Einbettung des Sensormodells in seine Integrationsumgebung, hier durch Erweiterung um einen Regelkreis, dient zur Untersuchung der Anwendbarkeit für relevante Testszenarien.

Durch eine Lageregelung wird eine Verbesserung der Linearität durch Unterdrückung unerwünschter nichtlinearer Effekte und eine Korrektur des Frequenzgangs erreicht. Das Prinzip der Lageregelung basiert auf der Kompensation der beschleunigungsbedingten Auslenkung durch eine elektrostatische Rückstellkraft F_{el}, die nichtlinear vom Plattenabstand abhängig ist.

$$F_{el} = \frac{dW}{dz} = \frac{1}{2}\frac{\varepsilon A U^2}{(d - z(t))^2} \qquad W = \frac{1}{2}CU^2 \tag{7.8}$$

Da sich mit dem elektrostatischen Prinzip immer nur anziehende Kräfte erzeugen lassen, ist jeweils ein Plattenpaar oberhalb- und unterhalb der seismischen Masse vorzusehen (Abb. 7.14). Die Struktur des gefesselten Beschleunigungssensors mit PID-Regelung zeigt Abb. 7.15. Als Sensorsignal dient jetzt die Lageregelspannung, die proportional zur angreifenden Kraft und damit zur Beschleunigung ist. Mit Methoden des Reglerentwurfs und durch Überprüfung mit verschiedenen Lastfällen können die Reglerparameter optimiert werden.

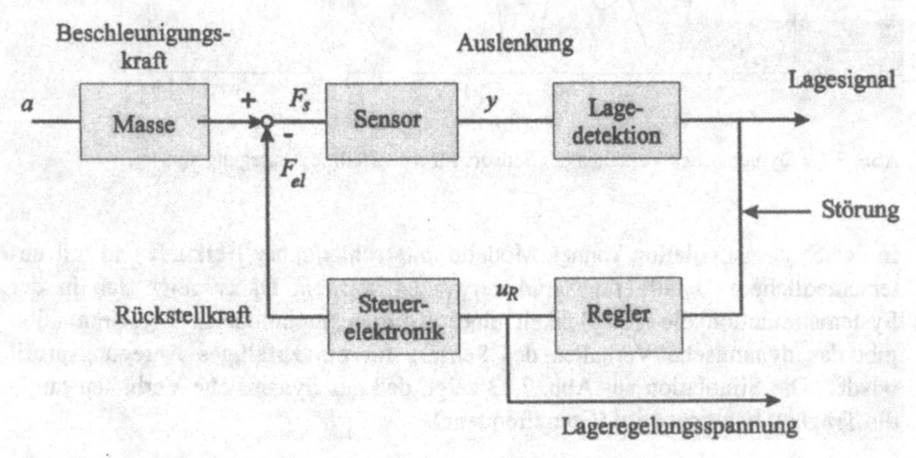

Abb. 7.15. Schema eines Beschleunigungssensors mit Lageregelung.

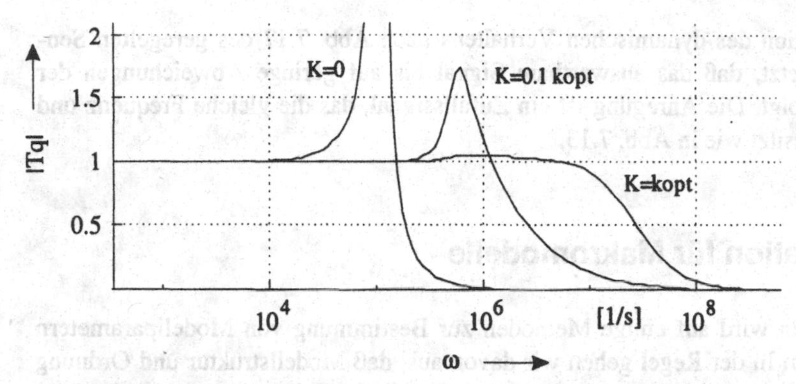

Abb. 7.16. Übertragungsfunktion des gefesselten Beschleunigungssensors in Abhängigkeit von der Regelkreisverstärkung k.

Der Frequenzgang des gefesselten Sensors in Abb. 7.16 zeigt gegenüber einem ungeregelten Sensor (Regelkreisverstärkung $k = 0$) eine deutliche Erweiterung des dynamischen Bereichs. Als praktisch nutzbarer dynamischer Bereich können Signaländerungsgeschwindigkeiten bis $t_r \leq 10 / f_G$ angesehen werden, wobei die Frequenz f_G die erste Resonanzfrequenz oder die Eckfrequenz ist. Im Beispiel nimmt der nutzbare Frequenzbereich um rund zwei Zehnerpotenzen zu. Entsprechend verbessert sich die Ansprechcharakteristik. Vereinfachend wurde hier angenommen, daß der Regler und die Steuerelektronik den Dynamikbereich nicht einschränken. Die Resonanzüberhöhung kann durch eine optimale Wahl der Regelkreisverstärkung k_{opt} kompensiert werden.

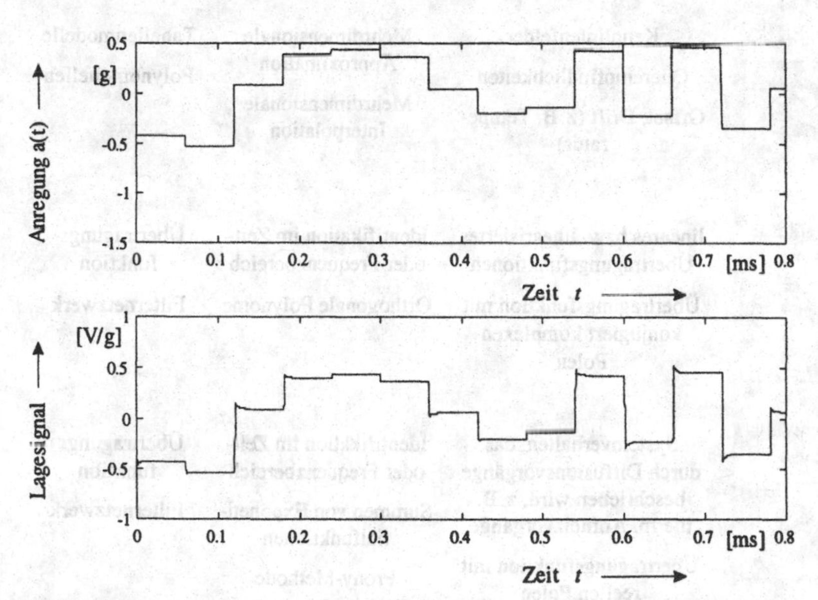

Abb. 7.17. Sensormodell mit Lageregelung, Beschleunigung und Ausgangssignal.

Die Simulation des dynamischen Verhaltens nach Abb. 7.17 des geregelten Sensors zeigt jetzt, daß das auswertbare Signal bis auf geringe Abweichungen der Anregung folgt. Die Anregung ist ein Zufallssignal, das die gleiche Frequenz und Dynamik besitzt wie in Abb. 7.13.

7.3 Identifikation für Makromodelle

Im folgenden wird auf einige Methoden zur Bestimmung von Modellparametern eingegangen. In der Regel gehen wir davon aus, daß Modellstruktur und Ordnung bekannt sind und die Aufgabe in der Schätzung der Modellparameter besteht. Diese Aufgabe wird häufig auch unter dem Begriff der Identifikation zusammengefaßt. Die Modellstruktur bzw. Ordnung wird zumeist iterativ bestimmt, indem die Ergebnisse für verschiedene, plausible Ansätze verglichen werden.

Tabelle 7.1. Klassifizierung von Grundfunktionen.

Funktion	Anwendung	Identifikationsmethoden	Implementierung
Kennlinien	nichtlineares statisches Systemverhalten (gedächtnislose Systeme) Übertragungsglieder mit stückweise linearer Charakteristik	Approximation durch Polynomfunktionen Spline-Interpolation	Tabellenmodelle Polynomquellen
parasitäre Effekte	Kennlinienfelder Querempfindlichkeiten Offset, Drift (z. B. Temperatur)	Mehrdimensionale Approximation Mehrdimensionale Interpolation	Tabellenmodelle Polynomquellen
Schwingfähige Systeme	lineares bzw. linearisiertes Übertragungsfunktionen Übertragungsfunktion mit konjugiert komplexen Polen	Identifikation im Zeit- oder Frequenzbereich Orthogonale Polynome	Übertragungsfunktion Filternetzwerk
Nicht schwingfähige Systeme	Systemverhalten, das durch Diffusionsvorgänge beschrieben wird, z. B. therm. Aufheizvorgänge Übertragungsfunktion mit reellen Polen	Identifikation im Zeit- oder Frequenzbereich Summen von Exponentialfunktionen Prony-Methode Orthogonale Polynome	Übertragungsfunktion Filternetzwerk

Das in Kap. 7.1 vorgestellte Konzept der Makromodellierung mit Black-Box-Modellen setzt voraus, daß häufig auftretende Grundfunktionen mit Hilfe von standardisierten Modellfunktionen des jeweiligen Blocks leicht modelliert werden können und Methoden zur Identifikation der Modellparameter zur Verfügung stehen. Diese Grundfunktionen sind in Tabelle 7.1 zusammengestellt, wobei ein- und mehrdimensionale Kennlinienfelder sowie lineare, schwingfähige oder nicht schwingfähige Systeme unterschieden werden. Unterstützung bei der Bestimmung von Modellparametern einfacher Grundfunktionen bieten verschiedene numerische Approximationsverfahren, diese Methoden werden in den folgenden Abschnitten noch genauer betrachtet.

Eine allgemeine Darstellung des Ein-/ Ausgangsverhaltens eines Systems ergibt sich mit den vektoriellen Funktionen $\mathbf{F}, \mathbf{G}$

$$\mathbf{y} = \mathbf{G}(\mathbf{z}, \mathbf{x}, t) \qquad \mathbf{z} = \mathbf{F}(\mathbf{z}, \mathbf{x}, t) \tag{7.9}$$

$\mathbf{x}(t)$ bezeichnet den Vektor der Eingangsgrößen und $\mathbf{y}(t)$ den Vektor der Ausgangsgrößen. $\mathbf{z}(t)$ wird als Zustandsvektor bezeichnet, häufig werden seine Komponenten mit den physikalischen Größen gleichgesetzt, welche die Energiespeicher des Systems beschreiben. Der Zustandsvektor beschreibt dann den Ladungszustand dieser Energiespeicher und beinhaltet daher die Vorgeschichte des Systems bzw. der Eingangsgrößen. Die kleinste Anzahl von Zustandsgrößen, die zur eindeutigen Beschreibung des Systems notwendig ist, wird Ordnung des Systems genannt. Für lineare Systeme wird das System durch das folgende lineare Differentialgleichungssystem beschrieben, das als Zustandsdarstellung bezeichnet wird (Abb. 7.18).

$$\mathbf{y} = \mathbf{C}\,\mathbf{z} + \mathbf{D}\,\mathbf{x} \qquad \frac{d\,\mathbf{z}}{d\,t} = \mathbf{A}\,\mathbf{z} + \mathbf{B}\,\mathbf{x} \tag{7.10}$$

Für ein System mit nur einer Ein- und Ausgangsgröße werden die Matrizen $\mathbf{B}$ und $\mathbf{C}$ zu Vektoren, $\mathbf{D}$ wird zu einem Skalar und $\mathbf{A}$ ist eine quadratische Matrix deren Größe m mit der Anzahl der Zustandsgrößen übereinstimmt. Die Bestimmung der Parameter eines Glass-Box-Modells und damit der Zustandsgrößen aus den Ein-/ Ausgangsgrößen setzt voraus, daß das System beobachtbar ist. Hierunter versteht man, daß jeder Zustand $\mathbf{z}(t_0)$ aus der Kenntnis der Ein- und Ausgangs-

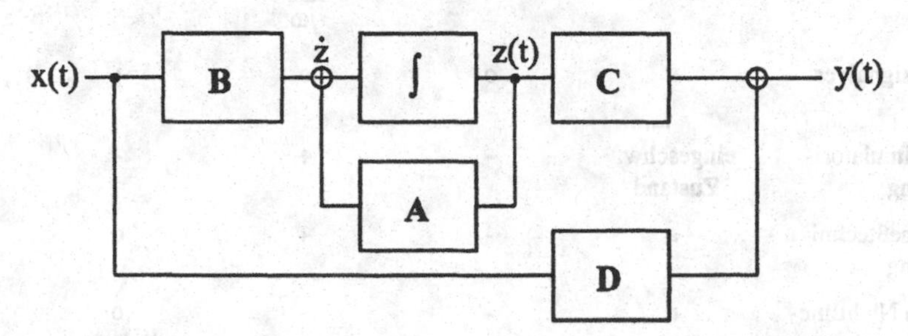

Abb. 7.18. Zustandsgrößendarstellung für einen linearen zeitinvarianten Prozeß.

größen in einem zukünftigen Zeitintervall eindeutig bestimmt werden kann [22].

Die Bedingung für die Beobachtbarkeit ist erfüllt, wenn die Beobachtbarkeitsmatrix

$$\mathbf{V} = \left[\mathbf{C}, \mathbf{CA}, \mathbf{CA}^2, \mathbf{CA}^3, \ldots, \mathbf{CA}^{m-1}\right]^T \tag{7.11}$$

nichtsingulär ist, wenn also $\det \mathbf{V} \neq 0$ gilt. Beispielsweise zeigt ein nicht beobachtbares System Eigenschwingungen der Zustandsgrößen, die am Systemausgang nicht zu ermitteln sind. Die entsprechenden Eigenwerte liefern also keinen Beitrag zur Übertragungsfunktion des Systems.

Die Bestimmung von Modellparametern zur Beschreibung und Identifikation dynamischer Systeme ist eine in der Regelungstechnik verbreitete Problemstellung [4, 8, 20]. Die am häufigsten verwendeten und zuverlässigsten allgemeinen Identifikationsverfahren benutzen zeitdiskrete Modelle im Zeitbereich sowie Verfahren zur Bestimmung der Koeffizienten mit Hilfe der Übertragungsfunktion im Frequenzbereich. Die Beschreibung des dynamischen Systemverhaltens durch gewöhnliche Differentialgleichungen im Zeitbereich oder durch gebrochen rationale Funktionen als Quotient eines Zähler- und Nennerpolynoms im Frequenzbereich sind prinzipiell äquivalent. Für die verschiedenen Verfahren stehen einige Softwareprogramme für die Anwendung verfügbar.

Grundlage der Identifikation bildet die Parameterschätzung aus der Systemantwort für geeignete Testsignale. Die Auswahl der Testsignale wird einerseits durch ihre Eignung für die meßtechnische oder simulatorische Ermittlung der Systemantwort begrenzt und bestimmt andererseits auch die Güte der Parameterschätzung. Häufig verwendete Anregungen sind die Sprungfunktion, sinusförmige Signale mit variabler Frequenz und weißes Rauschen.

Die Eigenschaften einiger Testsignale sind in der Tabelle 7.2 zusammengestellt. Bei der praktischen Anwendung der Methoden ist zu beachten, daß das Eingangssignal so gestaltet sein muß, daß das System „genügend anregt" wird. Hierunter ist

Tabelle 7.2. Eigenschaften von Testsignalen für die Identifikationsaufgabe.

	Sinusförmig	Impulsfunktion	Sprungfunktion	weißes Rauschen
Spektrale Leistungsdichte	$\delta(j\omega)$	1	$\frac{1}{j\omega}$	1
Nutz- zu Störsignalverhältnis	+	o	o	+
Eignung für simulatorische Ermittlung	eingeschw. Zustand	-	+	-
Eignung für meßtechnische Ermittlung	+	-	+	o
Detektion von Nichtlinearitäten	+	-	-	o

zu verstehen, daß alle Spektralanteile im zu identifizierenden Bereich der Übertragungsfunktion im Eingangssignal enthalten sein müssen. Beispielsweise kann ein konstantes Ein- und Ausgangssignal keine Aussage über das dynamische Verhalten liefern, und ein schmalbandiges Signal kann nur zur Bestimmung der Übertragungsfunktion im entsprechenden Frequenzbereich verwendet werden. Das Ein- und Ausgangssignal ist günstig so zu wählen, daß alle Spektralanteile im zu approximierenden Frequenzbereich möglichst gleichmäßig angeregt werden.

Bekanntlich liefern die Impulsfunktion und weißes Rauschen ein Frequenzspektrum mit konstanter Spektraldichte. Die Impulsfunktion $\delta(t)$ kann weder meßtechnisch noch in einer Simulation ideal realisiert werden. Ersetzt man sie näherungsweise durch einen Rechteckimpuls mit der Pulsbreite T und der Amplitude $1/T$ so ergibt sich eine Spektraldichte von:

$$S(\omega) = \frac{2}{T\,\omega} \sin \frac{T\,\omega}{2} \tag{7.12}$$

In der Praxis ist daher der nutzbare Frequenzbereich begrenzt. Eine ähnliche Problematik ergibt sich für weißes Rauschen, da auch hier die Änderungsgeschwindigkeit der Anregung begrenzt ist und daher der Frequenzbereich eingeschränkt wird. Auch führt die Simulation mit Rauschen als Anregung zu langen Simulationszeiten und ist aus diesem Grund nicht ideal geeignet. Für die Identifikation mit abgetasteten Signalen kann eine Zufallssignalfolge leicht realisiert werden, allerdings begrenzt die Abtastzeit den nutzbaren Frequenzbereich (Abtasttheorem).

Da die Sprungfunktion die Laplace-Transformierte s^{-1} hat, führt sie als Eingangssignal zur Gewichtung der Frequenzanteile umgekehrt proportional zur Frequenz. Dennoch wird die Sprungantwort häufig zur Identifikation linearer Systeme verwendet, da sie sich einfach ermitteln läßt und es durch eine spektrale Gewichtung möglich ist die Frequenzabhängigkeit zu kompensieren. Für lineare Systeme läßt sich die Impulsantwort auch durch Differentiation der Sprungantwort bestimmen.

Das sinusförmige Signal besitzt die hervorragende Eigenschaft, daß bei linearen Systemen jeweils nur eine Frequenz angeregt wird. Bei nichtlinearen Systemen ergibt sich eine Überlagerung mit den harmonischen und subharmonischen Frequenzen, woraus sich Rückschlüsse über die Art der Nichtlinearität ziehen lassen. Lineare Systeme können im eingeschwungenen Zustand simuliert werden, so daß es relativ leicht möglich ist, die Übertragungsfunktion an verschiedenen Frequenzstützpunkten auszuwerten. Die transiente Simulation mit ansteigenden oder abfallenden Frequenzen eignet sich für die Simulation weniger, da sie zu sehr großen Simulationszeiten führt. Insbesondere kann bei schwingfähigen Systemen mit geringer Dämpfung die Frequenz nur langsam geändert werden, da sich die Amplitude, insbesondere im Resonanzbereich, nur langsam einstellt [17].

Die Integration der Modelle für die Analogsimulation erfordert die Umsetzung auf das Format des Simulators. Das Modell einer linearen Übertragungsfunktion im Frequenzbereich läßt sich, wie in Abb. 7.19, als Filternetzwerk mit gesteuerten

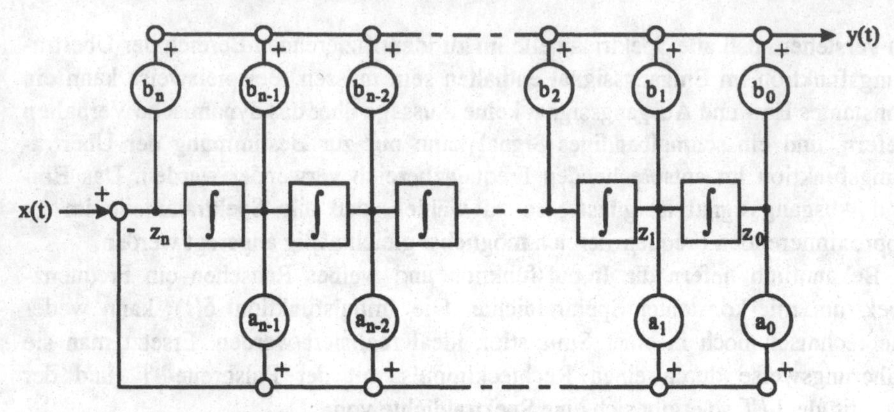

Abb. 7.19. Nachbildung der Übertragungsfunktion durch ein Filternetzwerk.

Quellen realisieren Aus Gründen der Stabilität ist der Zählergrad kleiner oder gleich dem Nennergrad.

$$\frac{y(s)}{x(s)} = \frac{b_n s^n + b_{n-1} s^{n-1} + \cdots + b_1 s + b_0}{s^n + a_{n-1} s^{n-1} + \cdots + a_1 s + a_0} = \frac{Z(s)}{N(s)} \tag{7.13}$$

Die Größen z_i sind die Zustandsvariablen. Es gilt

$$y(s) = b_n z_n + b_{n-1} z_{n-1} + \cdots + b_1 z_1 + b_0 z_0 \tag{7.14}$$

$$x(s) - a_{n-1} z_{n-1} + \cdots + a_1 z_1 + a_0 z_0 = z_n \tag{7.15}$$

$$z_i = s^i z_0 \tag{7.16}$$

Nach der Abbildung der Teilfunktionen, z. B. in standardisierte SPICE-Modelle, müssen diese Subcircuits miteinander entsprechend der Blockstruktur verknüpft werden. Simulatoren mit graphischer blockorientierter Eingabemöglichkeit erleichtern diesen Vorgang.

7.4 Grundlagen der Zeitbereichsmethoden

Besonders im Bereich der Regelungstechnik sind Zeitbereichsmethoden, hauptsächlich für zeitdiskrete (abgetastete) Signale verbreitet, da sie zu einfach anwendbaren Methoden führen, die auch für die Online-Identifikation geeignet sind. Zunächst betrachten wir die Methode der kleinsten Quadrate für die Schätzung eines Parameters. Wir gehen von der in Abb. 7.20 dargestellten Modellstruktur aus. Die Eingangsgröße $x(t)$ des Systems sei bekannt und die Ausgangsgröße $y(t)$ werde durch Messung oder aus einer Simulation gewonnen. Daher muß angenommen werden, daß das Ausgangssignal mit einem Störsignal $n(t)$ behaftet ist.

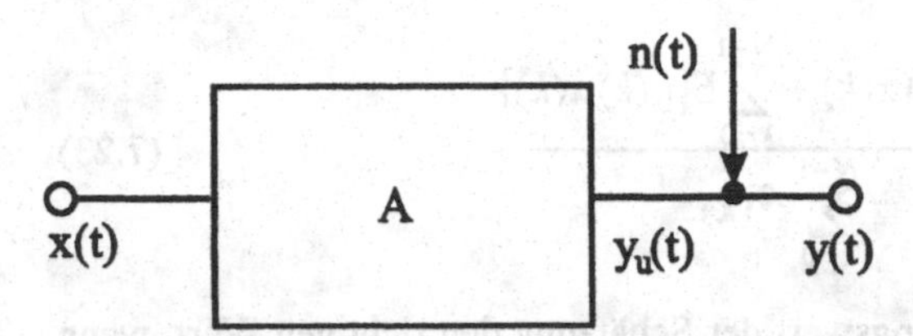

Abb. 7.20. Modellstruktur für das Identifikationsproblem.

$$y(t) = A\,x(t) + n(t) \tag{7.17}$$

Die Signale liegen zeitdiskret zu äquidistanten Zeitpunkten $t_k = k \cdot T_0$ vor. Das Störsignal ist nicht direkt meßbar, es wird als mittelwertfrei vorausgesetzt $E\{n(t)\} = 0$. Die Aufgabe besteht darin, den Parameter A aus N Messungen von paarweise zugehörigen Werten $x(0),\ldots,x(N-1)$ und $y(0),\ldots,y(N-1)$ zu schätzen. Den ermittelten Schätzwert bezeichnen wir mit $\hat{A}$. Der Fehler der Schätzung läßt sich dann wie folgt ausdrücken:

$$e(k) = y(k) - \hat{A}\,x(k) \tag{7.18}$$

Nach der Methode der kleinsten Quadrate wird der Schätzwert für den Parameter $\hat{A}$ so gewählt, daß dadurch die Summe der Fehlerquadrate minimiert wird:

$$\|e\|^2 = \left\|y(k) - \hat{A}\,x(k)\right\|^2 = \sum_{k=0}^{N-1}\left[y(k) - \hat{A}\,x(k)\right]^2 \tag{7.19}$$

$$\frac{d\|e\|^2}{d\hat{A}} = -2\sum_{k=0}^{N-1} x(k)\left[y(k) - \hat{A}\,x(k)\right] \stackrel{!}{=} 0 \tag{7.20}$$

Damit ergibt sich der Schätzwert:

$$\hat{A} = \frac{\sum_{k=0}^{N-1} y(k)\,x(k)}{\sum_{k=0}^{N-1} x^2(k)} \tag{7.21}$$

Da das Ausgangssignal mit einer Störung behaftet ist und daher mit einem Fehler der Schätzung zu rechnen ist, ist es aufschlußreich, den Erwartungswert und die Streuung der Schätzung auszuwerten. Für den Erwartungswert gilt:

$$E\{\hat{A}\} = E\left\{\frac{\sum_{k=0}^{N-1}\left[y_u(k) + n(k)\right]x(k)}{\sum_{k=0}^{N-1} x^2(k)}\right\} \tag{7.22}$$

$$E\{\hat{A}\} = \frac{\sum_{k=0}^{N-1} y_u(k)\,x(k) + \sum_{k=0}^{N-1} E\{n(k)\,x(k)\}}{\sum_{k=0}^{N-1} x^2(k)} \tag{7.23}$$

Wir erhalten also für den Erwartungswert der Schätzung den richtigen Wert, wenn der zweite Summand des Zählers verschwindet. Dies ist der Fall, wenn das Eingangssignal nicht mit der Störung korreliert ist und das Störsignal $n(k)$ mittelwertfrei ist. Dann gilt

$$E\{n(k)\,x(k)\} = E\{n(k)\} \cdot E\{x(k)\} = 0 \cdot x(k) \tag{7.24}$$

und es ergibt sich eine erwartungstreue Schätzung:

$$E\{\hat{A}\} = A \tag{7.25}$$

Ist das Störsignal $n(k)$ oder das Nutzsignal $x(k)$ weißes Rauschen, so läßt sich für eine mittelwertfreie Störung auf ähnliche Weise die Varianz der Schätzung berechnen.

$$\sigma_K = \sqrt{E\left\{\left(\hat{A} - K\right)^2\right\}} = \frac{\sigma_n}{\sigma_x} \frac{1}{\sqrt{N}} \tag{7.26}$$

σ_n und σ_x sind die Varianzen der Störung und des Eingangssignals. Sie bilden ein Maß für die Leistung der Signale. Die Varianz der Schätzung ist also proportional zum Stör- zu Nutzsignalverhältnis. Mit wachsender Anzahl der Stützstellen verringert sich die Varianz des Schätzwertes, d. h. die Genauigkeit der Schätzung wird verbessert.

Für die gleichzeitige Schätzung mehrerer Modellparameter eines dynamischen Systems gehen wir jetzt von der Modellgleichung

$$\begin{aligned} y(k) + a_1\, y(k-1) + \ldots + a_m\, y(k-m) = \\ b_1\, x(k-d-1) + \ldots + b_m\, x(k-d-m) + n(k) \end{aligned} \tag{7.27}$$

aus. Das Modell setzt ein dynamisches, lineares, zeitinvariantes und stabiles System voraus. Das Ausgangssignal zum Zeitpunkt k hängt also von den früheren Ein- und Ausgangssignalwerten ab. $n(k)$ ist wiederum eine nicht direkt meßbare Störung, und d bestimmt eine Totzeit $T_t = d \cdot T_0$. Der Parameter b_0 ist zu Null gesetzt, da sprungfähige Systeme (Durchgriff) selten auftreten. Das Modell führt zu einer Übertragungsfunktion im Z-Bereich:

$$H(z) = \frac{y_u(z)}{x(z)} = \frac{B(z^{-1})}{A(z^{-1})} z^{-d} = \frac{b_1 z^{-1} + \ldots + b_m z^{-m}}{1 + a_1 z^{-1} + \ldots + a_m z^{-m}} z^{-d} \tag{7.28}$$

Für Schätzwerte $\hat{a}_i$, $\hat{b}_i$ der Modellparameter ergibt sich der Gleichungsfehler (Residuum) zu:

$$\begin{aligned} y(k)+\hat{a}_1\,y(k-1)+\ldots+\hat{a}_m\,y(k-m)-\\ \hat{b}_1\,x(k-d-1)-\ldots-\hat{b}_m\,x(k-d-m)=e(k)\end{aligned} \tag{7.29}$$

$$\hat{A}(z^{-1})\,y(z)-\hat{B}(z^{-1})\,x(z)\,z^{-d}=e(z) \tag{7.30}$$

Zur Bestimmung der $2m$ Parameter sind wenigstens $2m$ Gleichungen, also mindestens $N=2m$ Meßwerte (für die sich die Datenvektoren füllen lassen) notwendig. Für eine größere Anzahl ergibt sich ein überbestimmtes Gleichungssystem, das wir mit der Methode der kleinsten Quadrate lösen. Zur Vereinfachung der Schreibweise werden jetzt der Parametervektor $\mathbf{\Theta}$, die Datenvektoren $\mathbf{Y}(k)$, $\mathbf{e}(k)$ und die Datenmatrix $\boldsymbol{\psi}(k)$ eingeführt:

$$\hat{\mathbf{\Theta}}=\left(\hat{a}_1,\ldots,\hat{a}_m,\hat{b}_1,\ldots\hat{b}_m\right)^T \tag{7.31}$$

$$\mathbf{Y}=\left(y(k),y(k+1),\ldots,y(k+N)\right)^T \tag{7.32}$$

$$\mathbf{e}=\left(e(k),e(k+1),\ldots,e(k+N)\right)^T \tag{7.33}$$

$$\mathbf{\Psi}=\begin{pmatrix} -y(k-1) & \cdots & -y(k-m) & x(k-d-1) & \cdots & x(k-d-m)\\ -y(k) & \cdots & -y(k-m+1) & x(k-d) & \cdots & x(k-d-m+1)\\ \vdots & \ddots & \vdots & \vdots & \ddots & \vdots\\ -y(k-1+N) & \cdots & -y(k-m+N) & x(k-d-1+N) & \cdots & x(k-d-m+N)\end{pmatrix} \tag{7.34}$$

Der Parametervektor hat die Größe $2m$ und die Datenmatrix die Dimension $(N+1\times 2m$. Damit ergibt sich das Gleichungssystem zur Parameterschätzung:

$$\mathbf{Y}-\boldsymbol{\psi}\,\hat{\mathbf{\Theta}}=\mathbf{e} \tag{7.35}$$

Die Minimierung des quadratischen Fehlers führt auf ein lineares Gleichungssystem[1].

$$\frac{d\,\|\mathbf{e}\|^2}{d\,\hat{\mathbf{\Theta}}}=\frac{d\,\mathbf{e}^T\mathbf{e}}{d\,\hat{\mathbf{\Theta}}}=\frac{d}{d\,\hat{\mathbf{\Theta}}}\left[\left(\mathbf{Y}-\boldsymbol{\psi}\,\hat{\mathbf{\Theta}}\right)^T\left(\mathbf{Y}-\boldsymbol{\psi}\,\hat{\mathbf{\Theta}}\right)\right]\overset{!}{=}0 \tag{7.36}$$

$$\frac{d\,\|\mathbf{e}\|^2}{d\,\hat{\mathbf{\Theta}}}=\frac{d}{d\,\hat{\mathbf{\Theta}}}\left[\mathbf{Y}^T\mathbf{Y}-\hat{\mathbf{\Theta}}^T\boldsymbol{\psi}^T\mathbf{Y}-\mathbf{Y}^T\boldsymbol{\psi}\,\hat{\mathbf{\Theta}}+\hat{\mathbf{\Theta}}^T\boldsymbol{\psi}^T\boldsymbol{\psi}\hat{\mathbf{\Theta}}\right]=-2\boldsymbol{\psi}^T\left(\mathbf{Y}-\boldsymbol{\psi}\,\hat{\mathbf{\Theta}}\right) \tag{7.37}$$

Für den Parametervektor folgt das Gleichungssystem:

[1] Hier wird etwas lax eine Differentiation nach einem Vektor benutzt, um die Schreibweise für die Differentiation nach den Komponenten des Parametervektors abzukürzen. Es läßt sich leicht zeigen, daß die komponentenweise Differentiation zum gleichen Ergebnis führt.

$$\boldsymbol{\psi}^T \mathbf{Y} = \boldsymbol{\psi}^T \boldsymbol{\psi}\, \hat{\boldsymbol{\Theta}} \qquad \text{bzw.} \qquad \hat{\boldsymbol{\Theta}} = \left[\boldsymbol{\psi}^T \boldsymbol{\psi}\right]^{-1} \boldsymbol{\psi}^T \mathbf{Y} \tag{7.38}$$

Das Gleichungssystem $\mathbf{Y} = \boldsymbol{\psi}\, \hat{\boldsymbol{\Theta}}$ ist für $N > 2m - 1$ überbestimmt und die Matrix ψ läßt sich dann nicht direkt invertieren. Die Multiplikation mit $\boldsymbol{\psi}^T$ führt immer zu einer quadratischen und symmetrischen Matrix, die, sofern sie keine linear abhängigen Zeilen besitzt, immer invertierbar ist. $[\boldsymbol{\psi}^T \boldsymbol{\psi}]^{-1} \boldsymbol{\psi}^T$ wird daher auch Pseudoinverse genannt. Für die Lösbarkeit bzw. Invertierbarkeit ist die Bedingung $\det(\boldsymbol{\psi}^T \boldsymbol{\psi}) \neq 0$ zu erfüllen.

Für die numerische Lösung kann es jedoch günstiger sein, das überbestimmte System $\mathbf{Y} = \boldsymbol{\psi}\, \hat{\boldsymbol{\Theta}}$ direkt mit einem geeigneten, numerisch stabilen Verfahren (Household-Transformation, Singular value decomposition) zu lösen, da sich bei der Multiplikation $\boldsymbol{\psi}^T \boldsymbol{\psi}$ die Kondition verschlechtert. Die zweite Ableitung liefert für ein Minimum die Bedingung:

$$\frac{d^2 \|\mathbf{e}\|^2}{d\hat{\boldsymbol{\Theta}}\, d\hat{\boldsymbol{\Theta}}^T} = 2\, \boldsymbol{\psi}^T \boldsymbol{\psi} > 0 \tag{7.39}$$

Daher muß die Matrix für eine eindeutige Minimallösung positiv definiert sein. Dies ist in der Regel erfüllt. Bei der praktischen Anwendung drückt sich eine ungenügende Anregung des Systems zumeist in einer schlechten Kondition der Matrix $\boldsymbol{\psi}^T \boldsymbol{\psi}$ aus, da dann Zeilen der Matrix nahezu linear abhängig werden. Ist das Gleichungssystem (7.38) numerisch schlecht lösbar, so sollte dies einen Hinweis zur Verwendung anderer Anregungsfunktionen oder zur Reduktion der Systemordnung geben.

Leider zeigt eine Analyse der Schätzung, daß diese nicht erwartungstreu (biasfrei) ist. Erwartungstreue ergibt sich, wenn die Autokorrelation $\phi_{ee}(\tau)$ des Fehlers $\mathbf{e}$ Null ist, genauer wenn [8]:

$$\phi_{ee}(\tau) = \sigma_e^2\, \delta(\tau), \quad \delta(\tau) = \begin{cases} 1 & \tau = 0 \\ 0 & \tau \neq 0 \end{cases}, \qquad E\{e(k)\} = 0 \tag{7.40}$$

Dies ist beispielsweise erfüllt, wenn der Fehler als Rauschen bezeichnet werden kann und der Erwartungswert des Fehlers Null ist. Dies kann im allgemeinen nicht vorausgesetzt werden. Falls das Störsignal $n(t)$ ein weißes Rauschen ist, wird der Erwartungswert des Schätzfehlers proportional zur Rauschamplitude.

Die Übertragungsfunktion im Frequenzbereich $H(s)$ läßt sich nicht eindeutig aus der Übertragungsfunktion im Z-Bereich rekonstruieren, da das zeitkontinuierliche Signal nach dem Abtasttheorem nur für bandbegrenzte Signale $f_{\max} < 1/(2T_0)$ eindeutig aus dem zeitdiskreten Signal rekonstruiert werden kann. Daher ist bei der Ermittlung der Übertragungsfunktion $H(s)$ im Frequenzbereich eine geeignete Annahme über den Verlauf für $f > f_{\max}$ zu treffen. In der Regel wird die Übertragungsfunktion $H(s)$ durch Partialbruchzerlegung der Funktion $H(z)$ und anschließender Transformation der einzelnen Summanden in den Frequenzbereich ermittelt.

Erwartungstreue Schätzungen erreicht man durch Modifikation der Methode der kleinsten Quadrate oder mit dem Maximum-Likelihood-Verfahren, indem man im Modelle ein nicht korreliertes Fehlersignal über ein Filter erzeugt. Dem Maximum-Likelihood-Verfahren liegt der Gedanke zugrunde, daß die besten Schätzwerte Θ diejenigen sind, die dem beobachteten Ergebnis die größte Wahrscheinlichkeit verleihen. Das sind die Parameter, die die Wahrscheinlichkeit $p[y|x,\Theta]$ des Ausgangssignals y unter der Bedingung x, Θ, (Likelihood-Funktion) maximieren. Dies führt zu einer modifizierten, im Grundsatz aber ähnlichen Vorgehensweise. Allerdings ist der numerische Aufwand höher [8].

7.5 Parameterschätzung durch Entwicklung

Im folgenden soll für eine kontinuierliche Zeitfunktion $y(t)$ eine Approximation durch bekannte Funktionen gewonnen werden. Bei der Modellbildung wird häufig für das Eingangssignal eine Sprungfunktion verwendet, und das Ausgangssignal wird durch möglichst einfache, d. h. einfach in einem Simulator nachbildbare, Funktionen ausgedrückt. Wird eine kontinuierliche Funktion $y(t)$ durch eine Approximation $\hat{y}(t)$ im Zeitintervall $[a,b]$ nachgebildet, so berechnet sich der Fehler in der L_2-Norm zu:

$$\|e\|^2 = \int_a^b [y(t) - \hat{y}(t)]^2 dt \tag{7.41}$$

Das Integral kann als Skalarprodukt aufgefaßt werden und wird durch die folgende Schreibweise abgekürzt.

$$\langle u,v \rangle = \int_a^b u(t) \cdot v^*(t)\, dt \tag{7.42}$$

Allgemein wird als Skalarprodukt jede Verknüpfung bezeichnet, die die folgenden Eigenschaften aufweist:

$$\begin{aligned}
&\langle u+v\,,\, w \rangle = \langle u\,,\, w \rangle + \langle v\,,\, w \rangle \\
&\langle u\,,\, v \rangle = \langle v\,,\, u \rangle^* && \text{(konjugiert komplex)} \\
&\langle u\,,\, \lambda\, v \rangle = \lambda^* \langle u\,,\, v \rangle && \lambda \in C \\
&\langle u\,,\, u \rangle = \| u \|^2 > 0
\end{aligned} \tag{7.43}$$

Ein Funktionsraum mit Skalarprodukt wird auch Prä-Hilbertraum genannt. Die Einführung des Skalarprodukts verkürzt einerseits die Schreibweise und verallgemeinert andererseits auch die Methode, denn das Skalarprodukt kann auf vielfältige Weise definiert werden. Damit kann die im folgenden beschriebene Methode auf spezielle Bedürfnisse angepaßt werden. Beispielsweise ergibt sich durch Hinzunahme einer Gewichtsfunktion $g(t) > 0$:

$$\langle u,v\rangle = \int_a^b u(t)\, v^*(t)\, g(t)\, dt \tag{7.44}$$

Durch den Übergang zu zeitdiskreten Funktionen $u(k) = u(k \cdot T_0)$ erhält man:

$$\langle u,v\rangle = \sum_{k=1}^{m} u(k)\, v^*(k) \tag{7.45}$$

Für die Approximation wird jetzt der Ansatz (Zeitreihenansatz)

$$\hat{y}(t) = \sum_{j=0}^{N} \alpha_j\, y_j(t) \tag{7.46}$$

verwendet. Die Basisfunktionen $y_j(t)$ werden fest gewählt. Ziel ist die Bestimmung der reellen Konstanten α_j. Einsetzen in die Fehlerfunktion liefert:

$$\|e\|^2 = \langle y-\hat{y}, y-\hat{y}\rangle = \left\langle y-\sum_{j=0}^{N}\alpha_j y_j\, , y-\sum_{j=0}^{N}\alpha_j y_j \right\rangle \tag{7.47}$$

Die Minimierung des Fehlers erfolgt durch zu Null setzen der Differentiale.

$$\frac{\partial\|e\|^2}{\partial\alpha_i} = \left\langle \frac{\partial}{\partial\alpha_i}\left(y-\sum_{j=0}^{N}\alpha_j y_j\right), y-\sum_{j=0}^{N}\alpha_j y_j \right\rangle + \left\langle y-\sum_{j=0}^{N}\alpha_j y_j\, , \frac{\partial}{\partial\alpha_i}\left(y-\sum_{j=0}^{N}\alpha_j y_j\right)\right\rangle \tag{7.48}$$

$$\frac{\partial\|e\|^2}{\partial\alpha_i} = \left\langle -y_i, y-\sum_{j=0}^{N}\alpha_j y_j \right\rangle + \left\langle y-\sum_{j=0}^{N}\alpha_j y_j\, , -y_i \right\rangle \overset{!}{=} 0 \quad \text{für } i=0\ldots N \tag{7.49}$$

Wir gehen im folgenden von reellwertigen Funktionen aus und können dann, da für reelle Funktionen das Skalarprodukt kommutativ ist, den Ausdruck vereinfachen:

$$2\left\langle y_i\, , y-\sum_{j=0}^{N}\alpha_j\, y_j \right\rangle = 0 \qquad \text{für } i=0\ldots N \tag{7.50}$$

$$\left\langle y_i\, , \sum_{j=0}^{N}\alpha_j\, y_j \right\rangle = \sum_{j=0}^{N}\langle y_i\, , y_j\rangle\, \alpha_j = \langle y_i\, , y\rangle \qquad i=0\ldots N \tag{7.51}$$

Die Differentiation nach allen Koeffizienten (7.49) resultiert somit in einem linearen Gleichungssystem zur Bestimmung der Koeffizienten α_j:

$$\begin{pmatrix} \langle y_0,y_0\rangle & \langle y_0,y_1\rangle & \cdots & \langle y_0,y_N\rangle \\ \langle y_1,y_0\rangle & \langle y_1,y_1\rangle & \cdots & \langle y_2,y_N\rangle \\ \vdots & \vdots & \ddots & \vdots \\ \langle y_N,y_0\rangle & \cdots & \cdots & \langle y_N,y_N\rangle \end{pmatrix} \begin{pmatrix} \alpha_0 \\ \alpha_1 \\ \vdots \\ \alpha_N \end{pmatrix} = \begin{pmatrix} \langle y_0,y\rangle \\ \langle y_1,y\rangle \\ \vdots \\ \langle y_N,y\rangle \end{pmatrix} \tag{7.52}$$

Da für den reellen Fall das Skalarprodukt kommutativ ist, folgt daß die Matrix symmetrisch ist, sie heißt Gramsche Matrix.

Die Basisfunktionen y_j sollten als einfache Funktionen angenommen werden, so daß die Integrale $\langle y_i,y_j\rangle$ analytisch berechnet werden können und nicht numerischen bestimmt werden müssen. Die Integrale der rechten Seite müssen numerisch ausgewertet werden, da der Verlauf $y(t)$ beliebig sein kann, jedoch sind dies nur $N+1$ Integrale. Von den Basisfunktionen ist zu verlangen, daß diese linear unabhängig sind, d. h., daß keine der Funktionen y_i sich durch eine Linearkombination der anderen Basisfunktionen darstellen läßt. Sind insbesondere die Basisfunktionen orthogonal, d. h. ist $\langle y_i,y_j\rangle = 0$ für $i \neq j$, so wird die Matrix zu einer reinen Diagonalmatrix, und die Lösung der Koeffizienten ergibt sich zu:

$$\alpha_i = \frac{\langle y_i,y\rangle}{\langle y_i,y_i\rangle} \tag{7.53}$$

Günstig für die numerische Lösung des Gleichungssystems ist es, wenn die Matrix wenigstens diagonaldominant ist, d.h. wenn die folgende Bedingung erfüllt ist.

$$\langle y_i,y_i\rangle > \langle y_i,y_j\rangle \tag{7.54}$$

Wählt man beispielsweise die Funktionen $y_i = \sin(it)$ im Intervall $[0, 2\pi]$, so sind diese Funktionen orthogonal.

$$\int_0^{2\pi} \sin it \sin jt \, dt = \left[\frac{\sin(i-j)\,t}{2\,(i-j)} - \frac{\sin(i+j)\,t}{2\,(i+j)} \right]_{t=0}^{t=2\pi} = 0 \qquad i \neq j \tag{7.55}$$

$$\int_0^{2\pi} \pi \sin^2 it \, dt = = \left[\frac{1}{2}t - \frac{1}{4\,i} \sin 2it \right]_{t=0}^{t=2\pi} = \pi \qquad i = j \tag{7.56}$$

Die Methode liefert dann die Fourierkoeffizienten. In Verallgemeinerung dazu wird das hier beschriebene Vorgehen auch Fourier-Entwicklung genannt

Wir betrachten jetzt eine Schaltungsrealisierung durch ein Netzwerk mit der in Abb. 7.21 angegebenen Struktur. Das Ausgangssignal ergibt sich durch Faltung (Operator: $*$) des Eingangssignals mit der Impulsantwort $h_i(t)$ der Funktionsblöcke H_i.

$$\hat{y}(t) = \sum_{j=0}^{N} \alpha_j \, y_j(t) = \sum_{j=0}^{N} \alpha_j \, h_j(t) * x(t) \tag{7.57}$$

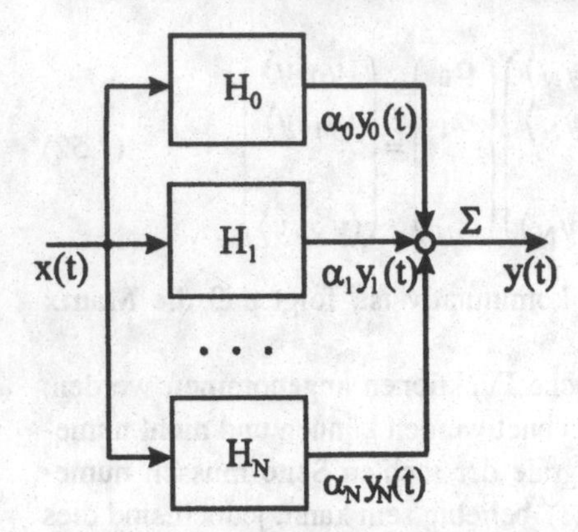

Abb. 7.21. Schaltungsstruktur für den Zeitreihenansatz.

Zur Nachbildung können Kenntnisse über das spezielle Systemverhalten bei der Wahl der Basisfunktionen und der Parameterbestimmung ausgenutzt werden. Beispielsweise führen alle Phänomene, die durch einen Diffusionsvorgang beschrieben werden zu nicht schwingfähigen Systemen. Hierunter fallen insbesondere die für parasitäre Wechselwirkungen wichtigen thermischen Ausgleichsvorgänge. Wählt man einzelne Tiefpaßglieder, so ergeben sich die Exponentialfunktionen als Basisfunktionen. Die Antwort auf einen Sprung am Eingang wird näherungsweise durch einen exponentiellen Anstieg beschrieben.

$$y_j(t) = 1 - e^{\frac{-t}{\tau_1}} \tag{7.58}$$

Durch eine Summe von Exponentialfunktionen mit unterschiedlichen Zeitkonstanten erreicht man eine höhere Genauigkeit. Die einzelnen Blöcke in Abb. 7.21 werden wie folgt durch die Übertragungsfunktionen mit der Impulsantwort $h_j(t)$ beschrieben:

$$H_j(s) = \frac{1}{1+s\tau_j} \circ\!-\!\bullet\; h_j(t) = \frac{1}{\tau_j} e^{\frac{-t}{\tau_j}} \tag{7.59}$$

Für die Impulsantwort: $x(s) = 1 \circ\!-\!\bullet\; x(t) = \delta(t)$ gilt

$$y_j(t) = h_j(t) * x(t) = \frac{1}{\tau_j} e^{\frac{-t}{\tau_j}}, \qquad t > 0 \tag{7.60}$$

und für die Sprungantwort: $x(s) = 1/s \circ\!-\!\bullet\; x(t) = 1(t)$

$$y_j(t) = h_j(t) * x(t) = \int_0^t \frac{1}{\tau_j} e^{\frac{-(t-T)}{\tau_j}} \cdot 1\, dT = 1 - e^{\frac{-t}{\tau_j}}, \qquad t > 0 \tag{7.61}$$

Für ein beliebiges Eingangssignal $x(t)$ sind die Basisfunktionen $y_i = e^{-t/\tau_i}$ wählen. Man kann so hoffen, mit diesen Funktionen das Zeitverhalten vieler wichtiger Systeme gut nachbilden zu können, deren physikalischer Gesetzmäßigkeit Ausgleichsvorgängen zugrunde liegen. Außerdem lassen sich diese Funktionen durch RC-Gliedern in einem Netzwerksimulator besonders einfach implementieren. Für die Integrale ergibt sich jetzt für eine beliebige Zeitfunktion $x(t)$ des Eingangssignals:

$$\begin{aligned} \langle y_i, y_j \rangle &= \int_a^b y_i(t)\, y_j(t)\, dt = \int_a^b e^{\frac{-t}{\tau_i}} * x(t)\, e^{\frac{-t}{\tau_j}} * x(t)\, dt \\ &= \int_a^b \int_0^t e^{\frac{-(t-T_1)}{\tau_i}} x(T_1) dT_1 \int_0^t e^{\frac{-(t-T_2)}{\tau_j}} x(T_2) dT_2\, dt \\ &= \int_a^b e^{\frac{-t}{\tau_i}} \int_0^t e^{\frac{T_1}{\tau_i}} x(T_1)\, dT_1\, e^{\frac{-t}{\tau_j}} \int_0^t e^{\frac{T_2}{\tau_j}} x(T_2)\, dT_2\, dt \end{aligned} \tag{7.62}$$

Speziell für die Impulsfunktion $x(t) = \delta(0)$ erhält man:

$$\langle y_i, y_j \rangle = \int_a^b e^{\frac{-t}{\tau_i}} e^{\frac{0}{\tau_i}} e^{\frac{-t}{\tau_j}} e^{\frac{0}{\tau_j}} dt = \int_a^b e^{\frac{-t}{\tau_i}} e^{\frac{-t}{\tau_j}} dt \tag{7.63}$$

und für die Sprungfunktion $x(t) = 1(t)$:

$$\begin{aligned} \langle y_i, y_j \rangle &= \int_a^b e^{\frac{-t}{\tau_i}} e^{\frac{-t}{\tau_j}} \tau_i \left(e^{\frac{t}{\tau_i}} - 1 \right) \tau_j \left(e^{\frac{t}{\tau_j}} - 1 \right) dt \\ &= \tau_i\, \tau_j \int_a^b \left(1 - e^{\frac{-t}{\tau_i}} \right) \left(1 - e^{\frac{-t}{\tau_j}} \right) dt \end{aligned} \tag{7.64}$$

Für die Impulsantwort oder die Sprungantwort sind die folgenden Integrale auszuwerten.

$$\int_a^b 1 \cdot e^{\frac{-t}{\tau_1}} dt = \left[-\tau_1 e^{\frac{-t}{\tau_1}} \right]_a^b = -\tau_1 \left(e^{\frac{-b}{\tau_1}} - e^{\frac{-a}{\tau_1}} \right) \tag{7.65}$$

$$\int_a^b e^{\frac{-t}{\tau_1}} e^{\frac{-t}{\tau_2}} dt = \int_a^b e^{-t\left(\frac{1}{\tau_1} + \frac{1}{\tau_2}\right)} dt = -\frac{\tau_1\, \tau_2}{\tau_1 + \tau_2} \left(e^{-b\left(\frac{1}{\tau_1} + \frac{1}{\tau_2}\right)} - e^{-a\left(\frac{1}{\tau_1} + \frac{1}{\tau_2}\right)} \right) \tag{7.66}$$

Offenbar sind die Funktionen $y_j(t)$ nicht orthogonal in bezug auf das Skalarprodukt. Liegen genügend Stützstellenwerte für den Verlauf $y(t)$ vor, so können die Integrale der rechten Seite des Gleichungssystems (7.52) einfach numerisch mit der Trapezregel ausgewertet werden (Abb. 7.22).

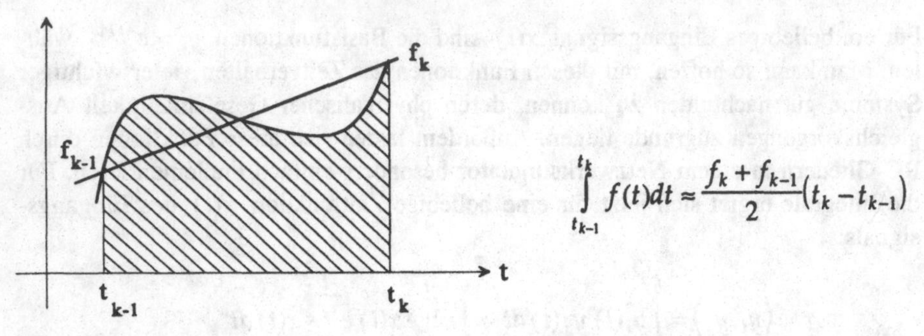

Abb. 7.22. Anwendung der Trapezregel zur numerischen Berechnung der Integrale der rechten Seite.

$$\begin{aligned}\int_a^b y\, e^{\frac{-t}{\tau}}\, dt &\approx \frac{1}{2}\sum_{k=1}^{m}\left(y(t_k)\, e^{\frac{-t_k}{\tau}} + y(t_{k-1})\, e^{\frac{-t_{k-1}}{\tau}}\right)(t_k - t_{k-1}) \\ &= \frac{1}{2}\left[y(a)\, e^{\frac{-a}{\tau}}(t_1 - t_0) + y(b)\, e^{\frac{-b}{\tau}}(t_m - t_{m-1})\right] + \sum_{k=2}^{m} y(t_k)\, e^{\frac{-t_k}{\tau}}(t_k - t_{k-2})\end{aligned} \tag{7.67}$$

Für die numerische Lösung des Gleichungssystems ist es günstig, wenn alle Zeilen und Spalten Einträge in der gleichen Größenordnung besitzen. Um dies zu erreichen und gleichzeitig die Symmetrie der Matrix zu erhalten, kann die Diagonalskalierung benutzt werden. Die Matrixeinträge a_{ij}, die Komponenten des Lösungsvektors x_i und rechten Seite b_i sind dabei wie folgt zu transformieren:

$$\tilde{a}_{ij} = \frac{a_{ij}}{\sqrt{a_{ii} \cdot a_{jj}}}, \quad \tilde{x}_i = x_i \sqrt{a_{ii}}, \quad \tilde{b}_i = \frac{b_i}{\sqrt{a_{ii}}} \tag{7.68}$$

Wählt man im Fall der Exponentialfunktionen insbesondere das Intervall $[0, \infty]$, so ergibt sich:

$$\begin{aligned}\int_0^\infty 1 \cdot e^{\frac{-t}{\tau_i}}\, dt &= +\tau_i \\ \int_0^\infty e^{\frac{-t}{\tau_i}}\, e^{\frac{-t}{\tau_j}}\, dt &= \frac{\tau_i\, \tau_j}{\tau_i + \tau_j}\end{aligned} \tag{7.69}$$

Mit der Diagonalskalierung erhält man Einträge der Form

$$\frac{\sqrt{\tau_i\, \tau_j}}{\tau_i + \tau_j} \tag{7.70}$$

also das Verhältnis des geometrischen zum arithmetischen Mittelwert. Dieses Verhältnis wird für $\tau_i = \tau_j$ maximal. Daher ist bei dieser Skalierung die Matrix diagonaldominant. Als Zeitfunktion ergibt sich für die Sprungantwort nach Gl. (7.58) die Summe der Exponentialfunktionen.

$$y(t) = \alpha_0 + \alpha_1 \left(1 - e^{\frac{-t}{\tau_1}}\right) + \alpha_2 \left(1 - e^{\frac{-t}{\tau_2}}\right) + \ldots \quad \text{mit} \quad \tau_0 = \infty \tag{7.71}$$

Dies läßt sich auch als

$$y(t) = \beta_1 e^{\frac{-t}{\tau_1}} + \beta_2 e^{\frac{-t}{\tau_2}} + \ldots \tag{7.72}$$

mit der folgenden Definition schreiben.

$$\alpha_0 = \sum_{i=1}^{N} \beta_i; \quad \alpha_i = -\beta_i \tag{7.73}$$

Ist die Anregungsfunktion die Sprungfunktion, so kann man den Ausdruck als die Antwort eines RC-Gliedes ($RC = \tau$) interpretieren, der Term α_0 entspricht einem Sprung am Ausgang. Für diesen Fall erhält man also sofort das zugehörige Ersatzschaltbild in Abb. 7.23. Die Transformation in den Frequenzbereich liefert

$$\mathcal{L}\{y\} = \alpha_0 \frac{1}{s} + \alpha_1 \frac{1}{s + \frac{1}{\tau_1}} + \alpha_2 \frac{1}{s + \frac{1}{\tau_2}} + \ldots \tag{7.74}$$

und damit für die Sprungantwort die Übertragungsfunktion des Modells.

$$H(s) = \frac{\mathcal{L}\{y\}}{\mathcal{L}\{x\}} = s \left[\frac{\alpha_0}{s} + \frac{\alpha_1 \tau_1}{s \tau_1 + 1} + \frac{\alpha_2 \tau_2}{s \tau_2 + 1} + \ldots \right] \tag{7.75}$$

Die Methode ist im Gegensatz zur Methode der kleinsten Fehlerquadrate direkt auf zeitkontinuierliche Signale anwendbar und liefert die Übertragungsfunktion im

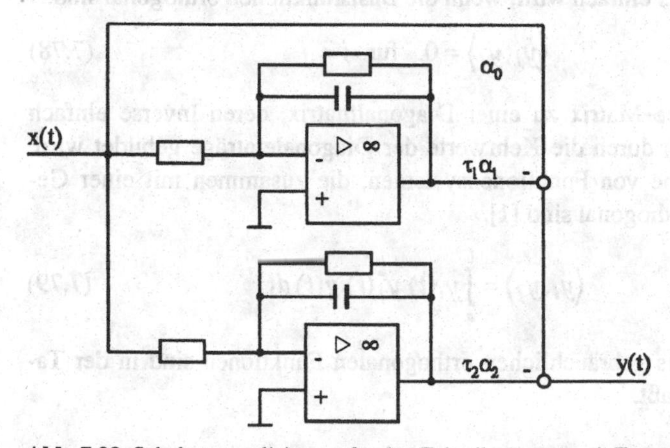

Abb. 7.23. Schaltungsrealisierung für den Zeitreihenansatz mit Exponentialfunktionen.

Frequenzbereich; sie setzt keine äquidistanten Stützstellen voraus. Das Modell ist leicht in einem Netzwerksimulator implementierbar und kann numerisch effizient ausgewertet werden.

Kritisch anzumerken ist, daß die Zeitkonstanten τ_i als bekannt vorausgesetzt wurden. Häufig sind jedoch auch diese nicht bekannt, und es ist das Ziel der Parameteridentifikation auch die Zeitkonstanten zu bestimmen. Für den Ansatz durch Exponentialfunktionen und für äquidistante Stützstellen ist es möglich, die Zeitkonstanten nach der Methode von Prony zu bestimmen [6, 14].

7.6 Signalunabhängige Transformationen mit orthogonalen Polynomen

Die obige Herleitung hat ergeben, daß die Minimierung des quadratischen Fehlers auf die Lösung eines Gleichungssystems führt. Das Minimalproblem

$$\|e\|^2 = \left\langle y - \sum_{j=0}^{N} \alpha_j\, y_j\, , y - \sum_{j=0}^{N} \alpha_j\, y_j \right\rangle \rightarrow \min \tag{7.76}$$

ist äquivalent zu:

$$\sum_{j=0}^{N} \langle y_i\, , y_j \rangle\, \alpha_j = \langle y_i\, , y \rangle \quad \text{für} \quad i=0, N \tag{7.77}$$

Diesem Zusammenhang liegt das allgemeinere Prinzip des Äquivalenztheorems zugrunde, das in Kapitel 8 behandelt wird.

In Kapitel 7.5 haben wir die für die Realisierung in einem Netzwerksimulator günstigen Eigenschaften der Exponentialfunktionen ausgenutzt, mußten dabei allerdings die Lösung eines voll besetzten Gleichungssystems zur Bestimmung der Koeffizienten in Kauf nehmen. Es wurde bereits oben erwähnt, daß das Gleichungssystem besonders einfach wird, wenn die Basisfunktionen orthogonal sind.

$$\langle y_i, y_j \rangle = 0 \quad \text{für} \quad i \neq j \tag{7.78}$$

In diesem Fall wird die Matrix zu einer Diagonalmatrix, deren Inverse einfach entsprechend Gl. (7.53) durch die Kehrwerte der Diagonaleinträge gebildet wird. Es existieren eine Reihe von Funktionensystemen, die zusammen mit einer Gewichtsfunktion $g(t)$ orthogonal sind [1].

$$\langle y_i, y_j \rangle = \int_a^b y_i(t)\, y_j^*(t)\, g(t)\, dt \tag{7.79}$$

Einige der in der Praxis gebräuchlichen orthogonalen Funktionen sind in der Tabelle 7.3 zusammengefaßt.

Tabelle 7.3. Orthogonale Funktionen [1].

Name	Funktion	Intervall $[a,b]$	Gewichtsfunktion
komplexe Exponentialfunktion	$E_i = \frac{e^{j\pi i t}}{\sqrt{2}}$	$[-1,1]$	$g(t)=1$
Legendre-Polynome	$P_i = \frac{1}{2^i\, i!}\frac{d^i}{dt^i}(t^2-1)^i$	$[-1,1]$	$g(t)=1$
Tschebyscheff-Polynome	$T_i = \cos(\,i\arccos(t))$	$[-1,1]$	$g(t)=(1-t^2)^{-1/2}$
Laguerre-Polynome	$L_i = \frac{e^t}{i!}\frac{d^i}{dt^i}(t^i e^{-t})$	$[0,\infty]$	$g(t)=e^{-t}$
Hermite-Polynome	$H_i = (-1)^i e^{t^2}\frac{d^i}{dt^i}\left(e^{-t^2}\right)$	$[-\infty,\infty]$	$g(t)=e^{-t^2}$
Jacobi-Polynome	$F_i(\alpha,\gamma,t)$	$[0,1]$	$g(t)=t^{\gamma-1}(1-t)^{\alpha-\gamma}$

Von besonderem Interesse für unsere Anwendung ist das Funktionensystem, das durch Abwandlung der Laguerre-Polynome entsteht. Die Laguerre-Polynome $L_i(t)$ lassen sich durch die Rekursionsformel

$$i\,L_i(t) = (-t+2i-1)\,L_{i-1}(t) - (i-1)\,L_{i-2}(t) \tag{7.80}$$

berechnen.

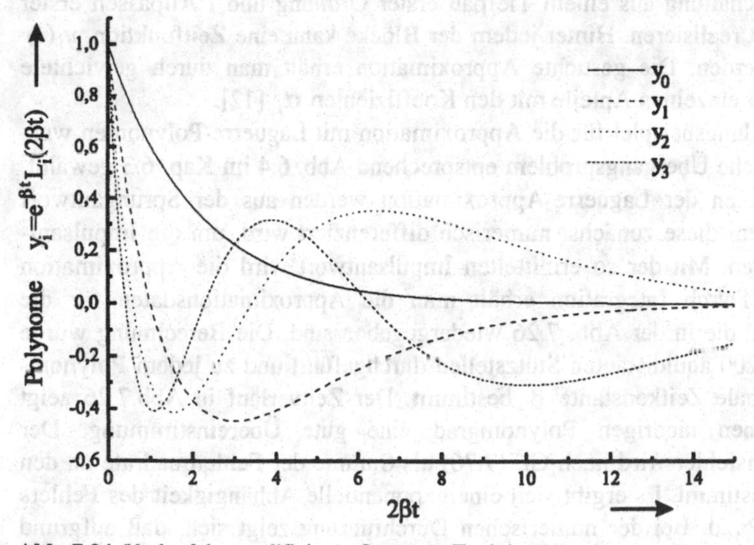

Abb. 7.24. Verlauf der modifizierten Laguerre-Funktionen.

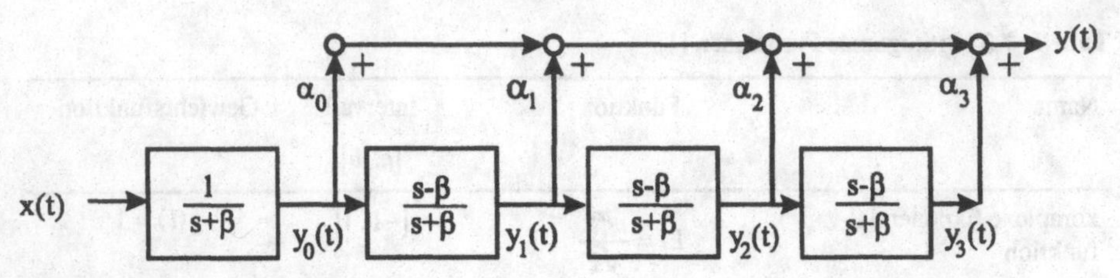

Abb. 7.25. Kaskadenschaltung aus einem Tiefpaß erster Ordnung und mehreren Allpässen. Bei Anregung mit einer Impulsfunktion erhält man als Zeitfunktion die modifizierten Laguerre-Funktionen.

Die ersten Funktionen lauten:

$$L_0(t) = 1\,, \qquad L_1(t) = 1 - t\,, \qquad L_2(t) = 1 - 2t + \frac{t^2}{2} \tag{7.81}$$

Für die Approximation lassen sich die modifizierten Laguerre-Polynome als Basisfunktionen verwenden, die in Abb. 7.24 dargestellt sind.

$$y_i = e^{-\beta t} L_i(2\beta t) = e^{-\beta t} \frac{e^{2\beta t}}{i!} \frac{d^i}{dt^i}\left(t^i e^{-2\beta t}\right) = e^{-\beta t} \sum_{k=0}^{i} \binom{i}{k} \frac{(-2\beta t)^k}{k!} \tag{7.82}$$

Diese Funktionen besitzen eine einfache Laplace-Transformierte.

$$\mathcal{L}\{y_i(t)\} = \frac{1}{s+\beta}\left(\frac{s-\beta}{s+\beta}\right)^i \tag{7.83}$$

Die Funktionen $y_i(t)$ erhält man aus einem Netzwerk mit der Übertragungsfunktion $\mathcal{L}\{y_i(t)\}$ für eine Impulsanregung. Das Netzwerk läßt sich wie in Abb. 7.25 als Kaskadenschaltung aus einem Tiefpaß erster Ordnung und i Allpässen erster Ordnung leicht realisieren. Hinter jedem der Blöcke kann eine Zeitfunktion $y_i(t)$ abgegriffen werden. Die gesuchte Approximation erhält man durch gewichtete Summation der einzelnen Anteile mit den Koeffizienten α_i [12].

Als Anwendungsbeispiel für die Approximation mit Laguerre-Polynomen wurde das thermische Übergangsproblem entsprechend Abb. 6.4 im Kap. 6.3 gewählt. Die Koeffizienten der Laguerre-Approximation werden aus der Sprungantwort bestimmt, indem diese zunächst numerisch differenziert wird, um die Impulsantwort zu erhalten. Mit der so ermittelten Impulsantwort wird die Approximation durchgeführt. Durch Integration erhält man die Approximationsdaten für die Sprungantwort, die in der Abb. 7.26 wiedergegeben sind. Die Berechnung wurde mit Daten an 200 äquidistanten Stützstellen durchgeführt und zu jedem Polynomgrad die optimale Zeitkonstante β bestimmt. Der Zeitverlauf in Abb.7.26 zeigt schon für einen niedrigen Polynomgrad eine gute Übereinstimmung. Der Approximationsfehler wird nach Gl. (7.76) als Summe der Fehlerquadrate an den Stützstellen bestimmt. Es ergibt sich eine exponentielle Abhängigkeit des Fehlers vom Polynomgrad. Bei der numerischen Durchführung zeigt sich, daß aufgrund des endlichen Zeitintervalls die Laguerre-Polynome die Orthogonalitätseigenschaft (7.78) verlieren und es daher notwendig wird, mit der voll besetzten Gramschen Matrix zu arbeiten. Da die Orthogonalität zumindest noch näherungsweise gegeben ist, ergibt sich eine sehr gute Kondition der Matrix, was als Vorteil anzusehen ist.

Durch das Gram-Schmidtsche Orthogonalisierungsverfahren lassen sich beliebige linear unabhängige Basisfunktionen in ein System orthogonaler Funktionen überführen. Für nicht orthogonale Basisfunktionen läßt damit eine reziproke Basis

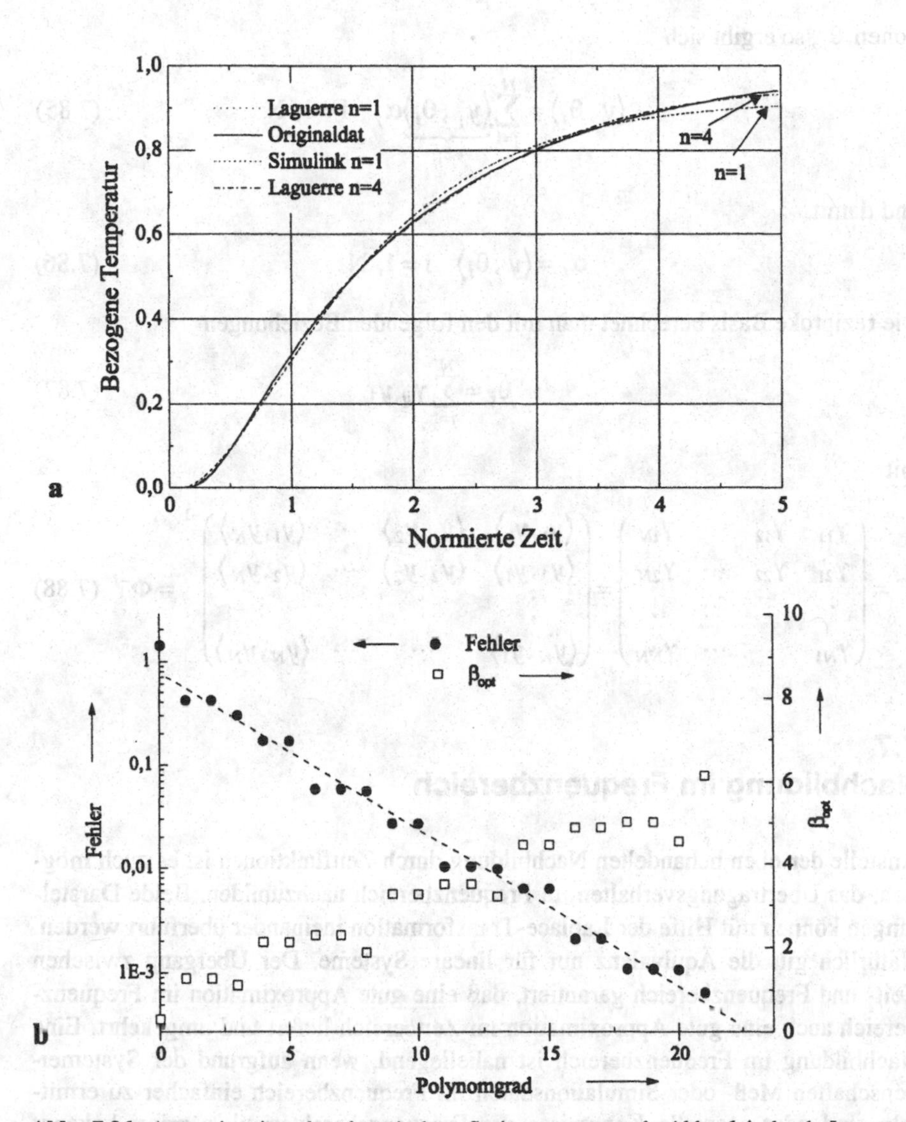

Abb. 7.26. Approximation der thermischen Springantwort nach Abb. 6.4 durch Laguerre-Polynome. (a) Zeitverlauf der Originaldaten der Approximation vom Grad 1 und 4 sowie des Simulationsergebnisses mit dem Simulator Simulink für den Grad 1, (b) Abhängigkeit des Approximationsfehlers vom Polynomgrad und der ermittelten optimalen Zeitkonstante β_{opt}.

konstruieren und so die Lösung eines Gleichungssystems vermeiden [12]. Hierbei werden Funktionen θ_i benutzt, welche die Orthonormalitätsbedingung erfüllen.

$$\langle y_i, \theta_j \rangle = \delta_{ij} = \begin{cases} 1 & \text{für } i = j \\ 0 & \text{sonst} \end{cases} \tag{7.84}$$

Multipliziert man die Gleichung $y(t) = \sum_{j=1}^{N} \alpha_j \, y_j(t)$ mit den reziproken Basisfunktionen θ_i, so ergibt sich

$$\langle y, \theta_i \rangle = \sum_{j=1}^{N} \underbrace{\langle y_j, \theta_i \rangle}_{=\delta_{ij}} \alpha_j \quad \mathrm{i = 1, N} \tag{7.85}$$

und damit.

$$\alpha_i = \langle y, \theta_i \rangle \quad \mathrm{i = 1, N} \tag{7.86}$$

Die reziproke Basis berechnet man mit den folgenden Beziehungen

$$\theta_i = \sum_{j=1}^{N} \gamma_{ij} \, y_j \tag{7.87}$$

mit

$$\Gamma = \begin{pmatrix} \gamma_{11} & \gamma_{12} & \cdots & \gamma_{1N} \\ \gamma_{21} & \gamma_{22} & \cdots & \gamma_{2N} \\ \vdots & \vdots & \ddots & \vdots \\ \gamma_{N1} & \cdots & \cdots & \gamma_{NN} \end{pmatrix} = \begin{pmatrix} \langle y_1, y_1 \rangle & \langle y_1, y_2 \rangle & \cdots & \langle y_1, y_N \rangle \\ \langle y_2, y_1 \rangle & \langle y_2, y_2 \rangle & \cdots & \langle y_2, y_N \rangle \\ \vdots & \vdots & \ddots & \vdots \\ \langle y_N, y_1 \rangle & \cdots & \cdots & \langle y_N, y_N \rangle \end{pmatrix}^{-1} = \Phi^{-1} \tag{7.88}$$

7.7 Nachbildung im Frequenzbereich

Anstelle der oben behandelten Nachbildung durch Zeitfunktionen ist es auch möglich, das Übertragungsverhalten im Frequenzbereich nachzubilden. Beide Darstellungen können mit Hilfe der Laplace-Transformation ineinander überführt werden. Natürlich gilt die Äquivalenz nur für lineare Systeme. Der Übergang zwischen Zeit- und Frequenzbereich garantiert, daß eine gute Approximation im Frequenzbereich auch eine gute Approximation im Zeitbereich liefert und umgekehrt. Eine Nachbildung im Frequenzbereich ist naheliegend, wenn aufgrund der Systemeigenschaften Meß- oder Simulationsdaten im Frequenzbereich einfacher zu ermitteln sind oder spezielle Kenntnisse der Frequenzcharakteristik a priori bekannt sind. In der Praxis zeigt sich, daß die Nachbildung im Frequenzbereich zumeist schwieriger zu handhaben ist als diejenige im Zeitbereich. Grundsätzlich ist zur vollständigen Beschreibung der Amplituden- und Phasengang oder Real- und Imaginärteil der Übertragungsfunktion notwendig. Wir gehen von einer Systemfunktion in der Form eines gebrochen rationalen Polynoms mit $m \leq n$ aus.

$$H(s) = \frac{b_0 + b_1\, s + b_2\, s^2 + \ldots + b_m\, s^m}{1 + a_1\, s + a_2\, s^2 + \ldots + a_n\, s^n} = \frac{Z(s)}{N(s)} \qquad (7.89)$$

Der Zusammenhang zwischen Ein- und Ausgangsgröße im Zeitbereich ist damit durch eine Differentialgleichung mit konstanten Koeffizienten gegeben.

$$y(t) + a_1\, y'(t) + \ldots + a_n\, y^{(n)}(t) = b_0\, x(t) + b_1\, x'(t) + \ldots + b_m\, x^{(m)}(t) \qquad (7.90)$$

Zu gegebenen Datenwerten H_ν an Frequenzstützpunkten ω_ν sind die Koeffizienten der Übertragungsfunktion a_i, b_j so anzupassen, daß eine möglichst gute Übereinstimmung erreicht wird. Hieraus ergibt sich die Forderung, daß die Fehlerfunktion e_ν zu minimieren ist

$$e_\nu = H_\nu - \frac{Z(j\omega_\nu)}{N(j\omega_\nu)} \qquad \nu = 1 \ldots N \text{ mit } N \geq \frac{n+m+1}{2} \qquad (7.91)$$

Bei der Anwendung der Methode der kleinsten Fehlerquadrate minimiert man den Fehler in der L_2 Norm

$$\sum_{\nu=1}^{N} |e_\nu|^2 = \sum_{\nu=1}^{N} \left| H_\nu - \frac{Z(j\omega_\nu)}{N(j\omega_\nu)} \right|^2 \rightarrow \min \qquad (7.92)$$

Bei der Lösung ergibt sich zunächst die Schwierigkeit, daß die so definierte Fehlerfunktion nichtlinear von den Koeffizienten des Nennerpolynoms abhängig ist und daher, nach Differentiation nach den Koeffizienten, ein nichtlineares Gleichungssystem resultiert. Multipliziert man mit dem Nenner, so ergibt sich ein linearer Zusammenhang, der mit der Methode der kleinsten Fehlerquadrate auf ein lineares Gleichungssystem zur Bestimmung der Koeffizienten führt, allerdings mit einer modifizierten Fehlerfunktion [8].

$$\tilde{e}_\nu = e_\nu\, N(j\omega_\nu) = H_\nu\, N(j\omega_\nu) - Z(j\omega_\nu) \qquad \nu = 1 \ldots N \qquad (7.93)$$

Da es sich um eine komplexwertige Funktion handelt, spalten wir nach Real- und Imaginärteil auf, woraus sich jeweils eine Bedingung ergibt.

$$\tilde{e}_{R\nu} = H_{R\nu}\, N_R(j\omega_\nu) - H_{I\nu}\, N_I(j\omega_\nu) - Z_R(j\omega_\nu) \qquad (7.94)$$

$$\tilde{e}_{I\nu} = H_{R\nu}\, N_I(j\omega_\nu) + H_{I\nu}\, N_R(j\omega_\nu) - Z_I(j\omega_\nu) \qquad (7.95)$$

Um eine Lösung von Gl. (7.91) zu erhalten, lassen sich Gewichtsfaktoren w_ν einführen.

$$\sum_{\nu=1}^{N} w_\nu \left(|\tilde{e}_{R\nu}|^2 + |\tilde{e}_{I\nu}|^2 \right) \rightarrow \min \qquad (7.96)$$

Offenbar findet man die gesuchte Lösung, wenn man die Gewichte wie folgt bestimmt.

$$w_\nu = \frac{1}{|N(j\omega_\nu)|^2} \tag{7.97}$$

Man kann nun Gl. (7.96) mehrfach durch die Methode der kleinsten Fehlerquadrate lösen, wobei die Gewichte in aufeinanderfolgenden Schritten iterativ so angepaßt werden, daß sie die Gl. (7.97) erfüllen. Allerdings ist dies nur möglich, wenn die Gewichte nicht singulär werden, und es ist zu erwarten, daß das Verfahren numerisch instabil wird, falls die Gewichte in die Nähe einer Singularität gelangen. Auch kann das Verfahren divergieren, wenn sich die Gewichte oder die berechneten Koeffizienten in aufeinanderfolgenden Schritten zu stark ändern.

Die uns interessierenden Systeme sind ausschließlich kausal und stabil, für solche Systeme ist der Real- und Imaginärteil der Übertragungsfunktion über die Hilberttransformation miteinander verknüpft. Die Hilberttransformation kann auch zur Prüfung der Kausalität verwendet werden. Das zuvor beschriebene Verfahren berücksichtigt diese Tatsache nicht und verwendet sowohl Real- wie Imaginärteil zur Approximation. Als Folge kann die Identifikation zu einem System mit nichtkausalem Verhalten führen. Um dies schon im Ansatz auszuschließen, kann die Identifikation allein mit Hilfe des Realteils durchgeführt werden, da sich der Imaginärteil dann in eindeutiger Weise aus der Hilberttransformation ergibt [22]. Andererseits sind Systeme bei denen Real- und Imaginärteil über die Hilberttransformation verknüpft sind stets kausal.

Die alleinige Kenntnis des Amplitudengangs reicht hingegen nicht zur vollständigen Bestimmung der Übertragungsfunktion aus. Allerdings lassen sich Minimalphasensysteme allein aus der Kenntnis des Amplitudengangs gewinnen. Die entsprechenden Methoden sind im Bereich der Filtersynthese verbreitet.

Spaltet man die Übertragungsfunktion in einen geraden und einen ungeraden Teil auf, so ergeben sich Funktionen, die dem Real- bzw. Imaginärteil der Übertragungsfunktion entsprechen, wie man ausgehend von Gl. (7.89) leicht zeigt.

$$G(j\omega) = \frac{1}{2}\left(H(j\omega) + H(-j\omega)\right) = R(\omega) \tag{7.98}$$

$$U(j\omega) = \frac{1}{2}\left(H(j\omega) - H(-j\omega)\right) = j\,X(\omega) \tag{7.99}$$

Da der Realteil eine gerade Funktion ist, wird die Approximation in der Variablen ω^2 durchgeführt. Es ergibt sich nun ein reelles Approximationsproblem.

$$\left\| G_\nu(\omega_\nu^2) - \frac{\sum_{i=0}^{m} c_i\,\omega_\nu^{2i}}{\sum_{i=1}^{n} d_i\,\omega_\nu^{2i}} \right\| \to \min \qquad \nu = 1 \ldots N \text{ mit } N \geq n+m+1 \tag{7.100}$$

Aus den Koeffizienten c_i, d_i des gebrochen rationalen Polynoms wird die Übertragungsfunktion nach Durchführung einer Partialbruchzerlegung bestimmt, da sich eine Zerlegung der Form

$$G(s_\nu) = A_0 + \frac{1}{2}\left(\sum_{i=1}^{n} \frac{A_i}{s+s_i} - \sum_{i=1}^{n} \frac{A_i}{s-s_i}\right) \tag{7.101}$$

ergibt, wobei aufgrund der Stabilität des Systems die Polstellen mit $\mathrm{Re}\{s_i\} > 0$ der Übertragungsfunktion zuzuordnen sind.

$$H(s_\nu) = A_0 + \sum_{i=1}^{n} \frac{A_i}{s+s_i} \tag{7.102}$$

Natürlich kann zur Lösung von Gl. (7.100) wiederum das zuvor beschriebene Verfahren im Sinne der kleinsten Fehlerquadrate, d. h. bezüglich der L_2-Norm, mit iterativer Anpassung der Gewichte verwendet werden. Es existieren jedoch auch weitere Verfahren zur numerischen Lösung für das reelle Approximationsproblem in der L_∞-Norm,

$$\max_\nu \left| G(\omega_\nu^2) - \frac{\sum_{i=1}^{m} c_i\, \omega_\nu^{2i}}{\sum_{i=1}^{n} d_i\, \omega_\nu^{2i}} \right| \to \min \tag{7.103}$$

auch Minmax-Formulierung genannt [10, 15]. Das Remes-Verfahren konvergiert gegen die Minmax-Approximation, wenn ein geeigneter Startwert vorgegeben wird. Das Verfahren der Differenzenkorrektur basiert auf einem iterativen Algorithmus, der in jedem Schritt eine lineare Optimierungsaufgabe löst und zumindest theoretisch immer konvergiert [10]. Bei der numerischen Rechnung tritt die Schwierigkeit auf, daß bei der Approximation über mehrere Frequenzdekaden große Unterschiede der Zahlenwerte für ω_ν^{2i} auftreten, wodurch Rundungsfehler entstehen.

Es kann leider keine eindeutige Aussage zu Gunsten eines der beschriebenen numerischen Lösungsverfahren gegeben werden. Jedes Verfahren besitzt seine spezifischen Stärken und Schwächen, und es hängt von der Übertragungsfunktion sowie dem Frequenzbereich ab, welches Verfahren den günstigsten Lösungsverlauf ermittelt, unerwünschte Polstellen innerhalb des Frequenzintervalls liefert oder eventuell sogar Divergenz zeigt.

7.8 Nichtlineare Systeme

Zur Beschreibung nichtlinearer Systeme kann die Theorie von Volterra und Wiener angewendet werden, die als eine Verallgemeinerung der für lineare Systeme gebräuchlichen Laplace-Darstellung angesehen werden kann [18, 19]. Die Theorie von Volterra und Wiener benutzt Faltungsintegrale höherer Ordnung, um einen Polynomansatz zur Systembeschreibung aufzustellen, sie ist auf zeitinvariante Systeme anwendbar. Allgemein läßt sich das Ein-/ Ausgangsverhalten eines Systems durch einen Operator H beschreiben.

$$y(t) = H[x(t)] \tag{7.104}$$

Speziell für lineare Systeme ist die Superponierbarkeit von Eingangssignalen $x_1(t), x_2(t)$ erfüllt.

$$y(t) = H[x_1(t) + x_2(t)] = H[x_1(t)] + H[x_2(t)] \tag{7.105}$$

Das Ausgangssignal läßt sich aus der Kenntnis des Eingangssignals und der Impulsantwort $h(t)$ des Systems mit Hilfe des Faltungsintegrals berechnen.

$$y(t) = \int_0^\infty h(\tau)\, x(t-\tau)\, d\tau \tag{7.106}$$

Eine bedeutende Eigenschaft linearer Systeme ist, daß das Ausgangssignal nur Spektralanteile enthält, die auch im Eingangssignal vorhanden sind. Daher kann das Systemverhalten durch die Angabe der frequenzabhängigen Übertragungsfunktion vollständig beschrieben werden $y(j\omega) = H(j\omega)\, x(j\omega)$. Dies ist für nichtlineare Systeme nicht erfüllt. Auch ist i. a. der Umkehroperator nicht mehr eindeutig definiert, da beispielsweise bei einem Quadrierer Eingangssignale mit positivem oder negativem Vorzeichen zum gleichen Ausgangssignal führen. Für ein System mit quadrierendem Charakter erhält man folgendes Ein-/ Ausgangsverhalten

$$y(t) = \int_0^\infty h(\tau_1)\, x(t-\tau_1)\, d\tau_1 \cdot \int_0^\infty h(\tau_2)\, x(t-\tau_2)\, d\tau_2 \tag{7.107}$$

$$y(t) = \int_0^\infty \int_0^\infty h(\tau_1)\; h(\tau_2)\, x(t-\tau_1)\, x(t-\tau_2)\, d\tau_1\, d\tau_2 \tag{7.108}$$

$$y(t) = \int_0^\infty \int_0^\infty h_2(\tau_1, \tau_2)\, x(t-\tau_1)\, x(t-\tau_2)\, d\tau_1\, d\tau_2 = H_2[x(t)] \tag{7.109}$$

Die zweidimensionale Funktion $h_2(\tau_1, \tau_2)$ wird Volterra-Kern zweiter Ordnung genannt, sie ist symmetrisch und bilinear, d. h. linear in den beiden Argumenten τ_1, τ_2. Für ein System n-ter Ordnung erhalten wir in Verallgemeinerung hierzu:

$$y(t) = H_n[x(t)] = \int_0^\infty \ldots \int_0^\infty h_n(\tau_1, \ldots, \tau_n)\, x(t-\tau_1) \ldots x(t-\tau_n)\, d\tau_1 \ldots d\tau_n \tag{7.110}$$

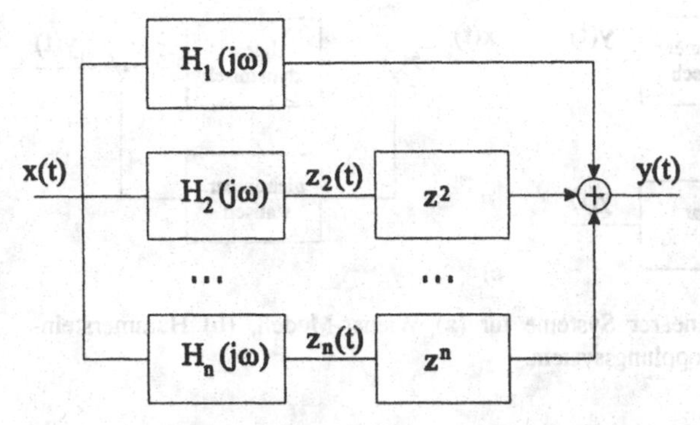

Abb. 7.27. Schaltungsrealisierung einer Volterrareihe mit linearen Übertragungsblöcken $H_i(j\omega)$ und Potenzierern.

Da sich Signale allgemein durch Potenzreihen approximieren lassen, gelangen wir zur Darstellung eines nichtlinearen Übertragungsverhaltens mit Hilfe einer Volterrareihe, die sich durch eine Schaltung gemäß Abb. 7.27 nachbilden läßt.

$$y(t) = \sum_{n=1}^{N} H_n[x(t)] \tag{7.111}$$

Wir haben bisher hinsichtlich der Festlegung der Volterra-Kerne $h_n(\tau_1,\ldots,\tau_n)$ noch keine Wahl getroffen. Natürlich entscheidet deren Auswahl auch über die Approximationseigenschaften der Volterrareihe. Wählt man beispielsweise die Dirac-Delta Funktionen $h_n(\tau_1,\ldots,\tau_n) = a_n\,\delta_1(\tau_1)\cdot\ldots\cdot\delta_n(\tau_n)$ so ergibt sich:

$$\begin{aligned} H_n[x(t)] &= a_n \int_0^\infty \ldots \int_0^\infty \delta_1(\tau_1)\,x(t-\tau_1)\ldots\delta_n(\tau_n)\,x(t-\tau_n)\,d\tau_1\ldots d\tau_n \\ &= a_n\,x^n(t) \end{aligned} \tag{7.112}$$

$$y(t) = \sum_{n=1}^{N} a_n\,x^n(t) \tag{7.113}$$

Dies beschreibt ein gedächtnisloses System, bei dem das Ausgangssignal nicht vom Eingangssignal vorangegangener Zeitpunkte abhängig ist.

Im allgemeinen müssen die Kernfunktionen h_n der Volterrareihe in Abhängigkeit der Approximationsaufgabe bestimmt werden. Bei der Identifikation aus den Ein-/ Ausgangssignalen des Systems besteht die Hauptschwierigkeit darin, daß gleichzeitig mehrere Kernfunktionen bestimmt werden müssen. Günstig für die Durchführung der Identifikation und die Konvergenzeigenschaften ist der Übergang zu Funktionalkernen, die zu orthogonalen Ausgangssignalen führen (Wiener G-Funktionale). Die Separation in die einzelnen Anteile gelingt nur für Testsignale deren Spektraldichte konstant ist. Dies ist für weißes Rauschen oder die Dirac-Delta Funktion erfüllt [7, 19]. Für diese Eingangssignale können die Volterra-Kerne aus der Bestimmung der Autokorrelation und der Kreuzkorrelation mit dem

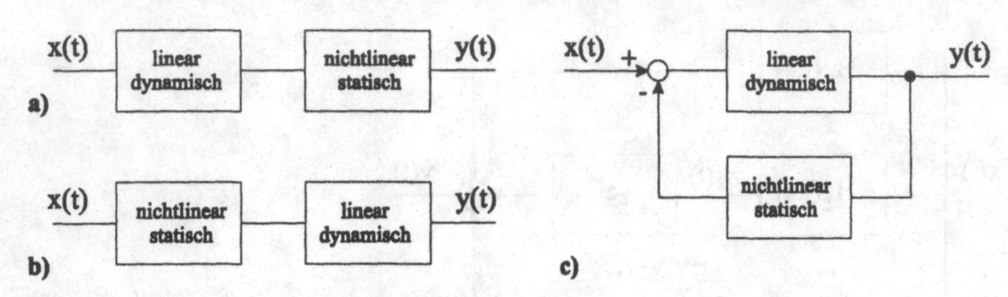

Abb. 7.28. Modellstruktur nichtlinearer Systeme für (a) Wiener-Modell, (b) Hammerstein-Modell, (c) nichtautonomes Rückkopplungssystem.

Ausgangssignal bestimmt werden. Allerdings sind diese Testsignale für die simulatorische Ermittlung der Systemantwort, mit Hilfe von Feldsimulatoren, nur schlecht geeignet, da weißes Rauschen nur näherungsweise (d. h. in einem begrenzten Frequenzspektrum) nachgebildet werden kann und eine solche Anregungsfunktion zu langen Simulationszeiten führt. Aus der Begrenzung des Frequenzspektrums resultiert ein zusätzlicher Schätzfehler. Zur meßtechnischen Ermittlung sind Rauschsignale prinzipiell besser anwendbar.

Weiterhin werden die aus Volterrareihen resultierenden Schaltungen der Makromodelle sehr schnell umfangreich und damit als Analogmodell ungeeignet. Daher ist der Ansatz über Volterrareihen nur für schwach nichtlineare Systeme verbreitet, bei denen ein niedriger Polynomgrad (zweiter bis vierter Ordnung) ausreicht, um eine genügend genaue Systembeschreibung zu erreichen.

Ein einfacherer, häufig benutzter Zugang besteht in der Auswahl einer festen Modellarchitektur, für die das nichtlineare und das dynamische Verhalten getrennt bestimmt werden kann (Abb. 7.28). In diesem Fall lassen sich verschiedene Systemcharakteristika getrennt identifizieren (statisch nichtlinear bzw. dynamisch als Kleinsignalverhalten). Das nichtautonome Rückkopplungsnetzwerk wurde bereits in Kap. 7.2 bei der Modellerstellung benutzt und dort die Vorteile sowie die Einbeziehung von Nichtlinearitäten der Ableitung (dynamische Nichtlinearität) diskutiert. Diese Modelle sind in der Regel recht effizient in der Nachbildung, sie sind jedoch auf spezielle Modellklassen zugeschnitten und daher weniger allgemein als der oben beschriebene Ansatz über Volterrareihen [2, 16]. Allgemein lassen sich mit diesem Ansatz Systeme beschreiben, denen ein Zusammenhang in Form einer Differentialgleichung des folgenden Typs zugrunde liegt.

$$\begin{aligned} &y^{(n)}(t)+a_{n-1}\,y^{(n-1)}(t)+\cdots+a_1\,y'(t)+y(t)= \\ &b_m\,x^{(m)}(t)+b_{m-1}\,x^{(m-1)}(t)+\cdots+b_1\,x'(t)+b_0\,x(t)-f(y,y',..,x) \end{aligned} \tag{7.114}$$

Die Nichtlinearität ist im Term $f(y,y',..,x)$ zusammengefaßt; die Identifizierbarkeit erfordert es, daß die Funktion nur Differentiale von geringer Ordnung enthält. Üblicherweise werden daher Funktionen vom Typ $f=f(y)$ oder $f=f_1(y)+f_2(y')$ angesetzt.

Alternativ zu den behandelten Verfahren können auch neuronale Netze verwendet werden, um nichtlineare Systeme nachzubilden oder zu identifizieren [22]. Das stellt häufig den einfacheren und auch praktikableren Weg dar, da keine feste Modellstruktur zu wählen ist und auf die explizite Bestimmung der Kernfunktionen verzichtet werden kann. Die Aufgabe besteht darin die Gewichte des neuronalen Netzwerkes so einzustellen, daß dessen Ausgangssignal für eine Folge von Testsignalen möglichst gut mit dem Ausgangssignal des zu identifizierenden Systems übereinstimmt. In dieser Formulierung besteht die Aufgabe in der Mustererkennung, für die neuronale Netzwerke mit gutem Erfolg verwendet werden. Zur Einstellung der Gewichte wird das neuronale Netzwerk mit Testsignalen trainiert, bis eine genügende Übereinstimmung vorhanden ist. Die Testsignale können so gewählt werden, daß sie typische Betriebszustände im Einsatz des Systems wiedergeben. Für die Realisierung werden zumeist Hopfield-Netzwerke verwendet.

Literatur

[1] Abramowitz, Milton; Stegun, Irene A.: *Pocket Book of Mathematical Functions*. Harri Deutsch, Thun, Frankfurt/ Main (1984)

[2] Anton, M.; Bechtold, St. Laur, R.: Werkzeuge für die Approximation und Modellsynthese statischer und dynamischer Übertragungseigenschaften, 6. *Workshop Methoden und Werkzeuge zum Entwurf von Mikrosystemen*, Paderborn (1997), S. 65-74

[3] Blech, J. J.: On isothermal squeeze films, *Journal of Lubrication Technology*, Vol. 105, Oct. 1983

[4] Bosch, Paul P. J. van den; Klauw, Alexander C. van der: *Modeling, identification and simulation of dynamic systems*. CRC Press, Boca Raton, Ann Arbor London (1994)

[5] Darling, Robert B.; Hivick, Chris; Xu, Jianyang: Compact analytical modeling of squeeze film damping with arbitrary venting conditions using a Green's function approach. *Sensors and Actuators*, A70 (1998) p. 32-41

[6] Hamminig, R. W.: *Numerical Methods for Scientists and Engineers*. Dover Publications, New York, Reprint (1986)

[7] Heine, Martin: *Synthese von Makromodellen für Informationsverarbeitungssysteme der Mikrosystemtechnik*. Shaker, Aachen (1995)

[8] Isermann, Rolf: *Identifikation dynamischer Systeme*. Bd. 1 u. 2, Springer, Berlin, Heidelberg, New York, 2. Aufl. (1992)

[9] Kasper, Manfred; Recke, Carsten; Vogel, Thomas: Modellierung von Mikrosystemen und ihrer Komponenten, *Workshop Modellbildung für die Mikrosystemtechnik MIMOSYS*, Paderborn (1996), S. 3-8

[10] Kaufmann, E. H.; Leeming, D. J.; Taylor, G. D.: Uniform Rational Approximation by Differential Correction and Remes-Differential Correction. *International Journal for Numerical Methods in Engineering*, Vol. 17 (1981) p. 1273-1280

[11] Mehner, Jan: *Mechanische Beanspruchungsanalyse von Siliziumsensoren und -aktoren unter dem Einfluß von elektrostatischen und Temperaturfeldern*. Diss. TU Chemnitz-Zwickau (1993)

[12] Mertins, Alfred: *Signaltheorie*. Teubner, Stuttgart (1996)

[13] Möller, Dietmar: *Modellbildung, Simulation und Identifikation dynamischer Systeme*. Springer, Berlin, Heidelberg, New York (1992)

[14] Natke, Hans Günther: *Einführung in die Theorie und Praxis der Zeitreihen- und Modalanalyse*. Vieweg, Braunschweig, Wiesbaden, 3. Aufl. (1992)

[15] Press, William H.; Teukolsky, Saul A.; Vetterlin, William T.; Flannery, Brian P.: *Numerical Recipes*. Cambridge University Press, Cambridge, New York, Port Chester, 2. ed. (1994)

[16] Recke, Carsten; Kasper, Manfred; Vogel, Thomas: Modellgenerierung für mechanische Mikrosystem-Komponenten, *Mikrosystemtechnik – Mikromechanik & Mikroelektronik*, Chemnitz (1995)

[17] Recke, Carsten; Vogel, Thomas; Kasper, Manfred: Entwurfsumgebung zur Modellierung und Simulation mit Makromodellen, *Methoden und Werkzeugentwicklung für den Mikrosystementwurf*, Karlsruhe (1996), S. 93-117

[18] Rugh, Wilson J.: *Nonlinear System Theory: The Volterra/ Wiener Approach*, John Hopkins University Press, Baltimore, London, 1981

[19] Schetzen, Martin: *The Volterra and Wiener Theories of Nonlinear Systems*, Wiley-Interscience, New York, Chichester, Brisbane (1980)

[20] Schoukens, Johan; Pintelon, Rik: *Identification of Linear Systems, A Practical Guideline to Accurate Modeling*. Pergamon Press, Oxford, New York, Beijing (1991)

[21] Tschan, Thomas: *Simulation, Design and Characterization of a Silicon Piezoresistive Accelerometer, Fabricated by a Bipolar-Compatible Industrial Process*. Dissertation University of Neuchâtel, (1992)

[22] Unbehauen, Rolf: *Systemtheorie*. Bd.1 u. 2, Oldenbourg, München, Wien, 7. Aufl. (1997)

8 Numerische Feldberechnung

In den vorangehenden Kapiteln wurden Methoden und Beschreibungsformen zur Modellierung mit Systemen gewöhnlicher Differentialgleichungen angewendet. Sie bieten den Vorteil, daß sie relativ einfach handhabbar sind. Jedoch können diese Methoden, wie die vorangegangene Betrachtung zeigt, nur zur Approximation dienen, wenn die örtliche Änderung der Feldgrößen im Netzwerkelement vernachlässigbar klein ist oder ausschließlich mit Mittelwerten der Feldgröße über einen Raumbereich gerechnet werden kann. In Kap. 6 wurde gezeigt welche Voraussetzungen dazu erfüllt sein müssen. Das sich anschließende Kapitel beschäftigt sich mit Methoden zur Lösung von Feldproblemen, wenn die genannten Voraussetzungen nicht mehr erfüllt sind. Auch wurde bereits angemerkt, daß zur Ableitung von Makromodellen oder einer Netzwerkdarstellung zunächst eventuell das Feldproblem gelöst werden muß.

Die meisten physikalischen Vorgänge lassen sich mit Hilfe partieller Differentialgleichungen beschreiben. Dabei wird vorausgesetzt, daß der Raum gleichmäßig mit einem Material gefüllt ist, daß also die Feinstruktur der Materie keinen Einfluß auf die Beschreibung hat. Um die weiteren Betrachtungen einheitlich und übersichtlich zu gestalten, soll das folgende Modellproblem verwendet werden.

$$\nabla\alpha\nabla u - \beta u = -b \tag{8.1}$$

Hierbei ist u eine ortsabhängige Potentialfunktion, α, β sind Materialkonstanten und b eine Quellendichte. Durch die Gleichung des Modellproblems wird eine große Zahl technisch relevanter physikalischer Effekte beschrieben, bzw. lassen sich darauf zurückführen. Dies sind z. B. Elektrostatik, Magnetostatik, stationäres Strömungsfeld, Temperaturfeld, Diffusion, Spezialfälle der Strömungs- und Hydrodynamik und der Kontinuumsmechanik. Wie aus der Herleitung in Kap. 6 zu ersehen ist, hat die aus der Bilanzgleichung folgende Kontinuitätsgleichung die Form.

$$div\ \kappa\ grad\ q + \frac{\partial q}{\partial t} = g \tag{8.2}$$

Anstelle des Faktors β steht hier die zeitliche Ableitung, die bei sinusförmiger Änderung, im eingeschwungenen Zustand durch $\partial/\partial t = j\omega = \beta$ ersetzt werden kann. Im transienten Fall erhält man durch die Einführung einer Zeitdiskretisierung in der impliziten Form eine Differentialgleichung vom Typ der Gl. (8.1).

$$\frac{\partial q}{\partial t} \approx \frac{q_n - q_{n-1}}{\Delta t} \tag{8.3}$$

$$div\, \kappa\, grad\, q_n + \frac{q_n}{\Delta t} = g_n + \frac{q_{n-1}}{\Delta t} \tag{8.4}$$

Sowie in der expliziten Form die Gleichung:

$$\frac{q_n}{\Delta t} = g_n + \frac{q_{n-1}}{\Delta t} - div\, \kappa\, grad\, q_{n-1} \tag{8.5}$$

Als Ausgangspunkt für die Darstellung der numerischen Feldberechnungsverfahren dient das Differenzenverfahren, wenngleich dieses Verfahren zunehmend durch die Methode der Finiten Elemente (FEM) verdrängt wird. Die Ursache hierfür ist die größere geometrische Flexibilität und die tiefer greifende mathematische Theorie der FEM. Der Vorteil dieser Darstellung ist, daß wir schnell grundlegende Eigenschaften aller Diskretisierungsverfahren ableiten können, die für die numerische Behandlung und die erreichbare Genauigkeit von Bedeutung sind und die sich ergebenden Beziehungen eine anschauliche, leicht verständliche Interpretation haben. Im Anschluß wird die FEM eingehender dargestellt und auch auf die für die Praxis wichtigen Methoden der Fehlerabschätzung und der adaptiven Netzgenerierung eingegangen.

Wir verzichten auf die Behandlung gekoppelter Feldprobleme [16, 22] und die effiziente Lösung großer und dünn besetzter Gleichungssysteme [10, 19] und verweisen hierfür auf die Spezialliteratur. Die Kopplungen ergeben sich aus der Abhängigkeit der Materialkonstanten von einer der beteiligten Feldgrößen, häufig treten beispielsweise temperaturabhängige Materialparameter auf oder über die Randbedingungen. Bei der starken Kopplung sind die Feldgrößen wechselseitig voneinander abhängig, während bei schwachen Kopplungen nur eine Abhängigkeit in einer der Richtungen existiert. Ein Beispiel für eine schwache Kopplung ist die thermisch induzierte Spannung. In diesen Fall ist die Dehnung von der Temperaturverteilung abhängig, mechanische Spannungen wirken sich aber nicht auf die Wärmeverteilung aus. Die überwiegende Mehrzahl der in der Mikrosystemtechnik bedeutenden Fälle gehört zur Klasse der schwachen Kopplungen. Solche Probleme lassen sich durch eine Folge entkoppelter Feldprobleme ersetzen.

8.1 Differenzenverfahren

Beim Differenzenverfahren werden die Differentialquotienten durch Differenzenquotienten approximiert. Für den Fall einer ungleichmäßigen Gitterweite leiten wir die Differenzenquotienten aus der Taylor-Entwicklung um einen Punkt x in der Vorwärts- und Rückwärtsrichtung ab. Zusammen mit den Bezeichnungen aus Abb. 8.1 erhält man in Vorwärtsrichtung:

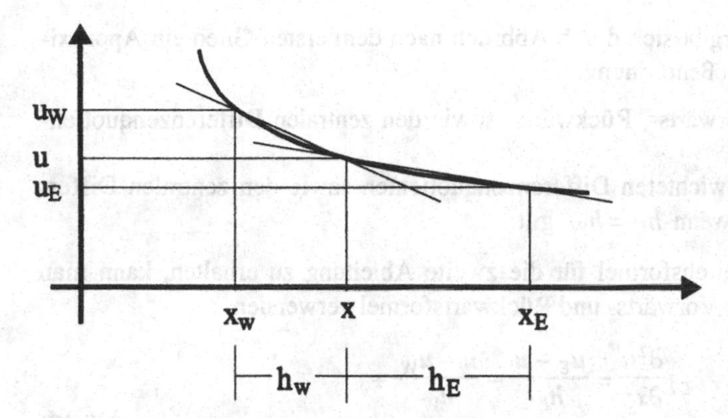

Abb. 8.1. Approximation der Differentialquotienten durch Differenzenquotienten.

$$u_E = u + h_E \frac{\partial u}{\partial x}\bigg|_x + \frac{1}{2!} h_E^2 \frac{\partial^2 u}{\partial x^2}\bigg|_x + \frac{1}{3!} h_E^3 \frac{\partial^3 u}{\partial x^3}\bigg|_x + \frac{1}{4!} h_E^4 \frac{\partial^4 u}{\partial x^4}\bigg|_x + + \ldots \tag{8.6}$$

Ebenso in der Rückwärtsrichtung:

$$u_W = u - h_W \frac{\partial u}{\partial x}\bigg|_x + \frac{1}{2!} h_W^2 \frac{\partial^2 u}{\partial x^2}\bigg|_x - \frac{1}{3!} h_W^3 \frac{\partial^3 u}{\partial x^3}\bigg|_x + \frac{1}{4!} h_W^4 \frac{\partial^4 u}{\partial x^4}\bigg|_x - + \ldots \tag{8.7}$$

Nach Auflösen erhalten wir für den Differentialquotienten an der Stelle x die folgenden Näherungen zusammen mit den Fehlertermen.

$$\frac{\partial u}{\partial x} = \frac{u_E - u}{h_E} - \frac{1}{2!} h_E \frac{\partial^2 u}{\partial x^2}\bigg|_x - \frac{1}{3!} h_E^2 \frac{\partial^3 u}{\partial x^3}\bigg|_x - \frac{1}{4!} h_E^3 \frac{\partial^4 u}{\partial x^4}\bigg|_x - \ldots \tag{8.8}$$

$$\frac{\partial u}{\partial x} = \frac{u - u_W}{h_W} + \frac{1}{2!} h_W \frac{\partial^2 u}{\partial x^2}\bigg|_x - \frac{1}{3!} h_W^2 \frac{\partial^3 u}{\partial x^3}\bigg|_x + \frac{1}{4!} h_W^3 \frac{\partial^4 u}{\partial x^4}\bigg|_x - \ldots \tag{8.9}$$

Die beiden Formeln können dazu benutzt werden, die Variable u zu eliminieren und ergeben dann den zentralen Differenzenquotient

$$\frac{\partial u}{\partial x} = \frac{u_E - u_W}{h_W + h_E} + \frac{1}{2!} \frac{h_W^2 - h_E^2}{h_W + h_E} \frac{\partial^2 u}{\partial x^2}\bigg|_x - \frac{1}{3!} \frac{h_W^3 + h_E^3}{h_W + h_E} \frac{\partial^3 u}{\partial x^3}\bigg|_x + \ldots \tag{8.10}$$

Durch Gewichtung der Vorwärts- und Rückwärtsrichtung mit h_W bzw h_E läßt sich der Term in der zweiten Ableitung eliminieren. Wir erhalten jetzt den gewichteten Differenzenquotienten.

$$\frac{\partial u}{\partial x} = \frac{u_E\, h_W^2 - u_W\, h_E^2 + u\,(h_E^2 - h_W^2)}{h_E\, h_W\, (h_W + h_E)} - \frac{1}{3!} \frac{h_E\, h_W^2 + h_W\, h_E^2}{h_W + h_E} \frac{\partial^3 u}{\partial x^3}\bigg|_x \tag{8.11}$$

Zusammenfassend ergibt sich durch Abbruch nach dem ersten Glied ein Approximationsfehler der Größenordnung:

- $O(h)$ für den Vorwärts-, Rückwärts- sowie den zentralen Differenzenquotienten,
- $O(h^2)$ für den gewichteten Differenzenquotienten sowie den zentralen Differenzenquotienten, wenn $h_E = h_W$ gilt.

Um eine Approximationsformel für die zweite Ableitung zu erhalten, kann man die Differenz aus der Vorwärts- und Rückwärtsformel verwenden.

$$\begin{aligned}\frac{1}{2!}(h_W + h_E)\frac{\partial^2 u}{\partial x^2} &= \frac{u_E - u}{h_E} - \frac{u - u_W}{h_W} + \\ &\frac{1}{3!}(h_W^2 - h_E^2)\left.\frac{\partial^3 u}{\partial x^3}\right|_x - \frac{1}{4!}(h_W^3 + h_E^3)\left.\frac{\partial^4 u}{\partial x^4}\right|_x + \ldots\end{aligned} \tag{8.12}$$

$$\begin{aligned}\frac{\partial^2 u}{\partial x^2} &= 2!\frac{u_E h_W - u(h_W + h_E) + u_W h_E}{h_W h_E (h_W + h_E)} + \\ &\frac{2!}{3!}\frac{h_W^2 - h_E^2}{h_W + h_E}\frac{\partial^3 u}{\partial x^3} - \frac{2!}{4!}\frac{h_W^3 + h_E^3}{h_W + h_E}\frac{\partial^4 u}{\partial x^4} + \ldots\end{aligned} \tag{8.13}$$

Ein wichtiger Spezialfall ist die gleichförmige Diskretisierung $h_E = h_W = h$, für sie ergibt sich:

$$\frac{\partial^2 u}{\partial x^2} = \frac{u_W - 2u + u_E}{h^2} - \frac{1}{12}h^2\frac{\partial^2 u}{\partial x^4} + \ldots \tag{8.14}$$

Für den Approximations- bzw. Diskretisierungsfehler zweiter Ableitungen ergibt sich somit das folgende Verhalten:

- Der Diskretisierungsfehler kann durch Verkleinern der Maschenweite h_E, h_W beliebig reduziert werden (Konsistenz).
- Der Diskretisierungsfehler ist proportional zur Differenz $h_E - h_W$.
- Für eine gleichförmige Diskretisierung ist der Fehler proportional zu h^2; daher ist es günstig, die Maschenwerte örtlich nicht stark zu ändern. In jeden Fall sollte $h_E / h_W = \alpha$ mit $\alpha \in [0{,}5 \ldots 2{,}0]$ eingehalten werden.
- Der Fehler ist vom Verlauf der unbekannten Lösung abhängig, er ist proportional zur nächst höheren Ableitung. Die Maschenweite ist dem Verlauf des Fehlers anzupassen, um im gesamten Gebiet einen gleich großen Fehler zu erreichen.
- Für Lösungen mit linearem oder quadratischem Verlauf verschwindet der Fehler.
- Zur Abschätzung des Fehlers ist die 3-te bzw. 4-te Ableitung erforderlich.

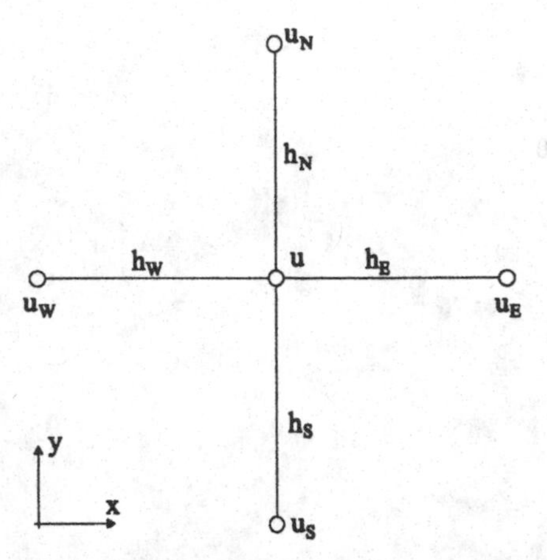

Abb. 8.2. Differenzenstern für die zweidimensionale Diskretisierung der Laplace-Gleichung.

Im zweidimensionalen ergibt sich für den Laplace-Operator mit dem Differenzenstern aus Abb. 8.2:

$$\begin{aligned}\frac{\partial^2 u}{\partial x^2}+\frac{\partial^2 u}{\partial y^2} = {} & 2!\frac{u_E\,h_W - u\,(h_W + h_E) + u_W\,h_E}{h_E\,h_W\,(h_W + h_E)} + \\ & 2!\frac{u_N\,h_S - u\,(h_S + h_N) + u_S\,h_N}{h_N\,h_S\,(h_S + h_N)} + O(h)\end{aligned} \tag{8.15}$$

speziell für eine gleichförmige Diskretisierung $h_E = h_W = h_S = h_N = h$

$$\frac{\partial^2 u}{\partial x^2}+\frac{\partial^2 u}{\partial y^2} = \frac{u_W + u_E + u_N + u_S - 4u}{h^2} + O(h^2) \tag{8.16}$$

In analoger Weise erhält man den Ausdruck für den dreidimensionalen Fall. Zur Approximation zweiter Ableitungen sind nur die benachbarten Gitterpunkte notwendig. Die Potentiale in diesen Punkten werden durch eine algebraische Beziehung miteinander verknüpft, die den Laplace-Operator approximiert. Durch die Verwendung übernächster Nachbarn lassen sich auch Approximationen mit einer höheren Fehlerordnung herleiten [1]. Indem man die Differenzengleichung für alle Punkte (Knoten) des Gebiets aufschreibt, erhält man ein lineares Gleichungssystem, dessen Lösung die Funktion $u(x,y)$ approximiert. Jede Zeile des Gleichungssystems verknüpft fünf Unbekannte miteinander. Eine Zeile hat also, unabhängig von der Gesamtzahl der Unbekannten, stets fünf Einträge. Die Anzahl der Nicht-Null-Einträge ist daher für große Gleichungssysteme relativ gering, die Matrix ist dünn besetzt. Jedes effiziente Verfahren zur Lösung des Gleichungssystems muß aus der dünnen Besetzungsstruktur der Matrix Nutzen ziehen [2, 19].

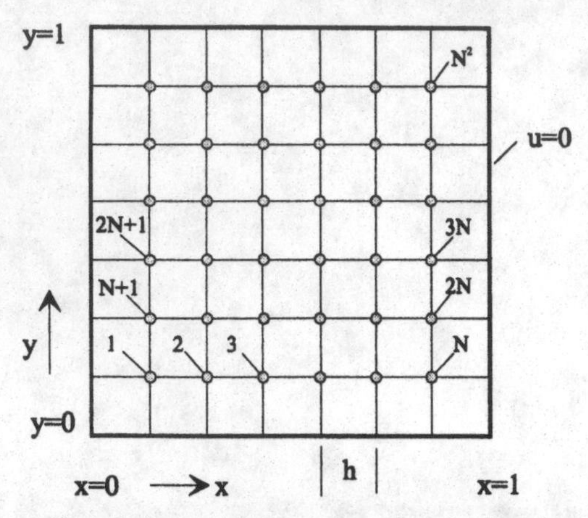

Abb. 8.3. Gleichförmige Diskretisierung mit dem Differenzenverfahren auf dem Einheitsquadrat. Die Knoten werden von links nach rechts und von unten nach oben durchnumeriert, Maschenabstand: $h = 1/(N+1)$.

Beispiel:

Als Modellproblem betrachten wir die Gleichung $\nabla\alpha\nabla u - \beta u = -b$ auf dem Einheitsquadrat mit einer gleichförmigen Diskretisierung und der Dirichletschen Randbedingung $u(x,y)|_\Gamma = 0$. Die Knoten werden wie in Abb. 8.3 in aufsteigender Reihenfolge in der $x-$ und $y-$Richtung durchnumeriert. Knotenweise ergeben sich die folgenden Gleichungen

Für den Knoten 1:

$$\frac{u_2 + 0 + u_{N+1} + 0 - 4u_1}{h^2} - \frac{\beta_1}{\alpha_1} u_1 = -\frac{b_1}{\alpha_1} \tag{8.17}$$

$$-u_2 - u_{N+1} + 4u_1 + h^2 \frac{\beta_1}{\alpha_1} u_1 = h^2 \frac{b_1}{\alpha_1} \tag{8.18}$$

Für einen Knoten i:

$$-u_{i+1} - u_{i-1} - u_{i+N} - u_{i-N} + 4u_i + \gamma\, u_i = h^2 \frac{b_i}{\alpha_i} \tag{8.19}$$

Mit der Abkürzung

$$\gamma = h^2 \frac{\beta_i}{\alpha_i} \tag{8.20}$$

Es folgt die Matrizengleichung $\mathbf{Ax} = \mathbf{b}$ der Größe $N^2 \times N^2$ mit

$$\mathbf{A}=\begin{pmatrix} \mathbf{D} & \mathbf{I} & \mathbf{0} & \dots & \mathbf{0} \\ \mathbf{I} & \mathbf{D} & \mathbf{I} & \dots & \mathbf{0} \\ \mathbf{0} & \mathbf{I} & \mathbf{D} & \dots & \mathbf{0} \\ & \dots & & \ddots & \vdots \\ \mathbf{0} & \dots & \mathbf{0} & \mathbf{I} & \mathbf{D} \end{pmatrix} \tag{8.21}$$

und den Untermatrizen der Größe $N \times N$

$$\mathbf{D}=\begin{pmatrix} 4+\gamma & -1 & 0 & \dots & 0 \\ -1 & 4+\gamma & -1 & \dots & 0 \\ 0 & -1 & 4+\gamma & \dots & 0 \\ \vdots & \vdots & \vdots & \ddots & \vdots \\ 0 & \dots & 0 & -1 & 4+\gamma \end{pmatrix} \tag{8.22}$$

sowie

$$\mathbf{I}=\begin{pmatrix} -1 & 0 & 0 & \dots & 0 \\ 0 & -1 & 0 & \dots & 0 \\ 0 & 0 & -1 & \dots & 0 \\ \vdots & \vdots & \vdots & \ddots & 0 \\ 0 & \dots & 0 & 0 & -1 \end{pmatrix} \tag{8.23}$$

Für den Fall der Laplace-Gleichung ($\beta = 0$) läßt sich zeigen, daß sich die Eigenwerte der Matrix $\mathbf{A}$ wie folgt ergeben [9].

$$\lambda_{\mu\nu} = 2\,(2 - \cos(\mu\pi h) - \cos(\nu\pi h))\,; \qquad \mu,\nu \in [1,N] \tag{8.24}$$

Alle Eigenwerte sind positiv und liegen im Intervall $[\lambda_{11}, \lambda_{NN}]$. Die Matrix ist daher positiv definit.

$$\lambda_{11} = 2\,(2 - 2\cos(\pi h)) \tag{8.25}$$

$$\lambda_{NN} = 2\,(2 - 2\cos(N\pi h)) \tag{8.26}$$

Die Kondition der Matrix, also das Verhältnis des betragsmäßig größten zum betragsmäßig kleinsten Eigenwert, ergibt sich zu:

$$cond(\mathbf{A}) = \frac{\lambda_{NN}}{\lambda_{11}} = \frac{1-\cos(N\pi h)}{1-\cos(\pi h)} = \frac{1+\cos(\pi h)}{1-\cos(\pi h)} \tag{8.27}$$

$$\frac{\lambda_{NN}}{\lambda_{11}} \approx \frac{1+1-\dfrac{h^2\pi^2}{2!}+\dfrac{h^4\pi^4}{4!}-\dots}{1-1+\dfrac{h^2\pi^2}{2!}-\dfrac{h^4\pi^4}{4!}+\dots} = \frac{4}{\pi^2 h^2} - \frac{2}{3} + 0(h^2) \tag{8.28}$$

Die Kondition ist für den Lösungsaufwand bzw. die Genauigkeit der numerischen Lösung des Gleichungssystems besonders wichtig. Sie wächst, wie Gl. (8.28) zeigt, mit Verkleinerung der Maschenwerte über alle Grenzen. Für die Lösung des Gleichungssystems mit einem iterativen Löser (CG-Verfahren) ist dann die Anzahl der notwendigen Iterationsschritte proportional zu $\sqrt{\lambda_{max} / \lambda_{min}} \sim N$ [2, 19].

Für den Fall $\beta \neq 0$ ergeben sich die Eigenwerte zu:

$$\lambda_{\mu\nu} = 2\left(2 - \cos(\mu\pi h) - \cos(\nu\pi h)\right) + h^2 \frac{\beta}{\alpha}; \qquad \mu, \nu \in [1, N] \tag{8.29}$$

Man erkennt leicht, daß die Materialkonstanten α, β das gleiche Vorzeichen besitzen müssen, damit gewährleistet ist, daß die Matrix positiv definit bleibt. Die Lage der Eigenwerte spielt auch bei der Untersuchung der Stabilität von Zeitschrittverfahren, die z. B. durch die Diskretisierung mit den Beziehungen (8.4) und (8.5) eingeführt wird, eine wesentliche Rolle [8, 22].

8.2 Finite-Elemente-Methode

Die Differentialgleichung (8.1) ist auf einem Gebiet Ω definiert, und auf dem Rand Γ sind Randbedingungen gegeben (Abb. 8.4). Im ersten Schritt wird die Differentialgleichung durch Multiplikation mit einer zunächst beliebigen Testfunktion v und durch Integration über das Rechengebiet in die schwache Form überführt.

$$\int_\Omega (\nabla\alpha\nabla u - \beta u)\, v\, d\Omega = -\int_\Omega b\, v\, d\Omega \tag{8.30}$$

$$\int_\Omega (\nabla\alpha\nabla u)\, v\, d\Omega - \int_\Omega \beta\, u\, v\, d\Omega = -\int_\Omega b\, v\, d\Omega \tag{8.31}$$

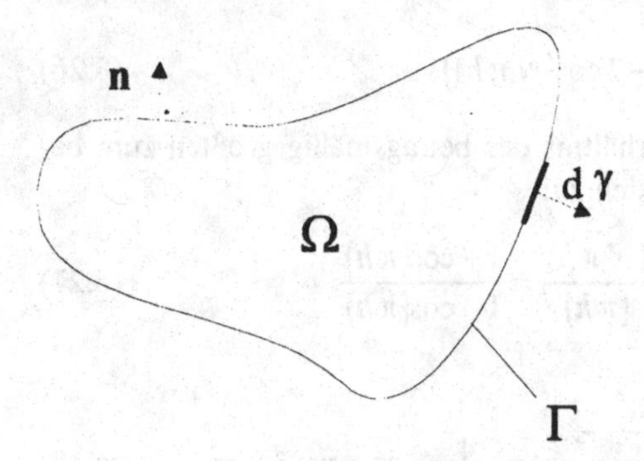

Abb. 8.4. Die Lösung der Differentialgleichung erfolgt auf einem beliebig geformten Rechengebiet Ω. Auf dem Rand Γ sind Randbedingungen vorgegeben. Der Vektor $d\gamma$ bezeichnet das Randelement, er ist senkrecht zum Rand orientiert.

Durch Anwendung des Greenschen Satzes für das erste Integral erhält man[1]

$$\int_{\Omega}(\alpha\nabla u)\nabla v d\Omega - \oint_{\Gamma}(\alpha\nabla u)\, v\, d\gamma + \int_{\Omega}\beta\, u\, v d\Omega = \int_{\Omega} b\, v d\Omega \tag{8.32}$$

Diese Form heißt schwache Form der Differentialgleichung. Wie man unmittelbar aus der Herleitung sieht, ist eine Lösung der Differentialgleichung auch immer eine Lösung der schwachen Form. Die Umkehrung gilt nicht allgemein. Jedoch sind die Lösungen für wichtige Klassen von Testfunktionen äquivalent, punktweise z. B. für die Dirac Delta Funktion. Die Stetigkeitsanforderungen der schwachen Form sind geringer, so genügen stetige Funktionen für u, v, während die Differentialgleichung in der starken Form (8.1) für stetige Materialkonstanten auch eine stetig differenzierbare Potentialfunktion liefert.

Zunächst werden nur die wichtigsten Randbedingungen behandelt, für die das Randintegral verschwindet, d. h. diese Randbedingungen werden, wie im Fall der Neumannschen Randbedingung, automatisch erfüllt (daher auch natürliche Randbedingung) oder liefern keine Beiträge zur Gl. (8.32). Der Ausdruck unter dem Integral vereinfacht sich auf dem Rand.

$$\oint(\alpha\nabla u)\, v\, d\gamma = \oint \frac{\partial \alpha\, u}{\partial n} v\, d\gamma \tag{8.33}$$

Bei der Berechnung sind die entsprechenden Randbedingungen einzusetzen. Wir unterscheiden zunächst die beiden folgenden Fälle.

1) Homogene Dirichletsche Randbedingung auf dem Randstück Γ_1

$$u = 0\,. \tag{8.34}$$

Wenn die Testfunktion die gleiche Randbedingung erfüllt folgt:

$$\int_{\Gamma_1} \frac{\partial \alpha\, u}{\partial n} v\, d\gamma = 0 \tag{8.35}$$

2) Neumannsche Randbedingung auf dem Randstück Γ_2

$$\frac{\partial \alpha\, u}{\partial n} = 0\,. \tag{8.36}$$

$$\int_{\Gamma_2} \frac{\partial \alpha\, u}{\partial n} v\, d\gamma = 0 \tag{8.37}$$

In beiden Fällen verschwindet also der Betrag des Randintegrals. Für die inhomogene Dirichletsche Randbedingung und die Randbedingung dritter Art verschwindet das Randintegral nicht. Diese Fälle werden in Kap. 8.3 gesondert behandelt.

[1] $\oint$ ist als Integral über die geschlossene Hülle zu verstehen, im zweidimensionalen also ein Linienintegral, im dreidimensionalen ein Hüllenintegral; $d\gamma$ ist ein Vektor normal zum Rand.

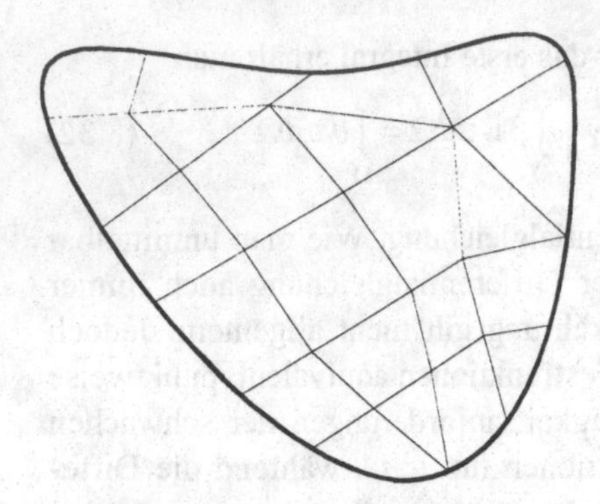

Abb. 8.5. Die Elemente sind disjunkt $\Omega_i \cap \Omega_j = \varnothing$ für $i \neq j$, und ihre Vereinigung umfaßt das ganze Rechengebiet $\Omega = \bigcup \Omega_e$. Weiterhin ist die Zerlegung so zu wählen, daß benachbarte Elemente genau eine Kante gemeinsam haben.

Das Gebiet wird jetzt wie in Abb. 8.5 in Elemente zerlegt. Auf jedem Element wird eine Ansatzfunktion mit finitem Träger gewählt, d. h. die Ansatzfunktion soll nur innerhalb des entsprechenden Elements das Potential u interpolieren und außerhalb des Elementes überall den Wert Null annehmen. Das Potential kann damit als Summe über die Elemente ausgedrückt werden.

$$u = \sum_e u^{(e)} \qquad u^{(e)} = 0 \text{ für } x \notin \Omega_e \tag{8.38}$$

$u^{(e)}$ ist die Ansatzfunktion für die Potentialfunktion, die auf dem zugehörigen Element definiert ist. Eingesetzt in die schwache Form ergibt sich damit:

$$\int_\Omega \left(\alpha \nabla \sum_{e=1}^n u^{(e)} \right) \nabla v d\Omega + \int_\Omega \beta \sum_{e=1}^n u^{(e)} \, v d\Omega = \int_\Omega b \, v d\Omega + \oint_\Gamma \left(\alpha \nabla \sum_{e=1}^n u^{(e)} \right) v d\gamma \tag{8.39}$$

Da die Ansatzfunktionen außerhalb des Elementes Null sind, vereinfacht sich das Integral:

$$\sum_{e=1}^n \int_{\Omega_e} \left(\alpha \nabla u^{(e)} \right) \nabla v d\Omega + \sum_{e=1}^n \int_{\Omega_e} \beta u^{(e)} \, v d\Omega = \int_{\Omega_e} b \, v d\Omega + \sum_{e=1}^n \oint_\Gamma \left(\alpha \nabla u^{(e)} \right) v d\gamma \tag{8.40}$$

Für das Potential auf einem Element wird jetzt ein linearer Summenansatz gewählt

$$u^{(e)} = \sum_i \xi_i(x,y) u_i \tag{8.41}$$

u_i sind Potential-Stützstellen. Die Funktionen ξ_i heißen Formfunktion, ihre Aufgabe ist es, (linear) zwischen den Stützstellen zu interpolieren. Im zweidimensionalen sind für einen linearen Ansatz auf jedem Element drei Stützstellen notwendig. Im dreidimensionalen Fall sind es vier Stützstellen. Wir beschränken uns zunächst auf Ansätze über Dreiecken, setzen also voraus, daß das Gebiet vollständig durch Dreiecke zerlegt ist. Üblicherweise werden die Stützstellen wie in Abb. 8.6 in die Ecken eines Dreiecks gelegt.

In jedem Dreieck werden die Knoten im mathematisch positiven Sinn orientiert. Für die Formfunktion ξ_i muß aufgrund der Interpolationseigenschaft gelten:

$$\xi_i\left(x_j, y_j\right) = \begin{cases} 1 & \text{für } i = j \\ 0 & \text{für } i \neq j \end{cases} \tag{8.42}$$

Die Funktionen, die dies erfüllen, sind die Dreieckskoordinaten $\xi_i(x,y) = \lambda_i(x,y)$. Die Dreieckskoordinate $\lambda_i(x,y)$ gibt die relative Position eines Punktes x,y auf der Strecke zwischen dem Eckpunkt i und der gegenüberliegenden Seite an. Die Dreieckskoordinaten haben den Wert Eins im zugehörigen Knoten und den Wert Null auf der gegenüberliegenden Seite.

Die Dreieckskoordinaten λ sind wie folgt definiert:

$$\lambda_k(x,y) = \frac{x\,\Delta x_k - y\,\Delta y_k + q_k}{2\,A_e} \tag{8.43}$$

$$\Delta x_k = y_\ell - y_m, \qquad \Delta y_k = x_\ell - x_m \tag{8.44}$$

$$q_k = y_m\,x_\ell - x_m\,y_\ell \tag{8.45}$$

$$A_e = \frac{1}{2}\left(\Delta x_\ell\,\Delta y_k - \Delta x_k\,\Delta y_\ell\right) = \text{Dreicksfläche} \tag{8.46}$$

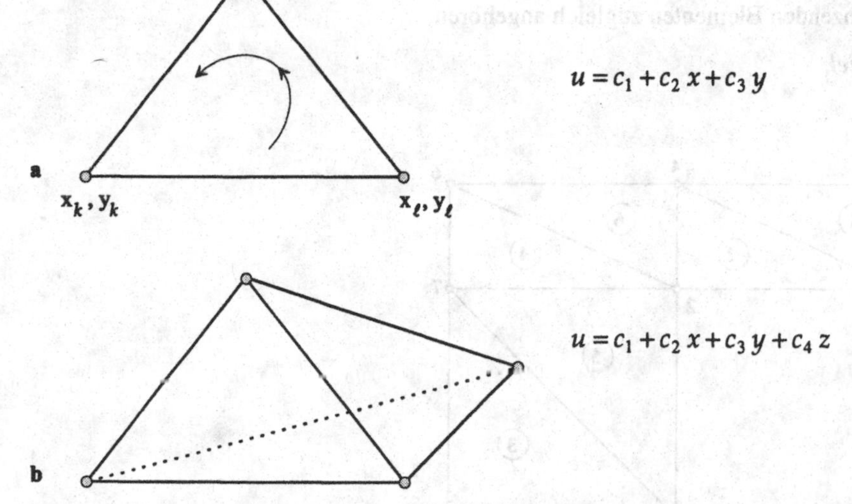

Abb. 8.6. Konforme Knotenelemente mit linearer Ansatzfunktion. **(a)** Zweidimensionales Dreieckselement mit Orientierung der Knoten im mathematisch positiven Sinn, **(b)** dreidimensionales Tetraederelement.

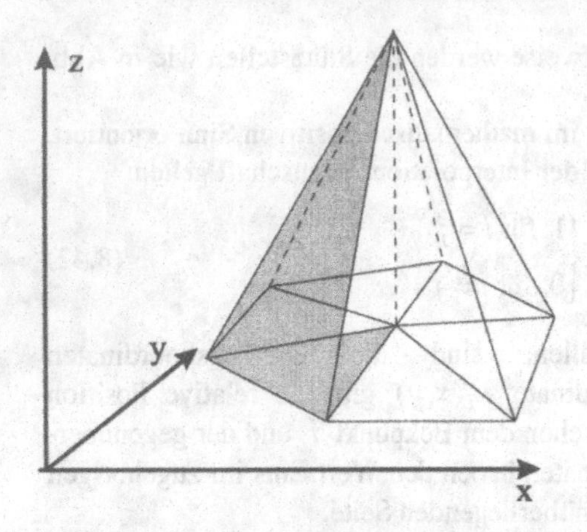

Abb. 8.7. Lineare, stetige Formfunktionen für eine Stützstelle über den angrenzenden Dreieckselementen.

Außerdem gilt:

$$\lambda_1(x,y)+\lambda_2(x,y)+\lambda_3(x,y)=1 \tag{8.47}$$

Für aneinandergrenzende Elemente werden die gleichen Stützstellen verwendet, so daß eine stetige und stückweise stetig differenzierbare Funktion gebildet wird (Abb. 8.7). Die Knoten werden fortlaufend numeriert (globale Knotennummern). Da die Potentialfunktion entlang einer Kante (Elementgrenze) eine lineare Funktion ist und stetig zum Nachbarelement übergehen soll, sind zur vollständigen Festlegung im zweidimensionalen Fall entlang der Grenze zwei Punkte notwendig. Daher sind zwei Stützstellen auf jeder Dreiecksseite notwendig, die den beiden angrenzenden Elementen zugleich angehören.

Beispiel:

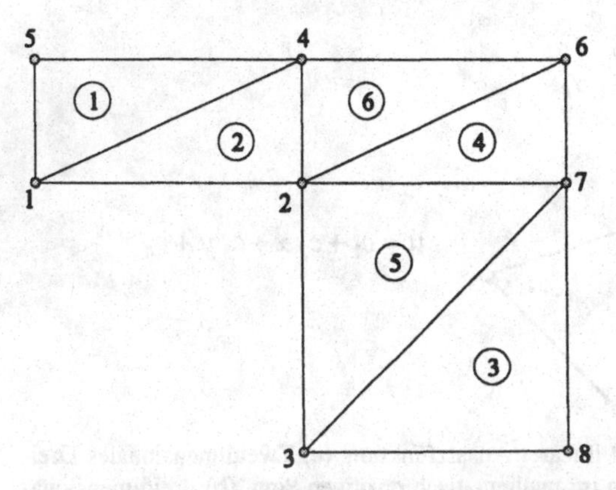

Abb. 8.8. Zerlegung eines Gebietes in Dreiecke mit Numerierung der Knoten und Elemente.

Ein L-förmiges Gebiet wird wie in Abb. 8.8 in $n = 6$ Dreiecke zerlegt. Es ergeben sich $m = 8$ Knotenpunkte. Elemente und Knoten werden in beliebiger Reihenfolge numeriert. Die Zuordnung der lokalen Knotennummern zu den globalen Knotennummern ist der untenstehenden Tabelle zu entnehmen. Die Knoten werden lokal im mathematisch positiven durchlaufen.

Elemente	lokale Knotennummer			
	1	2	3	
1	1	4	5	
2	1	2	4	globale
3	3	8	7	Knoten-
4	7	6	2	nummern
5	3	7	2	
6	2	6	4	

Das Einsetzen der Ansatzfunktionen nach Gl. (8.41) in die schwache Form (8.40) liefert:

$$\begin{aligned}&\sum_{e=1}^{n}\int_{\Omega_e}\alpha\nabla\left(\sum_{i=1}^{m}\xi_i u_i\right)\nabla v\,d\Omega+\sum_{e=1}^{n}\int_{\Omega_e}\sum_{i=1}^{m}\xi_i u_i\, v\,d\Omega\\&=\sum_{e=1}^{n}\int_{\Omega_e}b\,v\,d\Omega+\sum_{e=1}^{n}\oint_{\Gamma}\left(\alpha\left(\sum_{i=1}^{m}\xi_i u_i\right)\right)v\,d\gamma\end{aligned} \tag{8.48}$$

Da alle in der Gl. (8.48) enthaltenen Größen sich jeweils auf das Element e beziehen, wurde auf den Index verzichtet. Die Gleichung muß für beliebige Testfunktionen v erfüllt sein. Um die Formulierung in ein lineares Gleichungssystem zu überführen, wird die Testfunktion durch die Formfunktionen ersetzt. Für jede Formfunktion erhält man eine Gleichung, insgesamt also eine der Zahl der Unbekannten entsprechende Anzahl m von Gleichungen. Die Stützstellenwerte u_i können aus dem Integral herausgezogen werden, da sie von den Integrationsvariablen unabhängig sind. Nach Vertauschung von Summation und Integration ergibt sich dann:

$$\begin{aligned}&\sum_{e=1}^{n}\sum_{i=1}^{m}\int_{\Omega_e}\left(\alpha\nabla\xi_i\right)\nabla\xi_j\,d\Omega\,u_i+\sum_{e=1}^{n}\sum_{i=1}^{m}\int_{\Omega_e}\beta\xi_i\,\xi_j\,d\Omega\,u_i\\&=\sum_{e=1}^{n}\int_{\Omega_e}b\,\xi_j\,d\Omega+\sum_{e=1}^{n}\sum_{i=1}^{m}\oint_{\Gamma}\left(\alpha\nabla\xi_i\right)\xi_j\,d\gamma\,u_i\end{aligned}\quad ;\ \text{für alle } j=1,m \tag{8.49}$$

Diese Form stellt ein lineares Gleichungssystem zur Bestimmung der Potentiale u_i dar. Die verbleibenden Integrale sind nur noch von den Formfunktionen und den Materialkennwerten abhängig und können daher leicht ausgewertet werden.

Nimmt man die Materialien als konstant über den Elementen an, so können die Integrale einfach mit Hilfe der folgenden Integrationsformel für Dreiecke in den Dreieckskoordinaten berechnet werden.

$$\int_{\Omega_e} \lambda_1^r \, \lambda_2^s \, \lambda_3^t \, d\Omega = 2\,A_e \frac{r!\,s!\,t!}{(r+s+t+2)!} \tag{8.50}$$

Es folgt, wenn die Materialkonstanten α, β und der Quellenterm b über jedem Element konstant sind:

$$\begin{aligned} \int_{\Omega_e} \alpha \, \nabla\xi_i \, \nabla\xi_j \, d\Omega &= \alpha \int_{\Omega_e} \frac{\mathbf{e}_x \, \Delta x_i - \mathbf{e}_y \, \Delta y_i}{2\,A_e} \, \frac{\mathbf{e}_x \, \Delta x_j - \mathbf{e}_y \, \Delta y_j}{2\,A_e} d\Omega \\ &= \frac{\alpha}{4\,A_e^2} \int_{\Omega_e} \Delta x_i \, \Delta x_j + \Delta y_i \, \Delta y_j \, d\Omega \\ &= \alpha \frac{\Delta x_i \, \Delta x_j + \Delta y_i \, \Delta y_j}{4\,A_e} \end{aligned} \tag{8.51}$$

$$\int_{\Omega_e} \beta \, \xi_i \, \xi_j \, d\Omega = \begin{cases} \beta \, 2\,A_e \dfrac{1!\,1!}{4!} = \dfrac{A_e}{12} \beta & i \neq j \\[2ex] \beta \, 2\,A_e \dfrac{2!}{4!} = \dfrac{A_e}{6} \beta & i = j \end{cases} \tag{8.52}$$

$$\int_{\Omega_e} b \, \xi_j \, d\Omega = b \, 2\,A_e \frac{1!}{3!} = b \frac{A_e}{3} \tag{8.53}$$

Damit ergibt sich das vollständige Gleichungssystem (zunächst ohne die aus dem Randintegral folgenden Terme):

$$\sum_{e=1}^{n} \sum_{i=1}^{m} \left[\alpha \frac{\Delta x_i \, \Delta x_j + \Delta y_i \, \Delta y_j}{4\,A_e} + \beta \frac{A_e}{12} \left(1 + \delta_{ij}\right) \right] u_i = \sum_{e=1}^{n} b \frac{A_e}{3} \qquad j = 1 \text{ bis } m \tag{8.54}$$

$$\text{mit } \delta_{ij} = \begin{cases} 1 \text{ für } i = j \\ 0 \text{ für } i \neq j \end{cases} \tag{8.55}$$

Die zu Gl. (8.50) äquivalenten Formeln für den eindimensionalen Fall (Linienintegrale entlang einer Seite der Länge l) und die dreidimensionale Integration über Tetraeder vom Volumen V lauten:

$$\begin{aligned} \int_{\Omega_e} \lambda_1^r \, \lambda_2^s \, d\Omega &= l \frac{r!\,s!}{(r+s+1)!} \\ \int_{\Omega_e} \lambda_1^r \, \lambda_2^s \, \lambda_3^t \, \lambda_4^u \, d\Omega &= 6V \frac{r!\,s!\,t!\,u!}{(r+s+t+u+3)!} \end{aligned} \tag{8.56}$$

Die Integration in Gl. (8.49) ist jeweils über ein Element durchzuführen. Die Summation über die Beträge der Elemente legt es nahe, jeweils nur ein Element zu betrachten und für dieses die Elementmatrix aufzustellen (wobei die lokalen Knotennummern 1...3 benutzt werden). Die Elementmatrizen werden dann (ähnlich wie bei der Knotenanalyse für Netzwerke) beim Aufstellen des globalen Gleichungssystems aufaddiert (Assemblieren). Hierzu wird die Abbildung der lokalen auf die globalen Knotennummern verwendet. In Matrizenschreibweise ergibt sich:

$$\mathbf{Su} + \mathbf{Tu} = \mathbf{B} \qquad \sum_e (\mathbf{S}_e + \mathbf{T}_e)\mathbf{u} = \sum_e \mathbf{B}_e \tag{8.57}$$

Die Elementmatrizen $\mathbf{S}_e$ resultiert aus dem Term *div* α *grad* u der Differentialgleichung, die Elementmatrizen $\mathbf{T}_e$ aus βu und die rechte Seite $\mathbf{B}_e$ aus dem Quellenterm b.

Beispiel:

Berechnung der Elementmatrizen wird am Beispiel eines gleichseitigen Dreiecks (Abb. 8.9) und für die Differentialgleichung $\nabla\alpha\nabla u - \beta u = -b$ gezeigt. Für die Höhe h des Dreiecks und die Fläche A_e gilt in Abhängigkeit der Seitenlänge:

$$\begin{aligned} h &= l\cos 30^\circ = l\frac{\sqrt{3}}{2} \\ A_e &= l\,\frac{h}{2} = l^2\,\frac{\sqrt{3}}{4} = \frac{h^2}{\sqrt{3}} \end{aligned} \tag{8.58}$$

Damit ergeben sich die Abstände zu:

$$\Delta x_1 = y_2 - y_3 = -h\,; \quad \Delta y_1 = x_2 - x_3 = \frac{l}{2} = \frac{h}{\sqrt{3}} \tag{8.59}$$

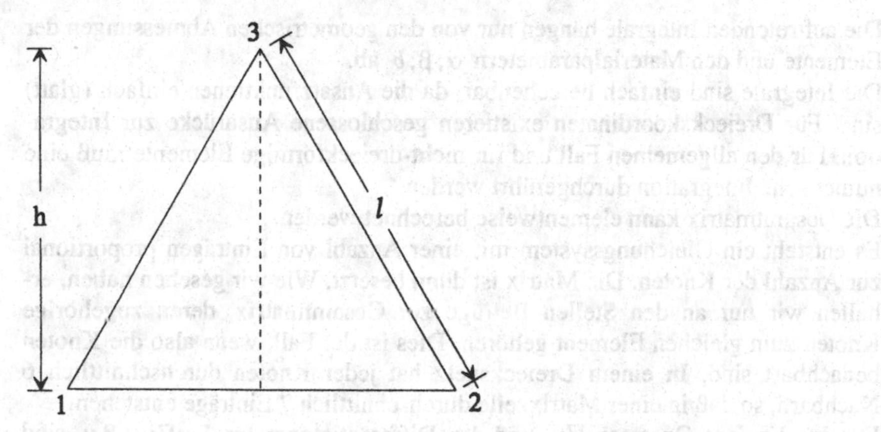

Abb. 8.9. Berechnung der Elementmatrizen für ein gleichseitiges Dreieck.

$$\Delta x_2 = y_3 - y_1 = h\,; \quad \Delta y_2 = x_3 - x_1 = \frac{l}{2} = \frac{h}{\sqrt{3}} \tag{8.60}$$

$$\Delta x_3 = y_1 - y_2 = 0\,; \quad \Delta y_3 = x_1 - x_2 = -l = -\frac{2h}{\sqrt{3}} \tag{8.61}$$

Für die Elementmatrizen folgt nach Gl. (8.54):

$$\mathbf{S}_e = \frac{\alpha}{4A_e}\begin{pmatrix} h^2 + \frac{h^2}{3} & -h^2 + \frac{h^2}{3} & 0 - 2\frac{h^2}{3} \\ -h^2 + \frac{h^2}{3} & h^2 + \frac{h^2}{3} & 0 - 2\frac{h^2}{3} \\ 0 - h^2\frac{2}{3} & 0 - h^2\frac{2}{3} & 0 + 4\frac{h^2}{3} \end{pmatrix} = \frac{\alpha}{2\sqrt{3}}\begin{pmatrix} 2 & -1 & -1 \\ -1 & 2 & -1 \\ -1 & -1 & 2 \end{pmatrix} \tag{8.62}$$

$$\mathbf{T}_e = \beta\, h^2 \frac{1}{\sqrt{3}}\frac{1}{12}\begin{pmatrix} 2 & 1 & 1 \\ 1 & 2 & 1 \\ 1 & 1 & 2 \end{pmatrix} \tag{8.63}$$

$$\mathbf{B}_e = b\,h^2 \frac{1}{\sqrt{3}}\frac{1}{3}(1\ \ 1\ \ 1)^T \tag{8.64}$$

Die Finite-Elemente-Methode ist das heute am weitesten verbreitete und universellste Werkzeug zur numerischen Lösung von Feldproblemen. Die überwiegende Mehrzahl der kommerziellen Simulationspakte aus verschiedensten Anwendungsbereichen beruht auf dieser Methode. Die Gründe hierfür sind in der numerischen Effizienz, der erreichbaren Lösungsgenauigkeit und der geometrischen Flexibilität begründet. Aus der vorangegangenen Ableitung lassen sich schon einige der vorteilhaften Eigenschaften erkennen:

- Die auftretenden Integrale hängen nur von den geometrischen Abmessungen der Elemente und den Materialparametern α, β, b ab.
- Die Integrale sind einfach berechenbar, da die Ansatzfunktionen einfach (glatt) sind. Für Dreieckskoordinaten existieren geschlossene Ausdrücke zur Integration. Für den allgemeinen Fall und für nicht-dreieckförmige Elemente muß eine numerische Integration durchgeführt werden.
- Die Gesamtmatrix kann elementweise berechnet werden.
- Es entsteht ein Gleichungssystem mit einer Anzahl von Einträgen proportional zur Anzahl der Knoten. Die Matrix ist dünn besetzt. Wie wir gesehen haben, erhalten wir nur an den Stellen Beträge zur Gesamtmatrix, deren zugehörige Knoten zum gleichen Element gehören. Dies ist der Fall, wenn also die Knoten benachbart sind. In einem Dreiecksnetz hat jeder Knoten durchschnittlich 6 Nachbarn, so daß in einer Matrixzeile durchschnittlich 7 Einträge entstehen.
- Für den Laplace-Operator ∇u und den Differentialoperator $\nabla\alpha\nabla u - \beta u$ sind die Elementmatrizen diagonaldominant

$$|a_{ii}| \geq \sum_{i \neq j} |a_{ij}| \tag{8.65}$$

und positiv definit. Gleiches gilt auch für die Gesamtmatrix. Dies ermöglicht eine besonders effiziente Lösung des linearen Gleichungssystems. Die Matrixeinträge sind nur von den Winkeln des Dreiecks abhängig. Für die Differentialgleichung $\nabla \alpha \nabla u - \beta u = -b$ hat die Elementmatrix des gleichseitigen Dreiecks $(\mathbf{S}_e + \mathbf{T}_e)$ nach den Gl. (8.62) und (8.63) die folgenden Eigenwerte

$$\{(\mathbf{S}_e + \mathbf{T}_e) - \lambda \mathbf{E}\}\, \mathbf{x} = \mathbf{0}$$

$$\lambda_{1/2} = \frac{1}{\sqrt{3}}\left(\frac{3}{2}\alpha + \beta h^2 \frac{1}{12}\right) \qquad \lambda_3 = \frac{1}{\sqrt{3}} \beta h^2 \frac{1}{3} \tag{8.66}$$

Man erhält also in diesem Fall eine positiv definite Elementmatrix, wenn α und β gleiches Vorzeichen besitzen $(\alpha / \beta > 0)$.

8.3 Behandlung der Randbedingungen

Wir hatten bisher nur den Fall der homogenen Dirichletschen und Neumannschen Randbedingung behandelt, für diese beiden Fälle verschwindet das Oberflächenintegral (8.33).

$$\oint (\alpha \nabla u)\, v\, d\boldsymbol{\gamma} = \oint \alpha \frac{\partial u}{\partial n} v\, d\gamma \tag{8.67}$$

Das Randintegral ist für alle Elemente auszuwerten, deren Kanten auf dem Rand liegen. Es genügt nicht, wenn wie in Abb. 8.10 nur die Knoten auf dem Rand liegen.

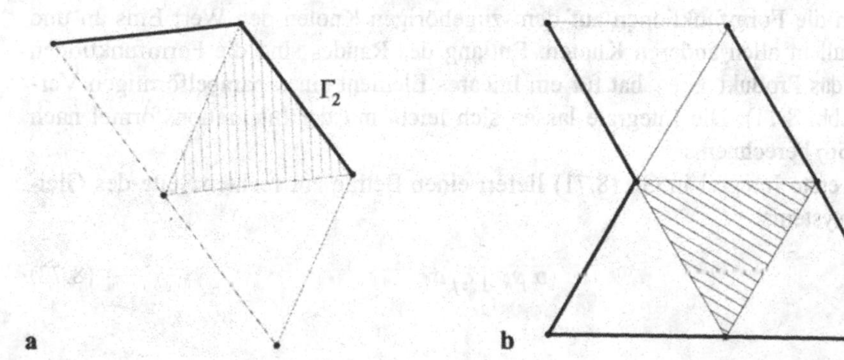

Abb. 8.10. Anordnung von Dreiecken zur Auswertung des Randintegrals. **(a)** Das schraffierte Dreieck der Abbildung besitzt eine Kante auf dem Rand. **(b)** Das schraffierte Dreieck besitzt drei Knoten auf dem Rand, aber keine Kante auf dem Rand.

Für die Behandlung des Randintegrals unter allgemeinen Randbedingungen sind zwei Fälle zu unterscheiden:

1) Allgemeine Dirichletsche Randbedingung:

$$u = p \quad \text{auf dem Randstück } \Gamma_1 \tag{8.68}$$

Da das Potential bekannt ist, braucht die Gleichung für diesen Knoten nicht aufgestellt zu werden. Die Potentiale für Knoten auf dem Rand Γ_1 werden gesetzt.

2) Fouriersche Randbedingung oder Randbedingung dritter Art:

$$\frac{\partial u}{\partial n} = p + q\,u \quad \text{auf dem Randstück } \Gamma_2 \tag{8.69}$$

Einsetzen in das Oberflächenintegral liefert

$$\int_{\Gamma_2} (\alpha\,\nabla u)\,v\,d\boldsymbol{\gamma} = \int_{\Gamma_2} \alpha \frac{\partial u}{\partial n} v\,d\gamma = \int_{\Gamma_2} \alpha(p + q\,u)\,v\,d\gamma \tag{8.70}$$

Die Funktionen u, v werden nun durch den Ansatz bzw. die Formfunktionen ersetzt und die Integration in Anteile über die drei Seiten des Dreiecks aufgeteilt. Die Koeffizienten p_k, q_k sind von der Seite des Dreiecks abhängig und Null, wenn die Seite nicht zum Rand Γ_2 gehört. Der Index bezieht sich auf die Seite des Dreiecks, die dem entsprechenden Knoten gegenüber liegt. Über einem Element ergeben sich damit die Einträge:

$$\int_{\Gamma_2} \alpha \left(p + q \sum_i \xi_i\, u_i \right) \xi_j\, d\gamma = \sum_{k=1}^{3} \left(\alpha\, p_k \int_{\Gamma_k} \xi_j\, d\gamma + \sum_i \alpha\, q_k \int_{\Gamma_k} \xi_i\, \xi_j\, d\gamma\; u_i \right) \tag{8.71}$$

Natürlich liefern die Integrale nur einen Betrag, wenn die Formfunktionen auf dem Randstück von Null verschieden sind. Für die linearen Dreieckselemente sind die Formfunktion für die Knoten, die nicht zum Randstück gehört Null. Ansonsten nehmen die Formfunktionen auf dem zugehörigen Knoten den Wert Eins an und sind Null in allen anderen Knoten. Entlang des Randes sind die Formfunktionen linear; das Produkt $\xi_i\,\xi_j$ hat für ein lineares Element einen parabelförmigen Verlauf (Abb. 8.11). Die Integrale lassen sich leicht mit der Integrationsformel nach Gl. (8.56) berechnen.

Das erste Integral in Gl. (8.71) liefert einen Betrag zur rechten Seite des Gleichungssystems.

$$\alpha\, p_k \int_{\Gamma_{2e}} \xi_j\, d\gamma \tag{8.72}$$

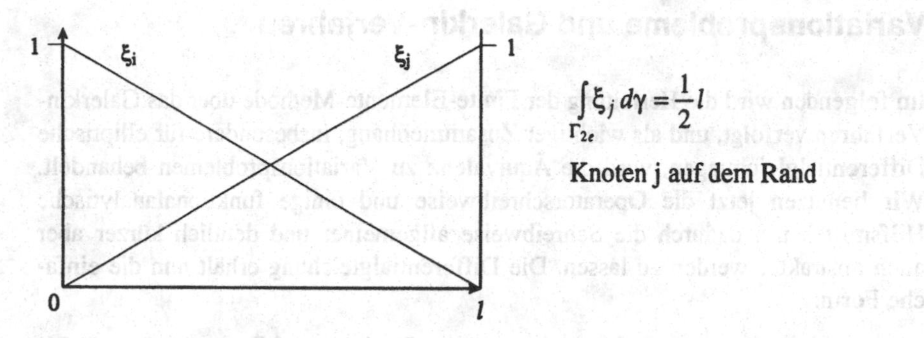

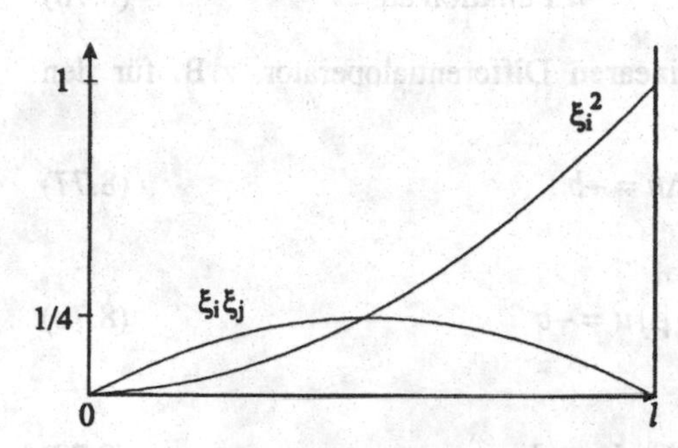

$$\int_{\Gamma_{2e}} \xi_i \, \xi_j \, d\gamma = \begin{cases} \frac{1}{6} l & i \neq j \\ \frac{1}{3} l & i = j \end{cases}$$

Knoten i und j beide auf dem Rand

Abb. 8.11. Verlauf der Produkte von Formfunktionen auf einem Randstück.

Für jede Kante erhält man zwei gleich große Anteile aus der Integration über die beiden Formfunktionen ξ_i und ξ_j.

$$\mathbf{B}_{\Gamma_2} = \alpha p_1 \frac{1}{2} \begin{pmatrix} 0 \\ 1 \\ 1 \end{pmatrix} l_1 + \alpha p_2 \frac{1}{2} \begin{pmatrix} 1 \\ 0 \\ 1 \end{pmatrix} l_2 + \alpha p_3 \frac{1}{2} \begin{pmatrix} 1 \\ 1 \\ 0 \end{pmatrix} l_3 \tag{8.73}$$

Das zweite Integral

$$\sum_{k=1}^{3} \sum_{i} \alpha q_k \int_{\Gamma_2} \xi_i \, \xi_j \, d\gamma \, u_i \tag{8.74}$$

liefert einen Beitrag zur Matrix, also die Elementmatrizen:

$$\mathbf{S}_{\Gamma_2} = \alpha q_1 \frac{1}{6} \begin{pmatrix} 0 & 0 & 0 \\ 0 & 2 & 1 \\ 0 & 1 & 2 \end{pmatrix} l_1 + \alpha q_2 \frac{1}{6} \begin{pmatrix} 2 & 0 & 1 \\ 0 & 0 & 0 \\ 1 & 0 & 2 \end{pmatrix} l_2 + \alpha q_3 \frac{1}{6} \begin{pmatrix} 2 & 1 & 0 \\ 1 & 2 & 0 \\ 0 & 0 & 0 \end{pmatrix} l_3 \tag{8.75}$$

Die Beiträge des Randintegrals werden bei der Aufstellung des Gleichungssystems berechnet und zur Matrix hinzuaddiert (assembliert).

8.4 Variationsprobleme und Galerkin-Verfahren

Im folgenden wird die Herleitung der Finite-Elemente-Methode über das Galerkin-Verfahren verfolgt, und als wichtiger Zusammenhang, insbesondere für elliptische Differentialgleichungen, wird die Äquivalenz zu Variationsproblemen behandelt. Wir benutzen jetzt die Operatorschreibweise und einige funktionalanalytische Hilfsmittel, um dadurch die Schreibweise allgemeiner und deutlich kürzer aber auch abstrakter werden zu lassen. Die Differentialgleichung erhält nun die einfache Form:

$$Lu = -b \qquad u \text{ Funktion auf } \Omega \tag{8.76}$$

L steht dabei für einen beliebigen linearen Differentialoperator, z. B. für den Laplace-Operator

$$\Delta u = -b \tag{8.77}$$

oder für das Modellproblem (8.1):

$$(\nabla\alpha\nabla - \beta)u = -b \tag{8.78}$$

Linear bedeutet, daß immer

$$L(u+v) = Lu + Lv \tag{8.79}$$

gelten soll. Dies ist beispielsweise dann nicht mehr erfüllt, wenn die Materialparameter α, β vom Potential u abhängig sind (Beispiel: Sättigung ferromagnetischer Materialien im magnetischen Feld, Temperaturabhängigkeit der Wärmeleitfähigkeit)[1]. Mit einer Testfunktion v und dem Skalarprodukt $\langle\cdot,\cdot\rangle$ folgt:

$$\langle Lu, v\rangle = -\langle b, v\rangle \qquad \text{für } v \text{ beliebig} \tag{8.80}$$

Als Skalarprodukt kann beispielsweise

$$\langle u, v\rangle = \int_\Omega u\, v^*\, d\Omega \quad \left({}^* \text{ bedeutet konj. komplex}\right) \tag{8.81}$$

verwendet werden. Diese Form läßt sich immer, beispielsweise wie in Gl. (8.32) mit dem Greenschen Satz, in eine Form mit dem bilinearen $a(u,v)$ Operator überführen.

$$\langle Lu, v\rangle = a(u,v) \tag{8.82}$$

Die schwache Form der Gleichung lautet damit

$$a(u,v) = -\langle b, v\rangle \tag{8.83}$$

[1] Nichtlineare Differentialgleichungen führt man auf eine Folge linearer Probleme zurück, indem man die Differentialgleichung in einem Punkt linearisiert. Hierzu wird zumeist das Newton-Verfahren benutzt in der Art, wie wir es in Kap. 5.3 verwendet haben.

Die Bilinearform muß die Eigenschaften eines Skalarprodukts erfüllen, es fehlt aber ein eindeutiges Nullelement.

$$a(\kappa u, v) = \kappa a(u, v) \quad \kappa \text{ skalar}$$
$$a(u + v, w) = a(u, w) + a(v, w) \tag{8.84}$$
$$a(u, v) = a(v, u)^*$$

Die eindeutige Lösbarkeit der schwachen Form (8.83) wird durch den Satz von Lax-Milgram gesichert [5, 8]. Als Voraussetzung muß die Bilinearform v-elliptisch sein, was erfüllt ist, wenn $a(u, v)$ stetig von den Argumenten u und v abhängig ist und die folgende Bedingung erfüllt wird:

$$\underset{\alpha>0}{\exists} \text{ so daß } \underset{v}{\forall} |a(v, v)| > \alpha \|v\|^2 \tag{8.85}$$

Beim Galerkin-Verfahren wird die Lösung durch einen Summenansatz mit den Unbekannten u_i gesucht. Die (ortsabhängigen) Funktionen ξ_i spannen einen Lösungsraum V_h auf, der ein Teilraum der exakten Lösung der Differentialgleichung darstellt.

$$u = \sum_{i=1}^{m} u_i \xi_i \qquad \xi_i \in V_h \subset V ; \qquad i = 1 \ldots m \tag{8.86}$$

Die Testfunktionen v sind im allgemeinen beliebig, werden aber in der Regel mit den Ansatzfunktionen gleich gesetzt.

$$v = \varphi_j \quad \text{z.B.} \quad \varphi_j = \xi_j \qquad j = 1 \ldots m \tag{8.87}$$

Damit ergibt sich aus der schwachen Form die Beziehung:

$$a\left(\sum_{i=1}^{m} u_i \xi_i, \varphi_j\right) = -\langle b, \varphi_j \rangle \qquad j = 1 \ldots m \tag{8.88}$$

Aufgrund der Linearität der Bilinearform können die unbekannten Koeffizienten u_i und die Summation aus dem Operator herausgezogen werden, und es ergibt sich das lineare Gleichungssystem:

$$\sum_{i=1}^{m} a(\xi_i, \varphi_j)\, u_i = -\langle b, \varphi_j \rangle \qquad j = 1 \ldots m \tag{8.89}$$

Diese Beziehung ist eine Verallgemeinerung des zuvor abgeleiteten FEM-Gleichungssystems aus Gl. (8.49). Für den Fall $\xi_i = \varphi_i$ wird das Verfahren üblicherweise Galerkin-Verfahren genannt, für den Fall $\xi_i \neq \varphi_i$ Petrov-Galerkin-Verfahren. Zur konkreten Umsetzung für eine partielle Differentialgleichung sind die Bilinearform herzuleiten und die Formfunktionen einzusetzen. Die übliche Definition des Skalarprodukts und der Bilinearform für eine partielle Differentialgleichung zweiter Ordnung entspricht den Beziehungen in Gl. (8.30), (8.32).

Unter den oben angegebenen Voraussetzungen existiert ein zur schwachen Form äquivalentes Variationsproblem. Ist u die Lösung von

$$\langle L u, v\rangle = -\langle b, v\rangle \tag{8.90}$$

dann erreicht das Funktional

$$I(u) = \langle L u, u\rangle + 2\langle b, u\rangle \tag{8.91}$$

ein Minimum, wenn der Operator positiv

$$\langle L u, u\rangle > 0 \tag{8.92}$$

und selbstadjungiert

$$\langle L u, v\rangle = \langle u, L v\rangle \tag{8.93}$$

ist (symmetrische Bilinearform). Der angegebene Zusammenhang zwischen der linearen Differentialgleichung $L u = -b$ und einem Minimalproblem wird auch als Äquivalenztheorem bezeichnet. Multipliziert man die Differentialgleichung von links mit der Lösung u und setzt dies in das Funktional (8.91) ein, so ergibt sich:

$$I(u) = \langle b, u\rangle = -\langle L u, u\rangle \rightarrow \min \tag{8.94}$$

Beispiel:

Als Beispiel wenden wir das Äquivalenztheorem auf die Feldgleichung des elektrischen Felds an und erhalten eine Aussage über die Minimierung der Feldenergie. Das elektrische Feld wird beschrieben durch:

$$\mathbf{E} = -\mathit{grad}\,\Phi \qquad \mathit{div}\,\mathbf{D} = \rho \tag{8.95}$$

Für die elektrische Feldenergie gilt:

$$W_e = \frac{1}{2}\int \mathbf{E}\,\mathbf{D}\,d\Omega = \int \mathbf{E}\,\varepsilon\,\mathbf{E}\,d\Omega \tag{8.96}$$

Mit der Differentialgleichung und der Dirichletschen Randbedingung

$$L\,\phi = \mathit{div}\,\varepsilon\,\mathit{grad}\,\phi = -\rho \qquad \text{mit } \phi = 0 \text{ auf } \Gamma \tag{8.97}$$

erhalten wir die Aussage, daß das Funktional (8.91) minimal wird, wenn ϕ die Lösung des Feldproblems ist. Wir vereinfachen diese Beziehung mit Hilfe des Greenschen Satzes, um den Zusammenhang mit der elektrischen Feldenergie deutlich zu machen.

$$\begin{aligned} I(\phi) &= -\langle L\,\phi, \phi\rangle = -\int (\mathit{div}\,\varepsilon\,\mathit{grad}\,\phi)\,\phi\,d\Omega \\ &= \int \varepsilon\,\mathit{grad}\,\phi\,\mathit{grad}\,\phi\,d\Omega = 2\,W_e \rightarrow \min \end{aligned} \tag{8.98}$$

Für viele physikalische Feldprobleme existieren äquivalente Formulierungen in der Form eines Variationsproblems. Ist das zu einem Feldproblem zugehörige Variationsproblem bekannt, so kann man die zu bestimmenden Koeffizienten u_i in einem Summenansatz $\sum u_i \, \xi_i$ auch durch Minimierung des Funktionals $I(u)$ bestimmen, indem man die Differentiale $\partial I(u) / \partial u_i$ zu Null setzt. Geht man in dieser Art vom Variationsproblem $I(u) \rightarrow \min$ aus, so wird die Methode Ritz-Verfahren genannt. Ursprünglich ist die FEM im Zusammenhang mit Minimalprinzipien entstanden. Heute wird jedoch der allgemeinere und elegantere Zugang über das Galerkin-Verfahren bevorzugt.

Da die sich ergebenden Gleichungssysteme nach dem Ritz- und dem Galerkin-Verfahren identisch sind, ergeben sich über beide Ansätze auch (numerisch) identische Lösungen. Die FEM über das Galerkin-Verfahren liefert daher unter den obigen Voraussetzungen eine Lösung, die das Energiefunktional (8.91) im Raum der Ansatzfunktionen minimiert.

8.5 Die Wahl der Ansatzfunktion

Neben den zuvor verwendeten linearen Ansätzen über einem Element können auch Polynome höherer Ordnung verwendet werden. Aufgrund der besseren Approximationseigenschaften ist dann zu erwarten, daß die Lösung eine höhere Genauigkeit aufweist. Allerdings ist mit der Verwendung von Polynomen höherer Ordnung auch eine Zunahme der Anzahl der Freiheitsgrade verknüpft, welche die Größe des zu lösenden Gleichungssystems bestimmt. Die Anzahl der Freiheitsgrade n_f auf einem Element für ein vollständiges Polynom vom Grad p läßt sich leicht aus dem „Pascal-Dreieck" ablesen, das in Tabelle 8.1 wiedergegeben ist.

Für einen quadratischen Ansatz sind 6 Stützstellenpotentiale festzulegen. Hierzu werden neben den Eckpunkten die Seitenmittelpunkte verwendet. Auf jeder Seite wird ein quadratischer Potentialverlauf durch 3 Punkte festgelegt. Damit verläuft das Potential stetig über Elementgrenzen, die Elemente sind konform. Die Verteilung der Stützstellen über diesen Elementen ist in Abb. 8.12 angegeben.

Tabelle 8.1. Pascalsches Dreieck zur Bestimmung der Anzahl der Freiheitsgrade n_f eines vollständigen zweidimensionalen Polynoms vom Grad p.

Funktionsterme	Polynomgrad p	Freiheitsgrade n_f
1	0	1
$x \quad y$	1	3
$x^2 \quad xy \quad y^2$	2	6
$x^3 \quad x^2y \quad xy^2 \quad y^3$	3	10

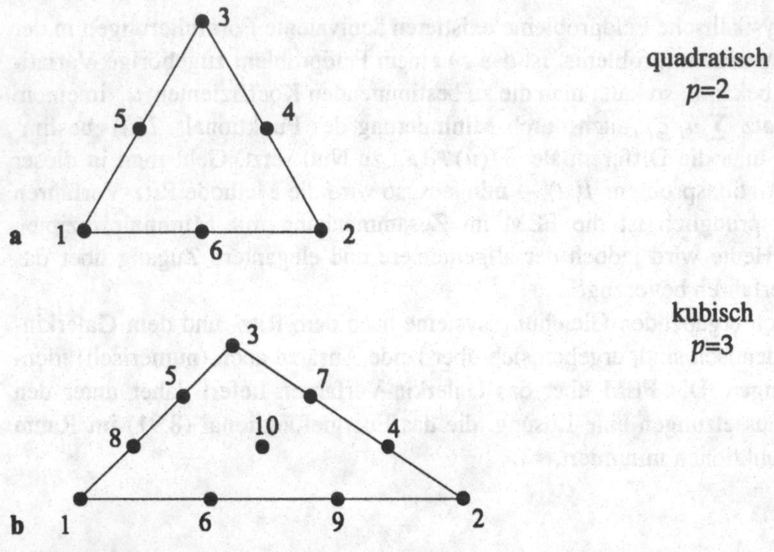

Abb. 8.12. Verteilung der Stützstellen für konforme Finite-Elemente (a) vom Grad $p=2$ und (b) vom Grad $p=3$.

Die Formfunktionen für die Eckpunkte und Seitenmittelpunkte des quadratischen Elements lauten [12, 21]:

$$\xi_1 = \lambda_1 (2\lambda_1 - 1) \qquad \text{Eckpunkte} \tag{8.99}$$

$$\xi_4 = 4\lambda_2 \lambda_3 \qquad \text{Seitenmittelpunkte} \tag{8.100}$$

Für den kubischen Ansatz werden jeweils vier Stützstellen auf den Seiten gewählt, die damit auch die Stetigkeit garantieren und eine verbleibende Stützstelle im Inneren des Elementes. Die zugehörigen Formfunktionen sind:

$$\xi_1 = \frac{\lambda_1}{2}(3\lambda_1 - 1)(3\lambda_1 - 2) \qquad \text{Eckpunkte} \tag{8.101}$$

$$\xi_4 = \frac{9}{2}\lambda_2 \lambda_3 (3\lambda_3 - 1) \qquad \text{Seiten} \tag{8.102}$$

$$\xi_{10} = 27\lambda_1 \lambda_2 \lambda_3 \qquad \text{Mittelpunkt} \tag{8.103}$$

Die Formfunktionen der weiteren Knoten erhält man durch Indexpermutation. Für die angegebenen Formfunktionen gilt, daß sie den Wert Eins im zugehörigen Knoten annehmen und in allen anderen Stützstellen Null sind. In den Stützstellen stimmt daher der Potentialwert mit dem Stützstellenwert überein. Es sind auch andere Formulierungen möglich, bei denen dies nicht erfüllt ist, wenn sie ein vollständiges Polynom über dem Element aufspannen und die Stetigkeit über die Elementgrenzen gewährleisten [11]. In diesem Fall muß das Potential an jedem Punkt des Elementes über den Summenansatz berechnet werden.

$$u = \sum_{i=1}^{n_f} \xi_i(x,y)\,u_i \tag{8.104}$$

Mit den zusätzlichen Freiheitsgraden erhöht sich die Anzahl der Unbekannten des Gleichungssystems, und die Matrix wird dichter besetzt. Durch die höhere Knotenzahl ergeben sich zusätzlich Einträge in der Matrix immer dann, wenn die Knoten im gleichen Element liegen oder auf Elementrändern gleichzeitig mehreren Elementen angehören. Im Durchschnitt erhält man pro Matrixzeile für lineare 7, bei quadratischen 11,5 und bei kubischen Ansätzen 17 Einträge.

Von besonderer Bedeutung ist die sich in Abhängigkeit des Polynomgrads ergebende Konvergenzordnung. (A priori-)Abschätzungen der Konvergenzordnung erhält man (in umfangreichen Beweisen) aus den Approximationseigenschaften, also aus der Fähigkeit des Gitters und der Polynome sich einem Potentialgebirge anzupassen [5, 8, 15]. Für eine gleichmäßige Diskretisierung (z. B. durch gleichartige Dreiecke) mit einer Maschenweite h erhält man für unser Modellproblem die Abschätzung [5, 7, 8].

$$\| u - u_h \| \le c\, h^{p+1} |u|_{p+1} \tag{8.105}$$

Hierin ist u die exakte Lösung, u_h die Näherungslösung mit der Maschenweite h und p der Polynomgrad der Ansatzfunktionen. Die Konstante c ist nicht von der Maschenweite oder dem Polynomgrad, sehr wohl aber von der Form der Elemente abhängig. Die Seminorm $|u|_{p+1}$ umfaßt alle Ableitungen der Potentialfunktion vom Grad $p+1$. Für den Fall $p+1=2$ ist:

$$|u|_2 = \sqrt{\int \left(\frac{\partial^2 u}{\partial x^2}\right)^2 + \left(\frac{\partial^2 u}{\partial x \partial x}\right)^2 + \left(\frac{\partial^2 u}{\partial y^2}\right)^2 d\Omega} \tag{8.106}$$

Die Konvergenzordnung ist demnach $O(h^{p+1})$, sie nimmt also linear mit dem Polynomgrad zu. Der Fehler ist proportional zu den Ableitungen $p+1$-ter Ordnung der Potentialfunktion, deren Verlauf durch die Ansatzfunktionen vom Grad p nicht nachgebildet werden kann. Jedoch gilt diese günstige Abschätzung nur, wenn die Lösung „gutmütige" – d. h. quadratisch integrierbare – Ableitungen bis zur Ordnung $p+1$ besitzt [8]. Leider kann dies nicht immer vorausgesetzt werden. Schon die zweite Ableitung genügt im allgemeinen an Materialgrenzflächen oder auf dem Rand den Anforderungen nicht. Jedoch ist üblicherweise die Lösung in weiten Bereichen des Rechengebietes glatt und regulär, so daß in diesen Bereichen die Konvergenzaussage gültig bleibt und lediglich in wenigen Teilbereichen (insbesondere an singulären Stellen) eine niedrigere Konvergenz erreicht wird.

Für die Ableitung (z. B. *grad* u_h) verringert sich die Konvergenzordnung um eine Stufe.

$$\| \nabla u - \nabla u_h \| \le c\, h^{p} |u|_{p+1} \tag{8.107}$$

Häufig ist das Potential u nur eine Hilfsgröße, und die eigentlich interessierenden physikalischen Größen ergeben sich aus dem Gradienten des Potentials, dies ist beispielsweise bei der Berechnung der elektrischen Feldstärke $\mathbf{E}$ aus dem Potential $\mathbf{E} = -grad\,\Phi$ gegeben. In diesem Fall erreicht man also lediglich die schlechtere Konvergenzordnung nach Gl. (8.107). In vielen Fällen ist es möglich, mit Hilfe lokal arbeitender „Glättungsoperatoren“ die ursprüngliche Konvergenzordnung des Potentials zurückzugewinnen und dadurch die Lösungsgenauigkeit wesentlich zu verbessern. Die Glättungsoperatoren liefern dann also eine höhere Konvergenzordnung als die theoretische Aussage, was man als Superkonvergenz bezeichnet [6].

Aufgrund der etwas unsicheren Konvergenzeigenschaften von Polynomansätzen höherer Ordnung sind Ansätze geringer Ordnung am weitesten verbreitet. Ansätze erster Ordnung besitzen außerdem den Vorteil, daß die Elementmatrizen besonders einfach werden und die Anzahl der Nicht-Null-Einträge der Matrix am geringsten ist. Da die Mehrzahl der Anwendungen aber einen glatten Lösungsverlauf aufweisen, sind Ansätze zweite oder dritter Ordnung aufgrund der höheren Genauigkeit zu bevorzugen.

Natürlich hängt die erreichbare Genauigkeit neben der angegebenen globalen Konvergenzordnung auch noch wesentlich von der Anpassung des Gitters an den Potentialverlauf ab. Da im voraus die Lösung unbekannt ist, können in diesem Fall lediglich allgemeine Regeln für die Wahl des Gitters angegeben werden. Für die Approximationseigenschaften erweist es sich als günstig, wenn große bzw. kleine Innenwinkel der Dreiecke vermieden werden [11, 15]. Außerdem wird durch spitze Innenwinkel auch die Kondition des Gleichungssystems vergrößert, was zu einer schlechteren numerischen Lösbarkeit führt [2].

8.6 Netzgenerierung

Zur Durchführung der Finite-Elemente-Methode ist eine Diskretisierung der Geometrie in drei- oder viereckförmige Elemente notwendig. Die Netzgenerierung soll Netze möglichst hoher Regularität und eine gute Anpassung an die Geometrie liefern. Aus Gründen der Approximationseigenschaften und der numerischen Stabilität ist zu fordern, daß die Dreiecke möglichst gleichwinklig sind, in jedem Fall aber besonders spitze oder stumpfe Winkel vermieden werden. Da die Maschenweite den geometrischen Forderungen und in ihrer Feinheit auch dem erwarteten Lösungsverlauf anzupassen ist, muß ein Kompromiß zwischen der Forderung nach Regularität und der lokalen Feinheit gesucht werden.

Die Geometrie und das Netz werden in der Regel halbautomatisch, interaktiv in einer CAD Umgebung erstellt. Dieses Preprocessing beansprucht einen wesentlichen Teil der gesamten Arbeit zur Lösung eines Feldproblems. Auch wird bei der halbautomatischen Netzgenerierung vom Benutzer erwartet, daß er die Netzdichte so steuert, daß sich eine seinen Anforderungen genügende Genauigkeit der Lösung ergibt. Eine wesentliche Erleichterung bilden die selbstadaptiven Methoden, die in

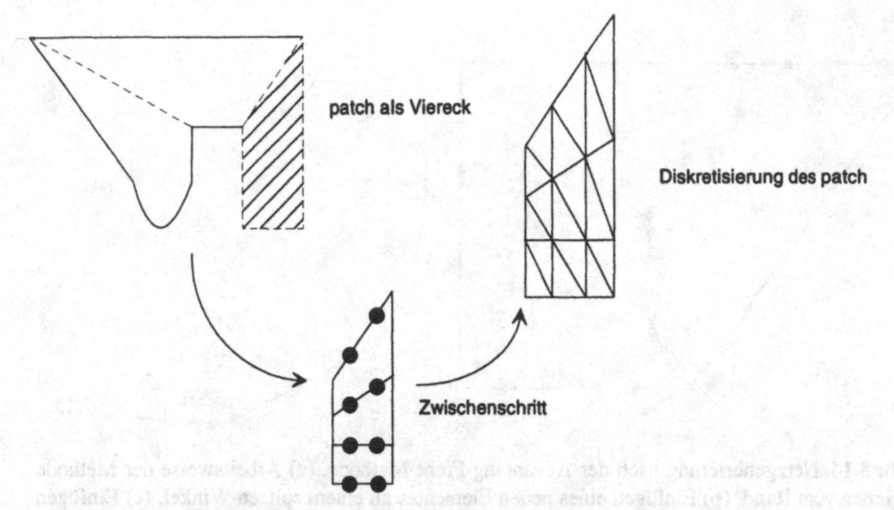

Abb. 8.13. Netzgenerierung durch Flächenunterteilung in geometrisch einfache, meist konvexe Grundformen und anschließende Diskretisierung der Teilflächen.

Kap. 8.7 behandelt werden. Die (halb-)automatische Netzgenerierung für allgemeine polygonal berandete Gebiete ist eine schwierige algorithmische Aufgabe. Daher sind Methoden verbreitet, bei denen der Benutzer zunächst eine Grobeinteilung in einfache geometrische Formen (patches) vornimmt, die dann automatisch diskretisiert werden.

In Abb. 8.13 ist schematisch eine Methode dargestellt, die das zu diskretisierende Gebiet zunächst in drei- oder viereckige Teilflächen untergliedert. Die Unterteilung wird so vorgenommen, daß die Teilflächen konvex sind (d. h. keine Innenwinkel größer als 180° aufweisen) und das Längen-/ Breitenverhältnis klein bleibt. In einem Zwischenschritt werden die Patches entlang zweier gegenüberliegender Seiten in Streifen aufgeteilt und Knoten auf den Verbindungslinien festgelegt. Schließlich werden die Steifen von einer Seite beginnend in die Finiten-Elemente unterteilt.

Bei der verbreiteten Advancing-Front-Methode (Abb. 8.14) legt man zunächst Punkte auf dem Rand fest, die man dann nach den beiden folgenden Regeln zu Dreiecken ergänzt.

1. Wenn ein Winkel des Randpolygons kleiner $\alpha_{min} \approx 70°–80°$ vorhanden ist, wird ein Dreieck „abgeschnitten".
2. Für den Winkel kleiner 180° werden durch Hinzufügen eines Knotens zwei Elemente erzeugt. Für den Abstand ℓ kann der geometrische Mittelwert der angrenzenden Seiten verwendet werden.

Neben den genannten Methoden existiert eine Vielzahl weiterer Methoden zur zwei- und dreidimensionalen Netzgenerierung mit ähnlichen Ansätzen. Die erzielten Netze weisen jedoch zumindest lokal noch Unregelmäßigkeiten auf, die sich durch weitere Maßnahmen zur Netzglättung verbessern lassen. Hierbei wird

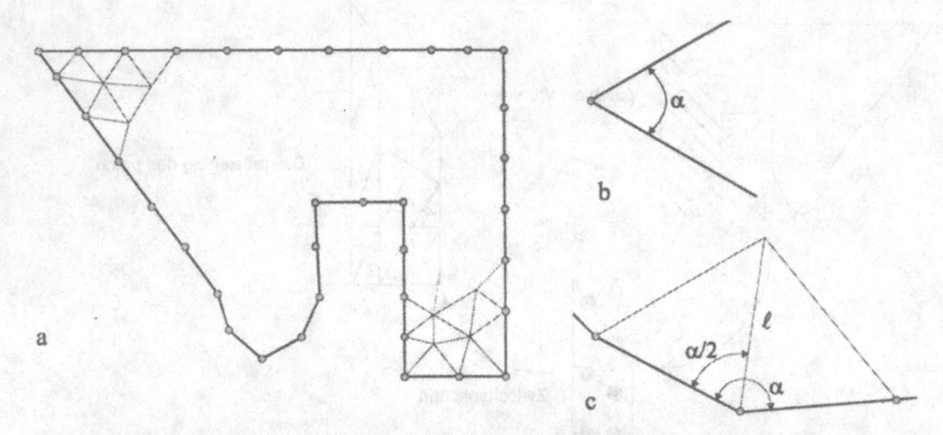

Abb. 8.14. Netzgenerierung nach der Advancing-Front-Methode. (a) Arbeitsweise der Methode beginnen vom Rand, (b) Einfügen eines neuen Elementes an einem spitzen Winkel, (c) Einfügen zweier neuer Element und eines Knoten an einem stumpfen Winkel.

das Ziel verfolgt, den kleinsten Dreieckswinkel möglichst groß zu machen oder umgekehrt den größten Winkel möglichst klein. Zur Verbesserung der Netzqualität, ohne eine Änderung der Anzahl der Elemente, werden hauptsächlich die in Abb. 8.15 dargestellten Techniken verwendet [11].

1. Edge-Swapping: Für zwei benachbarte Dreiecke wird diejenige Verbindungslinie gewählt, die zur besseren Netzqualität führt. Als Kriterium wird vorwiegend die Delaunay-Regel verwendet, die den kleinsten Winkel maximiert. Zur Prüfung kann der Umkreis um ein Element verwendet werden.

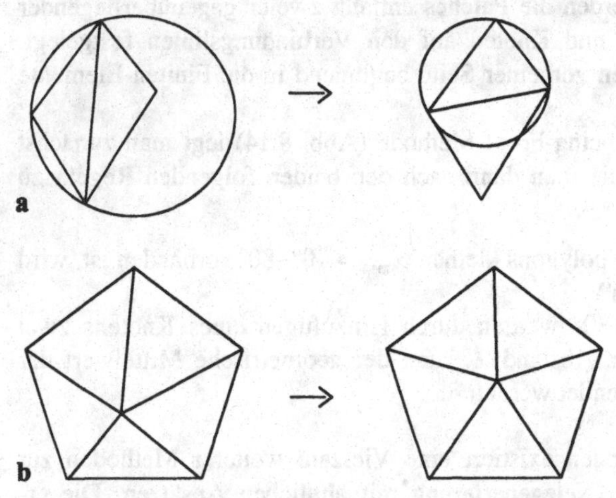

Abb. 8.15. Verfahren zur Verbesserung der Netzqualität. (a) Durch Wahl der günstigeren Verbindung zwischen den Elementen und (b) Verschiebung der Knoten in den Schwerpunkt der Nachbarknoten.

2. Laplace-Smoothing: Die Knoten werden jeweils in den Mittelpunkt (Schwerpunkt) der Nachbarknoten oder der angrenzenden Dreiecke verschoben. Da sich hierdurch auch der Mittelpunkt der benachbarten Knoten verschiebt, muß das Verfahren iterativ für alle Knoten angewendet werden. In der Regel genügt eine geringe Anzahl von Iterationen, um einen stabilen Zusand zu erreichen.

Es ist auch üblich die beide Methoden wechselseitig so lange anzuwenden, bis keine wesentlichen Verbesserungen mehr erreicht werden. Beide Methoden können auf Materialgrenzen oder Gebietsrändern nicht angewendet werden, da andernfalls die Elementkanten Materialgrenzen schneiden würden.

8.7 Fehlerabschätzung und adaptive Netzgenerierung

Auch die sorgfältigste Netzgenerierung kann die Einhaltung einer vorgegebenen Fehlergrenze der FEM-Lösung nicht garantieren. Die erforderliche Netzfeinheit richtet sich, neben allgemeinen Kriterien (Netzwinkel) und der Nachbildung der Geometrie, nach dem lokalen Verlauf der Potentialfunktion. Daher sind Methoden besonders attraktiv, die das Netz entsprechend der gewünschten Fehlergrenze anpassen. Hierzu sind zwei Dinge erforderlich:

1. Eine lokale Fehlerabschätzung, die für ein festes Netz und die FEM-Lösung in jedem Element eine (zuverlässige) Fehlerabschätzung liefert.
2. Eine Netzverfeinerungsmethode, die aufgrund des Fehlerkriteriums eine lokale Anpassung des Netzes liefert.

Für die Fehlerschätzung kann das Residuum r_h genutzt werden, das man erhält, wenn man die FEM-Lösung u_h wieder in die Ausgangsgleichung einsetzt.

$$\nabla\alpha\nabla u_h - \beta u_h + b = r_h = r_{hi} + r_{he} \tag{8.108}$$

Die FEM-Lösung u_h erfüllt also eine Differentialgleichung mit zusätzlichen Quellentermen r_{hi}, r_{he}. Das Residuum läßt sich aus der Lösung u_h leicht berechnen. Für lineare Ansatzfunktionen verschwinden die zweiten Ableitungen innerhalb der Elemente, so daß gilt:

$$-\beta u_h + b = r_{hi} \tag{8.109}$$

Auf den Elementrändern ergibt sich ein Sprung der Normalableitung

$$\alpha \frac{\partial u_h}{\partial n} \ , \tag{8.110}$$

während die exakte Lösung stetig übergehen müßte. Damit folgt für das Residuum entlang der Dreieckskanten (Abb. 8.16):

$$r_{he} = \alpha_1 \frac{\partial u_{h1}}{\partial n} - \alpha_2 \frac{\partial u_{h2}}{\partial n} \tag{8.111}$$

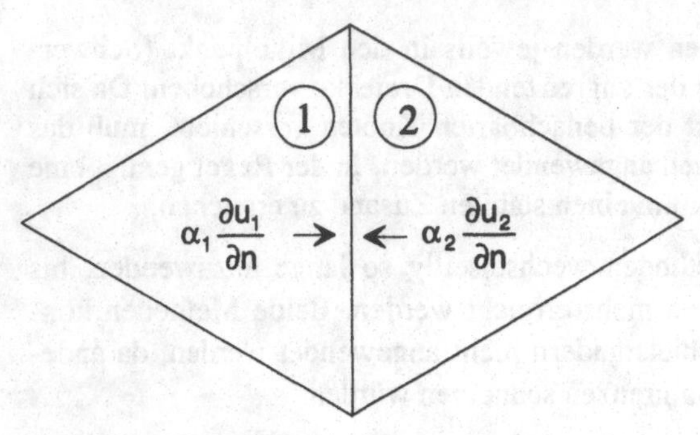

Abb. 8.16. Fehlerkriterium (Residuum) basierend auf dem Sprung der Normalableitung auf Elementgrenzen.

Das Residuum liefert in vielen Fällen ein ausreichendes Fehlerkriterium. Um den Fehler e_h der Lösung zu bestimmen, ist eine weitere Differentialgleichung zu lösen. Vergleicht man die Differentialgleichung (8.108) mit der Ausgangsgleichung (8.1) so ergibt sich für den Fehler die Beziehung:

$$\begin{aligned} e_h &= u - u_h \\ \nabla \alpha \nabla e_h - \beta e_h &= -r_h \end{aligned} \tag{8.112}$$

Die Differentialgleichung drückt aus, daß das Residuum die Quellen des Fehlers e_h darstellen, der sich aus der gleichen Differentialgleichung ergibt wie das Ausgangsproblem. Zur Bestimmung des Fehlers wäre daher eine erneute Lösung der Differentialgleichung auf einem Netz größerer Feinheit oder mit Ansatzfunktionen höherer Ordnung notwendig. Dies stellt einen zu großen Aufwand dar. Daher wird die Gleichung (8.112) nur näherungsweise auf einem kleinen Ausschnitt des Netzes (in der Regel nur auf einem Element) mit zusätzlichen Freiheitsgraden gelöst. Diese Vereinfachung führt auf ein kleines Gleichungssystem, das effizient gelöst werden kann [3, 18].

Die lokale Fehlerabschätzung liefert eine Aussage über die Genauigkeit der Lösung in allen Elementen. Um eine Verbesserung der Genauigkeit zu erreichen, sind in den Bereichen mit hohen lokalen Fehlern zusätzliche Freiheitsgrade einzufügen. Dies kann durch die Erhöhung des Polynomgrads der betroffenen Elemente (p-Adaption) oder durch Verkleinerung der Elementgröße (h-Adaption) erreicht werden [11, 14]. Es sind auch Kombinationen der beiden Verfahren üblich, wobei zunächst einige Iterationen der h-Adaption durchgeführt werden und dann mit der p-Adaption fortgefahren wird. Bei der Netzverfeinerung werden in jedem Schritt alle Elemente verfeinert die eine Fehlergrenze überschreiten, bis zu einer höchst zulässigen Anzahl (üblich sind 50% der Elemente).

Bei der h-Methode (Abb. 8.17) wird die Maschenweite der zu verfeinernden Dreiecke halbiert, wodurch drei zusätzliche Elemente entstehen („Rote"-Verfeinerung). Hierbei tritt die Problematik auf, daß angrenzende Elemente ebenfalls verfeinert werden müssen, um die Netzkompatibilität zu erhalten. Dazu werden die

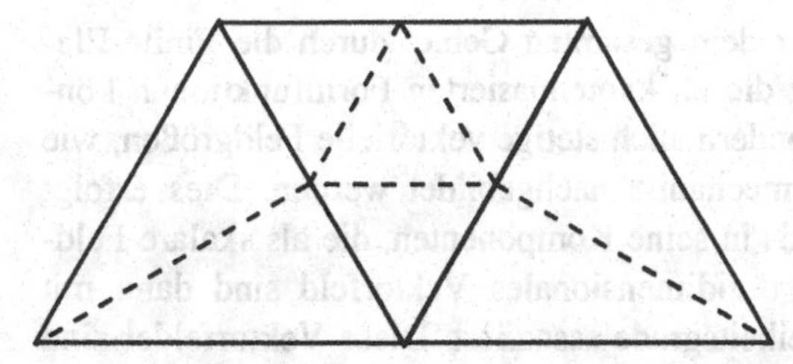

Abb. 8.17. Adaptive Netzverfeinerung durch Unterteilung eines Elementes. Die Unterteilung in drei Elemente gleicher Form wird als rote Verfeinerung, die in zwei Elemente als grüne Verfeinerung bezeichnet.

betroffenen Elemente entlang der zu verfeinernden Seite halbiert („Grüne"-Verfeinerung) [3]. Da die neu entstehenden grünen Elemente ungünstige spitze Winkel erzeugen, sind vor einer nochmaligen Verfeinerung die zuvor eingefügten grünen Verbindungen wieder zu lösen oder die oben genannten Methoden zur Netzverbesserung anzuwenden.

Der Algorithmus zur Durchführung der adaptiven Netzgenerierung hat die folgende Struktur, wobei so lange iteriert wird, bis die erforderliche Genauigkeit erreicht wird.

1. Erstellung eines Initialnetzes
2. Aufstellen und Lösen des Gleichungssystems
3. Fehlerabschätzung
4. wenn Fehler $<\varepsilon$ -> ENDE
5. Markierung der Elemente für die Verfeinerung
6. Durchführung der Netzverfeinerung und Netzglättung

Leider verfügen die meisten kommerziellen Softwarepakete weder über eine Fehlerabschätzung noch über eine selbstadaptive Netzgenerierung. In diesem Fall bleibt es dem Benutzer überlassen, für eine geeignete Vernetzung zu sorgen. Bei der Beurteilung der Lösungsqualität sind die angegebenen Kriterien in jedem Fall sehr nützlich.

8.8 Weitere Finite-Elemente-Ansätze

Dieser Abschnitt beschäftigt sich mit weiteren Elementtypen der Finite-Elemente-Methode. Damit sind andersartig Typen von Differentialgleichungen, insbesondere die Maxwellschen Gleichungen der Elektrodynamik, elegant lösbar [4].

Bei der Behandlung von Differentialgleichungen der Form (8.1) war es naheliegend, das Potential als unbekannte Feldgröße zu verwenden. Mit skalaren Formfunktionen nach Gl. (8.41) wird die Stetigkeit des Potentials, z. B. der Temperatur für ein Wärmeleitungsproblem, über dem gesamten Gebiet durch die Finite-Elemente-Approximation erhalten. Mit diesen knotenbasierten Formfunktionen können nicht nur skalare Feldgrößen, sondern auch stetige vektorielle Feldgrößen, wie z. B. Verschiebung in der Strukturmechanik, nachgebildet werden. Dies erfolgt durch eine Zerlegung des Vektorfelds in seine Komponenten, die als skalare Feldgrößen behandelt werden. Für ein dreidimensionales Vektorfeld sind dann mit jedem Knoten drei unabhängige Freiheitsgrade assoziiert. Diese Vektorfelder sind ebenfalls stetig.

Die Stetigkeit des Vektorfelds ist eine Eigenschaft, die nicht bei allen physikalischen Problemen erfüllt ist. Ein Beispiel hierfür sind die Maxwellschen Gleichungen für elektromagnetische Felder.

$$\begin{aligned} rot\,\mathbf{E} &= -\frac{\partial \mathbf{B}}{\partial t} \qquad & rot\,\mathbf{H} &= \mathbf{J} + \frac{\partial \mathbf{D}}{\partial t} \\ div\,\mathbf{D} &= \rho \qquad & div\,\mathbf{B} &= 0 \end{aligned} \tag{8.113}$$

Die Feldgrößen der magnetischen Flußdichte $\mathbf{B}$, die elektrische Flußdichte $\mathbf{D}$ und der elektrischen Stromdichte $\mathbf{J}$ sind über die Materialeigenschaften

$$\mathbf{B} = \mu\,\mathbf{H}\,; \qquad \mathbf{D} = \varepsilon\,\mathbf{E}\,; \qquad \mathbf{J} = \kappa\,\mathbf{E} \tag{8.114}$$

mit der magnetischen Feldstärke $\mathbf{H}$ und der elektrischen Feldstärke $\mathbf{E}$ verbunden. An der Grenze zwischen zwei homogenen Medien ergeben sich entsprechend Abb. 8.18 die folgenden Randbedingungen für die elektrische Feldstärke $\mathbf{E}$.

$$E_{t1} = E_{t1}\,; \qquad \frac{E_{n1}}{E_{n2}} = \frac{\varepsilon_2}{\varepsilon_1} \tag{8.115}$$

Eine wichtige Eigenschaft des elektrischen Felds an einer Materialgrenze ist die sprunghafte Änderung der normalen und die Stetigkeit der tangentialen Komponente. Analoge Beziehungen gelten ebenfalls für die magnetische Feldstärke $\mathbf{H}$ an magnetischen Grenzflächen und für die Stromdichte $\mathbf{J}$ bei Änderung der Leitfähigkeit. Diese Eigenschaft der elektromagnetischen Felder wird bei der Lösung mit

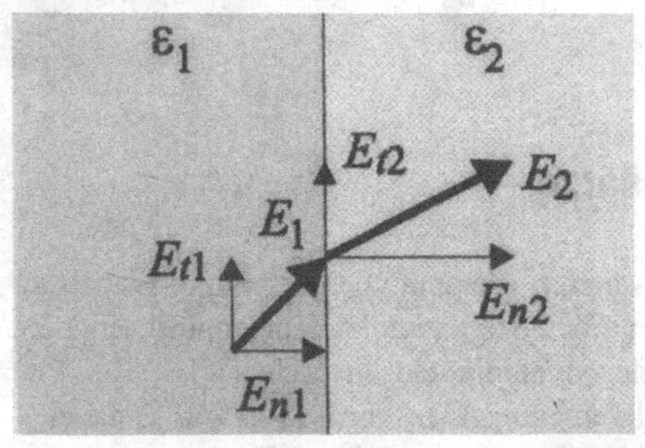

Abb. 8.18. Stetigkeitsbedingungen der tangentialen und normalen Komponente der elektrischen Feldstärke an einer dielektrischen Grenzfläche.

den oben behandelten stetigen Formfunktionen nicht wiedergegeben. Ein möglicher Ausweg ist die Ersetzung der Feldgrößen durch das elektrische Potential ϕ und das Vektorpotential $\mathbf{A}$ mit Hilfe den Beziehungen $\mathbf{E} = -grad\,\phi - \partial \mathbf{A} / \partial t$ und $\mathbf{B} = rot\,\mathbf{A}$. Nachteilig wirkt sich bei der Potentialbeschreibung der fehlende intuitive Bezug zwischen dem Potential und den gesuchten Feldgrößen $\mathbf{E}$ und $\mathbf{H}$ aus. Ferner geht bei der Bestimmung der Feldgrößen durch Differentiation des Potentials eine Ordnung in der Genauigkeit verloren. Aus den Maxwellschen Gleichungen ergeben sich des weiteren die Divergenzfreiheit des magnetischen Felds und unter der Annahme der Raumladungsfreiheit $\rho = 0$ ebenfalls die Divergenzfreiheit des elektrischen Felds. Bei der Anwendung der klassischen Knotenelemente auf die Wellenausbreitung elektromagnetischer Felder können numerische Lösungen auftreten, die die Divergenzfreiheit nicht erfüllen. Diese als „spurious modes" bezeichneten unphysikalischen Lösungen treten insbesondere bei hohen Sprüngen der Dielektrizitäts- oder Permeabilitätskonstanten auf. Durch Erweiterung des Ansatzes um einen Strafterm, der die Divergenz der Lösung berücksichtigt, kann das Problem entschärft werden. Jedoch ist diese Erweiterung häufig nicht zufriedenstellend, da das Strafmaß die Genauigkeit der Feldlösung negativ beeinflußt und eine günstige Wahl des Wichtungsfaktors problemabhängig ist [13].

Mit vektoriellen Formfunktionen steht ein eleganter Ansatz zur Lösung von Probleme der elektromagnetischen Wellenausbreitung zur Verfügung [12, 17]. Diese Formfunktionen weisen besondere Eigenschaften auf. Insbesondere garantieren sie die Stetigkeit der tangentialen Feldkomponente an Element- und Materialgrenzen. Die Freiheitsgrade sind nicht mit den Ecken (Knoten) des Dreiecksnetzes verbunden, sondern mit den Kanten. Daher hat sich der Name Kantenelementen zur Unterscheidung zu den klassischen Knotenelementen etabliert.

Die mathematischen Beschreibung der Kantenelemente erfolgt für zweidimensionale Dreieckselementen. Über einem Dreieck wird die in Abb. 8.19 dargestellte Vektorfunktion $\mathbf{Q}_k$ mit Hilfe der Dreieckskoordinaten λ aus Abb. 8.6 definiert:

$$\mathbf{Q}_k = \lambda_\ell \, \nabla\lambda_m - \lambda_m \, \nabla\lambda_\ell \tag{8.116}$$

Zunächst soll die Divergenzfreiheit des Vektorfelds $\mathbf{Q}_k$ gezeigt werden:

$$\begin{aligned} \nabla \cdot \mathbf{Q}_k &= \nabla \cdot (\lambda_\ell \, \nabla\lambda_m) - \nabla \cdot (\lambda_m \, \nabla\lambda_\ell) \\ &= \lambda_\ell \, \nabla \cdot (\nabla\lambda_m) + \nabla\lambda_\ell \, \nabla\lambda_m - \lambda_m \, \nabla \cdot (\nabla\lambda_\ell) - \nabla\lambda_m \, \nabla\lambda_\ell = 0 \end{aligned} \tag{8.117}$$

Dies gilt, da für jede lineare Funktion λ_i auch $\nabla \cdot (\nabla\lambda_i) = 0$ gilt. Für die Rotation ergibt sich, daß diese elementweise konstant ist und allein mit der Dreiecksfläche A_e verknüpft ist.

$$\begin{aligned} \nabla \times \mathbf{Q}_k &= \lambda_\ell \, \nabla \times \nabla\lambda_m - \nabla\lambda_m \times \nabla\lambda_\ell - \lambda_m \nabla \times \nabla\lambda_\ell + \nabla\lambda_\ell \times \nabla\lambda_m \\ &= 2\, \nabla\lambda_\ell \times \nabla\lambda_m = \frac{1}{A_e} \mathbf{e}_z \end{aligned} \tag{8.118}$$

Jeder Seite des Netzes wird einen Orientierung zugewiesen, die beliebig gewählt werden kann. Bei der nachfolgenden Betrachtung der Stetigkeit und der Aufstel-

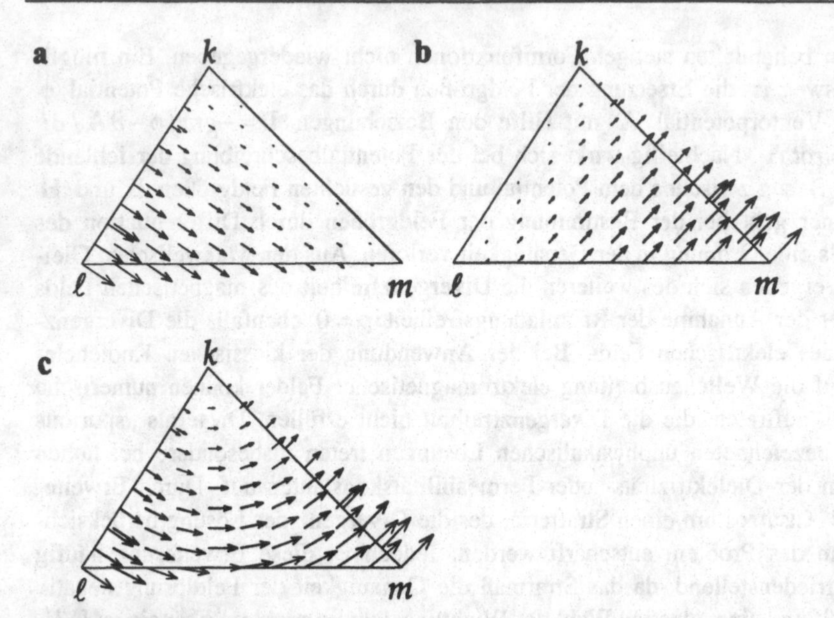

Abb. 8.19. Darstellung der Vektorfunktionen. (a) $\lambda_\ell \nabla\lambda_m$, (b) $-\lambda_m \nabla\lambda_\ell$ und (c) der resultierenden Funktion $\mathbf{Q}_k = \lambda_\ell \nabla\lambda_m - \lambda_m \nabla\lambda_\ell$.

lung des Gleichungssystems muß die Orientierung berücksichtigt werden. Zur Untersuchung der Stetigkeit der tangentialen Komponente zwischen zwei Elementen entlang der Kante k (gegenüber Eckpunkt k) wird der Einheitsvektor $\mathbf{e}_k$ eingeführt, der vom Eckpunkt ℓ zum Eckpunkt m zeigt (Abb. 8.6). λ_ℓ ist eine lineare Funktion, die vom Punkt ℓ auf den Punkt m vom Wert Eins auf den Wert Null abfällt. Daher ist $\mathbf{e}_k \cdot \nabla\lambda_\ell = -1/l_k$, mit l_k als Länge der Seite k. Analog ergibt sich $\mathbf{e}_k \cdot \nabla\lambda_m = 1/l_m$ und

$$\mathbf{e}_k \cdot \mathbf{Q}_k = \frac{\lambda_\ell}{l_k} + \frac{\lambda_m}{l_k} = \frac{1}{l_k} \tag{8.119}$$

Daher hat $\mathbf{Q}_k$ eine konstante tangentiale Komponente auf der Seite k. Entlang der Seite ℓ sind λ_ℓ und $\mathbf{e}_\ell \cdot \nabla\lambda_\ell$ gleich Null. Damit gilt:

$$\mathbf{e}_\ell \cdot \mathbf{Q}_k = 0 \tag{8.120}$$

Analog läßt sich zeigen, daß

$$\mathbf{e}_m \cdot \mathbf{Q}_k = 0 \tag{8.121}$$

gilt. Somit besitzen die Vektorfelder $\mathbf{Q}_\ell$ und $\mathbf{Q}_m$ keine Tangentialkomponente auf der Seite k. Für einen Summation über die drei Komponenten $\mathbf{Q}_k$, $\mathbf{Q}_\ell$, $\mathbf{Q}_m$ wird die Tangentialkomponente auf der Seite k allein durch das Vektorfeld $\mathbf{Q}_k$ festgelegt. Die Vektorformfunktionen für ein Kantenelement erster Ordnung werden wie folgt gewählt:

$$\begin{aligned} \mathbf{W}_k &= (\lambda_\ell \; \nabla\lambda_m - \lambda_m \; \nabla\lambda_\ell) \, l_k \\ \mathbf{W}_l &= (\lambda_m \; \nabla\lambda_k - \lambda_k \; \nabla\lambda_m) \, l_\ell \\ \mathbf{W}_m &= (\lambda_k \; \nabla\lambda_\ell - \lambda_\ell \; \nabla\lambda_k) \, l_m \end{aligned} \tag{8.122}$$

Durch die Normierung mit der Seitenlänge l_i werden die Formfunktionen einheitenlos und die Tangentialkomponente entlang der Dreiecksseite erhält den Wert Eins. Ein Vektorfeld $\mathbf{U}^{(e)}(x,y)$ über einem Element läßt sich nun als linearer Summenansatz darstellen

$$\mathbf{U}^{(e)}(x,y) = \sum_i \mathbf{W}_i(x,y) \, u_i \tag{8.123}$$

wobei $\mathbf{W}_i(x,y)$ die Formfunktionen und u_i die Freiheitsgrade sind. Die Größe der tangentialen Komponente von $\mathbf{U}^{(e)}(x,y)$ entlang einer Kante i hängt demnach nur vom Wert des Freiheitsgrades u_i dieser Kante ab. Da der Freiheitsgrad einer Seite für beide benachbarten Dreiecke gilt, ist die tangentiale Komponente entlang der Dreiecksseite stetig.

Abbildung 8.20 zeigt die Zerlegung eines Gebietes mit Kantenelementen. Für Elemente erster Ordnung befinden sich die Freiheitsgrade in den Seitenmittelpunkten. Bei Elementen höherer Ordnung können sich mehrere Freiheitsgrade entlang einer Kante oder auch im Inneren des Dreiecks befinden. Die Knoten werden für jedes Element im mathematische positiven Sinn durchlaufen. Der sich ergebende Zusammenhang zwischen den lokalen und den globalen Knotennummern ist in der Tabelle 8.2 wiedergegeben. Bei linearen Kantenelementen hat jeder Freiheitsgrad genau vier Nachbarn. In einer Zeile des Gleichungssystems stehen somit fünf Einträgen.

Die Ermittlung einer Finite-Elemente-Lösung der Maxwellschen Gleichungen erfolgt analog zu den Knotenelementen mittels des Variationsproblems oder des Galerkin-Verfahrens (Kapitel 8.4). Für die Ausbreitung hochfrequenter elektro-

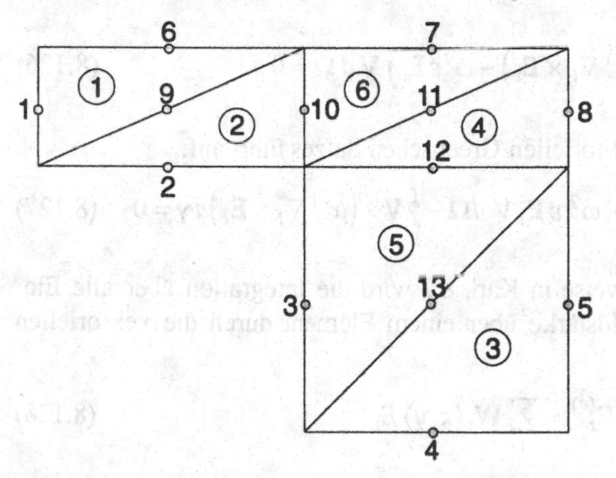

Abb. 8.20. Zerlegung eines Gebietes in Dreiecke mit Numerierung der Kanten und Elemente.

Tabelle 8.2. Zuordnung zwischen lokalen und globalen Knotennummern für die Elemente des Netzes aus Abb. 8.20.

Elemente	lokale Knotennummer			
	1	2	3	
1	1	9	6	
2	9	2	10	globale
3	4	5	13	Knoten-
4	11	12	8	nummern
5	3	13	12	
6	7	10	11	

magnetischer Wellen kann aus den Maxwellschen Gleichungen die folgende Wellengleichung abgeleitet werden:

$$\nabla \times \left(\mu^{-1} \nabla \times \mathbf{E}\right) - \omega^2 \varepsilon \mathbf{E} = 0 \qquad (8.124)$$

Für den zweidimensionalen Fall der Ausbreitung einer Welle in der xy-Ebene gilt $\partial / \partial z = 0$. Die Ausbreitung der elektromagnetischen Welle kann in zwei verschiedenen Formen erfolgen. Im TE (transversal elektrisch) Fall sind bis auf die Feldkomponenten E_z und H_t alle anderen Null. Beim TM-Fall sind H_z und E_t ungleich Null. Gleichung (8.124) vereinfacht sich für das elektrische Feld der TM-Welle zu:

$$\nabla_t \times \left(\mu^{-1} \nabla_t \times \mathbf{E}_t\right) - \omega^2 \varepsilon \mathbf{E}_t = 0 \qquad (8.125)$$

mit dem zweidimensionalen Nabla-Operator $\nabla_t = \partial / \partial x \, \mathbf{e}_x + \partial / \partial y \, \mathbf{e}_y$ und dem tangentialen Feld $\mathbf{E}_t = (E_x, E_y)$. Durch Multiplikation mit einer vektoriellen Testfunktion $\mathbf{V}$ und Integration über das Rechengebiet ergibt sich die schwache Form der Differentialgleichung.

$$\int_\Omega \left(\nabla_t \times \left(\mu^{-1} \nabla_t \times \mathbf{E}_t\right) - \omega^2 \varepsilon \mathbf{E}_t\right) \mathbf{V} \, d\Omega = 0 \qquad (8.126)$$

Die Anwendung des ersten vektoriellen Greenschen Satzes führt auf:

$$\int_\Omega \mu^{-1} \left(\nabla_t \times \mathbf{E}_t\right)\left(\nabla_t \times \mathbf{V}\right) - \omega^2 \, \varepsilon \, \mathbf{E}_t \, V \, d\Omega - \oint_\Gamma \mathbf{V} \times \left(\mu^{-1} \nabla_t \times \mathbf{E}_t\right) d\boldsymbol{\gamma} = 0 \qquad (8.127)$$

Entsprechend der Vorgehensweise in Kap. 8.2 wird die Integration über alle Elemente ausgeführt und die Feldstärke über einem Element durch die vektoriellen Formfunktionen ausgedrückt:

$$\mathbf{E}_t^{(e)} = \sum_i \mathbf{W}_i(x,y) \, E_i \qquad (8.128)$$

Mit der Wahl der Formfunktion als Testfunktion $\mathbf{V} = \mathbf{W}_j$ ergibt sich

$$\begin{aligned}&\sum_{e=1}^{n}\sum_{i=1}^{m}\int_{\Omega_e}\mu^{-1}(\nabla_t \times \mathbf{W}_i)(\nabla_t \times \mathbf{W}_j) - \omega^2\varepsilon\,\mathbf{W}_i\,\mathbf{W}_j\,d\Omega\,E_i \\ &\qquad - \sum_{e=1}^{n}\sum_{i=1}^{m}\oint_{\Gamma}\mathbf{W}_j \times \left(\mu^{-1}\,\nabla_t \times \mathbf{W}_i\right)d\boldsymbol{\gamma}\,E_i = 0\end{aligned} \qquad \text{für } j = 1 \text{ bis } m \quad (8.129)$$

Zum Assemblieren des linearen Gleichungssystems sind die Integrale über den Elementen zu berechnen. Für die Dreieckselemente sind sie analytisch bestimmbar. Da nach Gleichung (8.118) der Ausdruck $\nabla \times \mathbf{W}_i = l_i \,/\, A_e\,\mathbf{e}_z$ eine Konstante ist, ergibt sich:

$$\int_{\Omega}\frac{1}{\mu}\left(\nabla_t \times \mathbf{W}_i\right)\left(\nabla_t \times \mathbf{W}_j\right)d\Omega = \frac{1}{\mu}\frac{l_i\,l_j}{A_e} \qquad (8.130)$$

Nach einigen analytischen Umformungen und mit Hilfe der Gl. (8.50) ergibt sich weiterhin:

$$\int_{\Omega_e}\mathbf{W}_1\,\mathbf{W}_1\,d\Omega = \frac{1}{24\,A_e}l_1^2\,(\eta_{11} - 3\,\eta_{23}) \qquad (8.131)$$

$$\int_{\Omega_e}\mathbf{W}_1\,\mathbf{W}_2\,d\Omega = \frac{-1}{24\,A_e}l_1\,l_2\,(\eta_{33} + \eta_{12}) \qquad (8.132)$$

mit $\eta_{ij} = \Delta x_i\,\Delta x_j + \Delta y_i\,\Delta y_j$ und Δx_i und Δy_i aus Gl. (8.44). Die weiteren Integrale ergeben sich durch Indexpermutation. Das Randintegral wird für Dirichletsche oder Neumannsche Randbedingungen analog zur Verfahrensweise bei den Knotenelementen behandelt. Das resultierende Gleichungssystem hat wieder die Form

$$\mathbf{S}\,\mathbf{E} + \mathbf{T}\,\mathbf{E} = \mathbf{B} \qquad (8.133)$$

Die Matrix $\mathbf{S}$ resultiert aus dem Term *rot*(μ^{-1}*rot* **E**), die Matrix $\mathbf{T}$ aus dem Term $\omega^2\,\varepsilon\,\mathbf{E}$ und der Vektor **B** aus den Anregungen der Wellengleichung.

Die in Kap. 8.7 genannten Gründe für eine adaptive Netzgenerierung treffen ebenso für Kantenelemente zu. Zur Durchführung ist ein lokales Fehlerkriterium erforderlich. Die Normalkomponente des elektrischen Felds erfüllt die Grenzbedingungen zwischen zwei Elementgrenzen nur näherungsweise. Die Abweichung von der Beziehung (8.115) entspricht für das elektrische Feld einer virtuellen Linienladung. Sie bilden das Residuum der numerischen Lösung. Als Fehlerkriterium für ein Element kann z. B. der Betrag der umgebenden Linienladungen gewählt werden.

Es bleibt anzumerken, daß die mit Kantenelemente erhaltenen numerischen Lösungen keineswegs divergenzfrei sind. Die Gl. (8.117) besagt lediglich, daß das Feld innerhalb der Elemente divergenzfrei ist. An den Elementgrenzen können

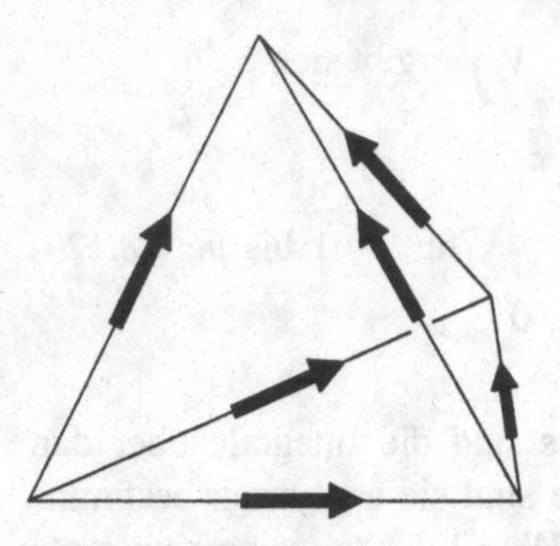

Abb. 8.21. Vektorielles Tetraederelement mit Freiheitsgraden in den Kantenmittelpunkten.

sehr wohl Beiträge zur Divergenz entstehen. Sie entsprechen den zuvor genannten Linienladungen auf den Elementgrenzen.

Durch die Wahl von Elementen höherer Ordnung mit einer größeren Anzahl von Freiheitsgraden kann die Lösungsgenauigkeit erhöht werden. Die Auswahl der zusätzlichen Freiheitsgrade ist komplizierter als bei Knotenelementen [20]. Die Stetigkeit der Tangentialkomponente entlang der Elementgrenzen bleibt auch für die Vektorelemente höherer Ordnung erhalten. Hierzu werden neue Freiheitsgrade nicht nur entlang der Umrandung, sondern auch im Innern der Elemente festgelegt.

Die Mehrzahl der Anwendungen ist dreidimensional. Die Zerlegung des Rechengebietes kann dann mit Tetraedern erfolgen, für die ebenfalls vektorielle Formfunktionen existieren (Abb. 8.21). Die Freiheitsgrade sind mit den Kanten des Tetraeders verbunden. Die Formfunktionen haben die gleichen Eigenschaften wie im zweidimensionalen Fall. Insbesondere wird die Divergenzfreiheit im Inneren der Elemente und die Kontinuität der Tangentialkomponente auf den Seitenflächen erfüllt.

Literatur

[1] Abramowitz, Milton; Stegun, Irene A.: *Pocket Book of Mathematical Functions*. Harri Deutsch, Thun, Frankfurt/ Main (1984)

[2] Axelsson, Owe; Barker, Vincent A.: *Finite Element Solution of Boundary Value Problems: Theory and Computation.* Academic Press, Orlando (1984)

[3] Bank, R. E.; Weiser, A.: Some A Posteriori Error Estimators for Elliptic Partial Differential Equations. *Mathematics of Computation*, 44 (1985) p. 283-301

[4] Bossavit, Alain: *Electromagnétisme, en vue de la modélisation*. Springer, Paris, Berlin, Heidelberg (1993)

[5] Braess, Dietrich: *Finite Elemente, Theorie, schnelle Löser und Anwendungen in der Elastizitätstheorie*. Springer, Berlin, Heidelberg, New York, 2. Aufl. (1997)

[6] Franz, Jürgen; Kasper, Manfred: Superconvergent finite element solutions of Laplace and Poisson equation. *IEEE Transactions on Magnetics*, Vol. 32 (1996), p. 643-646.

[7] Goering, Herbert; Roos, Hans-Görg; Tobiska, Lutz: *Finite-Elemente-Methode*. Harri Deutsch, Thun, Frankfurt am Main (1989)

[8] Großmann, Christian; Roos, Hans-Görg: *Numerik partieller Differentialgleichungen*. Teubner, Stuttgart (1992)

[9] Hackbusch, Wolfgang: *Theorie und Numerik elliptischer Differentialgleichungen*. Teubner, Stuttgart (1986)

[10] Hackbusch, Wolfgang: *Iterative Lösung großer schwachbesetzter Gleichungssysteme*. Teubner, Stuttgart (1991)

[11] Jänicke, Lutz: *Finite Elemente Methode mit adaptiver Netzgenerierung für die Berechnung dreidimensionaler elektromagnetischer Felder*. Dr. Köster, Berlin (1994)

[12] Jin, Jianming: *The Finite Element Method in Electromagnetics*. John Wiley Sons, New York, Chichester, Brisbane (1993)

[13] Kikuchi, Fumio: Mixed and Penalty Formulations for Finite Element Analysis of an Eigenvalue Problem in Electromagnetism. *Computer Methods in Applied Mechanics and Engineering*, Vol. 64 (1987) p. 509-521

[14] Kost, Arnulf: *Numerische Methoden in der Berechnung elektromagnetischer Felder*. Springer, Berlin, Heidelberg, New York (1994)

[15] Quarteroni, Alfio; Valli, Alberto: *Numerical Approximation of Partial Differential Equations*. Springer, Berlin, Heidelberg, New York (1994)

[16] Schulte, Stefan: *Modulare und hierarchische Simulation gekoppelter Probleme*. VDI, Düsseldorf (1998)

[17] Sun, Din; Manges, John, Yuan, Xingchao, Cendes, Zoltan: Spurious Modes in Finite Element Methods. *IEEE Antennas and Propagation Magazine*, Vol. 37 (1995) p. 12-24

[18] Verfürth, Rüdiger: *A Review of A Posteriori Error Estimation and Adaptive Mesh-Refinement Techniques*, Wiley-Teubner, Chichester, New York, Brisbane (1996)

[19] Weiss, Rüdiger: *Parameter-Free Iterative Linear Solvers*. Akademie Verlag, Berlin (1996)

[20] Yioultsis, T.V.; Tsiboukis, T.D.: A Generalized Theory of Higher Order Vector Finite Elements and its Applications in Scattering Problems. Electromagnetics, Vol. 18 (1998) p. 467-480

[21] Zienkiewicz, O. C.; Taylor, R. L.: *The Finite Element Method, Vol. 1 Basic Formulation and Lienear Problems*. McGraw Hill, London, New York, St. Louis, San Francisco, 4. ed. (1989)

[22] Zienkiewicz, O. C.; Taylor, R. L.: *The Finite Element Method, Vol. 2 Solid and Fluid Mechanics Dynamics an Non-linearity*. McGraw Hill, London, New York, St. Louis, San Francisco, 4. ed. (1991)

9 Systemintegration

Durch die stetig zunehmende Leistungsfähigkeit elektronischer Schaltungen steigen auch die Anforderungen an die Integrationstechniken. Die klassischen Aufgaben der Systemintegration sind die Montage, Kontaktierung und Verdrahtung von Bauelementen, die unter dem Begriff Aufbau- und Verbindungstechnik (AVT) zusammengefaßt werden. Diese beschäftigt sich hauptsächlich mit der Herstellung der elektrischen Funktion. Hinzu kommt die thermische und mechanische Aufbautechnik, die mit wachsender Verlustleistung und schrumpfenden Abmessungen an Bedeutung gewinnt sowie die Integration nicht-elektrischer Komponenten und deren Verbindung, die insbesondere für die Mikrosystemtechnik wesentlich sind.

In diesem Kapitel wird zunächst auf die Schalteigenschaften und die Verlustleistung elektronischer Komponenten eingegangen. Anschließend werden die für die elektromagnetische Störsicherheit wichtigen Eigenschaften der Signalübertragung auf Verbindungsleitungen diskutiert, die bei der Auslegung zu beachten sind. Zum Design sind Abschätzungen über die Komplexität des Verdrahtungssystems notwendig. Die grundlegenden Verfahren greifen auf Abschätzungen der Anschlußdichte und die Verteilung der Leitungslängen zurück. Schließlich werden einige Aspekte des Tests, der Ausbeute und der Zuverlässigkeit diskutiert. Diese bestimmen wesentlich die Gesamtkosten von Mikrosystemen und integrierten Schaltungen. Daher haben in den letzten Jahren die Methoden des testfreundlichen Entwurfs und der Verbesserung der Zuverlässigkeit an Bedeutung gewonnen.

9.1 Elektronische Komponenten

Die vorherrschende Schaltkreistechnologie ist die CMOS-Technologie. Dies gründet sich darauf, daß in dieser Technologie durch den Verzicht auf großflächige passive Bauelemente, insbesondere Widerstände, die höchsten Integrationsdichten erreicht werden. Der zweite bedeutende Faktor ist die Tatsache, daß bei CMOS-Schaltungen jeweils nur einer der beiden komplementären Transistoren im leitenden Zustand ist, so daß nur bei Schaltvorgängen Strom fließt und die Schaltung in Ruhe praktisch verlustfrei arbeitet.

Betrachten wir als typische Anwendung, wie in Abb. 9.1 dargestellt, einen CMOS-Inverter, der einen oder mehrere CMOS-Eingänge treibt (Inverterkette). Die MOS-Transistoren des Treibers können vereinfachend durch ihre Kanalwiderstände, der Empfänger durch die Eingangskapazität ersetzt werden. Je nach Schalt-

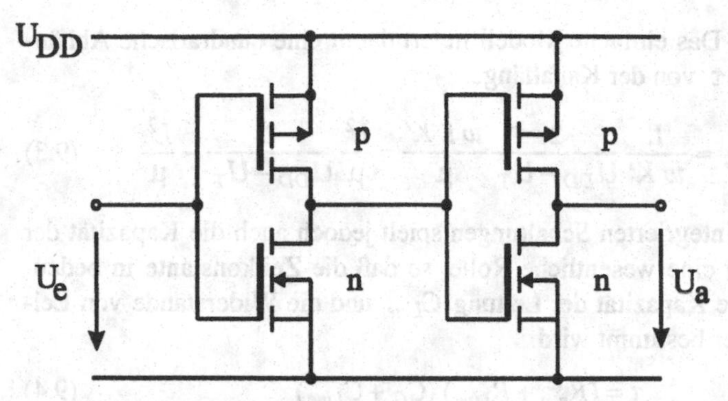

Abb. 9.1. Inverterkette in CMOS-Technik.

zustand ergeben sich die in Abb. 9.2 angegebenen Ersatzschaltbilder. Die Kanalwiderstände ergeben sich aus der Kanallänge L, der Kanalweite w, dem Kanalleitwert K' und der Schwellspannung U_T [9].

$$R_n \approx \frac{L_n}{w_n\ K'_n} \frac{2}{U_{DD} - U_{Tn}} \qquad R_p \approx \frac{L_p}{w_p\ K'_p} \frac{2}{U_{DD} - U_{Tp}} \tag{9.1}$$

Aufgrund der geringeren Mobilität μ der Majoritätsladungsträger ist der Kanalleitwert des p-Transistors bei gleichen Abmessungen um den Faktor 2 bis 3 kleiner als der des n-Transistors ($\mu_n \approx 3\mu_p$ für Silizium). Zur Erzielung gleicher Schaltgeschwindigkeiten für den Wechsel Low → High und für High → Low, kann die Kanalweite des p-Transistors vergrößert werden. Die Eingangskapazität kann durch die Gatekapazität C_G genähert werden.

$$C_G \approx C_{ox}\ w\ L \qquad \text{mit} \qquad C_{ox} = \frac{K'}{\mu} = \frac{\varepsilon}{t_{ox}} \tag{9.2}$$

Hierin sind μ die Ladungsträgermobilität, t_{ox} die Gateoxiddicke und ε die Di-

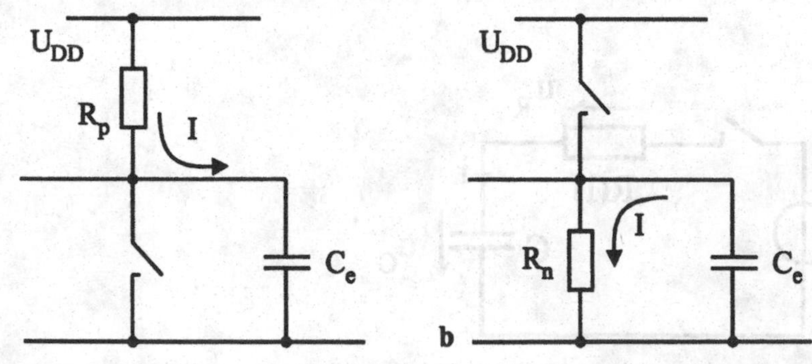

Abb. 9.2. Ersatzschaltung des CMOS-Inverters für die Signalwechsel **(a)** Low → High und **(b)** High → Low.

elektrizitätskonstante. Das einfache Modell liefert damit eine quadratische Abhängigkeit der Schaltzeit τ von der Kanallänge.

$$\tau = R_{n,p} C_G \approx \frac{L}{w\,K'} \frac{2}{U_{DD} - U_T} \frac{w\,L\,K'}{\mu} = \frac{L^2}{\mu} \frac{2}{U_{DD} - U_T} \sim \frac{L^2}{\mu} \tag{9.3}$$

Für die meisten hochintegrierten Schaltungen spielt jedoch auch die Kapazität der Verbindungsleitungen eine wesentliche Rolle, so daß die Zeitkonstante in bedeutendem Maß durch die Kapazität der Leitung C_{Line} und die Widerstände von Leitung R_{Line} und Treiber bestimmt wird.

$$\tau = (R_{n,p} + R_{Line})\,(C_G + C_{Line}) \tag{9.4}$$

Während des Schaltvorgangs, d. h. beim Laden des Kondensators in der Ersatzschaltung nach Abb. 9.3, wird Energie im Widerstand in Verlustleistung umgesetzt. Diese führt zur Erwärmung der Schaltung. Wie im folgenden gezeigt wird, ist die Verlustenergie unabhängig von der Größe des Widerstands und der Dauer des Schaltvorgangs, sie ist gleich der Änderung der im Kondensator gespeicherten Energie. Für die Verlustenergie gilt:

$$W_R = \int_{T_1}^{T_2} P_v\,dt = \int_{T_1}^{T_2} R\,i^2\,dt \tag{9.5}$$

Für einen im allgemeinen nichtlinearen Widerstand $R(i)$ gilt:

$$U_0 = u_R + u_C = R(i)\,i + \frac{1}{C}\int i\,dt \tag{9.6}$$

$$\frac{dU_0}{dt} = 0 = i\frac{dR}{dt} + R\frac{di}{dt} + \frac{1}{C}i = i\frac{dR}{di}\frac{di}{dt} + R\frac{di}{dt} + \frac{1}{C}i \tag{9.7}$$

Damit erhält man die Substitution

$$dt = -C\left(\frac{dR}{di} + \frac{R}{i}\right)di \tag{9.8}$$

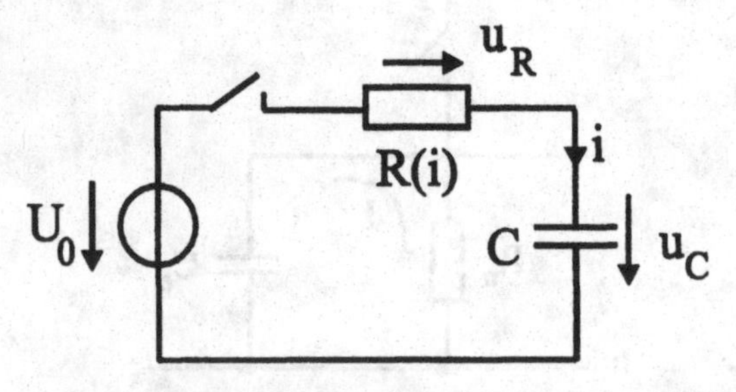

Abb. 9.3. Ladevorgang eines Kondensators als Ersatzschaltung für den Schaltvorgang eines CMOS-Inverters.

Für die Verlustenergie folgt damit:

$$W_R = -\int_{i(T_1)}^{i(T_2)} R\,i^2\,C\left(\frac{dR}{di}+\frac{R}{i}\right)di \tag{9.9}$$

Das Integral kann jetzt mit der Produktregel $\int u\,v' + u'\,v = (uv)$ gelöst werden, wenn wir setzen:

$$u = i^2 \qquad v = R^2 \tag{9.10}$$

Es folgt daher:

$$W_R = -\frac{C}{2}\left[i^2R^2\right]_{i(T_1)}^{i(T_2)} = -\frac{C}{2}\left(u_R^2(T_2)-u_R^2(T_1)\right) \tag{9.11}$$

$$W_R = \left|\frac{C}{2}\left(u_C^2(T_1)-u_C^2(T_2)\right)\right| = \left|\Delta W_C\right| \tag{9.12}$$

Das Ergebnis gilt völlig allgemein, also für beliebige, auch nichtlineare Widerstände und beliebige Signalverläufe oder Schaltzeiten. Die beim Schaltvorgang in Wärme umgesetzte Verlustenergie W_R ist in jedem Fall genauso groß, wie die Änderung der im Kondensator gespeicherten Energie. Beim Entladevorgang wird die gesamte im Kondensator gespeicherte Energie in Wärme umgesetzt.

Daher wird bei einer Versorgungsspannung U_{DD} üblicherweise für einen Schaltzyklus eines CMOS-Gatters als obere Grenze mit der Verlustenergie von

$$W_R = C\,U_{DD}^2 \tag{9.13}$$

gerechnet. Entsprechend ergibt sich für die Taktfrequenz f bei n Gattern eine Verlustleistung

$$P_v = n\,C\,U_{DD}^2\,f \tag{9.14}$$

Die Verluste steigen also linear mit der Frequenz und quadratisch mit der Spannung an, ausschlaggebend sind allein die parasitären Kapazitäten jedoch nicht die Größe der parasitären Widerstände.

Da während der bisherigen Entwicklung der Mikroelektronik die Transistoranzahl und Taktfrequenz schneller zugenommen haben, als die Transistorfläche und damit die Kapazität verkleinert werden konnte, wuchs und wächst die Verlustleistung ungefähr um den Faktor 10 in 10 Jahren. Erst in den letzten Jahren wurde die TTL Kompatibilität der Pegel (5V) aufgegeben und dadurch die Versorgungsspannung und Verlustleistung verringert. In der Zukunft wird die Versorgungsspannung bis unter 1V abgesenkt werden. Zur Charakterisierung von Logikfamilien wird häufig das Laufzeit-Verlustleistungsprodukt der Gatter verwendet $P_v \cdot t_d$.

Andere Logikfamilien (TTL, ECL) zeigen kein frequenzproportionales anwachsen der Verlustleistung, so daß sie in bezug auf Schaltgeschwindigkeit und Verlustleistung bei hohen Taktraten günstiger werden können als CMOS-Schaltungen, haben aber schon im Ruhezustand wesentlich höhere Verluste.

9.2 Signalübertragung

Verbindungsleitungen werden durch die Impedanz Z und die Ausbreitungskonstante γ charakterisiert. Mit dem Ersatzschaltbild aus Abb. 9.4 (a) erhält man:

$$Z = \sqrt{\frac{R' + j\omega L'}{G' + j\omega C'}} \tag{9.15}$$

$$\gamma = \sqrt{(R' + j\omega L')(G' + j\omega C')} \tag{9.16}$$

Die üblichen Verbindungsleitungen der Aufbau- und Verbindungstechnik weisen im interessierenden Frequenzbereich nur geringe Verluste auf $R' \ll \omega L'$, $G' \ll \omega C'$, so daß gilt:

$$Z = \sqrt{\frac{L'}{C'}} \sqrt{\left(1 + \frac{R'}{j\omega L'}\right) \Big/ \left(1 + \frac{G'}{j\omega C'}\right)} \approx \sqrt{\frac{L'}{C'}} \left(1 + \frac{R'}{2j\omega L'} - \frac{G'}{2j\omega C'}\right) \tag{9.17}$$

$$Z \approx Z_0 - j\frac{R'}{2\omega\sqrt{L'C'}} + j\frac{G' Z_0^2}{2\omega\sqrt{L'C'}}, \quad \text{mit } Z_0 = \sqrt{\frac{L'}{C'}} \tag{9.18}$$

$$\gamma = j\omega\sqrt{L'C'} \sqrt{\left(1 + \frac{R'}{j\omega L'}\right)\left(1 + \frac{G'}{j\omega C'}\right)} \approx j\omega\sqrt{L'C'} \left(1 + \frac{R'}{2j\omega L'} + \frac{G'}{2j\omega C'}\right) \tag{9.19}$$

$$\gamma = j\beta + \alpha \approx j\omega\sqrt{L'C'} + \frac{R'}{2Z_0} + \frac{G'}{2} Z_0 \tag{9.20}$$

Eine Übertragungsstrecke besteht wie in Abb. 9.4 (b) aus einem Sender mit dem

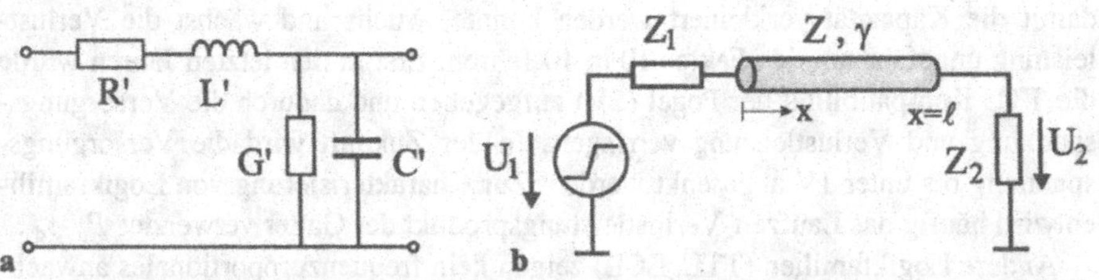

Abb. 9.4. (a) Ersatzschaltbild eines Leitungssegmentes mit Widerstandsbelag R', Induktivitätsbelag L', Kapazitätsbelag C' und Ableitungsbelag G' und (b) Übertragungsstrecke mit Treiberinnenwiderstand Z_1 und Empfängerimpedanz Z_2.

Innenwiderstand Z_1, der Leitung und einem Empfänger mit der Impedanz Z_2. Betrachten wir eine Leitung im eingeschwungenen Zustand, so ergibt sich:

$$U(x) = U_0 \frac{Z}{Z_1 + Z} \frac{e^{-\gamma x} + r_2\, e^{-\gamma(2\ell - x)}}{1 - r_1 r_2\, e^{-2\gamma \ell}} \tag{9.21}$$

mit den Reflexionsfaktoren:

$$r_1 = \frac{Z_1 - Z}{Z_1 + Z}, \qquad r_2 = \frac{Z_2 - Z}{Z_2 + Z} \tag{9.22}$$

Durch die Reflexionen am Eingang bzw. Ausgang können erhebliche Signalstörungen entstehen, die ein einwandfreies Schalten des Empfängers verhindern können ($r_2 \approx 1$ für CMOS). Als Maßnahme ist daher einer der Reflexionsfaktoren (r_1 oder r_2) durch zusätzliche Schaltungsmaßnahmen zu Null zu machen, indem der Eingangs- oder der Abschlußwiderstand der Leitung auf die Leitungsimpedanz angepaßt wird. Im Fall von CMOS-Schaltungen ergänzt man den Ausgangswiderstand durch einen in Serie geschalteten Widerstand auf die Leitungsimpedanz (Abb. 9.5).

$$R \approx Z - Z_1 \tag{9.23}$$

Da die Leitungsimpedanz selbst frequenzabhängig und komplexwertig ist, kann die Anpassung natürlich nur für einen bestimmten Frequenzbereich erfolgen, üblicherweise orientiert man sich daher an der Impedanz für hohe Frequenzen Z_0. Diese Maßnahme ist jedoch nur dann erforderlich, wenn die Laufzeit t_d deutlich größer ist als die Anstiegszeit t_r des Signals, da Reflexionen innerhalb der Anstiegszeit keine wesentlichen Störungen verursachen. Als störsicher kann man Signale betrachten, wenn die folgende Bedingung eingehalten wird.

$$t_r > 2{,}5\, t_d \tag{9.24}$$

Für langsame Signale $t_r > 5\, t_d$ sind Laufzeiteffekte ganz ohne Bedeutung, und die Leitung wird dann häufig allein durch ihren Widerstand und die Kapazität ersetzt. Aus diesem Grund werden Laufzeiteffekte auf dem Chip häufig vernachlässigt. Diese spielen allerdings bei Leiterplatten oder Multi-Chip-Modulen eine bedeutende Rolle [16].

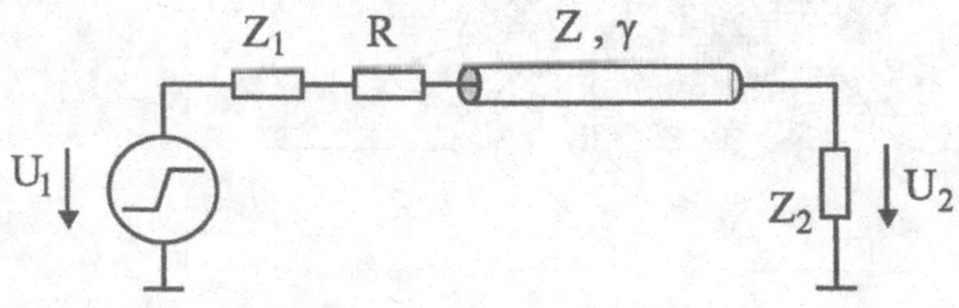

Abb. 9.5. Übertragungsstrecke mit zusätzlichem treiberseitigem Abschlußwiderstand R.

Beispiel:

Die kritische Leitungslänge ergibt sich aus der Bedingung (9.24) und der Signalausbreitungsgeschwindigkeit $v = c_0 / \sqrt{\varepsilon_r}$

$$t_d = \frac{\ell}{v} = \frac{\ell\sqrt{\varepsilon_r}}{c_0} \qquad \ell_{krit} = \frac{t_r\, c_0}{2{,}5\sqrt{\varepsilon_r}} \tag{9.25}$$

Auf einem Chip mit der Taktfrequenz $f = 500\,\mathrm{MHz}$ beträgt die Anstiegszeit $t_r = 200\,\mathrm{ps}$ die Dielektrizitätszahl ist $\varepsilon_r = 9$. Es ergibt sich eine kritische Leitungslänge von

$$\ell_{krit} = \frac{200\,\mathrm{ps}\;\; 3\cdot 10^8\,\mathrm{m}}{2{,}5\sqrt{9}\;\mathrm{s}} = 8\,\mathrm{mm}$$

Auf einem Multi-Chip-Modul mit Polyimid Dünnfilmverdrahtung ist die Taktfrequenz $f = 150\,\mathrm{MHz}$, die Anstiegszeit $t_r = 650\,\mathrm{ps}$ und $\varepsilon_r = 3$. Die kritische Leitungslänge ist

$$\ell_{krit} = \frac{650\,\mathrm{ps}\;\; 3\cdot 10^8\,\mathrm{m}}{2{,}5\sqrt{3}\;\mathrm{s}} \approx 4{,}5\,\mathrm{cm}$$

Für die Bestimmung der Leitungsparameter werden Feldsimulatoren eingesetzt. Sie erlauben, wie in Abb. 9.6 dargestellt, die genaue Ermittlung des elektromagnetischen Felds und der Leitungsparameter von Mehrleiteranordnungen und sind auch in der Lage die frequenzabhängigen Verluste zu bestimmen [11]. Um hier die grundsätzliche Abhängigkeit der Leitungsparameter R', L', C', G' zu gewinnen, schätzen wir sie grob aus den Werten für die Paralleldrahtleitung ab. Wir ersetzen also die in der Regel rechteckförmigen Leiter näherungsweise durch runde. Die

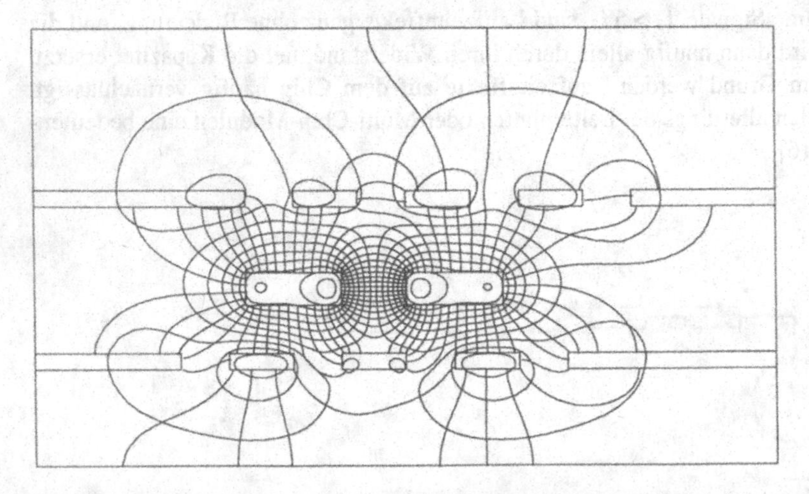

Abb. 9.6. Simulierte elektrische und magnetische Feldverteilung einer Mehrleiteranordnung.

magnetische Feldstärke H außerhalb der Leitung eines einzelnen Runddrahts erhält man aus:

$$H_\varphi(r)=\frac{I}{2\pi r} \tag{9.26}$$

Mit den Bezeichnungen aus Abb. 9.7 erhält man für eine Paralleldrahtleitung entlang der x-Achse, durch Superposition der zu den beiden Leitern gehörenden Felder, den Feldverlauf:

$$H_y(x)=\frac{I}{2\pi(x+d)}-\frac{I}{2\pi(x-d)} \tag{9.27}$$

Im Zwischenraum der beiden Leiter ergibt sich damit pro Längeneinheit ein magnetischer Fluß Φ' von

$$\Phi'=\int_{-d+a}^{d-a} B_y(x)\,dx=\frac{I}{2\pi}\mu\int_{-d+a}^{d-a}\frac{1}{x+d}-\frac{1}{x-d}dx \tag{9.28}$$

$$\Phi'=\frac{I}{2\pi}\mu\left[\ln(x+d)-\ln(x-d)\right]_{-d+a}^{d-a}=\frac{I}{\pi}\mu\ln\frac{2d-a}{a} \tag{9.29}$$

Für die auf die Längeneinheit bezogene Induktivität außerhalb der Leiter L_a' folgt schließlich:

$$L_a'=\frac{\Phi'}{I}=\frac{\mu}{\pi}\ln\frac{2d-a}{a} \tag{9.30}$$

Der Formel (9.30) liegt die Annahme zugrunde, daß die Stromdichte gleichförmig über den Leiterquerschnitt verteilt ist. Durch die Wechselwirkung der Felder

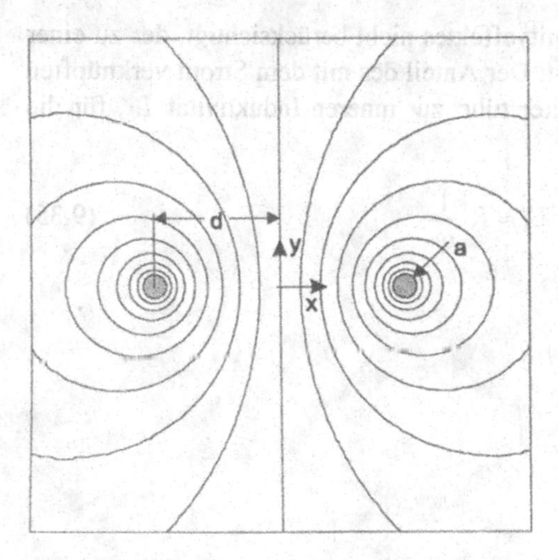

Abb. 9.7. Magnetisches Feld einer Paralleldrahtleitung. Leiterabstand $2d$, Leiterradius a.

kommt es mit zunehmender Frequenz zu einer Änderung der Stromdichteverteilung, wodurch sich das erhaltene Ergebnis geringfügig ändert (Proximityeffekt). In ähnlicher Weise ergibt sich für den Kapazitätsbelag:

$$C' = \frac{\pi\,\varepsilon}{\ln\dfrac{2d-a}{a}} \tag{9.31}$$

Eine genauere (für $d >> a$ jedoch identische) Formel berücksichtigt die Wechselwirkung der beiden Leiter und beinhaltete die Tatsache, daß bei Linienladungen konzentrische Kreise keine Äquipotentialflächen bilden [8].

$$C' = \frac{\pi\,\varepsilon}{\operatorname{arccosh}\dfrac{2d}{a}} \tag{9.32}$$

Auch die äußere Induktivität folgt bei hohen Frequenzen und ausgeprägtem Skin- und Proximityeffekt dieser Abhängigkeit. Um eine Näherung für den Widerstandsbelag zu erhalten, muß die Stromdichteverteilung bekannt sein. Innerhalb des Leiters findet aufgrund des Skineffektes eine Konzentration des Stroms an der Leiteroberfläche statt (Abb. 9.8). Mit der exponentiellen Abhängigkeit der Stromdichte $J(x) \sim e^{-x/\delta}$ und der frequenzabhängigen Eindringtiefe $\delta = \sqrt{2/\omega\kappa\mu}$ berechnet sich der Widerstandsbelag R' eines runden Leiters zu:

$$R' = \frac{1}{\kappa}\frac{1}{\delta\, 2\pi a} = \frac{1}{2\pi a}\frac{1}{\kappa}\sqrt{\frac{\omega\kappa\mu}{2}} \tag{9.33}$$

Für die Doppelleitung erhält man den Widerstandsbelag.

$$R' = \frac{1}{\pi a}\sqrt{\frac{\omega\mu}{2\kappa}} \tag{9.34}$$

Hierbei wurde der Einfluß des Proximityeffektes nicht berücksichtigt, der zu einer Erhöhung des Widerstandsbelags führt. Der Anteil des mit dem Strom verknüpften magnetischen Felds innerhalb der Leiter führt zur inneren Induktivität L_i, für die näherungsweise gilt:

$$L_i' \approx R'\frac{1}{\omega} \tag{9.35}$$

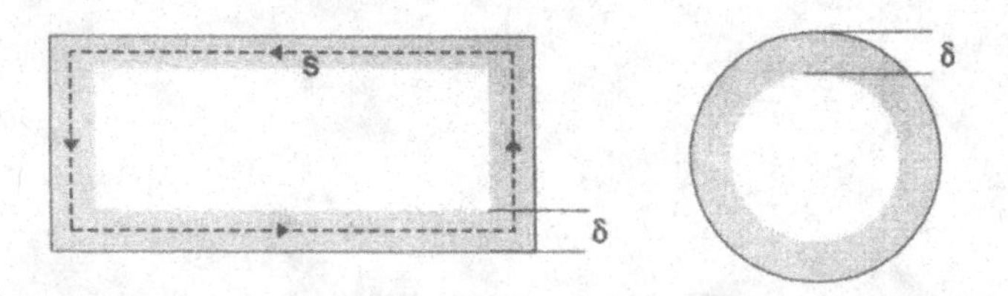

Abb. 9.8. Skineffekt in einem rechteckigen und runden Leiter.

Für dielektrisch verlustbehaftete Isolationsmaterialien mit dem dielektrischen Verlustwinkel $\tan\delta_\varepsilon$ berechnet sich der Ableitungsbelag G' zu:

$$G' = C'\,\omega\,\tan\delta_\varepsilon \tag{9.36}$$

Vernachlässigt man die in der Regel kleinen dielektrischen Verluste und die innere Induktivität, so ergeben sich die folgenden Näherungen für den Wellenwiderstand Z, die Ausbreitungsgeschwindigkeit v_{ph} und Dämpfung α der Doppelleitung:

$$Z \approx Z_0 = \sqrt{\frac{\mu}{\varepsilon}}\frac{1}{\pi}\ln\frac{2d-a}{a} \approx \frac{120\,\Omega}{\sqrt{\varepsilon_r}}\ln\frac{2d-a}{a} \tag{9.37}$$

$$v_{ph} = \frac{\omega}{\beta} \approx \frac{1}{\sqrt{L_a'C'}} = \frac{1}{\sqrt{\mu\varepsilon}} = \frac{c_0}{\sqrt{\varepsilon_r}} \tag{9.38}$$

$$\alpha \approx \frac{R'}{2Z_0} = \frac{1}{2}\frac{1}{\pi a}\sqrt{\frac{\omega\mu}{2\kappa}}\,\pi\sqrt{\frac{\varepsilon}{\mu}}\,\frac{1}{\ln\frac{2d-a}{a}} \approx \sqrt{\frac{\omega\mu}{2\kappa}}\,\frac{\sqrt{\varepsilon_r}}{754\,\Omega}\,\frac{1}{a\ln\frac{2d-a}{a}} \tag{9.39}$$

Die Sprungantwort weist den typischen in Abb. 9.9 dargestellten Signalverlauf auf. Nach der Laufzeit springt das Signal auf den Wert $U_1 e^{-\alpha\ell}$ und steigt dann langsam auf die volle Spannung an [3]. Der durch das Laden der verteilten Leitungskapazität bedingte verzögerte Anstieg ist für schnelle Schaltungen zu langsam, so daß in diesem Fall bereits der nach der Laufzeit zur Verfügung stehende Signalanteil zum sicheren Schalten ausreichen muß. Dies begrenzt die maximal mögliche Länge von verlustbehafteten Übertragungsleitungen. Im Fall von Dünnfilmleitungen kann die Leitungslänge durch den Einfluß der Dämpfung auf weniger als 20 cm begrenzt sein. Im allgemeinen begrenzen Dämpfungs- und Reflexionseffekte die maximale Taktrate und damit die Übertragungskapazität. Weitere Störeinflüsse

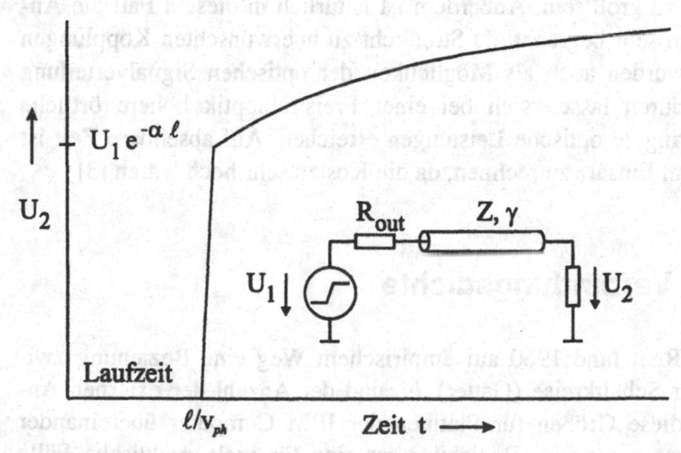

Abb. 9.9. Sprungantwort einer verlustbehafteten Leitung an der Empfängerseite.

sind die Kopplungen zwischen benachbarten Leitungen und die als Ground Bounce bezeichneten Spannungsabfälle aufgrund der Induktivität des Versorgungssystems [5, 18]. Die elektrischen und magnetischen Koppelfaktoren sind vom Leitungsabstand abhängig und können durch Schirmleitungen oder über eine Vergrößerung des Abstands kontrolliert werden. Störungen auf dem Versorgungssystem können durch induktivitätsarme Versorgungsleitungen, beispielsweise mit durchgehenden Versorgungsebenen und mit Hilfe von Abblockkondensatoren vermindert werden.

Für längere Übertragungsstrecken können optische Verbindungen von Vorteil sein. Zwar weisen sie keinen Vorteil bezüglich der Laufzeit auf, jedoch ist der Einfluß frequenzabhängiger Effekte und damit die Dispersion geringer, da die Frequenz des Nutzsignals klein gegenüber der Trägerfrequenz ist. Daher treten bei optischen Signalen keine zusätzlichen, durch Dämpfung oder Signalverzerrung bedingten, Verzögerungszeiten auf. Als zweiter wesentlicher Vorteil ist die geringe Störempfindlichkeit zu nennen. Während elektrische Signalleitungen durch kapazitive oder induktive Kopplung hohe Störpegel aufweisen können, sind optische Wellenleiter nahezu störunanfällig gegenüber elektromagnetischen Feldern und Streulicht.

Diese Eigenschaften machen optische Verbindungen als möglichen Ersatz für lange elektrische Verbindungen attraktiv [2]. Optische Wellenleiter können z. B. aus SiO_2 durch Implantation von Dotierstoffen hergestellt werden. Hierdurch wird der Brechungsindex des optisch sehr gut geeigneten Materials beeinflußt. Die optische Verbindung besteht im einfachsten Fall aus einer Laserdiode, einem optischen Medium und einem (CMOS-kompatiblen) Empfänger. Die Übertragungszeit setzt sich aus der Verzögerung durch den Laser, der Laufzeit im optischen Medium und der Ansprechzeit des Empfängerschaltkreises zusammen. Derzeit verfügbare Laserdioden weisen hohe Verlustleistungen auf und auch das Ansprechverhalten ist nicht immer befriedigend. Daher ist im Moment allenfalls an die optische Übertragung weniger Signale zu denken, z. B. die Verteilung des Clock-Signals.

Eine freistrahlende Optik kann bezüglich der optischen Energie sehr verschwenderisch sein. Die benötigte optische Leistung und die damit erzeugte thermische Verlustleistung kann zu groß sein. Außerdem ist natürlich in diesem Fall die Anzahl der Signalquellen sehr begrenzt, da Streulicht zu unerwünschten Kopplungen führt. Hologramme wurden auch als Möglichkeit der optischen Signalverteilung vorgeschlagen. Hierdurch lassen sich bei einer Freistrahloptik höhere örtliche Auflösungen und geringere optische Leistungen erreichen. Auf absehbare Zeit ist jedoch nicht mit einem Einsatz zu rechnen, da die Kosten sehr hoch wären [3]

9.3 Anschluß- und Verbindungsdichte

Der IBM Ingenieur Rent fand 1960 auf empirischem Weg eine Beziehung zwischen der Anzahl der Schaltkreise (Gatter) N und der Anzahl der externen Anschlüsse c_e, als er diese Größen für Platinen der IBM Computer übereinander auftrug. Die von Rent gefundene Beziehung ist eine für viele praktische Fälle ausreichende Approximation des Zusammenhangs zwischen Anschlußzahl und Schaltkreiskomplexität

$$c_e = bN^p \tag{9.40}$$

Der Exponent p wird Rentexponent genannt, b ist ein Vorfaktor. Die ursprünglich von Rent bestimmten Werte waren $b = 2{,}5$ und $p = 0{,}6$. Allgemein ist der Rentexponent abhängig von der Schaltkreistopologie und der Verteilung der Leitungslängen.

Die Rentsche Regel hat eine hohe Bedeutung nicht nur zur Bestimmung der Anschlußzahlen, sondern auch für die Abschätzung des Verdrahtungsaufwands und der Übertragungskapazität [3, 16, 18]. Man kann auf einfache Weise den von Rent gefundenen Zusammenhang plausibel machen. Nehmen wir ein Raster aus Komponenten mit jeweils 4 Anschlüssen (Abb. 9.10), z. B. haben logische Grundfunktionen zwei Eingänge und der Ausgang wird im Mittel auf zwei Eingänge verzweigt. Bei N Komponenten erhalten wir

$$c_e = 4\sqrt{N} \tag{9.41}$$

externe Anschlüsse und für die Anzahl der internen Verbindungen gilt:

$$c_i = 2N - 2\sqrt{N} \tag{9.42}$$

Das Modell ist allerdings zu stark idealisiert, da es keine langen Verbindungen enthält. Reale Systeme bestehen nicht nur aus Verbindungen zu den nächsten Nachbarn ($M = 1$). Betrachten wir wie in Abb. 9.10 ein System, bei dem alle Verbindungen zu den übernächsten Nachbarn führen (Maschenwerte $M = 2$). Für die jeweils mit dem Kreuz ($\times$) bzw. Kreis ($\circ$) gekennzeichneten Komponenten gilt:

$$c_{e\times} = 4\sqrt{N_\times}\,, \qquad c_{e\circ} = 4\sqrt{N_\circ} \tag{9.43}$$

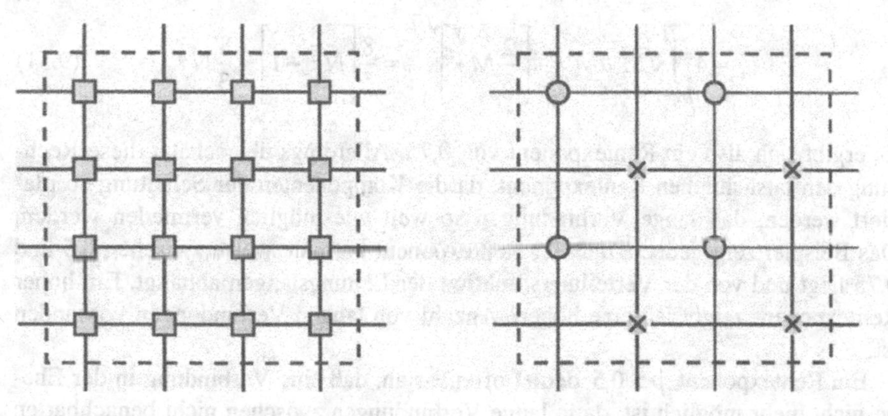

Abb. 9.10. Regelmäßiges Raster aus Komponenten mit jeweils 4 Anschlüssen und Verbindungen nur zu den nächsten $M = 1$ und zu den übernächsten $M = 2$ Nachbarn.

$$c_{i\times} = 2N_\times - 2\sqrt{N_\times}\,, \qquad c_{io} = 2N_o - 2\sqrt{N_o} \tag{9.44}$$

Nimmt man an, daß jeweils gleich viele Komponenten vom Typ Kreuz und Kreis vorhanden sind, so ergibt sich:

$$N_\times = N_o = \frac{N}{2} \tag{9.45}$$

$$c_e = 4\left(\sqrt{N_\times} + \sqrt{N_o}\right) = 4\cdot 2\sqrt{\frac{N}{2}} = \frac{8}{\sqrt{2}}\sqrt{N} \tag{9.46}$$

$$c_i = 2\left(N_\times - \sqrt{N_\times} + N_o - \sqrt{N_o}\right) = 2N - \frac{4}{\sqrt{2}}\sqrt{N} \tag{9.47}$$

Der Rentexponent bleibt also unverändert $p = 0{,}5$, nur der Vorfaktor ändert sich gegenüber den Gln. (9.41), (9.42). Für eine beliebige Maschenweite M gilt unter den gleichen Voraussetzungen:

$$c_e = 4\sqrt{M}\sqrt{N}\,, \qquad c_i = 2N - 2\sqrt{M}\sqrt{N} \tag{9.48}$$

Nehmen wir an, daß in einem System die Verbindungslängen $M = 1$ bis $M = \sqrt{N}$ mit den Häufigkeiten $h(M)$ auftreten, dann ergibt sich die Anzahl der externen Verbindungen zu:

$$c_e = 4\sum_{M=1}^{\sqrt{N}} \sqrt{M}\sqrt{N}\;\; h(M) \qquad \text{mit:} \;\sum_{M=1}^{\sqrt{N}} h(M) = 1 \tag{9.49}$$

Für den einfachen Fall mit gleichen Häufigkeiten $h(M) = 1/\sqrt{N}$ ergibt sich die Abschätzung:

$$c_e = 4\sum_{M=1}^{\sqrt{N}} \sqrt{M}\sqrt{N}\,\frac{1}{\sqrt{N}} = 4\sum_{M=1}^{\sqrt{N}} \sqrt{M} \tag{9.50}$$

$$c_e \approx 4\int_{M=1}^{\sqrt{N}} \sqrt{M}\, dM = 4\left[\frac{2}{3}M^{\frac{3}{2}}\right]_1^{\sqrt{N}} = \frac{8}{3}\left[N^{\frac{3}{4}} - 1\right] \approx \frac{8}{3}N^{\frac{3}{4}} \tag{9.51}$$

Es ergibt sich also ein Rentexponent von 0,75. Allerdings überschätzt diese Rechnung den tatsächlichen Rentexponent, da die Komponenten der Schaltung so plaziert werden, daß lange Verbindungen so weit wie möglich vermieden werden. Das Beispiel zeigt jedoch, daß der Rentexponent normalerweise zwischen 0,5 und 0,75 liegt und von der Verteilungsfunktion der Leitungslängen abhängt. Ein hoher Rentexponent zeigt, daß eine höhere Anzahl von langen Verbindungen vorhanden ist.

Ein Rentexponent $p > 0{,}5$ deutet offenbar an, daß eine Verbindung in der Ebene nicht mehr möglich ist, da ja lange Verbindungen zwischen nicht benachbarten Komponenten notwendig sind. Ordnen wir, wie in Abb. 9.11, die Komponenten in

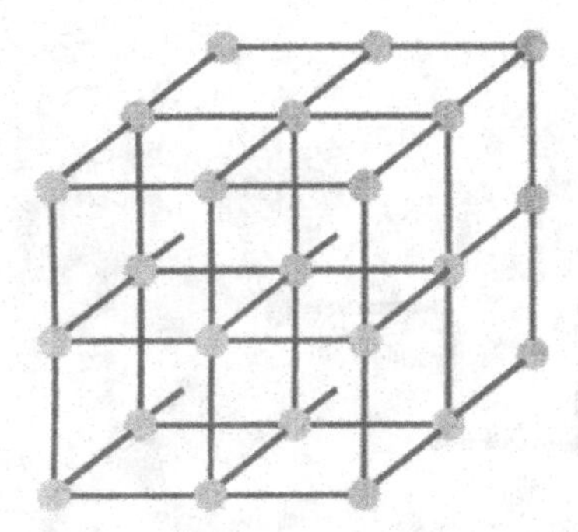

Abb. 9.11. Dreidimensionale rasterförmige Anordnung der Komponenten.

einem würfelförmigen Raster an, so ergibt sich ein Rentexponent von 0,66 der dies verdeutlicht.

Werden die Komponenten in funktionale Einheiten gegliedert, so nimmt die Anzahl der externen Verbindungen ab. Die Realisierung einer Funktion (System) hat dann Rentparameter, die von der zugrundeliegenden Partitionierung in Subfunktionen abhängig sind. Die Partitionierung spiegelt die Hierarchie oder Architektur des Systems wider. Aus diesem Grund haben logische Schaltungen zum Teil niedrigere Rentexponenten als dies von der obigen Betrachtung vorausgesagt wird. Regelmäßige Strukturen weisen einen niedrigeren Rentexponenten auf, beliebige Logikverknüpfungen einen höheren.

Der Rentexponent wird auch bei der Abschätzung des Verdrahtungsbedarfs verwendet. Zunächst berechnen wir jedoch die verfügbare Verdrahtungskapazität. Als Verdrahtungskapazität W_c wird die Gesamtlänge der Leitungen definiert, die in einer gegebenen Struktur pro Flächeneinheit zur Verfügung stehen. Auf einer gegebenen Fläche F mit der Seitenlänge ℓ steht bei einer Anzahl s von Signallagen insgesamt eine Verdrahtungsfläche von

$$F\,s = \ell^2\,s \tag{9.52}$$

zur Verfügung (Abb. 9.12). Für den Leitermittenabstand (pitch) p lassen sich

$$n = \frac{\ell}{p} \tag{9.53}$$

Leitungen, jeweils von der Länge ℓ unterbringen. Die Verdrahtungskapazität ist dann:

$$W_c = \frac{n\,\ell\,s}{F} = \frac{\ell^2\,s}{p\,\ell^2} = \frac{s}{p} \tag{9.54}$$

Die Verdrahtungskapazität wird üblicherweise in der Einheit $[\mathrm{m/cm^2}]$ angegeben. Die Verdrahtungskapazität stellt einen theoretischen Maximalwert dar. Bedingt durch Lagenwechsel und die Güte der Verdrahtung läßt sich in der Praxis nur

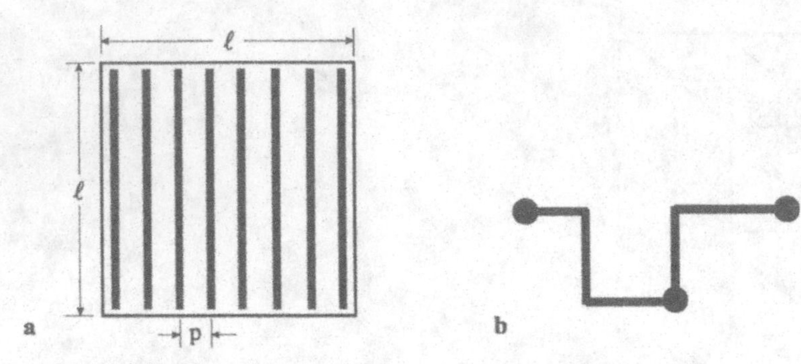

Abb. 9.12. (**a**) Einteilung der Verdrahtungsfläche in Kanäle mit dem Pitch p und (**b**) Netz mit $P_n = 3$ Pins und $P_n - 1 = 2$ Leitungssegmenten. Die Segmente in x- bzw. y-Richtung werden auf unterschiedlichen Lagen verdrahtet.

ein Teil der Verdrahtungskapazität nutzen. Dieser Prozentsatz wird als Verdrahtungseffizienz ε bezeichnet. Übliche Erfahrungswerte liegen bei 40-50%.

Beispiele:

Chip-Verdrahtung (Si-Al)

$p = 5\mu\text{m}, \quad s = 2 \qquad W_c = \frac{2}{5\mu\text{m}} = 40\frac{\text{m}}{\text{cm}^2}$

MCM-Polyimid Dünnfilmtechnik

$p = 100\mu\text{m}, \quad s = 3 \qquad W_c = \frac{3}{100\mu\text{m}} = 3\frac{\text{m}}{\text{cm}^2}$

Der Verdrahtungsbedarf ist eine schwieriger abzuschätzende Größe. Hierzu verwendet man die auf den Abstand der zu verdrahtenden Chips oder Gatter bezogene mittlere Leitungslänge $\overline{R}$. Die mittlere Leitungslänge ist eine einheitenlose Größe. Für eine Komponente mit c_e Anschlüssen (Terminals) ergibt sich der Verdrahtungsbedarf W_d von:

$$W_d = \frac{c_e \overline{R} D \alpha}{D^2} \tag{9.55}$$

D ist das Rastermaß, d. h. der Abstand der Komponenten. Der Faktor α beinhaltet die Tatsache, daß Verbindungsleitungen gleichzeitig an mehreren Terminals angeschlossen sind. Ein Verbindungsnetz zwischen P_n Pins besteht wie in Abb. 9.12(b) aus $P_n - 1$ Leitungssegmenten.

$$\alpha = \frac{P_n - 1}{P_n} \tag{9.56}$$

Eine einfache Abschätzung für die mittlere Leitungslänge geht von der Annahme aus, daß mit gleicher Häufigkeit Verbindungen zwischen dem nächsten und übernächsten Nachbarn vorhanden sind, woraus sich der Mittelwert $\overline{R} = 1{,}5$ ergibt.

Tabelle 9.1. Entwicklung charakteristischer Parameter von Mikroprozessoren und ASICs [15].

Jahr	1995	1997	1999	2001	2003	2006	2009	2012
Strukturgröße [μm]	0,35	0,25	0,18	0,15	0,13	0,10	0,07	0,05
Transistorzahl $\cdot 10^6$	5	11	21	40	76	200	520	1400
Anschlußzahl (ASIC)	750	1100	1500	1800	2200	3000	4100	5500
Signallagen	4-5	6	6-7	7	7	7-8	8-9	9
Spannung [V]	3,3	2,5-1,8	1,8-1,5	1,5-1,2	1,5-1,2	1,2-0,9	0,9-0,6	0,6-0,5
Taktrate [MHz]	200	400	600	700	800	1100	1400	3000

Beispiel:

Chip-Verdrahtung (Logik), Zellengröße $50\,\mu\text{m}^2 \rightarrow D \approx 7\,\mu\text{m}$, Gatter mit 3 Terminals und jeweils 3 Pins pro Netz

$$W_d = 3 \cdot 1{,}5 \frac{3-1}{3} \frac{1}{7\mu\text{m}} \approx 40 \frac{\text{m}}{\text{cm}^2}$$

Multi-Chip-Modul, Chipraster $D = 1\,\text{cm}$, Chips mit $c_e = 80$ Anschlüssen und durchschnittlich 3 Pins pro Netz

$$W_d = 80 \cdot 1{,}5 \frac{3-1}{3} \frac{1}{1\text{cm}} = 0{,}8 \frac{\text{m}}{\text{cm}^2}$$

Wie man aus dem Vergleich von Verdrahtungskapazität und Verdrahtungsbedarf sieht, wächst bei zunehmender Integrationsdichte und damit für eine hohe Komponentenanzahl der Verdrahtungsbedarf stärker als die Verdrahtungskapazität. Daher

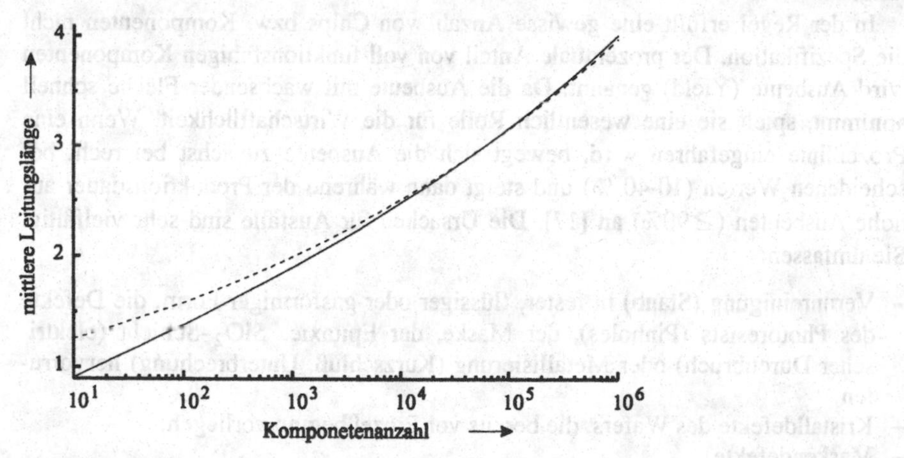

Abb. 9.13. Abhängigkeit der mittleren Leitungslänge $\overline{R}$ von der Anzahl der Komponenten für einen Rentexponenten $p = 0{,}6$ nach dem Modell von Feuer (durchgezogene Linien) und der Näherung N^{p-05} (unterbrochene Linie).

muß mit der Integrationsdichte auch die Anzahl der Signallagen zunehmen, dies ist zusammen mit einigen anderen Parametern der Tabelle 9.1 zu entnehmen.

Wir hatten bei der Betrachtung der Rentschen Regel gesehen, daß der Rentexponent von der Verteilung der Leitungslängen, also von der mittleren Leitungslänge abhängt. Genauere Modelle zur Schätzung der mittleren Leitungslänge benutzen daher den Rentexponenten. Das Modell von Feuer liefert für Rentexponenten $p > 0{,}5$ die Abschätzung [16].

$$\overline{R} = \sqrt{2}\,\frac{2p\,(3+2p)\,N^{p-05}}{(1+2p)\,(2+2p)\,(1+N^{p-1})} \tag{9.57}$$

Für eine große Zahl N von Komponenten liefert die Formel von Feuer die Asymptote:

$$\overline{R} \rightarrow N^{p-05} \tag{9.58}$$

Beispielsweise ergibt sich mit dem Rentexponenten $p = 0{,}6$ die in Abb. 9.13 angegeben Abhängigkeit für die mittlere Leitungslänge.

9.4 Ausbeute und Test

Im Gegensatz zu konventionellen Systemen (z. B. Anlagenbau, Brückenbau) ist die Reparaturfähigkeit von Produkten der Mikrosystemtechnik und besonders von integrierten Schaltungen stark eingeschränkt. Die nach Durchgang der Produktion nicht funktionsfähigen Systeme oder Schaltungen sind nicht reparaturfähig und werden als Ausschuß betrachtet. Da die typischen Ausfallraten relativ groß sind (bis zu einigen 10%), kommt dem abschließenden Systemtest eine hohe Bedeutung.

In der Regel erfüllt eine gewisse Anzahl von Chips bzw. Komponenten nicht die Spezifikation. Der prozentuale Anteil von voll funktionsfähigen Komponenten wird Ausbeute (Yield) genannt. Da die Ausbeute mit wachsender Fläche schnell abnimmt, spielt sie eine wesentlich Rolle für die Wirtschaftlichkeit. Wenn eine Prozeßlinie eingefahren wird, bewegt sich die Ausbeute zunächst bei recht bescheidenen Werten (10-40 %) und steigt dann während der Produktionsdauer auf hohe Ausbeuten ($\geq 90\%$) an [17]. Die Ursachen für Ausfälle sind sehr vielfältig. Sie umfassen:

- Verunreinigung (Staub) in fester, flüssiger oder gasförmiger Form, die Defekte des Photoresists (Pinholes), der Maske, der Epitaxie, SiO_2-Schicht (elektrischer Durchbruch) oder Metallisierung (Kurzschluß, Unterbrechung) hervorrufen,
- Kristalldefekte des Wafers, die bereits vor Prozeßbeginn vorliegen,
- Maskendefekte,
- menschliche Fehler,
- Designfehler.

Für die zuerst genannten Ursachen sind Defekte verantwortlich, von denen angenommen wird, daß sie stochastisch vorkommen und zufällig auf der Fläche verteilt sind. Aus diesen Gründen ist es schwierig, zuverlässige allgemeine Aussagen über die Ausbeute zu machen. Ob ein Defekt zum Ausfall führt, hängt von dessen Größe d und der Strukturgröße $b_{\min}$ ab. Ein einfaches Modell besagt, daß Defekte der Größe $d > b_{\min} / 3$ zum Ausfall führen. Damit wird die Ausfallrate von der lokalen Verteilung der Strukturgrößen abhängig.

Nimmt man an, daß die Strukturabmessungen, wie dies näherungsweise bei integrierten Schaltungen der Fall ist, auf der gesamten Fläche gleich groß ist, so bestimmt sich die Ausbeute aus der Defektdichte D (Anzahl pro Flächeneinheit) und der Komponentenfläche A. Ein Anhaltswert für die Defektdichte ist $D = 1/\mathrm{cm}^2$. Unter den Annahmen folgt die Wahrscheinlichkeit, daß sich auf der Fläche A keine Defekte finden der Poissonverteilung. Für die Ausbeute Y erhält man:

$$Y = \mathrm{e}^{-AD} \tag{9.59}$$

Beispielsweise ist für $A = D^{-1}$ die Ausbeute $Y = \mathrm{e}^{-1} \approx 37\%$, die Ausfallwahrscheinlichkeit ist demnach $1 - Y \approx 63\%$. Ist die Ausbeute hoch, so kann die Näherung benutzt $Y \approx (1 - AD)$ werden.

Für große Schaltungen ist die aus der Poissonverteilung abgeleitete Beziehung für die Ausbeute zu pessimistisch, da die Defekte zumeist nicht streng statistisch verteilt auftreten, sondern über der Fläche eine nicht konstante Verteilungsdichte aufweisen. Hieraus ergeben sich je nach der zugrunde liegenden Verteilungsdichte unterschiedliche Vorhersagen für die Ausbeute [10, 17].

$$\text{Murphy:} \quad Y = \left(\frac{1 - \mathrm{e}^{-AD}}{AD} \right)^2 \tag{9.60}$$

$$\text{Stapper:} \quad Y = \mathrm{e}^{\frac{\pi}{4}(AD)^2} \operatorname{erf}\left(\sqrt{\pi} \frac{AD}{2} \right) \tag{9.61}$$

$$\text{Seed:} \quad Y = \mathrm{e}^{-\sqrt{AD}} \tag{9.62}$$

Defekte bewirken eine effektive Verteuerung der Produktion. Außerdem wird zwingend ein Test erforderlich, der zeit- und kostenaufwendig ist. Der Test, der testfreundliche Entwurf und fehlertolerante Systeme (Redundanz) werden daher intensiv untersucht.

Für einen Wafer mit der Fläche A_W und den Waferprozeßkosten K_W ergeben sich bei Annahme der Poissonverteilung die effektiven Chipprozeßkosten K_{Ch} zu:

$$K_{Ch} = K_W \frac{A}{A_W} \frac{1}{Y} = K_W \frac{A}{A_W} \mathrm{e}^{AD} \tag{9.63}$$

Hierbei wurde vereinfachend angenommen, daß die gesamte Waferfläche genutzt werden kann, was in der Praxis durch Verluste am Waferrand nicht der Fall ist.

Das Ergebnis zeigt, daß die Komponentenkosten exponentiell mit der Komponentenfläche ansteigen.

Aus diesem Grund und angesichts der Komplexität des Tests, ist es nicht praktikabel die gesamte Waferfläche für einen einzigen Chip zu nutzen (Wafer scale integration). Vielmehr legt es das Ergebnis nahe, die Funktion auf mehrere Chips aufzuteilen, die nach dem Test zusammen auf einem Substrat integriert werden. Je nach der verwendeten Technologie spricht man dann von Hybridintegration oder Multi-Chip-Modulen (MCM).

Besteht das Modul aus n ungetesteten Chips, die jeweils die Ausbeute $Y_{Ch}^{(i)}$ aufweisen, so ergibt sich für die Ausbeute des Moduls das Produkt:

$$Y = \prod_{i=1}^{n} Y_{Ch}^{(i)} \tag{9.64}$$

Insbesondere ist für n gleichartige Komponenten:

$$Y = (Y_{Ch})^n \tag{9.65}$$

Da die Kosten umgekehrt proportional zur Ausbeute ansteigen, ergibt sich der prinzipielle Zusammenhang für die Modulkosten K_M:

$$K_M \sim \frac{1}{Y} = \left(\frac{1}{Y_{Ch}}\right)^n \tag{9.66}$$

Demnach erreicht man bei Verwendung ungetesteter Chips keine höhere Ausbeute und somit keine Kostenreduktion. Dieser Zusammenhang ist in Abb. 9.14 graphisch wiedergegeben.

Verwendet man jedoch getestete Komponenten, so läßt sich eine Kostenreduktion erreichen. Bei der Aufteilung der Funktion auf n Chips ergeben sich bei Verwendung getesteter Komponenten Kosten des Moduls K_M in Abhängigkeit der Fläche zu:

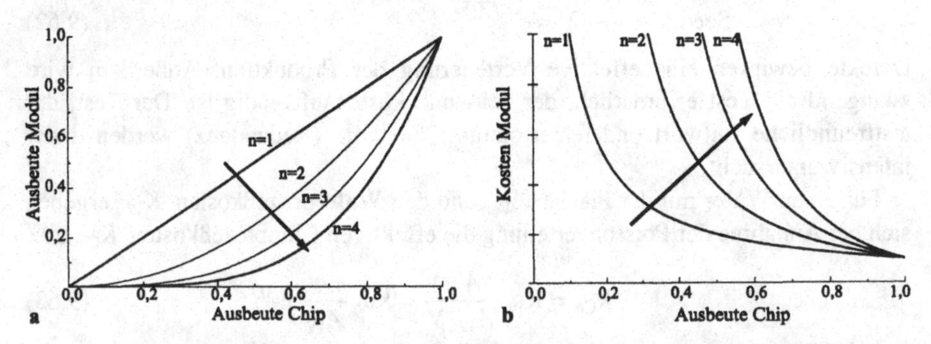

Abb. 9.14. Ausbeute und Kosten eines Multi-Chip-Moduls aus n gleichartigen, ungetesteten Chips. **(a)** Abhängigkeit der Modulausbeute von der Anzahl der Chips und der Chipausbeute. **(b)** Modulkosten in Abhängigkeit der Anzahl der Chips und der Chipausbeute.

$$K_M = n\, K_W \frac{A/n}{A_W} e^{\frac{AD}{n}} \tag{9.67}$$

Die Kostendifferenz zur Einchiplösung ist

$$K_{Ch} - K_M = K_W \frac{A}{A_W} e^{AD} - n\, K_W \frac{A/n}{A_W} e^{\frac{AD}{n}} = K_W \frac{A}{A_W}\left(e^{AD} - e^{\frac{AD}{n}} \right) \tag{9.68}$$

Diese Kosteneinsparung ist gegen die Mehraufwendungen für den Test und die Integration aufzuwiegen. Notwendig zum erfolgreichen Einsatz von Multi-Chip-Modulen ist also die Verfügbarkeit getesteter Komponenten. Da aber der Test und auch die Lagerung ungehäuster Komponenten zusätzliche Probleme aufwirft, muß im Einzelfall geprüft werden, ob diese Komponenten auch beschafft werden können. Dies wird als Known-Good-Die Problematik bezeichnet. Eine Reihe von Herstellern liefert inzwischen auch getestete, ungehäuste Chip.

Beispiel:

$K_W = 400\,\text{DM}$ 4" Wafer $D = 0{,}5 \frac{1}{\text{cm}^2}$ $A = 1\text{cm}^2$

$$K_{Ch} = 400\,\text{DM} \frac{1\,\text{cm}^2}{\pi (2 \cdot 2{,}54\ \text{cm})^2} e^{0{,}5} = 8{,}14\,\text{DM}$$

$$K_M(n) = 4{,}94\,\text{DM}\ e^{\frac{0{,}5}{n}}$$

Bei der Aufteilung in 2 bis 4 Chips ergeben sich Prozeßkosten, ohne die Kosten für den Test und die Integration von:

$$K_M(2) = 6{,}34\,\text{DM}, \quad K_M(3) = 5{,}83\,\text{DM}, \quad K_M(4) = 5{,}59\,\text{DM}$$

Die Überlegungen zur Ausbeute zeigen auf, daß ein Test der Komponenten zwingend erforderlich ist. Grundsätzlich gilt, daß der Test so früh wie möglich erfolgen sollte, um zusätzliche Kosten für die weitere Prozessierung und Integration zu vermeiden. Häufig ist jedoch der Funktionstest erst am fertig prozessierten und gehäusten Bauteil möglich, weil beispielsweise erst dann die notwendige Kontaktierung zur Verfügung steht. Dies ist besonders dann schmerzlich, wenn – wie bei modernen hochpoligen Gehäusen – die Kosten der Gehäusung (Integration) gleich hoch sind oder sogar die Kosten des Chips oder der Mikrosystemkomponente übersteigen. Zudem ist der Test selbst zeit- und kostenaufwendig.

Ein einfaches Beispiel verdeutlicht die Komplexität des Tests. Ein 64 Bit Zähler kann 2^{64} Zustände annehmen, die jeweils geschrieben und gelesen werden müssen. Gehen wir von der (optimistischen) Annahme aus, daß ein Zugriff jeweils 10 ns erfordert, so ist für einen vollständigen Test eine Dauer von:

$$2 \cdot 2^{64} \cdot 10\,\text{ns} \approx 3{,}69 \cdot 10^{11}\,\text{s} \approx 1170\ \text{Jahre} \tag{9.69}$$

erforderlich. Teilt man jedoch in 8 Blöcken zu je 8 Bit auf, so ergibt sich eine Dauer von:

$$8 \cdot \left(2 \cdot 2^8\right) \cdot 10\,\text{ns} \approx 41\,\mu\text{s} \tag{9.70}$$

Das einfache Beispiel verdeutlicht bereits, daß ein vollständiger Test in der Regel nicht möglich ist und komplexere Strukturen nur durch Gruppierung in funktionale Einheiten getestet werden können.

Der Test hochintegrierter Schaltungen stellt eine komplexe Aufgabe dar, da alle Gatter in ihrer Funktion zu prüfen sind, diese aber nicht einzeln, sondern nur über externe Anschlüsse angesprochen werden können. Aus diesem Grund werden bereits während des Entwurfs eine geeignete Teststrategie und Testvektoren entwickelt [1]. In der Mikrosystemtechnik werden zwar nicht so hohe Integrationsraten wie in der Mikroelektronik erreicht, jedoch wird mit nichtelektrischen Signalformen gearbeitet, für die ebenfalls geeignete Tests zu entwickeln sind.

Ein Teil der Tests kann durch optische Inspektion, auch durch automatische Bildverarbeitung zur Kontrolle der Abmessungen wichtiger funktionaler Strukturen durchgeführt werden. Häufig läßt sich die Funktion jedoch nur durch eigens hierfür konzipierte Geräte durchführen. Für die Mikromechanik stehen Testgeräte zur Verfügung, Gassensoren werden durch Testgase überprüft.

Analoge Signale sind in der Regel schwieriger zu testen als digitale, da nicht nur einzelne Zustände, sondern die vollständigen Kennlinien zu überprüfen sind. Der testfreundliche Entwurf (DFT: Design for Test) erfordert es, daß Testanschlüsse so vorgesehen und herausgeführt werden, daß die einzelnen Baugruppen getrennt voneinander überprüft werden können. Die Gruppierung ist so vorzunehmen, daß die Zustandsgrößen im Inneren des Systems beobachtbar und steuerbar sind. Die Begriffe der Steuerbarkeit und Beobachtbarkeit werden in der Systemtheorie definiert und mathematische Bedingungen für analoge Signale angegeben [19]. Ein System wird als beobachtbar bezeichnet, wenn der Zustand der Energiespeicher aus der Kenntnis der Ein-/Ausgangsgrößen zu den vorangegangenen Zeitpunkten eindeutig bestimmt werden kann. Steuerbarkeit setzt voraus, daß der Zustand der Energiespeicher durch die Eingangsgrößen gezielt beeinflußt werden kann. Hieraus folgt als allgemeine Regel, daß die von außen nicht zu beeinflussenden Größen während des Tests abgeschaltet und die Signale von außen über zusätzliche Testanschlüsse zugeführt werden müssen. Beispiele für nicht steuerbare oder beobachtbare Schaltungsteile sind Konstantstrom- und -spannungsquellen, Oszillatoren, Zähler oder redundante Schaltungsteile. Eine schlechte Steuerbarkeit oder Beobachtbarkeit liegt in der Regel bei selbstkompensierenden Schaltungen vor.

9.5 Zuverlässigkeit

Neben den im letzten Abschnitt behandelten Ausfällen durch Verunreinigungen sind noch zwei weitere Aspekte für die Funktion und Zuverlässigkeit von Bedeutung. Dies sind zum einen die sogenannten Soft Faults, die durch Streuung der Bauteilparameter zu einer nicht ordnungsgemäßen Funktion führen und zum anderen Alterungsvorgänge, die bereits während der Produktion, jedoch vor allem im Betrieb zu Ausfällen führen. Soft Faults können ebenfalls nach Fertigstellung getestet werden und wenn es die Funktion zuläßt durch Kompensation oder Abgleich korrigiert werden.

Die mit der Alterung zusammenhängenden Ausfälle können nicht getestet und allenfalls statistisch untersucht werden. Hierzu benutzt man Umgebungsbedingungen, die ein beschleunigtes Altern bewirken. Die wichtigsten Ausfallmechanismen sind [4, 16, 18]:

- Korrosion: führt zu Kontaktfehlern durch eindringende Feuchtigkeit, Aktivierungsenergie $E_a = 0{,}3 - 0{,}8\ \text{eV}$.
- Bruch: durch thermisch induzierte mechanische Spannungen, Vibrationen (Ermüdungsbruch) oder Temperaturschock (Sprödbruch).
- Migration: wandern von Material durch hohe Strombelastung $E_a = 0{,}4 - 1{,}0\ \text{eV}$ oder elektrochemische Migration sowie Streßmigration von Metallen $E_a = 0{,}4 - 1{,}4\ \text{eV}$.
- Diffusion: Materialwanderung in Festkörpern. Durch unterschiedliche Diffusionskoeffizienten in der Schichtfolge von Kontaktmaterialien kann es zur Ausbildung von Poren (Kirkendahl voids), zur Verminderung der Festigkeit und zur Ablösung kommen.
- Phasenumwandlung: Entstehung unerwünschter Phasen in Legierungen (intermetallische Phasen) oder an Grenzflächen $E_a = 0{,}7 - 1{,}1\ \text{eV}$.
- Dielektrische Degradation: Verminderung der elektrischen Spannungsfestigkeit durch Injektion von Ladungsträgern bei hoher elektrischer Feldstärke. Sie kann zum elektrischen Durchbruch führen $E_a \approx 0{,}3\ \text{eV}$.

Zuverlässigkeits- und Lebensdauertests sind unter normalen Betriebs- und Umgebungsbedingungen (bei niedrigen Ausfallraten) nur unter hohem Aufwand durchführbar. Beträgt beispielsweise die Ausfallrate 10^{-3} pro Jahr, so sind einige 10000 Komponenten für den Test erforderlich, um in dieser Zeit überhaupt zu statisch signifikanten Aussagen über die Lebensdauer zu gelangen. Statt dessen strebt man an, durch beschleunigte Alterung, mit einer geringeren Anzahl von Komponenten und in kürzerer Zeit, genügend Ausfälle für statistisch gesicherte Aussagen zu erhalten. Den Weg dazu zeigt eine Betrachtung der wesentlichen Ausfallmechanismen auf, indem man die Komponenten erhöhten Beanspruchungen ihrer Einflußfaktoren aussetzt. Dies sind vor allem erhöhte Temperatur, Feuchte, Stromdichte, mechanische Spannung und Wechselbeanspruchungen.

Die Mehrzahl der alterungsbedingten Ausfallmechanismen ist thermisch aktiviert [12]. Nach dem Gesetz von Arrhenius folgt die physikalisch-chemische Reaktionsgeschwindigkeit r in Abhängigkeit der Temperatur einer Exponentialfunktion.

$$r = A\,\mathrm{e}^{-\frac{E_a}{k_B T}} \tag{9.71}$$

Hierin ist T die absolute Temperatur, E_a die Aktivierungsenergie und $k_B = 1{,}381 \cdot 10^{-23}\,\mathrm{Ws/K} = 8{,}617 \cdot 10^{-5}\,\mathrm{eV/K}$ die Boltzmann-Konstante. Die Angaben über die Aktivierungsenergie schwanken in weiten Bereichen. Da schon eine Änderung von 0,1 eV bei 390 K eine Änderung der Reaktionsrate um den Faktor 20 bewirkt, eignen sich Literaturangaben nicht, um quantitative Aussagen zu erlangen. Für eine zuverlässige Abschätzung der Lebensdauer, muß die Aktivierungsenergie bei jeder Änderung der Prozeßabfolge und eventuell auch bei einer Änderung des Designs neu bestimmt werden. Geht man davon aus, daß für den Ausfall der Komponente eine Materialumwandlung verantwortlich ist, die der Arrhenius-Beziehung folgt, so läßt sich die Zeitspanne bis zum Ausfall durch eine Erhöhung der Temperatur verkürzen. Für den gleichen Reaktionsmechanismus und bei unterschiedlichen Temperaturen T_1, T_2 ergibt sich die Zeit bis zum Ausfall t_f zu:

$$\frac{t_{f1}}{t_{f2}} = \frac{r_2}{r_1} = \frac{A\,\mathrm{e}^{-\frac{E_a}{k_B T_2}}}{A\,\mathrm{e}^{-\frac{E_a}{k_B T_1}}} = \mathrm{e}^{-\frac{E_a}{k_B}\left(\frac{1}{T_2} - \frac{1}{T_1}\right)} \tag{9.72}$$

Für eine Aktivierungsenergie von $E_a = 1\,\mathrm{eV}$ ergibt sich bei Erhöhung der Betriebstemperatur von 60°C auf 120°C ein Beschleunigungsfaktor b von

$$b = \frac{t_{f1}}{t_{f2}} = \mathrm{e}^{-\frac{1\,\mathrm{eV\,K}}{8{,}6 \cdot 10^{-5}\,\mathrm{eV}}\left(\frac{1}{393\mathrm{K}} - \frac{1}{333\mathrm{K}}\right)} = \mathrm{e}^{5{,}33} \approx 206 \tag{9.73}$$

Da der Ausfallmechanismus und damit die Aktivierungsenergie E_a nicht immer bekannt sind, testet man bei zwei oder mehreren Temperaturen. Die Bestimmung des Beschleunigungsfaktors aus der Gl. (9.72) ist natürlich nur dann zulässig, wenn die Alterungsvorgänge tatsächlich der Arrhenius-Beziehung folgen und durch die erhöhte Temperatur keine zusätzlichen Belastungen eingeführt werden, die im normalen Betrieb nicht auftreten. Die Betrachtung der physikalischen Ursachen von Ausfällen zeigen jedoch, daß dies häufig nicht der Fall ist [12, 14].

Mit $R(t)$ wird die Zuverlässigkeitsfunktion bezeichnet, sie gibt die relative Anzahl der funktionstüchtigen Systeme nach der Betriebsdauer t an. Die Ausfallrate $\lambda(t)$ gibt die relative zeitliche Änderung der fehlerfreien Systeme an:

$$\lambda(t) = -\frac{dR}{dt}\frac{1}{R} \tag{9.74}$$

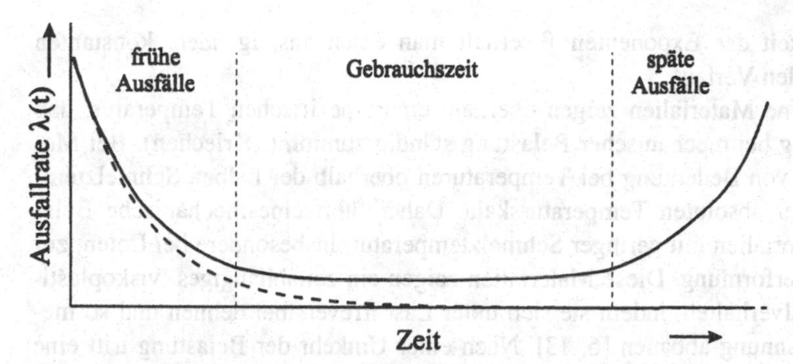

Abb. 9.15. Die Badewannenkurve beschreibt qualitativ die Abhängigkeit der Ausfallrate in Abhängigkeit der Lebensdauer, sie läßt sich als Überlagerung einer Weibull-Verteilung und einer Exponentialverteilung beschreiben. In der frühen Phase treten Ausfälle durch Materialschwächen auf, die Spanne nahezu konstanter Ausfallrate ist die Gebrauchszeit, späte Ausfälle sind auf alterungsbedingte Umwandlungen zurückzuführen.

Eine thermische Aktivierung von Schädigungsvorgängen nach dem Arrhenius-Gesetz legt die Vermutung nahe, daß die Ausfallrate zeitlich konstant ist. Der typische Verlauf in Abb. 9.15 zeigt jedoch einen Abfall zu Beginn und einen Anstieg am Ende der Lebenszeit, so daß die Ausfallrate eher einer Badewannenkurve entspricht.

Die Ausfälle im ersten Abschnitt sind als Kinderkrankheiten anzusehen (infant mortality). Daran schließt sich die Gebrauchszeit mit nahezu konstanter Ausfallrate an. Alterungsbedingte Ausfälle führen wiederum zu einem Anstieg (wear-out).

Frühe Ausfälle ergeben sich oft durch zufällig verteilte Schwachstellen der Materialien, der Komponenten oder der Produktionstechniken (Schichtdicken, Kontamination, Lötprozesse u. ä.). Im Gegensatz dazu haben systematische Fehler einen ursächlichen Zusammenhang mit der Lebensdauer und erfordern eine Änderung des Designs, der Materialien, Produktionsprozesse oder Betriebsbedingungen. Um Komponenten auszusondern, die sonst zu frühen Ausfällen führen würden, kann beim Hersteller eine Voralterung und Auslese durchgeführt werden, die man als Burn-in bezeichnet. Während des Burn-in wird das Bauteil erhöhter Temperatur und erhöhter Betriebsspannung ausgesetzt.

Späte Ausfälle treten vermehrt am Ende der vorgesehenen Gebrauchsdauer auf, sie gehen häufig mit Änderungen im Materialgefüge einher. Altersbedingte, späte Ausfälle resultieren beispielsweise aus Ermüdungserscheinungen, plastischer Verformung, Phasenumwandlung, Korngrenzendiffusion oder Elektromigration der Verbindungsleitungen.

Die Weibull-Verteilung wird häufig verwendet, um die Abhängigkeit der Ausfallrate von der Betriebsdauer phänomenologisch zu beschreiben und anhand ihrer Parameter β, θ die Ausfallmechanismen zu unterscheiden.

$$\lambda(t) = \frac{\beta}{\theta}\left(\frac{t}{\theta}\right)^{\beta-1} \tag{9.75}$$

In Abhängigkeit des Exponenten β erhält man einen ansteigenden, konstanten oder abfallenden Verlauf.

Verschiedene Materialien zeigen oberhalb einer spezifischen Temperatur, daß die Verzerrung bei mechanischer Belastung ständig zunimmt (Kriechen). Bei Metall wird dies von Bedeutung bei Temperaturen oberhalb der halben Schmelztemperatur auf der absoluten Temperaturskala. Daher führt eine mechanische Belastung bei Materialien mit geringer Schmelztemperatur, insbesondere bei Loten, zur plastischen Verformung. Diese Materialien zeigen ein zeitabhängiges, viskoplastisches Materialverhalten, indem sie sich unter Last irreversibel dehnen und so mechanische Spannung abbauen [6, 13]. Nach einer Umkehr der Belastung tritt eine erneute plastische Verformung auf. Durch thermische Wechselbeanspruchung entsteht so eine dauerhafte und mit der Zyklenzahl zunehmende Materialverformung, wodurch die maximale zulässige Zugspannung mit der Anzahl der Zyklen abnimmt. Ermüdung durch thermisch induzierte Spannungen können mit Hilfe der Dehnung ε beschrieben werden, die sich aus einem elastischen Anteil ε_e und einem plastischen Anteil ε_p zusammensetzt [12, 13].

$$\varepsilon = \varepsilon_p + \varepsilon_e = AN_f^{-m} + BN_f^{-c} \tag{9.76}$$

Hierbei ist N_f die Anzahl der Zyklen bis zum Ausfall (Lebensdauer), A,B,c,m sind materialabhängige Konstanten mit den typischen Werten $m = 0{,}5$; $c = 0{,}12$. Vernachlässigt man den elastischen Anteil, so gelangt man zur Coffin-Manson-Gleichung.

$$N_f = \left(\frac{A}{\varepsilon_p}\right)^{\frac{1}{m}} \tag{9.77}$$

Diese Beziehung wird verwendet, um die Ermüdung metallischer, duktiler Materialien zu charakterisieren. Die Dehnung selbst ist proportional zum thermischen Ausdehnungskoeffizienten α und zur Temperaturdifferenz.

$$\varepsilon = \alpha\,\Delta T \tag{9.78}$$

Für zwei Tests mit unterschiedlicher Temperatur ergibt sich

$$\frac{N_{f1}}{N_{f2}} = \left(\frac{\Delta T_2}{\Delta T_1}\right)^{\frac{1}{m}} \tag{9.79}$$

Die höhere Temperatur führt also zu einer niedrigeren Lebensdauer, sie ist für $m \approx 0{,}5$ näherungsweise quadratisch mit der Temperatur verknüpft ist.

Für einen an der Zuverlässigkeit orientierten Entwurf lassen sich einige allgemeine Richtlinien angeben. Sie zielen darauf ab, eine Erhöhung der Lebensdauer durch Verminderung der den Ausfall verursachenden Belastungen zu erreichen [7, 12].

Einige allgemeine Maßnahmen sind:

- Erniedrigung der Betriebstemperatur durch Verbesserung der Kühlung.
- Vermeidung von lokalen Temperaturüberhöhungen durch eine gleichmäßige oder dem lokalen Verlauf der Wärmeabfuhr angepaßte Verteilung der Verlustleistungsdichte im System.
- Reduktion von hohen Temperaturgradienten durch Verminderung des Wärmeflusses oder des thermischen Widerstands, z. B. durch Materialien mit höherer Wärmeleitfähigkeit oder höherer Schichtdicke.
- Reduktion der elektrischen Feldstärke durch Verminderung der Spannung.
- Vermeidung hoher transienter Belastungen, z. B. durch Strom- oder Spannungsspitzen.
- Verwendung von Schutzschaltungen (ESD-Protection) zur Vermeidung von Überspannungen.
- Verwendung von Materialien mit angepaßten Temperaturausdehnungskoeffizienten.
- Verrundung von einspringenden Ecken zur Reduktion mechanischer Spannungen.
- Verminderung von Lastwechseln zur Verminderung der thermischen Wechselbeanspruchung und des damit verbundenen Materialkriechens.
- Verwendung flexibler oder freistehender bzw. freitragender Strukturen zur Reduktion mechanischer Spannungen.
- Einfügung von Zwischenschichten zur Aufnahme der mechanischen Spannungen bei thermischer Wechselbeanspruchung.
- Verwendung symmetrischer Strukturen oder eines symmetrischen Lagenaufbaus zur Verminderung von Biegespannungen.
- Einsatz von Deckschichten oder Passivierung zur Vermeidung des Eindringens von Feuchtigkeit und zur Verbesserung der mechanischen Stabilität.
- Verminderung der im Material eingefrorenen intrinsischen Spannungen durch Auswahl der Materialien und Prozeßschritte, mit dem Ziel der Vermeidung von Hochtemperaturschritten.
- Vermeidung von Materialdiffusion und intermetallischen Phasen durch die Materialauswahl oder Einführung von Zwischenschichten als Diffusionsbarriere.

Die Tauglichkeit der genannten Möglichkeiten zur Verbesserung der Zuverlässigkeit ist wesentlich von der konkreten Belastung, den auftretenden Ausfällen und der geometrischen Gestaltung abhängig. Daher ist deren Wirksamkeit im Einzelfall zu überprüfen und durch gezielte Simulationen und Designoptimierung festzustellen.

Literatur

[1] Abramovici, Miron; Breuer, Melvin A.; Friedman, Arthur D.: *Digital Systems Testing and Testable Design*. Computer Science Press, New York (1990)

[2] Aicher, Wolfgang; Ruge, Ingolf: Alternative Verbindungen auf Chip- und Boardebene. F&M, 104 (1996) S. 14-19

[3] Bakoglu, H. B.: *Circuits, Interconnections and Packaging for VLSI*. Addison-Wesley, Reading; Menlo Park, New York (1990)
[4] Birolini, Alessandro: *Quality and Reliability of Technical Systems, Theory – Practice – Management*. Springer, Berlin, Heidelberg, New York, (1994)
[5] Buchanan, James E.: *BiCMOS/ CMOS System Design*. McGraw Hill, New York, St. Louis, San Francisco (1991)
[6] Chung, Deborah D. L. (ed.): *Materials for Electronic Packaging*. Butterworth-Heinemann, Boston, Oxford, Melbourne (1995)
[7] Ebeling, Charles E.: *An Introduction to Reliability and Maintainability Engineering*. McGraw Hill, New York, St. Louis, San Francisco (1997)
[8] Fischer, Johannes: *Elektrodynamik*. Springer, Berlin, Heidelberg, New York (1976)
[9] Geiger, Randall L.; Allen, Phillip E.; Strader, Noel R.: *VLSI design techniques for analog and digital circuits*. McGraw Hill, New York, St. Louis, San Francisco (1990)
[10] Kamoshida, Mototaka; Inui, Hirotomo; Ohta, Toshiyuki; Kasama, Kunihiko.: Size and Number of Particles being capable of causing defects in semiconductor device manufacturing. *IEICE Transaction on Electronics*, Vol. E79-C (1996) p. 264-270
[11] Kasper, Manfred: Computation and Optimization of Transmission Line Parameters, *IEEE Transactions on Magnetics*, 30 (1994), S. 3208-3211
[12] Lall, Pradeep; Pecht, Michael G.; Hakim, Edward B.: *Influence of Temperature on Microelectronics and System Reliability*. CRC Press, Boca Raton, New York (1997)
[13] Lau, John H. (ed.): *Thermal Stress and Strain in Microelectronics packaging*. Van Nostrand Reinhold, New York (1993)
[14] Pecht, Michael G.; Shukla, Anand A.; Kelkar, Nikhil; Pecht, Judy: Criteria for the assessment of reliability models. *IEEE Transaction on Components, Packaging and Manufacturing Technology – Part B*, Vol. 20 (1997) p. 229-233
[15] Semiconductor Industry Association: *The National Technology Roadmap for Semiconductors*. http://www.sematech.org/public/roadmap.
[16] Seraphim, Donald P.; Lasky, Ronald C.; Li, Che-Yu (eds.): *Principles of electronic packaging*. McGraw Hill, New York, St. Louis, San Francisco (1989)
[17] Stapper, Charles H.; Rosner, Raymond J.: Integrated circuit yield management analysis: Development and Implementation. *IEEE Transaction on Semiconductor Manufacturing*, Vol. 8 (1995) p. 95-102
[18] Tummala, Rao R.; Rymaszewski, Eugene J. (eds.): *Microelectronic packaging handbook*. Van Nostrand Reinhold, New York (1989)
[19] Unbehauen, Rolf: *Systemtheorie*. Bd.1 u. 2, Oldenbourg, München, Wien, 7. Aufl. (1997)

10 Physikalischer Entwurf und Systemintegration

Die Entwurfsautomatisierung und die -verifikation nehmen eine Schlüsselrolle bei der Entwicklung hochintegrierter Schaltungen ein. Für integrierte Schaltungen mit einigen 10^6 Transistoren wird der Handentwurf aus Zeit- und Kostengründen und wegen der Fehlerhäufigkeit unmöglich. Aber auch der Entwurf von Leiterplatten mit einigen 10 bis 100 Komponenten wird durch (halb-) automatische Werkzeuge automatisiert, da die komplexen Anforderungen nur so handhabbar werden. Der automatische Schaltkreisentwurf gliedert sich in die Hauptschritte:
- Systementwurf und Funktionaler Entwurf
- Logischer Entwurf und Zellentwicklung
- Partitionierung
- Physikalischer Entwurf

Die Methoden und die Erfahrungen aus dem Schaltkreisentwurf können als Ausgangspunkt für den physikalischen Entwurf von Mikrosystemen genutzt werden. Hinzu treten die für den Mikrosystementwurf typischen Fragestellungen der wechselseitigen Beeinflussung der Funktionselemente durch mehrere physikalische Größen.

Der physikalische Entwurf befaßt sich mit den Aspekten des Designs, die mit der fertigungsgerechten Layouterstellung verknüpft sind. In der Vergangenheit bestand die Hauptaufgabe in der Anordnung der Komponenten und ihrer Verbindungen, mit dem Ziel einen minimalen Flächenbedarf zu erzielen. Diese Forderung ergibt sich unmittelbar aus der Tatsache, daß bei fester Defektdichte die Kosten einer Komponente exponentiell vom Flächenbedarf abhängig sind (Kap. 9). Zunehmend treten jedoch auch im Chip- und Modulentwurf Anforderungen hinzu, die sich aus den Herstellungsanforderungen (Design for Manufacturing), der Leistungsfähigkeit (Performance driven Design), der Qualitätssicherung (Design for Reliability) oder der Testbarkeit (Design for Test) ergeben [13, 14]. Diese sehr unterschiedlichen Anforderungen werden auch unter dem Akronym DFX (Design for X) zusammengefaßt.

Der physikalische Entwurf elektronischer Schaltungen erfolgt heute weitgehend unterstützt durch automatische Entwurfsunterstützung, wobei die Verfügbarkeit von Entwurfswerkzeugen für unterschiedliche Bereiche differiert. Einfache, wiederkehrende, aber durch die hohe Komponentenanzahl von ihrem Umfang komplexe Entwurfsschritte sind weitgehend automatisiert (Logischer Entwurf, Netzlistenerstellung, Plazierung, Verdrahtung), während die Bereiche, welche die Kreativität des Entwicklers erfordern oder durch häufig wechselnde Anforderungen

(DFX) geprägt sind, in einem größeren Umfang manuelle Eingriffe erfordern. Allgemein läßt sich sagen, daß die Aufgaben in der Planungsphase, d. h. zu Beginn des Entwurfs, in großem Umfang manuelle Eingriffe erfordern und mit zunehmender Konkretisierung bis zur Produktionsvorbereitung der Grad der automatischen Entwurfunterstützung zunimmt [2, 11].

Die Erstellung des Layouts ist eine komplexe Aufgabe, die in einzelne, weitgehend voneinander getrennte Teilschritte (Partitionierung, Plazierung, Verdrahtung) unterteilt wird, um so die Komplexität zu reduzieren und damit eine Lösung zu ermöglichen. Die Ziele des physikalischen Entwurfs werden in der Regel in Form von Optimierungsproblemen mit Nebenbedingungen formuliert. Die hierbei auftretenden Optimierungsprobleme erweisen sich als NP-vollständig, so daß der Lösungsaufwand exponentiell mit der Anzahl der Komponenten wächst [5, 10]. Daher läßt sich, für die im Schaltkreisentwurf übliche Anzahl von Komponenten, das Problem nur näherungsweise lösen. Es wird für die Fragestellungen nicht nach exakten Lösungsalgorithmen gesucht, sondern Heuristiken eingesetzt, die das Problem auf ein Ersatzproblem abbilden, das sich in polynomialer Zeit lösen läßt und eine befriedigende Annäherung an die ursprüngliche Aufgabenstellung liefert. Häufig eingesetzte grundlegende algorithmische Methoden zur Überführung in ein einfacheres Problem sind:

- *Hierarchische Zerlegung.* Hierbei wird das Gesamtproblem in eine hierarchisch strukturierte Folge von Teilproblemen zerlegt, die getrennt voneinander gelöst werden. Die Zerlegung erfolgt in einem Top-down-Vorgehen, und die Gesamtlösung wird aus der Folge der Teilprobleme in einem Bottom-up-Vorgehen konstruiert. In der Regel liegt die Näherung in der Annahme, daß die Teilprobleme unabhängig voneinander sind. Algorithmen dieser oder verwandter Art werden auch als Greedy-Verfahren, Divide and Conquer oder Dynamic Programming bezeichnet.
- *Stochastische Methoden.* Diese Methoden lösen das Optimierungsproblem näherungsweise indem sie zufallsgesteuert eine Folge von Lösungen erzeugen, die im Grenzwert gegen die exakte Lösung konvergieren. Die zufallsgesteuerte Auswahl der Zwischenschritte dient dazu, ein lokales Minimum zu überwinden. Algorithmen dieser Art sind unter den Namen Simulated Annealing, Genetic Algorithms und Evolutionsstrategien bekannt. Sie werden in Kap. 11 behandelt.

Grundsätzlich besteht natürlich die Möglichkeit, die Formulierung des Optimierungsproblems oder der Nebenbedingungen so abzuändern, daß ein einfacher lösbares Problem entsteht. Natürlich kann von einer solchen heuristischen Lösung nur dann eine genügende Näherung erwartet werden, wenn auch die der Heuristik zugrundeliegenden Annahmen erfüllt sind.

Hierin ist auch der Ansatzpunkt für die Übertragung der Lösungsverfahren aus dem Schaltkreisentwurf auf die Mikrosystemtechnik zu sehen, indem die bekannten Heuristiken auf ihre Brauchbarkeit für die Mikrosystemtechnik überprüft werden. Im VLSI Entwurf digitaler Schaltungen werden Hardware Beschreibungssprachen (HDL: Hardware Description Language, VHSIC: Very High Speed IC) für die Schaltungssynthese eingesetzt, und es existieren auf den Bereich der analogen Signale erweiterte Sprachen (VHDL-AMS: Hardware Description Language-Analog and Mixed Signals), jedoch kann, bedingt durch die wesentlich größere Variationsbreite der analogen Schaltungen und der Mikrosysteme, auch in Zukunft nicht erwartet werden, daß sich der Entwurf in ähnlicher Weise automatisieren läßt. Im Unterschied zur Mikroelektronik ist die Komponentenanzahl geringer, aber zu den hauptsächlich elektronischen Anforderungen treten eine Vielzahl variierender Entwurfziele, die sich aus der spezifischen Funktion des Mikrosystems ergeben. Aus diesem Grund besitzt der physikalische Entwurf von Mikrosystemen eine engere Verwandtschaft mit dem Modulentwurf, bei dem ebenfalls nichtelektrische Anforderungen zu berücksichtigen sind. Auch der Entwurf analoger Schaltungen besitzt größere Ähnlichkeit mit dem Mikrosystementwurf, da auch hier die stark strukturierte und zellorientierte Vorgehensweise des digitalen Schaltungsentwurfs nicht anwendbar ist und parasitäre Wechselwirkungen der Schaltungsteil eine größere Bedeutung haben.

10.1 Modulentwurf

Ein typisches Schema für den Ablauf des Entwurfs, wie er im Bereich des Schaltungsentwurfs, der Multi-Chip-Module und Leiterplattenentwicklung Verwendung findet, ist in der Abb. 10.1 angegeben.

Eine elektrische Schaltung wird in der Regel zunächst in Form eines Blockschaltbildes entworfen und die so entstehenden einzelnen Funktionsblöcke dann mit Hilfe von Standardkomponenten oder auch durch spezielle zu entwickelnde Chips realisiert. Die Schaltung wird danach in eine Entwurfssoftware eingegeben (schematic entry), die über eine Bibliothek der Schaltungselemente verfügt. Gleichzeitig führen diese Werkzeuge eine rudimentäre Überprüfung durch, um inkonsistente oder redundante Schaltungselemente zu beseitigen. Nach Fertigstellung der Schaltung kann eine Schaltungssimulation durchgeführt werden, um das funktional korrekte Verhalten zu überprüfen. Anschießend wird die Netzliste aller elektrischen Verbindungen und die Komponentenliste ausgegeben. Ein weit verbreitetes, standardisiertes Format ist das Electronic Data Interchange Format (EDIF). Mit diesem Schritt ist der funktionale Schaltungsentwurf abgeschlossen. Der funktionale Entwurf bildet die Voraussetzung für die folgenden Entwurfsschritte, er gehört aber nicht zum physikalischen Entwurf.

Ausgehend vom funktionalen Entwurf des Systems werden zunächst geeignete Technologien für den Aufbau ausgewählt. Hierbei sind elektrische, thermische und mechanische Anforderungen zu berücksichtigen. Die Technologieauswahl wird im wesentlichen in der Planungsphase durchgeführt und kann daher nur teilweise zum physikalischen Entwurf gerechnet werden. Die Technologieauswahl stützt sich auf Vorerfahrung aus bereits durchgeführten Entwürfen und verwendet Abschätzungen für den Kühlungsbedarf, die Verdrahtungsfläche usw., um realisierbare Varianten zu beurteilen.

Für die Technologieauswahl sind die folgenden Gesichtspunkte von besonderer Bedeutung:

- Abfuhr der thermischen Verlustleitung,
- mechanische Spannungen durch unterschiedliche thermische Ausdehnungskoeffizienten der Materialien,
- Realisierung des Übergangs von den Komponentenanschlüssen auf das Raster des Moduls und Kontaktierung der Komponenten,
- Anforderungen an das elektrische Verbindungssystem (Leistung, Frequenzen),
- Gewährleistung der Testbarkeit und Reparaturfähigkeit,
- Verfügbarkeit getesteter Komponenten in der vorgesehenen Bauform.

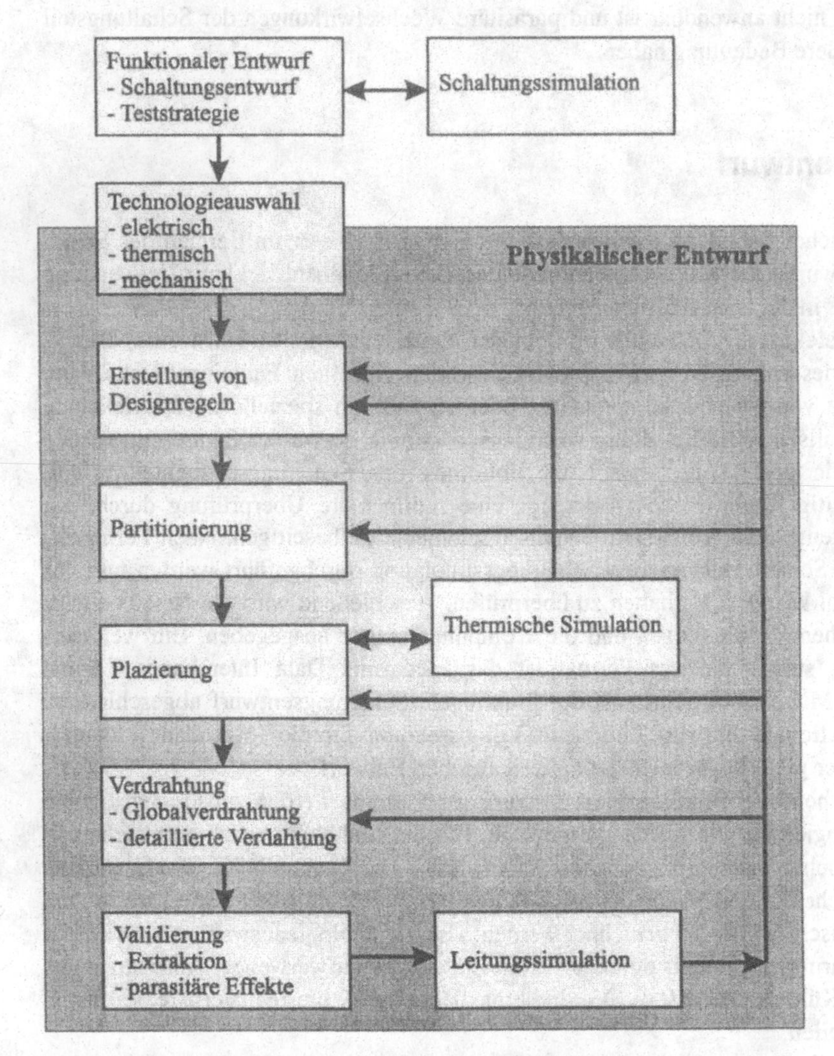

Abb. 10.1. Entwurfsablauf für Leiterplatten und Multi-Chip-Module.

An die Technologieauswahl schließt sich die Erstellung von Designregeln an, die sich aus Abschätzungen, den Prozeßinkompatibilitäten, Materialien und den Anforderungen der ausgewählten Technologien, aber auch aus elektrischen (Laufzeiten, Kopplungen), thermischen (thermische Wechselwirkung, Maximaltemperatur) oder mechanischen (Stabilität) Gesichtspunkten ergeben. In späteren Schritten können die Designregeln ergänzt oder modifiziert werden. Die Erstellung von Designregeln dient damit der Vorbereitung der eigentlichen Entwurfs- und Layoutphase. Die Designregeln sind zumeist einfach prüfbare geometrische Anforderungen, wie Mindestabstände oder maximale Längen. Die Einhaltung der Designregeln wird spätestens bei der Validierung geprüft. Sofern dies möglich ist, sind sie direkt bei der Plazierung und Verdrahtung in Form von Nebenbedingungen einzubringen.

Falls dies aufgrund der Größe notwendig ist, wird eine Partitionierung der Schaltung in getrennte Chips, Module oder Leiterplatten vorgenommen. Die einzelnen Module werden dann durch Steckerleisten miteinander verbunden. Da die Verbindungsleitungen dieser externen Verbindungen länger sind, können keine hohen Taktraten übertragen werden. Daher ist es das Ziel der Partitionierung, kritische Signale innerhalb eines Moduls zu verdrahten und aufgrund der Begrenzung verfügbarer Ein-/ Ausgänge, die Anzahl der Verbindungen zwischen den Modulen möglichst gering zu halten. Weitere Anforderungen ergeben sich aus dem Platzbedarf der auf den Modulen vorhandenen Komponenten und der pro Modul abführbaren Verlustleitung. An die Schaltungspartitionierung schließen sich die Plazierung und Verdrahtung der einzelnen Module an.

Bei der Plazierung wird diejenige Anordnung und Orientierung der Komponenten unter Einhaltung der Designregeln ermittelt, die den Verdrahtungsbedarf und die lokale Temperaturüberhöhungen minimiert. Die in die Beurteilung einer Plazierung eingehenden Kriterien können sehr komplex sein. Vorrangige Ziele sind die Minimierung des Verdrahtungs- und Flächenbedarfs, die sich unmittelbar aus Kostengründen ergeben. Aufgrund von Laufzeiten und Dämpfung der Verbindungsleitungen kann daneben auch die Einhaltung von Maximalabständen erforderlich sein. Für die Plazierung sind halbautomatische Entwurfwerkzeuge verbreitet, wobei der Entwickler interaktiv die Komponenten plaziert und vom Entwurfswerkzeug durch graphische Anzeige der Verbindungslinien (rats nest) und der sich ergebenden Netzlängen unterstützt wird. Für eine größere Komponentenanzahl ist jedoch eine weitgehend automatische Arbeitsweise notwendig, wobei der Entwickler nur die Position einiger wichtiger Komponenten vorgibt.

Bereits während der Plazierung kann das detaillierte thermische Verhalten durch Simulation überprüft werden. Aus thermischer Sicht ist eine möglichst gleichmäßige Wärmeverteilung anzustreben. Da die einzelnen Komponenten häufig eine stark unterschiedliche Verlustleistungsdichte aufweisen und der Wärmeabfuhrkoeffizient ortsabhängig ist, kann eine gute Plazierung die Temperaturverteilung deutlich verbessern und dadurch einen erheblichen Einfluß auf die Zuverlässigkeit der Schaltung erhalten.

An die Plazierung schließt sich die automatische Verdrahtung an, die die elektrischen Designregeln berücksichtigt. Die Aufteilung in eine getrennte Plazierungs- und Verdrahtungsphase ist nicht strukturell bedingt, sie erfolgt vielmehr, um die hohe Problemkomplexität der Layoutsynthese durch Entflechtung des Gesamtproblems in kleinere und handhabbare Teilprobleme zu reduzieren. Im Gegensatz zum VLSI-Entwurf existiert im Modulentwurf kein festes Verdrahtungsraster. Neben der Minimierung der Gesamtverdrahtungslänge ist es das Ziel auch komplexe Nebenbedingungen zu erfüllen, wie die Einhaltung von Laufzeitrestriktionen, Vermeidung von Reflexionen an Leitungsdiskontinuitäten und Kontrolle der Kopplungen (Übersprechen). Ebenfalls ist es die Aufgabe der Verdrahtung, die Leitungen den einzelnen Verdrahtungslagen des Multilayers zuzuordnen. Im VLSI Entwurf erfolgt die Verdrahtung üblicherweise in zwei Stufen, der Globalverdrahtung und der detaillierten Verdrahtung. Während der Globalverdrahtung werden die Netze Teilflächen zugeordnet, durch die sie verlaufen sollen. Bei der detaillierten Verdrahtung wird der genaue Verlauf, die Lagenzuordnung und die Einteilung in Netzsegmente vorgenommen. Für den Modulentwurf kann auf die Aufteilung in zwei getrennte Schritte verzichtet werden, da wie bereits erwähnt eine Aufteilung in Verdrahtungskanäle nicht notwendig ist. Die meisten automatischen Verdrahtungswerkzeuge arbeiten auf einem Raster, und die Aufgabe besteht dann in der Zuordnung der Leitungen zu den Rasterpunkten. Die Basis bildet der Algorithmus von Lee, der in sequentieller Folge die Netze bearbeitet und eine kürzeste oder die nach einem Kostenfunktional günstigste Verbindung sucht. Mit dieser Vorgehensweise ist aufgrund der sequentiellen Bearbeitung der Nachteil verbunden, daß zuvor angelegte Verbindungen möglicherweise den Weg für später folgende Verbindungen blockieren. Obwohl moderne Verdrahtungswerkzeuge Maßnahmen zur Behandlung dieser Konfliktfälle beinhalten (rip-up and reroute), können bei komplexen Schaltungen nicht alle Netze verdrahten werden. Dies führt zu einem hohen Aufwand für die manuelle Nachbearbeitung.

Partitionierung, Plazierung und Verdrahtung sind algorithmisch die schwierigsten Aufgaben des physikalischen Entwurfs, da sie auch in einfachen Fällen zu NP-vollständigen Problemen führen. Daher liefern die vorhandenen Entwurfswerkzeuge stets nur suboptimale Lösungen, die einen Kompromiß aus der Güte der Lösung und der Laufzeit des Verfahrens darstellen.

Nach Fertigstellung des Layouts erfolgt eine Layoutvalidierung durch Rückgewinnung der elektrischen Parameter aus dem Layout. Als back annotation bezeichnet man die Rückgewinnung der Netzliste aus dem Layout, die mit der Schaltungseingabe abgeglichen wird. Die Layoutextraktion kontrolliert die Einhaltung der geometrischen Designregeln und die elektrische Funktionalität. Weiterhin lassen sich aus dem Layout auch die elektrischen Parameter der Verbindungsleitungen (Impedanz, Dämpfung, Laufzeit) und ihrer elektromagnetischen Kopplung gewinnen [6]. Damit wird es möglich, eine elektrische Simulation der Signalübertragung inklusive der Leitungen durchzuführen. Aufgrund der größeren Komplexität werden dabei in der Regel nur die kritischen Signale oder besonders lange Verbindungsleitungen untersucht. Die Extraktion überprüft zusammen mit der Leitungssimulation das Verdrahtungs- und Plazierungsergebnis und kann zur Änderung der Designregeln führen, wodurch eine Änderung des Layouts erforderlich wird.

Das Vorgehen beim Modul- und Schaltungsentwurf berücksichtigt in erster Linie die elektrischen Anforderungen. Thermische Simulationen werden zur Kontrolle der thermischen Belastung eingesetzt. Mechanische Anforderungen werden allein bei der Technologieauswahl und der Erstellung von Designregeln berücksichtigt.

Um das Vorgehen auf den Entwurf von Mikrosystemen zu übertragen, sind in allen Phasen zusätzliche Gesichtspunkte zu berücksichtigen. Die Modellbildung und Simulation ist auf die Bereiche der Thermik und Mechanik zu erweitern, insbesondere für die Kopplungsanalyse.

Die Verfahren der Plazierung und Verdrahtung sind um Optimierungsverfahren auf die Bereiche der thermischen und thermomechanischen Kopplung auszudehnen. Die Extraktion ist um die Rückgewinnung allgemeiner Kopplungen zu ergänzen, und es sind neue Anforderungen der Prozeßkompatibilität zu berücksichtigen.

10.2 Partitionierung

Die Aufgabe der Partitionierung besteht darin, eine Schaltung so in zwei oder mehrere Gruppen aufzuteilen, daß die Anzahl der Verbindungen, zwischen den beiden Gruppen möglichst klein wird. Da die Verbindungen zwischen den einzelnen Chips oder Schaltungsgruppen wesentlich länger als interne Verbindungen sind und somit die maximale Taktfrequenz der externen Verbindungen kleiner ist, wird die Leistungsfähigkeit der Schaltung wesentlich durch die Anzahl der externen Verbindungen bestimmt.

Partitionierungsverfahren werden aber insbesondere auch in hierarchisch arbeitenden Plazierungs- und Verdrahtungsverfahren verwendet, um in aufeinanderfolgenden Schritten mit zunehmender lokaler Präzisierung die Lage von Komponenten oder Verbindungsleitungen zu bestimmen. Wir werden diese Verfahren in den nächsten Abschnitten behandeln.

Die Schaltung und die elektrischen Verbindungen lassen sich durch einen Netzwerkgraphen beschreiben. Hierbei werden die elektrischen Verbindungen durch die Zweige und die Komponenten durch die Knoten des Graphen repräsentiert. Da die Knoten punktförmig sind, liegt die Annahme zugrunde, daß die Position verschiedener Anschlüsse einer Komponenten genügend genau durch einen einzelnen Punkt ersetzt werden kann, was sicher nur dann gerechtfertigt ist, wenn die Ausdehnung der Netze groß gegenüber der Komponentenfläche ist. Außerdem nehmen wir stets an, daß sich ein beliebiger Hypergraph durch einen einfachen Graphen mit Zwei-Terminal-Netzen ersetzt werden kann (Abb. 10.2). Die Konstruktion effizienter Algorithmen auf der Basis von Hypergraphen erweist sich als wesentlich schwieriger.

Unter verschiedenen möglichen Aufteilungen in zwei Gruppen ist diejenige zu bestimmen, welche die geringste Anzahl externer Verbindungen aufweist. Als

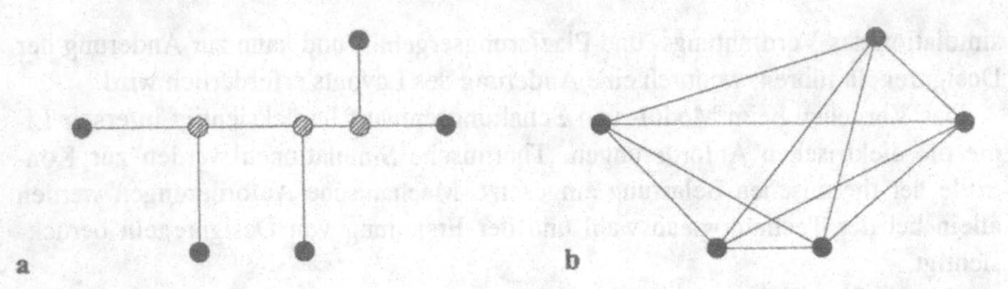

Abb. 10.2. (a) Hypergraph mit zusätzlichen Verzweigungspunkten und (b) Ersetzung durch einen einfachen Graphen.

Nebenbedingung wird zumeist verlangt, daß beide Gruppen ungefähr gleich groß sind, d. h. eine nahezu gleich große Anzahl von Komponenten aufweisen und der Flächenbedarf ähnlich ist. Da die Zweige des Graphen Netze unterschiedlicher Funktion (z. B. Bus, Clock, Signal,...) repräsentieren, werden sie mit Gewichtsfaktoren versehen, die ein Maß dafür bilden, wie kritisch das Netz ist. Die Aufgabe besteht nun darin, eine Aufteilung zu finden, so daß die Schnittkosten, d. h. die mit den Gewichtsfaktoren versehene Summe der externen Netzverbindungen, minimal werden. Die Schwierigkeit bei der Konstruktion eines Algorithmus ergibt sich aus der Tatsache, daß das Partitionierungsproblem NP-vollständig ist, die günstigste Lösung also nur durch Testen aller möglichen Aufteilungen gefunden werden kann. Die Anzahl der Möglichkeiten für die Bipartitionierung von n Komponenten in zwei gleich große Gruppen ist.

$$\binom{n-1}{n/2-1} \tag{10.1}$$

Die Anzahl der möglichen Lösungen wächst näherungsweise exponentiell. Eine Zunahme um 3-4 Komponenten erhöht die Anzahl der Möglichkeiten jeweils um den Faktor 10. Die große Anzahl der möglichen Partitionierungen erfordert bei umfangreichen Schaltungen die Verwendung einer Heuristik zur näherungsweisen Lösung. Die gängigen Heuristiken lassen sich in zwei Gruppen unterteilen: Iterative Verbesserungsstrategien und die Analogie zu Netzwerk-Fluß-Problemen [4]. In der Praxis werden häufig iterative Vertauschungsmethoden für die näherungsweise Lösung der Partitionierungsaufgabe verwendet. Die Heuristik von Kernighan-Lin verwendet eine zunächst beliebige Startpartition und vertauscht jeweils zwei Komponenten der Gruppen so, daß der dabei erzielte Gewinn (Schnittkosten) möglichst groß ist. Auch eine Verschlechterung ist erlaubt, in der Hoffnung, daß sich in nachfolgenden Schritten eine weitere Verbesserung ergibt. Nach der Vertauschung werden die Komponenten blockiert und nehmen an den weiteren Vertauschungsoperationen nicht mehr teil. Das Verfahren schließt ab, wenn alle Komponenten blockiert sind.

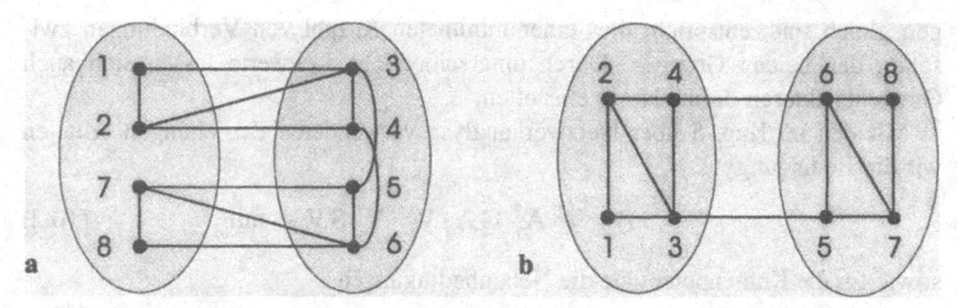

Abb. 10.3. Schnittkosten einer Partitionierung. **(a)** n=6 externe Verbindungen und **(b)** n=2 externe Verbindungen.

Beispiel:

Zur Veranschaulichung wenden wir den Algorithmus von Kernighan-Lin auf den in Abb. 10.3 gezeigten Graphen an.

Iteration	Gruppe 1	Gruppe 2	Vertauschung	Gewinn	Schnittkosten
Start	1, 2, 7, 8	3, 4, 5, 6			6
1	1, 2, **3**, 8	**7**, 4, 5, 6	7, 3	1	5
2	1, 2, **3**, **4**	**7**, **8**, 5, 6	8, 4	3	2
3	**5**, 2, **3**, **4**	**7**, **8**, **1**, 6	1,5	-3	5
4	**5**, **6**, **3**, **4**	**7**, **8**, **1**, **2**	2, 6	-1	6

Im allgemeinen findet der Algorithmus von Kernighan-Lin lediglich ein lokales Optimum. Da in jedem Schritt alle möglichen Vertauschungen berechnet werden müssen, ist das Verfahren auch relativ aufwendig, die Komplexität ist $O(n^3)$. Fiduccia-Mattheyses haben den Ausgangsalgorithmus durch Verkleinerung der Komplexität verbessert. Die wesentliche Idee besteht darin, Datenstrukturen zu verwenden, die eine effiziente Wahl der Tauschpartner und der Berechnung des Gewinns von Tauschoperationen erlauben. Hierdurch wird ein Algorithmus mit linearer Komplexität erreicht [7, 9].

Zwischen dem Partitionierungsproblem und der Netzwerkdarstellung läßt sich eine interessante Analogie herstellen, die häufig nützlich ist und auch zur Berechnung einer (fast) optimalen Partitionierung verwendet werden kann. Wir ersetzen alle Zweige durch Widerstände, deren Wert sich aus den Gewichtsfaktoren ergibt.

Wir suchen nun im elektrischen Netzwerk eine Verteilung der Knotenpotentiale (± 1), so daß die im Netzwerk umgesetzte Leistung minimal wird. D.h. die Knotenpotentiale sind so festzulegen, daß zwischen den Knoten mit dem Potential +1 (Source) und den Knoten mit dem Potential -1 (Sink) der dort fließende Strom minimal wird oder äquivalent der Leitwert zwischen den beiden Gruppen möglichst klein wird (Netzwerk-Fluß-Problem). Wenn die Leitwerte aller Verbindungen gleich sind, entspricht dies einer minimalen Anzahl von Verbindungen zwischen den beiden Gruppen. Durch unterschiedliche Leitwerte lassen sich auch Gewichtsfaktoren für die Netze einstellen.

Mit den im Kap. 5 über Netzwerkanalyse verwendeten Beziehungen erhalten wir die Bedingung

$$P = \mathbf{V}^T \mathbf{A}_j^T \mathbf{G} \mathbf{A}_j \mathbf{V} = \mathbf{V}^T \mathbf{S} \mathbf{V} \rightarrow \min \tag{10.2}$$

sowie für die Knotenpotentiale die Nebenbedingungen.

$$V_i = \pm 1 \tag{10.3}$$

Eine weitere Bedingung legt fest, wie viele Elemente in der Menge Source bzw. Sink enthalten sind.

$$\left| \sum_{i=1}^{N} V_i \right| < e \tag{10.4}$$

Die letzte Bedingung besagt anschaulich, daß die Anzahl der Knoten auf dem Potential +1 (Source) bzw. -1 (Sink) des Netzwerks sich höchstens um die Differenz e unterscheiden sollen.

Für die Lösung gehen wir davon aus, daß jeweils alle Bedingungen gleichzeitig erfüllt sein müssen, da anderenfalls immer die triviale Lösung (alle Knoten befinden sich auf dem gleichen Potential) ein Optimum liefert. Um eine eindeutige Lösung zu erhalten, ist einer der Knoten (z. B. Knoten 1) fest auf das Potential 1 zu setzen.

Für die weitere Betrachtung verwenden wir die Eigenwerte λ_j und Eigenvektoren $\mathbf{x}_j$ der Netzwerkmatrix $\mathbf{S}$, für die $\mathbf{S}\,\mathbf{x}_j = \lambda_j\,\mathbf{x}_j$ gilt. Diese stehen nach der Betrachtung im Kap. 5 in engem Zusammenhang mit der Verlustleistung. Jede beliebige Potentialverteilung läßt sich mit Koeffizienten c_j als Summe der Eigenvektoren $\mathbf{x}_j$ darstellen (Entwicklungssatz). Hierbei wird angenommen, daß die Eigenwerte einfach sind.

$$\mathbf{V} = \sum_{j=1}^{N} c_j\,\mathbf{x}_j \tag{10.5}$$

Faßt man die Eigenvektoren zu einer Matrix $\mathbf{X} = (\mathbf{x}_1, \mathbf{x}_2, \ldots, \mathbf{x}_N)$ zusammen, so ergibt sich:

$$\mathbf{V} = \mathbf{X}\,\mathbf{c} \tag{10.6}$$

Die Matrix $\mathbf{X}$ wird Modalmatrix genannt. Die Eigenvektoren lassen sich immer so normieren, daß deren Betrag gleich Eins ist. Da die Eigenvektoren zu unterschiedlichen Eigenvektoren zueinander orthogonal sind, gilt:

$$\mathbf{x}_i \cdot \mathbf{x}_j = \begin{cases} 0 & i \neq j \\ 1 & i = j \end{cases} \tag{10.7}$$

Für die Modalmatrix ergibt sich damit die Orthogonalitätsrelation:

$$\mathbf{X}^T\mathbf{X} = \mathbf{I} = \begin{pmatrix} 1 & & 0 \\ & \ddots & \\ 0 & & 1 \end{pmatrix} \quad ; \quad \mathbf{X}^T = \mathbf{X}^{-1} \tag{10.8}$$

Die Eigenwerte fassen wir ebenfalls in einer Diagonalmatrix zusammen.

$$\Lambda = \begin{pmatrix} \lambda_1 & & 0 \\ & \ddots & \\ 0 & & \lambda_N \end{pmatrix} \tag{10.9}$$

Für die Systemmatrix gilt:

$$\mathbf{SX} = \Lambda\mathbf{X} \tag{10.10}$$

Damit ergibt sich für die im Netzwerk umgesetzte Leistung:

$$\begin{aligned} P &= \mathbf{V}^T\,\mathbf{S}\,\mathbf{V} = (\mathbf{X}\mathbf{c})^T\,\mathbf{S}\,\mathbf{X}\mathbf{c} = \mathbf{c}^T\,\mathbf{X}^T\,\mathbf{S}\,\mathbf{X}\mathbf{c} \\ &= \mathbf{c}^T\,\Lambda\,\mathbf{c} \end{aligned} \tag{10.11}$$

Der Vektor der Knotenpotentiale beinhaltet Einträge vom Betrag Eins mit positivem oder negativem Vorzeichen. Einen beliebigen Verteilungsvektor der dies erfüllt bezeichnen wir mit $\mathbf{V}_{\pm 1} = (\pm 1)$. Offenbar gibt es für N Knoten 2^N Möglichkeiten diesen Vektor zu wählen. Mit der Beziehung (10.6) und der Orthogonalitätsrelation (10.8) lassen sich zu jedem Verteilungsvektor die Koeffizienten bestimmen.

$$\mathbf{X}\,\mathbf{c} = \mathbf{V}_{\pm 1} \qquad \mathbf{c} = \mathbf{X}^T\,\mathbf{V}_{\pm 1} \tag{10.12}$$

Damit lautet die Minimierungsaufgabe zur Lösung des Partitionierungsproblems:

$$\text{suche Werte } c_j \text{ mit } V = \sum_{j=1}^{N} c_j\,\mathbf{x}_j = \mathbf{X}\,\mathbf{c} = \mathbf{V}_{\pm 1} \tag{10.13}$$

$$\text{so, daß} \qquad P = \mathbf{c}^T\,\Lambda\,\mathbf{c} \to \min \tag{10.14}$$

Natürlich bleibt das Problem auch in dieser Formulierung schwer lösbar, d. h. man findet die exakte Lösung nur indem man alle möglichen Kombinationen ausprobiert. Allerdings eröffnet sich jetzt eine neue Heuristik für den Lösungsansatz, die zu guten Näherungslösungen führt.

Das Minimierungsproblem steht in engem Zusammenhang mit den Extremaleigenschaften des Rayleigh-Quotienten: Für eine reelle symmetrische Matrix $\mathbf{S}$ und beliebige Vektoren $\mathbf{z} \neq \mathbf{0}$ nimmt der Rayleigh-Quotient

$$R(\mathbf{z}) = \frac{\mathbf{z}^T\mathbf{S}\,\mathbf{z}}{\mathbf{z}^T\mathbf{z}} \tag{10.15}$$

für die Eigenvektoren $\mathbf{z} = \mathbf{x}_j$ seine Extremwerte an, d. h. der Rayleigh-Quotient nimmt nur Werte im Wertebereich der Eigenwerte an. Für die Eigenwerte $\lambda_1 > \lambda_2 > \ldots > \lambda_N$ gilt:

$$\max = \lambda_1 = R(\mathbf{x}_1) \geq R(\mathbf{z}) \geq R(\mathbf{x}_N) = \lambda_N = \min \tag{10.16}$$

Weiterhin liefert der Rayleigh-Quotient jeweils ein Minimum in Unterräumen, die orthogonal zu den von den Eigenvektoren aufgespannten Räumen sind [3].

$$\begin{aligned} \lambda_N &= \min_{\mathbf{z} \neq 0} R(\mathbf{z}) \\ \lambda_{N-1} &= \min_{\mathbf{z} \perp \mathbf{x}_N} R(\mathbf{z}) \\ \lambda_{N-2} &= \min_{\substack{\mathbf{z} \perp \mathbf{x}_N \\ \mathbf{z} \perp \mathbf{x}_{N-1}}} R(\mathbf{z}) \\ &\ldots \end{aligned} \tag{10.17}$$

Sind die Eigenvektoren weiterhin normiert $\mathbf{x}_j^T \mathbf{x}_j = 1$, so gilt:

$$R(\mathbf{x}_j) = \lambda_j = \mathbf{x}_j^T \mathbf{S} \mathbf{x}_j \tag{10.18}$$

Da der Rayleigh-Quotient für normierte Eigenvektoren gerade der Leistung entspricht, sagt dies aus, daß der zum kleinsten Eigenwert gehörige Eigenvektor ein Minimum der Verlustleistung bildet. Allerdings erfüllt der Eigenvektor in der Regel nicht die Nebenbedingungen. Man kann jedoch hoffen, daß der kleinste Eigenwert eine gute Näherungslösung liefert, indem man die Zuordnung zu den beiden Gruppen (Source, Sink) anhand dieses Eigenvektors vornimmt. Die Zuordnung wird nun so getroffen, daß das Vorzeichen und der Betrag der Einträge über die Zuordnung entscheidet. Die gute Verwendbarkeit der Partitionierungsstrategie über das Netzwerk-Fluß-Problem ergibt sich aus der Eigenschaft, daß der Wert der Rayleigh-Quotienten auch dann noch eine brauchbare Näherung für den Eigenwert liefert, wenn nur eine grobe Näherung für den Eigenvektor verwendet wird [15].

Beispiel:

Zur Veranschaulichung verwenden wir wiederum das Beispiel aus Abb. 10.3, das

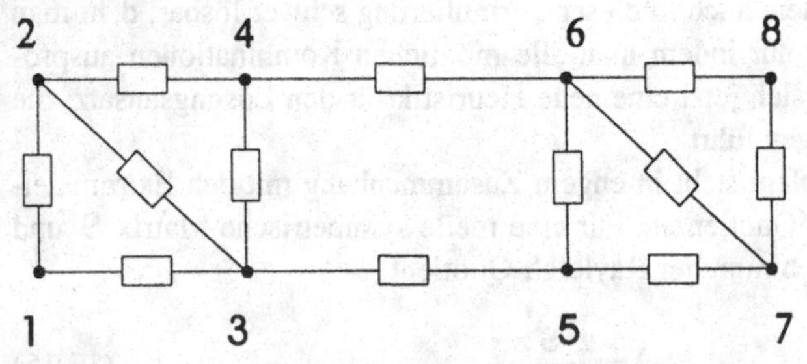

Abb. 10.4. Ersetzung des Partitionierungsproblems aus Abb. 10.3 durch ein Netzwerk-Fluß-Problem.

als Widerstandsnetzwerk in der Abb. 10.4 dargestellt ist. Wir ersetzen alle Zweige durch gleich große Widerstände. Für die Schaltung erhält man die folgende Systemmatrix S des Netzwerks

$$\mathbf{S} = \begin{pmatrix} 2 & -1 & -1 & 0 & 0 & 0 & 0 & 0 \\ -1 & 3 & -1 & -1 & 0 & 0 & 0 & 0 \\ -1 & -1 & 4 & -1 & -1 & 0 & 0 & 0 \\ 0 & -1 & -1 & 3 & 0 & -1 & 0 & 0 \\ 0 & 0 & -1 & 0 & 3 & -1 & -1 & 0 \\ 0 & 0 & 0 & -1 & -1 & 4 & -1 & -1 \\ 0 & 0 & 0 & 0 & -1 & -1 & 3 & -1 \\ 0 & 0 & 0 & 0 & 0 & -1 & -1 & 2 \end{pmatrix} \tag{10.19}$$

Die numerische Berechnung der Eigenwerte und Eigenvektoren liefert die in der Tabelle angegebenen Werte. Der Eigenwert λ_8 ist Null (triviale Lösung). Dies drückt die Tatsache aus, daß ein Bezugspotential frei gewählt werden kann. Das Gleichungssystem besitzt daher eine linear abhängige Zeile (Rang=7).

Eigenwerte	λ_1	λ_2	λ_3	λ_4	λ_5	λ_6	λ_7	λ_8
	5,732	4,814	4,000	4,000	2,529	2,268	0,657	0,000
Eigenvektoren	$\mathbf{x}_1$	$\mathbf{x}_2$	$\mathbf{x}_3$	$\mathbf{x}_4$	$\mathbf{x}_5$	$\mathbf{x}_6$	$\mathbf{x}_7$	$\mathbf{x}_8$
1	-0,149	-0,056	-0,190	0,361	0,358	0,558	-0,493	0,354
2	0,000	-0,389	-0,027	-0,707	-0,258	0,000	-0,396	0,354
3	0,558	0,547	0,408	-0,016	0,068	-0,149	-0,266	0,354
4	-0,408	0,214	-0,190	0,361	-0,548	-0,408	-0,169	0,354
5	-0,408	-0,214	0,408	-0,016	0,548	-0,408	0,169	0,354
6	0,558	-0,547	-0,190	0,361	-0,068	-0,149	0,266	0,354
7	0,000	0,389	-0,626	-0,330	0,258	0,000	0,396	0,354
8	-0,149	0,056	0,408	-0,016	-0,358	0,558	0,493	0,354

Aus diesem Grund ist λ_7 als kleinster Eigenwert zu interpretieren. Der zugehörige Eigenwert besitzt negative Vorzeichen für die Knoten 1-4 und positive Vorzeichen für die Knoten 5-8. Dies entspricht der Partitionierung, die wir zuvor bereits als optimal gefunden hatten. Eine besonders ungünstige Partitionierung würde sich aus der Zuordnung entsprechend dem Eigenvektor $\mathbf{x}_1$ ergeben (1,4,5,8) (2,3,6,7). In diesem Fall würden die Schnittkosten den maximalen Wert 10 annehmen.

Die extremalen Eigenwerte lassen sich auch für sehr große (dünn besetzte) Matrizen bzw. Partitionierungsaufgaben numerisch stabil und effizient z. B. mit Hilfe des Lanczos-Verfahrens bestimmen.

Wir haben uns im vorangegangenen auf das Problem der Einteilung in zwei Gruppen beschränkt (Bipartitionierung), häufig wird auch eine Aufteilung in eine größere Anzahl von Gruppen gesucht (Multiway-Partitionierung). Ein möglicher Zugang besteht in der sukzessiven Anwendung der Bipartitionierung, es existieren jedoch auch Erweiterungen der genannten Grundalgorithmen. Eine ausführlichere Darstellung findet man in [5, 9].

10.3 Plazierung

Bedingt durch die funktionalen und parasitären Kopplungen der Mikrosystemkomponenten kommt der Plazierung eine zentrale Rolle zu. Die primäre Aufgabe der Plazierung ist es, durch die relative Anordnung und Orientierung der Komponenten zueinander, die Gesamtfunktion des Mikrosystems zu optimieren und parasitäre Kopplungen zu minimieren. Die Plazierung kann daher als mathematisches Optimierungsproblem aufgefaßt werden.

Im einzelnen lassen sich während der Plazierung die folgenden Ziele verfolgen:

1. Minimierung des Flächenbedarfs,
2. Minimierung der Leitungslänge und der Anzahl der Durchkontaktierungen,
3. Minimierung der maximalen Temperaturüberhöhung,
4. Optimierung der Zuverlässigkeit des Gesamtsystems,
5. Minimierung parasitärer Kopplungen.

In der Mikroelektronik, insbesondere im VLSI Entwurf, werden Verfahren eingesetzt, die vorwiegend die unter 1. und 2. genannten Ziele verfolgen. Verfahren zur Minimierung der Temperaturüberhöhung (Ziel 3.) wurden ebenfalls entwickelt, sind jedoch nicht allgemein verfügbar. Für die unter 4. und 5. genannten Ziele stehen derzeit noch keine allgemeinen Verfahren zur Verfügung. Insbesondere die Minimierung parasitärer Kopplungen ist spezifisch für die Mikrosystemtechnik.

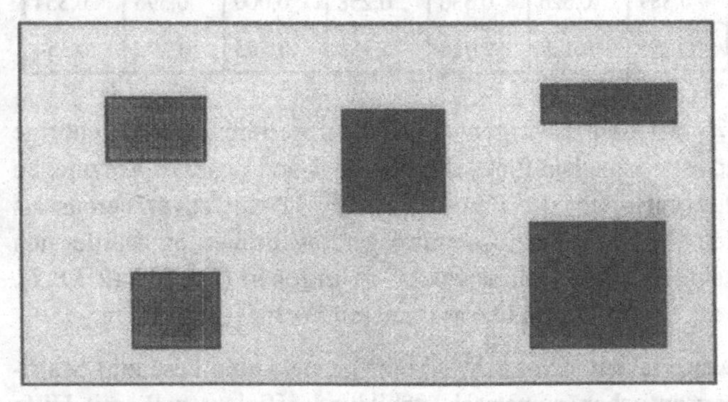

Abb. 10.5. Im Modulentwurf ist die Lage der Komponenten auf einer vorgegebenen Substratfläche so zu bestimmen, daß die Gesamtverdrahtungslänge minimal wird, für die Mikrosystemtechnik treten allgemeine Kopplungen zwischen den Komponenten hinzu.

Hinzu treten eine Vielzahl von Nebenbedingungen, die funktionsbedingt sein können oder aus technologischen Anforderungen oder sonstigen Randbedingungen (Normreihen, Standardabmessungen, usw.) folgen, z. B.:

1. Einhaltung von Minimalabständen zwischen den Komponenten.
2. Einhaltung von Laufzeitrestriktionen für elektrische Signale.
3. Überschreitung von Maximaltemperaturen für einzelne Komponenten.
4. Einhaltung von Sperrflächen.

Die Aufgabe der Plazierung ist die Bestimmung der Koordinatenpaare (x, y) der Komponenten und deren Orientierung (Drehung), bei Einhaltung aller Nebenbedingungen (Abb. 10.5).

Da mehrere Ziele mit unterschiedlichen Anforderungen genannt wurden, ist es nicht möglich eine Plazierung zu finden, die gleichzeitig alle Ziele optimiert. Es gibt lediglich einen Bereich in dem die Verschlechterung eines Ziels mit der Verbesserung eines anderen einher geht (Pareto-Optimalität). Eine Lösung ist in diesem Bereich zu suchen. Sollen gleichzeitig mehrere Teilziele, eventuell mit gegenläufiger Tendenz, verfolgt werden, so ist es zweckmäßig, die Zielfunktionen als gewichtete Summe der Einzelziele aufzufassen. Die Gewichtsfaktoren legen dann das Optimum fest.

Die angegebene Charakteristik verdeutlicht, daß zur Optimierung eine geeignete Modellbildung notwendig ist. Dies stellt oftmals eine ernste Schwierigkeit dar, da die Berechnung des tatsächlichen Verdrahtungsaufwands, der Temperaturverteilung oder die Bestimmung der parasitären Kopplungen nur mit erheblichem Aufwand möglich ist. Zur Begrenzung des Aufwands ist es notwendig, vereinfachende Modelle zur Auswertung der Zielfunktion bereitzustellen oder die Optimierungsaufgabe durch eine verwandte Formulierung (Ersatzproblem) auszutauschen. Meist ist auch das Optimierungsproblem schwer lösbar, da die Zielfunktion komplex sein kann und Nebenextrema aufweist. Auch in diesem Fall ist es günstig, das Problem durch eine ähnliche Formulierung zu ersetzen, die keine Nebenextrema aufweist. Der Übergang zu Ersatzproblemen wird oftmals durch Heuristiken begründet.

Die Plazierungsverfahren werden in konstruktive und iterative Verfahren unterteilt. Bei den konstruktiven Verfahren werden die Komponenten nacheinander auf der Fläche plaziert. Diese Verfahren sind in der Regel sehr schnell, beinhalten aber die Schwierigkeit, daß das Plazierungsergebnis von der Reihenfolge der Bearbeitung abhängig ist. Aus diesem Grund erreichen einfache, konstruktive Verfahren nur ein unzureichendes Ergebnis und werden häufig nur zur Generierung einer initialen Plazierung verwendet, die anschließend durch iterative Methoden verbessert wird.

Hierarchisch arbeitende Verfahren ordnen die Komponenten in jeder Stufe Teilregionen der Plazierungsfläche zu, die in folgenden Stufen weiter unterteilt werden. Bei den iterativ arbeitenden Methoden werden einzelne oder Gruppen von Komponenten verschoben oder in ihrer Position vertauscht, um eine Verbesserung zu erreichen. Die Auswahl der zu versetzenden Komponenten wird durch Heuristiken oder zufällig bestimmt. Stochastische Methoden verwenden allgemein an-

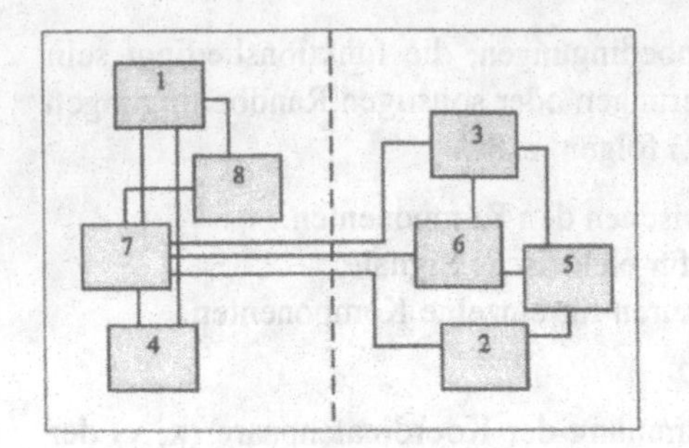

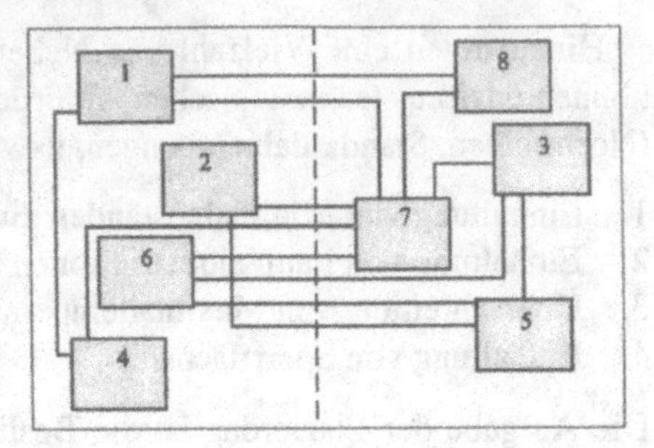

Abb. 10.6. Minimierung der Schnittkosten beim Min-Cut-Verfahren. Links günstige Plazierung, rechts ungünstige Plazierung.

wendbare Optimierungsmethoden wie das Simulated Annealing. Sie sind daher in der Lage sehr gute Ergebnisse zu erreichen, die Rechenzeit ist jedoch sehr groß.

Die für das Plazierungsproblem wichtigste und am häufigsten verwendete Heuristik ist das Min-Cut-Verfahren zur Minimierung des Verdrahtungsbedarfs, das im folgenden kurz vorgestellt wird. Als Heuristik dient bei diesem Verfahren die Tatsache, daß bei einer günstigen Plazierung die Anzahl der einen beliebigen Schnitt kreuzenden Verbindungsleitungen geringer ist als bei einer ungünstiger Plazierung (Abb.10.6). Hierdurch wird das Plazierungsproblem mit der im letzten Kapitel behandelten Partitionierungsaufgabe verknüpft, für das es gute und zuverlässig arbeitende Lösungsverfahren gibt.

Bei der Anwendung der Min-Cut-Heuristik zur Plazierung wird die Komponentenmenge durch Anwendung eines Partitionierungsverfahrens in zwei (oder mehrere) Gruppen geteilt und die Gruppen der horizontal oder vertikal geteilten Fläche zugeordnet. In weiteren hierarchisch aufeinanderfolgenden Schritten werden die entstandenen Teilmengen wie in Abb. 10.7 weiter partitioniert, und die Zuordnung zu Teilflächen vorgenommen, bis nur noch eine Komponente pro Gruppe verbleibt und damit die endgültige Plazierung gefunden ist. In den einzelnen Stufen werden jeweils nur Entscheidungen geringer Komplexität und Wirkung durchgeführt, da die Position innerhalb der Teilbereiche noch offen bleibt. Die Plazierung mit der Min-Cut-Heuristik wird in aufeinanderfolgenden Schritten so lange fortgesetzt, bis (durch Verkleinerung der Teilflächen) allen Komponenten eine eindeutige Position zugewiesen wurde. Für N Komponenten endet das Verfahren nach $\log_2(N)$ Schritten. Plazierungsverfahren auf der Basis von Partitionierungsverfahren weisen daher eine günstige Zeitkomplexität auf. Die Schwierigkeit dieses Plazierungsverfahrens besteht darin, eine möglichst günstige Position der Schnittlinien und der Größe der Teilmengen zu finden.

Üblicherweise wird bei der Partitionierung eine Flächenbalance angestrebt, um die Entstehung von Teilflächen mit großem Aspektverhältnis zu vermeiden, die in nachfolgenden Partitionierungsschritten zu Problemen führen. So ist zu verlangen, daß von beiden Gruppen, unter Beachtung der Abmessung der darin enthaltenen Komponenten, etwa gleich große Flächen beansprucht werden.

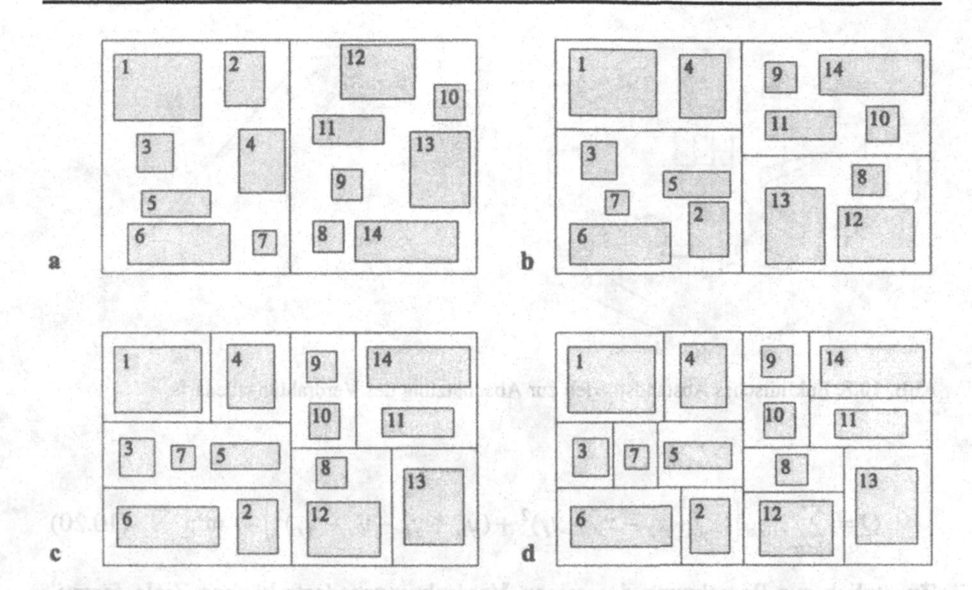

Abb. 10.7. Prinzip der hierarchischen Plazierung durch sukzessive Flächenteilung, und Zuweisung der Komponenten zu den Teilflächen mit Hilfe einer Partitionierungsheuristik. (a)-(d) Zunehmende Stufen der Flächenaufteilung durch Bipartitionierung.

Eine Schwäche der Min-Cut-Heuristik besteht darin, daß die tatsächlichen Leitungslängen nicht in das Verfahren eingehen, auch liefert sie kein Kriterium dafür, ob es günstiger ist in vertikaler oder horizontaler Richtung zu schneiden.

Um die Minimierung des Verdrahtungsbedarfs in der Plazierung zu erreichen, ist ein Modell zur Verfügung zu stellen, das die Leitungslängen bestimmt. Die Ermittlung des tatsächlichen Verdrahtungsbedarfs wird jedoch dadurch erschwert, daß während der Plazierungsphase der Verlauf einzelner Leitungen noch nicht bekannt ist und die Durchführung einer Verdrahtung für jede untersuchte Plazierung zu aufwendig ist.

Als einfaches Modell für die Leitungslängen werden daher Abschätzungen verwendet, die den tatsächlichen Verdrahtungsbedarf eingrenzen. Es bieten sich die beiden folgenden einfachen Modelle an:

- Euklidisches Abstandsmodell $\ell = \sqrt{\Delta x^2 + \Delta y^2}$,
- umschreibendes Rechteck $\ell = |\Delta x| + |\Delta y|$.

Das umschreibende Rechteck liefert für die übliche Verdrahtung in getrennten x- und y-Lagen das genauere Modell. Für die Verwendung des Euklidischen Abstands (Abb. 10.8) spricht die Tatsache, daß die hieraus berechnete Zielfunktion quadratisch wird und daher relativ einfach lösbar ist. Mit den Komponentenkoordinaten (x_μ, y_μ), (x_ν, y_ν) und den bezogenen Pinkoordinaten (x_k, y_k), (x_ℓ, y_ℓ) ergibt sich das Optimierungsproblem:

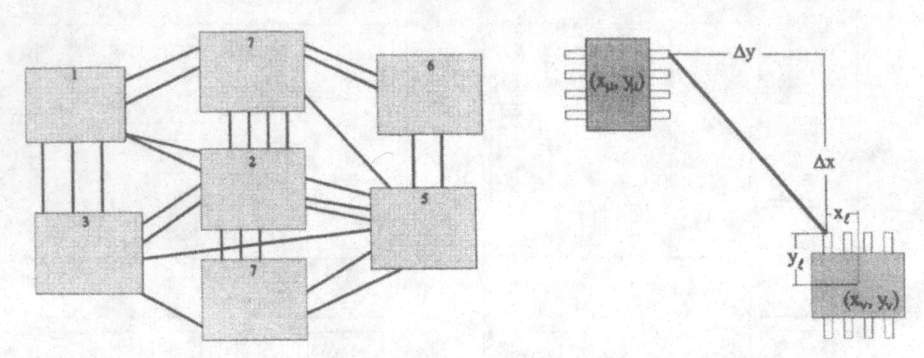

Abb. 10.8. Euklidisches Abstandsmodell zur Abschätzung des Verdrahtungsbedarfs.

$$Q = \sum_{Netze} c_{\mu\nu kl}\left[(x_\mu + x_k - x_\nu - x_\ell)^2 + (y_\mu + y_k - y_\nu - y_\ell)^2\right] \rightarrow \min \tag{10.20}$$

Zusätzlich zur Berechnung des reinen Verdrahtungsbedarfs können Ziele formuliert werden, die eine möglichst gleichmäßige Verteilung der Verdrahtung auf dem Modul verfolgen.

Die Verwendung des Euklidischen Abstandsmodells führt in anschaulicher Weise zum sogenannten Kräftemodell, bei dem die Verbindungen durch 'Gummibänder' ersetzt werden und sich die relative Lage der Komponenten zueinander durch das sich einstellende Kräftegleichgewicht ergibt. Die Federkonstanten $c_{\mu\nu kl}$ der Verbindungen lassen sich zur Einführung von Netzgewichten benutzen. Bestehen keine externen Verbindungen, so würde sich die triviale Lösung ergeben, bei der sich alle Komponenten in einem Punkt konzentrieren. Dies läßt sich im Prinzip dadurch vermeiden, daß die Federkonstante selbst vom Abstand abhängig wird und bei kleinen Abständen zu einer Abstoßung führt. Allerdings wird dadurch das Problem schwer lösbar (NP-vollständig). Daher verwenden wir feste Federkonstanten und eine einfache Nebenbedingung, die den mittleren quadratischen Abstand festlegt.

$$\sum_{Komponenten} x_\mu^{\,2} = 1, \qquad \sum_{Komponenten} y_\mu^{\,2} = 1, \qquad \sum_{Komponenten} x_\mu = 0, \qquad \sum_{Komponenten} y_\mu = 0 \tag{10.21}$$

Durch Zusammenfassung in einem Optimierungsproblem zusammen mit Lagrange-Parametern λ erhält man:

$$\begin{aligned} Q = & \sum_{Netze} c_{\mu\nu kl}\left[(x_\mu + x_k - x_\nu - x_l)^2 + (y_\mu + y_k - y_\nu - y_l)^2\right] \\ & + \lambda\left(\sum_{Komponenten}\left[(x_\mu - x_\nu)^2 + (y_\mu - y_\nu)^2\right] - 1\right) \rightarrow \min \end{aligned} \tag{10.22}$$

$$\frac{\partial Q}{\partial x_\mu} = 2 \sum_{Netze} c_{\mu\nu kl} (x_\mu + x_k - x_\nu - x_l) + 2\lambda \sum_{Komponenten} (x_\mu - x_\nu) = 0 \tag{10.23}$$

$$\frac{\partial Q}{\partial y_\mu} = 2 \sum_{Netze} c_{\mu\nu kl} (y_\mu + y_k - y_\nu - y_l) + 2\lambda \sum_{Komponenten} (y_\mu - y_\nu) = 0 \tag{10.24}$$

Man erkennt, daß sich für die Lösung in x- und y-Richtung getrennte Gleichungssysteme ergeben, die die gleiche Struktur aufweisen. Allgemein läßt sich jedes konvexe Optimierungsproblem, in dem also die Unbekannten höchstens in zweiter Potenz auftreten, durch ein lineares Gleichungssystem lösen. Diese Lösung garantiert jedoch noch nicht die Überlappungsfreiheit der Komponenten und muß daher mit weiteren Verfahren kombiniert werden oder durch Nebenbedingungen ergänzt werden, die jedoch in der Regel die Konvexität zerstören. Weitere Bedingungen, wie die Einhaltung von Maximalabständen, lassen sich ebenfalls in der Problemstellung berücksichtigen, jedoch wird auch dann der konvexe Charakter gestört, und es entsteht ein Optimierungsproblem mit Nebenbedingungen, das wesentlich schwerer zu lösen ist [8].

Verzichtet man auf die Berücksichtigung der Pinkoordinaten, so läßt sich das Optimierungsproblem mit Hilfe der Inzidenzmatrix formulieren. In Matrizenschreibweise erhält man:

$$Q = \mathbf{X}^T \mathbf{A}_j^T \mathbf{C} \mathbf{A}_j \mathbf{X} \rightarrow \min \tag{10.25}$$

mit der Nebenbedingung

$$\mathbf{X}^T \mathbf{X} = 1 \tag{10.26}$$

Hierbei ist $\mathbf{X}$ der Vektor der Komponentenkoordinaten und $\mathbf{C}$ die Diagonalmatrix der Gewichte. Man ersieht aus dieser Form, daß wie in den Gln. (10.2), (10.16) aufgrund der Extremaleigenschaft die Lösung durch den kleinsten Eigenwert erreicht wird. Das Ziel der Minimierung der Gesamtverdrahtungslänge fällt dann also mit der Lösung der Partitionierungsproblem zusammen. Diese Tatsache erklärt die guten Lösungseigenschaften der verwendeten Heuristik.

Die Idee des Min-Cut-Verfahrens und der Bipartitionierung läßt sich auch auf weitere Optimierungsziele anwenden, die für die Mikrosystemtechnik von Bedeutung sind. Beispielsweise ist es möglich, bei der Minimierung parasitärer Kopplungen eine Zuordnung zu Teilflächen so vorzunehmen, daß die sich durch Kopplungen stark beeinflussenden Komponenten sukzessive getrennten Teilflächen zugewiesen werden. Da ähnlich wie bei der Abschätzung der Leitungslängen die Kopplungen nicht exakt berechnet werden können, sind geeignete Modelle für deren Wechselwirkung in der Formulierung der Optimierungsaufgabe zu verwenden.

10.4 Thermische Plazierung, Zuverlässigkeitsaspekte, allgemeine Kopplungen

Die Beurteilung und Optimierung der Plazierung unter thermischen Gesichtspunkten ist von der verwendeten Kühltechnik und den Materialien, insbesondere der Wärmeleitfähigkeit des Substratmaterials, abhängig. Einige Werte für typische Materialien der Integrationstechnik sind in der Tabelle 10.1 zusammengestellt.

Als Modell für die lokale Wärmeableitung einer Komponente über das Substrat und an die Umgebung ist eine einfach auswertbare Beziehung zu verwenden. Ein solches vereinfachtes Modell erhält man durch die näherungsweise Abbildung der Komponenten und des Substrats auf eine kreisrunde Struktur (Abb. 10.9). In diesem Fall läßt sich die Wärmeleitungsgleichung leicht mit Hilfe der Besselfunktionen lösen. Es wird angenommen, daß über der Komponente mit dem Radius R eine homogene Verlustleistung mit der Flächendichte p_F vorhanden ist, die Substartdicke d konstant ist und der Wärmeübergangskoeffizient h ortsunabhängig ist. Zur Vereinfachung des Wärmeleitungsproblems wird vorausgesetzt, daß das Substrat dünn ist, so daß die Temperaturdifferenz zwischen Substratober- und -unterseite vernachlässigt werden kann. Unter diesen Annahmen wird das Problem durch die folgende Differentialgleichung beschrieben.

$$div\,grad\,T - \frac{h}{\lambda d} T = -\frac{q_F}{\lambda d} \tag{10.27}$$

Man erhält dann die Lösung des Wärmeleitungsproblems mit Hilfe der modifizierten Besselfunktionen nullter Ordnung I_0, K_0.

$$T(r) = \alpha\, I_0(\gamma_1 r) + \frac{p_F}{h} \qquad r \le R \qquad \gamma = \frac{h}{\lambda d} \tag{10.28}$$

$$T(r) = \beta_1\, I_0(\gamma_2 r) + \beta_2\, K_0(\gamma_2 r) \qquad R \le r < R_s \tag{10.29}$$

mit den Abkürzungen

$$\alpha = \frac{p_F}{h} \frac{s}{q\, I_1(\gamma_1 R) - s\, I_0(\gamma_1 R)} \tag{10.30}$$

Tabelle 10.1. Thermische Leitfähigkeit typischer Materialien der Integrationstechnik.

Material	Aluminiumoxid Al_2O_3	Aluminiumnitrid ALN	Silizium Si	Kupfer Cu
therm. Leitfähigkeit λ $\left[\frac{W}{m\,K}\right]$	28	150-200	145-170	392

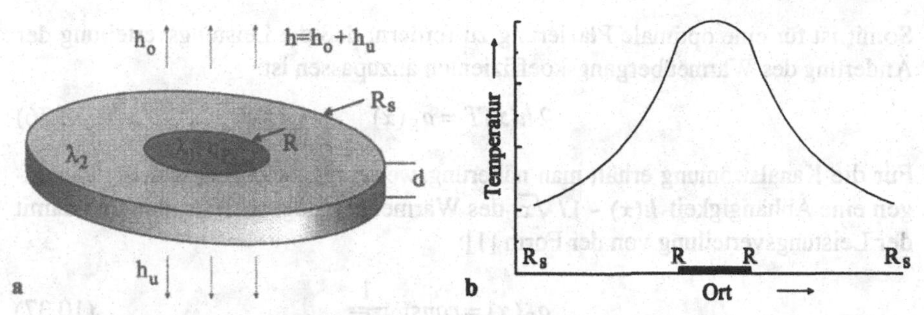

Abb. 10.9. Wärmeleitungsproblem in einer kreisrunden Struktur. **(a)** Abmessungen und Materialwerte, **(b)** typischer Temperaturverlauf in Abhängigkeit vom radialen Abstand.

$$\beta_1 = \frac{p_F}{h} \frac{\kappa_1 \gamma_1 I_1(\gamma_1 R) K_1(\gamma_2 R_s)}{q I_1(\gamma_1 R) - s I_0(\gamma_1 R)} \qquad \beta_2 = \frac{p_F}{h} \frac{\kappa_1 \gamma_1 I_1(\gamma_1 R) I_1(\gamma_2 R_s)}{q I_1(\gamma_1 R) - s I_0(\gamma_1 R)} \tag{10.31}$$

$$q = \kappa_1 \gamma_1 [I_0(\gamma_2 R) K_1(\gamma_2 R_s) + K_0(\gamma_2 R) I_1(\gamma_2 R_s)] \tag{10.32}$$

$$s = \kappa_2 \gamma_2 [I_1(\gamma_2 R) K_1(\gamma_2 R_s) - K_1(\gamma_2 R) I_1(\gamma_2 R_s)] \tag{10.33}$$

Das Besselmodell liefert den für die Wärmespreizung erforderlichen Platzbedarf der Komponenten, und es läßt sich auch recht einfach die gegenseitige thermische Wechselwirkung der Komponenten durch Wärmeleitung über das Substrat ablesen. Hierauf aufbauend lassen sich thermische Kopplungsmodelle für den Bereich der Wärmeleitung entwickeln.

In der Plazierung können die Kopplungsmodelle zur Partitionierung verwendet werden. Auch lassen sich im Kräftemodell abstoßende Kräfte nach dem Grad der Beeinflussung einführen. Einschränkend ist hierbei jedoch anzumerken, daß durch abstoßende Kräfte die Konvexität der Optimierungsaufgabe verloren geht, d. h. es entsteht ein Optimierungsproblem mit lokalen Extrema.

Das Besselmodell beinhaltet nicht die für Aufbauten in Strömungskanälen typische örtliche Änderung des Wärmeübergangskoeffizienten $h(x)$. Die örtliche Änderung resultiert aus der Ausbildung der Strömung und der Erwärmung des Strömungsmediums entlang des Strömungskanals (Grenzschichströmung) [1]. Die Temperaturverteilung bei Konvektionskühlung mit der örtlichen Leistungsverteilung $q_F(x)$ wird durch die folgende Gleichung beschrieben (eindimensional):

$$\lambda d \frac{d^2T}{dx^2} - h(x) T = -q_F(x) \tag{10.34}$$

Eine optimale Plazierung sollte eine gleichmäßige Wärmeverteilung liefern:

$$T = const \quad \rightarrow \frac{dT}{dx} = 0 \quad \text{und} \quad \frac{d^2T}{dx^2} = 0 \tag{10.35}$$

Somit ist für eine optimale Plazierung zu fordern, daß die Leistungsverteilung der Änderung des Wärmeübergangskoeffizienten anzupassen ist:

$$2h(x)T = q_F(x) \tag{10.36}$$

Für die Kanalströmung erhält man näherungsweise aus den Grenzschichtgleichungen eine Abhängigkeit $h(x) \sim 1/\sqrt{x}$ des Wärmeübergangskoeffizienten und damit der Leistungsverteilung von der Form [1]:

$$q_F(x) = const \cdot \frac{1}{\sqrt{x}} \tag{10.37}$$

Hiernach sind, wie dies in Abb. 10.10 angedeutet ist, die Komponenten mit hoher Verlustleistung an den Beginn des Strömungskanals zu plazieren. Als Optimierungskriterium kann man eine Plazierung der diskreten Komponenten mit der Flächenleistungsdichte q_i suchen, die möglichst gut der vorgegebenen Verteilung entspricht.

$$\int [q_F(x) - q_i(x)]^2 \, dx \rightarrow \min \tag{10.38}$$

Als allgemeines Verfahren zur Behandlung von Layoutaufgaben sind die auf Heuristiken beruhenden Methoden nur bedingt geeignet. Da die Zielfunktion der Layoutaufgabe eine hohe Anzahl lokaler Extrema aufweist, ist zur Behandlung des allgemeinen Falls eine Lösungsstrategie erforderlich, die eine globale Optimierung durchführt. Die globale Optimierung ist jedoch in der Regel wesentlich aufwendiger. Für Layoutaufgaben befinden sich Verfahren dieser Art seit einiger Zeit in der Anwendung und Weiterentwicklung (z. B. Timber Wolf) und liefern gute Ergebnisse. Die bedeutendsten Verfahren beruhen auf den Optimierungsmethoden: Simulated Annealing, Evolutionsstrategien und Genetische Algorithmen.

Zur Berücksichtigung zuverlässigkeitsrelevanter Aspekte in der Plazierung gibt es bisher nur wenige erste Ansätze. Dies ist im wesentliche darauf zurückzuführen, daß bisher allenfalls in Teilbereichen Modelle zur Beschreibung zur Verfügung

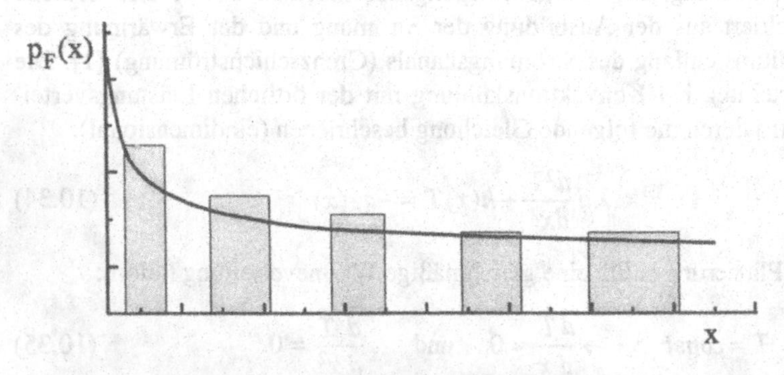

Abb. 10.10. Plazierung der Komponenten im Strömungskanal zur Erzielung einer gleichmäßigen Temperaturverteilung.

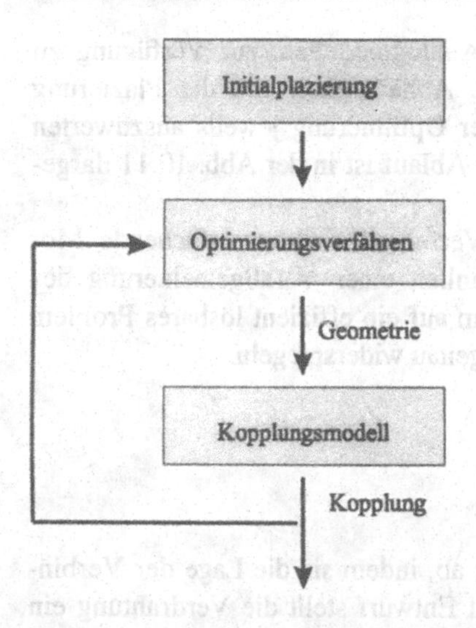

Abb. 10.11. Optimierungsablauf für allgemeine Kopplungen. Ausgehend von einer Startplazierung wird mit Hilfe eines allgemeinen und global konvergenten Plazierungsverfahrens eine Verbesserung gesucht.

stehen. Auch sind hier nur die Aspekte von Bedeutung, die durch die Plazierung beeinflußt werden. Dies sind in erster Linie thermisch aktivierte Alterung durch Diffusion oder Elektromigration und thermische Wechselbeanspruchungen.

Häufig kann die Ausfallrate einer Komponente in Abhängigkeit der Temperatur durch eine Exponentialfunktion beschrieben werden (Arrhenius-Beziehung).

$$\lambda(T) = A\, e^{\frac{k_B T}{E_a}} + B \tag{10.39}$$

Damit ist eine enge Verknüpfung zur thermischen Plazierung hergestellt, wobei die Exponentialfunktion darauf hinweist, daß starke Temperaturüberhöhungen zu vermeiden sind. Die Ausfallrate kann für einzelne Bauelemente in Abhängigkeit der Konstanten A und B sehr unterschiedlich sein. In diesem Fall können den Bauelemente individuelle Ausfallraten zugewiesen werden. Das Ziel der Optimierung ist die Minimierung der Ausfallrate des Systems. Hierzu sind die Temperaturen aller Komponenten zu berechnen, was im allgemeinen Fall nur durch eine vollständige thermische Simulation möglich ist. Für schwach nichtlineare Probleme (temperaturunabhängiger Wärmefluß und schwache Kopplung mit den Strömungsgleichungen) kann zur Abschätzung auch die Superposition der Temperaturüberhöhung der Einzelkomponenten ausreichen. Zur Berücksichtigung allgemeiner Kopplungen komplexer Art

- thermisch induzierte Spannungen,
- Temperaturdrift,
- elektromagnetische Kopplungen,

sind Kopplungsmodelle, z. B. in Form von Analogmodellen, zur Verfügung zu stellen. Diese Kopplungsmodelle müssen die Abhängigkeit von der Plazierung beinhalten. Die Kopplungen sind während der Optimierung jeweils auszuwerten und Geometrievariationen durchzuführen. Der Ablauf ist in der Abb. 10.11 dargestellt.

Zur Entwicklung allgemeiner effizienter Verfahren sind vereinfachende Modelle und Heuristiken zu verwenden die, ähnlich einer Verallgemeinerung des Min-Cut-Verfahrens, das Optimierungsproblem auf ein effizient lösbares Problem abbilden und das Optimierungsziel genügend genau widerspiegeln.

10.5 Verdrahtung

Die Verdrahtung schließ die Layouterstellung ab, indem sie die Lage der Verbindungsleitungen geometrisch festlegt. Im VLSI Entwurf stellt die Verdrahtung ein hochkomplexes Problem dar. Nehmen wir an, daß sich auf einem Chip n Komponenten mit jeweils m Ports befinden und jedes Netz wiederum über p Terminals verfügt, so sind insgesamt

$$\frac{nm}{p} \tag{10.40}$$

Netze zu verdrahten. Im Chip-Entwurf ist die Anzahl der Komponenten sehr hoch ($n = 10^4 - 10^6$) und die Anzahl der Ports klein ($m = 4 - 10$). Die Netze sind überwiegen 2 und 3 Terminal Netze. Im Modulentwurf ist die Anzahl der Komponenten deutlich geringer $n < 100$, jedoch haben zumindest einige der Komponenten hohe Anschlußzahlen $m = 50 - 500$.

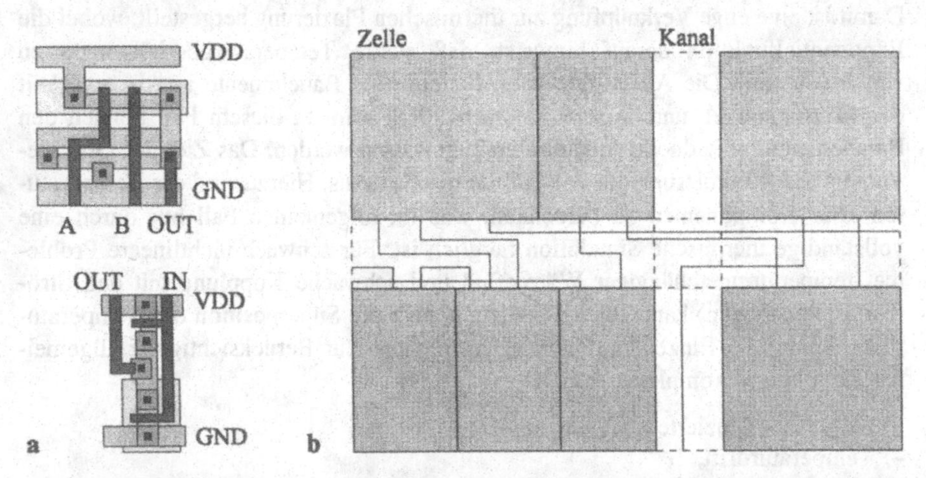

Abb. 10.12. Zellorientiertes Verdrahtungskonzept. **(a)** Zellen, **(b)** Einteilung in Zellen und Verdrahtungskanäle.

Primäres Ziel ist die Herstellung einer möglichst platzsparenden Verdrahtung, für die auf dem Chip 2-4 Lagen und bei Leiterplatten bis zu 40 Lagen zur Verfügung stehen. Dieses Ziel ist äquivalent zur Minimierung der Gesamtverdrahtungslänge. Aufgrund der hohen Komplexität wird im Chip-Entwurf ein zweistufiges Vorgehen bevorzugt, bei dem zunächst während der Globalverdrahtung eine Zuordnung der Verbindungen zu einzelnen Verdrahtungskanälen vorgenommen wird und im zweiten Schritt die detaillierte Verdrahtung innerhalb der Kanäle erfolgt.

Die Einteilung in Kanäle und Sperrflächen ergibt sich hier in natürlicher Weise aus der Tatsache, daß die Fläche der Zellen für die interne Verdrahtung reserviert ist (Abb. 10.12). Stehen mehr als zwei Lagen zur Verfügung, so ist dieses Vorgehen nicht mehr zwingend, da dann auch die aktive Fläche zumindest teilweise genutzt werden kann. In ähnlicher Weise ist auch im Modulentwurf (außer auf Außenlagen) die gesamte Fläche für die Verdrahtung nutzbar.

Neben der Minimierung der Verdrahtungsfläche ergeben sich weitere Forderungen an das Verdrahtungsverfahren, die aus der Funktion resultieren [10, 12].

- Die Leitungslänge bestimmt die Laufzeit des Signals. Daher darf bei besonders zeitkritischen Signalen eine maximale Leitungslänge nicht überschritten werden.
- Zur Vermeidung unerwünschter Reflexionen ist die Anzahl der Richtungswechsel (die in der Regel mit einem Lagenwechsel verbunden sind) möglichst klein zu halten. Dies ist auch aus Gründen des Flächenbedarfs anzustreben, da Durchkontaktierungen größer sind und einen zusätzlichen Flächenbedarf erfordern.
- An Netzverzweigungen tritt eine Änderung der Leitungsimpedanz auf. Daher ist es erforderlich, daß die Länge der Verzweigungsleitungen möglichst gering ist (Abb. 10.13).
- Für einige Netze (Clock, Select) ist es erforderlich, daß das Signal gleichzeitig an allen Komponenten vorhanden ist, daher müssen die Netzlängen vom Sender zu allen Empfängern gleich sein (clock skew).
- Zur Vermeidung elektromagnetischer Kopplungen ist die Länge parallel laufender Leitungsabschnitte zu begrenzen.

Für die Mikrosystemtechnik können die gleichen Verdrahtungsverfahren einge-

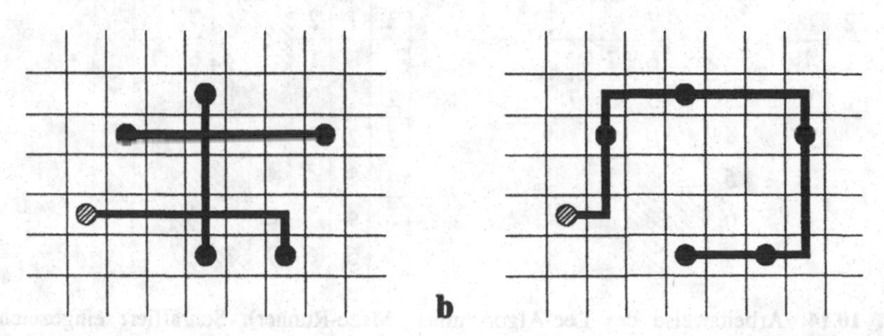

Abb. 10.13. (a) Verdrahtung mit Stichleitungen unterschiedlicher Segmentlänge, Netzlänge=15, (b) ohne Stichleitungen, Netzlänge=16.

setzt werden wie im Modulentwurf. Allerdings können, aufgrund der sehr unterschiedlichen Funktion der Komponenten, zusätzliche und sehr spezielle Anforderungen entstehen. Dies sind beispielsweise:

- Trennung analoger und digitaler Schaltungsteile,
- Verwendung abgeschirmter Leitungen für analoge Signale von Sensoren, Vermeidung von Kopplungen,
- unterschiedliche Leitungsbreiten, bedingt durch den Leistungsbedarf der Komponenten,
- Minimierung der Fläche von Leiterschleifen zur Reduktion der durch externe Quelle bedingten elektromagnetischen Beeinflussung.

Häufig sind die genannten Forderungen auch für den Entwurf analoger Schaltungen von Bedeutung.

Im folgenden wird zunächst der Algorithmus von Lee (Maze-Runner) behandelt, da dieser im Bereich des Modulentwurfs verbreitet ist und den Vorteil besitzt, daß er sich durch die Wahl von Gewichtungsfaktoren leicht modifizieren läßt, um weitere, über die Minimierung der Verdrahtungsfläche hinausgehende, Ziele zu berücksichtigen. Für die Darstellung von Aspekten der Aufteilung in Global- und Kanalverdrahtung wird auf die Spezialliteratur verwiesen [5, 7, 9].

Die Arbeitsweise des Lee-Algorithmus ist in Abb. 10.14 dargestellt. Zur Durchführung wird die gesamte Verdrahtungsfläche rasterartig eingeteilt. Der Rasterabstand ergibt sich aus den Minimalabständen der Verbindungsleitungen. Die erste Phase des Lee-Algorithmus besteht in der Numerierung der Gitterzellen, ausgehend von einem Terminal (Source). Die zur Source benachbarten Gitterzellen werden mit 1, deren Nachbarn mit 2 und so fortschreitend numeriert, bis nach endlich vielen Schritten das Ziel (Target) erreicht wird. Im zweiten Schritt wird, ausgehend vom Ziel ein Weg mit absteigenden Zellennummern gesucht. Im allgemeinen existieren mehrere Möglichkeiten für einen Weg. In der Regel wählt man den Weg so aus, daß nur dann ein Richtungswechsel entsteht, wenn dies notwendig ist.

Die hervorragendste Eigenschaft dieses Verfahren ist, daß es stets, auch bei Anwesenheit von beliebigen Sperrflächen, den kürzesten möglichen Weg findet.

a

2	1	2			7		
1	S	1			6	7	
2	1	2	3	4	5	6	7
3	2	3	4	5	6	7	
4	3	4	5			T	
5	4	5	6				
6	5	6	7				

b

2	1	2			7		
1	S	1			6	7	
2	1	2	3	4	5	6	7
3	2	3	4	5	6	7	
4	3	4	5			T	
5	4	5	6				
6	5	6	7				

Abb. 10.14. Arbeitsweise des Lee-Algorithmus (Maze-Runner). Schraffiert eingezeichnete Bereiche sind Sperrflächen. (**a**) Numerierung der Gitterzellen ausgehend vom Startpunkt, (**b**) Zurückverfolgung absteigender Zellennummern.

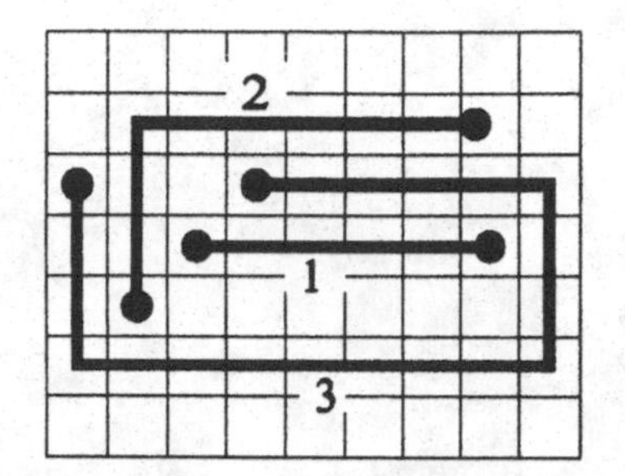

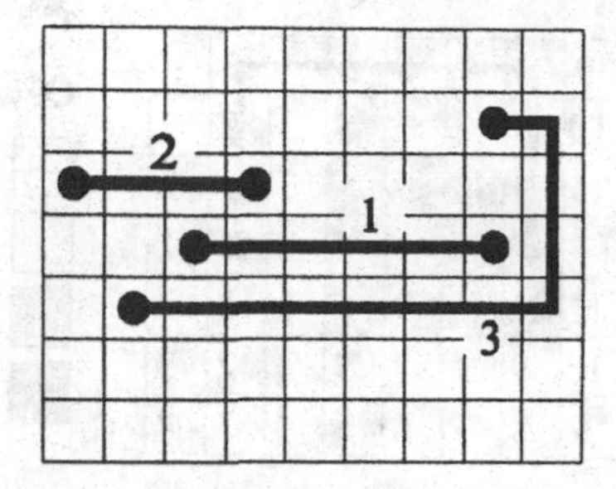

Abb. 10.15. Abhängigkeit des Verdrahtungsergebnis von der Reihenfolge der Netze beim Lee-Algorithmus. (a) Ungünstige und (b) günstige Reihenfolge der Bearbeitung der Netze.

Der Nachteil, des einfachen und leicht zu implementierenden Verfahrens, ist ein hoher Speicherbedarf und eine hohe Laufzeit. Auch ist kann das Verfahren in der angegebenen Form nur 2 Terminal Netzen verdrahten. Aus diesem Grund sind verschiedene Modifikationen des Grundalgorithmus vorgeschlagen worden [5, 9]. Bei drei und mehr Terminals müssen zumeist Verzweigungspunkte (Steiner-Punkte) eingeführt werden, um die kürzeste Verdrahtung zu finden, was das Problem erschwert.

Ein schwerwiegenderer Nachteil liegt in der sequentiellen Vorgehensweise begründet. Da der Algorithmus von Lee die Netze einzeln verdrahtet, steht zu Beginn die gesamte Fläche frei zur Verfügung. Später verlegte Netze müssen einen Weg auf dem bereits partiell gefüllten Verdrahtungsraster wählen. Hierdurch kann es zu einer unvorteilhaften Leitungsführung oder gar zur Blockade kommen (Abb. 10.15). Aus diesem Grund hängt das Ergebnis stark von der Reihenfolge ab, mit der die Netze bearbeitet werden. Allerdings gibt es keine in allen Fällen zum richtigen Ergebnis führende einfache Möglichkeit zur Bestimmung der optimalen Abarbeitungsreihenfolge, da das Problem NP-vollständig ist. Aus diesem Grund werden im Fall einer Blockade einzelne Netze wieder aufgelöst und mit einer geänderten Reihenfolge fortgefahren (rip-up and reroute). Jedoch liefert auch dies keine Sicherheit, um das Problem zu lösen. Typischerweise verbleiben beim Lee-Algorithmus einige Netze, die manuell bearbeitet werden müssen.

Eine wichtige Eigenschaft des Maze-Routers ist die Möglichkeit die Arbeitsweise zu ändern, indem man das Kriterium des kürzesten Weges durch Gewichtsfaktoren modifiziert. In der Abb. 10.16 ist eine Verdrahtungsfläche dargestellt, auf der sich Flächen mit unterschiedlichen Gewichtungsfaktoren befinden. Satt wie im Grundalgorithmus zu numerieren, werden hier die mit dem Gewicht multiplizieren Leitungslängen verwendet. Hierdurch lassen sich leicht weitere, über die Minimierung der Verdrahtungslänge hinausgehende, Anforderungen berücksichtigen; auch können die Gewichte während der Verdrahtung angepaßt werden, um beispielsweise Kopplungen zu benachbarten Leitungen zu optimieren.

Die sequentielle Verdrahtung ignoriert die Tatsache, daß die Minimierung der Gesamtverdrahtungslänge oder eines anderen Kriteriums nicht durch die Optimierung einzelner Netze erreicht werden kann, sondern eine gegenseitige Abhängig-

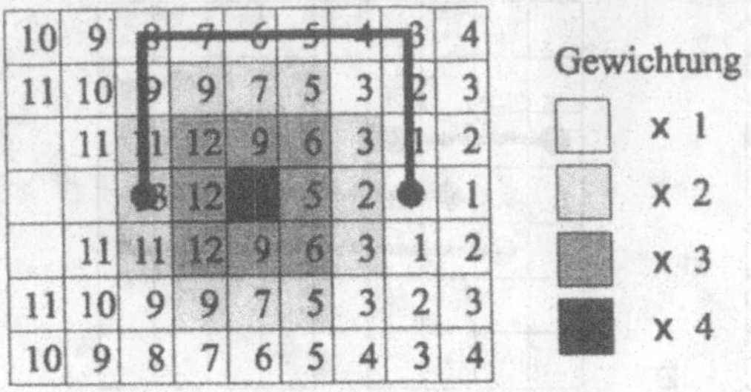

10	9	8	7	6	5	4	3	4
11	10	9	9	7	5	3	2	3
	11	11	12	9	6	3	1	2
		8	12		5	2		1
	11	11	12	9	6	3	1	2
11	10	9	9	7	5	3	2	3
10	9	8	7	6	5	4	3	4

Gewichtung
x 1
x 2
x 3
x 4

Abb. 10.16. Arbeitsweise des Lee-Algorithmus mit Gewichtung. Beim Fortschreiten der Numerierung müssen auch bereits markierte Zellen eventuell neu berechnet werden, da die gewichtete Länge über unterschiedliche Wege verschieden sein kann.

keit der Netzen beinhaltet. Zwar kann mit dem Algorithmus von Lee ein Netz in einfacher Art behandelt werden, aber es ergibt sich hieraus die Problematik, die Abarbeitungsreihenfolge zu wählen, worin sich die gegenseitige Abhängigkeit der Netze versteckt.

Im Gegensatz hierzu führen hierarchische Verdrahtungsalgorithmen eine Zerlegung des Gesamtproblems in handhabbare Teilprobleme durch. Die Teilprobleme berücksichtigen den Zusammenhang der Gesamtlösung und die gegenseitige Abhängigkeit der einzelnen Netze. Durch die hierarchische Aufteilung haben Entscheidungen, die bei der Lösung eines Teilproblems getroffen werden, nur begrenzte Wirkung auf das Gesamtproblem. In jeder Stufe ist ein Zuordnungsproblem zu lösend, das als ganzzahlige Optimierungsaufgabe formuliert wird.

Wir gehen von einer Zerlegung der Verdrahtungsfläche aus, die z. B. wie in Abb. 10.17 durch sukzessive Bipartitionierung oder Quadrisektion entstanden ist. Die Zerlegung kann von der Plazierung übernommen werden oder speziell für die Verdrahtungsphase erstellt werden. Insbesondere ist natürlich auch eine regelmäßige Zerlegung möglich. Die hierarchische Unterteilung kann so lange fortgeführt werden bis die Auflösung eine Leiterbahnbreite erreicht.

Der Verbindungsgraph enthält M Kanten für alle benachbarten Zellen. Für jedes der N Netze, d. h. für jede Verbindung zwischen zwei Zellen, gibt es in der Regel mehrere Möglichkeiten zur Realisierung im Verbindungsgraphen. Für ein Netz k werden n_k der Möglichkeiten berücksichtigt, die zu verschiedenen Verdrahtungsbäumen gehören. Als Variablen des Optimierungsproblems führen wir die Größen x_{kl} ein, die den Wert Eins annehmen, wenn das Netz k durch den Baum l realisiert wird und anderenfalls den Wert Null erhalten. Da jedes Netz genau ein mal realisiert wird, ergibt sich sofort die Bedingung.

$$\sum_{l=1}^{n_k} x_{kl} = 1 \qquad k = 1..N \tag{10.41}$$

Über die Grenze zwischen benachbarten Zellen kann eine Anzahl von Verbindungen gelegt werden, die sich aus der Länge der Schnittlinie und dem Leitungsabstand ergibt. Im Verbindungsgraphen ist dies die Kapazität c_i einer Kante. Wir

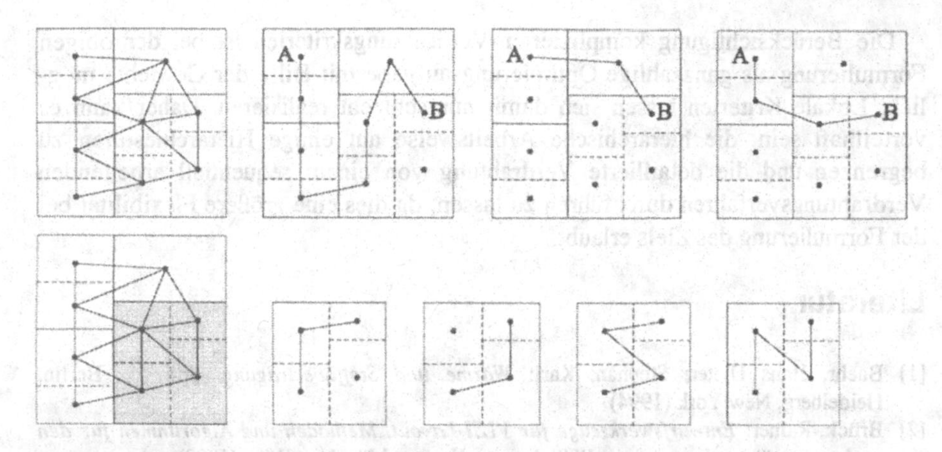

Abb. 10.17. Hierarchische Zerlegung der Verdrahtungsfläche in Zellen und Verbindungsgraph benachbarter Zellen. Oben: einige Verdrahtungsbäume für ein Netz zwischen den Zellen A und B. Unten: Subproblem und alle Verdrahtungsbäume für ein Netz.

führen nun eine Funktion a_{ikl} ein, die den Wert Eins annimmt, wenn die Kante i zum Baum l des Netzes k gehört und anderenfalls den Wert Null erhält. Damit folgt für die Kapazität die Bedingung:

$$\sum_{k=1}^{N}\sum_{l=1}^{n_k} a_{ikl}\ x_{kl} \le c_i \qquad i = 1..M \tag{10.42}$$

Ziel ist in der Regel die Minimierung der Gesamtverdrahtungslänge. Die Kanten der verschiedenen Bäume aller Netze werden mir einem Gewicht w_{kl} versehen, das z. B. aus der Länge des Netzsegmentes bestimmt werden kann. Damit ergibt sich das Optimierungsziel zu:

$$\sum_{k=1}^{N}\sum_{l=1}^{n_k} w_{kl}\ x_{kl} \rightarrow \min \tag{10.43}$$

Die angegebene Formulierung des Problems ist im Prinzip für beliebige Verbindungsgraphen und daher auch für das Gesamtproblem gültig. Allerdings wird das ganzzahlige Optimierungsproblem schnell sehr groß und ist nur schwer lösbar, so daß nur relativ kleine Probleme in dieser Art exakt gelöst werden können. Zur Lösung des ganzzahligen Optimierungsproblems werden auch bei einer kleinen und mittleren Variablenanzahl Näherungsverfahren eingesetzt. Aus diesem Grund werden bei der hierarchischen Verdrahtung Teilprobleme behandelt, die nur das Verdrahtungsproblem innerhalb der Zellen der gleichen Hierarchiestufe beinhalten. Verschiedene Ansätze unterscheiden sich in der Art, wie das Problem der höheren Hierarchiestufe auf die Subprobleme verteilt wird und wie die Lösung der Teilprobleme zu einer Lösung des ursprünglichen Problems zusammengesetzt werden [5, 9].

Die Berücksichtigung komplizierter Verdrahtungskriterien ist bei der obigen Formulierung als ganzzahlige Optimierungsaufgabe mit Hilfe der Gewichte möglich. Lokale Kriterien lassen sich damit nur schlecht realisieren. Daher kann es vorteilhaft sein, die hierarchische Arbeitsweise auf einige Hierarchiestufen zu begrenzen und die detaillierte Verdrahtung von einem sequentiell arbeitenden Verdrahtungsverfahren durchführen zu lassen, da dies eine größere Flexibilität bei der Formulierung des Ziels erlaubt.

Literatur

[1] Baehr, Hans Dieter; Stephan, Karl: *Wärme und Stoffübertragung*. Springer, Berlin, Heidelberg, New York (1994)

[2] Brück, Rainer: *Entwurfswerkzeuge für VLSI-Layout, Methoden und Algorithmen für den rechnergestützten Entwurf von VLSI-Layout*. Hanser, München, Wien (1993)

[3] Faddejew, D. K.; Faddejewa, W. N.: *Numerische Methoden der linearen Algebra*. Oldenbourg, München, Wien, 5. Auflage (1979)

[4] Johannes, Frank M.: Partitioning of VLSI Circuits and Systems. *Proceedings of the 33rd Design Automation Conference* (1996) p. 83-87

[5] Lengauer, Thomas: *Combinatorial Algorithms for Integrated Circuit Layout*. Teubner, Stuttgart (1990)

[6] Luo Quiong; Dümcke, Rolf; Kasper, Manfred: A CAD method for the extraction of EMC relevant geometric parameters from multilayer layout. *EMC'94 International Symposium on Electromagnetic Compatibility*, Rome, 13.-16. September (1994)

[7] Marwedel, Peter: *Synthese und Simulation von VLSI Systemen*. Hanser, München, Wien (1993)

[8] Recke, Carsten: *Ein Plazierungsverfahren für den Entwurf von Multi-Chip-Modulen unter Performanceaspekten und Integration des Anordnungsproblems*. Diss. TU Berlin (1997)

[9] Sait, Sadiq M.; Youssef, Habib: *VLSI Physical Design Automation: Theory and Practice*. McGraw Hill, London, New York, St. Louis (1995)

[10] Sarrafzadeh, Majid; Wong, C. K.: *An introduction to VLSI physical design*. McGraw Hill, New York, St. Louis, San Francisco (1996)

[11] Semiconductor Industry Association: *The National Technology Roadmap for Semiconductors*. http://www.sematech.org/public/roadmap.

[12] Sriram, M; Kang S. M.: *Physical Design for Multichip Modules*. Kluwer, Boston, Dordrecht, London (1994)

[13] White, Preston K.; Trybula, Walter J.; Athay, Robert N.: Design for manufacturing – Perspective. *IEEE Transaction on Components, Packaging and Manufacturing Technology – Part C*, Vol. 20 (1997) p. 58-72

[14] White, Preston K.; Trybula, Walter J.; Athay, Robert N.: Design for manufacturing – Bibliography. *IEEE Transaction on Components, Packaging and Manufacturing Technology – Part C*, Vol. 20 (1997) p. 73-86

[15] Zurmühl, Rudolf; Falk, Sigurd: *Matrizen und ihre Anwendungen, Bd. 1*. Springer, Berlin, Heidelberg, New York, 6. Aufl. (1992)

11 Systemoptimierung

Der Entwurf strebt immer die Optimierung des Systems an. Im konventionellen Entwurf wird durch die Anwendung allgemeiner Prinzipien die Optimierung der Funktion oder die Minimierung der Kosten angestrebt, ohne eine systematische Suche nach der besten Lösung durchzuführen. Die Anwendung abstrakter Optimierungsverfahren in einem Computerprogramm erfordert die mathematische Formulierung der Entwurfsziele und die Möglichkeit zu deren Berechnung. In diesem Sinne bilden die in den vorangegangenen Kapiteln entwickelten Modellierungs- und die Simulationsverfahren die Grundlage zur Anwendung der mathematischen Optimierungsverfahren. Optimierungsprobleme treten aber auch als Teilprobleme in einzelnen Entwurfsschritten auf. Insbesondere sind in Kap. 10 im Zusammenhang mit den Fragestellungen des physikalischen Entwurfs eine Reihe von z. T. schwer lösbaren Optimierungsaufgaben formuliert worden.

Im folgenden wird zunächst die Problematik der Formulierung des Optimierungsziels erläutert. Bedingt durch konkurrierende Ziele besteht häufig ein Konflikt, der nur durch einen Kompromiß gelöst werden kann. Das Resultat ist eine Kompromißlösung und spiegelt die Zielpräferenzen des Entwicklers wider. Im weiteren werden die wichtigsten numerischen Verfahren zur Durchführung der Optimierung erläutert und in ihrer Anwendung diskutiert, neben den klassischen Quasi-Newton- und Konjugierte Gradientenverfahren werden auch die stochastischen Optimierungsverfahren betrachtet, wobei wir uns zunächst auf die Behandlung von Problemen ohne Nebenbedingungen beschränken. Die Behandlung von Fragestellungen mit Nebenbedingungen, die Methoden zur Umformulierung in ein unrestringiertes Problem und die Arbeitsweise der entsprechenden Methoden schließen das Kapitel ab.

11.1 Optimierungsziele, Optimierungsaufgabe

Die Aufgabe der Optimierung besteht darin die freien Entwurfsparameter so zu bestimmen, daß eine gewünschte Systemfunktion – unter Einhaltung von Fertigungs- und Kostenbedingungen – möglichst gut erfüllt wird. Zur Optimierung gehört daher die eindeutige Festlegung des Variablenraums $\mathbf{x}$ (Entwurfsparameter), die Definition der Ziel- oder Qualitätsfunktion $Q(\mathbf{x})$ (in Abhängigkeit der Variablen $\mathbf{x}$ oder durch daraus berechenbarer Größen) sowie die Angabe der Nebenbedingungen, die einzuhalten sind.

In mathematischer Schreibweise wird die Optimierungsaufgabe wie folgt beschrieben:

$$\text{Zielfunktion:} \qquad Q(\mathbf{x}) \to \min \qquad \mathbf{x} \in R^n \tag{11.1}$$

$$\text{Nebenbedingungen:} \qquad \begin{aligned} c_i(\mathbf{x}) &= 0 \qquad i = 1 \ldots m_e \\ c_i(\mathbf{x}) &\leq 0 \qquad i = m_e + 1 \ldots m \end{aligned} \tag{11.2}$$

Unter einem Optimum versteht man den Punkt $\mathbf{x}^*$ einer Variablenschar $\mathbf{x}$, der bei Variation der Variablen unter allen zulässigen Werten für eine Zielfunktion $Q(\mathbf{x})$ den minimalen Wert liefert.

Natürlich kann sich die Optimierung technischer Systeme nur auf solche Vorgänge erstrecken, für deren Verhalten ein genügend genaues Modell und die Beschreibung des Ziels vorliegen. Die Qualität muß durch Simulationsmethoden, meßtechnisch oder mit Hilfe von Modellen ermittelt werden. Diese Beschränkung schließt einen potentiellen Mangel schon dadurch ein, daß das Ergebnis einer Optimierung natürlich nur in dem Maße gültig bleibt, wie das ihr zugrunde liegende Modell und das Ziel angemessen sind. Ein durch Optimierung gewonnenes Ergebnis ist folgerichtig nur in dem Sinn des zuvor definierten Ziels optimal, das Resultat ist deterministisch mit dem Ziel verknüpft. Der Entwicklung des Optimierungsziels kommt daher bei der Anwendung eine zentrale Rolle zu. Die Beschreibung des Ziels kann sich nur auf eine umgrenzte Bestimmung beziehen, die uns aus unserer Erfahrung zugänglich ist.

Einerseits stellt die Formulierung einer Optimierungsaufgabe aus dem technischen Anwendungsbereich oft ein erhebliches Problem dar. Andererseits ist aber der Erfolg einer Optimierung von der richtigen und zweckmäßigen Formulierung abhängig. Am schwierigsten erweist sich daher zumeist die klare und zweckmäßige Definition der Zielfunktion. Da die Güte eines technischen Geräts von dessen Anwendungsbereich abhängt, ist es möglich, daß zur Beurteilung der Qualität durchaus unterschiedliche Kriterien bestehen. Zur eindeutigen Definition ist es erforderlich die Kriterien in einem objektiven, reproduzierbaren Qualitätswert zusammenzufassen, der rechnerisch oder meßtechnisch ermittelt werden kann.

Zumeist ist es ungünstig, wenn die Qualitätsfunktion noch einheitenbehaftet ist, denn es ist dann leicht möglich, daß eine Verbesserung der Qualität allein durch die Veränderung der Variablen erreicht wird, deren Einheit mit der Zielfunktion verknüpft ist. So stellt die Leistung keine geeignete Größe zur Optimierung der Abmessungen eines Mikroaktors dar, denn die Leistung wächst stetig mit den Abmessungen des Aktors. Das Optimum dieses Problems liegt dann bei sehr großen Abmessungen, was wiederum der Forderung nach einem Mikroaktor widerspricht. Die Verlustleistung ist als zu optimierende Größe ebenfalls nicht geeignet. Dies könnte zu der überraschenden aber einsichtigen Lösung führen, daß ganz von einem Bau abzusehen ist. Eine geeignetere Optimierungsgröße bietet z. B. das Verhältnis von Gewicht und Leistung. Das Gewicht beschränkt über die Dichte die geometrischen Abmessungen und diese über die Feldstärke den Energieinhalt des

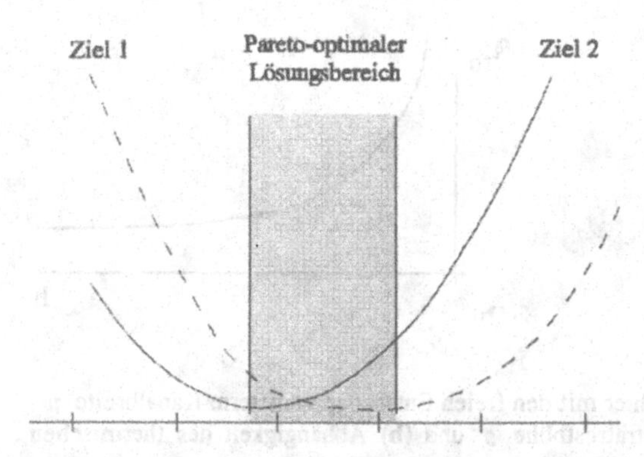

Abb. 11.1. Bereich Pareto-optimaler Lösungen für ein Optimierungsproblem mit mehreren Zielen. In diesem Bereich erfolgt die Verbesserung eines Ziels zusammen mit der Verschlechterung des anderen Ziels.

Volumens. Damit wird schließlich die Arbeitsfähigkeit, also die Leistung des Systems begrenzt.

Oftmals sollen bei der Optimierung gleichzeitig mehrere Teilziele, wie technische, wirtschaftliche, produktionstechnische usw., verfolgt werden, die zum Teil auch eine gegenläufige Tendenz der Variablen bewirken. Beispielsweise kann bei einem Mikroaktor eine Verbesserung des Wirkungsgrads (Teilziel 1) zumeist durch eine Erhöhung des Materialaufwands erreicht werden, was jedoch die Kosten (Teilziel 2) erhöht. In diesen Fällen ist es notwendig, zur Gütedefinition eine Mixtur der verschiedenen Teilziele zu verwenden.

Liegen mehrere Ziele mit unterschiedlichen Anforderungen vor, so ist es nicht möglich eine Lösung zu finden, die gleichzeitig alle Ziele optimiert. Es gibt lediglich, wie in Abb. 11.1 dargestellt, einen Bereich, in dem die Verschlechterung eines Ziels mit der Verbesserung eines anderen einhergeht (Pareto-Optimalität) [11, 14]. Eine sinnvolle Lösung ist in diesem Bereich zu suchen. Sollen gleichzeitig mehrere Teilziele, eventuell mit gegenläufiger Tendenz, verfolgt werden, so müssen die verschiedenen Einzelziele in einer Zielfunktion zusammengefaßt werden.

Beispiel:

Zur Herstellung des Hochleistungs-Wasserkühlers aus Abb. 11.2 für elektronische Bauelemente werden in ein Substrat Kanäle der Breite w und Tiefe h eingebracht. Die Breite der Stege wird mit d und die Substratresthöhe mit s bezeichnet. Als Material wird AlN (Aluminiumnitrid) eingesetzt, da dessen thermische Leitfähigkeit hoch ist und der thermische Ausdehnungskoeffizient gut an den von Silizium angepaßt ist. Aus mechanischen Gründen darf die minimale Materialdikke die Grenzen $d \geq 150\,\mu m$ und $s \geq 150\,\mu m$ nicht unterschreiten. Für die Herstellung durch Sägen läßt sich eine minimale Kanalweite von $w \geq 250\,\mu m$ und eine Tiefe von $h < 500\,\mu m$ erreichen. Für die Herstellung durch Laserablation läßt sich $w \geq 50\,\mu m$ und $h < 100\,\mu m$ erreichen. Durch Variation der geometrischen Ab-

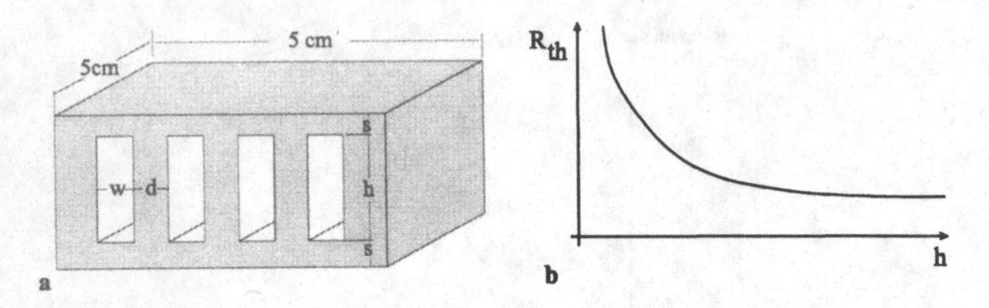

Abb. 11.2. (a) Hochleistungs-Wasserkühler mit den freien Entwurfsparametern: Kanalbreite w, Stegbreite d, Kanalhöhe h und Substratresthöhe s und (b) Abhängigkeit des thermischen Widerstands von der Kanalhöhe.

messungen sollen für eine gegebene Verlustleistung die folgenden Entwurfsziele verfolgt werden:

- Minimierung der Temperaturüberhöhung
- Minimierung der Pumpleistung

Unter der Annahme, daß die Verlustleistung gleichmäßig auf der Oberfläche verteilt ist, läßt sich die Temperaturverteilung im Material und der Wärmeübergang an das Fluid berechnen [17]. Hierzu und zur Berechnung des Druckabfalls entlang des Kühlers ist die Berechnung des Strömungsprofils innerhalb der Kanäle notwendig.

Bei der Aufstellung der Optimierungsaufgabe sind die folgenden Abhängigkeiten zu beachten:

1. Da gleichzeitig zwei Ziele verfolgt werden sollen, ist das Optimierungsproblem nicht eindeutig lösbar. Die eindeutige Definition verlangt, daß die beiden Ziele in einer Zielfunktion kombiniert werden.
2. Bei Vergrößerung der Tiefe h wird der thermische Widerstand ständig kleiner, da der Wärmefluß in den Stegen erhöht wird, so daß das Optimum für $h \rightarrow \infty$ zu erwarten ist. Jedoch wird die Verbesserung mit wachsender Tiefe h immer geringer. Wenn also allein der thermische Widerstand minimiert werden soll, wird die Tiefe gegen ∞ streben oder an eine vorgegebene Grenze h_{max} stoßen.
3. Die Pumpleistung ist dem Strömungswiderstand proportional, der aus dem Strömungsprofil innerhalb der Kanäle folgt. Der Strömungswiderstand wird minimal, wenn die Kanalweite und -höhe maximal werden. Das zweite Ziel hat daher sein Optimum bei Werten, die für eine technische Realisierung ohne Bedeutung sind.

Im vorangegangenen Beispiel besteht wie in vielen Anwendungen ein Zielkonflikt. Wichtigster Begriff für diese Art von Problemstellungen ist die Pareto-Optimalität. Ein Punkt des Parameterraums heißt Pareto-optimal, wenn es nicht möglich ist einen weiteren Punkt zu finden, für den wenigstens eine der Zielfunktionen verkleinert werden kann und sich die übrigen nicht vergrößern. Diese Eigenschaft können beliebig viele Lösungspunkte aufweisen. Für ein zweidimensionales Bei-

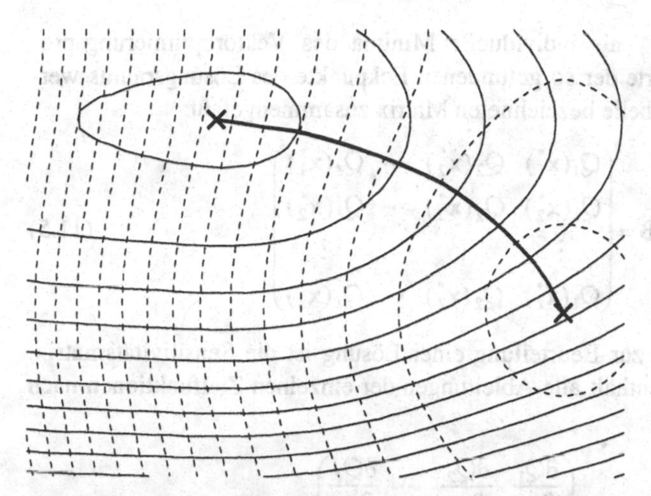

Abb. 11.3. Vektoroptimierungsproblem mit zwei Zielfunktionen $Q_1(\mathbf{x})$, $Q_2(\mathbf{x})$. Alle Pareto-optimalen Punkte befinden sich auf einer Verbindungslinie zwischen den Minimalstellen der beiden Zielfunktionen. Entlang der Verbindungslinie sind die Gradienten der beiden Funktionen einander entgegengerichtet $\nabla Q_1(\mathbf{x}) = -c\,\nabla Q_2(\mathbf{x})$.

spiel wird diese Tatsache in der Abb. 11.3. verdeutlicht. Die Methoden zur Auffindung der Pareto-optimalen Lösungsmenge und der Berechnung von Kompromißlösungen werden als Vektoroptimierung bezeichnet.

Bei alleiniger Betrachtung von zwei Zielen $\mathbf{x}_1^*$, $\mathbf{x}_2^*$ umfaßt die Verbindungslinie zwischen den beiden Optimalstellen alle Pareto-optimalen Punkte. Entsprechend der Definition müssen entlang der Verbindungslinie die Abstiegsrichtungen zueinander entgegengesetzt sein. Offenbar umfaßt die gewichtete Summe $\alpha Q_1(\mathbf{x}) + (1-\alpha) Q_2(\mathbf{x})$ zwischen den beiden Einzelzielen alle möglichen Lösungen. Je nach Gewichtung zwischen den beiden Zielfunktionen stellt sich eine Lösung auf der Verbindungslinie ein. Als notwendige Optimalitätsbedingung ist für die gewichtete Summe zu fordern, daß der Gradient Null sein muß.

$$\alpha \nabla Q_1(\mathbf{x}) + (1-\alpha) \nabla Q_2(\mathbf{x}) = 0 \tag{11.3}$$

Da der Faktor α Werte zwischen 0 und 1 annimmt, sind die Abstiegsrichtungen der Zielfunktion einander entgegengerichtet.

Beim Vorhandensein von drei Einzelzielen spannen die Pareto-optimalen Punkte eine gekrümmte Fläche auf, die von den Verbindungslinien zwischen jeweils zwei Zielen berandet wird.

Da bei Vektoroptimierungsproblemen die Lösungsmenge beliebig groß sein kann, muß eine Pareto-optimale Lösung durch Präferenzen ausgewählt werden [14]. Hierzu ist es nützlich, sich zunächst einen Überblick über den Wertebereich der einzelnen Ziele zu verschaffen. Die ℓ skalaren Optimierungsprobleme:

$$\min_{\mathbf{x}} Q_j = Q_j(\mathbf{x}_j^*) \qquad \text{für} \quad j = 1 \ldots \ell \tag{11.4}$$

liefern die Lösungen $\mathbf{x}_j^*$ als individuelle Minima des Vektoroptimierungsproblems. Die Funktionswerte der so gefundenen Eckpunkte des Lösungsraums werden in der als Pay-off Tabelle bezeichneten Matrix zusammengefaßt:

$$\mathbf{B} = \begin{pmatrix} Q_1(\mathbf{x}_1^*) & Q_2(\mathbf{x}_1^*) & \cdots & Q_\ell(\mathbf{x}_1^*) \\ Q_1(\mathbf{x}_2^*) & Q_2(\mathbf{x}_2^*) & \cdots & Q_\ell(\mathbf{x}_2^*) \\ \vdots & \vdots & \ddots & \vdots \\ Q_1(\mathbf{x}_\ell^*) & Q_2(\mathbf{x}_\ell^*) & \cdots & Q_\ell(\mathbf{x}_\ell^*) \end{pmatrix} \tag{11.5}$$

Ein weiteres Hilfsmittel zur Beurteilung einer Lösung ist die Sensitivitätsmatrix. Die Sensitivitätsmatrix enthält alle Ableitungen der einzelnen Zielfunktionen nach allen Variablen.

$$\mathbf{S} = \begin{pmatrix} \frac{\partial Q_1}{\partial x_1} & \frac{\partial Q_2}{\partial x_1} & \cdots & \frac{\partial Q_\ell}{\partial x_1} \\ \frac{\partial Q_1}{\partial x_2} & \frac{\partial Q_2}{\partial x_2} & \cdots & \frac{\partial Q_\ell}{\partial x_2} \\ \vdots & \vdots & \ddots & \vdots \\ \frac{\partial Q_1}{\partial x_n} & \frac{\partial Q_2}{\partial x_n} & \cdots & \frac{\partial Q_\ell}{\partial x_n} \end{pmatrix} \tag{11.6}$$

Die Sensitivitätsanalyse dient zur Bestimmung der Änderung der Zielfunktionen bei einer Änderung der Variablen.

Um das Vektoroptimierungsproblem in ein einfaches Optimierungsproblem zu überführen, bestehen verschiedene Möglichkeiten. Anschaulich und einfach ist die Bestimmung der Lösung durch die gewichtete Summe der Einzelziele.

$$\tilde{Q}(\mathbf{x}) = \sum_{j=1}^{\ell} w_j \, Q_j(\mathbf{x}) \tag{11.7}$$

Ungünstig hierbei ist, daß für die Wahl der Gewichte keine allgemeine Regel existiert und die Teilziele nicht skaliert sind. Aus diesem Grund ist es in der Regel vorteilhafter, eine Skalierung einzuführen, z. B. durch die Ersatzformulierung:

$$\tilde{Q}(\mathbf{x}) = \sum_{j=1}^{\ell} \frac{w_j}{Q_j(\mathbf{x}_j^*)} Q_j(\mathbf{x}) \tag{11.8}$$

Die Größen w_j stellen Präferenzwerte für die Teilziele dar. Interaktive Methoden sind zur Lösung von Problemen der Vektoroptimierung sehr gut geeignet, da der Benutzer dann iterativ die Präferenzwerte bestimmen kann, unter Zuhilfenahme von Hilfsmittel wie der Pay-off Tabelle und der Sensitivitätsmatrix [11, 14]. Der Einsatz interaktiver Methoden scheitert jedoch häufig an den langen Simulationszeiten.

Durch die adäquate Wahl der Variablen und der Zielfunktion wird auch der Verlauf und eventuell sogar der Erfolg der Optimierung bestimmt. Günstig für den

Konvergenzverlauf ist es, wenn die Zielfunktion in Abhängigkeit der Variablen möglichst glatt ist und insbesondere keine Nebenextrema aufweist [3].

11.2 Optimierungsverfahren

Zur Lösung des Optimierungsproblems ist eine geeignete Handlungsstrategie zu verwenden. Da im allgemeinen der direkte Zusammenhang zwischen den Variablen und der Zielfunktion nicht bekannt ist, können analytische Verfahren nicht verwendet werden.

Ein einfaches Optimierungsverfahren erhält man durch das Absuchen des Variablenraums auf einem Raster. Der Aufwand des Rasterverfahrens wächst exponentiell mit der Anzahl der Variablen. Daher wird dieses Verfahren allenfalls bei niedrigdimensionalen Problemen verwendet. Bei allen anderen deterministischen Verfahren hängt es von der Lage des Startpunktes ab, ob das Verfahren gegen das globale oder gegen ein eventuell vorhandenes lokales Optimum konvergiert. Die gängigen Optimierungsverfahren lassen sich in die folgenden Klassen einteilen [2, 12]:

- Suchverfahren, die zur Optimierung allein die Qualitätsfunktion auswerten.
- Gradientenverfahren, die neben der Qualitätsfunktion auch die ersten partiellen Ableitungen verwenden.
- Newton-Verfahren, die auch die zweiten Ableitungen benutzen.
- Stochastische Verfahren benutzen allein die Qualitätsfunktion und bestimmen neue Suchpunkte mit Hilfe zufallsgesteuerter Heuristiken.

Einschränkend ist bei den Gradienten- und Newton-Verfahren zu beachten, daß diese Methoden in der Regel stetige und stetig differenzierbare Zielfunktionen voraussetzen. Ist die Zielfunktion mit stochastischen Störungen behaftet, so verstärken sich bei der numerischen Bestimmung der Ableitungen die Ungenauig-

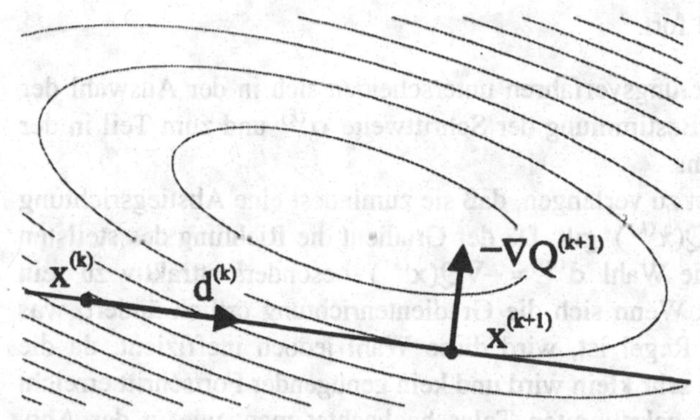

Abb. 11.4. Eindimensionale Minimierung entlang der Richtung $\mathbf{d}^{(k)}$. Im Punkt $\mathbf{x}^{(k+1)}$ ist die Richtung des steilsten Abstiegs eingezeichnet.

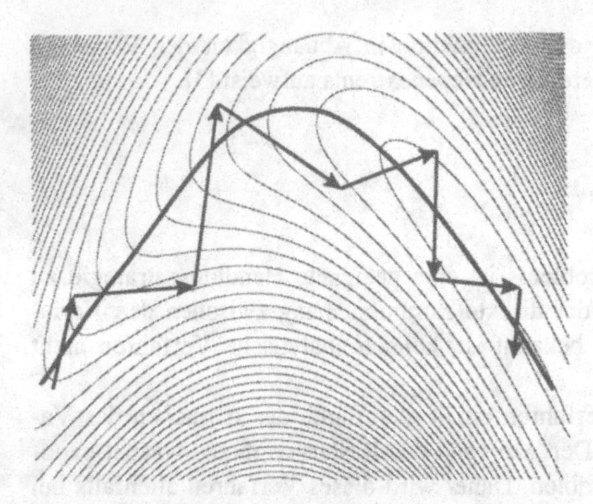

Abb. 11.5. Verlauf einer Zielfunktion mit starker örtlicher Änderung der Gradientenrichtung und typischer Iterationsverlauf eines Gradientenverfahrens.

keiten, was zur Verschlechterung der Konvergenzgeschwindigkeit oder zur Divergenz der Verfahren führen kann.

Der prinzipielle Algorithmus der meisten iterativen Optimierungsverfahren beruht – ausgehend von einem Startpunkt $\mathbf{x}^{(k)}$ – auf der Auswahl einer Suchrichtung $\mathbf{d}^{(k)}$ und der anschließenden eindimensionalen Minimierung entlang der Suchrichtung (Abb. 11.4).

Schritt 0: Wähle einen Startpunkt $\mathbf{x}^{(0)}$ und setze $k = 0$.

Schritt 1: Wenn das Abbruchkriterium erfüllt ist $\Rightarrow$ Ende.

Schritt 2: Berechne die Suchrichtung $\mathbf{d}^{(k)}$.

Schritt 3: Bestimme die Schrittweite $\alpha^{(k)}$ so, daß die Zielfunktion $Q(x)$ entlang der Richtung $\mathbf{d}^{(k)}$ minimiert wird oder so, daß zumindest $Q(\mathbf{x}^{(k)} + \alpha^{(k)}\mathbf{d}^{(k)}) < Q(\mathbf{x}^{(k)})$ gilt.

Schritt 4: Setze $\mathbf{x}^{(k+1)} = \mathbf{x}^{(k)} + \alpha^{(k)}\mathbf{d}^{(k)}$, erhöhe $k = k+1$ und fahre mit Schritt 1 fort.

Die verschiedenen Optimierungsverfahren unterscheiden sich in der Auswahl der Suchrichtung $\mathbf{d}^{(k)}$, in der Bestimmung der Schrittweite $\alpha^{(k)}$ und zum Teil in der Wahl des Abbruchkriteriums.

Von der Suchrichtung ist zu verlangen, daß sie zumindest eine Abstiegsrichtung liefert, damit $Q(\mathbf{x}^{(k+1)}) < Q(\mathbf{x}^{(k)})$ gilt. Da der Gradient die Richtung des steilsten Abstiegs angibt, scheint die Wahl $\mathbf{d}^{(k)} = -\nabla Q(\mathbf{x}^{(k)})$ besonders attraktiv zu sein (steepest descent method). Wenn sich die Gradientenrichtung örtlich ändert, was bei realen Problemen die Regel ist, wird diese Wahl jedoch ineffizient, da die Schrittweite in diesem Fall sehr klein wird und kein genügender Fortschritt erreicht wird. Entlang eines engen gekrümmten Tales beobachtet man, wie in der Abb. 11.5, ein Pendeln um die Abstiegsrichtung (Zigzagging) [2, 3]. Dies erklärt sich aus der in der Praxis nur näherungsweise möglichen Bestimmung der Schrittweite $\alpha^{(k)}$.

Das Newton-Verfahren ist von besonderem theoretischem Interesse und bildet den Ausgangspunkt für die meisten Verfahren [16]. Da der direkte Zusammenhang zwischen den Variablen und der Zielfunktion im allgemeinen nicht bekannt ist, können nur solche Verfahren eingesetzt werden, die im Fall der Gradienten- oder Newton-Verfahren die notwendigen Ableitungen der Zielfunktion numerisch bestimmen, z. B. durch Differenzenquotienten. Zur Ableitung der Grundbeziehungen des Newton-Verfahrens betrachten wir eine quadratische Funktion $F(\mathbf{x})$, d. h. eine Funktion in der die Variablen x_i in nicht höherer als zweiter Potenz auftreten.

$$F(\mathbf{x}) = \frac{1}{2}\mathbf{x}^T\mathbf{H}\,\mathbf{x} + \mathbf{x}^T\mathbf{b} + c \tag{11.9}$$

Hierbei soll die Matrix $\mathbf{H}$ positiv definit sein. In diesem Fall ist die Funktion $F(\mathbf{x})$ konvex und hat ein eindeutiges Minimum.

Im Minimum muß, wie im eindimensionalen Fall, die erste Ableitung verschwinden (horizontale Tangente). Im n-dimensionalen müssen die Ableitungen in allen n Richtungen verschwinden

$$\nabla F(\mathbf{x}) = \left(\frac{\partial F}{\partial x_1}, \frac{\partial F}{\partial x_2}, \ldots, \frac{\partial F}{\partial x_n}\right) = \mathbf{0} \tag{11.10}$$

Wegen

$$\nabla F(\mathbf{x}) = \mathbf{H}\,\mathbf{x} + \mathbf{b} = \mathbf{0} \tag{11.11}$$

folgt

$$\mathbf{x} = -\mathbf{H}^{-1}\,\mathbf{b} \tag{11.12}$$

als eindeutige Lösung. Jede beliebige Zielfunktion $Q(\mathbf{x})$ läßt sich näherungsweise, mit Hilfe einer Taylor-Entwicklung im Punkt $\mathbf{x}^{(k)}$, als quadratische Funktion darstellen.

$$Q(\mathbf{x}) \approx \frac{1}{2}\mathbf{x}^{(k)T}\nabla^2 Q\,\mathbf{x}^{(k)} + \mathbf{x}^{(k)T}\nabla Q + Q(\mathbf{x}^{(k)}) \tag{11.13}$$

Die zweifache Ableitung $\nabla^2 Q = \mathbf{H}$ wird Hesse-Matrix genannt.

$$\nabla^2 Q = \begin{pmatrix} \frac{\partial^2 Q}{\partial x_1\,\partial x_1} & \frac{\partial^2 Q}{\partial x_1\,\partial x_2} & \cdots & \frac{\partial^2 Q}{\partial x_1\,\partial x_n} \\ \frac{\partial^2 Q}{\partial x_2\,\partial x_1} & \frac{\partial^2 Q}{\partial x_2\,\partial x_2} & \cdots & \frac{\partial^2 Q}{\partial x_2\,\partial x_n} \\ \vdots & \vdots & \ddots & \\ \frac{\partial^2 Q}{\partial x_n\,\partial x_1} & \frac{\partial^2 Q}{\partial x_n\,\partial x_2} & \cdots & \frac{\partial^2 Q}{\partial x_n\,\partial x_n} \end{pmatrix} \tag{11.14}$$

Das Newton-Verfahren verwendet in jedem Iterationsschritt eine Approximation der Zielfunktion durch eine quadratische Funktion und deren Minimierung.

$$\begin{aligned} \mathbf{x}^{(k+1)} &= -\mathbf{H}^{-1}\mathbf{b}^{(k)} = -\mathbf{H}^{-1}\left(\nabla Q\left(\mathbf{x}^{(k)}\right) - \mathbf{H}\mathbf{x}^{(k)}\right) \\ &= -\mathbf{H}^{-1}\nabla Q\left(\mathbf{x}^{(k)}\right) + \mathbf{x}^{(k)} \end{aligned} \tag{11.15}$$

Die Suchrichtung des Newton-Verfahrens ist:

$$\mathbf{d}^{(k)} = \mathbf{x}^{(k+1)} - \mathbf{x}^{(k)} = -\mathbf{H}^{-1}\nabla Q(\mathbf{x}^{(k)}) \tag{11.16}$$

Iterativ werden damit die folgenden Schritte durchgeführt:

1. Lösen des Gleichungssystems

$$\nabla^2 Q(\mathbf{x}^{(k)})\,\Delta\mathbf{x}^{(k)} = -\nabla Q\left(\mathbf{x}^{(k)}\right) \tag{11.17}$$

2. Berechnen des neuen Lösungsvektors

$$\mathbf{x}^{(k+1)} = \mathbf{x}^{(k)} + \Delta\mathbf{x}^{(k)} \tag{11.18}$$

Unter einigen strengen Anforderungen erhält man für das Newton-Verfahren eine quadratische Konvergenz. In jedem Schritt ist die Lösung eines Gleichungssystems n -ter Ordnung notwendig; daher wächst der Aufwand mit $O(n^3)$.

Das Newton-Verfahren zur Minimierung einer Funktion verläuft analog zu dem in Kap. 5 behandelten Newton-Verfahren zur Lösung von nichtlinearen Gleichungssystemen. Der wesentliche Unterschied ist, daß hier die Nullstelle der ersten Ableitung gesucht wird.

11.3 Quasi-Newton-Methoden

Eine bedeutende Klasse von Verfahren mit dem Namen Quasi-Newton- oder Variable-Metrik-Verfahren vermeidet die direkte Auswertung der zweiten Ableitungen und approximiert die Hesse-Matrix oder bereits deren Inverse während der Iteration. Hierzu werden nur erste Ableitungen der Zielfunktion verwendet. Die bekanntesten Vertreter sind das Broyden-Fletcher-Goldfarb-Shanno-Verfahren (BFGS) und das Davidion-Fletcher-Powell-Verfahren (DFP) [2, 3, 4]. Liegt eine Approximation der Hesse-Matrix vor, kann die Suchrichtung entsprechend der Gl. (11.16) bestimmt werden. Entlang der Suchrichtung bestimmt man den nächsten Iterationswert durch eindimensionale Suche.

Die Motivation für die Quasi-Newton-Methoden bildet die Tatsache, daß eine überlineare Konvergenz des Newton-Verfahrens auch durch eine hinreichend gute Approximation der Hesse-Matrix erreicht wird, wie eine eingehende Analyse des Konvergenzverhaltens zeigt [7, 16]. Die Idee dieser Verfahren liegt darin, eine Approximation während der Iteration mit Hilfe der zuletzt ermittelten Gradienten zu erstellen. Durch eine Taylor-Entwicklung entlang der Richtung $\mathbf{s}^{(k)}$ erhält man:

$$\nabla^2 Q(\mathbf{x}^{(k+1)})\,\mathbf{s}^{(k)} \approx \nabla^2 F(\mathbf{x}^{(k+1)})\,\mathbf{s}^{(k)} = \nabla F(\mathbf{x}^{(k+1)}) - \nabla F(\mathbf{x}^{(k)})$$
$$\mathbf{s}^{(k)} = \mathbf{x}^{(k+1)} - \mathbf{x}^{(k)} \tag{11.19}$$

Zur Bildung der Approximation verwendet man daher die Beziehung:

$$\mathbf{H}_{k+1}\,\mathbf{s}^{(k)} = \nabla Q(\mathbf{x}^{(k+1)}) - \nabla Q(\mathbf{x}^{(k)}) = \mathbf{q}^{(k)} \tag{11.20}$$

Man kann diese Beziehung als den Ersatz der Tangente durch die Sekante betrachten. Aus diesem Grund wird diese Beziehung gelegentlich als Sekantengleichung und die darauf basierenden Verfahren als Sekanten-Methoden bezeichnet. Die Anzahl der damit zu gewinnenden Bedingungen reicht allerdings nicht aus, um die Hesse-Matrix vollständig zu bestimmen. Mit dem Ziel bereits gewonnene Informationen weitgehend zu erhalten, wird $\mathbf{H}_{k+1}$ dabei durch Modifikation einer bereits bestehenden Approximation $\mathbf{H}_k$ bestimmt. Dies bezeichnet man als Aufdatierung.

Die einfachste Form der Aufdatierung (Rang 1 update) verwendet das dyadische oder äußere Produkt mit einem (zunächst noch beliebigen) Vektor $\mathbf{u}^{(k)}$

$$\mathbf{H}_{k+1} = \mathbf{H}_k + \mathbf{u}^{(k)}\mathbf{u}^{(k)T} \tag{11.21}$$

Man prüft leicht nach, daß die Sekantengleichung (11.19), (11.20) durch die folgende Aufdatierung erfüllt wird [4, 16]:

$$\mathbf{H}_{k+1} = \mathbf{H}_k + \frac{\left(\mathbf{q}^{(k)} - \mathbf{H}_k\,\mathbf{s}^{(k)}\right)\left(\mathbf{q}^{(k)} - \mathbf{H}_k\,\mathbf{s}^{(k)}\right)^T}{\left(\mathbf{q}^{(k)} - \mathbf{H}_k\,\mathbf{s}^{(k)}\right)^T \mathbf{s}^{(k)}} \tag{11.22}$$

Leider produziert die Form nicht immer eine positiv definite Matrix, so daß die zugehörige quadratische Funktion kein eindeutiges Minimum besitzt.

Eine symmetrische und immer positive definite Matrix erhält man durch die inverse BFGS-Aufdatierung (Rang 2 update):

$$\mathbf{H}_{k+1} = \mathbf{H}_k + \frac{\mathbf{q}^{(k)}\,\mathbf{q}^{(k)T}}{\mathbf{q}^{(k)T}\,\mathbf{s}^{(k)}} - \frac{\mathbf{H}_k\,\mathbf{s}^{(k)}\left(\mathbf{H}_k\,\mathbf{s}^{(k)}\right)^T}{\mathbf{s}^{(k)T}\mathbf{H}_k\,\mathbf{s}^{(k)}} \tag{11.23}$$

und die DFP-Aufdatierung:

$$\mathbf{H}_{k+1} = \mathbf{H}_k + \left(\mathbf{I} + \frac{\mathbf{s}^{(k)T}\,\mathbf{H}_k\,\mathbf{s}^{(k)}}{\mathbf{q}^{(k)T}\,\mathbf{s}^{(k)}}\right)\frac{\mathbf{q}^{(k)}\,\mathbf{q}^{(k)T}}{\mathbf{q}^{(k)T}\,\mathbf{s}^{(k)}} - \frac{\mathbf{q}^{(k)}\,\mathbf{s}^{(k)T}\,\mathbf{H}_k + \mathbf{H}_k\,\mathbf{s}^{(k)}\,\mathbf{q}^{(k)T}}{\mathbf{q}^{(k)T}\,\mathbf{s}^{(k)}} \tag{11.24}$$

Mit Hilfe der Gl. (11.20) ist es leicht einzusehen, daß man eine Aufdatierung der Inversen Hesse-Matrix $\mathbf{H}_{k+1}^{-1}\,\mathbf{q}^{(k)} = \mathbf{s}^{(k)}$ erhält, indem man die Rolle der Vektoren $\mathbf{s}^{(k)}$ und $\mathbf{q}^{(k)}$ in den Beziehungen vertauscht [2]. In der Literatur ist die Namengebung nicht ganz einheitlich, was dadurch entsteht, daß die nun folgenden Beziehungen auch durch direkte Invertierung der obigen Ausdrücke hergeleitet werden können.

Damit erhält man die inverse DFP-Aufdatierung (oder BFGS-Aufdatierung der Inversen):

$$\mathbf{H}_{k+1}^{-1} = \mathbf{H}_k^{-1} + \frac{\mathbf{s}^{(k)}\,\mathbf{s}^{(k)T}}{\mathbf{s}^{(k)T}\,\mathbf{q}^{(k)}} - \frac{\mathbf{H}_k^{-1}\,\mathbf{q}^{(k)}\left(\mathbf{H}_k^{-1}\,\mathbf{q}^{(k)}\right)^T}{\mathbf{q}^{(k)T}\,\mathbf{H}_k^{-1}\,\mathbf{q}^{(k)}} \tag{11.25}$$

und die BFGS-Aufdatierung.

$$\mathbf{H}_{k+1}^{-1} = \mathbf{H}_k^{-1} + \left(\mathbf{I} + \frac{\mathbf{q}^{(k)T}\,\mathbf{H}_k^{-1}\,\mathbf{q}^{(k)}}{\mathbf{s}^{(k)T}\,\mathbf{q}^{(k)}}\right)\frac{\mathbf{s}^{(k)}\,\mathbf{s}^{(k)T}}{\mathbf{s}^{(k)T}\,\mathbf{q}^{(k)}} - \frac{\mathbf{s}^{(k)}\,\mathbf{q}^{(k)T}\,\mathbf{H}_k^{-1} + \mathbf{H}_k^{-1}\,\mathbf{q}^{(k)}\,\mathbf{s}^{(k)T}}{\mathbf{s}^{(k)T}\,\mathbf{q}^{(k)}} \tag{11.26}$$

Das BFGS-Verfahren ist das in der Praxis am erfolgreichsten und numerisch stabilste Quasi-Newton-Verfahren. Die DFP-Aufdatierung produziert gelegentlich numerisch singuläre Approximationen der Hesse-Matrix. Aufgrund der hohen Konvergenzgeschwindigkeit sind diese Methoden vorteilhaft, wenn die Gradienten genügend genau berechnet werden können, die Zielfunktion konvex ist und einen glatten Verlauf hat, d. h. zweifach stetig differenzierbar ist. Leider sind diese Forderungen in der Praxis nicht immer erfüllt.

11.4 Konjugierte Gradientenverfahren

Bei einer örtlichen Änderung der Gradientenrichtung (bananenförmiges Tal) erfordert das einfache Gradientenverfahren, daß die Schrittweite sehr klein wird. Für eine n-dimensionale Zielfunktion tritt dies immer ein, wenn die zweite Ableitung der Zielfunktion (Krümmung) in einer Richtung senkrecht zum Tal sehr viel kleiner ist, als in der Richtung entlang des Tals. Zur Vermeidung des Zigzagging (Abb. 11.5) kann man verlangen, daß sich die Suchrichtungen in aufeinanderfolgenden Iterationen "genügend" von einander unterscheiden. Auf dieser Idee basieren die sehr erfolgreichen Konjugierte Gradientenverfahren. Sie benötigen keine Speicherung der Hesse-Matrix und sind deshalb besonders für Probleme mit einer großen Zahl von Variablen vorteilhaft, bei denen die Speicherung oder das Lösen des Gleichungssystems problematisch ist [3].

Eine effiziente Suchrichtung wird jetzt so ausgewählt, daß die Minimierung entlang einer Richtung nicht durch die Minimierung in der darauffolgenden Suchrichtung beeinflußt wird. Wir gehen wiederum von der Approximation der Qualitätsfunktion durch eine quadratische Funktion aus:

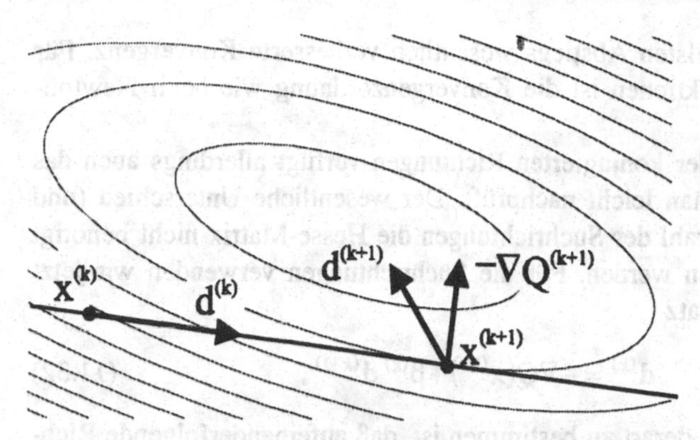

Abb. 11.6. Zielfunktion mit der Gradientenrichtung $\nabla Q\left(\mathbf{x}^{(k+1)}\right)$ und der dem konjugierten Gradienten $\mathbf{d}^{(k+1)}$.

$$Q(\mathbf{x}) \approx F(\mathbf{x}) = \frac{1}{2}\mathbf{x}^T \mathbf{H}\,\mathbf{x} + \mathbf{x}^T \mathbf{b} + c \tag{11.27}$$

Wie wir bereits gesehen haben, ergibt sich der Gradient aus:

$$\nabla F(\mathbf{x}) = \mathbf{H}\,\mathbf{x} + \mathbf{b} \tag{11.28}$$

Das Optimum der eindimensionalen Suche $\mathbf{x}^{(k+1)} = \mathbf{x}^{(k)} + \alpha\,\mathbf{d}^{(k)}$ ist erreicht, wenn der Gradient entlang der Suchrichtung in diesem Punkt zu Null wird. Daher ist:

$$\mathbf{d}^{(k)T}\,\nabla F\left(\mathbf{x}^{(k+1)}\right) = 0 \tag{11.29}$$

Für die Variation des Gradientens entlang einer Suchrichtung findet man:

$$\frac{d}{d\alpha}\nabla F\left(\mathbf{x}^{(k)} + \alpha\,\mathbf{d}^{(k)}\right) = \frac{d}{d\alpha}\left(\mathbf{H}\left(\mathbf{x}^{(k)} + \alpha\,\mathbf{d}^{(k)}\right) + \mathbf{b}\right) = \mathbf{H}\,\mathbf{d}^{(k)} \tag{11.30}$$

Die zuvor formulierte Forderung einer effizienten Suchrichtung besagt, daß die Variation in der Richtung $\mathbf{d}^{(k)}$ im folgenden Optimierungsschritt entlang der Richtung $\mathbf{d}^{(k+1)}$ verschwinden soll. Demnach muß die neue Suchrichtung im Punkt $\mathbf{x}^{(k+1)}$ so orientiert werden, daß sie senkrecht zur Variation des Gradientens steht (Abb. 11.6).

$$\mathbf{d}^{(k+1)^T}\mathbf{H}\,\mathbf{d}^{(k)} = 0 \tag{11.31}$$

Die Richtungen $\mathbf{d}^{(k)}$ und $\mathbf{d}^{(k+1)}$ heißen zueinander orthogonal oder konjugiert in bezug auf die Matrix $\mathbf{H}$. Wenn alle Richtungen paarweise zueinander konjugiert sind, folgt aus der Tatsache, daß die konjugierten Richtungen auch voneinander linear unabhängig sind, daß genau n Suchrichtungen den Variablenraum aufspannen. Daher wird bei einem quadratischen Funktionsverlauf das Ziel in genau n Schritten erreicht. Wenn sich die Zielfunktion zumindest in der Nähe des Extremums durch eine quadratische Funktion approximieren läßt, folgt eine gegenüber der Methode des steilsten Abstiegs wesentlich verbesserte Konvergenz. Für hinreichend glatte Zielfunktionen ist die Konvergenzordnung wie beim Newton-Verfahren quadratisch.

Über die Eigenschaft der konjugierten Richtungen verfügt allerdings auch das Newton-Verfahren, wie man leicht nachprüft. Der wesentliche Unterschied (und Vorteil) ist, daß zur Auswahl der Suchrichtungen die Hesse-Matrix nicht benötigt wird, wie wir gleich sehen werden. Für die Suchrichtungen verwenden wir jetzt mit $Q(\mathbf{x}) \approx F(\mathbf{x})$ den Ansatz

$$\mathbf{d}^{(k)} = -\nabla Q\left(\mathbf{x}^{(k)}\right) + \beta^{(k)}\,\mathbf{d}^{(k-1)}, \tag{11.32}$$

wobei der Parameter $\beta^{(k)}$ derart zu bestimmen ist, daß aufeinanderfolgende Richtungen zueinander orthogonal sind.

$$\mathbf{d}^{(k-1)T}\,\mathbf{H}\,\mathbf{d}^{(k)} = \mathbf{d}^{(k-1)T}\,\mathbf{H}\left(-\nabla Q\left(\mathbf{x}^{(k)}\right) + \beta^{(k)}\,\mathbf{d}^{(k-1)}\right) = 0 \tag{11.33}$$

Dies führt zur Bestimmungsgleichung für den noch freien Parameter $\beta^{(k)}$

$$\beta^{(k)} = \frac{\mathbf{d}^{(k-1)T}\,\mathbf{H}\,\nabla Q\left(\mathbf{x}^{(k)}\right)}{\mathbf{d}^{(k-1)T}\,\mathbf{H}\,\mathbf{d}^{(k-1)}} \tag{11.34}$$

Man kann durch vollständige Induktion zeigen, daß die so konstruierten Suchrichtungen paarweise konjugiert sind und die Gradienten senkrecht aufeinander stehen.

$$\mathbf{d}^{(k)T}\,\mathbf{H}\,\mathbf{d}^{(j)} = 0 \tag{11.35}$$

$$\nabla Q\left(\mathbf{x}^{(k)}\right)^T \nabla Q\left(\mathbf{x}^{(j)}\right) = 0 \tag{11.36}$$

Mit

$$\begin{aligned}\nabla Q\left(\mathbf{x}^{(k)}\right) &= \nabla Q\left(\mathbf{x}^{(k-1)} + \alpha^{(k-1)}\,\mathbf{d}^{(k-1)}\right)\\ &= \mathbf{H}\left(\mathbf{x}^{(k-1)} + \alpha^{(k-1)}\,\mathbf{d}^{(k-1)}\right) + \mathbf{b}\\ &= \nabla Q\left(\mathbf{x}^{(k-1)}\right) + \alpha^{(k-1)}\,\mathbf{H}\,\mathbf{d}^{(k-1)}\end{aligned} \tag{11.37}$$

erhält man

$$\begin{aligned}\mathbf{d}^{(k-1)^T}\,\mathbf{H}\,\mathbf{d}^{(k-1)} &= \mathbf{d}^{(k-1)^T}\,\mathbf{H}\left(-\nabla Q\left(\mathbf{x}^{(k-1)}\right) + \beta^{(k-1)}\mathbf{d}^{(k-2)}\right)\\ &= -\mathbf{d}^{(k-1)^T}\,\mathbf{H}\,\nabla Q\left(\mathbf{x}^{(k-1)}\right)\\ &= \frac{-1}{\alpha^{(k-1)}}\left(\nabla Q\left(\mathbf{x}^{(k)}\right) - \nabla Q\left(\mathbf{x}^{(k-1)}\right)\right)^T \nabla Q\left(\mathbf{x}^{(k-1)}\right)\\ &= \frac{1}{\alpha^{(k-1)}}\,\nabla Q\left(\mathbf{x}^{(k-1)}\right)^T \nabla Q\left(\mathbf{x}^{(k-1)}\right)\end{aligned} \tag{11.38}$$

sowie

$$\mathbf{d}^{(k-1)T}\mathbf{H}\,\nabla Q(\mathbf{x}^{(k)}) = \frac{1}{\alpha^{(k-1)}}\left(\nabla Q(\mathbf{x}^{(k)}) - \nabla Q(\mathbf{x}^{(k-1)})\right)^T \nabla Q(\mathbf{x}^{(k)})$$
$$= \frac{1}{\alpha^{(k-1)}} \nabla Q(\mathbf{x}^{(k)})^T \nabla Q(\mathbf{x}^{(k)}) \tag{11.39}$$

Schließlich erhält man:

$$\beta^{(k)} = \frac{\nabla Q(\mathbf{x}^{(k)})^T \nabla Q(\mathbf{x}^{(k)})}{\nabla Q(\mathbf{x}^{(k-1)})^T \nabla Q(\mathbf{x}^{(k-1)})} \tag{11.40}$$

Diese Berechnung wird als Fletcher-Reeves-Methode bezeichnet. Für rein quadratische Funktionen ist sie dem der Ausdruck

$$\beta^{(k)} = \frac{\left(\nabla Q(\mathbf{x}^{(k)}) - \nabla Q(\mathbf{x}^{(k-1)})\right)^T \nabla Q(\mathbf{x}^{(k)})}{\nabla Q(\mathbf{x}^{(k-1)})^T \nabla Q(\mathbf{x}^{(k-1)})} \tag{11.41}$$

äquivalent (Polak-Ribiere-Methode). Da der quadratische Verlauf nur eine Approximation darstellt, können sich bei der Anwendung auf allgemeine Probleme jedoch deutliche Unterschiede ergeben. Für nicht quadratische Funktionen ist in jedem Schritt eine eindimensionale Suche durchzuführen. Dabei kann das Optimum nur näherungsweise bestimmt werden, um den Aufwand in Grenzen zu halten. Dies beinhaltet die Gefahr, daß die Orthogonalität verletzt wird.

Das Verfahren benötigt in jedem Schritt nur die Gradienten $\nabla Q(\mathbf{x}^{(k)})$ und $\nabla Q(\mathbf{x}^{(k-1)})$, eine Berechnung der Hesse-Matrix ist nicht notwendig. Damit ist der Aufwand gering. In der Praxis arbeitet das Verfahren stabil und effizient für genügend glatte Zielfunktionen.

11.5 Ableitungsfreie Suchmethoden

Die bisher behandelten Verfahren benötigen zu ihrer Durchführung die Auswertung der ersten bzw. beim Newton-Verfahren auch der zweiten Ableitungen. Wie aus der Herleitung hervorgeht, benutzt das Newton-Verfahren keine Auswertung der Zielfunktion selbst, bei den Konjugierte Gradienten und Quasi-Newton-Verfahren wird diese allein zur Durchführung der linearen Suche verwendet. Die Verfahren sind also in hohem Maß von den Ableitungen und deren Berechenbarkeit abhängig.

Für die in Kap. 5 behandelte Netzwerkanalyse und die Finite-Elemente-Methoden aus Kap. 8 können die Differentiale direkt aus den Bestimmungsgleichungen gewonnen werden [8]. Im Fall einer Finite-Elemente-Simulation ist die Qualitätsfunktion eine Funktion der Knotenpotentiale $Q(\mathbf{u})$. Die freien Variablen sind einzelne Punkte der Geometrie. Der Vektor der Potentiale wird aus einem linearen

Gleichungssystem $\mathbf{Su}+\mathbf{Tu}=\mathbf{B}$ gewonnen, dessen Systemmatrizen von den Geometriepunkten x_i abhängig sind. Durch Differenzieren erhält man:

$$\frac{\partial}{\partial x_i}(\mathbf{Su}+\mathbf{Tu})=\frac{\partial(\mathbf{S}+\mathbf{T})}{\partial x_i}\mathbf{u}+(\mathbf{S}+\mathbf{T})\frac{\partial \mathbf{u}}{\partial x_i}=\frac{\partial \mathbf{B}}{\partial x_i} \tag{11.42}$$

Damit ergeben sich die Differentiale der Knotenpotentiale in Abhängigkeit der Koordinatenpunkte durch Lösen eines linearen Gleichungssystems.

$$\frac{\partial \mathbf{u}}{\partial x_i}=(\mathbf{S}+\mathbf{T})^{-1}\left(\frac{\partial \mathbf{B}}{\partial x_i}-\frac{\partial(\mathbf{S}+\mathbf{T})}{\partial x_i}\mathbf{u}\right) \tag{11.43}$$

Die auf der rechten Seite stehenden Ableitungen der Systemmatrizen können aus den Ableitungen der Elementmatrizen relativ leicht berechnet werden. Auch Ableitungen höherer Ordnung lassen sich auf diese Weise berechnen. Die während der Optimierung benötigten Gradienten erhält man aus der Beziehung:

$$\frac{\partial Q}{\partial x_i}=\frac{\partial Q}{\partial \mathbf{u}}\frac{\partial \mathbf{u}}{\partial x_i} \tag{11.44}$$

Die Berechnung der Gradienten erfolgt zumeist jedoch numerisch durch Differenzenbildung direkt aus der Zielfunktion, da in den meisten Softwarepaketen die Ableitungen (11.43) nicht direkt zur Verfügung stehen und auch ihre Auswertung aufgrund der notwendigen Lösung eines Gleichungssystems aufwendig ist. Die numerische Bestimmung folgt aus:

$$\frac{\partial Q}{\partial x_i}\approx\frac{Q_A-Q_B}{x_{iA}-x_{iB}} \tag{11.45}$$

Der Abstand der Stützstellen $x_{iA}-x_{iB}$ ist so zu wählen, daß der Approximationsfehler möglichst gering wird. Da der Funktionswert aus Simulationsdaten gewonnen wird, ist er mit einer Störung δ behaftet. Nimmt man an, daß die Störung mittelwertfrei ist, so ergibt auch die numerische Bestimmung im Mittel das richtige Ergebnis (erwartungstreue Schätzung). Für die Standardabweichung des Fehlers in der ersten Ableitung ergibt sich:

$$E\left\{\left(\frac{Q_A-Q_B}{x_A-x_B}-\frac{\partial Q}{\partial x}\right)^2\right\}=\frac{E\{\delta^2\}}{(x_A-x_B)^2}+\frac{(x_A-x_B)^2}{2}\frac{\partial^2 Q}{\partial x^2} \tag{11.46}$$

Der Standardabweichung des Fehlers in den Ableitungen wächst umgekehrt proportional zum Abstand der Stützstellen, daher müssen relativ große Abstände gewählt werden. Für eine genügend genaue Approximation des Gradientens ist andererseits, aufgrund des im zweiten Summanden enthaltenen Fehlers durch die Approximation mit einem Differenzenquotient, ein möglichst geringer Abstand erforderlich. Es ist daher zu erwarten, daß die Konvergenzeigenschaften der Newton- und Gradientenverfahren vom Vorhandensein von stochastischen Störungen abhängig sind. In der Praxis beobachtet man, daß diese Methoden für größere Störamplituden nicht gut geeignet sind.

Die numerische Bestimmung der ersten Ableitungen erfordert in einem n-dimensionalen Parameterraum wenigstens $n+1$ Auswertungen der Zielfunktion. Für die numerische Bestimmung der Hesse-Matrix sind $(n+1)(n+2)/2$ Auswertungen der Zielfunktion erforderlich. Der quadratisch mit der Anzahl der Variablen ansteigende Aufwand für die explizite Berechnung der Hesse-Matrix ist für die meisten Anwendungen zu groß und auch nicht erforderlich, da die Approximation der in der Hesse-Matrix enthaltenen zweiten Ableitungen auch aus dem Verlauf der Gradienten gewonnen werden kann.

Für typische Entwurfsaufgaben ist die Auswertung der Zielfunktion numerisch deutlich aufwendiger als der Aufwand des Optimierungsverfahrens. Dann ist für die Berechnung der Ableitungen der überwiegende numerische Aufwand zu leistet.

Überwiegen die Nachteile der numerischen Bestimmung der Ableitungen, weil entweder der Aufwand zu groß ist oder die Zielfunktion keine genügende Glattheit besitzt, so ist ein Verfahren zu verwenden, das ohne die Berechnung von Funktionsgradienten arbeitet. Ableitungsfreie Verfahren werden auch als Suchmethoden oder Koordinatenverfahren bezeichnet [3, 15]. Bei diesen Methoden wird nach der Auswahl der Suchrichtung eine eindimensionale Suche durchgeführt. Die einfachste Bestimmung der Suchrichtungen besteht in einem zyklischen Durchlaufen der Koordinatenrichtungen. Bei dem Verfahren von Rosenbrock und der Methode von Hooke-Jeeves werden die Suchrichtungen durch Testschritte in eine für den Optimierungsverlauf günstige Richtungen ausgerichtet. Es wird beobachtet, daß sich diese Verfahren nach wenigen Iterationen in Richtungen der Hauptachsen einer quadratischen Approximation der Zielfunktion ausrichten. Ändert sich die Richtung der Hauptachsen örtlich stark, wie dies beispielsweise entlang eines gekrümmten Tals der Fall ist, so nimmt die Konvergenzgeschwindigkeit deutlich ab. Durch die Verwendung von konjugierten Richtungen wird bei der Methode von Powell eine Verbesserung des Konvergenzverhaltens erreicht. Die genannten klassischen Suchverfahren arbeiten sehr zuverlässig, besitzen aber für glatte Funktionsverläufe eine niedrige Konvergenzrate, so daß in diesem Fall die Anwendung von Gradienten- oder Quasi-Newton-Verfahren vorzuziehen ist. Andererseits sind sie nur bei relativ langsamer Änderung der Gradientenrichtung und wenigen Unstetigkeitsstellen einsetzbar und setzen die Existenz eines eindeutigen Optimums voraus. Aus diesem Grund werden bei Problemen, die nicht mit Gradienten- oder Quasi-Newton-Verfahren lösbar sind, zumeist die im folgenden behandelten stochastischen Optimierungsverfahren bevorzugt.

11.6 Stochastische Optimierungsverfahren

Allen bisher vorgestellten Verfahren ist gemeinsam, daß sie lediglich eine lokale Optimierung durchführen, d. h. die Verfahren stoppen bei Erreichen des nächsten Nebenextremums. Damit sind diese Verfahren für Zielfunktionen, die wie in

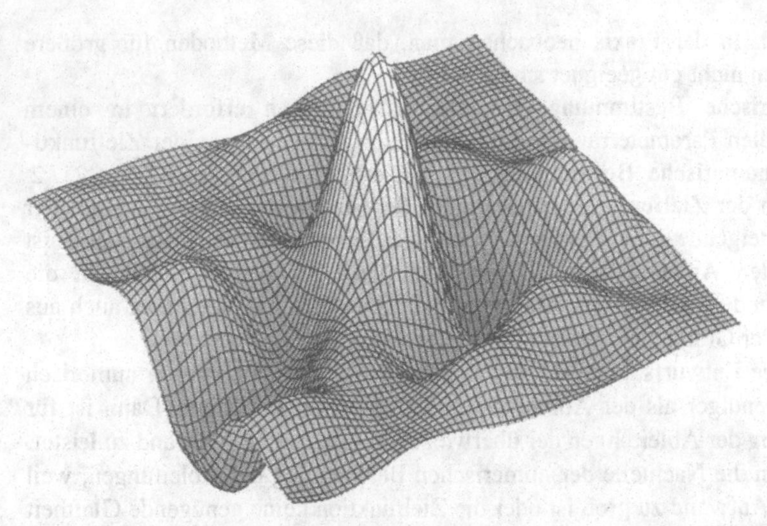

Abb. 11.7. Beispiel für eine zweidimensionale Zielfunktion mit mehreren Nebenextrema.

Abb. 11.7 mehrere lokale Extrema aufweisen, wenig geeignet. In solchen Fällen kann man versuchen, durch Auswahl mehrerer Startpunkte eine Verbesserung zu erreichen (Restart-Strategie). Zur Behandlung des allgemeinen Falls sind jedoch Lösungsstrategien erforderlich, die eine globale Optimierung durchführen.

Stochastische Optimierungsverfahren bieten die Möglichkeit der globalen Optimierung, indem sie auch (durch einen wahrscheinlichkeitsgesteuerten Zufallsprozeß) lokale Verschlechterungen zulassen und damit die Möglichkeit eröffnen, von einem lokalen Extremum zu entkommen. Stochastische Optimierungsverfahren verwenden eine zufallsgesteuerte Änderung der Variablen. In den letzten Jahren sind stochastische Methoden sehr populär geworden, dies begründet sich durch die folgenden Eigenschaften [10]:

- Einfacher Handlungsablauf und damit geringer Implementierungsaufwand.
- Alleinige Verwendung der Zielfunktion, Verzicht auf Gradienten.
- Gute mittlere Konvergenz.
- Einfache Behandlung von Nebenbedingungen.
- Möglichkeit zur globalen Optimierung.

Insbesondere die Möglichkeit der globalen Konvergenz wird als die bedeutendste Stärke dieser Verfahren gesehen, obwohl die lokale Konvergenzgeschwindigkeit in der Regel deutlich schlechter ist als die der Quasi-Newton-Methoden oder Konjugierte Gradientenverfahren. Gradienten- oder Newton-Verfahren suchen Punkte mit verschwindender erster Ableitung, die natürlich nur zu einem lokalen Optimum führen können. Die erweiterten Konvergenzeigenschaften, der Verzicht auf die Verwendung von Ableitungen und die damit verbundene Behebung von Schwierigkeiten (Fehleranfälligkeit, Aufwand) machen stochastische Verfahren für eine Reihe von Problemen zur bevorzugten Methode. Aufgrund ihrer einfachen Handhabung und stabilen Arbeitsweise werden sie zum Teil als universelle Me-

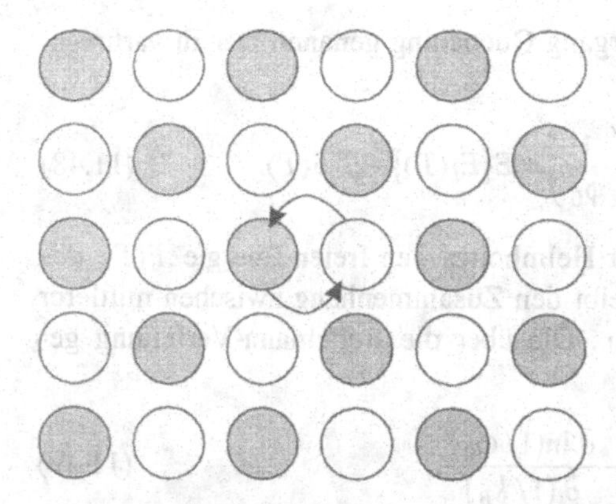

Abb. 11.8. Zwei Teilchen führen einen Platzwechsel aus, wenn damit eine Verringerung der Energie verbunden ist. Auch eine mit einem Platzwechsel verbundene Erhöhung der Energie ist mit einer aus der Boltzmann-Verteilung folgenden Wahrscheinlichkeit möglich.

thode gesehen. Die am häufigsten verwendeten stochastischen Methoden sind [1, 6]:

- Simulated Annealing,
- Evolutionsstrategie,
- Genetische Algorithmen.

Das Simulated Annealing (simuliertes Ausheilen) basiert auf einer Analogie [6]. Beim langsamen Abkühlen aus der Schmelze entsteht ein geordnetes, kristallines Gefüge, das ein Minimum der Energie darstellt. Bei der Optimierung werden zufallsgesteuerte Änderungen der Variablen vorgenommen und ein neuer Variablensatz nur dann akzeptiert, wenn der neue Zustand eine nach der Boltzmann-Verteilung bewertete Wahrscheinlichkeit übertrifft (Abb. 11.8). Als Strategieparameter dient die Temperatur, welche die Boltzmann-Verteilung beeinflußt und während der Optimierung abgekühlt wird. Der Abkühlvorgang wird langsam vorgenommen, so daß sich der Stoff bei jeder Temperatur in einem thermodynamischen Gleichgewicht befindet.

Die Wahrscheinlichkeit φ für das Energieniveau E_i im stationären Zustand i bei der Temperatur T, ist durch die Boltzmann-Verteilung gegeben.

$$\varphi(E_i) = \varphi_0 \, e^{-\frac{E_i}{k_B T}} \tag{11.47}$$

Die Konstante φ_0 dient der Normierung und k_B ist die Boltzmann-Konstante. Durch Absenken der Temperatur werden bei der Boltzmann-Verteilung jeweils kleinere Energien wahrscheinlicher. Bei Annäherung an die Temperatur $T = 0$ hat nur der Zustand minimaler Energie eine von Null verschiedene Wahrscheinlichkeit. Zu schnelles Senken der Temperatur führt zu eingefrorenen Defekten (Frustrationen). Durch eingeschlossene Defekte wird nur ein metastabiler Zustand, jedoch kein thermodynamisches Gleichgewicht erreicht, und die Energie ist nicht minimal. In der Physik wird dieser Vorgang Quenching genannt. Der Erwartungswert

$$E\{F(T)\} = -k_B T \ln\left(\frac{1}{\varphi_0}\right) = E\{E_i(T)\} - T\,S(T) \tag{11.48}$$

stellt den arithmetischen Mittelwert der Helmholtzschen freien Energie $F(T)$ des Systems dar. Die freie Energie beschreibt den Zusammenhang zwischen mittlerer Energie $E\{E_i(T)\}$ und Entropie $S(T)$. Die über die Boltzmann-Verteilung gewichtete mittlere Energie läßt sich mit

$$E\{E_i(T)\} = -\frac{\partial \ln(1/\varphi_0)}{\partial (1/k_B)} \tag{11.49}$$

bestimmen. Die Änderung der mittleren Energie nach der Temperatur wird als spezifische Wärme $C(T)$ des Systems bezeichnet.

$$C(T) = \frac{\partial}{\partial T} E\{E_i(T)\} = \frac{E\left\{E_i^2(T)\right\} - E\left\{E_i(T)\right\}^2}{k_B T^2} \tag{11.50}$$

Große Werte von $C(T)$ deuten auf eine Änderung der Ordnung des Systems hin, wie z. B. beim Übergang von der flüssigen zur festen Phase. $C(T)$ kann als Indikator zur Steuerung der Abkühlkurve benutzt werden. Zur Vermeidung gefrorener Defekte ist die Temperatur im Übergangsbereich langsam abzusenken. Der Zähler von Gl. (11.50) beschreibt die Dispersion, also die Streuung der Energiewerte um den Mittelwert von $E_i(T)$ im thermodynamischen Gleichgewicht. Die spezifische Wärme $C(T)$ kann zur Berechnung der Entropie $S(T)$ herangezogen werden.

$$\frac{\partial}{\partial T} S(T) = \frac{C(T)}{T} \tag{11.51}$$

Die Integration liefert den Ausdruck für die Entropie $S(T)$. Der Anfangswert der Entropie $S(T^{(0)})$ läßt sich für hohe Temperaturen nach Näherungsbeziehungen bestimmen. Die Entropie läßt sich als Maß für die Unordnung eines physikalischen Systems deuten. Große Werte von $S(T)$ beschreiben ein ungeordnetes System kleine dagegen ein System in einem geordneten Zustand.

In Analogie zu den beschriebenen Gesetzmäßigkeiten der Thermodynamik und der statistischen Mechanik, läßt sich die Qualität bei der numerischen Optimierung als Energie deuten. Eine schlechte Qualität entspricht bei einer Minimumsuche einem hohen Energiewert und umgekehrt. Die freien Parameter werden durch das Gefüge des Systems repräsentiert. Übertragen auf Optimierungsprobleme, kann die Entropie als Maßzahl für den Grad der Optimalität genutzt werden [6].

Mit dem Verhältnis zweier möglicher Qualitäten, $E_{i,1}$ und $E_{i,2}$ kann die Wahrscheinlichkeit der Änderung der Qualität $\Delta E_i = E_{i,2} - E_{i,1}$ für eine Konfiguration i angegeben werden.

$$\varphi(\Delta E_i) = e^{-\frac{\Delta E_i}{k_B T}} \tag{11.52}$$

Änderungen der Qualität werden bei $E_{i,2} < E_{i,1}$ grundsätzlich akzeptiert, da die sich ergebende Wahrscheinlichkeit nach Gl. (11.52) ≥ 1 ist. Der Fall $E_{i,2} > E_{i,1}$ wird probabilistisch behandelt. Falls das Metropolis-Kriterium

$$\xi < \varphi(\Delta E_i) \tag{11.53}$$

mit einer gleichverteilten Zufallszahl ξ aus dem Intervall [0, 1] erfüllt ist, wird die Änderung der Qualität, also die veränderte Konfiguration, akzeptiert. Wenn die Bedingung der Gleichung nicht erfüllt ist, wird nicht akzeptiert und eine neue Variation der Konfiguration erzeugt und ausgewertet.

Die Robustheit des Verfahrens ist eine Folge der Einführung eines thermischen Rauschens in den Suchprozeß (Metropolis-Kriterium). Dies ermöglicht es, Energiebarrieren der Höhe $k_B T$ und damit lokale Extremwerte im Qualitätsgebirge zu überwinden. Der Startparameter $T^{(0)}$ ist problemabhängig. Es sollte ein genügend hoher Wert gewählt werden, der auch größere positive Zuwächse der Qualitätsfunktion gestattet. Testrechnungen führen zur Einstellung eines brauchbaren Wertes, da der Wert von $k_B T^{(0)}$ größer sein muß als die mittlere Energiedifferenz ΔE_i.

Bei jeder Temperatur müssen ausreichend viele Schritte durchgeführt werden, damit das System einen stationären Zustand erreichen kann. Die notwendige Anzahl von zu akzeptierenden Systemveränderungen ist von der Anzahl der Variablen abhängig. Ein Vielfaches dieser Anzahl, z. B. ein Faktor 10 bis 20, kann als Zahl der notwendig zu akzeptierenden Systemveränderungen gewählt werden. Auch hier muß durch Testrechnungen ein vernünftiger Wert bestimmt werden.

Während der Iteration ist der Strategieparameter Temperatur langsam abzusenken. Hier kann zwischen geometrischer, logarithmischer und adaptiver Abkühlfunktion unterschieden werden. Es läßt sich zeigen, daß das Simulated Annealing für eine genügend langsame logarithmische Abkühlung mit der Wahrscheinlichkeit 1 gegen das globale Optimum konvergiert. Die logarithmische Temperaturänderung garantieren zwar die globale Konvergenz, sind jedoch in der Praxis unwirtschaftlich langsam. Für die zumeist verwendete exponentielle Abnahme verwendet man die geometrische Abkühlkurve.

$$T^{(k)} = \alpha^k T^{(0)} \qquad 0 < \alpha < 1 \tag{11.54}$$

Praktisch verwendbare Werte für den Parameter α liegen im Bereich 0,5 bis 0,99.

Ein effizientes und immer zuverlässig arbeitendes Abbruchkriterium ist leider nicht bekannt. Es besteht die Möglichkeit, die Iteration abzubrechen, wenn ein befriedigender Wert der Qualität erreicht ist. Ein anderer Weg besteht darin, die Rechnung zu beenden, wenn nach einer maximalen Anzahl von Systemveränderungen keine Verbesserung der Qualität mehr zu verzeichnen ist. Von der letztgenannten Möglichkeit wird in der Regel Gebrauch gemacht.

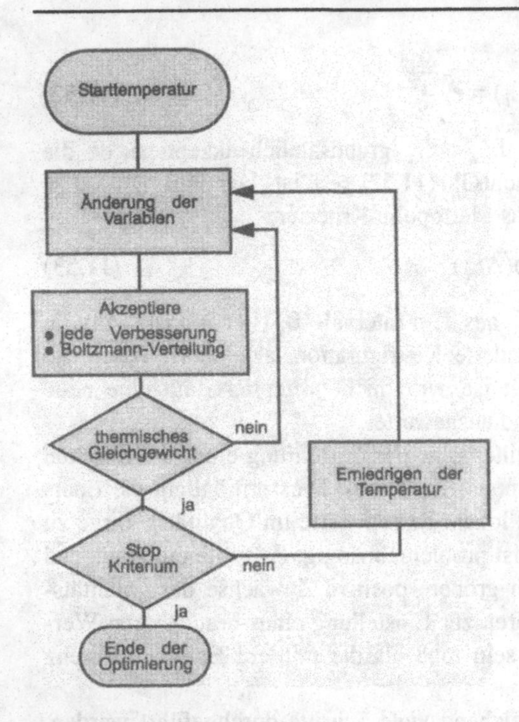

Abb. 11.9. Ablaufplan des Simulated Annealing.

Nach den genannten Definitionen kann jetzt der folgende Algorithmus für das Simulated Annealing angegeben werden (Abb. 11.9).

Schritt 0: Wähle Werte für die Parameter $T^{(0)}, \alpha$ die Zahl der maximal zulässigen Variationen $N_{\max}$ und die Zahl der zu akzeptierenden Systemveränderungen $N_{\min}$ in einem Temperaturschritt. Wähle eine zulässige Startkonfiguration des Systems und setze den Iterationszähler $k = 1$. Bestimme die Startqualität E_1.

Schritt 1: Erzeuge einen neuen Lösungsvektor durch zufällige Veränderung der Objektvariablen. Bestimme die Qualität E_2 dieser Konfiguration.

Schritt 2: Falls $\Delta E_i < 0$ zutrifft oder $\Delta E_i > 0$ und $\xi < \exp(-\Delta E_i / T^{(k)})$ zutrifft, setze den Zähler $N_{succ} = N_{succ} + 1$.

Schritt 3: Setze den Zähler $N_{trial} = N_{trial} + 1$ und setze $E_1 = E_2$. Falls $N_{succ} < N_{\min}$ und $N_{trial} < N_{\max}$, fahre mit Schritt 1 fort. Falls $N_{succ} = 0$ und $N_{trial} = N_{\max}$, breche die Optimierung ab. Sonst erhöhe den Iterationszähler $k = k + 1$.

Schritt 4: Setze $T^{(k)} = \alpha^k T^{(0)}$ und fahre mit Schritt 1 fort.

In der angegebenen Fassung ist der Algorithmus nicht für die Optimierung kontinuierlicher Parameter verwendbar, da er in Schritt 1 keine Aussage über die Erzeugung eines neuen Lösungsvektors oder über die Steuerung der Schrittweite macht. In diese Form wird das Verfahren daher zumeist zur Optimierung diskreter Parameter oder für kombinatorische Probleme verwendet, wobei jeweils benachbarte Zustände getestet werden. Es ist jedoch auch möglich, das Simulated Annealing über einem kontinuierlichen Parameterraum zu verwenden. Dazu stellt man eine Schrittweite so ein, daß im Mittel ca. 20 Prozent der Änderungen zu einer Verbesserung führen und variiert die Parameter mit dieser Schrittweite in eine zufällig bestimmte Richtung.

Das Optimierungsprinzip der Evolutionsstrategie wird der biologischen Evolution entlehnt, deren Entdeckung als allgemeines Entwicklungsprinzip auf Charles Darwin zurückgeht. Darwin führt zur Erklärung erstmals die Prinzipien der Mutation (Variabilität) und der Selektion (Auslese im Kampf ums Dasein) ein. Diese Prinzipien sind durch viele Belege aus dem Bereich der Paläontologie, Zoologie, Botanik, Genetik, Morphologie, Anthropologie sowie der Geobotanik gesichert.

Der Entwicklungsprozeß durch wiederholte Mutation und Selektion in aufeinander folgenden Generationen wird von der Evolutionsstrategie auf mathematische Optimierungsprobleme übertragen. Man kann sich ein ähnlich robustes wie leistungsfähiges Verfahren erhoffen, als das sich die Evolution bei der Entwicklung von einfachen zu komplexen Lebensformen erwiesen hat.

Bei der Anwendung ergibt sich natürlich die Frage, wie die biologische Evolution in geeigneter Weise auf technische Systeme, zunächst im Bereich der Selekti-

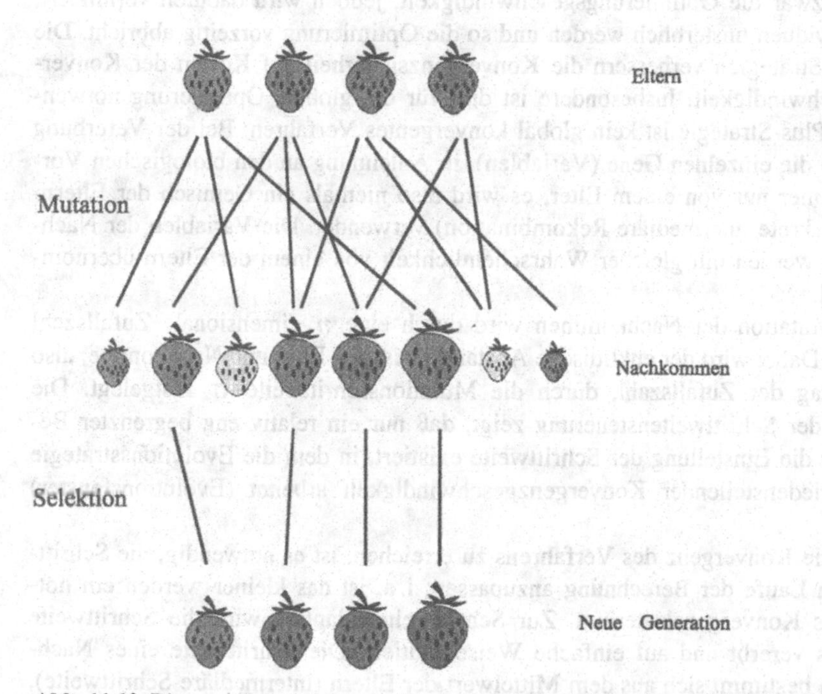

Abb. 11.10. Die zwei Hauptschritte der Evolutionsstrategie, Mutation und Selektion.

on, übertragen werden kann. Rechenberg [13] untersuchte eingehend den folgenden, grob vereinfachten Handlungsablauf. Ein Elter erzeugt einen Nachkommen, der sich durch Mutation von seinem Elter unterscheidet. Der gemäß der Qualitätsfunktion als besser bewertete wird erneut zum Elter erklärt, um seinerseits einen Nachfahren zu generieren usw. Diese zweigliedrige Strategie, auch durch das Symbol (1 + 1) abgekürzt, wurde später auf mehrere Eltern und Nachkommen erweitert und mehrfach erprobt [1, 13, 15]

Man erhält die folgenden Varianten (Abb. 11.10), wobei μ die Anzahl der Eltern und λ die Anzahl der Nachkommen bezeichnet:

$(\mu+\lambda)$ Strategie (Plus-Strategie)	Die nächste Generation wird aus der Grundpopulation der μ Eltern und der λ Nachkommen selektiert.
(μ,λ) Strategie (Komma-Strategie)	Nur die μ Besten der λ Nachkommen bilden die nächste Elterngeneration. Jeder Elter überlebt also nur eine Generation
$(\mu/\rho+\lambda)$ und $(\mu/\rho,\lambda)$ Strategien	Jeweils ρ der μ Eltern zeugen einen Nachfahren (ρ -Sexualität). Im Mittel wird dabei $1/\rho$ des Erbguts eines Elter an die Nachkommen vererbt.

Bei der Komma-Strategie sterben die Eltern nach der Erzeugung der Nachkommen grundsätzlich aus. Diese Maßnahme vermindert, wie sich in numerischen Tests erweist, zwar die Optimierungsgeschwindigkeit, jedoch wird dadurch verhindert, daß Individuen unsterblich werden und so die Optimierung vorzeitig abbricht. Die Komma-Strategien verbessern die Konvergenzsicherheit auf Kosten der Konvergenzgeschwindigkeit. Insbesondere ist dies für die globale Optimierung notwendig, die Plus-Strategie ist kein global konvergentes Verfahren. Bei der Vererbung stammen die einzelnen Gene (Variablen), in Anlehnung an den biologischen Vorgang, immer nur von einem Elter, es wird also niemals ein Gemisch der Eltern-Gene (diskrete intermediäre Rekombination) verwendet. Die Variablen der Nachkommen werden mit gleicher Wahrscheinlichkeit von einem der Eltern übernommen [15].

Die Mutation der Nachkommen wird durch eine n-dimensionale Zufallszahl erreicht. Dabei wird der euklidische Abstand zwischen Elter und Nachkomme, also der Betrag der Zufallszahl, durch die Mutationsschrittweite σ festgelegt. Die Theorie der Schrittweitensteuerung zeigt, daß nur ein relativ eng begrenzter Bereich für die Einstellung der Schrittweite existiert, in dem die Evolutionsstrategie mit zufriedenstellender Konvergenzgeschwindigkeit arbeitet (Evolutionsfenster) [13].

Um die Konvergenz des Verfahrens zu erreichen, ist es notwendig, die Schrittweite im Laufe der Berechnung anzupassen; i. a. ist das kleiner werden ein notwendiges Konvergenzkriterium. Zur Schrittweitenadaption wird die Schrittweite ebenfalls vererbt und auf einfache Weise mutiert. Die Schrittweite eines Nachkommen bestimmt sich aus dem Mittelwert der Eltern (intermediäre Schrittweite), multipliziert oder dividiert mit dem Schrittweitenfaktor $\alpha \approx 1{,}2 - 1{,}8$, wobei mit gleicher Wahrscheinlichkeit multipliziert oder dividiert wird. Dieses Verfahren wird mutative Schrittweitensteuerung genannt [5, 15]. Für relativ kleine Nachkommenzahlen oder bei einer kleinen Parameteranzahl versagt die mutative Schrittweitensteuerung bei der Plus-Strategie. Es ist daher in diesen Fällen vorteilhaft, mit einer geänderten Schrittweitensteuerung zu arbeiten.

Bei der $(1+\lambda)$ Strategie wird häufig eine Schrittweitensteuerung verwendet, die sich am Erfolg der Nachkommen orientieren. Man kann zeigen, daß sich die größte Konvergenzgeschwindigkeit ergibt, wenn 1/5 der Nachkommen eine bessere Qualität aufweist als die Eltern. Eine Vergrößerung der Schrittweite wird bei der (1+1) Strategie erforderlich, wenn 20 Prozent überschritten werden. Der umgekehrte Fall gilt entsprechend. Jedoch ist diese 1/5 Erfolgsregel nicht problemlos auf alle $(\mu/\rho,\lambda)$ Strategien übertragbar.

Die Evolutionsstrategie ahmt den biologischen Evolutionsprozeß nur grob vereinfachend nach, denn die gesamte Population besteht aus einer immer festen Anzahl von nur wenigen Eltern und Nachkommen. Die parallele Entwicklung mehrerer Arten, deren Kreuzung nicht möglich ist, wird in dem hier beschriebenen Verfahren nicht vorgesehen. Die sexuelle Vererbung wird nur durch ein vereinfachtes Modell nachgebildet. Auch der Selektionsprozeß stellt eine grobe Vereinfachung des biologischen Vorbildes dar, bei dem eigentlich nur in wenigen Fällen eine direkte Auswahl stattfindet. Üblicherweise wird die Selektion durch eine Art Verdrängungsprozeß erklärt (survival of the fittest).

Diese vereinfachte Strategie ist jedoch in der Lage einige Probleme zu lösen, bei denen viele sonstige Optimierungsverfahren versagen [5]. So sind erfolgreiche Anwendungen bekannt, bei denen die Zielfunktion Unstetigkeiten aufweist oder mit stochastischen Störungen behaftet ist.

Gradienten- und Quasi-Newton-Verfahren sind nach den theoretischen Konvergenzaussagen und nach numerischen Tests den Zufallsstrategien bei glatter Zielfunktion und konvexen Problemen überlegen. Bei komplizierten Zielfunktionen oder Nebenbedingungen sind jedoch einige der Verfahren langsamer als die Zufallsstrategien oder versagen ganz. Bei der Optimumsuche mit stark störungsbehafteten Qualitätsfunktionen versagen die Gradienten- und Quasi-Newton-Verfahren, bedingt durch den Umstand, daß bei ihnen aus der gestörten Zielfunktion die Ableitungen numerisch ermittelt werden müssen, während stochastische Verfahren noch Konvergenz zeigen. Die globalen Konvergenzeigenschaften der Evolutionsstrategie sind schlechter als die des Simulated Annealing, jedoch ist die lokale Konvergenzgeschwindigkeit der Evolutionsstrategie deutlich besser.

Nebenbedingungen können bei stochastischen Verfahren auf zwei einfache Arten berücksichtigt werden. Eine Möglichkeit ist es Nachkommen, welche die Nebenbedingungen nicht erfüllen, einfach mit einer sehr schlechten Qualität zu belegen. Zumeist ist es jedoch günstiger so lange neue Nachkommen zu generieren, bis die für die Durchführung des Verfahren erforderliche Anzahl erreicht ist [5].

Die Evolutionsstrategie und Genetische Algorithmen sind in ihrem Handlungsablauf sehr ähnlich. Der wesentliche Unterschied besteht in der Codierung der freien Parameter und dem Vererbungsmechanismus. Während Genetische Algorithmen die Variablen binär, d. h. durch eine 0-1-Folge darstellen, benutzt die Evolutionsstrategie reellwertige Zahlen. Zur Vererbung trennen Genetische Algorithmen die Binärfolge zweier Eltern an einer zufällig gewählten Stelle auf und vertauschen die so entstandenen Bruchstücke. Beispielsweise entstehen aus den Folgen [0111] und [1110] durch Auftrennen nach der zweiten Stelle die neuen Folgen [0110] und [1111]. Die Mutation wird nachgebildet, indem zusätzlich zufällig einzelne Bits invertiert werden. Dies lehnt sich sehr nah an das biologische Vorbild an. Die Auswahl einer geeigneten Codierung für die in der Regel reellwertigen Variablen bildet aber auch eine wesentliche Schwierigkeit der Genetischen Algorithmen, da die Codierung der Variablen natürlich den Verlauf und die Konvergenz des Verfahrens beeinflußt [9]. Bei der Selektion sind abweichende Varianten möglich. Zumeist ersetzen neue Realisierungen mit höherer Qualität einfach die bestehenden mit einer schlechteren Qualität. Man kann mit einer festen Populationsgröße arbeiten und die Eltern zufallsgesteuert oder entsprechend ihres Qualitätswertes auswählen, d. h. diejenigen Realisierungen mit höherer Qualität erhalten eine höhere Wahrscheinlichkeit, als Elter ausgewählt zu werden.

11.7 Behandlung der Nebenbedingungen

Im vorangegangenen wurden nur Verfahren zur Behandlung von Optimierungsaufgaben ohne Nebenbedingungen betrachtet. Reale Anwendungen unterliegen jedoch immer zusätzlichen Nebenbedingungen, die bei technischen Anwendungen zumeist aus produktionstechnisch bedingten Gegebenheiten oder zusätzlichen funktionalen Anforderungen folgen. Die Nebenbedingungen schränken den Bereich zulässiger Lösungen ein und können dadurch auch den globalen Lösungscharakter des Optimierungsproblems beeinträchtigen. Wir kehren jetzt zurück zum restringierten Optimierungsproblem (11.1), (11.2):

$$\text{Zielfunktion:} \qquad Q(\mathbf{x}) \to \min \qquad \mathbf{x} \in R^n \tag{11.55}$$

$$\text{Nebenbedingungen:} \qquad \begin{aligned} c_i(\mathbf{x}) &= 0 \qquad i = 1 \ldots m_e \\ c_i(\mathbf{x}) &\le 0 \qquad i = m_e + 1 \ldots m \end{aligned} \tag{11.56}$$

Es handelt sich hier um ein gegenüber dem unrestringierten Optimierungsproblem deutlich schwieriger lösbares Problem. Wir suchen daher, wie zumeist in der numerischen Mathematik, nach einer Transformation des schwierigen Problems in eine Folge einfacher Probleme. Diese ist eine Folge unrestringierter Probleme oder eine gegen die Lösung konvergierende Folge von quadratischen Optimierungsprobleme mit linearen Nebenbedingungen. Grundsätzlich bleiben dann alle zuvor beschriebenen Optimierungsverfahren auch beim Vorhandensein von Nebenbedingungen anwendbar, jedoch verkomplizieren sich die Verfahren zum Teil erheblich. Eine Ungleichheitsnebenbedingung $c_i(\mathbf{x})$ mit $i = m_e + 1 \ldots m$ heißt aktiv, wenn

$c_i(\mathbf{x}) = 0$ gilt und inaktiv für $c_i(\mathbf{x}) < 0$. Ist bekannt, welche Nebenbedingungen aktiv sind, so können diese genau wie die Gleichheitsbedingungen behandelt werden. Da im voraus jedoch nicht fest steht, welche der Nebenbedingungen im Minimalpunkt aktiv sind, besteht der gängige Lösungsweg in der Voraussage der aktiven Bedingungen (working-set), diese Menge wird während der weiteren Lösung aktualisiert (active-set strategy) [2, 3].

Die Berücksichtigung von Nebenbedingungen kann mit den in den Kapiteln 11.2-11.6 diskutierten Verfahren durch Einführung von Straftermen oder die Lagrange-Methoden erfolgen. Beide Vorgehensweisen können bei einer hohen Anzahl von Nebenbedingungen die Konvergenzgeschwindigkeit erheblich verschlechtern.

Eine einfach und daher häufig verwendete Maßnahme zur Überführung eines restringierten Problems in ein unrestringiertes ist die Einführung von Straffunktionen [3, 11]. Wird der Bereich der zulässigen Lösungen verlassen, dann wird die Zielfunktion so modifiziert, daß diese bei der Minimumsuche von selbst auf Punkte innerhalb des zulässigen Bereichs zurückführt. Erfüllt ein Variablenwert die Nebenbedingungen nicht, so wird zur Qualitätsfunktion eine Straffunktion addiert, die ein Maß für den Abstand zum zulässigen Bereich darstellt. Der Abstand wird mit einem Faktor ρ gewichtet.

$$Q_+(\mathbf{x}) = Q(\mathbf{x}) + \sum_{i=1}^{m} \rho_i c_i^2(\mathbf{x}) \,; \quad \rho_i = 0 \text{ wenn } c_i(\mathbf{x}) < 0 \text{ und } i > m_e \tag{11.57}$$

Löst man wiederholt das Optimierungsproblem (11.57) mit ansteigenden Gewichten $\rho_i > 0$, so konvergiert die Methode theoretisch gegen die Lösung des restringierten Problems. Bei der Anwendung eines Gradientenverfahren ist zu beachten, daß die Straffunktionen die Kondition der Hesse-Matrix verschlechtert, d. h. sie wächst bei Zunahme der Gewichte über alle Grenzen und führen daher zu einer Abnahme der Konvergenzgeschwindigkeit. Dies kann vermieden werden, wenn die Straffunktionen als $\sum \rho_i |c_i|$ eingeführt werden, allerdings wird die Zielfunktion dann am Rand $c_i = 0$ nicht mehr stetig differenzierbar, was wiederum die Anwendung von Gradientenverfahren unmöglich macht [11]. Für die Handhabung des Verfahrens ist es auch ungünstig, daß für die Größe der Gewichte ρ_i und deren Anwachsen im Lauf der Optimierung keine allgemeinen Aussagen getroffen werden können. Die Methode der Straffunktion kann daher nicht garantieren, daß die Nebenbedingungen exakt eingehalten werden.

Die Unzulänglichkeiten der Straffunktion lassen sich durch Einführung der Lagrange-Funktion vermeiden. Für das unrestringierte Problem müssen an der Minimalstelle $\mathbf{x}^*$ die Ableitungen verschwinden.

$$\nabla Q(\mathbf{x}^*) = \mathbf{0} \tag{11.58}$$

Für das restringierte Problem ist diese Bedingung zu erweitern. Man ersetzt die Zielfunktion daher durch die Lagrange-Funktion [11, 16]:

$$L(\mathbf{x},\lambda) = Q(\mathbf{x}) + \sum_{i=1}^{m} \lambda_i c_i(\mathbf{x}) = Q(\mathbf{x}) + \lambda^{\mathrm{T}} \mathbf{c}(\mathbf{x}) \qquad (11.59)$$

Die Faktoren λ_i werden Lagrange-Parameter genannt. Wir bemerken zunächst, daß am Ort einer Minimalstelle die Lagrange-Funktion mit dem Wert der Zielfunktion übereinstimmt, da dort $c_i(\mathbf{x}^*) = 0$ ist oder bei inaktiven Ungleichheitsbedingungen definitionsgemäß $\lambda_i = 0$ gelten soll. Es läßt sich leicht zeigen, daß an einer Minimalstelle Lagrange-Parameter λ_i existieren, so daß der Gradient der Lagrange-Funktion verschwindet. Die an der Minimalstelle zu erfüllende notwendigen Bedingungen (Kuhn-Tucker-Bedingung) ergeben sich zu:

$$\nabla L(\mathbf{x}^*,\lambda) = \nabla Q(\mathbf{x}^*) + \lambda^{\mathrm{T}} \nabla \mathbf{c}(\mathbf{x}^*) = 0 \qquad (11.60)$$

$$\lambda_i > 0 \quad \text{für aktive Nebenbedingungen} \quad i = m_e + 1..m \qquad (11.61)$$

Anschaulich sagt die Bedingung (11.60), daß es nicht möglich ist, gleichzeitig die Zielfunktion $Q(\mathbf{x})$ und die Nebenbedingungen $c_i(\mathbf{x})$ zu verkleinern. Der Lagrange-Parameter gibt an, welche Änderung der Zielfunktion durch eine Änderung der Restriktion bewirkt wird $\lambda = \Delta Q / \Delta c$. Aus der Größe der Lagrange-Parameter läßt sich also ablesen, welche Auswirkung eine Verschärfung oder Aufweichung der jeweiligen Restriktion bewirkt.

Natürlich sind die Lagrange-Parameter im voraus nicht bekannt, sie müssen während der Optimierung bestimmt werden. Eine Möglichkeit zur iterativen Bestimmung besteht in der durch einen Strafterm erweiterten Lagrange-Funktion [3, 16].

$$L_+(\mathbf{x},\lambda,\rho) = Q(\mathbf{x}) + \sum_{i=1}^{m} \lambda_i c_i(\mathbf{x}) + \sum_{i=1}^{m} \rho_i c_i^2(\mathbf{x}) \qquad (11.62)$$

In aufeinanderfolgenden Schritten werden die Lagrange-Parameter und die Gewichte iterativ angepaßt. Das so modifizierte Problem ist stetig differenzierbar und die Kondition der Hesse-Matrix bleibt endlich. Damit sind die Gradientenverfahren anwendbar.

Grundsätzlich ist die Handhabung der Ungleichheitsnebenbedingungen für die Suchverfahren relativ einfach zu realisieren, da weder Stetigkeitsanforderungen der Ableitungen noch ein Anwachsen der Kondition der Hesse-Matrix die Anwendung unmöglich machen. Stochastischen Verfahren erlauben es Nebenbedingungen in einfacher Weise zu berücksichtigen, indem ein nicht zulässiger Variablen-Vektor verworfen wird und zufallsgesteuert so lange neue Varianten der freien Variablen erzeugt werden, bis alle Nebenbedingungen erfüllt werden.

Literatur

[1] Bäck, Thomas; Hammel, Ulrich; Schwefel, Hans-Paul: Evolutionary Computation: Comments on the History and Current State. *IEEE Transactions on Evolutionary Computation*, Vol. 1 (1997), p. 3-17.

[2] Fletcher, Roger: *Practical methods of optimization*. John Wiley Sons, Chichester, New York, Brisbane, 2. ed. (1987)

[3] Gill, Philip E.; Murray, Walter; Wright, Margaret H.: *Practical Optimization*. Academic Press, London, New York, Toronto (1981)

[4] Großmann, Christian; Terno, Johannes: *Numerik der Optimierung*. Teubner, Stuttgart, (1993)

[5] Hameyer, Kay; Kasper, Manfred: Shape optimization of a fractional-horsepower dc-motor by stochastic methods. *OPTI '93, Computer Aided Optimum Design of Structure III*, Elsevier Applied Science, (1993) p. 15-30

[6] Kirkpatrick, S.; Gelatt, C. D.; Vecchi, M. P.: Optimization by Simulated Annealing. *Science*, Vol. 220 (1983) p. 671-680

[7] Kosmol, Peter: *Methoden zur numerischen Behandlung nichtlinearer Gleichungen und Optimierungsaufgaben*. Teubner, Stuttgart (1993)

[8] Litovski, V.; Zwolinski, M.: *VLSI Circuit Simulation and Optimization*. Chapman and Hall, London, Weinheim, New York (1997)

[9] Michalewicz, Zbigniew: *Genetic algorithms + data structures = evolution programs*. Springer, Berlin, Heidelberg, New York (1992)

[10] Mohammed, O. A.; Üler, F. G.; Russenschuck, S.; Kasper, M.: Design optimization of a superferric octupole using various evolutionary and deterministic techniques. *IEEE Transaction on Magnetics*, (1997) p. 1816-1821

[11] Nemhauser, G. L.; Rinnooy Kan, A. H. G.; Todd, M. J. (eds.): *Optimization*. Elsevier, Amsterdam, Lausanne, New York (1989)

[12] Press, William H.; Teukolsky, Saul A.; Vetterlin, William T.; Flannery, Brian P.: *Numerical Recipes*. Cambridge University Press, Cambridge, New York, Port Chester, 2. ed. (1994)

[13] Rechenberg, Ingo: *Evolutionsstrategie, Optimierung technischer Systeme nach Prinzipien der biologischen Evolution*. Frommann-Holzboog, Stuttgart, (1973)

[14] Schäfer, Elke: *Interaktive Strategien zur Bauteiloptimierung bei mehrfacher Zielsetzung und Diskretheitsforderungen*. VDI, Düsseldorf (1990)

[15] Schwefel, Hans-Paul: *Numerical optimization of computer models*. Wiley, Chichester, New York, Brisbane (1981)

[16] Spellucci, Peter: *Numerische Verfahren der nichtlinearen Optimierung*. Birkenhäuser, Basel, Bosten, Berlin (1993)

[17] Tuckerman, D. B.; Pease, R. F. W.: High-Performance Heat Sinking for VLSI. *IEEE Electron Device Letters*, (1981) p. 126-129

12 Mikroaktoren

Aktoren (als Anglizismus gelegentlich auch als Aktuatoren bezeichnet) stellen Energiewandler dar, die eine in der Regel elektrische Energie in eine mechanische überführen. Zu den Aktorelementen gehören ebenfalls die Energiesteller (z. B. Leistungselektronik) und eventuell vorhandene Getriebe. Die enge Kopplung der elektromechanischen Energiewandlung und deren integrierte elektronische Ansteuerung wird durch das häufig in diesem Zusammenhang gebrauchten Kunstwort Mechatronik (Mechanik und Elektronik) zum Ausdruck gebracht [8].

Die Anwendungsbereiche der Aktoren sind äußerst vielfältig und im Wachstum begriffen. Beispiele sind Robotik, Handhabungsgeräte, Mikromanipulatoren, Medizintechnik, Medizinelektronik, Minimal-invasive Chirurgie, Dosimetrie, Analysetechnik, Meßtechnik, Konsum- und Unterhaltungstechnik, Schalter, Automobiltechnik, Haushaltstechnik. Entsprechend der praktisch alle Lebensbereiche betreffenden Anwendungsbreite ist das Marktpotential der Mikroaktoren sehr hoch [5, 6, 7, 18].

Im folgenden werden zunächst grundsätzliche physikalische Eigenschaften der Energiewandlung und die zur Verfügung stehenden Wandlerprinzipien behandelt. Im Anschluß werden die Eigenschaften der verbreitetsten Aktortypen genauer untersucht und auf ihre Eignung für die Mikrosystemtechnik geprüft. Es zeigt sich, daß im Mikrobereich eine höhere Variationsbreite [18] berechtigt ist, als im Makrobereich, der von elektromagnetischen Wandlern dominiert ist. Einige Mikroaktoren sind allerdings unter energetischen Gesichtspunkten ineffizient. Schließlich wird kurz auf die Bedeutung der Reibung und den damit verbundenen Verschleiß eingegangen.

12.1 Energiewandlung

Ziel der Mikroaktorik ist die Erzeugung von Kräften, um dadurch einen Bewegungsvorgang hervorzurufen. Daher sind die verschiedenen Effekte nach ihrer Arbeitsfähigkeit, d.h. der nutzbaren mechanischen Energie, zu beurteilen. Neben der in der traditionellen Antriebstechnik etablierten elektromagnetischen Energiewandlung werden in der Mikroaktorik eine Vielzahl anderer Effekte genutzt, die aus funktionellen oder Kostengründen bisher keine Rolle spielten. Hierbei sind natürlich zunächst auch die einsetzbaren Materialien und die Realisierbarkeit in Planartechnologie von dominierender Bedeutung.

Der grundlegende Zusammenhang für die Arbeitsfähigkeit ist die Änderung der in einem System gespeicherten Energie W, die zu einer Kraft F führt:

$$F = \frac{dW}{ds} \tag{12.1}$$

Ändert sich der Energieinhalt zwischen den Werten W_1 und W_2, so gilt:

$$F = \frac{\Delta W}{\Delta s} = \frac{W_1 - W_2}{\Delta s} \tag{12.2}$$

Nimmt man insbesondere an, daß einer der beiden Zustände einen Energieinhalt Null erreicht $W_2 = 0$, so wird die realisierbare Kraft direkt proportional zur gespeicherten Energie W_1.

$$F \sim W \tag{12.3}$$

Aus diesem Grund ist die gespeicherte Energie bzw. die Energiedichte von entscheidender Bedeutung für die Arbeitsfähigkeit eines Aktors. Die erreichbare Energiedichte wird in der Tabelle 12.1 für verschiedene Formen der Energie verglichen. Da mit der Wandlung zwischen den Energieformen auch Verluste verbunden sind, ist die Arbeitsfähigkeit auch proportional zum Wirkungsgrad η, mit dem die entsprechende Energieform in mechanische Energie gewandelt werden kann. Der Leistungsumsatz, als Arbeit pro Zeiteinheit, bestimmt sich aus der Arbeitsfähigkeit und der für Lade- und Entladevorgänge notwendigen Zeit. Die Entscheidung für ein Wandlerprinzip sollte anhand der Energiedichte, der Geschwindigkeit

Tabelle 12.1. Energieformen und typische Werte für die Energiedichte [12].

Form		Energiedichte $[\mathrm{Ws/m^3}]$	
Gravitation	Massenanziehung $w = \rho g h$	10^3	Gold, 5 mm
Mechanisch	Bewegungsenergie $w = \rho/2\, v^2$	10^4	Gold, 1 m/s
Elektrisch	elektr. Feldenergie $w = 0{,}5DE$	$4 \cdot 10^5$	$E = 3 \cdot 10^5$ V/mm
Magnetisch	magn. Feldenergie $w = 0{,}5BH$	10^6	$B = 1{,}6$ T
Mechanisch	Elastizität $w = 0{,}5\sigma\varepsilon$	10^7	Silizium, Bruchgrenze
Thermisch	Phasenumwandlung $w = \rho\,\Delta h$	$2 \cdot 10^7$	Wasser, Verdampfung
Thermisch	Wärmekapazität $w = \rho c_p\, \Delta T$	10^8	Silizium, 60 K
Chemisch	elektrochemische Batterie	10^9	Lithiumbatterie
Chemisch	Verbrennung	10^{10}	Benzin
Nuklear	Kernbrennstoff	10^{15}	Uran
Masse	$w = \rho c^2$	10^{21}	

von Zustandsänderungen (Zeitkonstante τ) und der Energieeffizienz (Wirkungsgrad η) erfolgen. Für die Leistung P des Systems gilt:

$$P = \frac{dW}{dt} = \frac{dW}{ds}\frac{ds}{dt} = F \cdot v \sim \eta \frac{\Delta W}{\tau} \tag{12.4}$$

Hat man, wie bei Motoren, eine Drehung um eine feste Achse, so ist die auf die Winkeländerung bezogene Form günstiger.

$$P = \frac{dW}{dt} = \frac{dW}{d\varphi}\frac{d\varphi}{dt} = M\,\omega \tag{12.5}$$

Betrachten wir als wichtige Energieformen die elektrische W_e und magnetische Feldenergie W_m:

$$W_e = \iiint\limits_V w_e\, dV \qquad w_e = \int\limits_0^D E\, dD \tag{12.6}$$

$$W_m = \iiint\limits_V w_m\, dV \qquad w_m = \int\limits_0^B H\, dB \tag{12.7}$$

Für konstante, d. h. feldstärkeunabhängige Materialkonstanten ε, μ ergibt sich die Energiedichte aus:

$$w_e = \frac{1}{2} E\, D \qquad w_m = \frac{1}{2} H\, B \tag{12.8}$$

Die angegebenen Beziehungen legen es nahe, daß der Energieinhalt mit dem Volumen V, also mit der dritten Potenz des Längenmaßstabs λ zunimmt und die Kraft mit der zweite Potenz (Ähnlichkeitsrelation). Die Abhängigkeit von der dritten Potenz der Abmessungen ist jedoch nicht immer zutreffend, da in einigen wichtigen Fällen die erreichbare Energiedichte von den Abmessungen abhängig ist. Dies führt zu der für die Mikrosystemtechnik wichtigsten Tatsache, daß im Mikrobereich Energiewandlungsprinzipien attraktiv werden, die im Makrobereich keine Anwendung finden.

Allgemein kann der Zusammenhang zwischen Kraft F und Längenmaßstab λ durch $F \sim \lambda^n$ beschrieben werden. Der Exponent n ist für verschiedene nutzbare Effekte in Tabelle 12.2 angegeben. Die Effekte unterscheiden sich in bezug auf die erreichbaren Energiedichten, Zeitkonstanten und Wirkungsgrade. Hieraus folgen dann die erreichbare Kraft- und die Leistungsdichte. Die Energiedichten für die Mehrzahl der heute genutzten Effekte liegt im Bereich von $w \approx 10^5 - 10^6\,\mathrm{Ws/m^3}$. Da die Arbeitsgeschwindigkeit, ausgedrückt durch eine für einen vollständigen Zyklus typische Zeitkonstante τ, jedoch stark variiert, ergibt sich für die Leistungsdichte w/τ eine größere Variationsbreite. Die Leistungsdichte erstreckt sich von 10^{-6} bis 10^0 W/cm³, wobei hydraulische und pneumatische Aktoren die höchsten Leistungsdichten erreichen, es jedoch z. Zt. keine Aktoren im Mikrobereich mit hoher Leistungsdichte gibt [15]. Die nutzbare mechanische Energie er-

Tabelle 12.2. Gebräuchliche Effekte für die Energiewandlung und typische Werte für die Energiedichte, die Zeitkonstante und den Wirkungsgrad von Mikroaktoren [10, 15, 17].

Effekt	Energiedichte $[Ws/m^3]$	Kraftskalierung $F \sim \lambda^n$ mit $n =$	Zeitkonstante τ [ms]	Wirkungsgrad η
Piezoelektrisch	$2 \cdot 10^5$	2	$<< \tau_{mech}$	0,3
Elektromagnetisch	10^5	(2 bis) 4	$<< \tau_{mech}$	<0,01
Elektrostatik	10^4	2	$<< \tau_{mech}$	0,5
Bimetall	10^6	2	< 50	10^{-4}
Thermopneumatik	$< 5 \cdot 10^5$	2	10	0,1
Formgedächtnis-legierung	$3{,}5 \cdot 10^5$	2	< 50	0,01

gibt sich aus dem Produkt von Energiedichte und Wirkungsgrad. Der Wirkungsgrad ist vom Wirkprinzip und z. T. von den Abmessungen abhängig, daher weisen im Mikrobereich verschiedene Prinzipien eine ähnliche Arbeitsfähigkeit auf.

12.2 Elektromagnetische Aktoren

Im Elektromaschinenbau werden Maschinen mit einer Leistung P ab 100 W mit Hilfe der Ausnutzungszahl oder Essonschen-Leistungsziffer C dimensioniert, die ein Maß für die Leistung pro Volumeneinheit angibt.

$$P = C\, D^2\, \ell\, n\, 2p \tag{12.9}$$

Hierbei sind D der Innendurchmesser des Stators, ℓ die Rotorlänge (Eisenlänge), n die Drehzahl und p die Polpaarzahl. Typische Werte für die Ausnutzungszahl liegen im Bereich von $C = 5 - 25 \cdot 10^4\,\mathrm{Ws/m^3}$ [16].

Diese Auslegung beruht im wesentlichen auf der Tatsache, daß die erreichbare magnetische Flußdichte aufgrund der Sättigung im Eisen begrenzt ist. Eine typische Magnetisierungskurve in Abb. 12.1 zeigt, daß die Permeabilität ab einer Flußdichte von ca. 1T stark abnimmt. Diese führt bei hohen Flußdichten einem stark ansteigenden Strombedarf zur Magnetisierung und erhöhten Verlusten. Aus diesem Grund kann mit einer erreichbaren, sinnvollen magnetischen Flußdichte von ca. $B_{\max} \leq 1{,}6\,\mathrm{T}$ gerechnet werden.

Da die magnetische Feldstärke im Eisen aufgrund der hohen Permeabilität sehr gering ist, konzentriert sich die Feldenergie hauptsächlich im Luftspalt zwischen Stator und Rotor. Daher wird die erreichbare Energiedichte zu:

$$w_m = \frac{1}{2}\frac{B_{\max}^2}{\mu_0} \approx 1 \cdot 10^6\,\frac{\mathrm{Ws}}{\mathrm{m}^3} \tag{12.10}$$

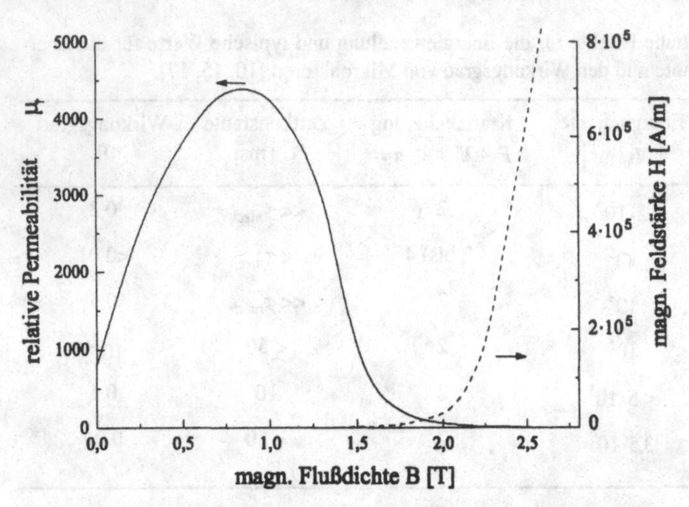

Abb. 12.1. Magnetisierungskurve von Dynamoblech. Durchgezogene Kurve und linke Skala relative Permeabilität, unterbrochene Kurve und rechte Skala Feldstärke in Abhängigkeit der magnetischen Flußdichte.

Zur Erläuterung der wichtigsten Zusammenhänge genügt es, den idealisierten magnetischen Kreis in Abb. 12.2 zu betrachten, bei dem der magnetische Spannungsabfall im Eisen vernachlässigt wird. Nach dem Durchflutungsgesetz erhalten wir bei einer Windungszahl n die magnetische Feldstärke H im Luftspalt und mit der Gl. (12.8) die Energiedichte.

$$H\,\delta = n\,I \qquad w_m = \frac{1}{2}\frac{n^2}{\delta^2}\,I^2\,\mu_0 \tag{12.11}$$

Für die im Luftspaltvolumen $V = \delta\,\ell\,b$ gespeicherte magnetische Feldenergie ergibt sich dann:

$$W_m = \frac{1}{2}\frac{n^2}{\delta^2}\,I^2\,\mu_0\,\delta\,b\,\ell \tag{12.12}$$

Gehen wir zunächst, unabhängig von den Abmessungen ℓ, b, δ der Anordnung, wie im Elektromaschinenbau üblich, von einer konstanten Flußdichte im Luftspalt aus.

$$H = const. = \frac{B_{max}}{\mu_0} \approx \frac{1{,}6\,\mathrm{T}}{4\pi\cdot 10^{-7}\,\dfrac{\mathrm{Vs}}{\mathrm{Am}}} \tag{12.13}$$

Damit ergibt sich für zwei Realisierungen mit dem Längenverhältnis λ,

$$\frac{\ell_1}{\ell_2} = \frac{b_1}{b_2} = \frac{\delta_1}{\delta_2} = \lambda \tag{12.14}$$

daß die Durchflutung $n\,I$ proportional mit den Abmessungen abnimmt.

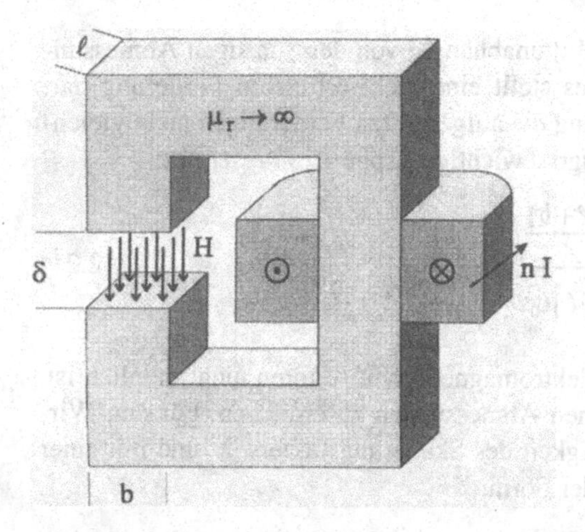

Abb. 12.2. Magnetischer Kreis.

$$\frac{B_{max}}{\mu_0}\delta = n\,I \quad \Rightarrow \quad \frac{n_1\,I_1}{n_2\,I_2} = \frac{\delta_1}{\delta_2} = \lambda \tag{12.15}$$

Sowie für die Skalierung der Energie:

$$\frac{W_{m1}}{W_{m2}} = \frac{\dfrac{(n_1 I_1)^2}{\delta_1} b_1\,\ell_1}{\dfrac{(n_2 I_2)^2}{\delta_2} b_2\,\ell_2} = \left(\frac{n_1 I_1}{n_2 I_2}\right)^2 \frac{b_1}{b_2}\frac{\delta_2}{\delta_1}\frac{\ell_1}{\ell_2} = \lambda^3 \tag{12.16}$$

Für die in der Wicklung erzeugte thermische Verlustleistung gilt

$$P_v = U\,I \qquad \text{mit:} \qquad \frac{U}{I} = R = n\frac{2(\ell + b)}{\kappa A} \tag{12.17}$$

Hierbei sind A der Leiterquerschnitt und κ die elektrische Leitfähigkeit. Um auch einen gleichen Wirkungsgrad zu erreichen, muß das Verhältnis von Verlust- und Wirkleistung konstant sein.

$$\frac{P_{v1}}{P_{v2}}\frac{W_{m2}}{W_{m1}} = 1 \tag{12.18}$$

Damit ergibt sich zusammen mit den Gl. (12.15) und (12.17):

$$\frac{P_{v1}}{P_{v2}}\frac{W_{m2}}{W_{m1}} = \frac{U_1 I_1}{U_2 I_2}\frac{1}{\lambda^3} = \frac{n_1 I_1}{n_2 I_2}\frac{\ell_1 + b_1}{\ell_2 + b_2}\frac{A_2}{A_1}\frac{I_1}{I_2}\frac{1}{\lambda^3} = \lambda^3 \frac{n_2}{n_1}\frac{A_2}{A_1}\frac{1}{\lambda^3} \tag{12.19}$$

Demnach müßte also der Ausdruck,

$$n\,A = A_{wickelfläche} \tag{12.20}$$

der die gesamte Wickelfläche darstellt, unabhängig von den sonstigen Abmessungen immer gleich groß bleiben. Dies stellt eine nicht erfüllbare Forderung dar. Offenbar lassen sich bei der Skalierung die aufgestellten Forderungen nicht gleichzeitig erfüllen. Die für den Wirkungsgrad wichtige Größe P_v / W_m ergibt:

$$\frac{P_v}{W_m} = \frac{I^2 R}{W_m} = \frac{I^2 n \frac{1}{\kappa} \frac{2(\ell + b)}{A}}{\frac{1}{2} n^2 I^2 \frac{b}{\delta} \ell \mu_0} = \frac{4}{\kappa \mu_0} \frac{1}{n A} \frac{\delta(\ell + b)}{b \ell} \tag{12.21}$$

Diese Beziehung zeigt, daß es mit elektromagnetischen Aktoren nicht möglich ist, einen hohen Wirkungsgrad bei kleinen Abmessungen zu erreichen. Für den Wirkungsgrad η ergibt sich in Abhängigkeit des Skalierungsfaktors λ und mit einer Konstanten K ein Zusammenhang der Form:

$$\frac{\eta_1}{\eta_2} = \frac{1}{1 + K \lambda^{-2}} \tag{12.22}$$

Für kleine Abmessungen dominiert der zweite Summand des Nenners, und der Wirkungsgrad ist proportional zum Quadrat des Skalierungsfaktors.

Wenn man das Prinzip der konstanten Energiedichte aufgibt, bietet es sich als Alternative an, von einer maximalen Stromdichte J_{max} auszugehen, die sich durch thermische Überlegungen (konstante Verlustleistungsdichte) oder aus der Elektroimigrationsgrenze ($\approx 1{,}5 \cdot 10^6$ A / cm^2) ergibt. Für die magnetische Feldstärke gilt dann:

$$H = \frac{n I}{\delta} = J \frac{n A}{\delta} \tag{12.23}$$

Bei konstanter Stromdichte J und einer sich mit den Abmessungen skalierenden Wickelfläche $n A$ gilt:

$$\frac{H_1}{H_2} = \frac{J_1}{J_2} \frac{n_1}{n_2} \frac{A_1}{A_2} \frac{\delta_2}{\delta_1} = 1 \cdot \lambda^2 \frac{1}{\lambda} = \lambda \tag{12.24}$$

Demnach muß die magnetische Feldstärke bei kleineren Abmessungen ebenfalls abnehmen, und für die Energiedichte ergibt sich das Skalierungsgesetz.

$$\frac{w_{m1}}{w_{m2}} = \frac{H_1^2 \mu_0}{H_2^2 \mu_0} = \lambda^2 \tag{12.25}$$

sowie

$$\frac{W_{m1}}{W_{m2}} = \frac{w_{m1}}{w_{m2}} \frac{V_1}{V_2} = \lambda^5 \tag{12.26}$$

Diese Abhängigkeit stimmt quantitativ mit der Aussage der Beziehungen (12.16) und (12.22) überein, in beiden Fällen ergibt sich für die Arbeitsfähigkeit $W_m \eta$ eine Abhängigkeit λ^5. Das Skalierungsgesetz besagt, daß magnetische Mikromotoren sowohl sehr schlechte Wirkungsgrade, als auch ein verhältnismäßig kleines Leistungsvermögen aufweisen. Übersieht man die Tatsache, daß die Stromdichte begrenzt ist, läßt sie bei Verringerung der Abmessungen steigen und geht von einer konstanten Temperatur aus, so ergibt sich ein günstigeres Skalierungsgesetz [17]. Auch im Elektromaschinenbau erweist sich die Ausnutzungszahl als abhängig von den Abmessungen. Durch Vergleich verschiedener Motoren über einen weiten Leistungsbereich zeigt sich, daß die Leistung ungefähr mit der vierten Potenz der Abmessungen anwächst, wobei der Wirkungsgrad für Kleinmaschinen deutlich abnimmt [16]. Die Abweichung von der hier gefundenen Beziehung erklärt sich aus der Tatsache, daß für Kleinmaschinen eine Änderung des Designs erfolgt, wobei man versucht, durch eine niedrigere Ausnutzung, einer Vergrößerung der Wickelfläche (eventuell sogar gänzlichen Verzicht auf weichmagnetische Stoffe), die Erhöhung der Stromdichte und eine höhere Schaltfrequenz bzw. Drehzahl, eine günstige Auslegung zu finden. Kleinstmaschinen verwenden zudem fast ausschließlich Permanentmagnete zur Erzeugung des Magnetfelds. Jedoch ist bei magnetischen Kleinstmotoren der Wirkungsgrad bereits extrem gering (Prozentbereich). In der Mikrosystemtechnik wurden vielfältige Realisierungen elektromagnetischer Aktoren vorgestellt, sie wurden jedoch nicht unter energietechnischen Aspekten ausgelegt und weisen stets einen sehr geringen Wirkungsgrad $\eta < 1\%$ auf.

12.3 Elektrostatische Mikromotoren

Die Attraktivität des magnetischen Felds als Wirkungsprinzip resultiert aus der im makroskopischen hohen erreichbaren Energiedichte. Für das elektrische Feld ist die Durchbruchfeldstärke die begrenzende Größe. Bei Normaldruck in Luft ($1\,\text{atm} = 1{,}013 \cdot 10^5\,\text{Pa}$) beträgt die Durchbruchfeldstärke ca. $10^4\,\text{V/mm}$. Die erreichbare Energiedichte w_e ist demnach:

$$w_e = \frac{1}{2}ED = \frac{1}{2}\left(10^7\,\frac{\text{V}}{\text{m}}\right)^2 \cdot 8{,}854 \cdot 10^{-12}\,\frac{\text{A s}}{\text{V m}} \approx 4{,}5 \cdot 10^2\,\frac{\text{Ws}}{\text{m}^3} \tag{12.27}$$

Diese Energiedichte ist nahezu vier Zehnerpotenzen kleiner als die des magnetischen Felds. Dies gilt nach dem Paschen-Gesetz jedoch nur für Wegstrecken größer als 100 µm. Bei weiterer Verkleinerung steigt die Durchbruchspannung an und erreicht bei 1µm Abstand ca. $10^3\,\text{V}$, was einer elektrischen Feldstärke von $10^6\,\text{V/mm}$ entspricht. Nach dem Paschen-Gesetz ist die Durchbruchspannung vom Produkt aus Elektrodenabstand und Gasdruck abhängig. Bei kleineren Drükken, im Vakuum oder in anderen Gasen (z. B. SF_6) werden zum Teil wesentlich höhere Durchbruchspannungen erreicht. Bei solch kleinen Abmessungen lassen sich dann Energiedichten erreichen, die mit der des magnetischen Felds vergleichbar sind $w_m \approx 1 \cdot 10^6\,\text{Ws/m}^3$.

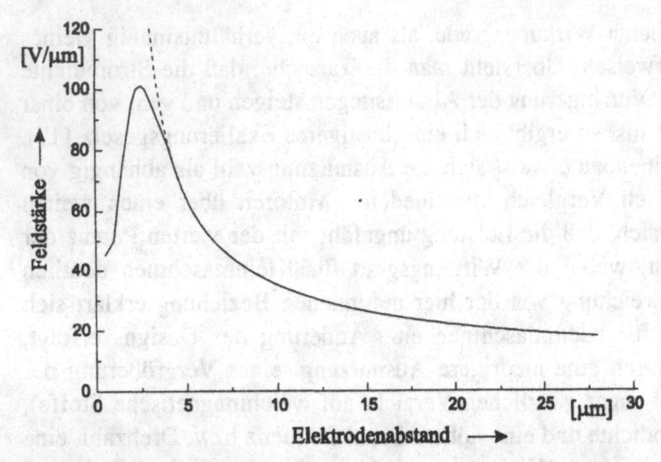

Abb. 12.3. Abhängigkeit der Durchbruchfeldstärke vom Elektrodenabstand für Luft unter Normaldruck. Die unterbrochene Kurve gibt den Verlauf nach dem Paschen-Gesetz an, die durchgezogene Kurve den in [19] gefundenen Zusammenhang.

$$w_e \approx 4{,}5 \cdot 10^6 \frac{\mathrm{Ws}}{\mathrm{m}^3} \qquad \text{für} \qquad E = 1000\,\mathrm{V/\mu m} \tag{12.28}$$

Nach experimentellen Untersuchungen weicht der Verlauf unterhalb einer Spaltbreite von ca. 4 µm vom Paschen-Gesetz ab, die Durchbruchfeldstärke wird unabhängig vom Druck und sinkt, wie in Abb. 12.3 dargestellt, für kleine Abmessungen wieder. Wesentlich für die Abweichungen vom Paschen-Gesetz bei kleinen Abständen scheint die Oberflächenrauhigkeit zu sein [19]. Die relativ hohe Energiedichte des elektrostatischen Felds für kleine Abmessungen macht diese Energieform attraktiv für die Mikroaktoren. Hinzu kommt, daß die konstruktiven Anforderungen relativ einfach zu realisieren sind, so daß sich leicht Auslegungen finden lassen, die mit den Technologien der Mikrosystemtechnik umgesetzt werden können.

Da die erreichbare elektrische Feldstärke durch die verfügbare Spannungsquelle beschränkt ist, wird bei der Realisierung oft mit einer deutlich niedrigeren Energiedichte gearbeitet. Ist beispielsweise die Spannung auf 100 V begrenzt, so ergibt sich bei einem Luftspalt von $\delta = 5\mu\mathrm{m}$ eine Energiedichte von:

$$w_e = \frac{1}{2} ED \approx 18 \cdot 10^2 \frac{\mathrm{Ws}}{\mathrm{m}^3} \tag{12.29}$$

Der Grundlage der meisten elektrostatischen Aktoren bildet das Reluktanzprinzip. Hierbei nutzt man die positionsabhängige Änderung des Energieinhalts von Kondensatoranordnungen. Für Kondensatorplatten im Abstand y, der Breite w, Tiefe ℓ und mit dem Versatz x ergibt sich unter Vernachlässigung der Streufelder:

$$W_e = \frac{1}{2} CU^2 \qquad C \approx \varepsilon \frac{(w - x)\ell}{y} \tag{12.30}$$

$$F_x = \frac{dW_e}{dx} = \frac{d}{dx}\left(\frac{1}{2}CU^2\right) = \frac{1}{2}U^2\left(-\varepsilon\frac{\ell}{y}\right) \qquad (12.31)$$

$$F_y = \frac{dW_e}{dy} = \frac{1}{2}U^2\,\varepsilon\frac{(w-x)\ell}{y^2} = -\frac{1}{2}U^2\,\varepsilon\frac{(w-x)\ell}{y^2} \qquad (12.32)$$

In der Regel ist die Normalkraft größer als die Tangentialkraft $F_y > F_x$, da die Plattenbreite größer ist als der Abstand und auch nur in diesem Fall die Vernachlässigung der Streufelder zulässig ist. Die Normalkraft kann nicht oder nur schlecht zur Erzeugung einer kontinuierlichen Bewegung verwendet werden, da bedingt durch den Elektrodenabstand der Stellweg sehr begrenzt ist. Auch ist die Kraft nichtlinear vom Ort abhängig, was für viele Anwendungen unerwünscht ist. Daher wird diese Bewegungsform nur für kleinste Steilwege, z. B. zur Lagekorrektur von (Beschleunigungs-) Sensoren, verwendet. In der Oberflächenmikromechanik werden Strukturen wie in Abb. 12.4 eingesetzt, die aus parallel geschalteten Kapazitäten bestehen. Die Elektroden können aus Polysilizium oder galvanisch hergestellt werden, wobei die bewegliche Elektrode durch eine Opferschichttechnik freigelegt wird. Für eine hohe Kapazität sind möglichst große Schichtdicken erforderlich. Die Streufelder können zumeist nicht vernachlässigt werden.

Bei elektrostatischen Feldern wirkt die Kraft zwischen den Elektroden – unabhängig von der Polung der Spannungsquelle – immer anziehend. Daher sind für eine alternierende Bewegung wenigstens zwei, für kontinuierliche Bewegungen zumindest drei Spannungsquellen (Phasen) notwendig.

Elektrostatische Motoren führen eine Rotation um eine feste Achse aus. Am weitesten verbreitet ist, aufgrund des einfachen Aufbaus und der geringen Materialanforderungen, das Reluktanzprinzip. Jedoch lassen sich mit Hilfe des elektrischen Felds auch Asynchronmotoren oder Elektretmotoren realisieren [11]. Bei den Reluktanzmotoren bestehen Stator und Rotor zumeist aus gut leitfähigen Materialien, es lassen sich aber auch ausreichend große Kräfte durch Materialien mit hoher Dielektrizitätszahl erzeugen. In der Abb. 12.5 ist ein Reluktanzmotor dargestellt, im Stator befinden sich n_1 und im Rotor n_2 Pole. Der Abstand der Pole

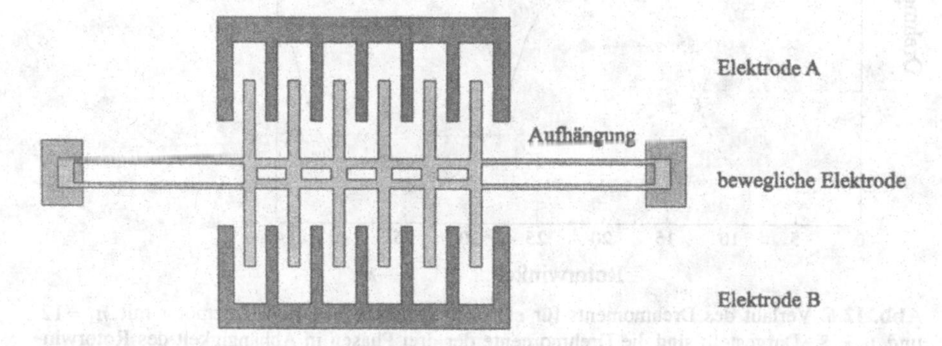

Abb. 12.4. Kammartiger Aktor in Oberflächenmikromechanik.

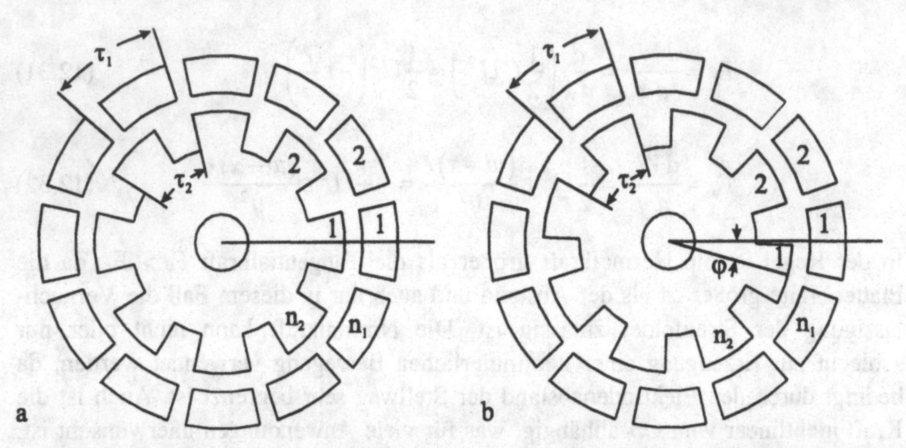

Abb. 12.5. Reluktanzmotor mit $n_1 = 12$ Stator- und $n_2 = 8$ Rotorpolen. (a) Ruhelage bei Spannung an Pol 1, (b) Ruhelage bei Spannung an Pol 2 mit den Rotorwinkel $\varphi = -\tau_s$.

wird als Polteilung τ bezeichnet. Für Motoren gilt dann:

$$\tau_1 = \frac{2\pi}{n_1} \qquad \tau_2 = \frac{2\pi}{n_2} \tag{12.33}$$

Legt man an den Pol 1 eine Spannung an, so ergibt sich für den Drehwinkelbereich von $\varphi = 0$ bis $\varphi = \tau_2/2$ ein positives und für $\varphi = \tau_2/2$ bis $\varphi = \tau_2$ ein negatives Drehmoment. Als Beispiel ist der simulierte Drehmomentenverlauf für den Motor aus Abb. 12.5 ist in der Abb. 12.6 dargestellt.

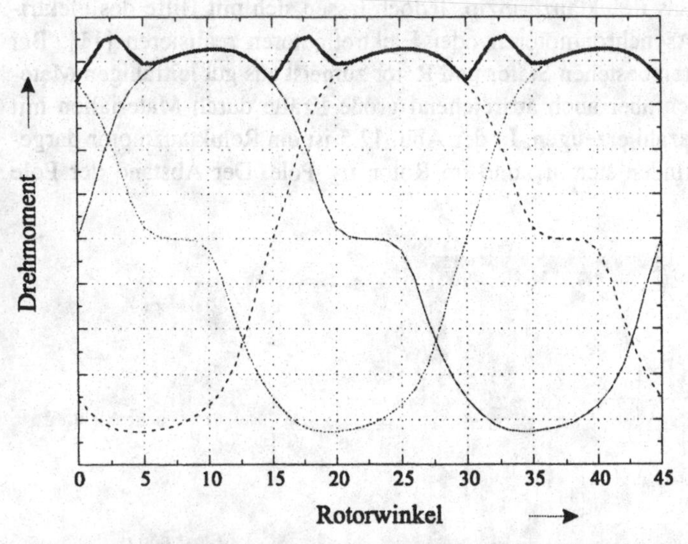

Abb. 12.6. Verlauf des Drehmoments für einen elektrostatischen Reluktanzmotor mit $n_1 = 12$ und $n_2 = 8$. Dargestellt sind die Drehmomente der drei Phasen in Abhängigkeit des Rotorwinkels und das aus den positiven Anteilen resultierende Drehmoment.

Schaltet man die Spannung um einen Statorpol weiter, so ändert sich die Rotorposition um den kleinsten möglichen Winkel so, daß wieder eine stabile Lage erreicht wird. Dieser Winkel wird Schrittwinkel τ_s genannt. Der Rotor kann, abhängig von der Anzahl seiner Pole, mit der Richtung des Felds oder in Gegenrichtung umlaufen. Der Schrittwinkel ergibt sich indem man den Stator um einen Pol weiterschaltet und dann den Rotorpol sucht, der am nächsten zum erregten Statorpol steht.

$$\tau_s = \min_i\{|\tau_1 - i\,\tau_2|\} \qquad i \in [0, n_2 - 1] \tag{12.34}$$

$$= 2\pi \min_i\left\{\left|\frac{1}{n_1} - \frac{i}{n_2}\right|\right\} = \frac{2\pi}{n_1 n_2} \min_i\{|n_2 - i n_1|\} \tag{12.35}$$

Schaltet man jeweils $j \in [1, q-1]$ Statorpole weiter, so ergibt sich in gleicher Weise ein Schrittwinkel von (q = Anzahl der Phasen):

$$\tau_s = \min_i\{|j\,\tau_1 - i\,\tau_1|\} \qquad i \in [0, n_2 - 1] \tag{12.36}$$

$$= 2\pi \min_i\left\{\left|\frac{j}{n_1} - \frac{i}{n_2}\right|\right\} = \frac{2\pi}{n_1 n_2} \min_i\{j n_2 - i n_1\} \tag{12.37}$$

Bei Maschinen mit wenigstens $q = 5$ Phasen kann die Schaltreihenfolge auch so gewählt werden, daß mehrfache des Schrittwinkels möglich sind. Bei gleicher Schaltfrequenz sind dann je nach Schaltreihenfolge unterschiedliche Drehzahlen möglich. Werden die Pole mit rechteckförmigen Spannungen der Frequenz f betrieben, die wie in Abb. 12.7 für die einzelnen Pole zeitlich um die Phasenwinkel $2\pi / q$ versetzt sind, so ergibt sich eine Drehzahl n von:

$$n = \left(\frac{2\pi}{q\,\tau_s}\right)^{-1} f \tag{12.38}$$

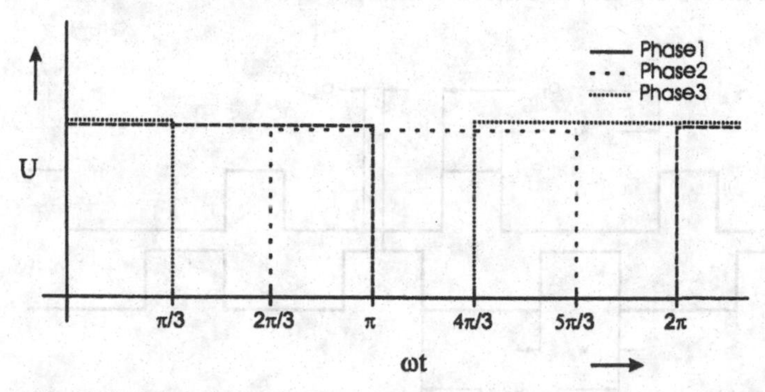

Abb. 12.7. Schaltfolge der Phasen. Jede der Phasen bleibt für den Zeitraum von 180° aktiv, in dem das Drehmoment ein positives Vorzeichen aufweist.

Beispiele:

Für einen Motor mit $n_1 = 12$ Statorpolen (Statorpolteilung $\tau_1 = 30°$) und $q = 3$ Phasen ergeben, sich bei Änderung der Anzahl der Rotorpole, die in der nachfolgenden Tabelle angegebenen Werte für die Rotorpolteilung und den Schrittwinkel. Für $n_2 = 6$ und $n_2 = 18$ ergibt sich eine instabile Gleichgewichtslage, so daß die Drehrichtung nicht eindeutig festgelegt ist.

n_2	4	6	8	11	13	16	18	20
τ_2	90°	45°	36°	32,7°	27,7°	22,5°	20	18°
τ_s	30°	± 30°	-15°	-2,7°	2,3°	7,5°	± 10°	-6°

Für die Auslegung von Reluktanzmotoren ergibt sich die Frage, wie die Form der Pole zu wählen ist, damit eine optimale Funktion erreicht wird. Wir gehen dazu von dem einfachen Kapazitätsmodell aus. Das Drehmoment ergibt sich aus der Kapazitätsänderung während eines Schrittes zu:

$$M = \frac{\Delta W}{\Delta \varphi} = \frac{\Delta C}{\tau_s} \frac{1}{2} U^2 \tag{12.39}$$

Zunächst erkennt man, daß sich ein hohes Drehmoment ergibt, wenn der Schrittwinkel klein ist. Besonders kleine Schrittwinkel und daher hohe Drehmomente erhält man mit $n_2 = n_1 \pm 1$. Für eine hohe Kapazitätsänderungen ist zu fordern, daß der Luftspalt möglichst klein ist und die Radien von Pol und Pollücke möglichst hohe Unterschiede aufweisen sollen. Diese Forderung läßt sich nur bis zu einer aus technologischen, eventuell auch durch die Materialfestigkeit bedingten, Grenzen erfüllen.

Zur Vereinfachung wird die nun folgende Betrachtung an dem in der Abb. 12.8 dargestellten Linearmotor durchgeführt, sie läßt sich auch auf den zuvor betrachteten Motor übertragen. Die Polbreiten w_1, w_2 und die Polabstände p_1, p_2 bzw. die Schrittweite $p_s = |p_1 - p_2|$ sind so zu wählen, daß ein möglichst gleichmäßiger Kraftverlauf erreicht wird.

Wir untersuchen hierzu die drei in der Abb. 12.9 unterschiedenen Fälle. Im er-

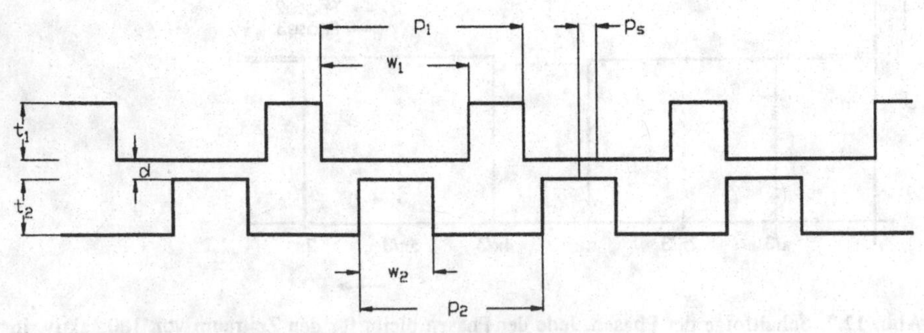

Abb. 12.8. Abmessungen des elektrostatischen Linearmotors.

sten Fall überlappen sich die Pole von Stator und Rotor vollständig, wenn – nachdem die Ruhelage in der Position erreicht wurde – um einen Pol weitergeschaltet wird. Die Kraftwirkung ist daher sehr gering. Für diesen Fall ist die geometrische Bedingung:

$$p_1 - \frac{w_1}{2} < p_2 - \frac{w_2}{2} \qquad \text{oder} \qquad \frac{w_1 - w_2}{2} > p_s \tag{12.40}$$

Im zweiten Fall überlappen sich Rotor- und Statorpole teilweise, so daß die Kapazitätsänderung zu $dC/dx = \varepsilon\, \ell / d$ wird und damit die Kraftwirkung maximal ist.

Im dritten Fall hat man keine Überlappung zwischen den Polen, so daß auch hier nur relativ geringe Kräfte auftreten, in diesem Fall gilt:

$$p_1 - \frac{w_1}{2} > p_2 + \frac{w_2}{2} \qquad \text{oder} \qquad \frac{w_1 + w_2}{2} < p_s \tag{12.41}$$

Für eine gute Auslegung sollten die Abmessungen, d. h. die Polbreite entsprechend dem zweiten Fall gewählt werden. Dann ist zu fordern:

$$|w_1 - w_2| < |2p_s| < w_1 + w_2 \tag{12.42}$$

Verwendet man statt der Polbreiten für Motoren die Polbedeckungsfaktoren α,

$$\alpha_1 = \frac{w_1}{p_1}, \qquad \alpha_2 = \frac{w_2}{p_2} \tag{12.43}$$

so ergibt sich die Forderung:

$$|\alpha_1 p_1 - \alpha_2 p_2| < |2p_s| < \alpha_1 p_1 + \alpha_2 p_2 \tag{12.44}$$

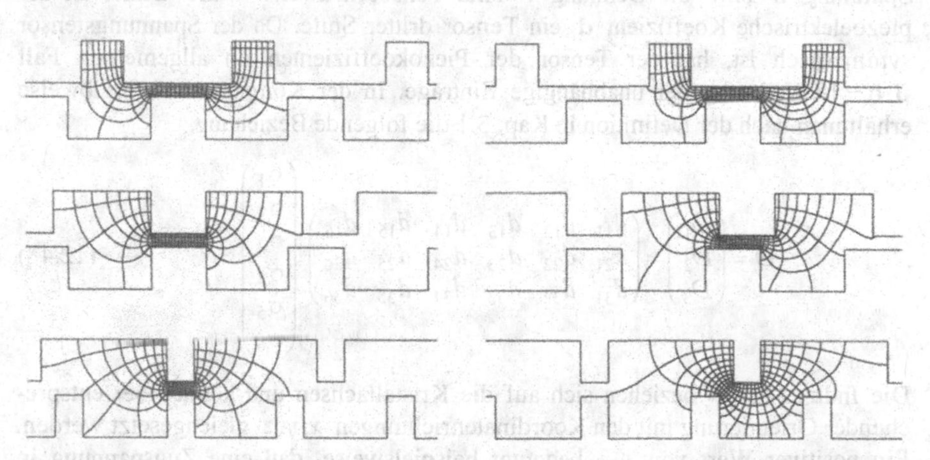

Abb. 12.9. Feldverteilung im Luftspalt des Reluktanzmotors. Linke Spalte in der Ruhelage, keine Kraftwirkung und rechte Spalte nach Weiterschalten auf die nächste Phase. Von oben nach unten überlappen sich in der rechten Abbildung die Rotor- und Statorpole vollständig, teilweise oder gar nicht.

Ersetzen wir noch die Polabstände durch die Polteilung τ und den Radius R,

$$p_1 = \frac{\tau_1}{2\pi} R = \frac{R}{n_1}, \qquad p_2 = \frac{\tau_2}{2\pi} R = \frac{R}{n_2}, \qquad p_s = \frac{\tau_s}{2\pi} R \tag{12.45}$$

so ergibt sich nach wenigen Umformungen der Ausdruck:

$$|\alpha_1 n_2 - \alpha_2 n_1| < 2 \min_i \{|n_2 - i n_1|\} < \alpha_1 n_2 + \alpha_2 n_1 \tag{12.46}$$

Diese Beziehung liefert eine leicht zu prüfende Bedingung für die Polbedeckungsfaktoren in Abhängigkeit der Polzahlen. Der Zusammenhang gibt nur notwendige Bedingungen für eine teilweise Überlappung zwischen Rotor- und Statorpolen, ob eine Auslegung alle Anforderungen erfüllt, muß immer im Einzelfall geprüft werden. Für $n_2 = n_1 \pm 1$ lassen sich die Bedingungen leicht erfüllen.

12.4 Piezoelektrische Aktoren

Piezoelektrische Materialien werden charakterisiert durch das Auftreten einer Polarisationsladung, wenn diese Materialien unter mechanischer Spannung stehen. Umgekehrt zeigen piezoelektrische Materialien eine Längenänderung, wenn sie in ein elektrisches Feld gebracht werden. Die elektrische Polarisation $\mathbf{P} = \mathbf{D} - \varepsilon_0 \mathbf{E}$, die der Oberflächenladung entspricht, nimmt in erster Näherung linear mit der mechanischen Spannung $\boldsymbol{\sigma}$ zu.

$$\mathbf{D} = \mathbf{P} + \varepsilon_0 \mathbf{E} = \mathbf{d}\, \boldsymbol{\sigma} \tag{12.47}$$

Die elektrische Flußdichte $\mathbf{D}$ bzw. Feldstärke $\mathbf{E}$ sind Vektoren, die mechanische Spannung $\boldsymbol{\sigma}$ bzw. die Dehnung $\boldsymbol{\varepsilon}$ sind Tensoren zweiter Stufe. Daher ist der piezoelektrische Koeffizient $\mathbf{d}$ ein Tensor dritter Stufe. Da der Spannungstensor symmetrisch ist, hat der Tensor der Piezokoeffizienten im allgemeinen Fall $3 \cdot 6 = 18$ von einander unabhängige Einträge. In der Komponentenschreibweise erhält man nach der Definition in Kap. 3.1 die folgende Beziehung.

$$\mathbf{D} = \begin{pmatrix} D_1 \\ D_2 \\ D_3 \end{pmatrix} = \begin{pmatrix} d_{11} & d_{12} & d_{13} & d_{14} & d_{15} & d_{16} \\ d_{21} & d_{22} & d_{23} & d_{24} & d_{25} & d_{26} \\ d_{31} & d_{32} & d_{33} & d_{34} & d_{35} & d_{36} \end{pmatrix} \begin{pmatrix} \sigma_1 \\ \sigma_2 \\ \sigma_3 \\ \sigma_4 \\ \sigma_5 \\ \sigma_6 \end{pmatrix} \tag{12.48}$$

Die Indizes $1,2,3$ beziehen sich auf die Kristallachsen und können bei entsprechender Orientierung mit den Koordinatenrichtungen x, y, z gleichgesetzt werden. Ein positiver Wert von d_{33} bedeutet beispielsweise, daß eine Zugspannung in z-Richtung zu einer positiven Ladung auf der in z-Richtung liegenden Oberfläche führt. Der umgekehrte oder reziproke Piezoeffekt liefert den Zusammenhang zwischen der elektrischen Feldstärke $\mathbf{E}$ und der mechanischen Dehnung $\boldsymbol{\varepsilon}$.

$$\begin{pmatrix} \varepsilon_1 \\ \varepsilon_2 \\ \varepsilon_3 \\ \varepsilon_4 \\ \varepsilon_5 \\ \varepsilon_6 \end{pmatrix} = \begin{pmatrix} d_{11} & d_{21} & d_{31} \\ d_{12} & d_{22} & d_{32} \\ d_{13} & d_{23} & d_{33} \\ d_{14} & d_{24} & d_{34} \\ d_{15} & d_{25} & d_{35} \\ d_{16} & d_{26} & d_{36} \end{pmatrix} \begin{pmatrix} E_1 \\ E_2 \\ E_3 \end{pmatrix} \tag{12.49}$$

Die Koeffizienten d_{ij} sind identisch mit denen des primären Piezoeffektes. Als Elektrostriktion bezeichnet man den Effekt zweiter Ordnung, der vom Quadrat der elektrischen Feldstärke abhängig ist und durch einen Tensor vierter Stufe beschrieben wird.

$$\begin{pmatrix} \varepsilon_1 \\ \varepsilon_2 \\ \varepsilon_3 \\ \varepsilon_4 \\ \varepsilon_5 \\ \varepsilon_6 \end{pmatrix} = \begin{pmatrix} d_{11} & d_{21} & d_{31} \\ d_{12} & d_{22} & d_{32} \\ d_{13} & d_{23} & d_{33} \\ d_{14} & d_{24} & d_{34} \\ d_{15} & d_{25} & d_{35} \\ d_{16} & d_{26} & d_{36} \end{pmatrix} \begin{pmatrix} E_1 \\ E_2 \\ E_3 \end{pmatrix} + \begin{pmatrix} \gamma_{11} & \gamma_{12} & \gamma_{13} & \gamma_{14} & \gamma_{15} & \gamma_{16} \\ \gamma_{21} & \gamma_{22} & \gamma_{23} & \gamma_{24} & \gamma_{25} & \gamma_{26} \\ \gamma_{31} & \gamma_{32} & \gamma_{33} & \gamma_{34} & \gamma_{35} & \gamma_{36} \\ \gamma_{41} & \gamma_{42} & \gamma_{43} & \gamma_{44} & \gamma_{45} & \gamma_{46} \\ \gamma_{51} & \gamma_{52} & \gamma_{53} & \gamma_{54} & \gamma_{55} & \gamma_{56} \\ \gamma_{61} & \gamma_{62} & \gamma_{63} & \gamma_{64} & \gamma_{65} & \gamma_{66} \end{pmatrix} \begin{pmatrix} E_1^2 \\ E_2^2 \\ E_3^2 \\ E_2 E_3 \\ E_3 E_1 \\ E_1 E_2 \end{pmatrix} \tag{12.50}$$

Beim piezoelektrischen Effekt bewirkt eine Umkehr des elektrischen Felds den Übergang von Dehnung auf Kompression, der elektrostriktive Effekt ist mit dem Quadrat der Feldstärke verknüpft und daher nicht von der Polung abhängig. In Abhängigkeit der Kristallstruktur sind einige der piezoelektrischen Koeffizienten Null oder mit anderen gleichzusetzen. Die Besetzungsstruktur des piezoelektrischen Materialtensors folgt aus der zugehörigen Kristallklasse. Kristalliner Quarz gehört zur trigonalen Klasse mit $d_{11} = -d_{12}$; $d_{14} = -d_{25}$; $d_{26} = -2d_{11}$, die weiteren Koeffizienten verschwinden. Zinkoxid und Aluminiumnitrid gehören zur hexagonalen Klasse, für die nur die Koeffizienten $d_{31} = d_{32}$; d_{33} und $d_{24} = d_{15}$ von Null verschieden sind. Kristalle mit einem Symmetriezentrum und isotrope Materialien weisen keinen piezoelektrischen Effekt, jedoch Elektrostriktion auf, denn Elektrostriktion tritt in allen, auch isotropen Materialien auf.

Viele der piezoelektrischen Materialien sind Ferroelektrika oder pyroelektrisch, d. h. sie weisen eine hohe Dielektrizitätskonstante auf, besitzen wie die ferromagnetischen Materialien eine Hysterese oder zeigen bei Temperaturwechsel eine Polarisationsfeldstärke. Alle Ferroelektrika sind piezoelektrisch und pyroelektrisch, aber nicht alle piezoelektrischen Materialien sind auch ferroelektrisch (z. B. SiO_2, ZnO), ebenso sind pyroelektrische Materialien nicht notwendig auch ferroelektrisch (z. B. Turmalin). Besonders hohe piezoelektrische Koeffizienten weisen die ferroelektrischen Keramiken mit Perovskit Struktur ABO_3 auf. A und B sind ein zwei- bzw. ein vierwertiges Element, Beispiele sind $BaTiO_3$,

$PbTiO_3$, $PbZrO_3$. Für diese Materialien kann bei geringer Feldstärke bis ca. $E < 10^4$ V / m der Einfluß der Elektrostriktion vernachlässigt werden.

Charakteristikum der Ferroelektrika ist, daß sie oberhalb der Curie-Temperatur ihre Eigenschaften ändern. Die meisten Kristalle können in mehreren kristallinen Phasen bestehen, die in unterschiedlichen Temperatur- und Druckbereichen stabil sind. Der Übergang zwischen den Phasen wird von abrupten Änderungen der physikalischen Eigenschaften (Volumen, Entropie) begleitet. Beim Übergang werden Atome umgelagert, so daß der Kristall von einer Kristallklasse in eine andere übergeht. Beim Erwärmen und beim Abkühlen tritt der Übergang bei unterschiedlichen Temperaturen auf (Temperaturhysterese). Der Phasenübergang erste Art zeichnet sich durch starke und abrupte Änderungen im Kristallgefüge aus. Beim Übergang zweiter Art sind die Änderungen weniger stark, und der Übergang ist kontinuierlich. Phasenübergänge zweiter Art besitzen keine Temperaturhysterese. Phasenübergänge werden oft begleitet vom Auftreten neuer physikalischer Eigenschaften (Ferroelektrizität, Ferromagnetismus, Supraleitung, ...). Für $BaTiO_3$ beträgt die Curie-Temperatur 120°C. Oberhalb dieser Temperatur gehört $BaTiO_3$ zur kubischen Kristallklasse und verliert damit seine ferroelektrischen und piezoelektrischen Eigenschaften, unterhalb der Curie-Temperatur ist der Kristall tetragonal, bei 0°C und -70°C treten weitere Phasenübergänge auf, mit den Kristallklassen orthorhombisch und trigonal. Die mit dem Phasenübergang verbundene Änderung der Kristallsymmetrie bewirkt das Auftreten neuere Koeffizienten in den Materialtensoren.

Die Materialien mit nutzbarer Längenänderung umfassen Mineralien, monokristalline Stoffe und Polymere. In der Regel ist der Piezoeffekt bei monokristallinen Stoffen am stärksten ausgeprägt.

Die piezoelektrischen Koeffizienten bewegen sich für die in der Mikrosystemtechnik nutzbaren Materialien im Bereich $1 - 100 \cdot 10^{-12}$ m / V. Bei einer maximalen Feldstärke von $E = 10^7$ V / m führt dies zu einer Längenänderung von $\varepsilon = \Delta\ell / \ell = 10^{-3} - 10^{-5}$. Hieraus ergibt sich, daß die erreichbaren Stellwege klein

Tabelle 12.3. Eigenschaften einiger piezoelektrischer Materialien. Relative Dielektrizitätszahl ε_r, Curie-Temperatur T_C und Koppelfaktor k_p [13, 14].

Material / chem. Zeichen	Piezokoeffizienten $\left[10^{-12}\,\frac{\text{m}}{\text{V}}\right]$	ε_r	T_C [°C]	k_p
Quarz SiO_2	$d_{11} = 2{,}3$ $d_{14} = -0{,}67$	4,5	570	0,1
Zinkoxid ZnO	$d_{33} = 12{,}3$ $d_{31} = -5{,}1$ $d_{15} = -8{,}3$	8,2	-	0,23
Aluminiumnitrid AlN	$d_{33} = 5$ $d_{31} = -2$ $d_{15} = 4$	11,4	-	0,17
PZT-5A $Pb(Ti_x Zr_{1-x})O_3$	$d_{33} = 374$ $d_{31} = -171$ $d_{15} = 584$	1700	365	0,6
PZT-4 $Pb(Ti_x Zr_{1-x})O_3$	$d_{33} = 289$ $d_{31} = -123$ $d_{15} = 496$	1300	328	0,6
Polyvinylidenflourid PVDF	$d_{33} = -27$ $d_{31} = 20$ $d_{32} = 0{,}9$	12	80	0,2

sind. Jedoch können die Stellwege durch die Spannung hochgenau eingestellt werden. Man stößt hierbei nicht an die Grenze, die bei den meisten anderen Aktorprinzipien durch die atomare Struktur gegeben ist. Beim Rastertunnel- oder Rasterkraftmikroskop nutzt man diese Eigenschaft, um Wege unterhalb eines Atomdurchmessers ($< 10^{-10}$ m) bis ca. 10^{-12} m aufzulösen.

Der Koppelfaktor k_p gibt den Anteil der maximal umgewandelten Energie an. Er gilt sowohl für den direkten als auch für den reziproken piezoelektrischen Effekt.

$$k_p^2 = \frac{\text{umgewandelte Energie}}{\text{gespeicherte Energie}} \tag{12.51}$$

Für eine wirksame Energiewandlung ist natürlich ein hoher Koppelfaktor anzustreben. Der Koppelfaktor ist aber nicht mit dem Wirkungsgrad gleichzusetzen. Da es prinzipiell möglich ist, die gespeicherte Energie wieder zurückzugewinnen, kann der Wirkungsgrad deutlich höher sein.

Mit Piezoaktoren lassen sich hohe Kräfte erreichen, so daß sich mit einer geeigneten Übersetzung auch größere Stellwege realisieren lassen. Häufig werden Piezowandler in Resonanz betrieben, um Schallwellen anzuregen. Hierbei lassen sich hohe Frequenzen bis in den Gigahertzbereich erreichen (z. B. Oberflächenwellenfilter). Die Energie der Schallwellen kann als Energiewandler oder zu meßtechnischen Zwecken genutzt werden.

Als weitere wichtige Anwendung ist die Mikrodosierung zu nennen. Dabei wird eine mit Flüssigkeit gefüllte Kapillare kurzzeitig einem Druckstoß ausgesetzt, wodurch die Kapillarkräfte, mit denen die Flüssigkeit an der Dosierspitze haftet, überwunden werden. Die Größe der Tröpfchen ist abhängig vom Durchmesser der Düse, das Flüssigkeitsvolumen liegt typischerweise bei einigen Pikolitern. Mit diesem Prinzip lassen sich hohe Wiederholungsraten (über 1 kHz) erreichen, was beispielsweise bei Tintendruckköpfen genutzt wird.

12.5 Thermisch-mechanische Aktoren

Thermisch-mechanische Aktoren nutzen die Längen- oder Volumenausdehnung sowie die Formänderung durch den Bimetalleffekt, die bei einem Temperaturwechsel auftreten [9]. Die Attraktivität dieses Aktortyps stützt sich zum einen auf seine einfache Gestaltung. Als Funktionselemente sind lediglich ein Widerstandsheizer und ein Schichtverbund für die Nutzung des Bimetalleffektes erforderlich. Zum anderen werden thermische Aktoren aufgrund des günstigen Skalierungsgesetzes im Mikrobereich attraktiv, da entsprechend der Fourier-Zahl, die Arbeitsgeschwindigkeit bei kleiner werdenden Abmessungen quadratisch zunimmt. Es sind nahezu beliebige Materialien als aktive Elemente einsetzbar, neben unterschiedlichen Ausdehnungskoeffizienten ist lediglich eine genügende Festigkeit zu fordern. Zum Aufbringen der Heizleistung wird in der Regel ein meanderförmiger Widerstand verwendet, der beispielsweise in Dünnfilmtechnologie realisiert werden kann. Im allgemeinen lassen sich genügend große Kraftdichten erreichen, jedoch ist die Arbeitsfähigkeit aufgrund des niedrigen Wirkungsgrads oft nicht befriedigend.

Zur Untersuchung des thermisch und mechanisch transienten Verhaltens betrachten wir zunächst die vereinfachte Anordnung aus Abb. 12.10. Über einen Heizwiderstand wird die Heizleistung P_{el} zugeführte. Für die abgeführte thermische Leistung P_v ergibt sich nach dem Fourierschen Gesetz mit dem thermischen Widerstand R_ϑ und für die Umgebungstemperatur $T_0 = T - \Delta T$:

$$P_v = \frac{\Delta T}{R_\vartheta} \tag{12.52}$$

Nimmt man an, daß sich das gesamte Volumen V des Aktors auf einer konstanten Temperatur befindet, so gilt für die im Volumen gespeicherte Wärmemenge Q :

$$Q = \rho c_p V \Delta T \tag{12.53}$$

Mit der Abkürzung $C_\vartheta = \rho c_p V$ für die Wärmekapazität ergibt die Energiebilanz:

$$P_{el} - P_v = P_{el} - \frac{\Delta T}{R_\vartheta} = \frac{d}{dt}(Q + W_{mech}) = \frac{d}{dt}(C_\vartheta \Delta T + W_{mech}) \tag{12.54}$$

Um die Lösung der Differentialgleichung zu vereinfachen, vernachlässigen wir die in der Feder gespeicherte Energie W_{mech}. Dies ist dann gerechtfertigt, wenn das Verhältnis der mechanischen zur thermischen Energie klein ist. Wir werden im folgenden sehen, daß dieses Verhältnis, das den Wirkungsgrad bestimmt für typische Anwendungen klein ist und damit die Annahme zutrifft. Der sich ergebende Zusammenhang entspricht dem in Abb. 12.11 dargestellten elektrischen Ersatzschaltbild. Die Lösung der Differentialgleichung (12.54) erhält man nun durch Integration:

$$\Delta T(t) = P_{el} R_\vartheta \left(1 - e^{-t/\tau}\right) \qquad \text{mit} \qquad \tau = C_\vartheta R_\vartheta \tag{12.55}$$

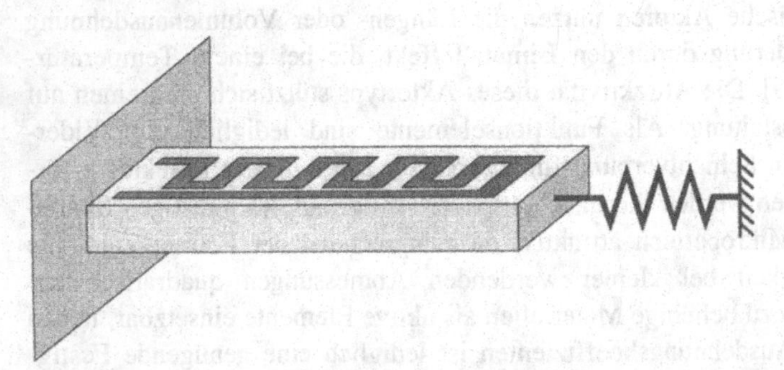

Abb. 12.10. Balken mit Heizerstruktur als Modelle für einen thermisch-mechanischen Aktor. Durch thermische Ausdehnung wird in der Feder eine mechanische Arbeit verrichtet.

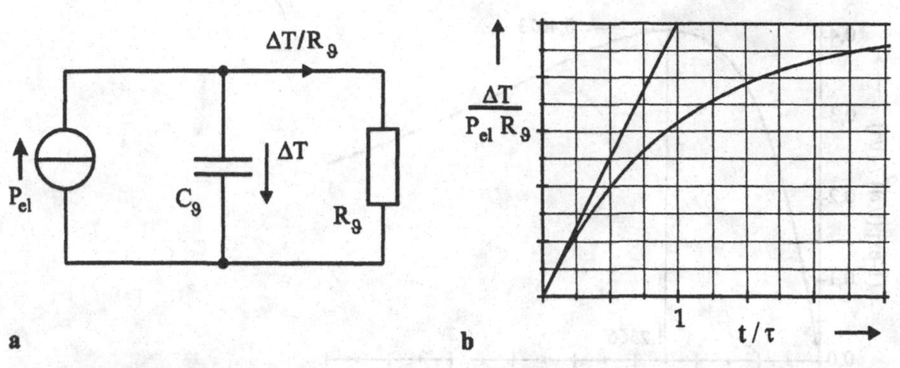

Abb. 12.11. Transientes Verhalten eines thermisch-mechanischen Aktors. (a) Elektrisches Ersatzschaltbild und (b) transienter Temperaturverlauf.

Die Geschwindigkeit, mit welcher der Vorgang abläuft, ist abhängig von der Zeitkonstante $\tau = C_\vartheta R_\vartheta$. Die erreichbare Endtemperatur ist der elektrischen Heizleistung und dem thermischen Widerstand proportional. Die Annahme einer konstanten Temperatur im Volumen setzt voraus, daß die thermischen Ausgleichsvorgänge innerhalb des Volumens im Vergleich zur Zeitkonstanten τ schnell ablaufen (Wärmediffusion).

Die thermische Längenausdehnung führt zu einer Streckung $\varepsilon = \alpha \Delta T$ des Materials, dem die Feder entgegenwirkt. Die Feder bewirkt nach dem Hookschen Gesetz eine Stauchung $\varepsilon = \sigma / E$. Die Superposition beider Anteile ergibt:

$$\varepsilon = \frac{\Delta \ell}{\ell} = \alpha \Delta T - \frac{\sigma}{E} = \alpha \Delta T - \frac{1}{E}\frac{F}{A} = \alpha \Delta T - \frac{c \Delta \ell}{E A} \tag{12.56}$$

Hierbei sind c die Federkonstante, F die Kraft, A die Querschnittsfläche und α der thermische Längenausdehnungskoeffizient. Die Längenänderung ergibt sich damit zu:

$$\Delta \ell = \frac{\alpha \Delta T \ell}{1 + \frac{c \ell}{E A}} = \frac{E A \alpha \ell}{E A + c \ell} \, P_{el} R_\vartheta \left(1 - e^{-t/\tau}\right) \tag{12.57}$$

Die mechanische Arbeit entspricht der in der Feder gespeicherten Energie:

$$W_{mech} = \frac{c}{2} \Delta \ell^2 \tag{12.58}$$

Die dazu aufgebrachte elektrische Energie ist:

$$W_{el} = P_{el} \, t \tag{12.59}$$

Der Wirkungsgrad des Vorgangs ist demnach

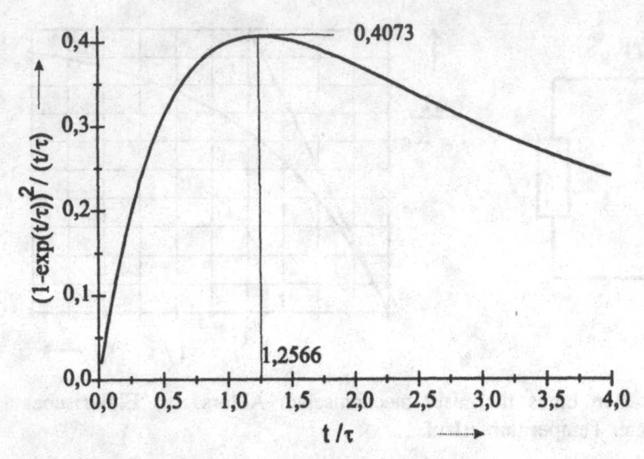

Abb. 12.12. Verlauf der Funktion $(1-e^{-t/\tau})^2/(t/\tau)$, die den Wirkungsgrad von thermischen Aktoren in Abhängigkeit der Heizdauer bestimmt.

$$\eta = \frac{W_{mech}}{W_{el}} = \frac{c}{2}\left(\frac{E\alpha V}{EA + c\ell}\right)^2 R_\vartheta^2 P_{el} \frac{(1-e^{-t/\tau})^2}{t} \tag{12.60}$$

Geht man davon aus, daß die elektrische Heizleistung fest vorgegeben ist, so ist es entsprechend des Verlaufs der Funktion $(1-e^{-t/\tau})^2/(t/\tau)$ am günstigsten, den Heizvorgang nach der Dauer $t \approx 1{,}25\tau$ zu beenden. Betrachtet man jedoch die Heizleistung als eine freie Designvariable, die nach der Gl. (12.55) aus der Temperatur und der Heizdauer zu bestimmen ist, so führt eine möglichst kurze Heizdauer zum höchsten Wirkungsgrad. Allerdings wächst die notwendige Heizleistung umgekehrt proportional zur Heizdauer. Aus praktischen Gründen wird man daher eine Heizdauer von $t = 0{,}5 - 1\cdot\tau$ wählen.

Aus der Beziehung (12.60) folgt, daß der Wirkungsgrad maximal wird, wenn man die Federkonstante c wie folgt wählt:

$$c = \frac{EA}{\ell} \tag{12.61}$$

Hierdurch wird die Längenausdehnung gegenüber dem unbelasteten Fall halbiert. Setzt man nun die Materialabhängigkeiten ein, so ergibt sich für den Wirkungsgrad der Ausdruck:

$$\eta = \frac{1}{8}\frac{E\alpha^2}{\rho c_p}\Delta T \frac{1-e^{-t/\tau}}{t/\tau} \tag{12.62}$$

Diese Beziehung liefert explizit die Abhängigkeit von den Materialparametern. Berechnet man für typische Materialien den Wirkungsgrad der Anordnung aus Abb. 12.10, so erhält man nur unzureichende Werte im Bereich von $10^{-4} - 10^{-6}$. Der kleine Wirkungsgrad rechtfertigt die obige Vereinfachung bei der Berechnung des transienten Verhaltens.

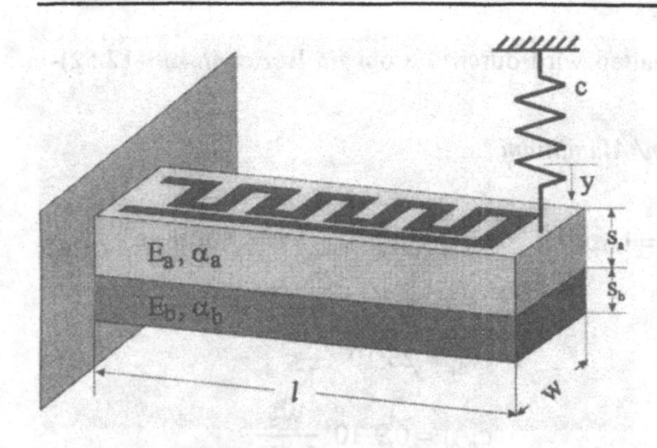

Abb. 12.13. Bimetallaktor.

Bimetallaktoren mit den Bezeichnungen nach Abb. 12.13 besitzen eine ähnliche Abhängigkeit. Sie lassen sich in gleicher Art wie ein einfacher Biegebalken berechnen, wenn man die Steifigkeit EI durch die folgende Größe ersetzt [20].

$$E\,I = \frac{w\,s_a\,s_b^3\,E_a\,E_b}{12(s_a\,E_a + s_b\,E_b)}K_1 \tag{12.63}$$

$$K_1 = 4 + 6\frac{s_a}{s_b} + 4\left(\frac{s_a}{s_b}\right)^2 + \frac{E_a}{E_b}\left(\frac{s_a}{s_b}\right)^3 + \frac{E_b}{E_a}\frac{s_b}{s_a} \tag{12.64}$$

Die durch eine Kraft bedingte Auslenkung ist:

$$y_{mech} = \frac{F}{3EI}l^3 \tag{12.65}$$

Der Bimetalleffekt ergibt eine Auslenkung [20].

$$y_{therm} = \frac{1}{2}\frac{\alpha}{s}\Delta T\,l^2 \quad \text{mit} \quad \frac{\alpha}{s} = 6\,(\alpha_b - \alpha_a)\frac{s_a + s_b}{s_b^2\,K_1} \tag{12.66}$$

Zur Berechnung der resultierenden Auslenkung y nehmen wir an, daß die beiden Anteilen superponiert werden können, was bei kleinen Auslenkungen zutrifft.

$$y = y_{therm} - y_{mech} = \frac{1}{2}\frac{\alpha}{s}\Delta T\,l^2 - \frac{F}{3EI}l^3 \tag{12.67}$$

Da der Bimetallaktor auf eine Feder arbeitet, ist die Kraft zur Auslenkung proportional $F = c\,y$. Für die Auslenkung ergibt sich damit der folgende Zusammenhang:

$$y = \frac{\frac{1}{2}\frac{\alpha}{s}\Delta T\,l^2}{1 + \frac{c}{3EI}l^3} \tag{12.68}$$

Das thermisch transiente Verhalten wird durch die obigen Beziehungen (12.52)-(12.55) beschrieben.

Beispiel: Bimetallaktor Silizium/ Aluminium

Abmessungen

$s_{Si} = 4\,\mu m \qquad s_{Al} = 1{,}8\,\mu m \qquad l = 200\,\mu m \qquad w = 40\,\mu m$

Materialdaten

$$\alpha_{Si} = 3{,}3 \cdot 10^{-6}\,\frac{1}{K} \qquad \alpha_{Al} = 23 \cdot 10^{-6}\,\frac{1}{K}$$

$$c_{p\,Si} = 0{,}71 \cdot 10^{3}\,\frac{Ws}{kg\,K} \qquad c_{p\,Al} = 0{,}9 \cdot 10^{3}\,\frac{Ws}{kg\,K}$$

$$\rho_{Si} = 2{,}33 \cdot 10^{3}\,\frac{kg}{m^3} \qquad \rho_{Al} = 2{,}70 \cdot 10^{3}\,\frac{kg}{m^3}$$

$$E_{Si} = 150 \cdot 10^{9}\,\frac{N}{m^2} \qquad E_{Al} = 70 \cdot 10^{9}\,\frac{N}{m^2}$$

$$\kappa_{Si} = 150\,\frac{W}{m\,K} \qquad \kappa_{Al} = 230\,\frac{W}{m\,K}$$

Wärmekapazität: $\quad C_\vartheta = C_{\vartheta\,Si} + C_{\vartheta\,Al} = 8{,}8 \cdot 10^{-8}\,\frac{Ws}{K}$

Die Schaltgeschwindigkeit wird zu $\tau = 10\,ms$ gewählt. Damit ergibt sich für den thermischen Widerstand:

$$R_\vartheta = \frac{\tau}{C_\vartheta} = 1{,}13 \cdot 10^{5}\,\frac{K}{W}$$

Mit Hilfe der Wärmediffusionslänge δ wird die Annahme überprüft, daß sich der Balken auf einer konstanten Temperatur befindet.

$$\delta = 2\sqrt{\frac{\lambda}{c_p\,\rho}\tau}$$

Für Silizium ergibt sich eine Wärmediffusionslänge von 1,8 mm, für Aluminium ist der Wert 1,95 mm. Die Wärmediffusionslänge ist groß gegenüber allen Abmessungen des Balkens. Die Annahme der konstanten Temperatur ist daher gerechtfertigt.

Temperaturdifferenz (gewählt): $\quad \Delta T(t = \tau) = 50\,K$

Elektrische Heizleistung $\quad \Delta T(t = \tau) = P_{el}\,R_\vartheta\left(1 - e^{-1}\right)$

$$P_{el} = 0{,}70\,mW$$

Die maximal mögliche Temperaturerhöhung bei dieser Heizleistung ist:

$$\Delta T_{\max} = R_\vartheta\,P_{el} = 79{,}1\,K$$

Für die thermische Ausdehnung des Balkens (ohne Federkraft) ergibt sich mit $K_1 = 60{,}8$ nach Gl. (12.64) und $\frac{\alpha}{s} = 3{,}48 \frac{1}{\mathrm{m\,K}}$ nach Gl. (12.66):

$$y_{therm} = \frac{1}{2}\frac{\alpha}{s}\Delta T\, l^2 = 3{,}48\,\mu\mathrm{m}$$

Um einen optimalen Wirkungsgrad zu erhalten, wird die Federkonstante c so gewählt, daß die Auslenkung durch die Gegenkraft halbiert wird.

$$y_{mech} = \frac{y_{them}}{2} = \frac{F}{3EI} l^3 = \frac{c\,y}{3EI} l^3 = 1{,}74\,\mu\mathrm{m}$$

Für diese Auslenkung ergibt sich die Federkonstante sich zu $c = 25{,}6\,\mathrm{N/m}$ und die Steifigkeit zu $E\,I = 68{,}4 \cdot 10^{-12}\,\mathrm{Nm}^2$. Die Spannungen im Material liegen unterhalb von $50 \cdot 10^6\,\mathrm{N/m}^2$ und führen daher nicht zu einer Schädigung. Für die mechanische Arbeit, die an der Last (Feder) verrichtet wird, ergibt sich.

$$W_{mech} = \frac{c}{2} y^2 = 38{,}8 \cdot 10^{-12}\,\mathrm{Ws}$$

Die dazu aufgebrachte elektrische Energie ist.

$$W_{el} = P_{el}\, t = 0{,}7\,\mathrm{mW} \cdot 10\,\mathrm{ms} = 7 \cdot 10^{-6}\,\mathrm{Ws}$$

Demnach ergibt sich ein Wirkungsgrad von

$$\eta = \frac{W_{mech}}{W_{el}} = 5{,}5 \cdot 10^{-6}$$

Das Beispiel zeigt, daß thermisch-mechanische Aktoren zwar relativ hohe Kräfte erzeugen können, aber unter energetischen Gesichtspunkten keine Designalternative darstellen. Das Ergebnis wird mit steigender Differenz der thermischen Ausdehnungskoeffizienten und höheren Temperaturwechseln ΔT günstiger, der erreichbare Wirkungsgrad bleibt jedoch relativ klein.

Formgedächtnislegierungen (shape memory alloys) wandeln ebenfalls thermische Energie in mechanische Energie um [5]. Beim Überschreiten einer von der Materialzusammensetzung abhängigen Temperatur findet im Material eine Phasenumwandlung statt, womit auch eine Formänderung verbunden ist. Die Temperaturhysterese beträgt 10 K bis 40 K. Auch Formgedächtnislegierungen weisen einen relativ niedrigen Wirkungsgrad auf, und die Formänderungsarbeit nimmt mit der Anzahl der Zyklen ab (Ermüdung).

12.6 Reibung und Verschleiß

Die Skalierungsgesetze führen dazu, daß Oberflächenkräfte im Vergleich zu Volumenkräften im Mikrobereich eine größere Wichtigkeit erlangen. Allein hieraus ist ersichtlich, daß die Reibung für Mikroaktoren eine hohe Bedeutung hat. Hinzu kommt die Tatsache, daß aufgrund der kleinen Trägheitskräfte, die mit dem Volumen verknüpft sind, mikromechanische Komponenten eine hohe Dynamik aufweisen, so daß diese häufig mit hohen Betriebsfrequenzen oder Drehzahlen arbeiten

[6]. Die Mikrosystemtechnik ist in der Freiheit der Formgestaltung eingeschränkt, da sie hauptsächlich mit Planarprozessen arbeitet. Aus diesem Grund ist eine Reihe von Maßnahmen, die in der Makrotechnik zur Verringerung der Reibung eingesetzt werden, nicht anwendbar. Dies betrifft insbesondere den Einsatz der Rollreibung durch Lager. Vielmehr wird in der Mikrosystemtechnik mit Gleitlagern gearbeitet.

Reibung führt einerseits zu Verlusten, die eine Beeinträchtigung der Funktion bewirken und andererseits zu Verschleiß, der sich ebenfalls negativ auf das funktionale Verhalten auswirkt oder zum beschleunigten Altern und damit zum Ausfall führt. Jedoch muß Reibung nicht mit Verschleiß verbunden sein, vielmehr ist auch verschleißfreie Reibung möglich.

Reibung ist ein Phänomen, das an der Grenzschicht des Werkstoffs wirkt und praktisch nicht von den Volumeneigenschaften beeinflußt wird. Sie ist eine Folge der Wechselwirkung der obersten Atomlagen in der Grenzschicht der Festkörper. Wesentliche Einflußgrößen sind die Oberflächenbeschaffenheit, Oberflächenform und die wechselwirkenden Materialien [1].

Im Unterschied zum Maschinenbau tritt in der Mikrosystemtechnik Festkörperreibung (Trockenreibung) auf. Bei Gleitlagern verhindern das große Lagerspiel und der aufgrund der geringen Trägheit vorherrschende Start-Stop Betrieb die Ausbildung einer lückenlosen und tragfähigen Schmiermittelschicht. Der Übergang zwischen Trockenreibung und Schmiermittelreibung wird gekennzeichnet durch die Sommerfeld-Zahl.

$$So = \frac{p\,\psi^2}{\eta\,\omega} \tag{12.69}$$

Hierbei sind $p = F/(\ell d)$ der Druck, $\psi = (D-d)/d$ das relative Lagerspiel, D der Außen- und d der Innenradius, η die Viskosität des Schmiermittels, ω die Drehzahl und ℓ die Länge des Lagers. Für eine Sommerfeld-Zahl größer Eins liegt Festkörperreibung vor, dies ist in der Feinwerk- und Mikrosystemtechnik vorherrschend. Daher sind hydrodynamische Gleitlager, bei denen die Welle auf einer geschlossenen Schmiermittelschicht läuft, nicht einsetzbar. Auch sind die aus der Oberflächenspannung resultierenden Kräfte bei Mikromotoren schon so groß, daß sie die Funktion wesentlich beeinflussen. Man ist daher trocken laufende Gleitlager angewiesen, die zur Verminderung von Reibung und Verschleiß mit einem molekularen Schmiermittelfilm versehen werden können. In diesem Fall treten andere Eigenschaften des Schmiermittels und der Kontaktoberfläche in den Vordergrund. Zum einen ändern sich die Eigenschaften der Schmiermittel für dünne Filme, und zum anderen erhält die Haftung des Schmiermittels an der Oberfläche, die durch Physisorption und Chemisorption erklärt werden kann, eine höhere Wichtigkeit. Allerdings existiert heute noch keine allgemein anwendbare Methode zum Aufbringen der molekularen Filme mit einer Dicke von einigen Nanometern. Für die Wirksamkeit dieser Schichten spielt natürlich auch die Oberflächenrauhigkeit eine wesentliche Rolle, die bei mikrosystemtechnisch hergestellten

Schichten im Vergleich zur Filmdicke relativ groß ist und im Bereich von einigen 10 bis zu einigen 100 nm liegt.

Die klassische Modellbildung der Reibung geht von den folgenden Gesetzmäßigkeiten aus:

1. Die Reibungskraft hängt nur von der Normalkraft F_n ab.
2. Die Reibungskraft ist unabhängig von der scheinbaren Berührungsfläche.
3. Die Reibungskraft ist unabhängig von der Gleitgeschwindigkeit.
4. Die statische Reibungskraft ist größer als die kinetische Reibungskraft (Haftreibung > Gleitreibung).

Diese Gesetzmäßigkeiten werden durch den folgenden, auch Coulombsches Gesetz genannten, Zusammenhang wiedergegeben.

$$F_t = \mu F_n \tag{12.70}$$

Hierin bezeichnen F_t und F_n die Tangential- bzw. Normalkraft und μ den Reibungskoeffizienten. Einige Reibungskoeffizienten μ für trockene Gleitreibung sind in der Tabelle 12.4 enthalten.

Jede Fläche weist eine Rauhigkeit und Welligkeit auf, die dazu führt, daß der Flächenkontakt, abhängig von der Andruckkraft, sich immer aus einzelnen Kontaktbereichen zusammensetzt, die nur einen geringen Anteil an der gesamten Fläche bilden (Abb. 12.14). Da nur in den Kontaktflächen Kräfte wirken, ist die Beanspruchung dort entsprechend groß und erreicht bereits bei kleinen Kräften den Fließdruck p_m des Werkstoffs. In den Kontaktbereichen treten plastische Verformungen auf, wodurch die resultierende gesamte Kontaktfläche A proportional zum Druck und umgekehrt proportional zum Fließdruck $A = p / p_m$ wird. In den Kontaktflächen wirken aufgrund der starken Annäherung der Partner atomare Bindungskräfte, die der Scherspannung σ_s standhalten. Reibungskräfte werden nur in den Kontaktflächen übertragen. Damit wird die zu überwindende Reibungskraft proportional zur tatsächlichen Berührungsfläche und der Reibungskoeffizient ergibt sich aus $\mu = \sigma_s / p_m$. Diese Modellvorstellung ist in der Lage, die Coulomb-Reibung zu erklären.

Auch die mit der Reibung einhergehende Materialschädigung kann in diesem Zusammenhang plausibel gemacht werden. In den Kontaktbereichen tritt eine hohe Materialbelastung auf, die bei einer Relativbewegung der Materialien einerseits

Tabelle 12.4. Reibungskoeffizienten (trocken) verschiedener Materialkombinationen [2, 4].

Werkstoff	μ	Werkstoff	μ
Aluminium / Aluminium	1,0-1,4	Teflon / Stahl	0,04
Nickel / Nickel	0,53-0,8	Al_2O_3 / Al_2O_3	0,4
Stahl / Stahl	0,42-0,57	Silizium / Al_2O_3	0,18
Diamant / Diamant	0,1-0,15	Stahl / Saphir	0,15
Kupfer / Kupfer	1,2-1,5	Nickel /Wolfram	0,3

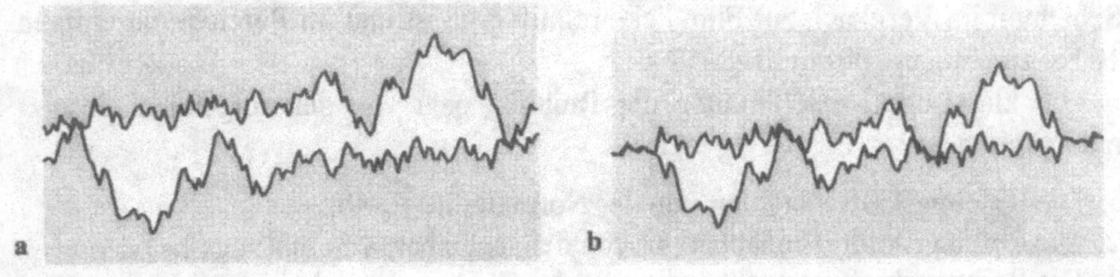

Abb. 12.14. Modellvorstellung für die Zunahme der tatsächlichen Berührungsfläche. (a) Kontaktfläche bei geringer Andruckkraft und (b) Kontaktfläche bei hoher Andruckkraft.

durch plastische Deformationen und andererseits durch das Haften der Kontaktpartner zur Ausbildung von Rissen, zum Abtrag aus dem Kontaktbereich und damit zu einer nicht reversiblen Materialänderung führt. Der mit der Reibung zusammenhängende Verschleiß wird auf die folgenden Mechanismen zurückgeführt [21, 22]:

- Adhäsion,
- Abrasion,
- Abtrag durch das Aufbrechen von Oxidschichten
- Ermüdung.

In Bereich der Kontaktflächen tritt bedingt durch Adhäsionskräfte eine Werkstoffübertragung zwischen den Kontaktpartnern und eine Umstrukturierungen im Kristallgefüge auf. Die Werkstoffübertragung ist stärker ausgeprägt, bei Werkstoffpaarungen die eine große Neigung zu gegenseitiger Löslichkeit haben. Beim abrasiven Verschleiß wird Material durch die Oberflächenrauhigkeit des Gegenkörpers oder durch harte Teilchen abgetragen. Da die Oberfläche metallischer Werkstoffe mit einem Oxidfilm bedeckt ist, können die lokal hohen Belastungen zum Aufbrechen der Oxidschicht führen. Dies führt zum Freilegen der metallischen Oberfläche und schließlich zur Ausbildung einer neuen Oxidschicht. Ermüdung entsteht durch Wechselbeanspruchungen im Zusammenhang mit einer plastischen Verformung der Oberfläche.

In letzter Zeit werden Reibungsversuche mit dem Rasterkraftmikroskop durchgeführt, um das Reibungsverhalten auf atomaren Ebenen zu studieren [2, 3]. Die Untersuchungen zeigen, daß Reibung auf der atomaren Ebene aufgrund von Gitterschwingungen entstehen. Die dabei auftretende mechanische Schwingungsenergie wird schließlich in Wärme umgesetzt. Es zeigt sich, daß Reibung auf atomarer Ebene eine materialabhängige Größe ist und entgegen dem klassischen Reibungsgesetz proportional zur tatsächlichen statt zur scheinbaren Auflagefläche ist. Weiter ist die Kraft proportional zum Grad ihrer Irreversibilität d. h. sie hängt vom Verhältnis zwischen der Leichtigkeit ab, mit der zwei Flächen aufeinander haften.

Literatur

[1] Ando, Yasuhisa; Ino, Jiro: Friction and pull-off force on silicon surface modified by FIB. *Sensors and Actuators*, A57 (1996) p. 83-89

[2] Bhushan, Bharat (ed.): *Handbook of Micro/ Nanotribology*. CRC Press, Boca Raton, New York, London (1995)

[3] Bhushan, Bharat; Koinkar, Vilas N.: Microtribological studies of doped single-crystal silicon and polysilicon films for MEMS devices. *Sensors and Actuators*, A57 (1996) p. 83-89

[4] Bolz, Ray E.; Tuve, George L. (eds.): *CRC Handbook of tables for Applied Engineering Science*. CRC Press, Boca Raton, 2. ed. (1987)

[5] Fatikow, Sergej; Rembold, Ulrich: *Microsystem Technology and Microrobotics*. Springer, Berlin, Heidelberg, New York (1997)

[6] Fujimasa Iwao: *Micromachines: a new era in mechanical engineering*. Oxford University Press, Oxford, New York, Tokyo (1996)

[7] Gerlach, Gerald; Dötzel, Wolfram: *Grundlagen der Mikrosystemtechnik*. Hanser, München, Wien (1997)

[8] Heimann, Bodo; Gerth, Wilfried; Popp, Karl: *Mechatronik: eine Einführung in die Komponenten zur Synthese und die Methoden zur Analyse mechatronischer Systeme*. Hanser, München, Wien (1998)

[9] Janocha, Hartmut (Hrsg.): *Aktoren: Grundlagen und Anwendungen*. Springer, Berlin, Heidelberg, New York (1992)

[10] Jendritza, Daniel J.; Bölter, Ralf; Fleischer, Maximilian u. a.: *Technischer Einsatz neuer Aktoren: Grundlagen, Werkstoffe, Designregeln und Anwendungsbeispiele*. expert, Renningen-Malmsheim (1995)

[11] Kasper, Manfred: Electrostatic Motors. *Actuator 90, Proceedings of the 2nd International Technology-Transfer Congress* Bremen, (1990), S. 195-198.

[12] Koenemann, Paul B.; Busch-Vishniac, Ilene J.; Wood, Kristin L.: Feasibility of Micro Power Supplies for MEMS. *Journal of Microelectromechanical Systems*, Vol. 6 (1997) p. 355-362

[13] *Landolt-Börnstein Neue Serie Gruppe III: Kristall- und Festkörperphysik, Bd. 11, Elastische, piezoelektrische, pyroelektrische, piezooptische, elektrooptische Konstanten und nichtlineare dielektrische Suszeptibilitäten von Kristallen*. Springer, Berlin, Heidelberg, New York (1979)

[14] Landolt-Börnstein *Neue Serie Gruppe III: Kristall- und Festkörperphysik, Bd. 16a, Ferroelectrics and related Substances, Subvol. a*: Oxides. Springer, Berlin, Heidelberg, New York (1981)

[15] Madou, Marc: *Fundamentals of Microfabrication*. CRC Press, Boca Raton (1997)

[16] Nürnberg, Werner: *Die Asynchronmaschine*. Springer, Berlin, Heidelberg, New York, 2. Aufl. (1979)

[17] Trimmer, William S.: Microrobots and Micromechanical Systems. *Sensors and Acuators*, 19 (1989) p. 267-287

[18] Trimmer, William S. (ed.): *Micromechanics and MEMS: classical and seminal papers to 1990*. IEEE Press, New York (1996)

[19] Torres, J. M.; Dhariwal, R. S..: Electric Field Breakdown at Micrometer Separations in Air and Vacuum. In: Reichl, Herbert; Obermeier, Ernst (Hrsg.): *Micro System Technologies 98*, 6th int. Conference, vde Verlag, Berlin, Offenbach (1998)

[20] Young, Warren C.: *Roark's Formulas for Stress and Stain*. McGraw-Hill, New York, St. Louis, San Francisco, 6. ed. (1989)

[21] Zum Gahr, K. H. (Hrsg.):*Reibung und Verschleiß, Mechanismen – Prüftechnik – Werkstoffeigenschaften*. Deutsche Gesellschaft für Metallkunde, Oberursel (1983)

[22] Zum Gahr, Karl-Heinz: Microtribology. *Interdisciplinary Science Review*. Vol. 18 (1993) p. 259-266

13 Sensoren

Sensoren bilden heute die wichtigsten Anwendungen und den bedeutendsten Markt der mikrosystemtechnischen Anwendungen. Dabei stehen zunächst relativ einfache Anwendungen im Vordergrund, die nur zur meßtechnischen Erfassung einer physikalischen Größe dienen und über keine integrierte Signalauswertung verfügen. Zunehmend werden jedoch auch Systeme entwickelt, die alle für eine Anwendung erforderlichen Größen erfassen und über eine integrierte komplexe Auswerteelektronik verfügen (intelligente Sensoren) oder aus einer größeren Anzahl einzelner Komponenten bestehen und durch die parallele Erfassung einer Vielzahl von Signalen eine örtliche Auflösung oder die Identifikation und Verarbeitung komplexer Merkmalsmuster ermöglichen (künstliches Auge, künstliche Nase).

Das Potential der Mikrosystemtechnik im Bereich der Sensoren ist sehr hoch, denn für praktisch alle konventionellen Sensoren können auch mikrosystemtechnische Realisierungen angeboten werden. Darüber hinaus erweitert die Mikrosystemtechnik in vielen Bereichen die Anwendungsmöglichkeiten, wenn beispielsweise besondere Anforderungen an Volumen, Gewicht, Leistungsverbrauch, Genauigkeit, Geschwindigkeit oder Zuverlässigkeit gestellt werden.

Ein einfaches Beispiel verdeutlicht auch hier die durch Größenreduktion mögliche Steigerung der Leistungsfähigkeit. Ein Sensor zur Erfassung einer mechanischen Größe (Druck, Beschleunigung, Kraft, ...) besteht aus einer Masse m, die an

Tabelle 13.1. Signalform und Meßgrößen gängiger Sensoranwendungen [3, 17].

Signalform	Meßgröße
Thermisch	Temperatur, Wärmefluß, Entropie, Wärmekapazität
Mechanisch	Verschiebung, Kraft, Beschleunigung, Geschwindigkeit, Druck, Drehmoment, Lage
Akustisch	Schallgeschwindigkeit, Amplitude, Phase, Schalldruck
Strahlung	γ-Strahlung, Röntgen Strahlung, UV bis Infrarot Licht, Mikrowellen
Magnetisch	Feldstärke, Flußdichte, Permeabilität, Polarisation, Induktivität
Elektrisch	Ladung, Spannung, Kapazität, Leitfähigkeit, Frequenz, Dielektrizitätskonstante
Chemisch	Feuchte, pH-Wert, Konzentration von Gasen und Flüssigkeiten
Biologisch	Zuckergehalt, Proteine, Hormone, Geruchsstoffe

federnden Elementen aufgehängt ist. Da die Masse mit der dritten Potenz, die Federkonstante c jedoch nur linear mit den Abmessungen verknüpft ist, ergibt sich für die Resonanzfrequenz des Systems die folgende Abhängigkeit, wobei λ der Längenskalierungsfaktor ist.

$$\omega = \sqrt{\frac{c}{m}} \sim \frac{1}{\lambda} \tag{13.1}$$

Daher ist die Ansprechzeit einer mikrosystemtechnischen Realisierung wesentlich geringer als die eines konventionell aufgebauten Sensors.

Die Sensoranwendungen sind äußerst vielfältig. Sie umfassen unterschiedliche physikalische Meßgrößen und Signalformen, die in der Tabelle 13.1 wiedergegeben sind. Die hohe Variationsbreite der Techniken und Anwendungen erfordert es, daß im folgenden nur einige wichtige und repräsentative Bereiche behandelt werden.

13.1 Signalerfassung und Signalaufbereitung

Viele der Sensorprinzipien basieren auf der Änderung von Widerständen oder Kapazitäten, die durch die Änderung einer geometrischen Abmessung A, ℓ, d oder der Materialkennwerte (elektrische Leitfähigkeit κ, Dielektrizitätszahl ε) bewirkt wird. Für einen homogen stromdurchflossenen zylindrischen Widerstand gilt:

$$R = \frac{1}{\kappa}\frac{\ell}{A} \tag{13.2}$$

bei Vernachlässigung von Streueffekten gilt ähnlich für die Kapazität:

$$C = \varepsilon\frac{A}{d} \tag{13.3}$$

Eine Änderung der Kapazität oder des Widerstands wird durch das totale Differential beschrieben.

$$dR = \frac{\partial R}{\partial A}dA + \frac{\partial R}{\partial \ell}d\ell + \frac{\partial R}{\partial \kappa}d\kappa \tag{13.4}$$

Eine Widerstandsänderung kann demnach mehrere Ursachen haben. Beispielsweise kann die Sensorfunktion darin bestehen, einen Widerstand durch Längenänderung zu beeinflussen. Dieser funktionalen Abhängigkeit kann eine Störgröße durch die Temperaturabhängigkeit der Leitfähigkeit überlagert sein. Die parasitären Effekte führen zu Querempfindlichkeiten des Sensors gegenüber unerwünschten Meßsignalen.

$$dR = \frac{\partial R}{\partial \ell}d\ell + \frac{\partial R}{\partial \kappa}\frac{\partial \kappa}{\partial T}dT \tag{13.5}$$

$$dR = S_\ell \, d\ell + S_T \, dT \qquad (13.6)$$

Die Größen S_ℓ, S_T werden Empfindlichkeit oder Sensitivität genannt. Ziel einer Schaltungsdimensionierung ist es, die Empfindlichkeit gegenüber der Meßgröße möglichst groß im Vergleich zu den parasitären Empfindlichkeiten zu halten. Gelingt es nicht die Störgrößenempfindlichkeit klein genug zu halten, so muß entweder durch Kompensation oder durch getrennte Erfassung und Verarbeitung der Störgröße das Meßsignal gewonnen werden.

Eine einfache Meßschaltung kann beispielsweise mit einer der in Abb. 13.1 angegebenen Operationsverstärkerschaltungen aufgebaut werden.

Nicht invertierender Verstärker
$$U_a = U_{ref} \frac{R_1 + R_2}{R_2} \qquad (13.7)$$

Spannungsfolger
$$U_a = U_{ref} \frac{R_2}{R_1 + R_2} \qquad (13.8)$$

Invertierender Verstärker
$$U_a = -U_{ref} \frac{R_2}{R_1} \qquad (13.9)$$

Differenzverstärker
$$U_a = \frac{R_2}{R_1}(U_1 - U_2) \qquad (13.10)$$

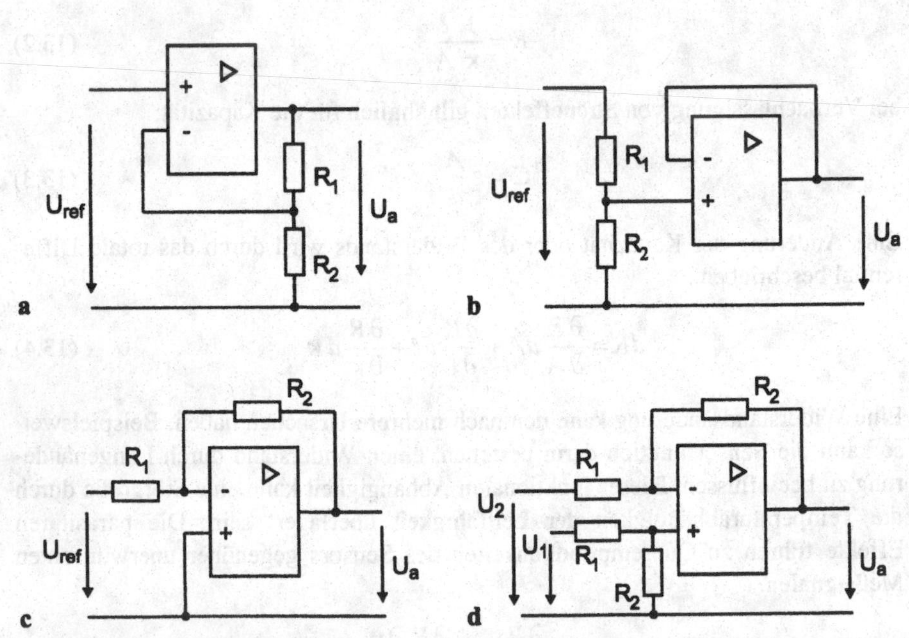

Abb. 13.1. Grundschaltungen mit Operationsverstärkern für Sensoren. **(a)** Nicht invertierender Verstärker, **(b)** Spannungsfolger, **(c)** invertierender Verstärker und **(d)** Differenzverstärker.

Eine Kompensation parasitärer Effekte kann erreicht werden, wenn beispielsweise beim invertierenden Verstärker beide Widerstände die gleiche Abhängigkeit von der Störgröße, hier der Temperatur, aufweisen, aber nur der Widerstand R_2 der Meßgröße x ausgesetzt wird. In diesem Fall gilt:

$$U_a = -U_{ref}\frac{R_2}{R_1} = -U_{ref}\frac{R_2 + S_T\,dT + S_x\,dx}{R_1 + S_T\,dT} \tag{13.11}$$

$$U_a = -U_{ref}\frac{R_2}{R_1}\left(1+\frac{S_T}{R_2}dT+\frac{S_x}{R_2}dx\right)\cdot\left(1-\frac{S_T}{R_1}dT+\left(\frac{S_T}{R_1}dT\right)^2-\ldots\right) \tag{13.12}$$

$$\begin{aligned} U_a = &-U_{ref}\frac{R_2}{R_1}\left[1+S_T\,dT\left(\frac{1}{R_2}-\frac{1}{R_1}\right)-S_T{}^2\,dT^2\left(\frac{1}{R_1 R_2}-\frac{1}{R_1^2}\right)+-\ldots\right]- \\ &-U_{ref}\frac{1}{R_1}S_x\left(1-\frac{S_T}{R_1}dT+\frac{S_T{}^2}{R_1^2}dT^2-+\ldots\right)dx \end{aligned} \tag{13.13}$$

Für $R_1 = R_2$ wird der erste Summand zu Null. Für den invertierenden Verstärker wird also durch $R_1 = R_2$ eine weitgehende Störgrößenunterdrückung erreicht, wenn beide Widerstände der Störgröße ausgesetzt sind.

Häufig werden Widerstands- oder Kapazitätsänderungen durch eine Brückenschaltung erfaßt und wie in Abb. 13.2 mit Hilfe einer Elektrometerschaltung verstärkt. Wird für U_{ref} eine (temperaturstabilisierte) Referenzspannung benutzt und ist R_1 der zu messende Widerstand, so wird die Ausgangsspannung vom Verhältnis der Widerstände abhängig.

Die Elektrometerschaltung verfügt über einen hohen Eingangswiderstand und geringen Drift. Die Verstärkung kann über den variablen Widerstand eingestellt

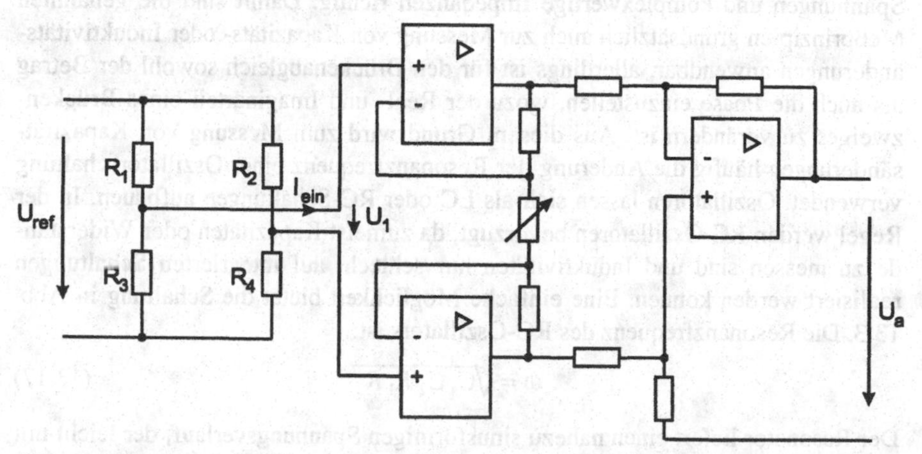

Abb. 13.2. Brückenschaltung mit Elektrometerschaltung. Durch den hohen Eingangswiderstand der Elektrometerschaltung ist die Brücke praktisch unbelastet $I_{ein} \approx 0$.

werden. Für die unbelastete Brücke gilt:

$$U_a = U_{ref}\left(\frac{R_1}{R_1+R_3} - \frac{R_2}{R_2+R_4}\right) = U_{ref}\frac{R_1 R_4 - R_2 R_3}{(R_1+R_3)(R_2+R_4)} \tag{13.14}$$

Für die Änderung der Ausgangsspannung ergibt sich der folgende Zusammenhang.

$$dU_a = U_{ref}\left(\frac{R_3\,dR_1 - R_1\,dR_3}{(R_1+R_3)^2} - \frac{R_4\,dR_2 - R_2\,dR_4}{(R_2+R_4)^2}\right) \tag{13.15}$$

Ist nur der Widerstand R_1 der Meßgröße ausgesetzt und damit veränderlich, so erhält man mit $R_1 = R_0(1+x)$ die Empfindlichkeit:

$$\frac{\partial U_a}{\partial(R_0\,x)} = \frac{\partial U_a}{\partial R_1}\frac{\partial R_1}{\partial(R_0\,x)} = U_{ref}\frac{R_3}{(R_1+R_3)^2} \tag{13.16}$$

Die höchste Empfindlichkeit wird für $R_3 = R_1$ erreicht. Ändert sich der Widerstand R_1, so wird auch die Empfindlichkeit verändert. Da die Brückenspannung in erster Näherung linear mit der Meßwiderstandsänderung verknüpft ist, kann sie bei nur kleinen Änderungen zur Auswertung dienen. Um auch größere Änderungen zu erfassen, wird die Messung durch Brückenabgleich mit Hilfe eines variablen, spannungskontrollierten Widerstands in Rückkopplung durchgeführt [2]. Hierdurch wird zum einen der Einfluß der Nichtlinearität unterdrückt und zum anderen eine Änderung der Empfindlichkeit vermieden.

Eine Kompensation von Störgroßen erreicht man, indem man einen der Widerstände R_3 oder R_2 ebenfalls der Störgröße aussetzt. Häufig wird dazu ein 'Dummy' Sensor aus dem gleichen Herstellungsprozeß verwendet, der der Störgröße, nicht aber dem Meßsignal ausgesetzt ist. Wird die Brücke mit einer Konstantstromquelle betrieben, so erreicht man eine Temperaturkompensation, da sich bei Temperaturänderung die Brückenspannung ebenso wie die Widerstände ändert.

Die Beziehungen (13.7)-(13.10) und (13.14) bleiben auch für zeitharmonische Spannungen und komplexwertige Impedanzen richtig. Damit sind die genannten Meßprinzipien grundsätzlich auch zur Messung von Kapazitäts- oder Induktivitätsänderungen anwendbar, allerdings ist für den Brückenabgleich sowohl der Betrag als auch die Phase einzustellen, wozu der Real- und Imaginärteil eines Brückenzweiges zu verändern ist. Aus diesem Grund wird zum Messung von Kapazitätsänderungen häufig die Änderung der Resonanzfrequenz einer Oszillatorschaltung verwendet. Oszillatoren lassen sich als LC oder RC-Schaltungen aufbauen. In der Regel werden RC-Oszillatoren bevorzugt, da zumeist Kapazitäten oder Widerstände zu messen sind und Induktivitäten nur schlecht auf integrierten Schaltungen realisiert werden können. Eine einfache Möglichkeit bietet die Schaltung in Abb. 13.3. Die Resonanzfrequenz des RC-Oszillators ist:

$$\omega = \sqrt{C_s\,C_2\,R_1\,R_2} \tag{13.17}$$

Der Resonator liefert einen nahezu sinusförmigen Spannungsverlauf, der leicht mit Hilfe eines Zählers digital weiterverarbeitet werden kann. Nachteilig bei dieser

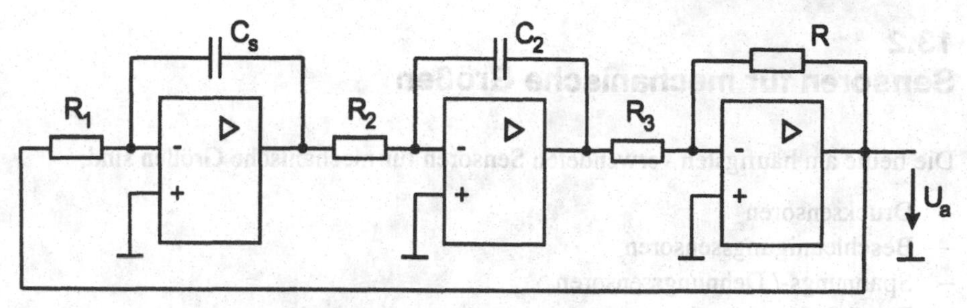

Abb. 13.3. Oszillatorschaltung mit rückgekoppelten Operationsverstärkern.

relativ einfachen Schaltung ist die geringe Genauigkeit, zum einen bedingt durch eine schlechte Empfindlichkeit und zum anderen durch die oft unzureichende Amplituden- und Frequenzstabilität. Grundsätzlich sind für dieses Meßprinzip beliebige RC-Oszillatoren geeignet, z. B. der Wien Robinson-Oszillator.

Eine andere Möglichkeit besteht, wie in Abb. 13.4 dargestellt, in der Verwendung eines rückgekoppelten Schmitt-Triggers mit der Resonanzfrequenz

$$\omega = \frac{\pi}{RC\ln(1+2R_1/R_2)} \tag{13.18}$$

Man erhält dann allerdings einen nicht sinusförmigen Signalverlauf. Ist der Sensor auf eine Arbeitsfrequenz ausgelegt, so führen diese harmonischen Oberwellen zu einer unerwünschten Beeinträchtigung der Sensorfunktion. Die beiden genannten Oszillatorschaltungen erlauben keine einfache schaltungstechnische Kompensation von Störgrößen, z. B. durch Temperaturdrift der Widerstände. Eine Schaltung mit verbesserter Frequenzstabilität findet man in [19]. Grundsätzlich gestattet das Meßprinzip mit RC-Oszillatoren eine höhere Empfindlichkeit als das piezoresistive Meßprinzip. Es können sehr kleine Kapazitätsänderungen mit guter Empfindlichkeit (10 V / pF) erfaßt werden [7].

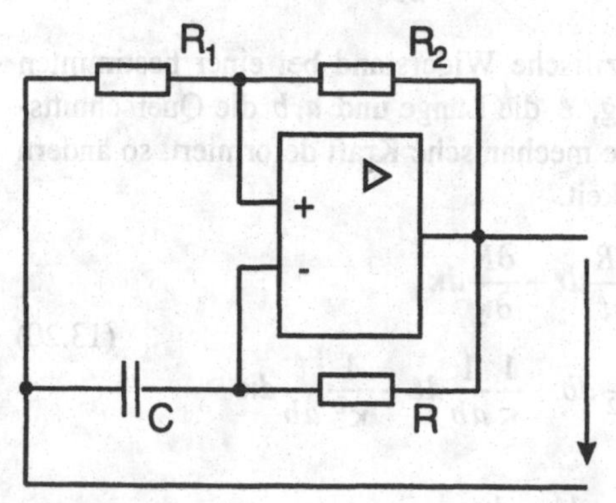

Abb. 13.4. Oszillator, aufgebaut aus einem rückgekoppelten Schmitt-Trigger.

13.2 Sensoren für mechanische Größen

Die heute am häufigsten verwendeten Sensoren für mechanische Größen sind:

- Drucksensoren
- Beschleunigungssensoren
- Spannungs-/ Dehnungssensoren
- Durchflußsensoren

Die drei zuerst genannten Meßgrößen haben gemein, daß sie sich durch den mechanischen Spannungszustand des Materials auf das sie wirken, erfassen lassen. In gleicher Weise kann bei elastischen Materialien auch die Dehnung erfaßt werden. Bei der Beschleunigungsmessung ist hierzu eine seismische Masse erforderlich, die nach dem Newtonschen Gesetz die Beschleunigung in eine Kraft überführt. Die drei zu beschreibenden Sensorarten können daher einheitlich auf die Erfassung von mechanischen Spannungen oder Dehnungen zurückgeführt werden. Für Durchflußsensoren ist dies nur indirekt möglich (z. B. über elastische Zungen), so daß sich hier z. T. abweichende Sensorprinzipien etabliert haben [2, 17].

13.2.1 Piezoresistive Sensoren

Der bedeutendste Effekt für die direkte Erfassung der mechanischen Spannung ist der piezoresistive Effekt. Piezoresistivität ist eine Materialeigenschaft, bei der die elektrische Leitfähigkeit durch im Material wirkende mechanische Spannungen beeinflußt wird. Viele Materialien zeigen den piezoresistiven Effekt, wobei die Beweglichkeit und Anzahl der Ladungsträger verändert wird. Der Widerstand eines stabförmigen Leiters ist gegeben durch:

$$R = \frac{1}{\kappa}\frac{\ell}{ab} \quad \text{bzw.} \quad R = \rho\frac{\ell}{ab} \tag{13.19}$$

κ ist die Leitfähigkeit und ρ der spezifische Widerstand bei einer bestimmten Temperatur und mechanischen Belastung, ℓ die Länge und a, b die Querschnittsabmessungen. Wird der Leiter durch eine mechanische Kraft deformiert, so ändern sich die Abmessungen und die Leitfähigkeit.

$$\begin{aligned} dR &= \frac{\partial R}{\partial a}da + \frac{\partial R}{\partial b}db + \frac{\partial R}{\partial \ell}d\ell + \frac{\partial R}{\partial \kappa}d\kappa \\ &= -\frac{1}{\kappa}\frac{\ell}{a^2 b}da - \frac{1}{\kappa}\frac{\ell}{ab^2}db + \frac{1}{\kappa}\frac{1}{ab}d\ell - \frac{1}{\kappa^2}\frac{\ell}{ab}d\kappa \end{aligned} \tag{13.20}$$

$$\frac{dR}{R} = -\frac{da}{a} - \frac{db}{b} + \frac{d\ell}{\ell} - \frac{d\kappa}{\kappa} \tag{13.21}$$

Durch Einsetzen der Dehnung ε und der Poisson-Zahl ν

$$\varepsilon = \frac{d\ell}{\ell} \qquad \nu = -\frac{da/a}{d\ell/\ell} = -\frac{db/b}{d\ell/\ell} \tag{13.22}$$

erhält man:

$$\frac{dR}{R} = \varepsilon(1+2\nu) - \frac{d\kappa}{\kappa} \quad \text{bzw.} \quad \frac{dR}{R} = \varepsilon(1+2\nu) + \frac{d\rho}{\rho} \tag{13.23}$$

Dieser Zusammenhang ist für Metalle und Halbleiter allgemein gültig, wobei der erste Term $\varepsilon(1+2\nu)$ den Geometrieeffekt und der zweite Term $d\kappa/\kappa$ den piezoresistiven Effekt beschreibt. Der Geometrieeffekt ist in Metallen dominierend, während bei Halbleitern der piezoresistive Effekt ca. um den Faktor 50 größer ist als der Geometrieeffekt.

In Halbleitern wird durch die Längenänderung der Bandabstand zwischen Valenz- und Leitungsband beeinflußt. Dadurch ändert sich die Ladungsträgerdichte im Leitungsband und somit die Leitfähigkeit. Allerdings ist die zu beobachtende Änderung größer als der Betrag, den diese einfache Erklärung liefert. Eine tiefer greifende theoretische Betrachtung basiert auf dem von der Kristallrichtung abhängigen Ladungsträger-Transfer-Mechanismus und der Änderung der effektiven Masse der Ladungsträger. Zumindest für n-leitendes Silizium wird dadurch eine gute Übereinstimmung zwischen Theorie und Experiment erreicht. Die Flächen konstanter Energie (Energiebänder) zeigen ausgeprägte Täler, die entlang der Kristallachsen unterschiedliche Abstände aufweisen. Wenn alle Täler gleichmäßig mit Elektronen aufgefüllt sind, ergibt sich für spannungsfreies Silizium eine isotrope Leitfähigkeit [10, 17].

Im Halbleiter führt eine mechanische Spannung dazu, daß die Leitungsbandminima unterschiedlich beeinflußt werden, was zu einer Umverteilung der Ladungsträger und damit zu einem richtungsabhängigen Energiebandverlauf führt. Als Folge wird die Leitfähigkeit in den Kristallrichtungen unterschiedlich beeinflußt. Der spezifische Widerstand wird durch einen Tensor zweiter Stufe beschrieben.

$$\begin{pmatrix} E_1 \\ E_2 \\ E_3 \end{pmatrix} = \begin{pmatrix} \rho_1 & \rho_6 & \rho_5 \\ \rho_6 & \rho_2 & \rho_4 \\ \rho_5 & \rho_4 & \rho_3 \end{pmatrix} \begin{pmatrix} J_1 \\ J_2 \\ J_3 \end{pmatrix} \tag{13.24}$$

Hierbei sind E_i und J_i die Komponenten der elektrischen Feldstärke bzw. der Stromdichte in den [1 0 0] Richtungen des Kristalls und ρ_i die Komponenten des Tensors des spezifischen Widerstandes. Im spannungsfreien Zustand ist der Kristall isotrop und es gilt $\rho_1 = \rho_2 = \rho_3 = \rho$ und $\rho_4 = \rho_5 = \rho_6 = 0$. Beim Einwirken einer mechanischen Spannung ergibt sich eine Widerstandsänderung, die als Meßsignal dient. Eine andere Möglichkeit zur Nutzung des Effektes erkennt man aus den Gln. (13.24) und (13.25). Ein Stromfluß in einer Richtung führt auch zu einem elektrischen Feld und damit zu einer Spannung in der Querrichtung, die sich ebenso als Meßsignal nutzen läßt.

$$\begin{pmatrix} \Delta\rho_1 \\ \Delta\rho_2 \\ \Delta\rho_3 \\ \Delta\rho_4 \\ \Delta\rho_5 \\ \Delta\rho_6 \end{pmatrix} = \begin{pmatrix} \rho_1 \\ \rho_2 \\ \rho_3 \\ \rho_4 \\ \rho_5 \\ \rho_6 \end{pmatrix} - \begin{pmatrix} \rho \\ \rho \\ \rho \\ 0 \\ 0 \\ 0 \end{pmatrix} \tag{13.25}$$

Der Zusammenhang zwischen der Widerstandsänderung $\boldsymbol{\Delta\rho}$ und der mechanischen Spannung $\boldsymbol{\sigma}$ wird durch einen Tensor 4. Stufe beschrieben. Dieser besitzt aufgrund der Symmetrieeigenschaften des Tensors i. a. 21 voneinander unabhängige Komponenten. Weitere Symmetrieeigenschaften des Piezoresistivitätstensors $\boldsymbol{\pi}$ sind von der Symmetrie des Kristalls abhängig [13]. Für die wichtigsten Halbleitermaterialien Silizium und Germanium mit kubischem Gitter ergibt sich die folgende Besetzungsstruktur:

$$\frac{1}{\rho}\begin{pmatrix} \Delta\rho_1 \\ \Delta\rho_2 \\ \Delta\rho_3 \\ \Delta\rho_4 \\ \Delta\rho_5 \\ \Delta\rho_6 \end{pmatrix} = \begin{pmatrix} \pi_{11} & \pi_{12} & \pi_{12} & 0 & 0 & 0 \\ \pi_{12} & \pi_{11} & \pi_{12} & 0 & 0 & 0 \\ \pi_{12} & \pi_{12} & \pi_{11} & 0 & 0 & 0 \\ 0 & 0 & 0 & \pi_{44} & 0 & 0 \\ 0 & 0 & 0 & 0 & \pi_{44} & 0 \\ 0 & 0 & 0 & 0 & 0 & \pi_{44} \end{pmatrix}\begin{pmatrix} \sigma_1 \\ \sigma_2 \\ \sigma_3 \\ \sigma_4 \\ \sigma_5 \\ \sigma_6 \end{pmatrix} \tag{13.26}$$

Für Silizium erhält man also lediglich drei voneinander verschiedene Piezokoeffizienten, sie werden als elementare Piezokoeffizienten bezeichnet. Definitionsgemäß beziehen sich die Piezokoeffizienten $\pi_{11}, \pi_{12}, \pi_{44}$ auf ein kartesisches Koordinatensystem, das entlang der [1 0 0]-Richtungen orientiert ist. Der Zusammenhang zwischen Stromdichte, elektrischer Feldstärke und mechanischer Spannung erhält damit die Form:

$$\begin{aligned} \frac{1}{\rho}E_1 &= J_1[1+\pi_{11}\sigma_1+\pi_{12}(\sigma_2+\sigma_3)]+\pi_{44}(J_2\sigma_6+J_3\sigma_5) \\ \frac{1}{\rho}E_2 &= J_2[1+\pi_{11}\sigma_2+\pi_{12}(\sigma_1+\sigma_3)]+\pi_{44}(J_1\sigma_6+J_3\sigma_4) \\ \frac{1}{\rho}E_3 &= J_3[1+\pi_{11}\sigma_3+\pi_{12}(\sigma_1+\sigma_2)]+\pi_{44}(J_1\sigma_5+J_2\sigma_4) \end{aligned} \tag{13.27}$$

Um die Wirkung in einer beliebigen Raumrichtung zu erhalten, muß sie auf die [1 0 0]-Richtung des Kristallgitters transformiert werden. Dies kann durch die Berechnung der Richtungskosinus erfolgen. Im allgemeinen ist die Widerstandsänderung von den mechanischen Spannungen in der Richtung des Widerstands, den Querspannungen und den Scherspannungen abhängig (Abb.13.5). Als Longitudinaleffekt bezeichnet man die Widerstandsänderung in Richtung der mechanischen Spannung. Der Transversaleffekt bezieht sich auf die Widerstandsänderung senk-

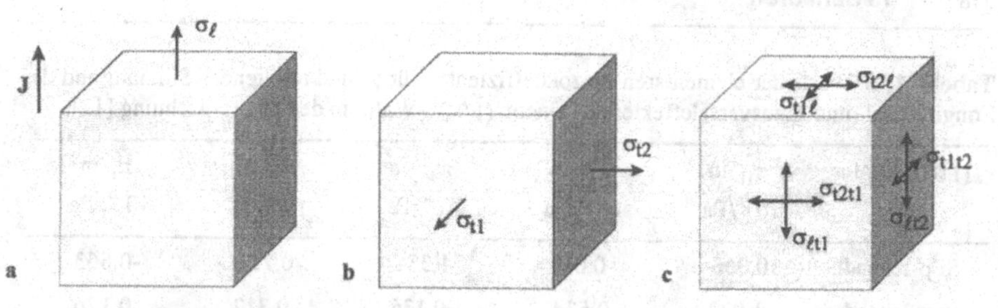

Abb. 13.5. Die Widerstandsänderung durch den piezoresistiven Effekt ist im allgemeinen von allen Komponenten des Spannungstensors abhängig. Für einen piezoresistiven Widerstand sind die Spannungskomponenten des (**a**) Longitudinaleffektes, (**b**) Transversaleffektes und (**c**) Schereffektes eingezeichnet.

recht zur mechanischen Spannung. Für die Überlagerung von longitudinalem und transversalem Effekt gilt, mit den beiden senkrecht zueinander orientierten Transversalrichtungen $t1, t2$ und ohne Berücksichtigung des Schereffektes, der Zusammenhang:

$$\frac{\Delta R}{R} = \pi_\ell \, \sigma_\ell + \pi_{t1} \, \sigma_{t1} + \pi_{t1} \, \sigma_{t2} \tag{13.28}$$

Der in der Mikrosystemtechnik nutzbare piezoresistive Effekt ist von der Orientierung des Wafers abhängig, da Piezowiderstände von der Oberfläche implantiert werden. Die gebräuchlichen Raumrichtungen sind in der Tabelle 13.2 angegeben. In diesen Richtungen tritt für Silizium kein Schereffekt auf.

Die piezoresistiven Koeffizienten sind sowohl von der Temperatur als auch von der Dotierung abhängig. Dies wird ausgedrückt über den Piezowiderstandsfaktor $P(N,T)$ [10, 11, 17]

$$\pi(N,T) = P(N,T) \cdot \pi(T = 300\,\mathrm{K}) \tag{13.29}$$

Tabelle 13.2. Koeffizienten des piezoresistiven Effektes in der Longitudinal- und Transversalrichtung des kubischen Kristallgitters in Abhängigkeit der elementaren Piezokoeffizienten.

Waferorientierung	longitudinale Richtung	π_ℓ	π_t
(1 0 0)	[0 1 0]	π_{11}	π_{12}
(1 0 0)	[0 1 1]	$\frac{1}{2}(\pi_{11} + \pi_{12} + \pi_{44})$	$\frac{1}{2}(\pi_{11} + \pi_{12} - \pi_{44})$
(1 1 0)	[0 0 1]	π_{11}	π_{12}
(1 1 0)	$[\bar{1}\,1\,1]$	$\frac{1}{3}(\pi_{11} + 2\pi_{12} + 2\pi_{44})$	$\frac{1}{3}(\pi_{11} + 2\pi_{12} - \pi_{44})$

Tabelle 13.3. Werte der elementaren Piezokoeffizienten für p- und n-leitendes Silizium und des Longitudinal- und Transversaleffektes auf einem (1 0 0) -Wafer in der [0 1 1] -Richtung [12].

(1 0 0) Wafer	π_{11} in 10^{-9}/Pa	π_{12} in 10^{-9}/Pa	π_{44} in 10^{-9}/Pa	π_ℓ in 10^{-9}/Pa	π_t in 10^{-9}/Pa
Si p-leitend	0,066	-0,011	1,381	0,718	-0,663
Si n-leitend	-1,022	0,534	-0,136	-0,312	-0,176

Dabei ist $\pi(T = 300\,\text{K})$ der Piezokoeffizient für eine niedrige Dotierungsdichte bei Raumtemperatur. Für geringe Dotierungen ergibt sich aus der Theorie eine Temperaturabhängigkeit, die wie folgt genähert werden kann:

$$P(N,T) = 0{,}481 + 0{,}519 \cdot \exp(-\frac{T - 300\,\text{K}}{149\,\text{K}}) \tag{13.30}$$

Meßwerte zeigen eine Richtungsabhängigkeit des Piezowiderstandsfaktors [12]. Für Dotierungen oberhalb von 10^{18} 1 / cm³ nimmt der piezoresistive Effekt ab. Die relativ geringe Abhängigkeit im unteren Bereich kann dazu genutzt werden, lokale Piezowiderstände zu implantieren. Für Silizium ergeben sich die in der Tabelle 13.3 angegeben Werte.

Die piezoresistiven Widerstände werden auf der Oberfläche von Balken oder Membranen (Platten) zu Messung der mechanischen Spannung implantiert [4]. Beispielsweise gilt für die Spannung des einseitig eingespannten Biegebalkens (Balkenhöhe h, Balkenbreite b, Kraft F, Ort x) [22].

$$\sigma_{xx}(x) \approx 6\frac{F}{h^2 b}x \tag{13.31}$$

Für eine dünne Membran beliebiger Form ist die Kirchhoffsche Plattengleichung zu lösen (Druck p, Membranstärke h).

$$\Delta\Delta w = \frac{\partial^4 w}{\partial x^4} + 2\frac{\partial^4 w}{\partial x^2 \partial y^2} + \frac{\partial^4 w}{\partial y^4} = p\,\frac{12\left(1-\nu^2\right)}{E h^3} \tag{13.32}$$

An der Membranoberfläche ergeben sich dann die Spannungen:

$$\begin{aligned}
\sigma_x(x,y) &= -\frac{Eh}{2\left(1-\nu^2\right)}\left(\frac{\partial^2 w}{\partial x^2} + \nu\frac{\partial^2 w}{\partial y^2}\right) \\
\sigma_y(x,y) &= -\frac{Eh}{2\left(1-\nu^2\right)}\left(\frac{\partial^2 w}{\partial y^2} + \nu\frac{\partial^2 w}{\partial x^2}\right) \\
\sigma_{xy}(x,y) &= -\frac{Eh}{2(1+\nu)}\left(\frac{\partial^2 w}{\partial x\,\partial y}\right)
\end{aligned} \tag{13.33}$$

Für eine rechteckförmige Membran wird die maximale Spannung in der Seitenmitte der Membrankante erreicht (Abb.13.6). Für eine quadratische Membran mit der Seitenlänge a und der Membrandicke h beträgt sie näherungsweise [22]:

$$\sigma_{\max} \approx 0{,}31 \cdot p \frac{a^2}{h^2} \tag{13.34}$$

Tangential zum Rand folgt die Spannung aus der Querkontraktionszahl ν.

$$\sigma_{tang} = \nu\, \sigma_{\max} \tag{13.35}$$

Für eine kreisförmige Membran erhält man für die Spannung auf der Oberfläche in radialer und azimutaler Richtung die Verteilung (R Membranradius):

$$w(r) = \frac{3}{16} p \frac{R^4}{h^3} \frac{1-\nu^2}{E} \tag{13.36}$$

$$\sigma_r(r,\varphi) = \frac{3}{8} p \frac{R^2}{h^2} \left((1+\nu) - (3+\nu) \frac{r^2}{R^2} \right) \tag{13.37}$$

$$\sigma_\varphi(r,\varphi) = \frac{3}{8} p \frac{R^2}{h^2} \left((1+\nu) - (3\nu+1) \frac{r^2}{R^2} \right) \tag{13.38}$$

Die angegebenen Beziehungen gelten jeweils nur für kleine Auslenkungen im Verhältnis zur Dicke $w < h/2$. Die analytischen Beziehungen setzen auch eine feste Einspannung voraus, die in der Praxis nicht gegeben ist. Daher liegen realistische Werte für dic Spannungen um ca. 10 % niedriger.

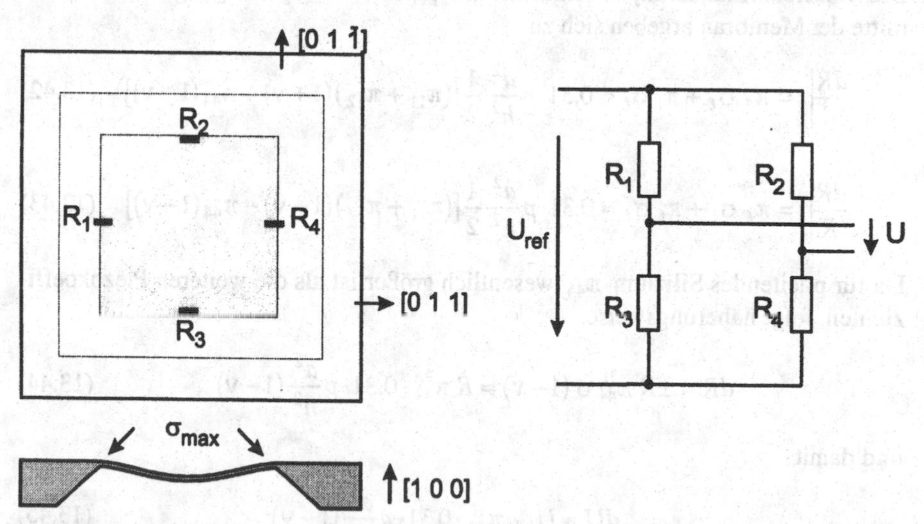

Abb. 13.6. Drucksensor mit quadratischer Membran und implantierten piezoresistiven Widerständen senkrecht und parallel zur Aufhängung und der deren Brückenschaltung.

Um eine möglichst hohe Empfindlichkeit zu erreichen, ist es üblich, mehrere Piezowiderstände in einer Brückenschaltung zu nutzen. Bei Piezowiderständen vom p-leitenden Typ weisen Transversal- und Longitudinaleffekt auf einem (1 0 0) -Wafer in der [0 1 1]-Richtung nach Tabelle 13.3 unterschiedliche Vorzeichen und etwa gleich Beträge auf, so daß es möglich ist, alle vier Brückenwiderstände zu nutzen. Wird bei einem Drucksensor (Abb.13.6) die Membran nach unten ausgelenkt, so ergibt sich auf der Oberfläche eine Zugspannung, die im Bereich der Aufhängung auf den Seitenmitten die höchsten Werte aufweist. Die senkrecht zu den Seiten orientierten Piezowiderstände erfahren eine Widerstandserhöhung, da der Longitudinaleffekt ein positives Vorzeichen aufweist. Die parallel orientierten Piezowiderstände führen aufgrund des transversalen piezoresistiven Effektes zu einer Verringerung des Widerstands.

$$U = U_{ref}\left(\frac{R_1}{R_1+R_3} - \frac{R_2}{R_2+R_4}\right) \tag{13.39}$$

$$dU = \sum_{i=1}^{4}\frac{\partial U}{\partial R_i}dR_i = U_{ref}\left(\frac{R_3\,dR_1 - R_1\,dR_3}{(R_1+R_3)^2} - \frac{R_4\,dR_2 - R_2\,dR_4}{(R_2+R_4)^2}\right) \tag{13.40}$$

Weisen alle Widerstände aufgrund ihrer Dimensionierung im unbelasteten Fall den gleichen Widerstand auf $R = R_1 = R_3 = R_3 = R_4$ und sind die relativen Änderungen betragsmäßig gleich $dR = dR_1 = -dR_2 = -dR_3 = dR_4$, so ergibt sich für die Brückenschaltung:

$$dU = U_{ref}\,\frac{dR}{R} \tag{13.41}$$

Die Widerstandsänderungen senkrecht und parallel zur Aufhängung in der Seitenmitte der Membran ergeben sich zu:

$$\left.\frac{dR}{R}\right|_{\ell} = \pi_\ell\,\sigma_\ell + \pi_t\,\sigma_t \approx 0{,}31\cdot p\frac{a^2}{h^2}\frac{1}{2}[(\pi_{11}+\pi_{12})(1+\nu)+\pi_{44}(1-\nu)] \tag{13.42}$$

$$\left.\frac{dR}{R}\right|_{t} = \pi_\ell\,\sigma_t + \pi_t\,\sigma_\ell \approx 0{,}31\cdot p\frac{a^2}{h^2}\frac{1}{2}[(\pi_{11}+\pi_{12})(1+\nu)-\pi_{44}(1-\nu)] \tag{13.43}$$

Da für p-leitendes Silizium π_{44} wesentlich größer ist als die weiteren Piezokoeffizienten, folgt näherungsweise

$$dR \approx \pm R\,\pi_{44}\,\sigma\,(1-\nu) \approx R\,\pi_{44}\cdot 0{,}31\cdot p\frac{a^2}{h^2}(1-\nu) \tag{13.44}$$

und damit

$$dU \approx U_{ref}\,\pi_{44}\cdot 0{,}31\cdot p\frac{a^2}{h^2}(1-\nu) \tag{13.45}$$

Im Idealfall sind die Widerstände in einem Brückenzweig für alle Belastungen gleich $R_1 + R_3 = const$; $R_2 + R_4 = const$.

Die Temperaturabhängigkeit ist relativ gering, da alle Brückenwiderstände in gleicher Weise von der Temperatur abhängig sind und sich daher deren Wirkung auf die Brückenspannung aufhebt. Aufgrund der Temperaturabhängigkeit der implantierten Widerstände ändert sich jedoch die Druckempfindlichkeit des Sensors. Aus diesem Grund ist in der Regel eine einfache Temperaturkompensation notwendig. Man kann beispielsweise die Brücke mit einem konstanten Strom betreiben, da sich dadurch bei einer Temperaturänderung die Brückenspannung in dem selben Maß ändert wie die Widerstände.

13.2.2 Kapazitive Sensoren

Kapazitive Sensoren wandeln die Änderung der Meßgröße in eine Kapazitätsänderung. Die Kapazitätsänderung kann durch eine Änderung des Elektrodenabstands, einen Versatz der Elektroden oder durch eine Änderung der Dielektrizitätskonstante entstehen. Mechanische Sensoren verwenden in der Regel eine Änderung der Elektrodenanordnung in der x- oder y-Richtung (Abb. 13.7).

Im Vergleich zu piezoresistiven Sensoren ist das Prinzip und die mathematische Formulierung recht einfach. Unter Vernachlässigung von Streufeldern $d \ll a$, $d \ll b$ gilt für eine Parallelplattenanordnung:

$$C(x,y) = \varepsilon \frac{a(b-e-x)}{d-y} \tag{13.46}$$

Für die Kapazitätsänderung (Empfindlichkeit) folgt somit:

$$\left.\frac{1}{C}\frac{\partial C}{\partial x}\right|_{\substack{x=0\\y=0}} = -\frac{\varepsilon}{C}\frac{a}{d} = -\frac{1}{b-e} = -\frac{1}{b}\left(1-\frac{e}{b}+\left(\frac{e}{b}\right)^2-\left(\frac{e}{b}\right)^3+\ldots\right) \tag{13.47}$$

$$\left.\frac{1}{C}\frac{\partial C}{\partial y}\right|_{\substack{x=0\\y=0}} = \frac{\varepsilon}{C}\frac{a(b-e)}{d^2} = \frac{1}{d} \tag{13.48}$$

Da der Plattenabstand klein gegenüber den Abmessungen a,b ist, wird in der Re-

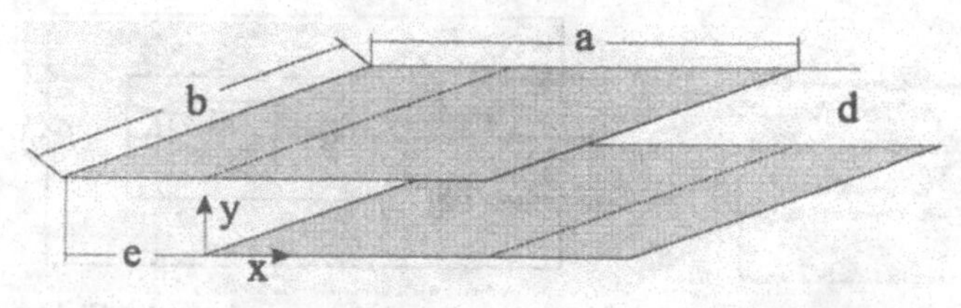

Abb. 13.7. Kondensatoranordnung, die obere Platte wird als fest, die untere als beweglich betrachtet.

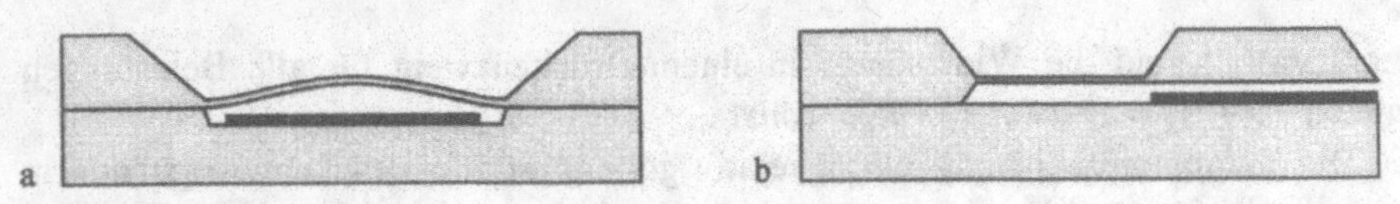

Abb. 13.8. Aufbau von kapazitiven Sensoren in der Bulk-Mikromechanik. **(a)** Drucksensor, **(b)** Beschleunigungssensor.

gel zur Erreichung einer möglichst hohen Empfindlichkeit die Änderung des Plattenabstands verwendet. Die Änderung des Versatzes e hat demgegenüber den Vorteil, daß auch größere Verstellwege möglich sind. Wie man aus den obigen Beziehungen sieht, ist die Empfindlichkeit i. a. nicht konstant, sondern vom Verstellweg abhängig. Die Änderung des Versatzes führt jedoch nur zu einer geringen Änderung der Empfindlichkeit, wenn $e \ll b$ gilt.

In Sensoren wird häufig wie in Abb. 13.8 eine dünne Membran oder eine an Stegen aufgehängte steife Masse als Elektrode benutzt.

Ein wesentlicher Vorteil kapazitiver Sensoren ist, daß sie keine direkte Temperaturabhängigkeit aufweisen. Ein thermischer Effekt kann allerdings durch die Wärmeausdehnung der Materialien und die damit einhergehende Verformung der Elektrodenanordnung (Bimetalleffekt) entstehen. Durch eine sorgfältige Auslegung mit möglichst symmetrischem Schichtaufbau können thermische Querempfindlichkeiten unterdrückt werden, so daß keine Temperaturkompensation notwendig ist. Weitere Vorteile der kapazitiven Sensoren sind ihr sehr gutes dynamisches Verhalten und die Freiheit von Hystereseeffekten.

Beim gefesselten Beschleunigungssensor in Abb. 13.9 wird die seismische Masse zwischen einem Elektrodenpaar eingebracht. Dadurch entstehen zwei, sich mit unterschiedlichen Vorzeichen ändernde Kapazitäten. Das Lagesignal der seismischen Masse ergibt sich aus der Kapazitätsdifferenz. Der Sensor wird so betrieben, daß durch Anlegen einer Spannung zwischen den Kondensatorplatten die Lage der beweglichen Masse fest bleibt. Gleichzeitig wird in einem Meßkreis die Kapazitätsänderung $C_1 - C_2$ erfaßt und in einem Regelkreis zur Steuerung der Spannungen U_1, U_2 z. B. durch einen PI-Regler verwendet.

$$F_1 = -\frac{1}{2} U_1^2 \varepsilon \frac{A}{d_1^2} \qquad F_2 = -\frac{1}{2} U_2^2 \varepsilon \frac{A}{d_2^2} \tag{13.49}$$

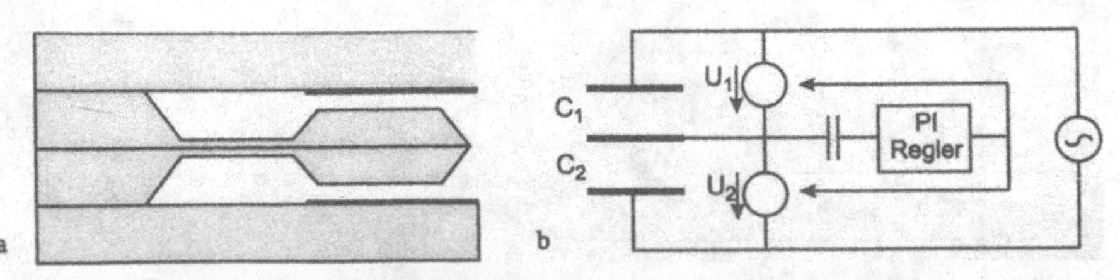

Abb. 13.9. Funktion eines kapazitiven Beschleunigungssensors mit Lageregelung. **(a)** Elektrodenanordnung, **(b)** Auswertung und Ansteuerung.

$$\Delta F = -\frac{1}{2}\varepsilon A\left[\left(\frac{U_1}{d_1}\right)^2 - \left(\frac{U_2}{d_2}\right)^2\right], \quad d_1 + d_2 = const \tag{13.50}$$

Der Vorteil der gefesselten Sensoren besteht in der Erweiterung des Dynamikbereichs und der Vermeidung von auslenkungsabhängigen Nichtlinearitäten, die ihre Ursache in der Federcharakteristik der Aufhängung und der nichtlinearen Kapazitätsänderung haben. Die veränderlichen Spannungsquellen werden zumeist durch Pulsweitenmodulation realisiert, hierbei ist die mittlere Kraft proportional zum Tastverhältnis der Signale. Die Pulsweitenmodulation läßt sich günstig mit einer Meßschaltung für die Kapazitäten kombinieren, bei der die Kapazitäten abwechselnd geladen und entladen werden und so eine Oszillation bewirken [7]. Das Verhalten dieses Sensors wird in Kap. 7.2 untersucht.

Der dynamische Bereich kapazitive Sensoren wird begrenzt durch die Geschwindigkeit der Ansteuer- und Auswerteelektronik und die Luftdämpfung der zwischen den Platten eingeschlossenen Luftschicht. Zur Erzielung kurzer Ansprechzeiten kann der Sensor in einem teilevakuierten Gehäuse eingeschlossen werden. Dabei wird der Sensor durch anodisches Bonden auf Pyrex-Glas luftdicht verschlossen.

13.2.3 Piezoelektrische Sensoren

Piezoelektrische Sensoren werden hauptsächlich zu Erfassung sehr schneller Vorgänge eingesetzt, z. B. bei der Schall- oder Ultraschallmessung (Mikrophon). Die aktive piezoelektrische Schicht besteht in der Mikrosystemtechnik aus den Matcrialien ZnO, PTZ, SiO_2 oder AlN, die zumeist durch Sputtern aufgebracht werden.

Für die Schallmessung werden entweder dünne Membranen oder eine Vielzahl einzelner Balken (Stege) verwendet, die durch ihre Länge und Breite auf eine bestimmte Resonanzfrequenz abgestimmt sind. Wie bei piezoresistiven Sensoren ist der piezoelektrische Kristall im Bereich der höchsten Spannung bzw. Dehnung zu positionieren.

13.2.4 Resonanzsensoren

Dic Resonanzfrequenz eines Masse-Feder-Dämpfer Systems wird bestimmt durch die Federkonstante und die Masse. Zusätzlich einwirkende Kräfte, Drehmomente, eine Änderung des Elastizitätsmoduls oder der Masse bewirken eine Verschiebung der Resonanzfrequenz und können daher als Sensorprinzip genutzt werden. Ein mechanischer Oszillator wird beschrieben durch die Differentialgleichung:

$$\ddot{x} + 2\delta\dot{x} + \frac{c}{m}x = 0 \tag{13.51}$$

Die Resonanzfrequenz ist:

$$\omega_0 = \sqrt{\frac{c}{m}} \tag{13.52}$$

Die Dämpfung wird in diesem Ansatz durch eine geschwindigkeitsproportionale Reibungskraft $F_R = -\xi \dot{x}$ verursacht.

$$\delta = \frac{\xi}{2m} \tag{13.53}$$

Die Güte Q gibt das Verhältnis von gespeicherter Energie zur Verlustenergie an.

$$Q = \frac{\omega_0}{2\delta}; \qquad \delta \ll \omega_0 \tag{13.54}$$

Für eine erzwungene sinusförmige Schwingung liegt bei schwacher Dämpfung das Amplitudenmaximum bei der Frequenz

$$\omega = \omega_0 \sqrt{1 - \frac{1}{2Q}} = \sqrt{\omega_0^2 - 2\delta^2} \tag{13.55}$$

Für die Resonanzfrequenz der n-ten Oberschwingung einer eingespannten Saite oder eines dünnen zweiseitig eingespannten Stabs gilt bei einer idealen, starre Einspannung:

$$\text{Saite:} \qquad f_n = \frac{n}{2\ell}\sqrt{\frac{F}{\rho A}} \tag{13.56}$$

$$\text{Stab:} \qquad f_n = \frac{n}{2\ell}\sqrt{\frac{E}{\rho}} \tag{13.57}$$

Hierbei ist A die Querschnittsfläche, E der Elastizitätsmodul, ρ die Dichte, F die Kraft der Einspannung und ℓ die Länge. Für den einseitig eingespannten (dünnen) Stab ergeben sich die Eigenfrequenzen:

$$f_n = \frac{2n+1}{4\ell}\sqrt{\frac{E}{\rho}} \tag{13.58}$$

Für kompliziertere Fälle lassen sich die Eigenfrequenzen nur näherungsweise oder mit Hilfe von Simulationsverfahren (FEM) bestimmen.

Man erkennt aus den angegebenen Beziehungen die prinzipielle Abhängigkeit der Resonanzfrequenz vom Elastizitätsmodul, der Einspannung und dem Massenbelag. Diese Abhängigkeiten lassen sich zur Meßgrößenerfassung vielfältig nutzen. Die Dämpfung ist dann ein unerwünschter Effekt, da sie die Güte des Resonators beeinträchtigt. Für hohe Güten erreicht man eine scharf ausgeprägte Resonanzüberhöhung, die eine hohe Frequenzauflösung erlaubt. Jedoch ist es auch möglich, die mit der Dämpfung verknüpfte Verschiebung des Amplituden-

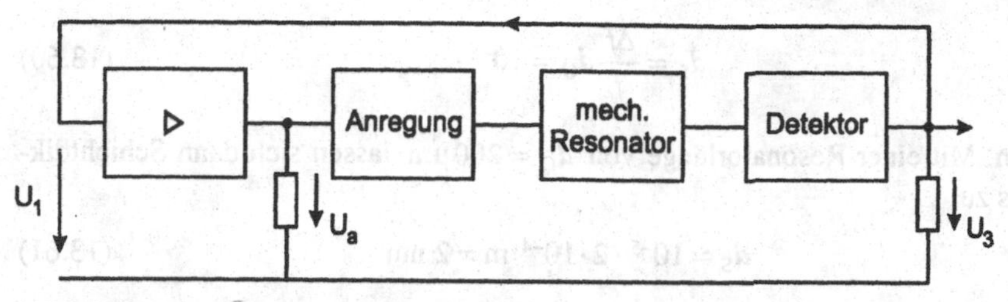

Abb. 13.10. Prinzipskizze eines Resonanzsensors.

maximums als Sensorprinzip zu nutzen. Allerdings ist die Messung der Dämpfung oder der Güte wesentlich problematischer als die Erfassung einer ausgeprägten Resonanz.

Bei Resonanzsensoren muß das System, ähnlich wie bei Quarzoszillatoren, durch einen rückgekoppelten Schaltkreis in Resonanz betrieben werden (Abb. 13.10). Grundsätzlich besteht der Sensor daher aus den Komponenten:

- Detektor
- Anregung
- Rückkopplung
- Frequenzerfassung

Wenn die Schleifenbedingung $U_3 = k\,A\,U_1$ nach Betrag und Phase erfüllt ist, stabilisiert sich der Oszillator auf der Resonanzfrequenz. Die Frequenzgenauigkeit nimmt mit der Güte zu. Für Silizium Mikrosensoren sind Güten im Bereich von $Q = 10^3 - 6 \cdot 10^5$ üblich. Die damit erreichbare Frequenzauflösung und Meßgenauigkeit sind außerordentlich gut.

Für Anregung und den Detektion sind grundsätzlich verschiedene Wandlerprinzipien möglich (kapazitiv, Elektrostriktion, piezoelektrischer Effekt, optische Detektion, piezoresistive Detektion). Am verbreitetsten ist die piezoelektrische Anregung und Detektion [15, 21]. Mit Piezowandlern lassen sich sehr hohe Frequenzen bis in den Gigahertzbereich erreichen, übliche Frequenzen liegen bei 100 MHz. Diese hohen Frequenzen erlauben die Miniaturisierung und erfordern nur kurze Meßzeiten, da die Frequenzerfassung in der Regel durch einen Zähler realisiert wird.

Seit langem bewährt ist das Meßprinzip für die Schichtdickenmessung. Dabei wird ein elektrisch angeregter Schwingquarz beschichtet, wodurch sich die Masse und die Resonanzfrequenz ändert. Die Frequenzänderung ist proportional zur Schichtdicke d_S und der Dichte des abgeschiedenen Materials ρ_S

$$\frac{\Delta f}{f} = \frac{\rho_S\, d_S}{\rho_Q\, d_Q} \qquad (13.59)$$

Gehen wir beispielsweise von gleichen Dichten $\rho_S = \rho_Q$ aus und nehmen eine Genauigkeit der Frequenzmessung von $\Delta f / f = 10^{-5}$ an, so läßt sich eine Schichtdicke von:

$$d_S = \frac{\Delta f}{f} d_Q = 10^{-5}\, d_Q \tag{13.60}$$

messen. Mit einer Resonatorlänge von $d_Q = 200\,\mu m$ lassen sich dann Schichtdikken bis zu

$$d_S = 10^{-5} \cdot 2 \cdot 10^{-4}\ \text{m} = 2\ \text{nm} \tag{13.61}$$

detektieren. Die Meßgröße „Frequenz" läßt sich sehr einfach und mit fast beliebiger Genauigkeit digitalisieren. Hierzu wird üblicherweise nach der Signalaufbereitung ein Zähler verwendet. Allein die Meßdauer bestimmt dann die Frequenzauflösung. Alternativ wertet man die Zeitdauer für eine bestimme Anzahl von Schwingungen aus (Zählerüberlauf). Das so digitalisierte Signal kann störungsfrei der Auswerteelektronik zugeführt werden.

Die Attraktivität der Resonanzsensoren mit Piezowandlern ergibt sich neben der sehr guten erreichbaren Auflösung auch aus der Tatsache, daß piezoelektrische Schichten mit guter Qualität durch Sputtern oder CVD-Prozesse abgeschieden werden können.

Im Festkörper können sich, wie in Abb. 13.11 dargestellt, Kompressionswellen (Longitudinalwelle) und Torsionswellen (Transversalwelle) ausbreiten. Für deren Ausbreitungsgeschwindigkeit gilt [16].

$$c_K^2 = \frac{E(1-\nu)}{(1+\nu)(1-2\nu)} \frac{1}{\rho} \approx \frac{E}{\rho} \tag{13.62}$$

$$c_T^2 = \frac{E}{2(1+\nu)} \frac{1}{\rho} \tag{13.63}$$

Es gilt stets $c_K > c_T$. Die Wellenlänge legt direkt – über die notwendigen Abmessungen der Anregungsstrukturen und die Länge des Resonators – die Gesamtabmessungen und des Sensors und damit die Miniaturisierungsgrenzen fest. Daher bestimmt die Ausbreitungsgeschwindigkeit mit der Beziehung $c = \lambda f$ die Abmessungen und die mögliche Ortsauflösung.

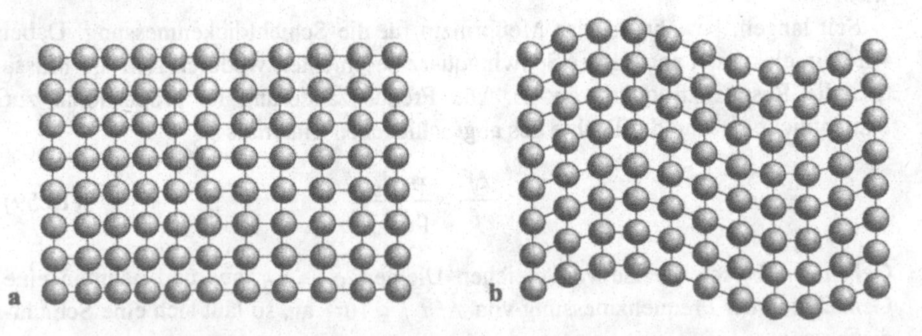

Abb. 13.11. (a) Longitudinalwelle und (b) Transversalwelle im Festkörper.

13.2.5 Oberflächenwellen-Sensoren

In der englischsprachigen Literatur wird dieser Sensortyp als SAW-Sensor (surface acoustic wave) bezeichnet. SAW-Sensoren sind eine spezielle Art von Resonanzsensoren, bei denen Resonanz mit Hilfe einer akustischen Welle auf einem elastischen Halbraum erreicht wird.

Die in Abb. 13.12 dargestellten Oberflächenwellen (Rayleigh-Wellen) setzen sich aus einem longitudinalen und einem transversalen Wellenanteil zusammen. Sie haben eine kleinere Ausbreitungsgeschwindigkeit als die sonst in Festkörpern vorhandenen Volumenwellen (Transversalwellen, Longitudinalwellen). Die geringere Ausbreitungsgeschwindigkeit ist für die Mikrosystemtechnik von Bedeutung, da damit auch eine kleinere Wellenlänge verbunden ist und diese wiederum die Abmessungen der Komponente bestimmt. Für nahezu inkompressible Medien gilt die Näherung [16]:

$$c_{Oberf} \approx \sqrt{\frac{G}{\rho}}\left(1-\frac{1}{24}\right) = \sqrt{\frac{E}{2(1+\nu)}\frac{1}{\rho}}\left(1-\frac{1}{24}\right) \tag{13.64}$$

Eine genauere Betrachtung ergibt die folgende Abhängigkeit von der Querkontraktionszahl ν [20].

$$c_{Oberf} = \varsigma\sqrt{\frac{E}{2(1+\nu)}\frac{1}{\rho}} \quad \text{mit} \quad \begin{aligned} \varsigma &= 0{,}9553 \quad \text{für} \quad \nu = 0{,}5 \\ \varsigma &= 0{,}9194 \quad \text{für} \quad \nu = 0{,}25 \\ \varsigma &= 0{,}681 \quad \text{für} \quad \nu = 0{,}125 \end{aligned} \tag{13.65}$$

Die Amplitude der Oberflächenwellen klingt im Festkörper exponentiell ab. Die Eindringtiefe δ (Abfall der Amplitude auf 1/e) ist für den longitudinalen und transversalen Anteil unterschiedlich, sie ist deutlich geringer als die Wellenlänge.

$$\delta_t = \frac{\lambda}{2\pi} = \frac{c_{oberf}}{\omega} \quad \text{transversaler Anteil} \tag{13.66}$$

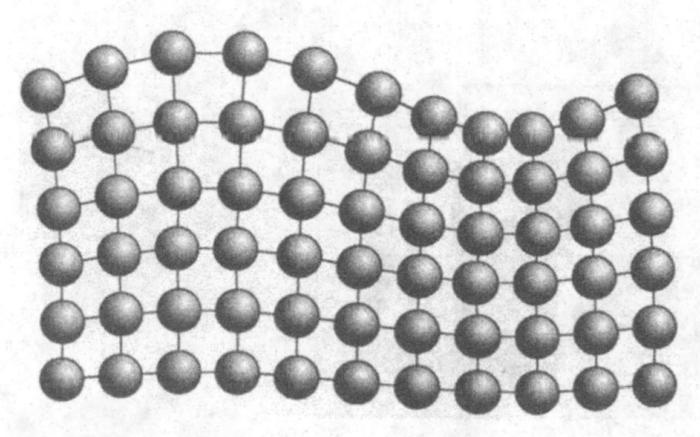

Abb. 13.12. Oberflächenwelle im Festkörper.

$$\delta_\ell = \frac{\lambda}{2\pi}\sqrt{12} \qquad \text{longitudinaler Anteil} \tag{13.67}$$

Die Attraktivität der Oberflächenwellen für die Nutzung als Sensorprinzip liegt daher in der Tatsache begründet, daß die Oberfläche des Festkörpers das Ausbreitungsverhalten der Welle bestimmt. Im allgemeinen ist die Ausbreitungsgeschwindigkeit und damit die Wellenlänge von der Ausbreitungsrichtung relativ zur Kristallorientierung abhängig.

Beispiele:

Silizium: $E = 150\cdot 10^9 \frac{\text{N}}{\text{m}^2}$, $\nu = 0{,}28$, $\rho = 2{,}33\cdot 10^3 \frac{\text{kg}}{\text{m}^3}$, $\varsigma \approx 0{,}92$

$$c_{\text{Si}} \approx 0{,}92\cdot\sqrt{\frac{150\cdot 10^9}{2\cdot(1+0{,}28)\cdot 2{,}33\cdot 10^3}\frac{\text{N m}^3}{\text{m}^2\text{ kg}}} = 4{,}6\cdot 10^3\frac{\text{m}}{\text{s}}$$

Quarz (SiO_2): $E = 70\cdot 10^9 \frac{\text{N}}{\text{m}^2}$, $\nu = 0{,}14$, $\rho = 2{,}2\cdot 10^3 \frac{\text{kg}}{\text{m}^3}$, $\varsigma \approx 0{,}71$

$$c_{\text{SiO}_2} \approx 2{,}65\cdot 10^3\frac{\text{m}}{\text{s}}$$

Polyimid: $E = 3\cdot 10^9 \frac{\text{N}}{\text{m}^2}$, $\nu = 0{,}4$, $\rho = 1{,}3\cdot 10^3 \frac{\text{kg}}{\text{m}^3}$, $\varsigma \approx 0{,}94$

$$c_{\text{PI}} \approx 853\frac{\text{m}}{\text{s}}$$

Man erregt Oberflächenwellen durch zwei Paare kammartig ineinander greifende Metallelektroden auf einem piezoelektrischen Substrat an (Abb. 13.13). Eine angelegte elektrische Spannung erzeugt ein elektrisches Feld mit der Periodizität der Fingerstruktur, dies führt im Piezowandler zu einer Deformationswelle auf der Oberfläche. Der Abstand benachbarter „Finger" entspricht einer halben Wellenlänge. Am zweiten Elektrodenpaar wird die elastische Welle nach Durchlaufen der

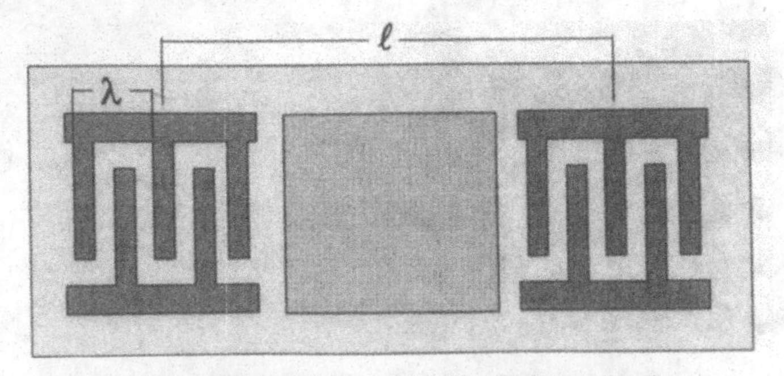

Abb. 13.13. Prinzipieller Aufbau eines Oberflächenwellen-Sensors.

Strecke ℓ wieder in eine elektrische Spannung gewandelt.

Die Wellenamplitude liegt typischerweise im Bereich der atomaren Abmessungen (0,1 nm). Die Oberflächenwelle koppelt mit dem angrenzenden Medium, das gasförmig, aber auch flüssig oder fest sein kann. Durch diese Kopplung wird die Amplitude, Dämpfung und Ausbreitungsgeschwindigkeit der Welle beeinflußt. In der Regel wird die Änderung der Ausbreitungsgeschwindigkeit gemessen, indem man die beiden Elektrodenpaare zusammen mit der Laufstrecke ℓ als Verzögerungsleitung in einem Oszillator betreibt. Für die Resonanzfrequenz ergibt sich dann die Bedingung:

$$f = \frac{c_{Oberf}}{\lambda} = \frac{(2\pi n - \varphi_{el})}{\ell} c_{Oberf} \tag{13.68}$$

Hierbei ist φ_{el} die Phasenverschiebung des Verstärkerschaltkreises. Beispielsweise ergibt sich bei 100 MHz mit $\ell = c\,2\pi/f$ auf Siliziumoxid eine Länge von $\ell = 170\,\mu m$.

Neben den Rayleigh-Wellen sind in geschichteten Materialien, dünnen plattenförmigen Strukturen oder anisotropen Medien auch weitere Wellentypen ausbreitungfähig [8, 17]. Die Phasengeschwindigkeit der antisymmetrischen Lambwellen ist proportional zur Frequenz und zur Plattendicke, so daß für dünne Platten auch sehr kleine Phasengeschwindigkeiten erreicht werden können. Jedoch sind diese Wellen nicht dispersionsfrei, d. h. ihre Ausbreitungsgeschwindigkeit ist von der Frequenz abhängig.

Mit Hilfe des Oberflächenwellen-Prinzips wurden verschiedene physikalische, aber auch Chemo- und Biosensoren realisiert [1, 8]. Bei Kraft- und Drucksensoren wird die Tatsache ausgenutzt, daß – ähnlich der eingespannten Saite – die Ausbreitungsgeschwindigkeit von der mechanischen Spannung abhängig ist. Zur Verbesserung der Auflösung kann auch eine Referenzstrecke benutzt werden, die nicht der mechanischen Spannung ausgesetzt wird. In diesem Fall wertet man die Differenzfrequenz aus. Übliche Frequenzen liegen im Bereich von 100 MHz - 1 GHz. Niedrigere Frequenzen erfordern zwar einen geringeren Aufwand für die elektrische Verstärkung, führen aber zu Einbußen bei der Meßgenauigkeit. Außerdem sind bei kleineren Frequenzen größere Laufstrecken erforderlich, um die für Resonanz erforderliche Phasenverschiebung zu erreichen.

13.3 Chemo- und Biosensoren

Chemo- und Biosensoren werden zur Messung der Zusammensetzung und Konzentration von Gasen oder Flüssigkeiten eingesetzt. Biosensoren können als eine spezielle Klasse der Chemosensoren angesehen werden, die sich die hohe Empfindlichkeit und Selektivität biologisch aktiver Materialien zunutze machen. Der hauptsächliche Unterschied besteht in der höheren Selektivität der Biosensoren, während die eingesetzten Wandlerprinzipien denen der Chemosensoren entsprechen [5]. Daher wird im folgenden vorwiegend auf die Wirkungsweise chemischer Sensoren eingegangen.

Für Bio- und Chemosensoren werden hauptsächlich die folgenden Wandlerprinzipien benutzt:

1. Kalorische Wandler mit Temperaturfühler
2. Elektrochemische Sensoren
3. Piezoelektrisch-akustische Sensoren
4. Optoelektronische Sensoren
5. Leitfähigkeitssensoren mit Metalloxid Schichten
6. Chemoselektive Feldeffekttransistoren

Die unter 1. bis 4. genannten Sensoren werden im folgenden nur sehr kurz behandelt. Sie gehen wie 1. und 2. nicht auf für die Mikrosystemtechnik charakteristische Prinzipien und Technologien zurück oder bilden, wie im Fall der piezoelektrischen Sensoren, eine spezielle Anwendung des zuvor behandelten allgemeinen Sensortyps. Etwas ausführlicher soll im folgenden auf die beiden zuletzt genannten Sensorarten eingegangen werden.

Allgemein lassen sich zwei für Chemo- und Biosensoren kennzeichnende Aufnehmerprinzipien unterscheiden. Zum einen läßt sich die Reaktion der zu erfassenden Substanz mit einem im Sensor vorhandenen Reaktionspartner detektieren. Natürlich nimmt durch die Reaktion die im Sensor vorhandene Konzentration ab, so daß diese Sensoren nur für eine begrenzte Einsatzdauer konzipiert sind. Zum anderen wird von der selektiven Anlagerung von Atomen (Adsorption) Gebrauch gemacht. Es wird in der Regel versucht, durch spezielle Beschichtungen (Schlüssel-Schloß-Prinzip) eine vermehrte Anlagerung der zu detektierenden Stoffe zu erreichen. Eine weitere mit beiden der genannten Aufnehmerarten kombinierbare Maßnahme zur Erhöhung der Selektivität besteht in der Verwendung selektiv permeabler Membranen. Diese werden zur Kapselung des eigentlichen Sensors verwendet und haben die Aufgabe, Fremdstoffe vom Sensor fern zu halten, die die Messung verfälschen könnten.

Bei Biosensoren ergibt sich das Problem der Langzeitstabilität der bioaktiven Substanz (Enzyme), woraus sich nur eine begrenzte Lebensdauer und ein Drift während des Betriebs ergeben [14]. Der Drift kann eventuell durch Spülung mit speziellen Testsubstanzen mit bekannter Konzentration nachkalibriert werden. Häufig jedoch werden Chemo- und Biosensoren nur für einen kurzen Zeitraum oder für den Einmalbetrieb verwendet (medizinische Analyse und Diagnostik).

1. Kalorische Wandler mit Temperaturfühler

Bei diesem Sensortyp wird die Wärme einer chemischen Reaktion detektiert. Da die Reaktionsrate von der Konzentration des zu messenden Stoffs abhängig ist, wird über den Umweg der Temperaturmessung ein von der Konzentration abhängiges Meßsignal erhalten. Der reaktionsfähige Stoff wird auf oder in der Nähe des Temperaturfühlers aufgebracht. Um eine Selektivität des Sensors zu erreichen, werden Katalysatoren und bei Biosensoren Enzym-Katalysatoren verwendet. Die Lebensdauer und der Drift des Sensors sind von der Reaktionsrate und der Menge des Reaktionsstoffs abhängig. Als Temperaturfühler werden thermoelektrische (Seebeck-Effekt) oder integrierte Temperaturfühler verwendet (z. B. Temperaturabhängigkeit der Basis-Emitter Spannung).

2. Elektrochemische Sensoren

Gase und Flüssigkeiten können durch die mit einer Reaktion verbundenen elektrochemischen Vorgänge erfaßt werden. Dabei wird eine Substanz an der Anode oxidiert und an der Kathode reduziert. Die Meßzelle bildet also ein galvanisches Element, das an der Kathode Elektronen abgibt und von der Anode eine gleiche Zahl von Elektronen empfängt. Die Elektronen bewirken im Gleichgewichtszustand eine elektrische Spannung, bzw. bei Stoffumsatz einen Strom. Das Potential (Potentiometrie) oder der Strom (Amperometrie) werden bei elektrochemischen Sensoren zum Nachweis herangezogen. Um eine Selektivität zu erreichen, werden Oberflächenbeschichtungen verwendet, die ionenselektiv wirken (ionenselektive Sensoren).

3. Piezoelektrisch-akustische Sensoren

Die Resonanzfrequenz eines Schwingquarzes oder einer in Rückkopplung betriebenen Oberflächenwellenleitung (s. Abschnitt 13.2.5) verringert sich durch die Anlagerung von Fremdatomen oder -molekülen. Die Empfindlichkeit und Selektivität gegenüber einer bestimmten Substanz werden durch Verwendung einer selektiv wirkenden Oberflächenbeschichtung erreicht.

4. Optoelektronische Sensoren

Optische Sensoren detektieren optische Eigenschaften von Gasen oder Flüssigkeiten, insbesondere Lichtabsorption, Wellenlänge und Brechungsindex [6, 11, 18]. Die optische Messung hat den Vorteil, daß durch die Messung keine chemische Änderung (Reaktion) hervorgerufen wird und eine Kalibrierung oder ein Referenzsignal nicht notwendig ist. Optische Spektrometer nutzen die für jedes Gas charakteristische wellenlängenabhängige Absorption (bzw. Transmission) zwischen einer Lichtquelle und einem Photodetektor. Dadurch wird eine sehr gute Genauigkeit und Selektivität erreicht. Verbreitet sind auch chemisch sensitive Filme, die bei Adsorption von Gasen oder Flüssigkeiten die Reflexion eines Lichtstrahls ändern (Refraktometrische Messung).

5. Leitfähigkeitssensoren mit Metalloxid Halbleitern

Metalloxid Halbleiter werden seit vielen Jahren als Gassensoren verwendet. Der Vorteil dieses Sensortyps sind niedrige Kosten und gute Empfindlichkeit gegenüber brennbaren (oxidierbaren) Gasen [9]. Die Wirkung basiert auf der Änderung der Leitfähigkeit. Als Material wird vor allem Zinnoxid (SnO_2) eingesetzt. Neben Zinnoxid werden die Metalloxid Halbleiter Zinkoxid (ZnO), Eisenoxid (Fe_2O_3), Titanoxid (TiO_2) und andere verwendet. Zinnoxid ist ein n-leitender Halbleiter mit einer Bandlücke von 3,5 eV . Seine elektrische Leitfähigkeit wird durch Punktdefekte hervorgerufen, wobei Sauerstoff-Fehlstellen als Donatoren wirken.

Die Gasmoleküle treten in Wechselwirkung mit der Halbleiteroberfläche und erzeugen eine Anreicherung oder Verarmung von Ladungsträgern. Das Leitwertverhalten von n-leitenden Halbleitern kann quantitativ über den Einfluß von negativ adsorbiertem Sauerstoff und eine damit verbundene Ausbildung von elektronenverarmten Randschichten an der Oberfläche erklärt werden. Reduzierende Gase verringern die Menge an adsorbiertem O_2 und führen damit zu einer Erhöhung der Leitfähigkeit. Dieser Leitfähigkeitseffekt kann auch durch die Reaktion eines reduzierenden Gases mit dem Sauerstoff des Halbleiters unter Ausbildung von Defekten entstehen, die bei höheren Temperaturen in das Volumen hineindiffundieren.

Um die Adsorption unerwünschter Gase (auch Feuchte) zu vermeiden und die Desorption von Reaktionsprodukten zu beschleunigen, werden die Sensoren bei Temperaturen zwischen 200°C und 500°C betrieben. Die hohe Betriebstemperatur erfordert die permanente Heizung des Sensors. Hierzu wird bei mikrosystemtechnischen Realisierungen ein meanderförmig ausgeführter (Dünn-)filmwiderstand benutzt. Die Heizung erfordert relative große Leistungen von bis zu einigen Watt.

Leitfähigkeitssensoren sprechen auf verschiedene oxidierende Gase an CO, H_2, CH_4, H_2S, NO_x, ..., sie verfügen also nicht über eine Selektivität nur gegenüber einem Gas. Zur Verbesserung der Selektivität werden verschiedene Maßnahmen angewendet. Ein Katalysator wie Palladium erhöht die Oxidation von CO_2, H_2 und organischen Molekülen. Die Betriebstemperatur ist eine weitere Einflußgröße zur Beeinflussung der Selektivität. Als dritte Maßnahme werden „Filterschichten" auf dem Metalloxid abgeschieden, die eine unterschiedliche Durchlässigkeit (Permeabilität) für verschiedene Gase besitzen. Die Filterschicht besteht aus halbleitenden Materialien oder Polymeren. Schließlich weisen unterschiedliche Metalloxide Unterschiede in der Empfindlichkeiten gegenüber verschiedenen Gasen auf.

Metalloxid Gassensoren werden hauptsächlich zur Leckageüberwachung der Gasversorgung in Industrieanlagen oder im Wohnbereich eingesetzt. Hierbei spielt die Ansprechzeit eine wesentliche Rolle. Übliche Leitfähigkeitssensoren verfügen über eine Ansprechzeit, die im Bereich von 1 min liegt.

6. Chemosensitive Feldeffekttransistoren (ChemFet)

Beim ChemFet, das in Abb. 13.14 schematisch dargestellt ist, wird eine chemisch sensitive Schicht auf dem Kanalgebiet eines Feldeffekttransistors (MOSFET) genutzt, um eine Änderung der Ladungsträgerdichte zu detektieren [9, 11]. Das Gate Potential wird konstant gehalten. Durch Adsorption angelagerte oder in die selektive Schicht hineindiffundierende Ionen ändern die Ladungsträgerdichte oder bilden an der Isolationsschicht des Gates einen Polarisationsbelag und verschieben so die Schwellspannung des Feldeffekttransistors.

Insbesondere wird Palladium (Pd) als chemisch sensitive Schicht verwendet, da Wasserstoff (bei 150°C) in dieser Schicht aufgenommen wird. Der Wasserstoff diffundiert zum Pd / SiO_2 Interface und bildet dort eine Dipolladung.

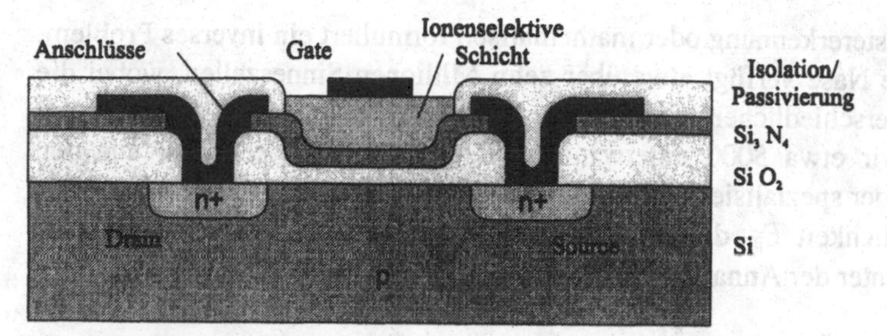

Abb. 13.14. Querschnitt durch einen chemosensitiven Feldeffekttransistors.

Für pH-Wert Sensoren wird die mit dem pH-Wert verbundene Ionenkonzentration ausgenutzt (Ion sensitive FET oder ISFET). Aus der Lösung werden Ionen an der Isolationsschicht des Gates angelagert (z. B. OH^-), die zusammen mit Influenzladungen eine Doppelschicht ausbilden. Die elektrische Doppelschicht entspricht einer Potentialdifferenz am Gate Interface. Da die Potentialdifferenz von der Ionenkonzentration und damit vom pH-Wert abhängt, ergibt sich bei konstanter Gatespannung ein sich mit dem pH-Wert ändernder Drain-Source Strom

Für die Funktion von Bedeutung sind insbesondere die Langzeitstabilität und der Drift der Sensoren. Ursprünglich wurde nur mit der SiO_2 Isolation des Gates gearbeitet, inzwischen werden jedoch unterschiedliche Schichtmaterialien eingesetzt (Ta_2O_5 , Si_3N_4 , Al_2O_3 , Polymere, ...). Die Lebensdauer ist jedoch immer noch für viele Anwendungen unbefriedigend (< ½ Jahr). Der den Drift verursachende Mechanismus ist bisher noch nicht vollständig geklärt.

ChemFets zeigen eine Temperaturabhängigkeit, die von der Wirkungsweise des FET Transistors abhängig ist und durch geeignete Schaltungsmaßnahmen kompensiert werden kann. Als weiterer Störeffekt macht sich die Lichtempfindlichkeit bemerkbar, die durch Verkapselung weitgehend unterdrückt werden kann.

13.4 Mehrkomponentenanalyse für Sensoren

Sensoren, insbesondere die im letzten Abschnitt behandelten chemischen Sensoren, reagieren nicht nur auf ein Merkmal (z. B. Stoffkonzentration), sondern auf eine Vielzahl möglicher Einflußgrößen. Dies wurde zuvor mit dem Begriff „Selektivität" bezeichnet und steht für die Fähigkeit eines Sensors, ein Merkmal aus einer unbekannten Merkmalszusammensetzung quantitativ zu bestimmen. Alle Sensoren besitzen Querempfindlichkeiten gegenüber Störgrößen. Ein Meßsignal kann daher immer mehrere Einflußgrößen zur Ursache haben. Durch die Verwendung mehrerer Sensoren ist es jedoch (zumindest näherungsweise) möglich, die Meßsignale x_i in die Merkmalsgrößen p_k zu zerlegen. Dabei ist allerdings vorauszusetzen, daß die Empfindlichkeit der Sensoren gegenüber allen Merkmalen bekannt ist. Als Beispiel dient die künstliche (oder natürliche) Nase, welche die Aufgabe hat, die Konzentration einzelner Stoffe aus einem Stoffgemisch zu bestimmen. Dies ist die

Aufgabe der Mustererkennung oder mathematisch formuliert ein inverses Problem. Die menschliche Nase verfügt etwa über zehn Millionen Sinneszellen, wobei die Anzahl der unterschiedlichen Geruchsrezeptoren nur etwa 500 beträgt. Damit unterscheiden wir etwa 5000 unterschiedliche Gerüche, die sich also aus den Grundgerüchen der spezialisierten Rezeptoren zusammensetzen.

Die Empfindlichkeit E_{ik} des Sensors S_i gegenüber einem Signal p_k führt zur Meßgröße x_i (unter der Annahme der Superponierbarkeit).

$$x_i = \sum_{k=1}^{n} E_{ik}\, p_k \qquad i = 1,\ldots,m \tag{13.69}$$

Damit ergibt sich ein Gleichungssystem.

$$\mathbf{X} = \begin{pmatrix} x_1 \\ x_2 \\ \vdots \\ x_m \end{pmatrix} = \mathbf{E\,P} \tag{13.70}$$

Die Matrix $\mathbf{E}$ wird Empfindlichkeits- oder Sensitivitätsmatrix genannt. Zur Bestimmung der Merkmale ist das Gleichungssystem nach der Größe $\mathbf{P}$ aufzulösen. Hierbei sind mehrere Fälle zu unterscheiden:

1) $m = n$ Die Anzahl der Sensoren entspricht der Anzahl der Merkmale.

Die Konzentrationen p_k können bestimmt werden, wenn die Empfindlichkeitsmatrix invertierbar ist. Wenn zwei Sensoren identisch sind, besitzt die Matrix einen Rang $< n$ und die Lösung ist nicht eindeutig. Allgemein führt eine lineare Abhängigkeit der Empfindlichkeiten zweier Sensoren zu einem Rangabfall der Matrix.

$$\mathbf{P} = \mathbf{E}^{-1}\mathbf{X}, \qquad \text{wenn } \det\{\mathbf{E}\} = 0 \tag{13.71}$$

2) $m > n$ Es stehen mehr Sensoren als Merkmale zur Verfügung (Redundanz).

Es wird eine Lösung gesucht, für die das überbestimmte Gleichungssystem möglichst gut erfüllt wird.

$$\|\mathbf{EX} - \mathbf{P}\|^2 \rightarrow \text{Min} \tag{13.72}$$

Durch Differenzieren erhält man die Forderung:

$$\left(\mathbf{E}^{\mathrm{T}}\mathbf{E}\right)\mathbf{P} = \mathbf{E}^{\mathrm{T}}\mathbf{X} \tag{13.73}$$

mit der Lösung

$$\mathbf{P} = \left(\mathbf{E}^{\mathrm{T}}\mathbf{E}\right)^{-1}\left(\mathbf{E}^{\mathrm{T}}\mathbf{X}\right) \tag{13.74}$$

Der Ausdruck $\left(\mathbf{E}^{\mathrm{T}}\mathbf{E}\right)^{-1}$ heißt Pseudoinverse. Diese Lösung liefert eine beste Näherung im Sinne der kleinsten Fehlerquadrate.

3) $m < n$ Es stehen weniger Sensoren als Merkmale zur Verfügung.

Für diesen Fall kann keine eindeutige Lösung bestimmt werden. Das Gleichungssystem ist unterbestimmt, und es ist daher prinzipiell unmöglich, ohne weitere Annahmen, eine Bestimmung der Merkmalskonzentrationen durchzuführen. Nur unter Einbeziehung zusätzlicher Annahmen (z. B. $p_k = 0$ für $k \geq m$) läßt sich der Vektor $\mathbf{P}$ bestimmen. Die Verwendung der Pseudoinversen liefert auch in diesem Fall ein Gleichungssystem vom Rang n, die Lösung ist jedoch häufig nicht brauchbar.

Für die stabile und genaue Merkmalserkennung ist es günstig, wenn jeweils ein Sensor auf die Messung einer Merkmalskonzentration spezialisiert ist. Dies zeigt sich in der Empfindlichkeitsmatrix als Diagonaldominanz an.

$$e_{ii}^2 > \sum_{i \neq k} e_{ik}^2 \tag{13.75}$$

Ein Sensorfeld wird als selektiv bezeichnet, wenn alle Sensoren diese Bedingung erfüllen. Die Empfindlichkeitsvektoren $(e_{i1}, e_{i2}, \ldots, e_{in})$ der einzelnen Sensoren spannen einen n – dimensionalen Raum auf. Besteht lineare Abhängigkeit zwischen den Empfindlichkeitsvektoren verschiedener Sensoren, so führt dies zu einem Rangabfall in der Empfindlichkeitsmatrix $\mathbf{E}$. Im Idealfall stehen alle Empfindlichkeitsvektoren senkrecht aufeinander. Ein kleiner Winkel zwischen zwei Empfindlichkeitsvektoren führt auch bei geringen Änderungen oder Störungen der Meßwerte $\mathbf{P}$ zu großen Änderungen in der Lösung $\mathbf{X}$, da die Matrix schlecht konditioniert ist. Der Ausdruck

$$\cos(\mathbf{e}_i, \mathbf{e}_j) = \frac{\sum_{k=1}^{n} e_{ik} e_{jk}}{\sum_{k=1}^{n} e_{ik}^2 \sum_{k=1}^{n} e_{jk}^2} \tag{13.76}$$

sollte daher möglichst klein sein.

Literatur

[1] Ballantine, David Stephen et. al. (eds.): *Acoustic Wave Sensors: Theory, Design, and Physico-Chemical Applications*. Academic Press, San Diego, London, Boston (1996)

[2] Fraden, Jacob: *Handbook of modern sensors: physics, design, and applications*. AIP Press, New York, 2. ed. (1996)

[3] Gardner, Julian W.: *Microsensors: principles and applications*. John Wiley Sons, Chichester, New York, Brisbane (1994)

[4] Gerlach, Gerald; Dötzel, Wolfram: *Grundlagen der Mikrosystemtechnik*. Hanser, München, Wien (1997)

[5] Göpel, Wolfgang; Hesse, J.; Zemel, J. N. (Hrsg.): *Sensors: a comprehensive survey, Vol. 2/3 Chemical and Biochemical Sensors*. VCH, Weinheim, New York, Basel (1994)

[6] Göpel, Wolfgang; Hesse, J.; Zemel, J. N. (Hrsg.): *Sensors: a comprehensive survey, Vol. 6 Optical Sensors*. VCH, Weinheim, New York, Basel (1992)

[7] Göpel, Wolfgang; Hesse, J.; Zemel, J. N. (Hrsg.): *Sensors: a comprehensive survey, Vol. 7 Mechanical Sensors*. VCH, Weinheim, New York, Basel (1994)

[8] Göpel, Wolfgang; Hesse, J.; Zemel, J. N. (Hrsg.): *Sensors: a comprehensive survey, Vol. 8 Micro- and Nonosensor Technology/ Trends in Sensor Markets*. VCH, Weinheim, New York, Basel (1995)

[9] Hauptmann, Peter: *Sensoren: Prinzipien und Anwendungen*. Hanser, München, Wien (1990)

[10] Heuberger, Anton (Hrsg.): *Mikromechanik: Mikrofertigung mit Methoden der Halbleitertechnologie*. Springer, Berlin, Heidelberg, New York (1989)

[11] Heywang, Walter: *Sensorik*. Halbleiter-Elektronik Bd. 17, Springer, Berlin, Heidelberg, New York (1984)

[12] *Landolt-Börnstein New Series Group III: Crystal and Solid State Physics, Vol. 17, Semiconductors Subvol. a, Physics of Group IV Elements and III-V Compounds*. Springer, Berlin, Heidelberg, New York (1982)

[13] Nye, J. F.: *Physical properties of crystals: Their Representation by Tensors and Matrices*. Clarendon Press, Oxford, Reprint (1995)

[14] Scheller, Frieder; Schubert, Florian: *Biosensors*. Elsevier, Amsterdam, London, New York (1992)

[15] Soloman, Sabrie (eds.): *Sensors Handbook*. McGraw-Hill, New York, San Francisco, Washington (1998)

[16] Sommerfeld, Arnold: *Mechanik der deformierbaren Medien*. Harri Deutsch, Thun, Frankfurt am Main (1978)

[17] Sze, S. M. (ed.): *Semiconductor Sensors*. John Wiley Sons, New York, Chichester, Brisbane (1994)

[18] Tabib-Azar, Massood: *Integrated Optics, Microstructures, and Sensors*. Kluwer, Boston, Dordrecht, London (1995)

[19] Tietze, Ulrich; Schenk, Christoph: *Halbleiter-Schaltungstechnnik*. Springer, Berlin, Heidelberg, New York, 9. Auflage (1991)

[20] Timoshenko; S.P.: *Theory of Elasticity*. MCGraw-Hill, New York, St. Louis, San Francisco, 3.ed. (1987)

[21] Wagner, Hans-Joachim: *Entwicklung von Technologien zur Herstellung von piezoelektrisch angeregten mikromechanischen Resonatorstrukturen in Silizium und Quarz*. Shaker, Aachen (1995)

[22] Young, Warren C.: *Roark's Formulas for Stress and Stain*. McGraw-Hill, New York, St. Louis, San Francisco, 6. ed. (1989)

Sachverzeichnis